Günter Schmitt, Andreas Riedenauer
Mikrocontrollertechnik mit AVR
De Gruyter Studium

Weitere empfehlenswerte Titel

Digitaltechnik
J. Reichardt, 2016
ISBN 978-3-11-047800-6, e-ISBN (PDF) 978-3-11-047834-1,
e-ISBN (EPUB) 978-3-11-052997-5

VHDL-Synthese
J. Reichardt, B. Schwarz, 2015
ISBN 978-3-11-037505-3, e-ISBN (PDF) 978-3-11-037506-0,
e-ISBN (EPUB) 978-3-11-039784-0

AVR – Mikrocontroller
I. Klöckl, 2015
ISBN 978-3-11-040768-6, e-ISBN (PDF) 978-3-11-040769-3,
e-ISBN (EPUB) 978-3-11-040941-3

Prozessorentwurf mit VHDL
D. Wecker, 2017
ISBN 978-3-11-058256-7, e-ISBN (PDF) 978-3-11-040305-3,
e-ISBN (EPUB) 978-3-11-040309-1

Eingebettete Systeme
O. Bringmann, W. Lange, M. Bogdan, 2018
ISBN 978-3-11-051851-1, e-ISBN (PDF) 978-3-11-051852-8,
e-ISBN (EPUB) 978-3-11-051862-7

Günter Schmitt, Andreas Riedenauer

Mikrocontroller-technik mit AVR

Programmierung in Assembler und C –
Schaltungen und Anwendungen

6. Auflage

DE GRUYTER
OLDENBOURG

Autor
Dipl.-Ing. Andreas Riedenauer
riedenauer@ineltekmitte.de

ISBN 978-3-11-040384-8
e-ISBN (PDF) 978-3-11-040388-6
e-ISBN (EPUB) 978-3-11-063688-8

Library of Congress Control Number: 2019943580

Bibliographic information published by the Deutsche Nationalbibliothek
Die Deutsche Nationalbibliothek verzeichnet diese Publikation in der Deutschen
Nationalbibliografie; detaillierte bibliografische Daten sind im Internet über
http://dnb.dnb.de abrufbar.

© 2019 Walter de Gruyter GmbH, Berlin/Boston
Satz: Integra Software Services Pvt. Ltd.
Druck und Bindung: CPI books GmbH, Leck
Coverabbildung: ftnewt / iStock / Getty Images Plus

www.degruyter.com

Vorwort zur 6. Auflage 2019

Auch fast 9 Jahre nach Erscheinen der 5. Auflage erfreut sich dieses beliebte und bewährte Lehrbuch einer kontinuierlichen Nachfrage. Selbstverständlich wurden seitdem die zugrundeliegenden AVR-Mikrocontroller und Entwicklungswerkzeuge weiterentwickelt. Daher war die Zeit reif für eine Neubearbeitung, die leider vom inzwischen verstorbenen Autor, Herrn Günter Schmitt, nicht mehr geleistet werden konnte. Gerne übernahm ich diese Aufgabe, als der De Gruyter Verlag in Nachfolge des Oldenbourg Verlags diesbezüglich bei mir anfragte.

Zu Beginn ein paar Worte darüber, was dieses Buch ist und was es nicht ist:

Dies ist ein Lehrbuch, verfasst von einem Hochschullehrer als Grundlage für Einführungsvorlesungen zum Thema Mikrocontroller und deren Programmierung in Assembler und in der Hochsprache C, beispielhaft basierend auf AVR Mikrocontrollern. Wie der Autor in seinem Vorwort schrieb, eignet es sich außer für Studierende auch für „technisch Interessierte". Ideal sind einige Vorkenntnisse, wie man sie in den ersten Semestern *Elektrotechnik* oder *Technische Informatik* erwirbt, insbesondere was mathematische und elektrotechnische Grundlagen angeht, wobei aber bei weitem nicht der gesamte Stoff beider Fächer benötigt wird. Auch engagierte Schüler/innen der Mittelstufe oder Auszubildende technischer Berufe sollten mit dem Buch gut arbeiten können – aber eben *arbeiten*! Nicht zuletzt ist das Buch geeignet für Leser, die erste Erfahrungen mit der ARDUINO Plattform gesammelt haben und nun einerseits mehr über Grundlagen und technische Zusammenhänge lernen, andererseits auf eine leistungsfähigere Entwicklungsumgebung umsteigen möchten.

Dies ist kein locker-leicht geschriebenes buntes Buch mit netten Comics (wie man leicht sieht), kein Buch für absolut unerfahrene Anfänger auf dem Gebiet der Elektronik, kein Bastelbuch und keine Schaltungssammlung mit fertigen Projekten (obwohl man viele der Beispiele in solchen Projekten sinnvoll verwenden kann). Es enthält keine Platinenvorlagen. Es ist kein allumfassendes Buch über AVR Mikrocontroller, sondern es nutzt diese als Basis zur Vermittlung allgemein gültiger Prinzipien und Techniken wegen ihrer klaren, modernen und übersichtlichen Struktur sowie ihrer weiten Verbreitung.

Was hat sich seit der letzten Auflage in Sachen AVR Mikrocontroller geändert? Zum einen wurden neue Bausteine herausgebracht, etwa PicoPower® Typen, neue Xmegas, A-Typen, B-Typen sowie neue ATtinys und ATmegas, beide mit Xmega-Eigenschaften. Zum anderen wurde als Weiterentwicklung des AVR-Studios das Atmel-Studio herausgebracht, das viele neue Möglichkeiten bietet, aber auch komplexer geworden ist. AVR Controller verbreiteten sich rasant, so dass ihre Anzahl längst die der Erdenbürger übersteigt. Dazu trug auch ihre Beliebtheit in der MAKER-Szene bei, sowie die Entscheidung der ARDUINO-Macher, auf diese Architektur zu setzen.

2016 wurde Atmel an Microchip verkauft, deren PIC Mikrocontroller lange Zeit die stärkste Konkurrenz zu den AVRs darstellten (von Günter Schmitt liegt eine Ausgabe

https://doi.org/10.1515/9783110403886-201

dieses Buches vor, die auf PIC Controllern basiert). Microchip hat sofort klargestellt, die zu diesem Zeitpunkt angebotenen Atmel-Bausteine weiter zu produzieren und keine technischen Änderungen vorzunehmen. Dies ist wichtig für sicherheitsrelevante Bereiche mit ihren aufwendigen Zertifizierungen. Darüber hinaus wurden die Ressourcen zur Entwicklung neuer Typen deutlich aufgestockt. Erste Vertreter dieser neuesten AVR-Generation sind bereits erhältlich und werden in dieser Auflage stellenweise berücksichtigt.

Bei der Überarbeitung des Buches sollte dessen Charakter beibehalten bleiben, einige wenige Druckfehler wurden behoben (und vermutlich neue generiert), die zeitlos gültigen Grundlagenkapitel wurden moderat ergänzt, z.B. durch Aufgaben mit Lösungsvorschlägen. Die zahlreichen Programmbeispiele wurden bewusst nur in wenigen Fällen an neueste AVRs angepasst, denn sie sind bewährt und ausgiebig getestet. Ein Umstieg auf neue Derivate ist aus pädagogischen Gründen nicht erforderlich, und die Bausteine sind weiterhin verfügbar, insbesondere im experimentierfreundlichen, steckbaren DIL-Gehäuse, was bei neuesten Typen nicht mehr der Fall ist. Anhand einiger Beispiele wird jedoch erläutert, was beim Übergang auf einen neueren AVR zu beachten ist. Die Programme bleiben also nicht nur zur Vermittlung von Grundlagenwissen sinnvoll, sondern können nach entsprechender Anpassung auch in eigenen Projekten eingesetzt werden. Dies wird erleichtert durch die Verwendung originaler Hardware Tools des Herstellers sowie der aktuellen Entwicklungsoberfläche Atmel Studio7, die laut Microchip noch über Jahre hinaus gepflegt werden soll.

Der fast 40-seitige Befehlssatz wurde zugunsten neuer Inhalte aus der Druckversion gestrichen. Er steht auf der Microchip Website zum Download bereit, die ins Deutsche übersetzte Fassung auf der De Gruyter Website, wo auch die Beispielprogramme zu finden sind.

Ich danke meiner Frau Astrid für ihre Geduld, Leonardo Milla und Ute Skambraks vom De Gruyter Verlag und Anne Stroka von Integra für die gute Zusammenarbeit, Burkhard Kainka, Wolfgang Neudert, Sofia Hoyos Carmona, Jonas Maier und Lorenz Schmitt für nützliche Hinweise sowie der Firma Microchip für die frühzeitige Bereitstellung aktuellster Informationen, so dass diese rechtzeitig in das Buch aufgenommen werden konnten. Herzlichen Dank auch an diejenigen Leser früherer Auflagen, die sich die Zeit für konstruktive Kritik genommen haben – gleich, ob es sich um positive Beurteilungen handelt oder um kritischere Stimmen. Schließlich geht mein Dank an Robert Gensler, Geschäftsführer der Firma Ineltek Mitte GmbH, der es mir ermöglichte, sowohl an Schulungen der Hersteller im In- und Ausland teilzunehmen als auch selbst Schulungen bei Firmen sowie Vorlesungen an Hochschulen zu halten.

Andreas Riedenauer
Aschaffenburg, April 2019

Vorwort zur 5. Auflage 2010 (leicht gekürzt)

Dieses Buch wendet sich an Studierende technischer Fachrichtungen, an industrielle Anwender und an technisch Interessierte, die den Einstieg in die faszinierende Welt der Computer suchen. In der vorliegenden Auflage wurde der Schwerpunkt des Kapitels C-Programmierung auf die Besonderheiten der AVR-Controller gelegt. Neu sind die Kapitel Schaltungstechnik und Projekte mit vielen kleinen Anwendungsbeispielen.

Die „Mikrocomputerwelt" entstand etwa ab 1975 mit den Universalprozessoren 8080, Z80 und 6502 und entwickelte sich in zwei Richtungen. Die eine ist die Welt der Datenverarbeitung und des Internet mit ihren Personal Computern (PC) und die andere sind Mikrocontroller, die in technischen Anwendungen vielfältige Steuerungsaufgaben übernehmen.

Es wird vorausgesetzt, dass dem Leser ein fertiges Entwicklungs- und Testsystem zur Verfügung steht. Die für den Betrieb auf einem PC erforderliche Software kann kostenlos aus dem Internet heruntergeladen werden. Die Programmbeispiele sind fast alle sowohl in Assembler als auch in C geschrieben und erlauben daher interessante Vergleiche. Für die Programmierung in der Assemblersprache spricht ihre direkte Umsetzung in Maschinencode; das Ergebnis sind kurze und schnelle Maschinenprogramme. Der Aufwand bei der Programmierung ist dagegen hoch; der Quellcode ist umfangreich und ohne Kommentare auch für den Programmierer nicht leicht nachzuvollziehen. AVR-Controller haben einen gemeinsamen Befehls- und Registersatz, so dass die Beispielprogramme auch auf anderen Mitgliedern dieser Familie ablaufen können – jedoch nicht auf Controllern anderer Familien oder Hersteller.

Für die Programmierung in C spricht, dass es weit verbreitet ist und in fast allen Ausbildungszweigen zwar gelehrt, aber nicht immer gelernt wird. Die C-Programmierung für PCs unterscheidet sich wesentlich von der Programmierung für Controller. Der C-Quellcode ist gut strukturiert, übersichtlich und kurz, der im Controller ablaufende Maschinencode hängt wesentlich von der Güte des Compilers ab, der die Übersetzung vornimmt. Die vorliegenden C-Programme für AVR-Controller lassen sich nicht direkt auf Bausteine anderer Atmel-Familien oder Hersteller übertragen, da diese wesentlich andere Peripherieeinheiten enthalten. In besonderen Fällen ergaben sich unerwartete Ergebnisse, die sich nur durch Untersuchung des Maschinencodes umgehen ließen. Hier waren Assemblerkenntnisse angesagt!

Die Beispiele wurden so einfach und kurz wie möglich gehalten; es sollten nur die wichtigsten Verfahren zur Eingabe von Daten und Ausgabe von Ergebnissen gezeigt werden.

Ich danke meiner Frau für die Hilfe bei der Korrektur und die moralische Unterstützung sowie Herrn Anton Schmid vom Oldenbourg Verlag für die gute Zusammenarbeit.

Günter Schmitt

https://doi.org/10.1515/9783110403886-202

Inhaltsverzeichnis

1 Einführung

Bis vor einigen Jahren gab es in der Welt der Computer hauptsächlich zwei Anwendungsbereiche: Personalcomputer (PC) mit einem Mikroprozessor als Kernelement und auf Mikrocontrollern basierende Gerätesteuerungen (*Embedded Systems*). Doch beide Bereiche überlappen einander zunehmend: zum einen verschwimmen die Grenzen zwischen PC und „frei" programmierbaren Geräten wie Smartphones und Spielekonsolen, zum anderen werden in eingebetteten Systemen vermehrt leistungsfähige Prozessoren eingesetzt. Dem Trend zur Digitalisierung folgt die Vernetzung der Geräte (*Internet of Things, IoT*).

Entsprechend dem hohen Marktanteil der Mikrocontroller gibt es viele Hersteller, die „Familien" entwickeln und vertreiben. Sie reichen von einfachen 4 Bit Controllern für beispielsweise Fahrradcomputer bis zu 32-Bit Bausteinen für moderne Mobilfunkgeräte. Eine Familie umfasst mehrere Bausteine mit gleichem Befehls- und Registersatz, die sich jedoch in der Ausführung der Peripherieeinheiten und in der Speichergröße unterscheiden.

Dieses Buch basiert auf den 8-Bit AVR Controllern der Firma Microchip (früher Atmel). Warum diese Wahl und nicht ein 32-Bit Cortex M Controller? 8-Bit Mikrocontroller sind vom Aufbau her deutlich weniger komplex als 32-Bit Controller. Insbesondere die sehr weit verbreiteten AVRs zeichnen sich durch eine über alle Derivate hinweg übersichtliche Struktur aus, was dem Anliegen dieses Buches, praxistaugliche Grundlagen zu vermitteln, sehr entgegenkommt. Darüber hinaus sind diese Bauteile alles andere als veraltet: laut Studien wird weltweit der Bedarf an 8-Bit Mikrocontrollern auch in den nächsten Jahren weiterhin wachsen, und zwar ausgehend von einem bereits sehr hohen Niveau. Gerade bei den AVRs sind daher viele Neuentwicklungen in Planung – ideal für die erwarteten künftigen Anwendungen in Bereichen wie IoT, Sensorik, Wearables, Smart Home etc.

Zur Arbeit mit diesem Buch: Natürlich ist es Ihnen überlassen, ob Sie das Buch zunächst überfliegen, es gleich von Anfang bis Ende durcharbeiten, einige Kapitel überspringen oder auch erst einmal ein Beispielprogramm auf einem Eval-Board zum Laufen bringen möchten. Den größten Gewinn werden Sie aber erzielen, wenn Sie irgendwann alle Teile aufmerksam lesen und nachvollziehen. Bitte übergehen Sie nicht die Aufgaben in den Grundlagenkapiteln! Es ist Absicht, Sie hier ein wenig zu fordern und es ist absolut kein Grund zur Sorge, wenn Sie sich nicht immer leichttun oder auch einmal gar keine Lösung finden. Aber bitte denken Sie zunächst nach und lassen Sie sich dazu etwas Zeit, bevor Sie in die Lösungen schauen. Diese enthalten ergänzenden Lernstoff, der nicht in jedem Fall auch an anderer Stelle im Buch steht. Auch sind in einigen Fällen über den Lösungsvorschlag hinaus weitere richtige Antworten möglich.

Und nun viel Spaß und Erfolg bei der Arbeit mit diesem Buch!

https://doi.org/10.1515/9783110403886-001

1.1 Grundlagen

1.1.1 Rechnerstrukturen

So verschieden wie die Anwendungsgebiete digitaler Rechner sind auch die Merkmale, anhand derer eine Klassifizierung vorgenommen werden kann. Im hier betrachteten Bereich der Mikrocontroller spielen dabei insbesondere zwei Begriffspaare eine herausragende Rolle:

- *Von-Neumann*-Struktur versus *Harvard*-Struktur
- *CISC* versus *RISC* Architektur

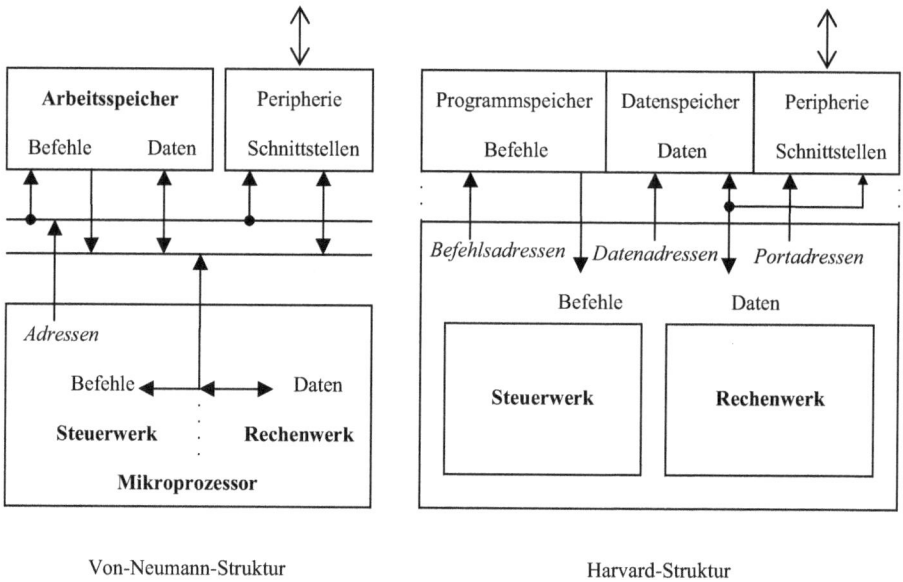

Abbildung 1-1: Rechnerarchitekturen.

Bei klassischer **Von-Neumann-Struktur** nach Abbildung 1-1 (links) liegen Befehle und Daten in einem gemeinsamen Speicher und werden über denselben Bus übertragen. Die durch Befehlsadressen über den einzigen Adressbus ausgewählten Befehle gelangen über den Daten- und Befehlsbus in das Steuerwerk, wo sie in Steuersignale umgesetzt werden. Die durch Datenadressen über denselben Adressbus ausgewählten Daten werden zum und vom Rechenwerk übertragen.

Periphere Schnittstellen zur Übertragung digitaler und analoger Signale zwischen Prozessor und externen Einheiten werden bei der reinen Von-Neumann-Architektur über den Adressbus ausgewählt und über den Daten- und Befehlsbus beschrieben und gelesen.

Bei der *Harvard-Struktur* nach Abbildung 1-1 (rechts) liegen Befehle und Daten in getrennten Speichern mit jeweils eigenem Adressbus. Es gibt dementsprechend einen Bus für Befehle und einen für Daten.

Die Peripherie-Einheiten sind im Adressbereich der Daten angesiedelt oder werden über Portadressen angesprochen.

CISC steht für *Complex Instruction Set Computer*. Die Idee dahinter ist, viele Befehle zu implementieren, die jeweils möglichst umfangreiche Aufgaben erledigen. Solche komplexen Maschinenbefehle setzen sich zumeist wiederum aus Sub-Befehlen zusammen, die *Mikrobefehle* genannt werden. Mikroprogramm-steuerwerke führen pro Maschinenbefehl meist mehrere Mikrobefehle nacheinander aus.

Bei der *RISC-Architektur (Reduced Instruction Set Computer)* dagegen werden die Maschinenbefehle direkt in Form von Logikschaltungen umgesetzt. Echte RISC-Rechner können nur wenige und vergleichsweise einfache Befehle ausführen, dieses aber sehr schnell.

Aufgabe 1:
Überlegen Sie, bevor Sie weiterlesen, welche Vor- und Nachteile Von-Neumann-Struktur und Harvard-Struktur jeweils haben könnten. Tipp: John von Neumann entwickelte die nach ihm benannte Rechnerarchitektur während der Frühphase des beginnenden Computerzeitalters, als Rechenanlagen noch mit Relais und später mit Elektronenröhren bestückt waren und ganze Säle für sich beanspruchten. Außerdem galt er als herausragender Genius.

Aufgabe 2:
Bei RISC-Rechnern müssen komplexe Aufgaben, für die es bei CISC eigene Befehle gibt, aus mehreren Befehlen des RISC Befehlssatzes zusammengebaut werden. Haben dann RISC Architekturen überhaupt Vorteile gegenüber CISC Rechnern?

Aufgabe 3:
Können Sie sich Mischformen der genannten Architekturen vorstellen, die zumindest teilweise die Vorteile beider Varianten miteinander kombinieren?

Antwort zu Aufgabe 1:
Vorteile der Von Neumann Architektur:
– Der Aufbau ist einfacher, da weniger Busse und Adressiereinheiten nötig sind.
– Der Speicher kann flexibler zwischen Programm und Daten aufgeteilt werden. Speicherplatz war in der Frühzeit der Computertechnik sehr teuer.
– Von Neumann erstrebte Programme, die ihren eigenen Code verändern können sollten – natürlich in Hinsicht auf eine Verbesserung. Das sieht man heute kritischer.

Vorteile der Harvard-Architektur:
- Programme und Daten sind prinzipiell getrennt, so dass ein versehentliches oder absichtliches Überschreiben des Befehlsbereichs aus dem Programm heraus mit einfachen Hardware-Maßnahmen verhindert werden kann.
- Getrennte Busse für Befehle und Daten sowie für die jeweiligen Adressen ermöglichen gleichzeitigen Zugriff auf beides, was die Rechengeschwindigkeit erhöht.
- Die Wortbreite der Speicher für Programme und Daten kann unterschiedlich sein und damit besser an die geplanten Einsatzzwecke angepasst werden.

Antwort zu Aufgabe 2:
Die Erfahrung zeigt, dass von den vielen CISC-Befehlen in der Praxis nur ein geringer Teil genutzt wird. Dies gilt bei Programmierung in Assembler wie auch beim Einsatz höherer Programmiersprachen. Im ersten Fall liegt es am begrenzten Aufnahmevermögen des Menschen, im zweiten an der anspruchsvollen Aufgabe, einen Compiler so zu programmieren (man spricht vom *Compilerbau*), dass ein beliebiges in Hochsprache formuliertes Programm optimal in den CISC Befehlssatz übersetzt wird. Beides benötigt viel Zeit, die meist fehlt. Die ungenutzten Befehle belegen dann unnötig viel Platz im Mikroprogrammspeicher.

Dazu kommt die Gefahr, bei der Mikroprogrammierung des CISC-Befehlssatzes schwierig zu findende Fehler zu machen, die erst auffallen, wenn die Chips bereits in Produktion sind.

Da jeder Assemblerbefehl mehrere Schritte benötigt, erfordert CISC höhere Taktfrequenzen, was die Stromaufnahme erhöht und das Layout-Design komplexer macht.

Antwort zu Aufgabe 3:
Mischformen der genannten Architekturen werden tatsächlich realisiert. Die im Buch verwendeten AVRs sind ein Beispiel: Die Anzahl der Befehle ist nicht nur größer als unbedingt erforderlich (der Co-Autor ermittelte ein Minimum von 8 AVR-Befehlen, um alle denkbaren Aufgaben zu lösen – wenn auch ineffizient), sondern auch größer als bei vielen Konkurrenzprodukten. Auch erledigen viele Befehle einige Schritte „nebenbei", die bei anderen Controllern extra programmiert werden müssen. Stichworte hierzu sind u. a. *pre-decrement* und *post-increment*. Sie werden später erläutert (siehe Seite 100 bzw. 99).

1.1.2 Zahlendarstellungen

Vorzeichenlose (unsigned) *Dualzahlen* werden in allen Bitpositionen als Zahlenwert abgespeichert. Beispiele in der 8-Bit Darstellung:

$0_{10} = 00000000_2$ kleinste vorzeichenlose Zahl
$127_{10} = 01111111_2$
$128_{10} = 10000000_2$
$255_{10} = 11111111_2$ größte vorzeichenlose Zahl

Im Modell des Rechenwerks nach Abbildung 1-2 für vorzeichenlose Zahlen wird der Überlauf des werthöchsten Volladdierers im Carrybit **C** gespeichert und dient zur Fehleranzeige und als Zwischenübertrag. Die NOR-Verknüpfung aller Bits des Resultats ergibt das Nullanzeigebit **Z** (Zero).

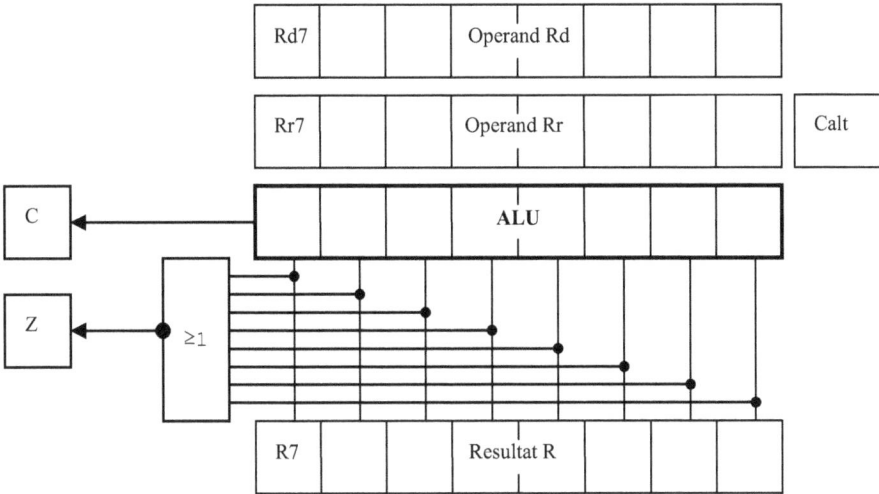

Abbildung 1-2: Modell des Rechenwerks.

Rd: Quell- und Ziel-Register (d = destination); enthält ersten Operanden und wird mit dem Ergebnis der Operation überschrieben

Rr: Quell-Arbeitsregister mit zweitem Operanden; Inhalt wird durch die Operation nicht verändert

Bei **vorzeichenloser Addition** nimmt das Carrybit die nicht darstellbare neunte Stelle der dualen Summe auf und kann zur Überlaufkontrolle bzw. bei mehrstufigen Additionen als Zwischenübertrag verwendet werden. Beispiele:

```
      11111110 = 254            11111110 = 254            11111110 = 254
    + 00000001 =  +1          + 00000010 =  +2          + 00000011 =  +3
C = 0 11111111 = 255    C = 1 00000000 =    0    C = 1 00000001 =    1
      Z = 0                    Z = 1                    Z = 0
Kein Überlauf             Überlauf                 Überlauf
      Nicht Null              Null                      Nicht Null
```

Bei *vorzeichenloser Subtraktion* bedeutet C = 1 einen Unterlauf bzw. ein Borgen bei mehrstelliger Subtraktion, da beim Subtrahieren das Carrybit des letzten Volladdierers negiert im C-Bit des Statusregisters erscheint. Beispiele:

```
    00000010 =  2          00000010 =  2          00000010 =    2
  - 00000001 = -1        - 00000010 = -2        - 00000011 =   -3
C = 0 00000001 =  1    C = 0 00000000 =  0    C = 1 11111111 = 255
      Z = 0                  Z = 1                  Z = 0
 Kein Unterlauf         Kein Unterlauf          Unterlauf
    Nicht Null               Null                  Nicht Null
```

Die Darstellung im Zahlenkreis nach Abbildung 1-3 zeigt die recht überraschenden Ergebnisse, dass 254 + 3 die Summe 1 und nicht 257 liefert und dass 2 – 3 die Differenz 255 und nicht -1 ergibt.

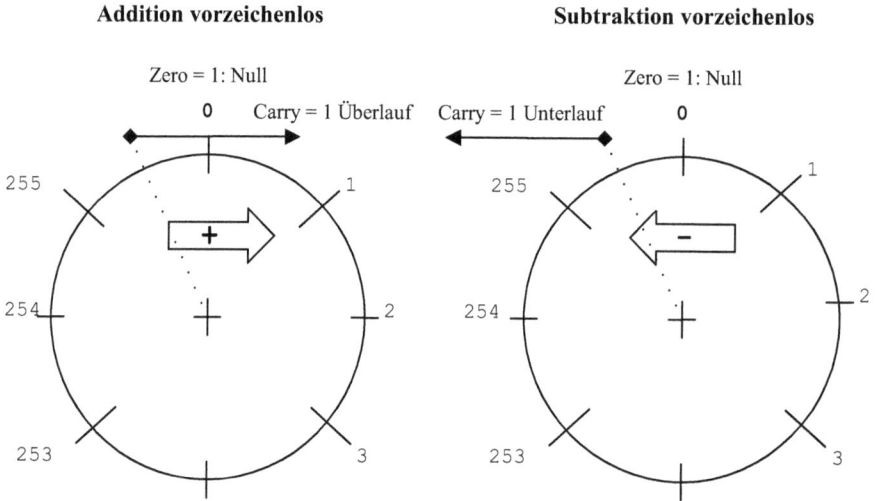

Abbildung 1-3: Zahlenkreis, vorzeichenlose Addition und Subtraktion.

Bei *positiven vorzeichenbehafteten* (signed) *Dualzahlen* erscheint in der am weitesten links stehenden Bitposition, dem Vorzeichenbit, immer eine 0. Beispiele in der 8-Bit Darstellung:

$$0_{10} = 00000000_2 \quad \text{kleinste positive Zahl}$$
$$+127_{10} = 01111111_2 \quad \text{größte positive Zahl}$$

Bei *negativen vorzeichenbehafteten* (signed) *Dualzahlen* erscheint in der am weitesten links stehenden Bitposition, dem Vorzeichenbit, immer eine 1. Beispiele in der 8-Bit Darstellung:

```
  -1₁₀ = 11111111₂  größte negative Zahl
-128₁₀ = 10000000₂  kleinste negative Zahl
```

Negative Dualzahlen werden im Zweierkomplement dargestellt. Zur Beseitigung des Vorzeichens addiert man einen Verschiebewert, bestehend aus den höchsten Ziffern des Zahlensystems (im Dualsystem 1) in jeder Stelle. Dies kann durch **Inverter** (aus 0 mach 1, aus 1 mach 0) geschehen. Das entstehende **Einerkomplement** wird durch Addition von 1 zum **Zweierkomplement**, das sich durch Weglassen der neunten Stelle besser korrigieren lässt.

Beispiel für den Wert –1:

```
Verschiebewert:        11111111
negative Zahl:       - 00000001      (mit Minuszeichen dargestellt)
                       --------
Einerkomplement:       11111110
Addition einer 1:  +          1
                       --------
Negative Zahl -1:      11111111      (als Zweierkomplement dargestellt)
```

Dies ist die größte negative Zahl im Dualsystem.

Für eine **Rückkomplementierung** negativer Dualzahlen, die in der am weitesten links stehenden Bitposition eine 1 aufweisen, ist das gleiche Verfahren anzuwenden.
1.   Komplementiere die negative Zahl.
2.   Addiere eine 1.

Das Beispiel zeigt die Rückkomplementierung der vorzeichenbehafteten Dualzahl **1**0000000:

```
10000000 -> 01111111 + 1 -> -10000000 = -128      kleinste negative Zahl
                                                   bei 8 Bit
```

Für vorzeichenbehaftete Dualzahlen erscheinen im Modell des Rechenwerks drei Bewertungsschaltungen, die das Vorzeichen berücksichtigen.

Das Carrybit wird zwar verändert, darf aber als Überlaufanzeige nicht ausgewertet werden. An seine Stelle tritt das *V-Bit* (o**V**erflow) zur Erkennung eines Überlaufs bzw. Unterlaufs. Es entsteht durch einen Vergleich des Vorzeichens des Ergebnisses mit den Vorzeichen der beiden Operanden. Zwei positive Zahlen müssen ein positives Resultat liefern, zwei negative Zahlen ein negatives. Bei einem Über- bzw. Unterlauf tritt ein Vorzeichenwechsel auf. Für die Fälle $Rd7 = 0$, $Rr7 = 0$ und $R7 = 1$ sowie $Rd7 = 1$, $Rr7 = 1$ und $R7 = 0$ liefert die Vergleicher-Schaltung $V = 1$. Das an der am weitesten links befindlichen Stelle des Resultats stehende Vorzeichen erscheint im *N-Bit*. Im

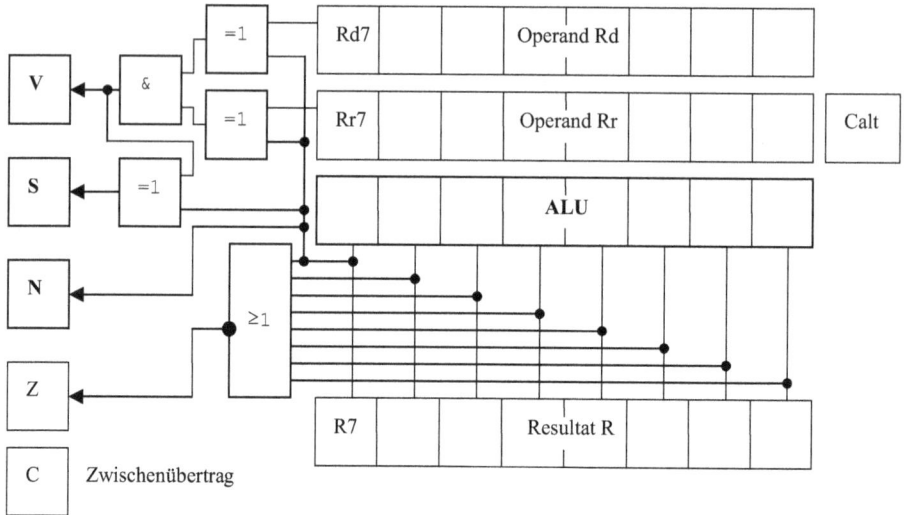

Abbildung 1-4: Rechenwerkmodell mit Bewertungsschaltungen für das Vorzeichen.

Falle eines Über- bzw. Unterlaufs ist es jedoch durch den Vorzeichenwechsel negiert und wird bei $V = 1$ im *S-Bit* zum echten Vorzeichen korrigiert; das Resultat ist jedoch vorzeichenlos und liegt nicht mehr im zulässigen Zahlenbereich! Wie bei vorzeichenlosen Zahlen speichert das *Z-Bit* die Nullbedingung; das *Carrybit* enthält bei mehrstelligen Operationen den Zwischenübertrag.

Am Zahlenkreis zeigen sich die überraschenden Ergebnisse, dass +127 + 1 die Summe -128 und nicht +128 liefert und dass -128 − 1 die Differenz +127 und nicht -129 ergibt (Abbildung 1-5).

Das Rechenwerk (Abbildung 1-4) addiert und subtrahiert nur Bitmuster; die entsprechenden Befehle sind für alle Zahlendarstellungen gleich. Bei *jeder* arithmetischen Operation werden *alle* Bedingungsbits durch das Ergebnis gesetzt bzw. gelöscht. Es ist die Aufgabe des Programms, diese auch entsprechend der Zahlendarstellung auszuwerten, um einen Überlauf bzw. Unterlauf abzufangen. In der Assemblerprogrammierung stehen die entsprechenden Befehle zur Verfügung, in der C-Programmierung gibt es dazu keine Möglichkeit! In kritischen Fällen ist es erforderlich, mit höherer Genauigkeit zu rechnen und den Zahlenbereich zu überprüfen.

Binär codierte Dezimalzahlen (BCD) werden vorzugsweise für die dezimale Ausgabe von Werten auf Siebensegmentanzeigen und LCD-Modulen verwendet, bei denen jede Dezimalstelle binär codiert werden muss. Der BCD-Code stellt die Ziffern von 0 bis 9 durch die entsprechenden vierstelligen Dualzahlen von 0000 bis 1001 dar. Die Bitkombinationen 1010 bis 1111 nennt man **Pseudotetraden**. Sie werden von den üblichen Decoderbausteinen in Sonderzeichen umgesetzt.

Addition vorzeichenbehaftet   **Subtraktion vorzeichenbehaftet**

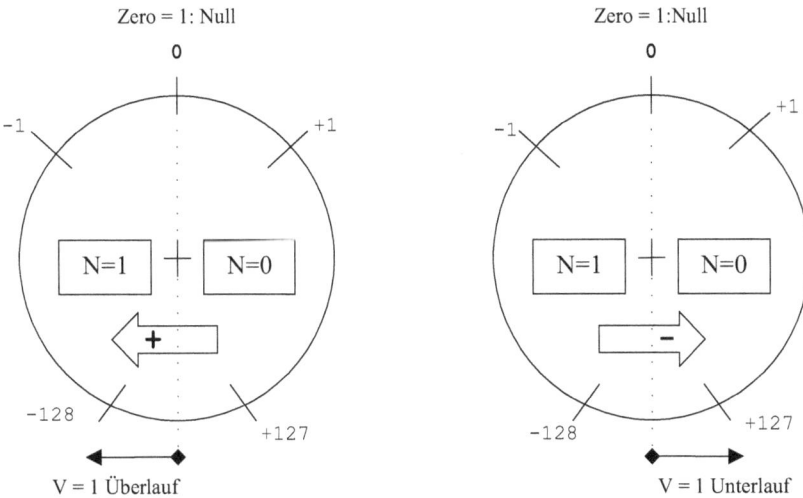

Abbildung 1-5: Zahlenkreis, vorzeichenbehaftete Addition und Subtraktion.

Für die Arbeit mit BCD gibt es folgende Verfahren:
- Dual-Darstellung und -Rechnung mit Dezimalwandlung zur Ein-/Ausgabe
- Dezimale Rechnung in der BCD-Darstellung mit direkter Ausgabe
- **Ungepackte** BCD-Darstellung mit einer Dezimalziffer in einem Byte
- **Gepackte** BCD-Darstellung mit zwei Dezimalziffern in einem Byte

Durch die Darstellung der BCD-Ziffern als vierstellige Dualzahl kann ein duales Rechenwerk auch für dezimale Additionen und Subtraktionen verwendet werden, jedoch ist, wie Abbildung 1-6 zeigt, eine Korrektur des Ergebnisses durch Auswertung des C-Bits (Carry) und des H-Bits (Halfcarry) erforderlich, die wegen fehlender Korrekturbefehle vom Programm durchgeführt werden muss. Sie ist erforderlich, wenn bei der dualen Addition einer Stelle entweder eine Pseudotetrade oder ein Übertrag aufgetreten ist.

In der Assemblerprogrammierung wird die Dezimalkorrektur oft mit Funktionen oder Makroanweisungen durchgeführt, die das H-Bit auswerten. Bei C-Compilern, die keinen Datentyp bcd definieren, müssen die mit den Datentypen char oder int berechneten dualen Ergebnisse zur Ausgabe dezimal umgewandelt ausgegeben werden.

Reelle Zahlen bestehen aus einem ganzzahligen Anteil (Vorpunktstellen) und einem gebrochenen Anteil (Nachpunktstellen). Die Multiplikationsbefehle speichern in Bit 7 eine Vorpunktstelle und in Bit 6 bis Bit 0 sieben Nachpunktstellen. Sie legen den Punkt zwischen die Bitpositionen Bit 7 und Bit 6. Das Beispiel nach Tabelle 1.1 dagegen speichert die Nachpunktstellen linksbündig und nimmt an, dass der Dualpunkt vor der werthöchsten Stelle steht.

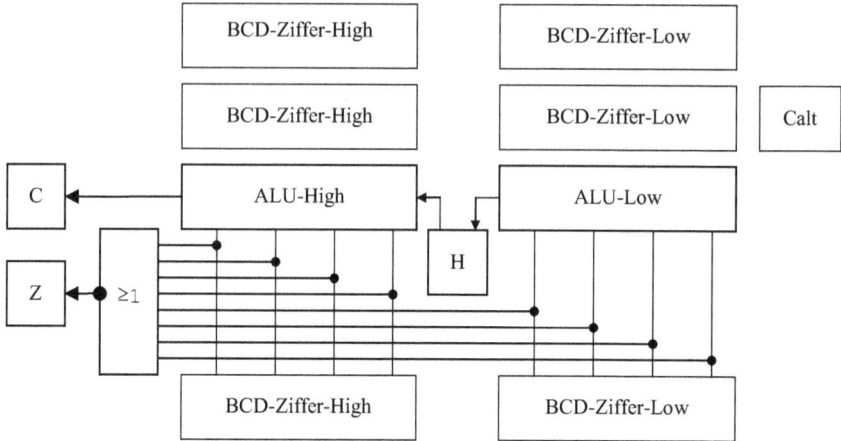

Abbildung 1-6: Addition und Subtraktion von BCD-Zahlen.

Tabelle 1-1: Wertigkeit der Bits reeller Zahlen bei Darstellung von Nachkommastellen auch in Bit 7.

Bit 7	Bit 6	Bit 5	Bit 4	Bit 3	Bit 2	Bit 1	Bit 0
2^{-1}	2^{-2}	2^{-3}	2^{-4}	2^{-5}	2^{-6}	2^{-7}	2^{-8}
0.5	0.25	0.125	0.0625	0.03125	0.015625	0.0078125	0.00390625

Die dezimale Summe aller acht Stellenwertigkeiten ergibt in dieser Darstellung den Wert 0.99609375_{10}. Bei der Dezimal/Dualumwandlung der Nachpunktstellen können Restfehler auftreten, wenn ein unendlicher Dualbruch erscheint, der wegen der beschränkten Stellenzahl abgebrochen werden muss. Ein Beispiel ist die Umwandlung von 0.4_{10} mit acht Stellen hinter dem Dualpunkt.

```
0.4₁₀ -> 0.0110 0110   Periode 0110   ->   0.3984375₁₀
```

In der *Festpunktdarstellung (Fixed Point)* legt man Vorpunkt- und Nachpunktstellen hintereinander ab und denkt sich den Punkt zwischen den beiden Anteilen. Beispiele für acht Dezimalstellen und für 16 Dualstellen, die in zwei Bytes gespeichert werden.

```
15.75₁₀ = 0015·7500   ->   1111.11₂ = 00001111·11000000
```

Behandelt man beide Anteile zusammen als eine ganze Zahl, so ergibt sich aus der Anzahl der Nachpunktstellen ein konstanter Skalenfaktor $f = $ Basis $^{\text{Anzahl der Nachpunktstellen}}$. Bei vier dezimalen Nachpunktstellen ist $f = 10^4 = 10000$; bei acht dualen Nachpunktstellen ist $f = 2^8 = 256_{10}$. Unter Berücksichtigung des Skalenfaktors lassen sich reelle Festpunktzahlen mit den für ganze Zahlen vorgesehenen Operationen berechnen.

addieren: (a *f) + (b *f) = (a + b) *f   *ohne Korrektur*
subtrahieren: (a *f) - (b *f) = (a - b) *f   *ohne Korrektur*
multiplizieren: (a *f) * (b *f) = (a * b) *f*f   *Korrektur Produkt /f*
dividieren: (a *f) / (b *f)   *Korrektur vor Division: Dividend* ***f**
          (a *f) ***f** / (b *f) = (a / b) *f

Bei der Multiplikation und Division (Rest) können Nachpunktstellen, die nicht mehr in die Speicherlänge passen, verloren gehen. Durch den Übergang von einem festen zu einem variablen Skalenfaktor, der mit abgespeichert wird, lässt sich der Zahlenumfang erweitern.

In der **_Gleitpunktdarstellung (Floating Point)_** wird die Zahl mit normalisierter Mantisse und ganzzahligem Exponenten zur Basis des Zahlensystems gespeichert. Beispiel:

15.75_{10} = **1.575** $\cdot$ **10**^{1} -> 1111.11_2 = **1.11111** $\cdot$ **2**^{3}

Normalisieren bedeutet, den Punkt so zu verschieben, dass er hinter der werthöchsten Ziffer steht. Der Exponent enthält dann die Anzahl der Verschiebungen. Bei Zahlen größer als 1 ist der Exponent positiv (Punkt nach links schieben), bei Zahlen kleiner als 1 (Punkt nach rechts schieben) ist er negativ. Die folgenden Beispiele entsprechen dem Datentyp `float` der Programmiersprache C, der standardmäßig vier Bytes (32 Bits) belegt. Im Speicher befindet sich das Vorzeichen der Zahl in der am weitesten links stehenden Bitposition. Die folgenden 23 Bitpositionen enthalten den Absolutwert, nicht das Zweierkomplement. Die acht Bit lange Charakteristik setzt sich zusammen aus dem dualen Exponenten und einem Verschiebewert von $127_{10} = 01111111_2$, der das Vorzeichen des Exponenten beseitigt. Damit ergibt sich ein dezimaler Zahlenbereich von etwa $-3.4 \cdot 10^{-38}$ bis $+3.4 \cdot 10^{+38}$. Die 23 Bit lange Mantisse entspricht einer Genauigkeit von etwa sieben Dezimalstellen. Die führende 1 der normalisiert dargestellten Vorpunktstelle wird bei der Speicherung unterdrückt und muss bei allen Operationen wieder hinzugefügt werden. Das Beispiel zeigt die Dezimalzahl +15.75 als normalisierte Gleitpunktzahl in der Darstellung des Datentyps `float`.

+15.75 = + 1111.110000000000000000
       = + $\bar{1}$.111110000000000000000 * 2^3 normalisiert mit Vorpunktstelle
Charakteristik: 127_{10} + 3_{10} = 130_{10} = 10000010_2
Zusammensetzung:
Vorzeichen: 0
Charakteristik: 10000010
Mantisse: 11111000000000000000000   ohne Vorpunktstelle!
Speicher binär: 01000001011111000000000000000000
hexadezimal: 4   1   7   C   0   0   0   0

Diese Gleitpunktdarstellung ist in IEEE 754 genormt. Dort finden sich weitere Angaben über nichtnormalisierte Zahlen verminderter Genauigkeit, über die Darstellung von Unendlich (INF) und über Fehlermarken (NAN). Bei der Berechnung von Gleitpunktzahlen mit den für ganze Zahlen vorgesehenen Operationen sind Mantisse und Charakteristik getrennt zu behandeln. Die Mantissen der Ergebnisse werden wieder normalisiert. Vor Additionen und Subtraktionen wird der Exponent der kleineren Zahl durch Verschiebungen der Mantisse an den Exponenten der größeren Zahl angepasst. Dezimales Beispiel:

$1.2 \cdot 10^4 + 3.4 \cdot 10^2 \rightarrow 1.2 \cdot 10^4 + 0.034 \cdot 10^4 \rightarrow 1.234 \cdot 10^4$ Addition

Bei Multiplikationen werden die Exponenten addiert und die Mantissen multipliziert; bei Divisionen subtrahiert man die Exponenten und dividiert die Mantissen. Dezimale Beispiele:

$1.2 \cdot 10^2 * 1.2 \cdot 10^3 \rightarrow (1.2 * 1.2) \cdot 10^{2+3} \rightarrow 1.44 \cdot 10^5$ Multiplikation
$1.44 \cdot 10^5 / 1.2 \cdot 10^2 \rightarrow (1.44 / 1.2) \cdot 10^{5-2} \rightarrow 1.2 \cdot 10^3$ Division

Bei arithmetischen Operationen mit reellen Zahlen sind die Vorpunktstellen immer genau, bei Nachpunktstellen muss jedoch mit Ungenauigkeiten durch Umwandlungsfehler und Abschneiden von nicht darstellbaren Stellen gerechnet werden.

Für die Eingabe und Ausgabe von Dezimalzahlen sind Umwandlungsverfahren von dezimal nach dual und von dual nach dezimal erforderlich.

Ganze Zahlen bzw. die Vorpunktstellen werden nach dem **Divisionsrestverfahren** fortlaufend durch die Basis des neuen Zahlensystems dividiert, die Reste ergeben die Ziffern des neuen Zahlensystems. Der Rest der ersten Division liefert die wertniedrigste Stelle. Das Beispiel wandelt die Dezimalzahl 123_{10} in eine Dualzahl.

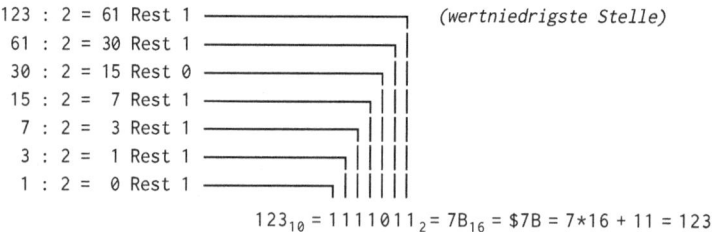

```
123 : 2 = 61 Rest 1 ─────────────────────┐  (wertniedrigste Stelle)
 61 : 2 = 30 Rest 1 ───────────────────┐ │
 30 : 2 = 15 Rest 0 ─────────────────┐ │ │
 15 : 2 =  7 Rest 1 ───────────────┐ │ │ │
  7 : 2 =  3 Rest 1 ─────────────┐ │ │ │ │
  3 : 2 =  1 Rest 1 ───────────┐ │ │ │ │ │
  1 : 2 =  0 Rest 1 ─────────┐ │ │ │ │ │ │
```

$123_{10} = 1111011_2 = 7B_{16} = \$7B = 7*16 + 11 = 123$

Note: Zur Kennzeichnung von Hexadezimal-Zahlen kann ein Dollar-Zeichen (\$) vorangestellt werden oder das Präfix „0h", wobei „0" die Ziffer Null ist und nicht der Buchstabe „O". Beide Schreibweisen findet man in den Herstellerdokumenten und Beispielprogrammen.

Nachpunktstellen werden fortlaufend mit der Basis des neuen Zahlensystems multipliziert. Das Produkt wird in eine Vorpunktstelle und in Nachpunktstellen zerlegt. Die Vorpunktstelle ergibt die Stelle des neuen Zahlensystems; mit den Nachpunktstellen wird das Verfahren fortgesetzt, bis das Produkt Null ist oder die maximale Stellenzahl erreicht wurde. Im ersten Schritt entsteht die erste Nachpunktstelle. Das Beispiel wandelt die Dezimalzahl 0.6875_{10} in eine Dualzahl.

```
0.6875 * 2 = 1.3750 = 0.3750 + 1 ────────────────┐      (höchste Stelle)
0.3750 * 2 = 0.7500 = 0.7500 + 0 ──────────────┐ │
0.7500 * 2 = 1.5000 = 0.5000 + 1 ────────────┐ │ │
0.5000 * 2 = 1.0000 = 0.0000 + 1 ──────────┐ │ │ │
0.0000 * 2 = 0.0000 = 0.0000 + 0 ────────┐ │ │ │ │
```

$$0.6875_{10} = 0.10110000_2 = \$B0 = 11/16$$

Wird das Verfahren mit dem Produkt Null vorzeitig beendet, so füllt man die restlichen Stellen mit Nullen auf. Muss das Verfahren beim Erreichen der maximalen Stellenzahl vorzeitig abgebrochen werden, so entsteht ein Umwandlungsfehler. Beispiel:

```
0.4₁₀ => 0.01100110011001100110.......Periode 0110
0.4₁₀ => 0.01100110₂ + Restfehler bei acht Nachpunktstellen
0.4₁₀ => 0.66₁₆ => 6/16 + 6/256 = 0.375 + 0.0234375 => 0.3984375₁₀
```

Die Rückwandlung der bei acht Nachpunktstellen abgebrochenen Dualzahl in eine Dezimalzahl ergibt 0.3984375_{10} und nicht 0.4_{10} wie zu erwarten wäre.

In der Assemblerprogrammierung führt man die Zahlenumwandlung mit entsprechenden Unterprogrammen durch. Die in den C-Funktionen scanf und printf enthaltenen Umwandlungsfunktionen sind nur bedingt brauchbar, sodass man auch hier auf eigene Funktionen angewiesen ist!

1.1.3 Rechenwerk und Registersatz

Digitalrechner basieren hardware-technisch auf Logikschaltungen wie Flip-Flops, Schieberegistern und Zählern, die ihrerseits auf einfache Gatterfunktionen reduziert werden können. Prinzipiell kann man alle Logikschaltungen aus den Gattern UND, ODER und NICHT aufbauen. Diese wiederum lassen sich durch NAND oder NOR-Gatter ersetzen (Denksportaufgabe!). So ist es z. B. möglich, einen Computer vollständig aus NAND-Gattern aufzubauen – abgesehen natürlich von den Ein- und Ausgabe-Komponenten.

Die grundlegende Rechenoperation ist die Addition im dualen Zahlensystem. Zwei einstellige Dualzahlen ergeben unter Berücksichtigung führender Nullen eine zweistellige Summe.

```
0 + 0 -> 0 0
0 + 1 -> 0 1
1 + 0 -> 0 1
1 + 1 -> 1 0
```

Das Rechenwerk führt die Addition mit logischen Schaltungen nach Abbildung 1-7 durch. Die Grundfunktionen sind hier das logische UND, das logische ODER und das EODER (Exklusiv-ODER).

EODER (XOR)

X	Y	Z
0	0	0
0	1	1
1	0	1
1	1	0

UND (AND)

X	Y	Z
0	0	0
0	1	0
1	0	0
1	1	1

ODER (OR)

X	Y	Z
0	0	0
0	1	1
1	0	1
1	1	1

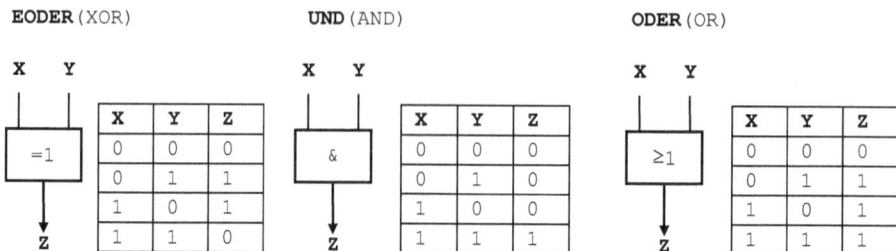

Abbildung 1-7: Logikgatter XOR, AND und OR mit Wertetabellen.

Das logische EODER (XOR) liefert die wertniedere Stelle der zweistelligen Summe. Bei logischen Operationen liefert das Exklusive ODER immer dann am Ausgang eine 1, wenn beide Eingänge ungleich sind.

Das logische UND (AND) liefert die werthöhere Stelle der zweistelligen Summe. Bei mehrstelligen Additionen wird sie auch als Übertrag (Carry) bezeichnet. Bei logischen Operationen liefert das UND nur dann am Ausgang eine 1, wenn *alle* Eingänge 1 sind.

Das logische ODER (OR) ist zur Addition nur geeignet, wenn der Fall 1 + 1 => 1 0 ausgeschlossen wird. Bei Logikoperationen liefert das ODER immer dann eine 1, wenn mindestens ein Eingang 1 ist. Ein ODER mit mehreren Eingängen wird dazu verwendet, ein Ergebnis auf Null zu prüfen, da der Ausgang nur dann 0 ist, wenn *alle* Eingänge 0 sind.

Das logische NICHT (NOT) negiert (invertiert) alle Bitpositionen des Operanden nach der Regel „aus 0 mach 1 und aus 1 mach 0" und wird dazu verwendet, die Subtraktion auf eine Addition des Komplements zurückzuführen.

Schaltet man hinter ein UND bzw. ODER direkt ein NICHT (NOT) so entsteht ein NICHT-UND (NAND) bzw. ein NICHT-ODER (NOR) (Abbildung 1-8).

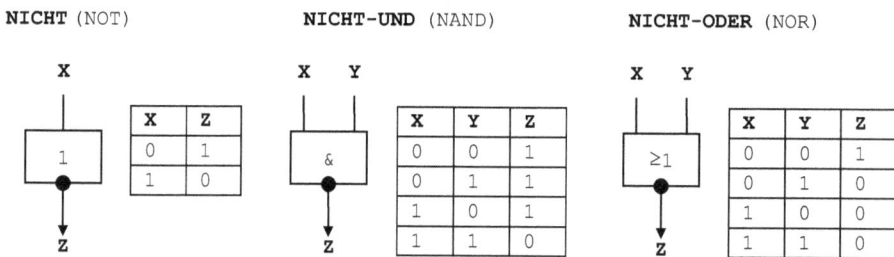

NICHT (NOT)

X	Z
0	1
1	0

NICHT-UND (NAND)

X	Y	Z
0	0	1
0	1	1
1	0	1
1	1	0

NICHT-ODER (NOR)

X	Y	Z
0	0	1
0	1	0
1	0	0
1	1	0

Abbildung 1-8: Logikgatter NOT, NAND und NOR mit Wertetabellen.

Der **Halbaddierer** verknüpft zwei Dualstellen a und b zu einer Summe S und einem Übertrag Cn. Dies ist eine Addition zweier einstelliger Dualzahlen zu einer zweistelligen Summe (Abbildung 1-9 links).

Der **Volladdierer** verknüpft zwei Dualstellen und den Übertrag Cv der vorhergehenden Stelle zu einer Summe und einem Übertrag Cn auf die nächste Stelle. Dabei addiert das ODER die Teilüberträge der beiden Halbaddierer, die niemals beide 1 sein können (Abbildung 1-9 rechts).

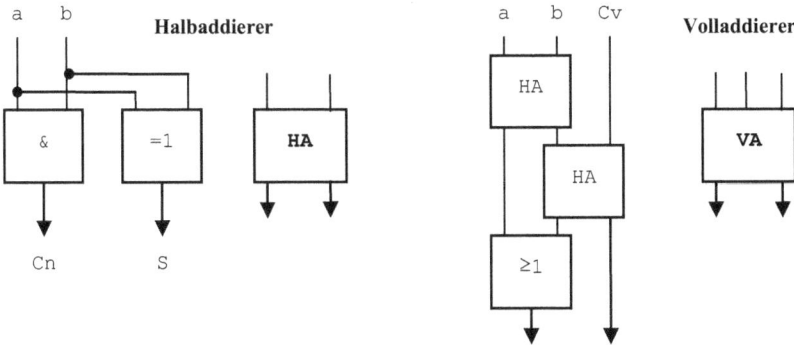

Abbildung 1-9: Halb- und Volladdierer.

Der *Paralleladdierer* nach Abbildung 1-10 besteht aus mehreren Volladdierern, mit denen zwei mehrstellige Dualzahlen unter Berücksichtigung der Stellenüberträge addiert werden. Dabei ist das Steuerbit S gleich 0. Die Subtraktion wird auf eine Addition des Zweierkomplements zurückgeführt. Ein Steuerbit S = 1 negiert den Eingang Ca des letzten Volladdierers, den gesamten Subtrahenden und das Carrybit Cn. Beispiel für 3 – 2 = 1:

```
3 = 00000011  Minuend bleibt         00000011
2 = 00000010  Subtrahend negiert + 11111101
Eingang Ca = 0          negiert +           1
                   Carry Cn = 1 00000001 Differenz
             Carry negiert Cn = 0 kein Unterlauf
```

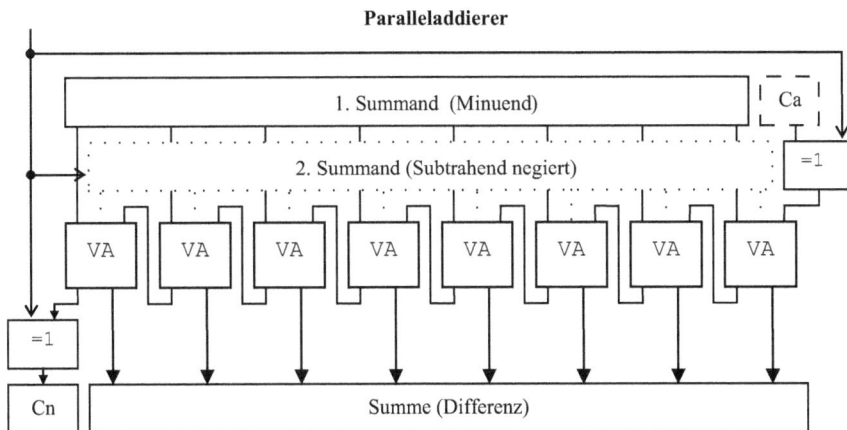

Abbildung 1-10: Paralleladdierer.

Mit Zusatzschaltungen lassen sich folgende arithmetische Operationen durchführen:

- add Addieren zweier Dualzahlen mit Ca = 0
- adc Addieren zweier Dualzahlen und eines alten Übertrags am Eingang Ca
- inc Inkrementieren des ersten Operanden (Ca = 1 und zweiter Operand Null gesetzt)
- sub Subtrahieren 1. Operand – 2. Operand (Komplement) mit Ca = 0
- sbc Subtrahieren 1. Operand – 2. Operand (Komplement) – alter Übertrag Ca
- dec Dekrementieren des 1. Operanden durch Subtraktion einer 1
- neg Negieren des 1. Operanden (Zweierkomplement)

Der Ausgang Cn des werthöchsten Volladdierers wird im Carrybit gespeichert. Es kann sowohl als Zwischenübertrag als auch zur Fehlerkontrolle verwendet werden. Bei einer Addition ergibt sich für Cn = 1 ein Zahlenüberlauf; bei einer Subtraktion bedeutet Cn = 1 einen Zahlenunterlauf. Für Cn = 0 liegen die Ergebnisse im zulässigen Wertebereich.

Mit Zusatzschaltungen lassen sich die logischen Schaltungen des Addierers auch für logische Operationen wie z. B. UND ohne Berücksichtigung benachbarter Bitpositionen verwenden (Abbildung 1-11).

Die Schaltungen führen jeweils bitweise die folgenden logischen Operationen aus:

- and Logisches UND zum Ausblenden (Löschen) von Bitpositionen
- or Logisches ODER zum Einblenden (Setzen) von Bitpositionen
- eor Logisches EODER zum Komplementieren einzelner Bitpositionen
- com Logisches NICHT zum Komplementieren aller Bitpositionen

Logikfunktionen

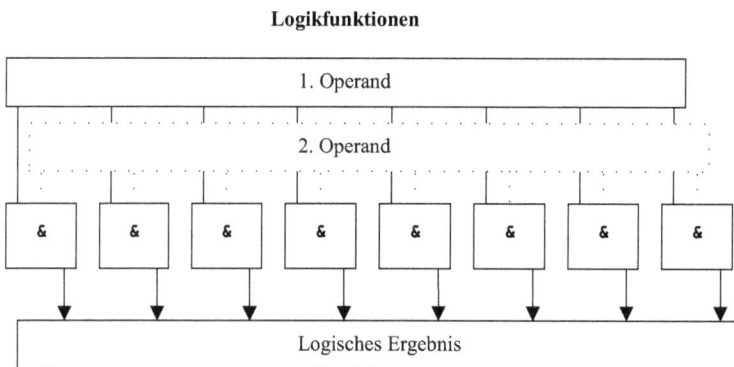

Abbildung 1-11: Verwendung des Addierers für logische Funktionen.

Das **Rechenwerk** führt neben den angegebenen arithmetischen und logischen Funktionen der Länge 1 Byte weitere Operationen durch, die dem Befehlscode entnommen werden. Bei einem 6-Bit Code beispielsweise sind insgesamt 2^6 = 64 Befehle vorhanden. Dazu gehören:

– Laden und Speichern von Daten
– Verschiebungen und Vergleiche
– Multiplikationen (bei AVRs nur AT(x)mega-Familie und moderne ATtinys)
– Bitoperationen und Wortoperationen

Das Rechenwerk nach Abbildung 1-12 enthält neben der **Arithmetisch-Logischen Einheit (ALU)**, die die eigentlichen Berechnungen ausführt, auch Bewertungsschaltungen, deren Ergebnisse im Statusregister gespeichert werden. Dazu gehören das Carrybit, das einen Überlauffehler anzeigt bzw. als Zwischenübertrag dient, und das Zero Bit, das anzeigt, ob das Ergebnis Null ist. Das Steuerwerk wertet die Anzeigebits des Statusregisters für bedingte Sprungbefehle aus.

Die Operanden werden aus Registern ausgelesen, Ergebnisse in Registern gespeichert. Byteregister bestehen aus acht Speicherstellen (Flipflops), die parallel gelesen und beschrieben werden. Ein Lesesignal kopiert den Inhalt des Speichers, wobei der alte Inhalt der Quelle erhalten bleibt. Ein Schreibsignal überschreibt den alten Speicherinhalt des Ziels mit einem neuen Wert, der solange erhalten bleibt, bis er seinerseits überschrieben wird. Nach dem Einschalten der Versorgungsspannung ist der Inhalt der Arbeitsregister undefiniert, bei einem Reset dagegen bleibt ihr Inhalt erhalten.

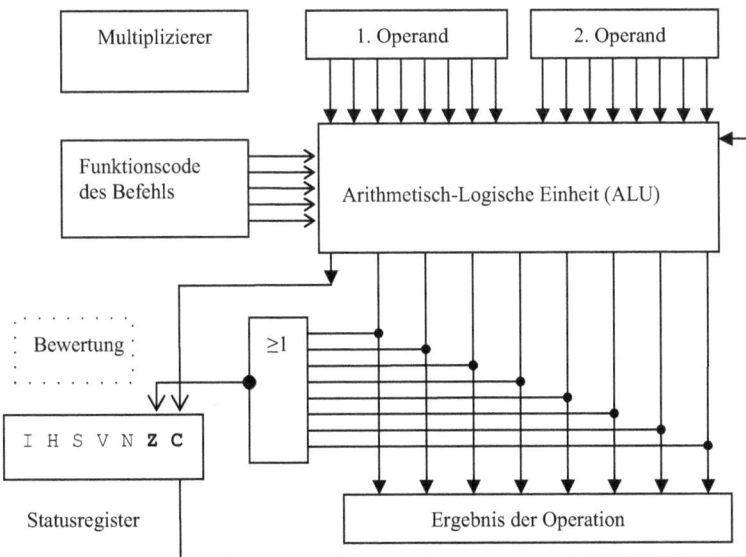

Abbildung 1-12: Rechenwerk.

32 Arbeitsregister erfordern 5 Bit zur Auswahl eines Registers, 10 für Befehle mit 2 Registeroperanden. So bleiben bei einem 16-Bit Befehl noch 6 Bit zur Codierung von 64 Befehlen.

Man unterscheidet:
- Befehle für Operationen in einem Register
- Befehle für Operationen mit einem Register und einer im Befehl abgelegten Konstanten
- Befehle für Operationen mit zwei Registern
- Befehle mit einem Register und einer Speicherstelle im Datenspeicher, die zusätzlich ein weiteres Befehlswort für die Datenadresse benötigen
- Befehle mit indirekter Adressierung, die die Datenadresse in ein Adressregister ablegen
- Peripheriebefehle mit verkürzter Schnittstellenadresse
- Befehle, die sich auf bestimmte Register oder Bits beziehen und keine Adressen enthalten

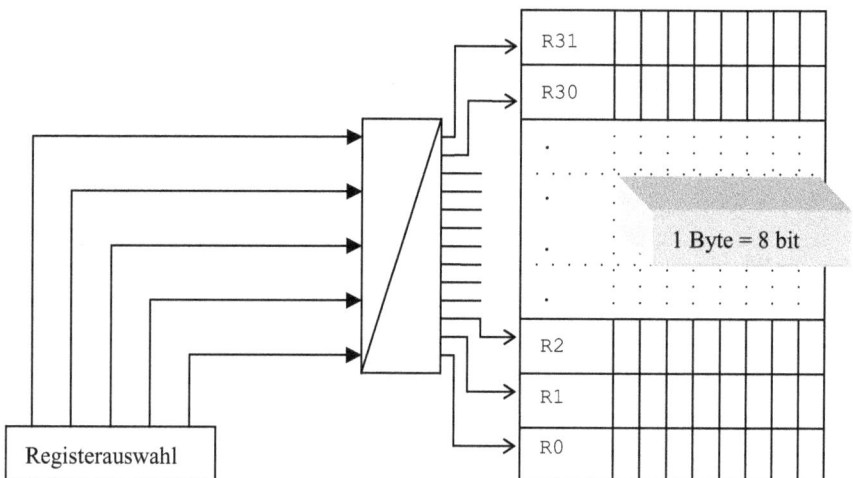

Abbildung 1-13: Der Adressbereich des SRAM, der SF-Register und der Arbeitsregister (ATmega8).

Bei Assemblerprogrammierung werden häufig benutzte Variablen in Registern gehalten und nicht im Datenspeicher (Abbildung 1-13). Auch C-Compiler versuchen, Variablen in Registern anzulegen.

Aufgabe 4
AVR Controller haben eine Befehlswortbreite von 16 Bit und verfügen über 32 Arbeitsregister. Dennoch gibt es weitaus mehr als die oben angeführten 64 Assemblerbefehle. Können Sie sich vorstellen, wie das möglich ist? Es gibt mehrere zutreffende Antworten.

Antworten zu Aufgabe 4:
1) 39 Befehle sind redundant. Sie werden auch *Pseudobefehle* genannt und entsprechen auf Maschinenebene jeweils demselben Bitmuster wie ein anderer Befehl.

2) Viele auf Arbeitsregister bezogene Befehle können nur 16 der insgesamt 32 Arbeitsregister adressieren. Bei 2-Register-Befehlen spart dies 2 Adressierungsbits.

3) Einige Befehle beziehen sich ausschließlich auf *Spezialregister (SFR)* der Peripherie. Da es hiervon im Vergleich zum RAM Bereich nur wenige gibt, werden auch weniger Bits zu deren Adressierung benötigt.

4) Es gibt auch Befehle, die zwei Befehlsworte belegen. Dies gilt insbesondere für Befehle, die Speicheradressen enthalten.

1.1.4 Steuerwerk und Programmstrukturen

Das **Steuerwerk** (Abbildung 1-14) des Mikrocontrollers besteht wie das Rechenwerk aus logischen Schaltungen, die binär codierte Befehle in mehreren Schritten ausführen:

- Befehlsadresse aus dem Befehlszähler an den Programmspeicher ausgeben
- Befehl vom Programmspeicher lesen und decodieren
- Operationscode an die ALU übergeben
- Operanden vom Datenspeicher in Arbeitsregister übertragen
- Operation ausführen
- Ergebnis vom Arbeitsregister an den Datenspeicher übergeben
- den nächsten Befehl vorbereiten

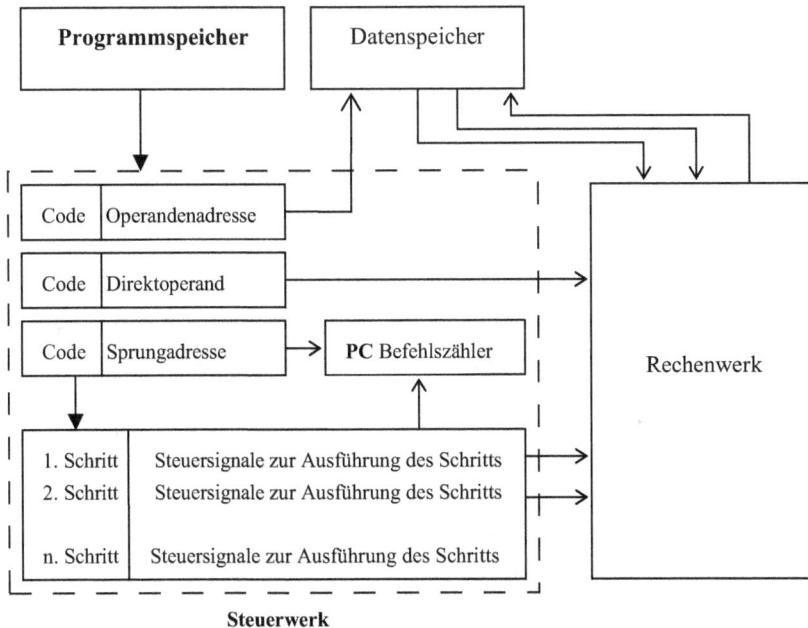

Abbildung 1-14: Steuerwerk.

Der Ausdruck **Befehlszähler (PC = Program Counter)** ist nicht ganz korrekt, eine genauere Bezeichnung wäre **Befehlsadresszähler**.

Ein **Programm** besteht aus Maschinenbefehlen, die binär codiert im Programmspeicher liegen und nacheinander in das Steuerwerk geladen werden. Das Rechenwerk führt die arithmetischen und logischen Operationen wie z. B. die Addition in der ALU durch. Steuerbefehle wie z. B. Sprünge steuern die Reihenfolge, in der die Maschinenbefehle aus dem Programmspeicher geholt werden. Bei bedingten Sprüngen liefert das Ergebnis einer ALU-Operation (z. B. das Null-Bit) die Sprungbedingung.

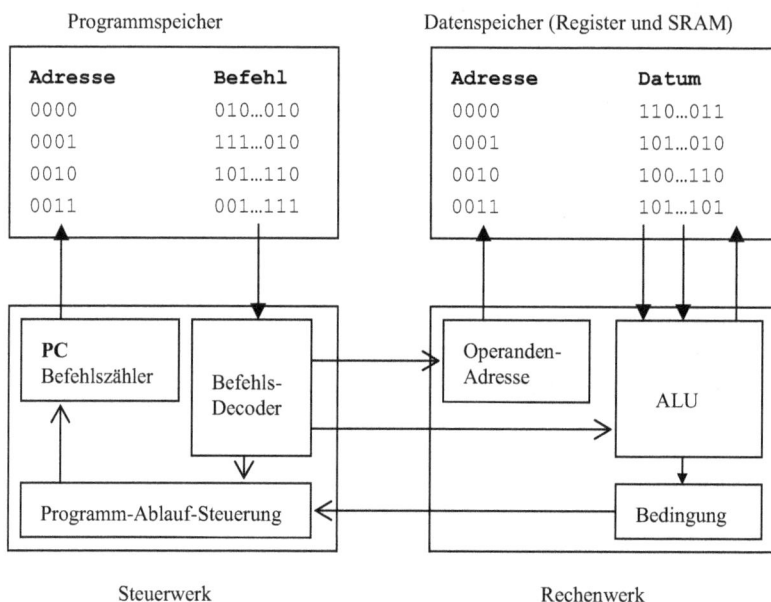

Programmspeicher   Datenspeicher (Register und SRAM)

Adresse	Befehl		Adresse	Datum
0000	010...010		0000	110...011
0001	111...010		0001	101...010
0010	101...110		0010	100...110
0011	001...111		0011	101...101

PC Befehlszähler — Befehls-Decoder → Operanden-Adresse — ALU

Programm-Ablauf-Steuerung ← Bedingung

Steuerwerk   Rechenwerk

Abbildung 1-15: Zusammenspiel zwischen Rechenwerk, Steuerwerk, Programm- und Datenspeicher.

Die einzelnen *Assemblerbefehle* eines in *Assemblersprache* geschriebenen Programms werden 1:1 in binäre Maschinenbefehle übersetzt. Das PC-Programm, das dies leistet, ist der **Assembler**. Assemblerprogramme bilden also das spätere Geschehen im Controller direkt ab. Ein **Compiler** dagegen übersetzt die in einer höheren Programmiersprache geschriebenen Anweisungen in mehrere Maschinenbefehle. Dabei wird im Allgemeinen als Zwischenschritt ein Assemblerprogramm erzeugt. All dies geschieht während der Programmentwicklung auf einem PC innerhalb einer eigens dafür vorgesehenen Programmierumgebung. Das Ergebnis ist in beiden Fällen ein **Maschinenprogramm**, das anschließend in den Programmspeicher des Mikrocontrollers geladen wird.

Bei einem **linearen Programm** werden die Maschinenbefehle nacheinander aus dem Programmspeicher geholt und ausgeführt. Dabei wird der Befehlszähler PC laufend auf die Anfangsadresse des jeweils nächsten Befehls im Programmspeicher erhöht (Abbildung 1-15).

Bei Interpretersprachen wie dem klassischen BASIC wird jede Anweisung erst unmittelbar vor ihrer Ausführung vom **Interpreter** in Maschinenbefehle übersetzt. Die Abarbeitung ist daher vergleichsweise langsam. Zudem belegt der Interpreter seinerseits Speicherplatz in der Anwendung.

Assemblerprogramme werden grafisch meist als Programmablaufplan dargestellt, Hochsprachen-Programme häufig als Struktogramme. Eine Zusammenstellung der Symbole findet sich im Anhang. Das Grundsymbol für eine arithmetische oder logische Operation ist in beiden Darstellungen ein Rechteck, das aber auch eine Folge von Befehlen bzw. Anweisungen zusammenfassen kann.

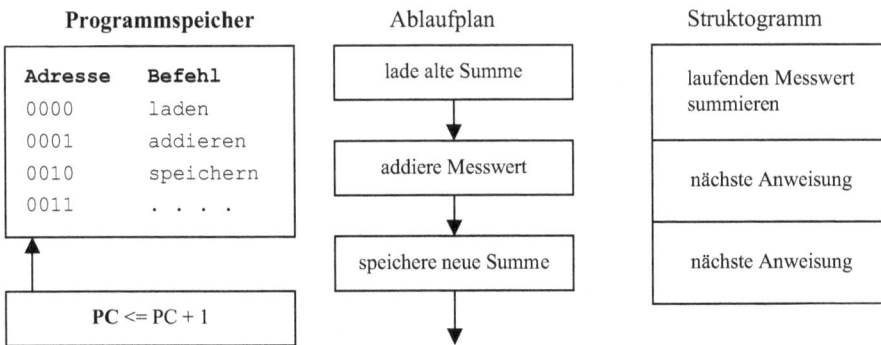

Abbildung 1-16: Ablaufplan und Struktogramm.

Der **Programmablaufplan** verbindet die Rechtecksymbole mit Pfeilen, das **Struktogramm** reiht die Rechtecke aneinander und führt sie in der Reihenfolge von oben nach unten aus (Abbildung 1-16). Bei einem **unbedingten Sprungbefehl** wird der Befehlszähler PC nicht um 1 erhöht, sondern mit der Adresse des Sprungziels geladen. Dafür gibt es folgende Möglichkeiten:
- Die Zieladresse steht im zweiten Wort des Befehls (absoluter Sprung).
- Zum Befehlszähler wird ein Abstand addiert (relativer Sprung).
- Der Befehlszähler wird aus einem Register geladen (berechneter Sprung).
- Der Befehlszähler wird vom Stapel mit einer Rücksprungadresse geladen.

Register sind kleine, flüchtige Speicher mit schnellem Zugriff für allgemeine Daten **(General Purpose Register, GPR)** oder mit spezieller Funktion **(Special Function Register, SFR)**.

Der **Stapel** (Stack) ist eine Art Ablage für Daten, wobei auf die zuletzt abgelegten Daten zuerst zugegriffen wird **(Last In – First Out, LIFO)**.

Eine wichtige Anwendung ist die *Arbeitsschleife*, in der das Programm Eingangsdaten einliest, verarbeitet und entsprechende Ausgaben vornimmt. Man spricht vom **EVA Prinzip:** Eingabe – Verarbeitung – Ausgabe.

Der Programmablaufplan stellt den unbedingten Sprungbefehl mit einem Pfeil zum Sprungziel dar. Die in der C-Programmierung zwar vorhandene aber selten verwendete goto-Anweisung ist im Struktogramm nicht darstellbar. Die Arbeitsschleife (Abbildung 1-17) enthält entweder keine Laufbedingung oder als Laufbedingung *immer*.

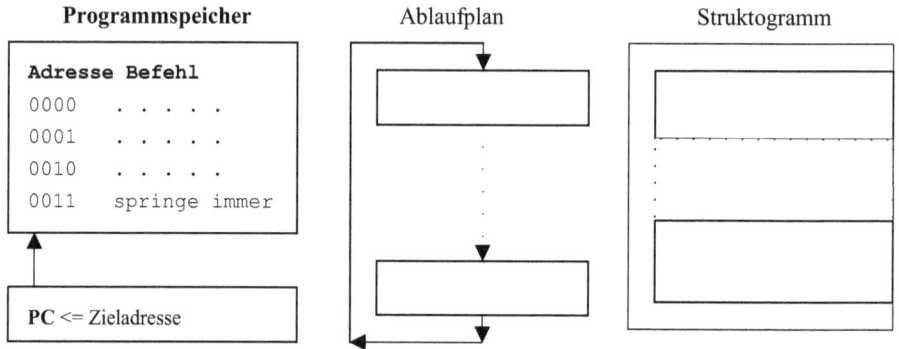

Programmspeicher	Ablaufplan	Struktogramm

```
Adresse Befehl
0000    . . . . .
0001    . . . . .
0010    . . . . .
0011    springe immer
```

PC <= Zieladresse

Abbildung 1-17: Darstellung der Arbeitsschleife in Ablaufplan und Struktogramm.

Bedingte Sprungbefehle führen bei *ja* (Bedingung erfüllt) den am angegebenen Ziel befindlichen Befehl, bei *nein* (Bedingung nicht erfüllt) den nächsten Befehl aus. Die Programm-Ablauf-Steuerung wählt mit einem Bedingungsbit den Befehl aus, der als nächster ausgeführt werden soll. Ist das Bedingungsbit **1** (*ja*, erfüllt), so wird der Befehlszähler mit der Zieladresse geladen; ist das Bedingungsbit **0** (*nein*, nicht erfüllt), so wird der Befehlszähler um 1 erhöht.

Die *Verzweigungsbefehle* (branch) werten ein Bewertungsbit des Rechenwerks aus und erhöhen bzw. vermindern bei *ja* den Befehlszähler um einen im Befehl enthaltenen Abstand (Abbildung 1-18).

Die *Sprungbefehle* (skip) werten ein Testbit der Peripherie oder eines Arbeitsregisters aus und überspringen bei *ja* den nächsten Befehl (PC <- PC + 2).

Unterprogramme (Funktionen) fassen Programmteile zusammen, die eine bestimmte Aufgabe ausführen. Sie werden beim AVR mit dem Assemblerbefehl call aufgerufen, der die Rücksprungadresse auf den Stapel rettet und dann zum ersten Befehl des Unterprogramms springt. Der Rücksprung erfolgt mit einem ret-Befehl (für *return*).

Ein *Interrupt* ist eine durch ein externes Signal oder einen bestimmten Peripheriezustand ausgelöste Programmunterbrechung. Wie bei einem Unterprogrammaufruf wird der laufende Befehlszähler auf den Stapel gerettet und ein Serviceprogramm gestartet, das auf das Ereignis reagiert. Dieses Serviceprogramm ist die *Interruptroutine*. Der Rücksprung erfolgt bei AVRs mit dem Assemblerbefehl reti (für *return from interrupt*).

Die *Rücksprungbefehle* stehen jeweils am Ende des Unterprogramms bzw. der Interruptroutine und sorgen dafür, dass die zuvor auf den Stapelspeicher gelegte Adresse des nächsten auszuführenden Befehls des Hauptprogramms in den Befehlszähler geladen wird.

Programmspeicher	Ablaufplan	Struktogramm

Adresse Befehl
```
0000    . . . . .
0001    Bedingung
0010    springe bed.
0011    . . . . .
```

Schleifen

Laufbedingung?

Laufbedingung ?

Bedingung setzen

verzweige (branch) — *ja*

nein

nächster Befehl

nein 0 ⚫ 1 *ja*

PC <= PC + 1 | **PC** <= neu

nicht springen | springen

Carry	Zero	V	N	S	

Bewertungsbits des Rechenwerks Testbit

Bedingung testen

überspr. (skip) — *ja*

nein

nächster Befehl

übernächster B.

Verzweigungen

Bedingung erfüllt ?	
nein	ja

Bedingung erfüllt ?	
nein	ja

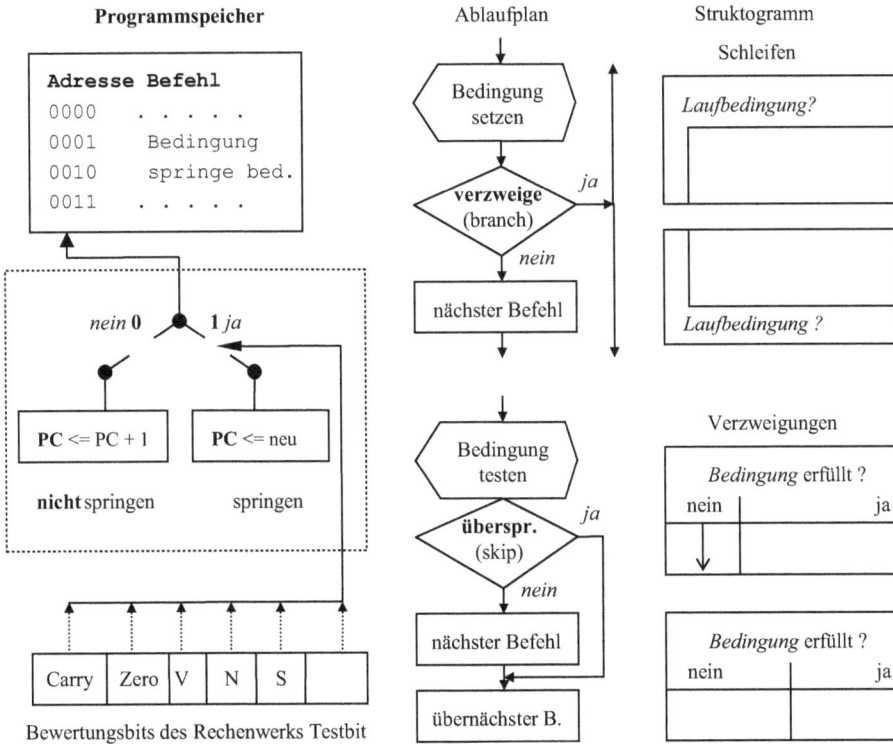

Abbildung 1-18: Verzweigungen in Ablaufplan und Struktogramm.

Woher „weiß" aber die CPU, wo im Programmspeicher die jeweiligen zu den verschiedenen Interrupts gehörenden Serviceroutinen zu finden sind? Zu diesem Problem gibt es verschiedene, unterschiedlich aufwendige Lösungen. Bei traditionellen AVRs ist es eine recht einfache, dafür aber übersichtliche Variante: Die Flashadresse 0 ist immer dem Reset, alle darauf folgenden Adressen sind den verschiedenen Interrupts fest zugeordnet. Dabei steht Controllern mit kleinem Flash-Speicher genau ein Speicherwort – und damit eine Adresse – pro Interrupt zur Verfügung, bei Controllern mit größerem Flash-Speicher sind es je zwei pro Interrupt. Dieser Platz reicht natürlich nicht für ein ganzes Serviceprogramm. Daher legt man hier Sprungbefehle und Sprungziel-Adressen ab. Diese Zieladressen sind die Anfangsadressen der zugehörigen Interrupt-Routinen. Man spricht auch von **Interrupt-Vektoren**, denn sie zeigen auf die Routinen im Flash-Speicher.

Aufgabe 5 (knifflig – kein Problem, wenn Sie an dieser Stelle nicht darauf kommen...)

Haben Sie eine Idee, warum es zwei verschiedene Rücksprungbefehle gibt, einerseits `ret` für Unterprogramme und andererseits `reti` für Interrupt-Serviceroutinen?

Aufgabe 6
Können Sie sich vorstellen, warum bei kleineren Controllern nur ein Befehlswort, bei größeren aber zwei Befehlsworte pro Interrupt reserviert sind?

Aufgabe 7
Das Prinzip *Last In – First Out* entspricht dem Motto „Die Letzten werden die Ersten sein".
Gibt es auch Speicher, die dem Motto „Wer zuerst kommt, mahlt zuerst" entsprechen?

Antwort zu Aufgabe 5:
Unterprogramme werden bei der Programmerstellung an geeigneten Stellen im Programm eingebaut. Das heißt, ihr Auftreten ist vorhersehbar (deterministisch) und ihr Einfluss auf den restlichen Programmablauf ebenfalls. Interrupts dagegen unterbrechen im Betrieb das Hauptprogramm im Allgemeinen an nicht vorhersehbaren Stellen. Es liegt am Programmierer, dafür zu sorgen, dass die Interruptroutine keine Daten des Hauptprogramm-Ablaufs ungewollt verändert. Hier werden oft Programmierfehler gemacht, die erst bei ausgiebigen Tests (hoffentlich rechtzeitig) gefunden werden. Treten während der Ausführung einer Interruptroutine ein oder mehrere weitere Interrupts ein, wird die Situation noch komplexer. Daher sperren AVR Controller durch Schreiben einer 0 in das globale Interrupt-Freigabebit im Register SREG automatisch die Ausführung weiterer Interrupts solange, bis die aktuelle Interruptroutine zu Ende ist. Dass dies der Fall ist, erkennt die Controllerlogik dann am Auftreten des Assemblerbefehls reti. Da beim Aufruf von Unterprogrammen das I-Bit nicht automatisch verändert wird, muss es auch bei Verlassen des Unterprogramms nicht zurückgesetzt werden.

Antwort zu Aufgabe 6:
Um die Flexibilität bei Anzahl und Größe von Interrupt-Routinen nicht unnötig einzuschränken, steht ihnen der gesamte Flash-Adressbereich (natürlich mit Ausnahme der Interrupt-Vektoren selbst) zur Verfügung. Das heißt aber auch, dass der Sprungbefehl eine ausreichend große Adresse verarbeiten können muss. Bei kleineren Controllern passen sowohl Sprungbefehl als auch Zieladresse zusammen in ein Befehlswort von 16 Bit Breite. Bei Controllern mit größerem Flash ist das nicht mehr möglich, hier wird ein zweites Befehlswort benötigt. Entsprechend gibt es auf Maschinen- (und damit auf Assembler-) Ebene zwei verschiedene Sprungbefehle: den kürzeren rjmp (relative jump) mit begrenzter Reichweite und den längeren jmp (jump), der den gesamten Programm-Speicherbereich adressieren kann.

Antwort zu Aufgabe 7:
Ja, Speicher vom Typ *First In – First Out (FIFO)* gibt es, sie heißen *Schieberegister.* Bei ihnen wird mit jedem Taktimpuls der Inhalt vom Eingang um ein Bit weitergeschoben hin zum Ausgang. Auf Schieberegistern basiert beispielsweise die SPI-Schnittstelle (siehe dort).

1.2 Die Bausteine der Atmel-AVR-Familien

Die in diesem Buch verwendeten AVR Mikrocontroller gemäß Blockschaltbild in Abbildung 1-19 gehören zu den modernsten 8-Bit Controllern und sind u. a. gekennzeichnet durch folgende Eigenschaften:

– RISC-ähnliche Struktur mit vergleichsweise großem Befehlssatz und Ausführung der meisten Befehle in nur einem Takt
– HARVARD Architektur mit getrennten Speichern und Bussen für Programm und Daten
– Für die Verwendung von Hochsprachen-Compilern optimierte Architektur
– Flash Programmspeicher (über 10.000 mal programmierbar)
– SRAM Datenspeicher (flüchtig)
– EEPROM für nichtflüchtige Daten (über 100.000 mal beschreibbar)
– 32 Arbeitsregister der Länge 1 Byte
– Arithmetisch-Logische Einheit (ALU) für 8-Bit Daten und z. T. auch 16-Bit Befehle
– Parallele Schnittstellen (Ports) für die Ein- und Ausgabe digitaler Signale
– Verschiedene serielle Schnittstellen (I2C/TWI, SPI, USART)
– Analog-/Digitalwandler zur Eingabe analoger Daten
– Analog-Komparator zum Vergleichen zweier analoger Spannungspegel
– Timer/Counter zum Zählen von Impulsen, Messen von Zeiten und zur Signalausgabe
– Mehrere Interrupt-Optionen aufgrund externer und interner Ereignisse

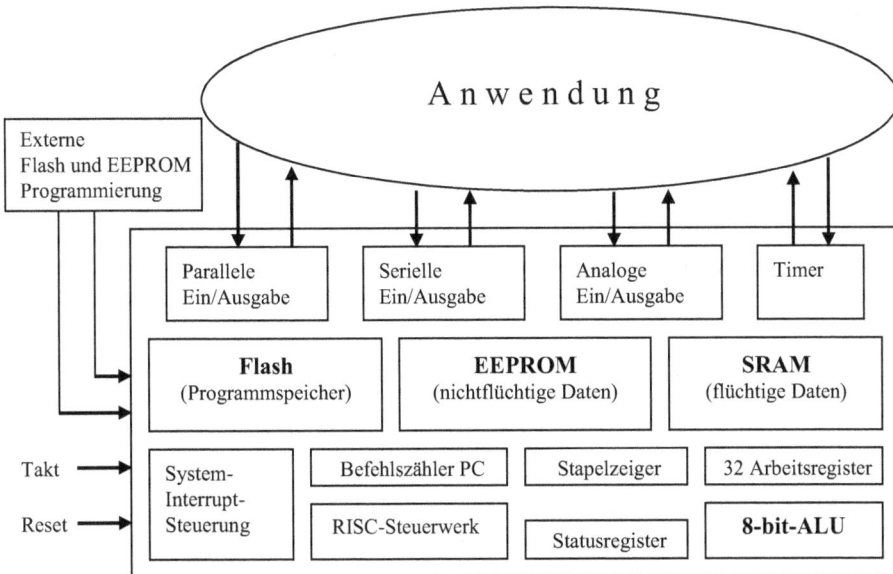

Abbildung 1-19: Blockschaltplan eines AVR-Controllers, eingebettet in eine Anwendung.

Das **Programm** befindet sich in einem wortorganisierten Festwertspeicher (Flash), in dem aber neben den Befehlen auch Konstanten, also unveränderliche Daten, abgelegt werden können. Die meisten Befehle sind 16 Bit breit und werden durch das RISC-Steuerwerk in einem Takt ausgeführt – bei einem Takt von 10 MHz also 10 Millionen Operationen in der Sekunde. Der Flash-Programmspeicher wird bei der Entwicklung des Gerätes durch ein externes Programmiergerät geladen („gebrannt"). Dies kann in einem Programmiercenter vor der Bestückung erfolgen, oder im bereits eingebauten Zustand (*ISP = In System Programming*). Bei vielen modernen AVRs ist sogar eine Umprogrammierung *(Flash Upgrade)* während des laufenden Betriebes über eine beliebige, zuvor entsprechend konfigurierte Schnittstelle möglich. Dazu verfügen diese Bausteine über einen eigenen Boot-Sektor.

Der **EEPROM-Bereich** ist byteorganisiert und kann sowohl bei der Entwicklung zusammen mit dem Flash-Speicher, als auch während des Betriebs mit Daten beschrieben werden. Im Gegensatz zu den Arbeitsregistern und dem SRAM bleibt der Inhalt des EEPROMs auch nach dem Abschalten der Versorgungsspannung erhalten.

Den eigentlichen **Arbeitsspeicher** für Variablen bilden die 32 (bei einigen älteren 6-Pin ATtinys nur 16) **Arbeitsregister** *(GPR – General Purpose Register)* und der statische Schreib-/Lese-Speicher **SRAM** *(Static Random Access Memory)*. Letzterer fehlt bei einigen älteren ATtinys. Beide sind byteorganisiert, ihr Inhalt geht nach Abschalten der Versorgungsspannung verloren und muss bei Bedarf zuvor im EEPROM abgelegt werden.

1.2.1 Bauformen und Anschlüsse

Die Ein- und Ausgangsanschlüsse (Pins) sind in Gruppen von zumeist 8 Stück zusammengefasst und bilden sogenannte Ports. Bei einigen Bausteinen bzw. Gehäuseformen ist die Anzahl der I/O-Anschlüsse kein Vielfaches von 8. In diesen Fällen ist einer der Ports nur teilbestückt. Jedem Port sind mehrere eigene byteorganisierte I/O-Register zugeordnet. Details hierzu finden Sie im Kapitel 4.1 „Die Peripherieports". Durch die Programmierung von Steuerregistern lassen sich die Anschlüsse auch für die serielle und die analoge Datenübertragung sowie für die Timer verwenden. Die Möglichkeiten der Peripherie sind von entscheidender Bedeutung bei der Auswahl des Controllers für eine Anwendung. Hier seien die wichtigsten AVR-Peripheriekomponenten aufgeführt:

– I/O (Input/Output) – digitale Ein-/Ausgabeleitungen
– UART (Universal Asynchronous Receiver and Transmitter) – RS232/V.24-Schnittstelle
– USART – die mit der Synchronfunktion, also Taktsignal, erweiterte V.24-Schnittstelle
– A/D-Wandler (ADC) – Analog/Digitalwandler (analoger Eingang)
– D/A-Wandler (DAC) – Digital/Analogwandler (analoger Ausgang)
– SPI (Serial Peripheral Interface) – eine serielle Schnittstelle
– TWI (Two-Wire Serial Interface) – eine serielle Busschnittstelle (I^2C)

- USI (Universal Serial Interface) – serielle Schnittstelle für UART, SPI und TWI/I²C
- CAN, USB – weitere Bus-Schnittstellen
- JTAG – ein Hardware-Interface zum Anschluss von Programmier- und Testsystemen
- TPI, PDI – weitere Programmier- und/oder Test-Schnittstellen
- PWM-Kanäle – Ausgänge für Pulsweiten-modulierte Rechtecksignale
- CCL (Custom Configurable Logic) – konfigurierbare Logikblöcke
- Event System – koordiniert periphere Komponenten ohne CPU-Eingriff (auch CIP, für Core Independent Peripheral)
- DMA (Direct Memory Access) Controller – koordiniert den Datenaustausch von Peripherie zu Peripherie ohne CPU-Eingriff; derzeit nur bei Xmega-Typen
- RTC (Real Time Counter/Real Time Clock) – 32,768 kHz Timer/Uhrenfunktion

Die meisten Bausteine gibt es in mehreren Gehäusebauformen, wobei teilweise unterschiedliche Bezeichnungen für dieselbe Bauform existieren:
- PDIP (Plastic Dual Inline Package), DIL oder DIP mit zwei Anschlussreihen bei einem Stiftabstand von 2.54 mm für DIL-Sockel (**D**ual **I**n **L**ine = zweireihig); ATxmegas und neuere AVRs werden nicht in dieser Bauform hergestellt, die sich besonders gut für Experimente eignet.
- SOIC (Plastic Gull Wing Small Outline IC Package) mit zwei Anschlussreihen bei einem Stiftabstand von 1.27 mm für SMD-Montage
- PLCC (Plastic Leaded Chip Carrier) mit Anschlüssen an allen vier Seiten bei einem Stiftabstand von 1.27 mm für PLCC-Fassungen; nur wenige frühe AVR-Typen wurden in diesem Gehäuse herausgebracht.
- TQFP (Thin Profile Plastic Quad Flat Package) mit Anschlüssen an allen vier Seiten bei einem Stiftabstand von 0.80 mm
- SSOP (Shrink Small Outline Package) mit zwei Anschlussreihen bei einem Stiftabstand von 0.65 mm
- MLF (Micro Lead Frame Package) bzw. QFN (Quad Flat No-Lead) mit zum Gehäuse hin bündig abschließenden Anschlüssen an allen vier Seiten bei einem Stiftabstand von 0.5 mm und einer mit dem Substrat verbundenen Lötfläche auf der Unterseite, die zur sicheren Befestigung und gegebenenfalls auch Wärmeabfuhr ausreichend großflächig an GND angelötet werden muss.

Eine vollständige Auflistung der Gehäuseformen und Abmessungen findet sich unter https://www.microchip.com/quality/packaging-specifications.
  Die Anschlüsse des ATmega8 im DIL-Gehäuse (PDIP28) wie er für viele Schaltungen dieses Buches verwendet wird:

Vcc	Versorgungsspannung für digitale Komponenten
AVcc	Versorgungsspannung für Analogkomponenten
AREF	analoge Referenzspannung, meist mit Vcc verbunden
GND	(Stift 8) digitaler Masseanschluss
AGND	(Stift 22) analoger Masseanschluss

/RESET	Rücksetzeingang, kann als I/O-Anschluss PC6 konfiguriert werden
XTAL1	Anschluss für Quarz-Systemtakt, alternativ PB6
XTAL2	Anschluss für Quarz-Systemtakt, alternativ PB7
PB0	bis **PB7 Port B** sechs bzw. acht digitale Ein-/Ausgänge
PC0	bis **PC6 Port C** sechs bzw. sieben digitale Ein-/Ausgänge, alternativ zu Port A
PD0	bis **PD7 Port D** acht digitale Ein-/Ausgänge
ADC0	bis **ADC5 Port A** sechs analoge Eingänge, alternativ zu Port C
AIN0	+Eingang des Analogkomparators (nicht-invertierender Eingang)
AIN1	−Eingang des Analogkomparators (invertierender Eingang)
INT0	externer Interrupt-Eingang
INT1	externer Interrupt-Eingang
T0	externer Takt-Eingang Timer0
T1	externer Takt-Eingang Timer1
ICP1	Capture-Eingang Timer1
OC1A	Compare-Ausgang Timer1
OC1B	Compare-Ausgang Timer1
TOSC1	Anschluss für Quarz-Takt Timer2
TOSC2	Anschluss für Quarz-Takt Timer2
OC2	Compare-Ausgang Timer2
SCK MISO MOSI und /SS	Anschlüsse der seriellen SPI-Schnittstelle
SCL und SDA	Anschlüsse der seriellen TWI-Schnittstelle (I^2C)

Für Versuchsschaltungen eignet sich die Bauform PDIP besonders gut beim Einsatz von Lochrasterplatinen oder Steckbrettern im Raster 2,54 mm (1/10 Zoll). Test- und Übungsgeräte wie das STK 600 sind mit entsprechenden PDIP-Fassungen versehen, für andere Gehäuse sind Zusatzsockel zum Aufstecken verfügbar. Für die nicht steckbaren Gehäusebauformen mit engen Stiftabständen werden auch kleine Platinen mit bereits aufgelöteten Controllern angeboten. Abbildung 1-20 zeigt die Anschlussbelegung des **ATmega8** in der Gehäusebauform PDIP28, der in den Kapiteln *Programmierung* und *Peripherie* als Beispiel dient. Die neueren Entwicklungen ATmega48, ATmega88, ATmega168 und ATmega328 sind pinkompatibel mit dem ATmega8. Sie unterscheiden sich untereinander in der Speichergröße und haben erweiterte Interrupt- und Peripheriefunktionen.

Einige Beispielprogramme benutzen Port D zur Eingabe von Testdaten und Port B zur Ausgabe von Ergebnissen. Dazu muss der Baustein ATmega8 mit *internem Takt* betrieben werden, damit die externen Quarzanschlüsse als PB6 und PB7 dienen können. Wie die entsprechende Konfigurierung über *Fuses* erfolgt, wird an geeigneter Stelle im Buch beschrieben.

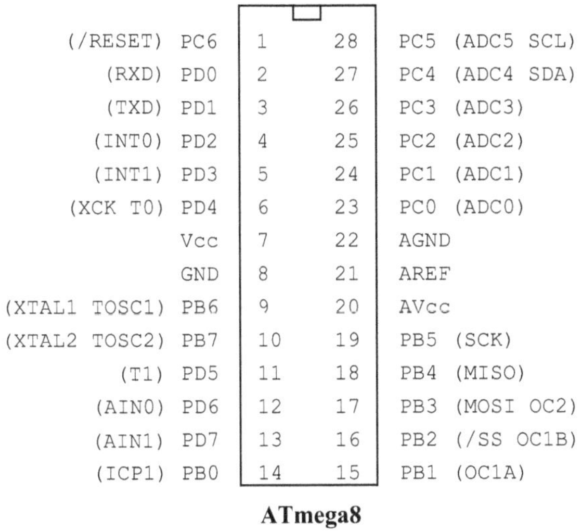

```
          (/RESET)   PC6   │ 1        28 │   PC5   (ADC5 SCL)
             (RXD)   PD0   │ 2        27 │   PC4   (ADC4 SDA)
             (TXD)   PD1   │ 3        26 │   PC3   (ADC3)
            (INT0)   PD2   │ 4        25 │   PC2   (ADC2)
            (INT1)   PD3   │ 5        24 │   PC1   (ADC1)
          (XCK T0)   PD4   │ 6        23 │   PC0   (ADC0)
                     Vcc   │ 7        22 │   AGND
                     GND   │ 8        21 │   AREF
     (XTAL1 TOSC1)   PB6   │ 9        20 │   AVcc
     (XTAL2 TOSC2)   PB7   │ 10       19 │   PB5   (SCK)
              (T1)   PD5   │ 11       18 │   PB4   (MISO)
            (AIN0)   PD6   │ 12       17 │   PB3   (MOSI OC2)
            (AIN1)   PD7   │ 13       16 │   PB2   (/SS OC1B)
            (ICP1)   PB0   │ 14       15 │   PB1   (OC1A)
```

ATmega8

Abbildung 1-20: Die Anschlussbelegung des ATmega8 in der Bauform PDIP28.

1.2.2 Der Programmspeicher (Flash)

Als **Flash** (Blitz) oder auch Flash-EPROM bezeichnet man eine nichtflüchtige Speichertechnologie, bei der Speicherzellen wie bei einem EEPROM durch elektrische Impulse programmiert und wieder gelöscht werden. Beide Technologien basieren auf sogenannten **Floating Gates**. Sie entsprechen den Steueranschlüssen von MOSFETs, nur dass sie nicht mit Anschlussleitungen verbunden, sondern vollständig von Isoliermaterial umgeben sind, so dass einmal aufgebrachte Elektronen auch nach Jahrzehnten nicht abfließen. Dass trotz dieser Isolierung überhaupt Elektronen auf die Gates übertragen werden können, ist dem quantenmechanischen Tunneleffekt zu verdanken. Für nähere Details sei auf entsprechende Fachliteratur verwiesen.

Der Programmspeicher Abbildung 1-21 nimmt Befehle und konstante Daten auf. Der Befehlsbereich ist wortorganisiert. Ein Befehlswort besteht aus zwei Bytes (16 Bit). Bei einem 8-kByte Speicher kann das Programm maximal 4096 Befehle umfassen. Sie werden durch den Befehlszähler mit Wortadressen im Bereich von 0x0000 bis 0x0fff hexadezimal ohne Segmentierung oder Seitenumschaltung ausgewählt. Nach einem Reset wird der auf der untersten Adresse 0x0000 liegende Befehl ausgeführt, auf den folgenden Adressen liegen die Einsprünge von Interrupts.

Der bei ATmega- und modernen ATtiny-Controllern im oberen Adressbereich liegende **Boot-Bereich** dient zur Aufnahme eines **Bootloader** genannten Programms, mit dessen Hilfe Anwenderprogramme während des Betriebes über eine beliebige Schnittstelle komplett neu geladen oder in Teilen aktualisiert werden können.

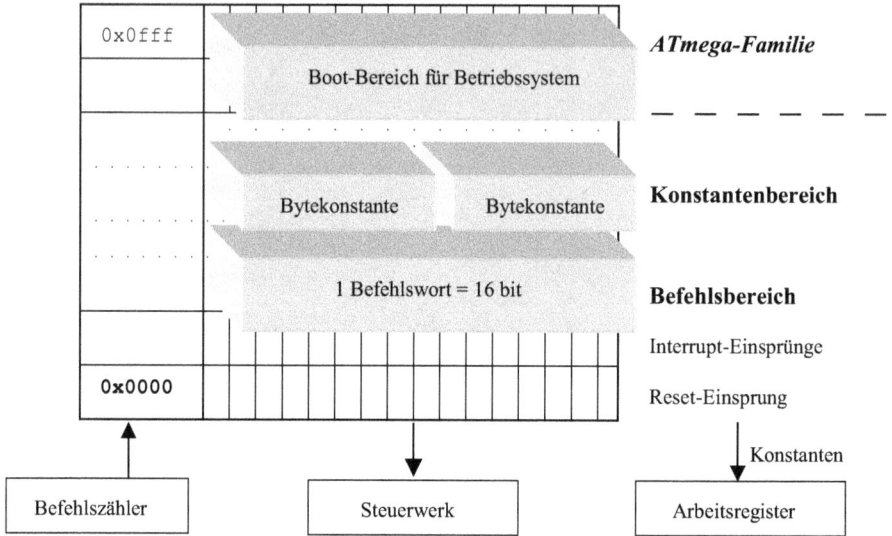

Abbildung 1-21: Modell des Programmspeichers (Adressbereich des ATmega8).

Der Flash-Programmspeicher kann bei AVRs nicht direkt durch externe Speicherbausteine erweitert werden. Lediglich konstante Daten wie etwa unveränderliche Displaygrafiken, Preistabellen, Zeichensätze etc. können in extern anzuschließende nichtflüchtige Speicher ausgelagert werden. Hierfür werden meistens serielle Flash-Bausteine eingesetzt.

Aufgabe 8:
Warum ist in den allermeisten Fällen der erste Befehl eines AVR-Programms ein Sprungbefehl – und wohin wird da gesprungen?

Antwort zu Aufgabe 8:
Standardmäßig wird nach dem Einschalten oder einem Reset zuerst der Befehl an Adresse 0 ausgeführt. Dort steht zumeist ein Sprung in den Programmspeicher unmittelbar oberhalb des Bereichs, der den Interrupts zugeordnet ist. Compiler berücksichtigen das automatisch.

1.2.3 Der Arbeitsspeicher (SRAM)

Der Arbeitsspeicher nimmt die veränderlichen (variablen) Daten der Länge 1 Byte auf und kann während des Betriebs durch Befehle beschrieben und gelesen werden. **SRAM** bedeutet *Static Random Access Memory* oder statischer Schreib-/Lese-Speicher mit wahlfreiem Zugriff. Wie bei den Arbeitsregistern ist nach dem

Einschalten der Versorgungsspannung sein Inhalt undefiniert, beim Abschalten geht er verloren. Ein Reset während des Betriebs (***warm reset***) hat keinen Einfluss auf den Inhalt.

Der SRAM liegt mit den SF (Special Function)-Registern der Peripherie und den Arbeitsregistern in einem gemeinsamen Adressbereich, der entweder direkt über das zweite Befehlswort oder indirekt mit Indexregistern adressiert werden kann. Für die Arbeitsregister gibt es zusätzlich eigene Zugriffsbefehle, nämlich die gegenüber den SRAM-Zugriffsbefehlen ld (load) und st (store) kürzeren und schnelleren mov-Befehle (move). Für die unteren 32 SF-Register stehen die ebenfalls effizienteren Daten-Transportbefehle in und out zur Verfügung. Abbildung 1-22 zeigt als Beispiel den Adressbereich des ATmega8, der ohne Segmentierung oder Bankauswahl adressiert wird.

Der Registersatz der Arbeitsregister und der Adressbereich der SF-Register sind für alle drei AVR-Familien gleich, sie unterscheiden sich jedoch in der Größe des SRAM-Bereichs voneinander. Die höchste SRAM-Adresse ist in den Definitionsdateien als RAMEND definiert. Für den ATmega8 mit 1 kByte ist dies der hexadezimale Wert 0x045f. Auf der höchsten SRAM-Adresse wird sowohl in der Assembler- als auch in der C-Programmierung der Stapel angelegt, der die Rücksprungadressen für Interrupts und Unterprogramme aufnimmt. Für ältere Bausteine der ATtiny-Familie, die keinen SRAM haben, steht ersatzweise ein Hardwarestapel zur Verfügung.

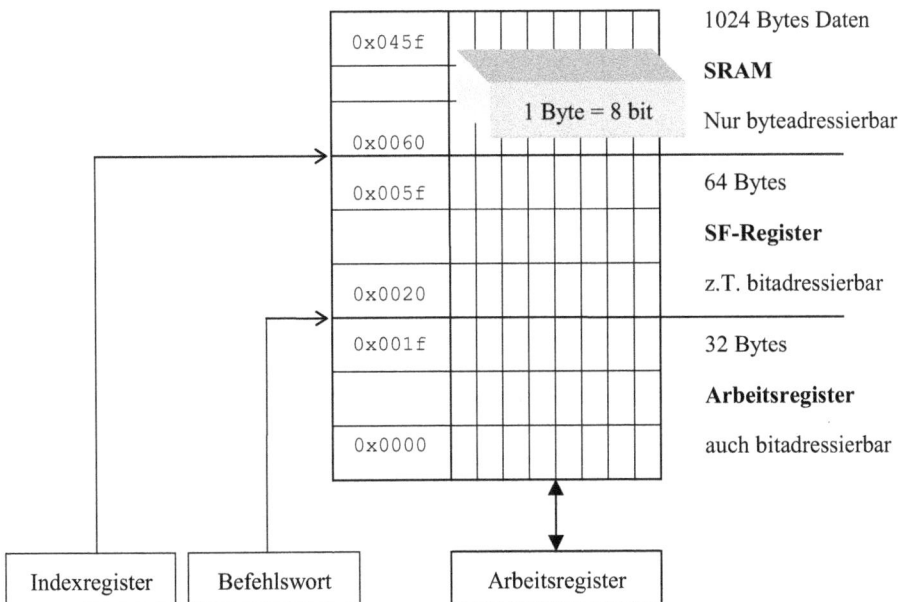

Abbildung 1-22: Der Adressbereich des SRAM, der SF-Register und der Arbeitsregister (ATmega8).

Der interne SRAM lässt sich bei einigen AVR-Controllern wie z. B. dem ATmega8515 durch externe Bausteine erweitern. Sie werden an Portleitungen angeschlossen, die als Adress- und Datenbus umprogrammiert werden können. Der Zugriff erfolgt über die gleichen Lade- und Speicherbefehle mit zusätzlichen Takten.

1.2.4 Der nichtflüchtige Speicher (EEPROM)

EEPROM ist eine Abkürzung für *Electrical Erasable and Programmable Read Only Memory* und bedeutet, dass der Nur-Lese-Speicher elektrisch programmiert und gelöscht werden kann. Der EEPROM-Bereich dient zur nichtflüchtigen Aufbewahrung von Daten. Diese gehen im Gegensatz zum SRAM nach dem Abschalten der Versorgungsspannung nicht verloren und stehen nach dem Einschalten wieder zur Verfügung. EEPROM-Zellen lassen sich wesentlich häufiger umprogrammieren als Flash-Zellen, sind aber aufwendiger herzustellen.

Die Programmierung erfolgt entweder zusammen mit dem Programm-Flash durch eine äußere Programmiereinrichtung oder während des Betriebs durch das Programm. Die Daten der Länge 1 Byte sind nicht durch Befehle adressierbar, sondern können nur über eine Steuereinheit (Abbildung 1-23) gelesen und beschrieben werden. Die Schreibzeit ist wesentlich länger als die Zugriffszeit auf den SRAM-Bereich, daher eignet sich der EEPROM nicht als Arbeitsspeicher, sondern nur für die Aufbewahrung von Parametern und Steuerwerten.

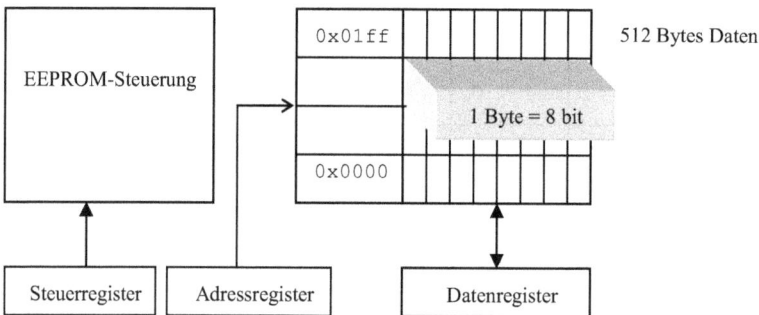

Abbildung 1-23: Der EEPROM-Bereich (ATmega8).

Die Größe des EEPROM-Bereiches liegt bei den Bausteinen der AVR-Familien zwischen 64 und 4096 Bytes. Abbildung 1-23 zeigt als Beispiel den Bereich des ATmega8. Zusätzliche handelsübliche serielle oder parallele EEPROM-Bausteine können an den Peripherieanschlüssen betrieben werden. Weit verbreitet und sehr preiswert sind serielle EEPROMs mit I2C-Schnittstelle (TWI).

1.2.5 Der Peripheriebereich

Als **Peripherie** bezeichnet man Komponenten des Controllers, die nicht Bestandteil der CPU oder der Ablaufsteuerung sind. Viele davon waren bei früheren Controllern oder Prozessoren in eigenen Bausteinen untergebracht, während sie bei modernen Mikrocontrollern bereits integriert sind und ein wichtiges Auswahlkriterium darstellen. Für die Programmierung der Peripheriefunktionen stehen insgesamt 64 Register im **SFR-Bereich (Special Function Register)** zur Verfügung (Abbildung 1-24). Neuere Bausteine wie z. B. der ATmega88 haben einen erweiterten SFR-Bereich auf den SRAM-Adressen 0x60 bis 0xFF. Bei einigen nicht durch Peripherie belegten Adressplätzen liegen sogenannte **I/O-Register**, die durch schnelle und kurze Portbefehle angesprochen werden können. Ähnlich den Arbeitsregistern stehen sie dem Programmierer zur allgemeinen Verfügung, sind aber anders als diese nicht Bestandteil der CPU.

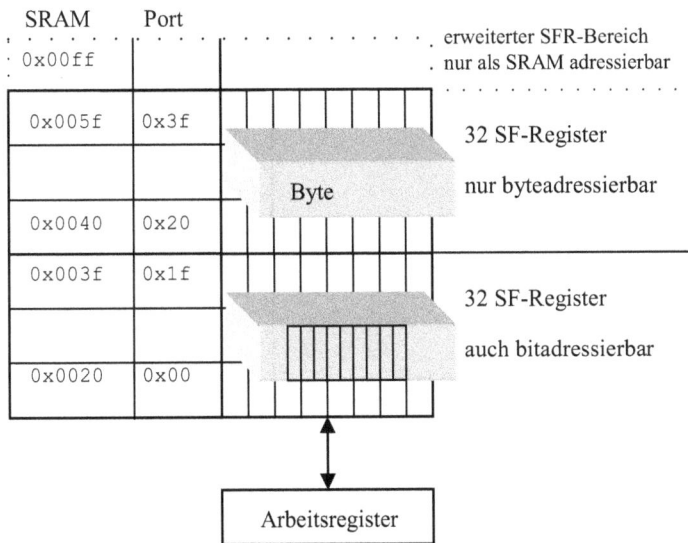

Abbildung 1-24: Die Adressierung des SFR-Bereichs.

Die SF-Register lassen sich daher durch Befehle nur auslesen oder beschreiben, arithmetische und logische Operationen müssen in den Arbeitsregistern durchgeführt werden. Es lassen sich drei Adressierungsarten anwenden:
– Byteadressierung mit speziellen Portbefehlen für 64 SF-Register, die eine 6 Bit Portadresse im Befehl enthalten und in einem Takt ausgeführt werden
– Bitadressierung zum Setzen, Rücksetzen und als Sprungbedingung für die unteren 32 SF-Register, die eine 5 Bit Portadresse und eine 3 Bit Bitadresse enthalten und in einem Takt ausgeführt werden

– Byteadressierung mit Lade- und Speicherbefehlen, die in zwei Takten ausgeführt werden, und einer 16-Bit SRAM-Adresse für den gesamten SFR-Bereich

Für die Arbeit mit 16-Bit Peripherieregistern gibt es 8-Bit Zwischenspeicher, die für einen korrekten 16-Bit Zugriff sorgen.

1.2.6 Systemsteuerung und Konfigurationsparameter

Die Beispiele dieses Abschnitts beziehen sich auf den Controller ATmega8, die Besonderheiten der anderen Typen finden sich im Abschnitt 7.1 sowie in den Datenbüchern. Die meisten Bausteine der drei AVR-Familien können standardmäßig mit einem externen Quarz als Quelle für den Systemtakt betrieben werden. Die Versorgungsspannung ist abhängig von der Version des Bausteins. Für hohe Taktfrequenzen ist – mit Ausnahme der Xmegas – der Bereich auf 4.5 bis 5.5 Volt (bei einigen Typen 6.0 Volt) begrenzt.

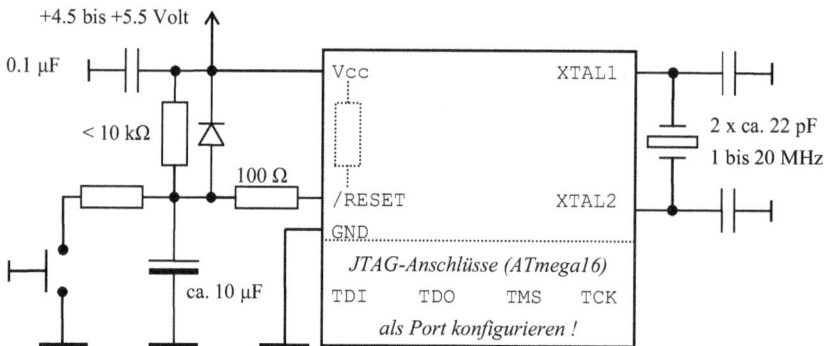

Abbildung 1-25: Standardschaltung mit Reset-Taster und externem Quarz (Beispiel ATmega16).

Der Reset-Eingang ist über einen *internen* Widerstand mit Vcc verbunden (Pull-Up Widerstand) und kann daher im Prinzip offen bleiben. Der Hersteller allerdings empfiehlt in seiner unbedingt lesenswerten Application Note AVR042 die Beschaltung mit einer in Sperr-Richtung betriebenen Diode gegen Vcc und einem RC-Glied, das den Spannungsanstieg am Reset-Eingang gegenüber Vcc verzögert und zugleich kurze Störeinstreuungen (*Spikes*) durch starke Störfelder eliminiert. Bei Bedarf kann noch ein Taster gegen Masse ergänzt werden, wie in Abbildung 1-25 dargestellt. Um Fehlfunktionen des Controllers zuverlässig zu vermeiden, muss in Reihe zu diesem Taster ein Widerstand im Bereich einiger hundert Ohm liegen. Ohne diesen würden beim Drücken des Tasters durch die schlagartige Entladung des Kondensators in Verbindung mit der parasitären Induktivität der Leiterbahnen und dem Tastenprellen unzulässig hohe Spannungsspitzen auftreten. Sehr wichtig ist auch der keramische

100 nF Entkopplungskondensator zwischen Vcc und GND. Er muss so nah wie möglich am Chipgehäuse angeschlossen werden. [AVR042]

Bei vielen AVR Controllern können die Reset- und Quarzeingänge sowie die JTAG-Anschlüsse alternativ als Portleitungen verwendet werden. Die Einstellung erfolgt über die sogenannten Fuses beim Laden des Programms mit den Konfigurationsparametern.

Beim Einschalten beginnt der **Power-On-Reset (POR)**, wenn die Versorgungsspannung am Eingang Vcc den Power-On-Schwellwert *VPOT* (siehe Datenblatt: *Power-on Reset Threshold Voltage (rising)*) überschreitet. Bei externer Beschaltung startet erst ein Anstieg der Spannung am Reset-Eingang auf einen Reset-Schwellwert den Reset-Vorgang. Dieser wird durch einen programmierbaren internen Zähler verzögert. Man unterscheidet folgende Reset-Arten, deren Eintreten in einem der Spezialregister, dem MCU Status Register (MCUSR), durch jeweils ein eigenes *Signalisierungs-Bit (Flag)* angezeigt wird:
– Power-On-Reset beim Einschalten der Versorgungsspannung ohne externe Beschaltung des Reset-Eingangs (offen oder als Port programmiert)
– Power-On-Reset und Überschreiten einer Schwellspannung am Reset-Eingang
– fallende und dann steigende Flanke am Reset-Eingang z. B. durch einen Taster
– Absinken der Versorgungsspannung (*brown-out*)
– Auslösen des Watchdog-Timers (WDT)
– bei einigen ATmega-Controllern ein Reset durch die JTAG-Schnittstelle

Für die Taktversorgung können durch Konfigurationsparameter verschiedene Taktquellen eingestellt werden. Beispiele für den ATmega8:
– externer Quarz oder Resonator bis 16 MHz an den Anschlüssen XTAL1 und XTAL2 besonders für die serielle USART-Schnittstelle oder für eine Uhrenprogrammierung
– externes RC-Glied am Anschluss XTAL1, Anschluss XTAL2 offen
– externes Taktsignal am Anschluss XTAL1, Anschluss XTAL2 offen
– interner Taktgenerator 1 bis 8 MHz, Anschlüsse XTAL1 und XTAL2 als PB6 und PB7

Die Taktquelle sowie die optimale Einschaltverzögerung bei einem Reset werden als Konfigurationsparameter zusammen mit dem Laden des Programms eingegeben. Im Programm-Speicher befindet sich ein Systembereich mit folgenden Steuerbytes für die Einstellung der Konfigurationsparameter:
– Verriegelungsbyte (*Lock Bits*) zum Speicherschutz
– Sicherungsbytes (*Fuses*) z. B. zur Einstellung der Einschaltverzögerung und Taktquelle
– Signaturbytes mit Angaben über den Hersteller und den Controllertyp
– Kalibrierungsbyte zum Voreinstellen des internen Taktgenerators
– Einmalige und nicht manipulierbare Seriennummer (nur bei moderneren Typen)

Durch Programmierung eines Steuerregisters lässt sich das System in mehrere Ruhe- und Stromsparzustände (**Sleep-Modi**) versetzen. Dabei werden interne Takte abgeschaltet und die Ausführung der Befehle bis zum Auftreten eines Interrupts oder Resets ausgesetzt.

Man unterscheidet:

– den Ruhezustand (*idle*) mit aktiver Peripherie und Interruptsteuerung
– Störunterdrückung (*noise reduction*) während einer Analog/Digitalwandlung
– Bereitzustand (*standby*) mit wesentlich reduzierter Stromaufnahme
– Stromsparbetrieb im „Tiefschlaf" (*power-down* mit und *power-save* ohne laufende RTC)

Die Konfigurationsparameter sind im Auslieferungszustand der Bausteine in den Verriegelungs- und Sicherungsbytes voreingestellt. Für den ATmega8 gilt:

– kein Schutz vor Neuprogrammierung und Auslesen des Flash-Bereiches
– kein Schutz vor Lesen und Schreiben des Anwender-Flash-Bereiches
– kein Schutz vor Lesen und Schreiben des Boot-Flash-Bereiches
– PC6 ist Reset-Eingang (wichtig für serielle Flash-Programmierung!)
– der Watchdog-Timer muss durch Befehle freigegeben werden
– die serielle Flash-Programmierung ist eingeschaltet
– kein Löschschutz für den EEPROM-Bereich
– Boot-Flash-Bereich 1024 Wörter ab Adresse 0x0C00
– Reset-Startadresse liegt im Anwender-Flash-Bereich ab 0x0000
– kein Reset beim Absinken der Versorgungsspannung (*brown-out-detection*)
– Oszillatoroptionen nicht gesetzt
– interner Taktgenerator 1 MHz aktiv, dadurch XTAL1 und XTAL2 frei als PB6 und PB7
– Reset-Startverzögerung 64 ms
– sechs Takte Startverzögerung nach Ende des Stromsparbetriebs

Bei der erstmaligen Programmierung des Bausteins ist es dringend erforderlich, die Konfigurationsparameter (*Fuses* und *Lock Bits*) zu kontrollieren und gegebenenfalls für die vorliegende Anwendung zu verändern. Dies geschieht mit den Programmiereinrichtungen, mit denen auch das Programm in den Flash- und die Daten in den EEPROM geladen werden. Die folgenden Beispiele verwenden die vom Hersteller vertriebenen Programmiergeräte, wie etwa den *ATMELICE* oder die auf den kleineren *Xplained Mini* und *Xplained Pro* Boards enthaltene Programmier-Hardware. Der serielle AVRISPmkII Programmer wurde vom Hersteller leider abgekündigt, preiswerte Nachbauten sind im Internethandel erhältlich. Mit dem Testsystem STK600 lassen sich über die parallele *High-Voltage*-Programmierung Bausteine reparieren, die durch Fehlprogrammierung seriell nicht mehr zugänglich sind.

In den Beispielen der Kapitel Assemblerprogrammierung, C-Programmierung und Peripherie wird der verwendete ATmega8 eingestellt auf:

- Anschluss PC6 (Stift 1) als Reset-Eingang und nicht als Ein/Ausgabe (I/O)
- Watchdog-Timer beim Reset zunächst ausgeschaltet
- Unterspannungserkennung (*brown-out detection*) ausgeschaltet
- serielle Programmierung des Bausteins über SPI
- Reset-Startadresse liegt im Anwender-Flash-Bereich ab 0x0000
- interner Taktgenerator 1 MHz, dadurch PB6 und PB7 als Portanschlüsse verfügbar
- kein Löschschutz für EEPROM und kein Flash-Speicherschutz

1.3 Die Entwicklung von Anwendungen

Entwicklungssysteme bestehen aus einer auf einem PC ablaufenden Software (*Integrated Development Environment, IDE*) und aus einer Hardware, die den Controller mit einer Programmiereinrichtung verbindet. Abbildung 1-26 zeigt einige vom Hersteller angebotene Systeme, die über eine USB-Schnittstelle an den PC angeschlossen werden.

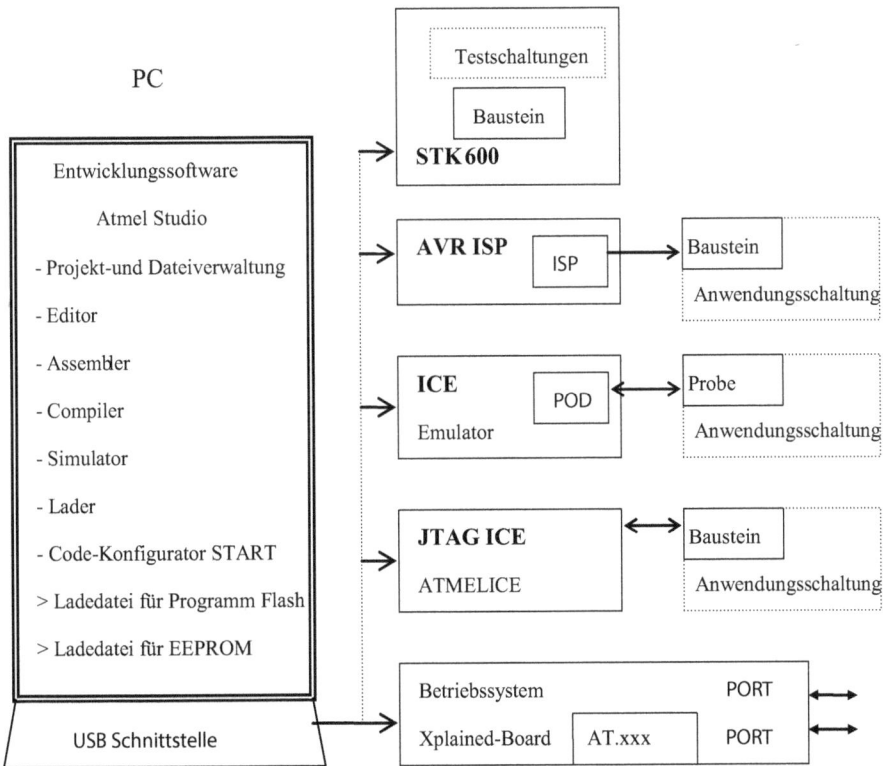

Abbildung 1-26: Entwicklungssysteme für AVR-Controller (Übersicht).

Das Entwicklungsgerät STK 600 verfügt über Adapterplatinen mit Sockeln für die zu programmierenden Bausteine. Alle Anschlüsse des Bausteins sind an Stiftleisten herausgeführt, an die nun Ein-/Ausgabeschaltungen wie z. B. die auf dem STK 600 vorhandenen acht Taster bzw. acht Leuchtdioden angeschlossen werden können, um einfache Übungsprogramme zu testen. Kleinere und preiswertere Übungssysteme wie die Xplained-Kits sind auf einen bestimmten, fest eingelöteten Controller ausgerichtet und mit eigener Programmier- und Testschaltung ausgerüstet (Abbildung 1-27).

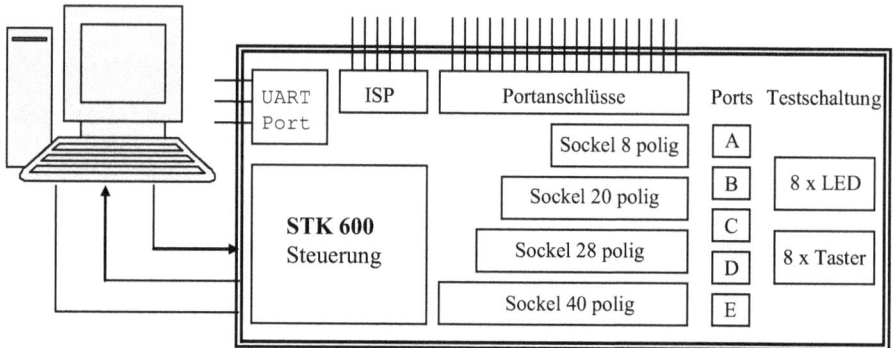

Abbildung 1-27: Entwicklungssystem mit Testschaltungen (STK 600).

Das Programmiergerät AVR ISP (**In S**ystem **P**rogrammer) kann nur dann Ladedateien in den Ziel-Baustein laden, wenn die SPI-Schnittstelle des Bausteins (Abbildung 1-28) potentialfrei oder hochohmig beschaltet ist. Auch hier empfiehlt sich die Lektüre der AppNote AVR042 ...

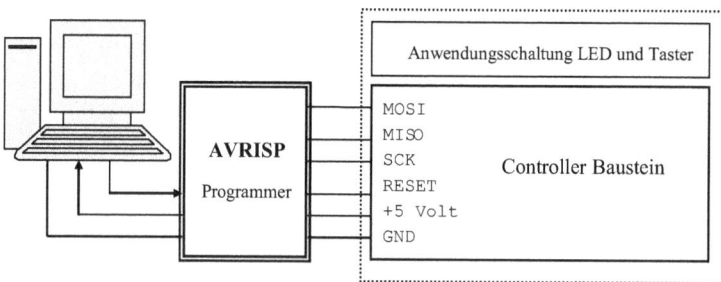

Abbildung 1-28: Programmiergerät für Flash, EEPROM und Konfigurationsparameter (AVRISP).

In Circuit Emulatoren (ICE) stellen für die verschiedenen Bausteintypen Module (Pod) und Prüfköpfe (*Probe*) mit Anpassungssteckern (*Personality Adapter*) zur Verfügung, die den Emulator mit der Anwendung verbinden. Anstelle des entfernten Controllers übernimmt die Emulatorhardware die Ausführung des Programms, das sich durch Setzen von Haltepunkten und Einzelschrittsteuerung in der Anwendung testen lässt. Diese Systeme sind aufwendig und teuer. Sie basieren auf Spezialversionen der entsprechenden Controller oder auf *FPGAs* (*Field Programmable Gate Array*, programmierbare Gatter-Anordnung). In letzterem Fall entsprechen nur die Logikeigenschaften dem Original. In „weichen" Faktoren wie der Genauigkeit, dem *Jitter* (periodische Frequenzschwankungen) und dem Temperaturverhalten der RC-Oszillatoren, in den Analogeigenschaften u. v. m. weichen sie dagegen vom Original ab, so dass Überraschungen in der realen Schaltung nicht ausgeschlossen sind. Im Übrigen kommen auch bei der Programmierung von Emulatoren Fehler vor. Oder tatsächlich vorhandene Fehler des Bausteins (Errata) werden eben gerade nicht emuliert.

Bei Bausteinen mit Debug-Schnittstelle befindet sich das Testsystem bereits auf dem Chip, der in der Anwenderschaltung verbleibt und nur über eine Kabelverbindung mit dem Emulator verbunden wird. *JTAG* (*Joint Test Action Group*) ist eine solche standardisierte Schnittstelle für den Test von hochintegrierten logischen Schaltungen. Andere, Pins und Leitungen sparende Debug-Schnittstellen sind zumeist herstellerspezifisch. Auch bei den verschiedenen AVR-Familien und Generationen gibt es mehrere solcher Debug-Schnittstellen.

Für die Programm-Beispiele in Assembler und C wurde die kostenlose Entwicklungssoftware Atmel Studio7 verwendet. Da sie auf Visual C basiert, steht sie nur unter Microsoft Windows zur Verfügung. Auch nach der Übernahme Atmels durch Microchip soll diese Entwicklungssoftware auf Jahre hinaus weiter gepflegt werden.

Beim Anlegen eines **C-Programms** wird eine Textdatei (`.c`) mit dem C-Quellcode erstellt. Die Auswahl des Controllerbausteins erfolgt zusammen mit der Pfadangabe und anderen Steuerparametern in einer besonderen Definitionsdatei (`Makefile`). Der C-Compiler erzeugt eine Reihe von Dateien, darunter `.hex` mit dem in den Flash ladbaren Programm, `.eep` mit den EEPROM-Daten, `.lst` und `.lss` mit dem erzeugten Code in Assemblerschreibweise und eine Datei `.cof`, mit der sich das Programm im Studio simulieren und in das Zielsystem laden lässt. Die Übertragung der Ladedateien in den Baustein übernimmt ein Programmiergerät, das über die USB-Verbindung am PC angeschlossen wird.

Das wichtigste Werkzeug für die Programmentwicklung ist neben dem Übersetzer ein *Debugger,* mit dem sich das Programm im Einzelschritt verfolgen und an bestimmten Punkten (*Breakpoint*) anhalten lässt. Dabei kann der Entwickler den Inhalt der Arbeits- und Spezialregister ansehen und ändern sowie Daten über die Ports eingeben.

Der im Studio enthaltene *Simulator* bildet die Befehle durch Software nach, die nur auf dem PC abläuft. Dadurch lässt sich das Programm testen, ohne dass ein echter Controller in einer Anwendung vorhanden sein muss.

Auch der Simulator kann – ähnlich einem Emulator – nur einen ersten Test auf Funktionieren der logischen Programmfunktionen leisten und den sorgfältigen Endtest der realen Schaltung nicht ersetzen.

2 Assemblerprogrammierung

„Assembler" bezeichnet sowohl eine Programmiersprache, als auch das Übersetzungsprogramm, das ein in dieser Sprache geschriebenes Programm in den Code des Prozessors überführt. Früher wurden Mikrocontroller überwiegend in Assembler programmiert, da Hochsprachencompiler erheblich mehr Speicher erforderten, der knapp und teuer war (***Memory Overhead***). Heute werden die meisten professionellen Anwendungen wegen besserer Übertrag- und Lesbarkeit (bei sauberer Programmierung…) in C oder anderen Hochsprachen erstellt. Dennoch ist ein gewisses Maß an Assemblerkenntnissen wichtig, um beurteilen zu können, was der Compiler generiert und um kritische Operationen in Assembler speicherbedarfs- oder rechenzeitoptimiert zu schreiben. Auch bildet nur Assemblersprache die Vorgänge im Controller 1:1 ab und eignet sich so besonders gut zum Verstehenlernen ebendieser.

Der Hersteller definiert die Befehle und Register und stellt auch entsprechende Übersetzer zur Verfügung. Die Beispiele dieses Buches wurden mit dem im Atmel Studio7 enthaltenen Assembler übersetzt. Abbildung 2-1 zeigt einen Ausschnitt aus der Bedienoberfläche nach dem Übersetzen des Programms.

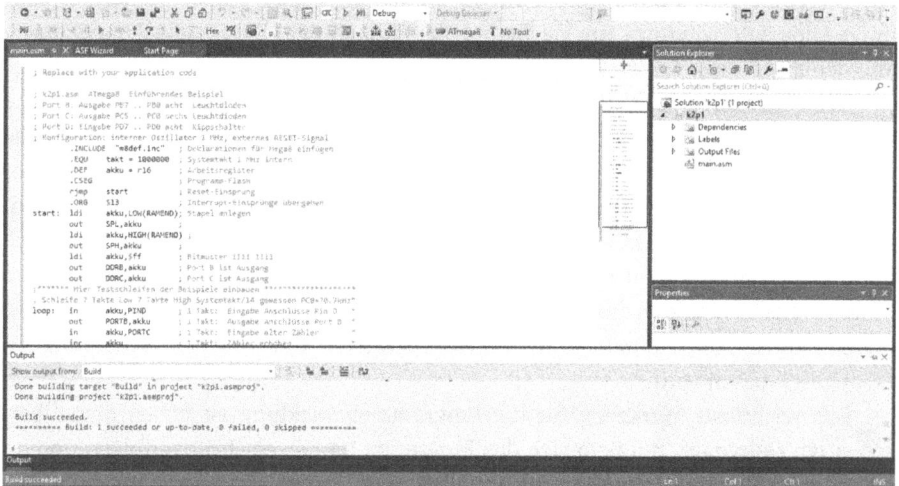

Abbildung 2-1: Die Entwicklungsumgebung Atmel Studio mit Assemblerprogramm (Ausschnitt).

Das einführende Beispiel im Programm-Fenster wird im folgenden Abschnitt erklärt. Der Maschinencode wurde mit dem Programmiergerät AVR ISP2 nach Einstellen der Konfigurationsparameter in den ATmega8 geladen und anschließend in der Schaltung Abbildung 2-2 getestet.

https://doi.org/10.1515/9783110403886-002

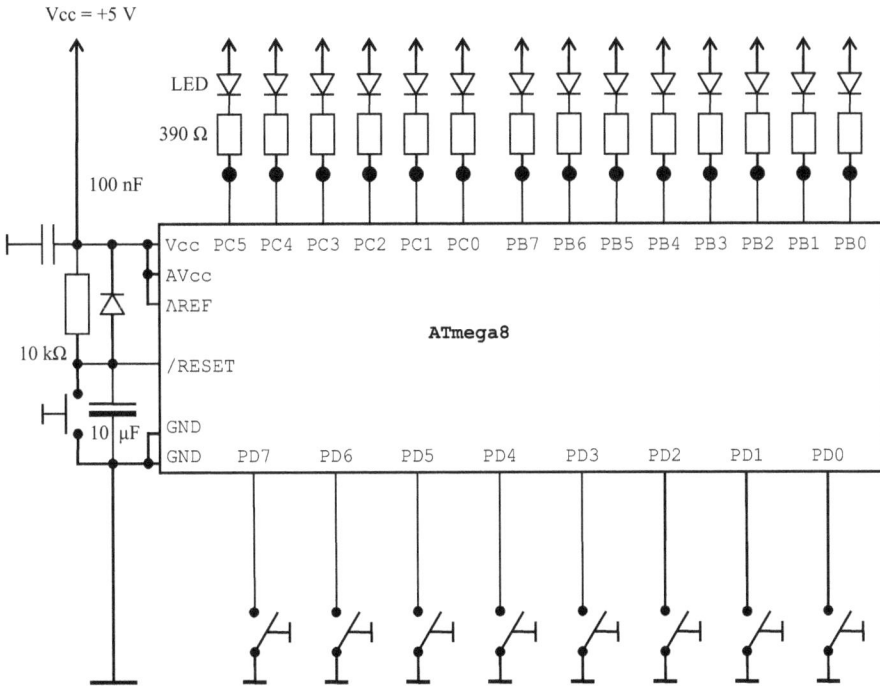

Abbildung 2-2: Testschaltung der Assemblerbeispiele.

2.1 Testschaltung und einführendes Beispiel

Das RC-Glied der Testschaltung Abbildung 2-2 bewirkt einen langsamen Anstieg der Spannung am Reset-Eingang, nach $\tau = 100$ ms sind 63% von Vcc erreicht. An den Ausgängen der Ports B und C liegen Leuchtdioden mit ihren Vorwiderständen. Der 100 nF Keramik-Kondensator dient der Entkopplung und muss auf kürzestem Weg mit den Vcc und GND Anschlüssen des Controllers verbunden werden.

Das einführende Assemblerbeispiel hat die einfache Aufgabe, die am Port D eingestellten Daten auf dem Port B wieder auszugeben. Gleichzeitig erscheint auf dem Port C ein Dualzähler. Der wertniedrigste Ausgang PC0 ist sieben Takte lang Low und sieben Takte lang High. Bei einem konfigurierten internen Takt von 1 MHz beträgt die Periode theoretisch 14 µs entsprechend 71.4 kHz. Der mit einem Multimeter gemessene Wert zeigt, dass die interne Taktfrequenz ohne Kalibrierung relativ ungenau ist.

Die Anweisungen und Befehle des einführenden Beispiels werden in diesem Kapitel ausführlich erklärt; hier soll lediglich ein vollständiges Programm vorgestellt werden. Die durch Sterne * eingerahmte Testschleife kann später durch Programmbeispiele ersetzt werden, bei denen die Vereinbarungen und die Programmierung der Ports B und C als Ausgänge mit dem einführenden Beispiel übereinstimmen.

```
; k2p1.asm  ATmega8  Einführendes Beispiel
; Port B: Ausgabe PB7 .. PB0 acht  Leuchtdioden
; Port C: Ausgabe PC5 .. PC0 sechs Leuchtdioden
; Port D: Eingabe PD7 .. PD0 acht  Schalter
; Konfiguration: interner Oszillator 1 MHz, externes RESET-Signal
        .INCLUDE  "m8def.inc"   ; Deklarationen für ATmega8 einfügen
        .EQU    takt = 1000000  ; Systemtakt 1 MHz intern
        .DEF    akku = r16      ; Arbeitsregister
        .CSEG                   ; Programm-Flash
        rjmp    start           ; Reset-Einsprung
        .ORG    $13             ; Interrupt-Einsprünge übergehen
start:  ldi     akku,LOW(RAMEND); Stapel anlegen
        out     SPL,akku
        ldi     akku,HIGH(RAMEND)
        out     SPH,akku
        ldi     akku,$ff        ; Bitmuster 1111 1111
        out     DDRB,akku       ; Port B ist Ausgang
        out     DDRC,akku       ; Port C ist Ausgang
        out     PORTD,akku      ; Pull-Ups an Port D aktivieren
;******* Hier Testschleifen der Beispiele einbauen ********************
; Schleife 7 Takte Low 7 Takte High Systemtakt/14 gemessen PC0=70.7kHz*
loop:   in      akku,PIND       ; 1 Takt: Eingabe Anschlüsse Pin D   *
        out     PORTB,akku      ; 1 Takt: Ausgabe Anschlüsse Port B  *
        in      akku,PORTC      ; 1 Takt: Eingabe alter Zähler       *
        inc     akku            ; 1 Takt: Zähler erhöhen             *
        out     PORTC,akku      ; 1 Takt: neuen Zähler ausgeben      *
        rjmp    loop            ; 2 Takte: Sprung zum Schleifenanfang *
;********************************************************************
        .EXIT                   ; Ende des Quelltextes
```

k2p1.asm: Einführendes Assemblerbeispiel (ATmega8).

Alle hinter einem Semikolon stehenden Zeichen sind **Kommentare**, die das Programm beschreiben und die der Assembler nicht beachtet. Alle mit einem Punkt beginnenden und groß geschriebenen Anweisungen sind **Direktiven,** die den Übersetzungsvorgang steuern und keinen Code erzeugen.

Die Direktive .INCLUDE fügt die in der Datei m8def.inc vordefinierten Bezeichner für SF-Register, Bitpositionen und Speicheradressen des ATmega8 in den Programmtext ein.

Die Direktive .EQU definiert für den benutzerdefinierten Bezeichner takt den Wert 1000000 für den Systemtakt. Mit .DEF wird der frei gewählte Bezeichner akku für das Arbeitsregister r16 vereinbart, das als Zwischenspeicher bei Operationen zwischen den Peripherieports dient.

.CSEG definiert das Codesegment ab Adresse $0000 im Flash für Befehle und Konstanten. Die Direktive .ORG veranlasst, dass die folgenden Befehle ab Adresse $0013 abgelegt werden, um die Tabelle der Interrupteinsprünge zu übergehen. Mit .EXIT wird der Programmtext beendet.

Der Befehl `rjmp` (relative jump) springt immer (unbedingt) zum angegebenen Sprungziel, dessen Bezeichner `start` bzw. `loop` frei gewählt wurde.

Die Befehle `ldi` laden Konstanten in das Arbeitsregister, die mit `out`-Befehlen in SF-Register übertragen werden. Für die Symbole RAMEND, SPL, SPH, DDRB und DDRC setzt der Assembler die in `m8def.inc` vereinbarten Werte ein. HIGH und LOW sind Operatoren für den High-Teil und den Low-Teil einer 16-Bit Konstanten. Mit diesen vor der Testschleife liegenden Befehlen werden der Stapel angelegt und die Ports B und C als Ausgänge programmiert.

Die Testschleife wird durch das Sprungziel `loop` und den Sprungbefehl `rjmp loop` gebildet. Da keine Operationen zwischen SF-Register möglich sind, kopiert der `in`-Befehl die Eingaben der Schalter (bei Steckbrettaufbau ersatzweise Drahtbrücken) in das Arbeitsregister `akku`, die mit dem `out`-Befehl auf den Leuchtdioden des Ports B ausgegeben werden.

Der `in`-Befehl für Port C kopiert den alten Inhalt des 8-Bit Zählers in das Arbeitsregister. Dort wird dieser mit dem `inc`-Befehl um 1 erhöht und anschließend mit dem `out`-Befehl wieder ausgegeben.

Für das Richtungsregister DDRD (Data Direction Register Port D) der Eingabe sowie für den Anfangswert des Zählers im SF-Register PORTC werden die Startwerte Null nach einem Reset vorausgesetzt. Dies entspricht den Default-Werten nach dem Einschalten und damit der Konfiguration als Eingänge.

Die Vereinbarungen für den Systemtakt und das Überspringen der Interrupttabelle sowie das Anlegen des Stapels werden in dem einführenden Beispiel nicht verwendet. Sie sind aber für Testprogramme vorgesehen, die den Systemtakt benötigen und Interrupts auslösen sowie Unterprogramme aufrufen.

Aufgabe 9:
Sowohl Arbeitsregister als auch SRAM enthalten nach dem Einschalten Zufallswerte. Die Spezialregister dagegen enthalten definierte Startwerte, die man dem Datenblatt entnehmen kann (bei AVRs meist 0x00). Was glauben Sie, warum das so ist?

Antwort zu Aufgabe 9:
Die Spezialregister bestimmen nach dem Einschalten, wie sich der Controller nach außen hin verhält, noch bevor das Programm anläuft. Es würde erheblichen externen Bauteileaufwand bedeuten, wenn die Ausgangssignale während dieser Phase rein zufälliger Natur wären. Beispielsweise könnten durch ungewünschte Portausgaben Leistungsstufen überlastet, Motoren gestartet, Induktivitäten durch zu lange andauernde Gleichströme zerstört werden u.v.m.

2.2 Assembleranweisungen

Eine *Eingabezeile* besteht aus Feldern, die durch mindestens ein Leerzeichen oder Tabulatorzeichen zu trennen sind. Die in eckigen Klammern stehenden Teile können entfallen.

| [Bezeichner:]   Direktive *oder* Befehl   [Operanden]   [; Kommentar] |

- Marken (Namen von Sprungzielen, Konstanten und Variablen) bestehen aus einem Bezeichner, gefolgt von einem Doppelpunkt.
- Direktiven sowie vordefinierte Bezeichner schreibt man oft in Großbuchstaben.
- Für Befehle und Register sind die Bezeichner des Herstellers zu verwenden.
- Bei einigen Befehlen bleibt das Operandenfeld leer.
- Kommentare beginnen mit einem Semikolon und werden nicht ausgewertet.
- Benutzerdefinierte Bezeichner müssen mit einem Buchstaben beginnen, dann können Ziffern und weitere Buchstaben folgen.
- Die meisten Assembler unterscheiden nicht zwischen Groß- und Kleinschreibung, also kann für das Register r16 auch R16 geschrieben werden.
- Eine Eingabezeile von maximal 120 Zeichen darf nur eine Anweisung oder einen Kommentar enthalten oder auch leer sein.

Die **Assembler-Direktiven** nach Tabelle 2-1 beginnen mit einem Punkt. Sie steuern den Übersetzungsvorgang, werden aber selbst nicht in Maschinencode übersetzt. Sie erscheinen in den Beispielen mit Großbuchstaben, können aber auch klein geschrieben werden.

Tabelle 2-1: Assemblerdirektiven.

Direktive	*Operand*	*Anwendung*	*Beispiel*
.INCLUDE	"Dateiname.typ"	fügt eine Textdatei ein	.INCLUDE "m8.inc"
.MACRO	Bezeichner	Makrobeginn	.MACRO addi
	@0 . . . @9	formale Parameter	subi @0,-@1
.ENDM .ENDMACRO		Makroende	.ENDM
.DEF	Bezeichner = Register	Symbol für R0 bis R31	.DEF akku = r16
.EQU	Bezeichner = Ausdruck	unveränderliche Definition	.EQU takt = 1000000
.SET	Bezeichner = Ausdruck	veränderliche Definition	.SET wert = 123 ; alt .SET wert = 99 ; neu
.ORG	Ausdruck	legt Adresszähler fest	.ORG $13
.EXIT		Ende des Quelltextes	.EXIT
.DEVICE	Bausteintyp	definiert Bausteintyp	in Definitionsdatei .INC enthalten
.LIST		Übersetzungsliste ein	voreingestellt ein
.NOLIST		Übersetzungsliste aus	.NOLIST
.LISTMAC		Makroerweiterung in Liste	voreingestellt aus

Die **Speicher-Direktiven** nach Tabelle 2-2 kennzeichnen die Speicherbereiche des Controllers und dienen der Vereinbarung von Konstanten und Variablen. Die Konstanten im Programm-Flash und im EEPROM werden bei der Programmierung des Bausteins vorgeladen.

Tabelle 2-2: Speicher-Direktiven.

Direktive	Operand	Anwendung	Beispiel	
.CSEG		Programmbereich im Flash Befehle und Konstanten	.CSEG	; Flash
.DSEG		Variablen im SRAM	.DSEG	; SRAM
.ESEG		EEPROM-Bereich	.ESEG	; EEPROM
.DB	Liste mit Bytekonstanten	vorgeladene 8-Bit Werte im Flash oder EEPROM	otto: .DB 1,2,3,4 ; Zahlen .DB 'a','b' ; Zeichen	
.DW	Liste mit Wortkonstanten	vorgeladene 16-Bit Werte im Flash oder EEPROM	susi: .DW otto ; Adresse .DW 4711 ; Zahl	
.BYTE	Anzahl n	reserviert n Bytes im SRAM oder EEPROM	wert: .BYTE 10 ; 10 Bytes	

Das Beispiel legt das Programmsegment mit Befehlen und Konstanten sowie das Datensegment mit Variablen an. Ohne die Direktive .ORG verwendet der Assembler vorgegebene Anfangsadressen. Da der Programmbereich wortorganisiert ist, sollte die Anzahl der Bytekonstanten geradzahlig sein. Die Datenbereiche im SRAM und EEPROM dagegen sind byteorganisiert. Die Direktive .BYTE für Variable enthält im Operandenteil die Anzahl der zu reservierenden Bytes und *keine* Anfangswerte!

```
; Programmbereich im Flash
       .CSEG           ; Programmsegment ohne .ORG $0
       rjmp    start   ; Interrupteinsprünge übergehen
       .ORG    $13     ; Befehlsbereich für ATmega8
start:                 ; es folgen die Befehle
;
; Konstantenbereich hinter den Befehlen hier ohne .ORG
wert:  .DB  $12,$34    ; zwei Bytekonstanten
tab:   .DW  $1234      ; eine Wortkonstante
;
; Variablenbereich im SRAM hier ohne .ORG
       .DSEG           ; Datensegment mit Variablen
x:     .BYTE  1        ; Variable belegt 1 Byte
liste: .BYTE  10       ; variables Feld belegt 10 Bytes
```

Die mit .DB und .DW vereinbarten Konstanten werden bei der Programmierung des Bausteins im Flash bzw. EEPROM mit ihren Werten vorgeladen. Beispiele:

```
wert: .DB 85,$55,0x55,'U',0b01010101  ; alle Bytekonstanten 85 dezimal
ant:  .DB 10,13,"Hallo",0             ; String cr, lf, Text, Nullmarke
tab:  .DW wert,$1234                  ; Symbol und HEX-Zahl
```

Assembler-Ausdrücke bestehen aus Operanden, Operatoren und Funktionen. Sie werden in der Länge 32 Bit berechnet und bei Einsetzung konstanter Werte entsprechend gekürzt.

Die **Assembler-Operanden** nach Tabelle 2-3 werden meist symbolisch angegeben und vom Assembler in den binären Code bzw. in Dualzahlen überführt. Benutzerdefinierte Bezeichner müssen mit einem Buchstaben beginnen, danach sind auch Ziffern zugelassen. Sie dürfen nicht mit herstellerdefinierten Bezeichnern von Direktiven, Registern und Befehlen übereinstimmen. Nicht vereinbarte Symbole liefern bei der Übersetzung Fehlermeldungen.

Tabelle 2-3: Assembler-Operanden.

Operand	Anwendung	Beispiel
Bezeichner	für Sprungziele, Konstanten, Variablen Regeln für Bezeichner wie in C	loop: rjmp loop ; Schleife
PC	aktueller Adresszähler (Program Counter)	rjmp **PC** ; Schleife
Symbole	vereinbart mit .DEF .EQU .SET textuelle Ersetzung des Symbols	.DEF akku = r16 ; Register .EQU esc = $1b ; Zeichen cpi akku,esc ; Vergleich

Zahlen	dezimal *wert* (voreingestellt)
	hexadezimal $*wert* oder 0x*wert*
	binär 0b*wert*
	oktal 0*wert* (führende Null)
		ldi akku,123 ; dezimal
		ldi akku,$ff ; 0xff hexadezimal
		ldi akku,0b10101010 ; binär
		Vorsicht: 010 oktal ist 8 dezimal!!!!!!!!!

Zeichen	'*Zeichen*'	ldi akku,'U' ; Code $55
String	"*Zeichenfolge*"	text: .DB "Moin Moin" ; String

Die **Assembler-Operatoren** nach Tabelle 2-4 sind nur während der Übersetzungszeit zur Berechnung von Ausdrücken wirksam. Die Rangfolge entspricht den Konventionen der Sprache C, Klammern werden vorrangig ausgeführt.

Ein Anwendungsbeispiel ist die Initialisierung der asynchronen seriellen Schnittstelle, bei der die Bitpositionen RXEN und TXEN des Steuerregisters UCR auf 1 gesetzt werden müssen, um den Empfänger und den Sender freizugeben. Die Symbole sind in der Deklarationsdatei definiert zu RXEN = 4 und TXEN = 3. Das erste Beispiel legt die auf 1 zu setzenden Bitpositionen in einer binären Maske fest, die führenden Nullen könnten entfallen.

Tabelle 2-4: Assembler-Operatoren.

Typ	*Operator*	*Ergebnis*	*Beispiel*
arithmetisch	–	2er Komplement	`ldi akku,-2`
ganzzahlig	+ – *	nur ganzzahlige Operationen	`ldi akku,LOW(tab*2)`
	/	Quotient ganz, kein Rest	
Bitoperation	~	1er Komplement	`ldi akku,~$F0`
	& | ^	UND ODER EODER	`ldi akku,x & $F0`
	<< >>	links bzw. rechts schieben	`ldi akku,x << 1`
Vergleich	< <= == != >= >	ergibt 0 bei nein, 1 bei ja	`ldi akku,x == y`
logische	!	ergibt 1 bei Wert 0, sonst 0	`ldi akku,!$F0`
Verknüpfung	&& ||	0 bzw. 1 je nach UND ODER	`ldi akku,a && b`

```
ldi    akku,0b00011000   ; Bit_4 = 1  Bit_3 = 1 sonst alles 0
out    UCSRB,akku        ; Maske nach Steuerregister
```

Das zweite Beispiel baut die gleiche Maske mit den vordefinierten Symbolen auf. Dabei schieben die Teilausdrücke (1 << . . .) eine als LSB (Bit Nummer 0) eingesetzte **1** um die entsprechende Anzahl von Bitpositionen nach links. Der Ausdruck (1 << RXEN) ergibt das Byte 0b00010000, der Ausdruck (1 << TXEN) ergibt 0b00001000. Der ODER-Operator | setzt die beiden Teilausdrücke zur Maske 0b00011000 zusammen. Die Darstellung der Binärzahl in der Form 0bxxxxxx eignet sich besonders gut, wenn die Logikzustände der Einzelbits dargestellt werden sollen, beispielsweise bei Ports.

```
ldi    akku,(1 << RXEN) | (1 << TXEN) ; wie 0b00011000
out    UCSRB,akku                     ; nach Steuerregister
```

Die nach UCSRB gespeicherten Masken verändern alle acht Bitpositionen des Steuerregisters. In den Beispielen werden zwei Bits auf 1 und die anderen sechs auf 0 gesetzt. Dies lässt sich durch Einzelbitbefehle vermeiden, die nur die adressierte Bitposition ansprechen.

```
sbi    UCSRB,RXEN    ; Bitbefehl für Empfänger ein
sbi    UCSRB,TXEN    ; Bitbefehl für Sender ein
```

Die **Assembler-Funktionen** nach Tabelle 2-5 liefern Bytes bzw. Wörter aus Ausdrücken, die vom Assembler während der Übersetzung in der Länge 32 Bit bzw. 4 Byte berechnet werden. Beispiele:

```
ldi    r24,LOW(RAMEND)   ; lade das Low-Byte des Wortregisters
ldi    r25,HIGH(RAMEND)  ; lade das High-Byte des Wortregisters
ldi    ZL,LOW(tab*2)     ; lade das Indexregister ZL mit Low-Byte
ldi    ZH,HIGH(tab*2)    ; lade das Indexregister ZH mit High-Byte
```

Tabelle 2-5: Assembler-Funktionen.

Funktion	Wirkung	Beispiel
LOW(Ausdruck)	liefert Bit 0–7 = Low-Byte	LOW($12345678) gibt $78
HIGH(Ausdruck)	liefert Bit 8–15 = High-Byte	HIGH($12345678) gibt $56
PAGE(Ausdruck)	liefert Bit 16–21	PAGE($45678) gibt $4
BYTE2(Ausdruck)	liefert Bit 8–15 = High-Byte	BYTE2($12345678) gibt $56
BYTE3(Ausdruck)	liefert Bit 15–23	BYTE3($12345678) gibt $34
BYTE4(Ausdruck)	liefert Bit 24–31	BYTE4($12345678) gibt $12
LWRD(Ausdruck)	liefert Bit 0–15 = Low-Wort	LWRD($12345678) gibt $5678
HWRD(Ausdruck)	liefert Bit 16–31 = High-Wort	HWRD($12345678) gibt $1234
EXP2(Ausdruck)	liefert 2^{Ausdruck}	EXP2(4) gibt 2^4 = 16
LOG2(Ausdruck)	liefert $\log_2$(Ausdruck) ganzzahlig	LOG2(17)= $\log_2$(17) = 4.09 = 4 (ganz)

Durch die Direktiven für eine bedingte Assemblierung und Ausgabe von Meldungen nach Tabelle 2-6 ist es möglich, ein Programm für unterschiedliche Bausteine oder Betriebsarten zu entwerfen.

Tabelle 2-6: Assembler-Direktiven für bedingte Assemblierung und Ausgabe von Meldungen.

Direktive	Operand	Anwendung	Beispiel
.IF	<Ausdruck>	bei ≠0 oder wahr: Anweisungen bis .ENDIF oder .ELSE oder .ELIF ausführen	.IF RAMEND > 255 ldi akku,HIGH(RAMEND) out SPH,akku .ENDIF
.ELIF	<Ausdruck>	bei ≠0 oder wahr: Anweisungen bis .ENDIF ausführen	
.IFDEF	<Symbol> definiert mit .EQU oder .SET	bei definiert: Anweisungen bis .ENDIF oder .ELSE oder .ELIF ausführen	.IFDEF SPH ldi akku,HIGH(RAMEND) out SPH,akku .ENDIF
.IFNDEF	<Symbol> definiert mit .EQU oder .SET	bei **nicht** definiert: Anweisungen bis .ENDIF oder .ELSE oder .ELIF ausführen	.IFNDEF SPH .MESSAGE "kein SPH" .ENDIF
.ELSE		endet Ja_Zweig, beginnt Nein_Zweig	
.ENDIF		beendet Zweig	
.MESSAGE	"Text"	Meldung ausgeben	
.ERROR	"Text"	Meldung und Assemblierung anhalten	

Die bedingte Assemblierung ermöglicht wie in C folgende Strukturen:

.IF <Ausdruck>   *Ja_Anweisungen*   .ENDIF
.IFDEF <Symbol>   *Ja_Anweisungen*   .ENDIF
.IFNDEF <Symbol>   *Ja_Anweisungen*   .ENDIF
.IF <Ausdruck>   *Ja_Anweisungen*   .ELSE *Nein_Anweisungen*   .ENDIF
.IFDEF <Symbol>   *Ja_Anweisungen*   .ELSE *Nein_Anweisungen*   .ENDIF
.IFNDEF <Symbol>   *Ja_Anweisungen*   .ELSE *Nein_Anweisungen*   .ENDIF
.IF <Ausdruck>   *Ja_Anweisungen*   .ELIF <Ausdruck>   .ENDIF

Das Beispiel bricht die Assemblierung mit einer Fehlermeldung ab, wenn sich bei der Berechnung des Ausdrucks takt/250 ein zu großer Wert ergibt.

```
.IF      (takt/250) > 65535    ; Anfangswert für max. 16 MHz
    .ERROR "Fehler: takt > 16 MHz"
.ELSE                          ; 1 MHz / 250 = 4000
    ldi    XL,LOW(takt/250)    ; Low-Teil  von 4000
    ldi    XH,HIGH(takt/250)   ; High-Teil von 4000
.ENDIF
```

2.3 Operationen

Fast alle Operationen beziehen sich auf Operanden in den 32 Arbeitsregistern, Ausnahmen sind Bitoperationen im Statusregister und in den SF-Registern. Man unterscheidet arithmetische und logische ALU-Operationen, die im Statusregister bewertet werden, sowie Transportoperationen, die Daten kopieren und die das Statusregister nicht verändern.

Das **Statusregister** SREG nach Tabelle 2-7 enthält die Bewertungen der vorangegangenen ALU-Operation. Die Bitpositionen lassen sich auch durch Bitbefehle (Abschnitt 2.3.2) setzen bzw. löschen.

Tabelle 2-7: Die Bits des Statusregisters SREG (Merkhilfe von rechts: „Charlie zieht nach Veglia, seine heimliche Traum-Insel").

Bit 7	Bit 6	Bit 5	Bit 4	Bit 3	Bit 2	Bit 1	Bit 0
I	T	H	S	V	N	Z	C
Interrupt	Transfer	Halfcarry	Sign	oVerflow	Negative	Zero	Carry
1: frei	Register-	BCD-	N XOR V	Überlauf	Vorzeichen	Null	Überlauf
0: gesperrt	bit	Korrektur	signed Zahlen	signed Zahlen	signed Zahlen		Übertrag

Für die durch das Ergebnis veränderten Bedingungsbits des Statusregisters gibt der Hersteller für die 8-Bit Operationen folgende logische Funktionen an:

H = Rd3 * Rr3 + Rr3 * /R3 + /R3 * Rd3	*Halbübertrag*
S = N [+] V	*für signed Zahlen*
V = Rd7 * Rr7 * /R7 + /Rd7 * /Rr7 * R7	*signed Überlauf*
N = R7	*signed Vorzeichen*
Z = /R7 * /R6 * /R5 * /R4 * /R3 * /R2 * /R1 * /R0	*entspricht NOR-Schaltung!*
C = Rd7 * Rr7 + Rr7 * /R7 + /R7 * Rd7	*Übertrag/Überlauf*

Operatoren: * UND   + ODER   [+] EODER   / Negation.

Das **Z**-Bit (**Z**ero) zeigt, ob das Ergebnis einer Operation Null war bzw. ob zwei Operanden gleich sind und wird durch die Befehle **breq** (verzweige bei gleich bzw. Null) sowie **brne** (verzweige bei nicht gleich bzw. nicht Null) ausgewertet. Es entspricht folgender Logik:

- Z = 0: nein, das Ergebnis (Differenz) *ist nicht Null*
- Z = 1: ja, das Ergebnis (Differenz) *ist Null*

Das **C**-Bit (**C**arry) entspricht bei einer Addition dem Ausgang des werthöchsten Volladdierers. Es erscheint bei einer Subtraktion negiert und wird durch die Befehle **brcc** (verzweige bei Carry clear) und **brcs** (verzweige bei Carry set) ausgewertet. Das Carrybit entspricht für die beiden Rechenarten Addition und Subtraktion folgender Logik:

- C = 0: kein Übertrag bzw. Borgen *oder* kein Überlauf- bzw. Unterlauffehler aufgetreten
- C = 1: Übertrag bzw. Borgen *oder* Überlauf- bzw. Unterlauffehler aufgetreten

Die ***Arbeitsregister (GPR, General Purpose Register)*** werden mit den vordefinierten Bezeichnern r0 bis r31 (oder R0 bis R31) angesprochen (Tabelle 2-8). Für die Bytes der drei Indexregister X, Y und Z sind auch die Bezeichner XL, XH, YL, YH, ZL und ZH (auch Kleinschreibung) vereinbart. Die Arbeitsregister R0 bis R31 lassen sich auch unter den SRAM-Adressen $00 bis $1F mit Lade- und Speicherbefehlen ansprechen (dies gilt nicht für Xmegas).

Tabelle 2-8: Unterschiede bei den Arbeitsregistern.

$001F	**R31**		*R16-R31:* **alle** *Register-Adressierungsarten*
	..	16 **Arbeitsregister**	vier Wortregister R25:R24, XH:XL, YH:YL, ZH:ZL
	..		
$0010	**R16**		
$000F	**R15**		*R0-R15:* **keine** *unmittelbare Adressierung (Konstanten)*
	..	16 **Arbeitsregister**	
	R1		R1:R0 ist das Produktregister der Multiplikationsbefehle
$0000	**R0**		R0 für Befehle 1pm und mul

In den **Befehlslisten** nach Tabelle 2-9 erscheint der vom Hersteller vorgegebene Name des Befehls. In der Spalte Operand werden Zielregister allgemein mit **Rd** (Destination), Quellregister allgemein mit **Rr** (Resource; oder Rs für Source) bezeichnet.

Tabelle 2-9: Struktur der Befehlsliste des Herstellers.

Befehl	Operand	ITHSVNZC	W	T	Wirkung
Name	Ziel, Quelle	Statusregister	Wörter	Takte	Ziel <= Ergebnis der Operation

$$\text{Ziel Rd} \leftarrow \text{Quelle Rr}$$

Konstanten erscheinen in den Listen mit dem Buchstaben k und der Operandenlänge; k8 bedeutet, dass eine Konstante der Länge 8 Bit als Operand verwendet wird. Konstanten der Länge k16 sind 16-Bit Wörter, die auch als Symbol angegeben werden können. Bitpositionen von 0 bis 7 erscheinen mit der Bezeichnung Bit. Die Bezeichnung SFR bedeutet eine meist symbolisch anzugebende Adresse im Bereich der **S**pecial **F**unction **R**egister (SFR).

Die Spalte ITHSVNZC zeigt, welche Statusbits gemäß dem Ergebnis der Operation verändert werden. Bei Lade- und Speicherbefehlen bleibt sie leer, die Bits werden nicht verändert. Einige Operationen setzen bestimmte Bits konstant auf 1 oder löschen sie immer zu 0.

Spalte **W** gibt die Anzahl der Befehlswörter an. In Spalte **T** steht die Anzahl der Takte zur Ausführung des Befehls; die Zeit hängt vom Systemtakt ab. Bei 1 MHz wird ein Takt in 1 µs ausgeführt. Das Zeichen + bedeutet, dass je nach Bedingung weitere Takte hinzukommen.

Die Listen enthalten Hinweise auf Einschränkungen bezüglich der anwendbaren Register wie z. B. die Befehle mit Konstanten, die sich nur auf die Register R16 bis R31 anwenden lassen.

```
ldi    r16,123   ; zulässig: lade R16 mit dem dezimalen Wert 123
ldi    r0,123    ; Fehlermeldung: R0 ist für ldi unzulässig!
```

2.3.1 Byteoperationen

Die **Lade- und Speicherbefehle** der Arbeitsregister verändern keine Bedingungsbits. Im Operandenteil stehen links das Ziel und rechts die Quelle, aus der das Datenbyte in das Ziel kopiert wird. Der Inhalt der Quelle bleibt unverändert erhalten (Tabelle 2-10).

Das Beispiel lädt das Arbeitsregister R16 mit dem Bitmuster 1111 1111 in hexadezimaler Schreibweise und programmiert die Richtungsregister des Ports B als Ausgang. Dann werden die am Port D anliegenden Potentiale über R17 auf dem Port B ausgegeben.

Tabelle 2-10: Lade- und Speicherbefehle.

Befehl	Operand	ITHSVNZC	W	T	Wirkung	
ldi	Rd, k8		1	1	Rd <= Bytekonstante	*lade Rd mit Byte (nur **R16 - R31**)*
out	SFR, Rr		1	1	SF-Register <= Rr	*lade SF-Register mit Rr*
in	Rd, SFR		1	1	Rd <= SF-Register	*lade Rd mit SF-Register*
mov	Rd, Rr		1	1	Rd <= Rr	*lade Rd mit Rr*
nop			1	1	keine	*tu nix (no operation)*

```
ldi   r16,$FF     ; lade R16 mit dem Bitmuster 1111 1111
out   DDRB,r16    ; Ausgabe Richtungsregister Port B aus R16
in    r16,PIND    ; Eingabe R16 mit den Potentialen des Ports D
mov   r17,r16     ; lade R17 mit dem Inhalt von R16
out   PORTB,r17   ; Ausgabe Datenregister Port B aus R17
```

Zwischen der Ausgabe und dem Rücklesen eines Ports muss zur Synchronisation ein Wartetakt z. B. mit einem nop-Befehl eingefügt werden.

```
out   PORTB,r17   ; Ausgabe auf dem Port B
nop               ; Verzögerung zur Synchronisation
in    r16,PINB    ; Eingabe Rücklesen des Potentials Port B
```

Arithmetische Befehle sind für alle Arbeitsregister und für Dualzahlen mit und ohne Vorzeichen verfügbar (Tabelle 2-11). Sie ändern die Bedingungsbits entsprechend dem Ergebnis, das ins Zielregister Rd übernommen wird und den alten Inhalt überschreibt; Quellregister Rr bleibt unverändert. Der Vergleichsbefehl cp bildet die Differenz zweier Register, ohne sie zu verändern. Abschnitt 2.3.3 enthält arithmetische Befehle, die für Wortoperationen zusätzlich den Übertrag im Carrybit berücksichtigen. Die Beispiele verwenden nur vorzeichenlose Dualzahlen und werten das Z-Bit zur Nullabfrage und das C-Bit zur Überlauf-/ Unterlaufkontrolle aus.

Tabelle 2-11: Arithmetikbefehle.

Befehl	Operand	ITHSVNZC	W	T	Wirkung	
add	Rd, Rr	HSVNZC	1	1	Rd <= Rd + Rr	*addiere zwei Register*
sub	Rd, Rr	HSVNZC	1	1	Rd <= Rd – Rr	*subtrahiere zwei Register*
neg	Rd	HSVNZC	1	1	Rd <= $00 – Rd	*negiere Register (2er Komplement)*
cp	Rd, Rr	HSVNZC	1	1	Rd – Rr	*vergleiche zwei Register*

Das Beispiel addiert zum Inhalt von R16 den Inhalt von R17 und springt bei einem Überlauf (Summe > 255!) in einen Programmteil, in dem der Fehler behandelt wird.

```
add    r16,r17     ; R16 <- R16 + R17
brcs   fehler      ; Kontrolle: Sprung für Überlauf C = 1
```

Das Beispiel subtrahiert vom Register R16 den Inhalt von R17 und springt bei einem Unterlauf (Differenz negativ!) in einen Programmteil, in dem der Fehler behandelt wird.

```
sub    r16,r17     ; R16 <- R16 - R17
brcs   fehler      ; Kontrolle: Sprung für Unterlauf C = 1
```

Das Beispiel vergleicht R16 mit dem Inhalt von R17 und springt bei *ungleich* zu einem Sprungziel, das sinnigerweise ungleich genannt wurde.

```
cp     r16,r17     ; bilde die Differenz R16 - R17
brne   ungleich    ; Sprung bei R16 ungleich R17
```

Die arithmetischen Befehle mit einer Konstanten lassen sich nur auf R16 bis R31 anwenden (Tabelle 2-12). Für die Addition einer 1 verwendet man den inc-Befehl, für eine Subtraktion den dec-Befehl. Ein Befehl addi fehlt und muss durch ein Hilfsregister oder durch die Subtraktion der negativen Konstanten ersetzt werden, wodurch jedoch die Überlaufbits C und H invertiert werden! Nach der Subtraktion der negativen Konstanten bedeutet C = 0 einen Überlauf!

Tabelle 2-12: Arithmetikbefehle mit einer Konstanten.

Befehl	Operand	ITHSVNZC	W	T	Wirkung	nur R16 ... R31
subi	Rd, -k8	~~HSVNZC~~	1	1	Rd <= Rd + kon	*addiere zum Register eine Konstante*
subi	Rd, k8	HSVNZC	1	1	Rd <= Rd – kon	*subtrahiere vom Register eine Konst.*
cpi	Rd, k8	HSVNZC	1	1	Rd – Konstante	*vergleiche Register mit Konstanten*

Die Beispiele addieren zum Inhalt von R16 eine Konstante +5 und kontrollieren den Überlauf. Die Überlaufabfrage brcc (Carry = 0) nach der Subtraktion der negativen Konstanten lässt sich leicht mit dem Simulator im Atmel Studio überprüfen.

```
; Addition einer Konstanten mit einem Hilfsregister
    ldi    r17,+5      ; lade das Hilfsregister R17 mit 5
    add    r16,r17     ; addiere zu R16 die Konstante 5 aus R17
    brcs   fehler      ; Sprung bei Überlauf C = 1 bei Addition
;
```

```
; Addition durch Subtraktion der negativen Konstanten
      subi   r16,-5      ; R16 <= R16 - (- 5) gibt R16 <= R16 + 5
      brcc   fehler      ; Sprung bei Überlauf C = 0 wegen Subtraktion!
;
; Vergleich der Summe in R16 mit der dezimalen Konstanten 10
      cpi    r16,10      ; bilde die Differenz R16 - Konstante 10
      breq   gleich      ; springe wenn R16 = 10 Differenz Null
      brcs   kleiner     ; springe wenn R16 < 10 Differenz Unterlauf
```

Für die **Pseudobefehle** setzt der Assembler mit vordefinierten Makroanweisungen die Codes anderer Befehle ein. Statt ser = *setze Bits* wird ldi = *lade Konstante* $FF verwendet, daher ist ser nur für die Register R16 bis R31 verfügbar. Im Gegensatz dazu sind clr und tst auf alle Arbeitsregister anwendbar (Tabelle 2-13).

Tabelle 2-13: Unterschiedlicher Wirkungsbereich von clr, ser und tst.

Befehl	Operand	ITHSVNZC	W	T	Wirkung	
clr	Rd	0001	1	1	Rd <= $00	*lösche alle Bits im Register*
					eor rd, rd	*alle Register*
ser	Rd		1	1	R16 .. R31 <= $FF	*setze alle Bits im Register*
					ldi Rd, $FF	*nur R16 .. R31*
tst	Rd	S0Nz	1	1	Rd <= Rd	*teste auf null und Vorzeichen*
					and Rd, Rd	*alle Register*

Das Beispiel löscht das Arbeitsregister R16 und setzt alle Bits von R17 auf 1. Das Register R1 wird auf null getestet.

```
      clr    r16      ; wie  ldi  r16,0     bzw.  eor r16,r16
      ser    r17      ; wie  ldi  r17,$ff   bzw.  ldi r17,0b11111111
      tst    r1       ; wie  and  r1,r1     verändert das Z-Bit
      breq   null     ; springe, wenn R1 den Inhalt $00 hat
```

Die **Zählbefehle** addieren bzw. subtrahieren die Konstante 1 und lassen sich auf alle Arbeitsregister anwenden (Tabelle 2-14). Das Ergebnis kann nur auf null abgefragt werden, da das Überlauf- bzw. Unterlaufbit Carry unverändert bleibt. Mit einem Vergleichsbefehl oder Testbefehl lässt sich jeder Zählerstand kontrollieren.

Das Programm *k2p2.asm* zeigt einen fortlaufenden dualen Aufwärtszähler, der auf dem Port B ausgegeben wird. Bei fünf Takten Low und fünf Takten High erscheint an PB0 der Prozessortakt geteilt durch 10. Bei einem Controllertakt von 1 MHz wurde an PB0 eine Frequenz von 99 kHz gemessen; an PB7 waren es 99 kHz : 128 = 773 Hz.

Tabelle 2-14: Auf- und Abwärtszählen (inc und dec).

Befehl	Operand	ITHSVNZC	W	T	Wirkung	
inc	Rd	SVNZ	1	1	Rd <= Rd + 1	*inkrementiere Register*
dec	Rd	SVNZ	1	1	Rd <= Rd – 1	*dekrementiere Register*

```
; k2p2.asm ATmega8 Dualzähler als Taktteiler Systemtakt 1 MHz
;****** Testschleife in einführendes Beispiel einbauen *****************
; Testschleife 5 Takte Low 5 Takte High PB0: Takt/10 gemessen 99.0 kHz *
loop:   in      akku,PORTB    ; 1 Takt:  Eingabe alter Zähler          *
        inc     akku          ; 1 Takt:  Zähler um 1 erhöhen           *
        out     PORTB,akku    ; 1 Takt:  neuen Zähler ausgeben         *
        rjmp    loop          ; 2 Takte: Sprung zum Schleifenanfang    *
;**********************************************************************
```

k2p2.asm: Dualer Aufwärtszähler zur Messung der Taktfrequenz.

Bei einem Abwärtszähler beginnt man mit der Anzahl der Durchläufe und kontrolliert die Schleife am Ende auf den Zählerstand Null. Hier ein Beispiel für 250 Durchläufe einer Warteschleife zur Zeitverzögerung um ca. 1 ms, was die oberen LEDs des Ports B zum sichtbaren Blinken bringt.

```
; k2p3.asm ATmega8 Dualzähler mit Verzögerungsschleife Systemtakt 1 MHz
;****** Testschleife in einführendes Beispiel einbauen *****************
; 1 ms Low / 1 ms High Teiler an PB0 / 2000 gemessen 492 Hz PB7 blinkt *
loop:   in      akku,PORTB    ; Eingabe alter Zähler                   *
        inc     akku          ; Zähler um 1 erhöhen                    *
        out     PORTB,akku    ; neuen Zähler ausgeben                  *
        ldi     r17,250       ; Wartezeit 250*4us ca. 1 ms Takt 1 MHz *
warte:  nop                   ; 1 Takt: Zeitverzögerung               *
        dec     r17           ; 1 Takt  Wartezähler - 1               *
        brne    warte         ; 2 Takte Sprung bis Wartezähler Null   *
        rjmp    loop          ; Sprung zum Anfang der Ausgabeschleife  *
;**********************************************************************
```

k2p3: Dualer Aufwärtszähler mit Zeitverzögerung durch Abwärtszähler.

Aufgabe 10:

Haben Sie eine Idee, warum zwischen Ausgabe eines Wertes und Wieder-Einlesen des ausgegebenen Signals mindestens ein Befehl liegen muss?

Antwort zu Aufgabe 10:

Beim Schreiben auf PORTx wird zunächst in ein Ausgaberegister (**Latch**) geschrieben. Erst mit dem folgenden Takt wird der Inhalt dieses Registers auf die physikalischen Anschlüsse gegeben. Mit PINx dagegen adressiert man beim Lesen direkt diese Pins und nicht etwa einen Eingangspuffer. Würde man sofort direkt auf den Anschluss schreiben und unmittelbar danach wieder einlesen, so würde bei hohen Taktfrequenzen der gegenteilige Wert zurückgelesen werden, da das Signal noch gar nicht lange genug an dem Pin und den daran angeschlossenen Leiterbahnen verblieben wäre, um die parasitären Kapazitäten ausreichend umzuladen. Die beschriebene Ausgabepufferung sorgt – ein sauberes Layout vorausgesetzt – zu jedem möglichen Einlese-Zeitpunkt für klare Logikpegel. Will man den Ausgangsport-Zustand ändern, so liest man nicht die Pins, sondern das Ausgaberegister PORTx in ein Arbeitsregister ein, modifiziert es wie beschrieben und gibt es wieder aus. Diese Eigenschaft ist auch unter der Bezeichnung **Read-Modify-Write** bekannt.

2.3.2 Bitoperationen

Die Bitpositionen innerhalb eines Bytes werden entsprechend ihrer Wertigkeit als Dualziffer von rechts nach links von 0 bis 7 durchnummeriert (Tabelle 2-15).

Tabelle 2-15: Wertigkeit und Bitposition.

Wertigkeit	2^7	2^6	2^5	2^4	2^3	2^2	2^1	2^0
Bitposition	7	6	5	4	3	2	1	0

Man bezeichnet das *erste* Bit mit Bit 0, weil es die Wertigkeit 2^0 repräsentiert (Exponent 0). Nur in solchen Fällen hat es Sinn, eine Nummerierung mit 0 zu beginnen.

Die **logischen Befehle** führen Bitoperationen parallel mit allen acht Bitpositionen eines Arbeitsregisters durch (Tabelle 2-16). Die Befehle andi und ori sowie die Pseudobefehle cbr und sbr lassen sich nur auf die Arbeitsregister R16 bis R31 anwenden.

Tabelle 2-16: Bitweise logische Befehle.

Befehl	Operand	ITHSVNZC	W	T	Wirkung	
com	Rd	S0NZ1	1	1	Rd <= NICHT Rd	*komplementiere Bits (1er Kom.)*
and	Rd, Rr	S0NZ	1	1	Rd <= Rd UND Rr	*logisches UND aller Bits*
or	Rd, Rr	S0NZ	1	1	Rd <= Rd ODER Rr	*logisches ODER aller Bits*
eor	Rd, Rr	S0NZ	1	1	Rd <= Rd EODER Rr	*logisches EODER aller Bits*

Tabelle 2-16 (fortgesetzt)

Befehl	Operand	ITHSVNZC	W	T	Wirkung	
andi	Rd, k8	S0NZ	1	1	Rd <= Rd UND konst.	*UND mit einer konst. Maske* *nur R16 bis R31*
ori	Rd, k8	S0NZ	1	1	Rd <= Rd ODER konst.	*ODER mit einer konst. Maske* *nur R16 bis R31*
cbr	Rd, k8	S0NZ	1	1	andi Rd, ($FF-k8)	*lösche Bit wenn Bit in k8 = 1* *nur R16 bis R31*
sbr	Rd, k8	S0NZ	1	1	ori Rd, k8	*setze Bit wenn Bit in k8 = 1* *nur R16 bis R31*

Der Befehl com komplementiert (invertiert) das Register in allen Bitpositionen (aus 0 mach 1 und aus 1 mach 0). Das Beispiel komplementiert den auf Ausgabe programmierten Port B, um alle angeschlossenen Leuchtdioden umzuschalten.

```
in   r16,PORTB     ; altes Bitmuster laden
com  r16           ; in allen Positionen komplementieren
out  PORTB, 16     ; neues Bitmuster ausgeben
```

Das logische UND der Befehle and und andi löscht ein Bitmuster in allen Positionen, in denen eine Maske 0 ist, und übernimmt den alten Wert, in denen die Maske 1 ist. Das Beispiel liest den Port D und maskiert das wertniedrigste Bit D0, um es für einen bedingten Sprung zu verwenden.

```
in   r16,PIND         ; Zustand des Eingabeports lesen
andi r16,0b00000001   ; oder $01 oder 0x01 oder 1 << PIND0
breq null             ; springe bei 0 entspricht Leitung Low
```

Das logische ODER der Befehle or und ori übernimmt in allen Bitpositionen, in denen eine Maske 0 ist, den alten Wert und setzt in allen Bitpositionen, in denen das Maskenbit 1 ist, das Bitmuster auf 1. Das folgende Beispiel setzt die beiden Dezimalziffern zehner mit der Zehnerstelle und einer mit der Einerstelle zu einer zweistelligen Dezimalzahl zusammen. Der Befehl swap vertauscht die beiden Hälften des Registers R16.

```
mov  r16,zehner   ; Zehnerstelle xxxxzzzz rechtsbündig
andi r16,$0F      ; Maskierung    0000zzzz
swap r16          ; Zehnerstelle zzzz0000 linksbündig
mov  r17,einer    ; Einerstelle  xxxxeeee rechtsbündig
andi r17,$0F      ; Maskierung    0000eeee
or   r16,r17      ; ergibt        zzzzeeee
```

Das logische ODER zweier Operanden ist nur dann Null, wenn *beide* Operanden Null sind. Das Beispiel verzweigt, wenn beide Register R24 und R25 Null sind.

```
mov    r16,r24        ; R24 unverändert
or     r16,r25        ; R25 unverändert
breq   null           ; verzweige wenn beide Register Null sind
```

Das logische EODER komplementiert ein Bitmuster an den Stellen, an denen eine Maske 1 ist und übernimmt den alten Wert an den Stellen, an denen die Maske 0 ist. Der fehlende Befehl eori Rd,k8 muss mit einem Hilfsregister nachgebildet werden. Das Beispiel komplementiert in einer Schleife das Bit B0 des Ports B.

```
       ldi    r17,0b00000001 ; Maske zum Komplementieren von B0
loop:in    r16,PORTB        ; altes Bitmuster laden
     eor    r16,r17          ; komplementiert B0
     out    PORTB,r16        ; neues Bitmuster zurück
     rjmp   loop             ; Blinkschleife für B0
```

Eine zweifache Komplementierung mit dem gleichen Bitmuster liefert wieder den alten Wert. Bei der *symmetrischen Verschlüsselung* von Nachrichten wird der gleiche Schlüssel sowohl vom Sender bei der Codierung als auch vom Empfänger bei der Decodierung verwendet. Beispiel:

```
       ldi    r18,0b10101010 ; R18 <- gemeinsamer Codeschlüssel
loop:  in    akku,PIND       ; Nachricht eingeben
       eor    akku,r18        ; Nachricht verschlüsseln
       mov    empf,akku       ; Empfänger <- verschlüsselte Nachricht
;-------------------------------------------------------------
       eor    empf,r18        ; Empfänger entschlüsselt Nachricht
       out    PORTB,empf      ; Nachricht ausgeben
       rjmp   loop            ; Testschleife
```

Der Pseudobefehl cbr löscht die Bitpositionen eines Registers, in denen das Maskenbit 1 ist, da die Konstante durch den Ausdruck ($FF - k8) komplementiert wird. Der Pseudobefehl sbr setzt die Bitpositionen des Registers, in denen das Maskenbit 1 ist. Beide Befehle lassen sich wegen der unmittelbar folgenden Konstanten nur auf R16 bis R31 anwenden. Beispiele:

```
cbr    akku,0b10000000 ; Bit B7 löschen    andi r16,0b01111111
sbr    akku,0b00000001 ; Bit B0 setzen     ori  r16,0b00000001
```

Die *Schiebebefehle* nach Abbildung 2-3 und Tabelle 2-17 verschieben alle Bitpositionen eines Arbeitsregisters um **eine** Position nach links (rol) oder rechts (ror). Bei allen Schiebebefehlen wird die herausgeschobene Bitposition im Carrybit gespeichert. Die 9-Bit Rotationsbefehle `rol` und `ror` füllen die frei werdende Bitposition mit dem alten Carrybit auf, es entsteht ein 9-Bit Schieberegister. Die logischen Schiebebefehle `lsl` und `lsr` füllen die frei werdende Bitposition mit einer 0. Beim arithmetischen Rechtsschieben `asr` bleibt das Vorzeichenbit in B7 erhalten.

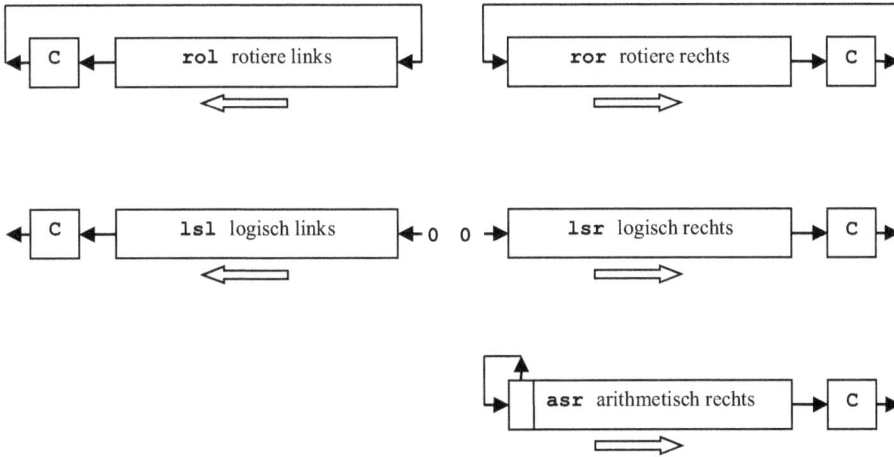

Abbildung 2-3: Wirkung der Schiebebefehle.

Die Beispiele zeigen die Multiplikation mit 2 durch logisches Linksschieben und die Division mit Restbildung durch logisches bzw. arithmetisches Rechtsschieben. Bei der Multiplikation dient das Carrybit der Überlaufkontrolle, bei der Division nimmt es den Rest auf.

Tabelle 2-17: Schiebe- und Rotationsbefehle.

Befehl	Operand	ITHSVNZC	W	T	Wirkung	
asr	Rd	SVNZC	1	1	Rd <= 1 Bit rechts	*schiebe arithmetisch nach rechts*
						b7 -> [b7 >> b0] -> C
lsr	Rd	SV0ZC	1	1	Rd <= 1 Bit rechts	*schiebe logisch nach rechts*
						0 -> [b7 >> b0] -> C
ror	Rd	SVNZC	1	1	Rd <= 1 Bit rechts	*rotiere rechts durch das Carry Bit*
						C -> [b7 >> b0] -> C
lsl	Rd	HSVNZC	1	1	Rd <= 1 Bit links	*schiebe logisch nach links*
					add rd, rd	C <- [b7 << b0] <- 0
rol	Rd	HSVNZC	1	1	Rd <= 1 Bit links	*rotiere links durch das Carry Bit*
					adc rd, rd	C <- [b7 << b0] <- C
swap	Rd		1	1	Rd(7-4) <=> Rd(3-0)	*vertausche Halbbytes von Rd*

```
; logisches Linksschieben multipliziert vorzeichenlos mit 2
    ldi   r16,3  ; lade 0000 0011 = 3 dezimal
    lsl   r16    ; gibt 0000 0110 = 6 dezimal  C = 0: kein Überlauf
; logisches Rechtsschieben dividiert vorzeichenlos durch 2
    ldi   r16,7  ; lade 0000 0111 = 7 dezimal
    lsr   r16    ; gibt 0000 0011 = 3 Rest C = 1'
; arithmetisches Rechtsschieben dividiert vorzeichenbehaftet durch 2
    ldi   r16,-6 ; lade 1111 1010 = -6 dezimal
    asr   r16    ; gibt 1111 1101 = -3 Rest C = 0
```

Für ein Rotieren als 8-Bit Schieberegister ist eine besondere Behandlung des Carrybits erforderlich. Das Beispiel rotiert das Register @0 um eine Bitposition nach links. Das herausgeschobene Bit gelangt in die freiwerdende Position und in das Carrybit. (Makro Mrol8)

```
; 8-Bit Links-Schieberegister: rotiere nach links ohne Carry
    asr   @0    ;          /B7 B7 . ...B1/  B0 -> Carry
    rol   @0    ;          /B7 B6    B1 B0/ Carry <- B7
    rol   @0    ; Carry <- B7 /B6 B5    B0 B7/
```

Das Beispiel rotiert das Register @0 um eine Bitposition nach rechts. Die herausgeschobene Bitposition gelangt in die freiwerdende Position und in das Carrybit. (Makro Mror8).

```
; 8-Bit Rechts-Schieberegister: rotiere nach rechts ohne Carry
    clc          ; immer Carry <- 0
    sbrc  @0,0   ; überspringe wenn B0 gleich 0
    sec          ; sonst Carry <- 1
    ror   @0     ; /B0 B7    B1/ B0 -> Carry
```

Beim 8-Bit Rotieren ergibt sich nach acht Verschiebungen der ursprüngliche Ausgangswert. Nach vier Verschiebungen sind die beiden Registerhälften vertauscht. Dies geht einfacher mit dem swap-Befehl, der keine Bedingungsbits verändert (Abbildung 2-4).

Ausgangszustand

B7	B6	B5	B4	**B3**	**B2**	**B1**	**B0**

swap   Befehl

B3	**B2**	**B1**	**B0**	B7	B6	B5	B4

Endzustand

Abbildung 2-4: Wirkung des swap-Befehls.

Die *Arbeitsregister-Bit-Befehle* adressieren eine bestimmte Bitposition in einem Arbeitsregister. Mit den Befehlen `bld` und `bst` werden einzelne Bitpositionen der Arbeitsregister in bzw. aus dem T-Bit (Transfer) des Statusregisters kopiert (Tabelle 2-18).

Tabelle 2-18: Auf das T-Bit bezogene Transferbefehle.

Befehl	Operand	ITHSVNZC	W	T	Wirkung	
bld	Rd, Bit		1	1	Rd (Bit) <= T	*lade Registerbit mit T-Bit*
bst	Rr, Bit	T	1	1	T <= Rr (Bit)	*speichere Registerbit nach T-Bit*

Die *Statusregister-Bit-Befehle* zum Löschen (`bclr`) und Setzen (`bset`) von Bits des Statusregisters enthalten im Operandenteil die adressierte Bitposition des Statusregisters als Symbol oder Zahlenwert von 0 bis 7. Die Pseudobefehle bezeichnen die Bitposition mit einem Kennbuchstaben im Befehl (Tabelle 2-19).

Tabelle 2-19: Auf einzelne Bits des SREG bezogene Pseudobefehle.

Befehl	Operand	ITHSVNZC	W	T	Wirkung	
bclr	bitpos	*Bit <= 0*	1	1	SREG(Bit) <= 0	*lösche Bitposition im Statusregister*
bset	bitpos	*Bit <= 1*	1	1	SREG(Bit) <= 1	*setze Bitposition im Statusregister*
clc		0	1	1	C <= 0	*lösche Übertragbit*
sec		1	1	1	C <= 1	*setze Übertragbit*
clz		0	1	1	Z <= 0	*lösche Nullanzeigebit*
sez		1	1	1	Z <= 1	*setze Nullanzeigebit*
cln		0	1	1	N <= 0	*lösche Negativanzeigebit*
sen		1	1	1	N <= 1	*setze Negativanzeigebit*
clv		0	1	1	V <= 0	*lösche Überlaufbit*
sev		1	1	1	V <= 1	*setze Überlaufbit*
cls		0	1	1	S <= 0	*lösche Vorzeichenbit*
ses		1	1	1	S <= 1	*setze Vorzeichenbit*
clh		0	1	1	H <= 0	*lösche Halbübertrag*
seh		1	1	1	H <= 1	*setze Halbübertrag*
clt		0	1	1	T <= 0	*lösche Transferbit*
set		1	1	1	T <= 1	*setze Transferbit*
cli		0	1	1	I <= 0	*lösche Interruptbit: Interrupts sperren*
sei		1	1	1	I <= 1	*setze Interruptbit: Interrupts freigeben*

2.3.3 16-Bit Wortoperationen

Die Verfahren für vorzeichenlose 16-Bit Operanden (zwei Bytes) lassen sich auch auf längere Operanden wie 24 Bit (drei Bytes) oder 32 Bit (vier Bytes) usw. erweitern. Die 16-Bit Operationen `adiw` und `sbiw` sowie die Multiplikationsbefehle verwenden die Reihenfolge:

Low-Byte – Low-Adresse *und* **High-Byte – High-Adresse**

Das Beispiel lädt das 16-Bit Registerpaar R25:R24 bestehend aus R25 (High-Byte) und R24 (Low-Byte) mit der hexadezimalen Konstanten $1234, die mit den Funktionen LOW und HIGH in Bytes getrennt wird.

```
ldi    r24,LOW($1234)    ; R24 <- $34   Low-Teil der Konstante
ldi    r25,HIGH($1234)   ; R25 <- $12   High-Teil der Konstante
```

Die acht Byteregister R24 bis R31 lassen sich auch als Registerpaare oder *Wortregister* R25:R24, R27:R26 (X), R29:R28 (Y) und R31:R30 (Z) verwenden (Tabelle 2-20). Für R26, R28 und R30 sind die Bezeichner XL, YL und ZL vordefiniert; für R27, R29 und R31 sind es XH, YH und ZH. Die indirekte SRAM-Adressierung (Abschnitt 2.5.2) benutzt X, Y und Z als Indexregister zur Adressierung von Speicherbereichen.

Tabelle 2-20: Registerpaare (Wortregister).

Wortregister		High-Byte		Low-Byte	
R24	*kein Indexregister*	R25	Adresse = 25	R24	Adresse = 24
R26 = XL = Indexregister X		R27 = XH	Adresse = 27	R26 = XL	Adresse = 26
R28 = YL = Indexregister Y		R29 = YH	Adresse = 29	R28 = YL	Adresse = 28
R30 = ZL = Indexregister Z		R31 = ZH	Adresse = 31	R30 = ZL	Adresse = 30

Für **Wortoperationen** (16 Bit) stehen gemäß Tabelle 2-21 die **Wortbefehle** adiw und sbiw zur Verfügung, die eine 6 Bit Konstante im Bereich von 0 bis 63 addieren bzw. subtrahieren. In den Befehlen erscheint als Operand nur das Low-Register, die Operation wird jedoch als 16-Bit Wort auch mit dem High-Register durchgeführt. Die Wortbefehle müssen für einige Bausteine der ATtiny-Familie durch zwei Byte-befehle ersetzt werden.

Tabelle 2-21: Auf Registerpaare (Wortregister) bezogene Befehle.

Befehl	Operand	ITHSVNZC	W	T	Wirkung	
adiw	Rw, k6	SVNZC	1	2	Rw <= Rw + 6 Bit Konst.	*addiere Konstante 0 bis 63* **nur R24, XL, YL und ZL**
sbiw	Rw, k6	SVNZC	1	2	Rw <= Rw – 6 Bit Konst.	*subtrahiere Konst. 0 bis 63* **nur R24, XL, YL und ZL**
movw	Rd,Rr Rd+1:Rd,Rr+1:Rr		1	1	Rd:Rd+1 <= Rr:Rr+1 d *und* r *geradzahlig*	*kopiere 16-Bit Wort* **nur ATmega-Familie**

Als Beispiel für eine Wortoperation verwendet das Programm *k2p4* eine 16-Bit Verzögerungsschleife, die ein rotierendes Bitmuster auf dem Port B um ca. 250 ms verzögert. Das Anfangsbitmuster wird vor der Ausgabeschleife vom Port D eingelesen.

```
; k2p4.asm ATmega8 8-Bit Rechts-Rotieren mit 16-Bit Verzögerungsschleife
;****** Testprogramm in einführendes Beispiel einbauen *****************
        in      r16,PIND        ; Eingabe Anfangsbitmuster vom Port D  *
loop:   out     PORTB,r16       ; Ausgabe Muster auf LEDs Port B       *
        bst     r16,0           ; B0 -> T-Bit                          *
        rol     r16             ; rotiere links   B7 /B6 B5    B0 cy/   *
        bld     r16,0           ; T-Bit -> B0      B7 /B6 B5    B0 B0/   *
        ror     r16             ; rotiere rechts  B0 /B7 B6    B1 B0/   *
        ror     r16             ; rotiere rechts  B0 /B0 B7    B2 B1/   *
; Warteschleife 50 000 * 5 = 250 000 Takte = 250 ms bei 1 MHz          *
        ldi     XL,LOW(50000)   ; lade Low-Teil des Wartefaktors       *
        ldi     XH,HIGH(50000)  ; lade High-Teil des Wartefaktors      *
warte:  nop                     ; 1 Takt    verzögern                  *
        sbiw    XL,1            ; 2 Takte  16-Bit-Zähler - 1           *
        brne    warte           ; 2 Takte  bis Zähler Null             *
        rjmp    loop            ; Sprung zum Anfang der Ausgabeschleife*
;*********************************************************************
```

k2p4: 8-Bit Rechts-Rotieren mit 16-Bit Verzögerungsschleife.

Der Wortbefehl movw ist nur bei der ATmega-Familie und den neuesten ATtinys vorhanden. Als Operanden sind *alle* geradzahligen Register in zwei Schreibweisen zulässig. Die Beispiele kopieren ein Wort aus dem Registerpaar R0 (Low-Teil) und R1 (High-Teil) in das Registerpaar R16 (Low-Teil) und R17 (High-Teil).

```
    movw    r16,r0          ; R16 (und R17) <- R0 (und R1)
; die folgende Schreibweise wird in den Beispielen verwendet
    movw    r17:r16,r1:r0   ; Registerpaar R17:R16 <- R1:R0
```

Während die Wortbefehle adiw und sbiw nur für die Wortregister R24, XL, YL und ZL verfügbar sind, können weitere Wortregister aus beliebigen Byteregistern gebildet werden.

Transportoperationen (mov, in, out, ld und st) sowie **logische Operationen** (com, and, or und eor) werden durch zwei Bytebefehle in beliebiger Reihenfolge durchgeführt, da sie keinen Übertrag bilden können. Wortkonstanten lassen sich durch die Operatoren LOW und HIGH in zwei Bytes aufspalten.

Arithmetische Operationen nach Tabelle 2-22 benötigen das Carrybit als Zwischenübertrag zwischen den beiden Bytebefehlen und müssen daher mit dem Low-Byte zuerst ausgeführt werden. Die Bytebefehle adc, sbc, sbci und cpc addieren bzw. subtrahieren zusätzlich den Übertrag bzw. das Borgen im aktuellen Carrybit.

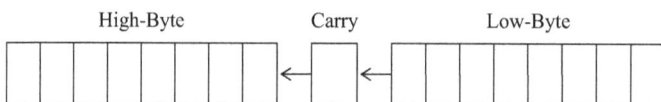

High-Byte   Carry   Low-Byte

Tabelle 2-22: Arithmetische Operationen.

Befehl	Operand	ITHSVNZC	W	T	Wirkung	
add	Rd, Rr	HSVNZC	1	1	Rd <= Rd + Rr	*addiere zwei Register*
adc	Rd, Rr	HSVNZC	1	1	Rd <= Rd + Rr + C	*addiere zwei Register und Carry*
sub	Rd, Rr	HSVNZC	1	1	Rd <= Rd - Rr	*subtrahiere zwei Register*
sbc	Rd, Rr	HSVN*C	1	1	Rd <= Rd - Rr - C	*subtrahiere zwei Register und Carry*
sbci	Rd, k8	HSVN*C	1	1	Rd <= Rd - kon- C	*Subtrahiere vom Register Konstante und Cy; nur R16 bis R31*
cp	Rd, Rr	HSVNZC	1	1	Rd - Rr	*vergleiche zwei Register*
cpc	Rd, Rr	HSVN*C	1	1	Rd - Rr - C	*vergleiche zwei Register und Carry*

Das Beispiel addiert zum Wort in R17:R16 das Wort in R25:R24. Die erste Addition der Low-Bytes liefert einen Übertrag, der bei der zweiten Addition der High-Bytes dazu addiert wird. Das neue Carrybit kontrolliert den Überlauf der 16-Bit Summe.

```
add    r16,r24    ; addiere Low-Bytes  R16 <- R16 + R24
adc    r17,r25    ; addiere High-Bytes R17 <- R17 + R25 + Carry
brcs   fehler     ; springe bei Überlauf der 16-Bit Summe
```

Das Beispiel subtrahiert vom Wort in R17:R16 das Wort in XH:XL. Die erste Subtraktion der Low-Bytes liefert im Carrybit ein Borgen, das bei der zweiten Subtraktion der High-Bytes zusätzlich subtrahiert wird. Das neue Carrybit kontrolliert den Unterlauf der 16-Bit Differenz.

```
sub    r16,xl     ; subtrahiere Low-Bytes  R16 <- R16 - XL
sbc    r17,xh     ; subtrah. High-Bytes R17 <- R17 - XH - Carry
brcs   fehler     ; springe bei Unterlauf der 16-Bit Differenz
```

Die drei Befehle sbc, sbci und cpc subtrahieren zusätzlich das Carrybit, das von einer vorangehenden Operation herrührt. Ein * in der Spalte **Z** (Zero = Null) der Tabelle bedeutet, dass das Z-Bit nur dann 1 (Ergebnis gleich Null) anzeigt, wenn die Differenz der laufenden **und** der vorhergehenden Operation gleich Null ist (Abbildung 2-5).

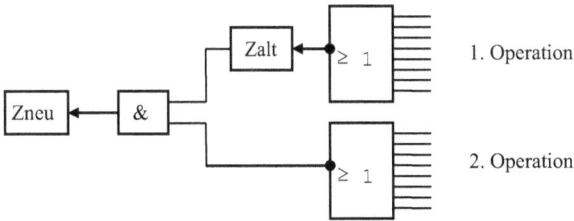

Abbildung 2-5: Z-Bit Berechnung, abhängig von der vorausgehenden Operation.

Das Beispiel untersucht zwei 16-Bit Wörter in den Registerpaaren R17:R16 und R25:R24. Ergibt der erste Vergleich cp der Low-Teile die Differenz Null **und** der zweite Vergleich der High-Teile cpc ebenfalls Null, so ist die 16-Bit Differenz Null.

```
cp    r16,r24    ; Testsubtraktion Low-Bytes R16 - R24
cpc   r17,r25    ; Testsubtraktion High-Bytes R17 - R25 - Carry
breq  gleich     ; R17:R16 = R25:R24 Z = 1 Differenz Null
brcc  groesser   ; R17:R16 > R25:R24 C = 0 Differenz positiv
rjmp  kleiner    ; R17:R16 < R25:R24 C = 1 Differenz negativ
```

Für die Addition von 16-Bit Konstanten verwendet man zwei Hilfsregister oder subtrahiert den negierten Wert in zwei Schritten, da es leider keine Additionsbefehle (addi und adci) für Konstanten gibt. Die Beispiele addieren die Konstante $1234 zum Registerpaar R25:R24.

```
; Addition der Konstanten aus Hilfsregistern R17:R16
    ldi   r16,LOW($1234)    ; R16 <- Low-Teil der Konstanten
    ldi   r17,HIGH($1234)   ; R17 <- High-Teil der Konstanten
    add   r24,r16           ; R24 <- R24 + R16
    adc   r25,r17           ; R25 <- R25 + R17 + Übertrag
;   brcs  fehler            ; Überlauf
;
;
; Addition durch Subtraktion der negativen Konstanten ohne Hilfsreg.
    subi  r24,LOW(-$1234)   ; R24 <- R24 - (-Low-Teil)
    sbci  r25,HIGH(-$1234)  ; R25 <- R25 - (-High-Teil) - Borgen
    brcc  fehler            ; Überlauf für C = 0 wegen Subtraktion!
```

Bei der Addition von 8-Bit Konstanten und 8-Bit Variablen zu einem 16-Bit Wort muss das Carrybit des Low-Teils zusammen mit Null zum High-Teil addiert werden.

Beispiele:

```
; addiere Bytekonstante +4 zum Wort in Z  kein addi und adci!
    subi  ZL,-4             ; addiere Bytekonstante +4 zum Low-Teil
    sbci  ZH,-1             ; addiere High-Teil + Null + Carry
    brcc  fehler            ; Überlauf für C = 0 wegen Subtraktion
;
; addiere Variable in R16 zum Inhalt von R25:R24
    add   r24,r16           ; addiere Low-Teile
    clr   r16               ; R16 löschen (eor r16,r16) Carry bleibt
    adc   r25,r16           ; addiere High-Teil + Null + Carry
    brcs  fehler            ; Überlauf
```

Ein Wortregister kann byteweise mit dem tst-Befehl auf null geprüft werden. Eine andere Lösung verknüpft die beiden Bytes durch ein logisches ODER, das nur dann 0 ergibt, wenn beide Operanden 0 sind. Beispiele für den Test von R25:R24 auf den Wert Null:

```
; Nullprüfung von R25:R24 mit zwei Testbefehlen
    tst   r24              ; teste Low-Byte  (and r24,r24)
    brne  ungleich         ; ungleich Null: fertig
    tst   r25              ;   gleich Null: teste High-Byte
    breq  gleich           ;   gleich Null: beide Bytes Null

; Nullprüfung von R25:R24  mit dem logischen ODER
    mov   r16,r24          ; lade Hilfsregister R16 mit Low-Byte
    or    r16,r25          ; Low-Byte ODER High-Byte
    breq  gleich           ;   gleich Null: beide Bytes Null
```

Für den Vergleich eines 16-Bit Wortregisters mit einer 16-Bit Konstanten fehlt ein Befehl cpci. Führt man die Vergleiche byteweise aus, so entscheidet bereits die Differenz der beiden werthöheren Bytes über größer oder kleiner. Nur wenn beide High-Bytes gleich sind, müssen auch die beiden Low-Bytes miteinander verglichen werden. Das Beispiel vergleicht eine vorzeichenlose 16-Bit Zahl in XH:XL mit einer 16-Bit Konstanten. Der Ausdruck PC+3 ersetzt ein symbolisches Sprungziel zum Vergleich der Low-Bytes.

```
loop: cpi   XH,HIGH($1234)   ; XH - High-Byte
      breq  PC+3             ; gleich: Low-Teile testen
      brcc  groesser         ; C = 0:  X > Konstante
      rjmp  kleiner          ; C = 1:  X < Konstante
      cpi   XL,LOW($1234)    ; Sprungziel PC+3: XL - Low-Byte
      breq  gleich           ; gleich: X = Konstante
      brcc  groesser         ; C = 0:  X > Konstante
      rjmp  kleiner          ; C = 1:  X < Konstante
```

Eine andere Lösung legt die 16-Bit Konstante in zwei Hilfsregistern ab und führt den Vergleich mit den Befehlen cp und cpc durch.

Mit den *Rotierbefehlen* rol (links) und ror (rechts) lassen sich die Schiebebefehle lsl (links) bzw. lsr (rechts) auf 16 Bit und mehr erweitern, indem sie das von der Vorgängeroperation herausgeschobene Carrybit aufnehmen und die herausgeschobene Bitposition an das Carrybit weiterreichen. Beispiel einer 16-Bit Multiplikation des Registerpaares R25:R24 mit dem Faktor 2 durch Linksschieben und mit Überlaufkontrolle.

```
lsl   r24          ; erst Low-Byte *2 Übertrag nach Carry
rol   r25          ; dann Übertrag und High-Byte *2
brcs  fehler       ; Produkt > $FFFF  C = 1: Überlauf
```

Bei einer Division durch Rechtsschieben muss mit dem werthöchsten Byte begonnen werden. Beispiel für eine 16-Bit Division von R25:R24 durch 2.

```
lsr   r25          ; erst High-Byte /2
ror   r24          ; dann Low-Byte /2     Rest im Carry
```

2.3.4 Operationen mit SF-Registern

Der **SFR-Bereich** *(Special Function Register)* besteht aus dem Statusregister SREG, dem Stapelzeiger (SPH und SPL) sowie den Registern der Timer, Ports und sonstigen Peripherie. Für die Adressen der SF-Register und die entsprechenden Bitpositionen sind Symbole in den Definitionsdateien .inc vordefiniert.

Die **Byte-Befehle** in und out lassen sich auf alle 64 Adressen von $00 bis $3F des SFR-Bereiches anwenden (Tabelle 2-23). Für Register im erweiterten SFR-Bereich oberhalb $3F ist die SRAM-Adressierung mit Lade- und Speicherbefehlen erforderlich. Dabei erscheinen anstelle der SFR-Adressen (z. B. von $00 bis $3F) die SRAM-Adressen (z. B. von $20 bis $5F).

Tabelle 2-23: SFR-Befehle in und out.

Befehl	Operand	ITHSVNZC	W	T	Wirkung	
in	Rd, SFR		1	1	Rd <= SF-Register	*lade Rd mit SF-Register*
out	SFR, Rr		1	1	SF-Register <= Rr	*lade SF-Register mit Rr*

Die **Port-Bit-Befehle** lassen sich nur auf die unteren 32 Adressen von $00 bis $1F des SFR-Bereiches (Ports genannt) anwenden (Tabelle 2-24). Vorsicht: Sie führen Lese- und Schreiboperationen durch, die in Steuerregistern unbeabsichtigte Nebenwirkungen auslösen können!

Tabelle 2-24: Port-Bit-Befehle.

Befehl	Operand	ITHSVNZC	W	T	Wirkung	
cbi	port, bit		1	2	port (bit) <= 0	*lösche Port-Bit*
sbi	port, bit		1	2	port (bit) <= 1	*setze Port-Bit*
sbic	port, bit		1	1+	skip if bit is clear	*überspringe den nächsten Befehl, wenn Bit im Port = 0*
sbis	port, bit		1	1+	skip if bit is set	*überspringe den nächsten Befehl, wenn Bit im Port = 1*

Die Tabelle 2-25 zeigt als Beispiel die vordefinierten Symbole der SF-Register und Bitpositionen der parallelen Schnittstellen Port B und Port D. PB7 entspricht z. B. dem Wert 7.

Tabelle 2-25: Vordefinierte SFR-Symbole und Bitpositionen von Port B und Port D.

SRAM	SFR	Name	Bit 7	Bit 6	Bit 5	Bit 4	Bit 3	Bit 2	Bit 1	Bit 0
$38	$18	PORTB	PB7	PB6	PB5	PB4	PB3	PB2	PB1	PB0
$37	$17	DDRB	DDB7	DDB6	DDB5	DDB4	DDB3	DDB2	DDB1	DDB0
$36	$16	PINB	PINB7	PINB6	PINB5	PINB4	PINB3	PINB2	PINB1	PINB0
$32	$12	PORTD	PD7	PD6	PD5	PD4	PD3	PD2	PD1	PD0
$31	$11	DDRD	DDD7	DDD6	DDD5	DDD4	DDD3	DDD2	DDD1	DDD0
$30	$10	PIND	PIND7	PIND6	PIND5	PIND4	PIND3	PIND2	PIND1	PIND0

Das Beispiel schaltet nur die werthöchste Bitposition PB7 des Ports B ein und wieder aus; die anderen Bits bleiben unverändert. Durch den Zeitausgleich entsteht bei einem Systemtakt von 1 MHz ein symmetrisches Rechtecksignal von 125 kHz als Taktteiler durch 8.

```
            sbi   DDRB,DDB7          ; nur PB7 ist Ausgang
; Arbeitsschleife 4 Takte Low / 4 Takte High
loop: sbi   PORTB,PB7          ; 2 Takte PB7 High
            nop                ; 1 Takt  Zeitausgleich
            nop                ; 1 Takt  Zeitausgleich
            cbi   PORTB,PB7          ; 2 Takte PB7 Low
            rjmp  loop               ; 2 Takte Sprung
```

Das Beispiel setzt drei Bitpositionen eines bitadressierbaren Steuerregisters auf 1, die restlichen fünf Bitpositionen bleiben unverändert.

```
sbi    UCSRB,RXCIE        ; Empfängerinterrupt frei
sbi    UCSRB,RXEN         ; Empfänger ein
sbi    UCSRB,TXEN         ; Sender ein
```

Bitoperationen in nicht bitadressierbaren SFRs werden mit Logikmasken in Arbeitsregistern durchgeführt. Das Beispiel setzt drei Bitpositionen in UCSRB und baut die Konstante mit Schiebe- und ODER-Funktionen auf, die der Assembler zur Übersetzungszeit anwendet.

```
in     r16,UCSRB          ; alter Wert
ori    r16,(1 << RXCIE) | (1 << RXEN) | (1 << TXEN) ; Maske
out    UCSRB,r16          ; neuer Wert
```

Die bedingten Sprungbefehle sbic (überspringe wenn Bit gelöscht) und sbis (überspringe wenn Bit gesetzt) werten die angegebene Bitposition direkt aus und verändern keine Bedingungsbits im Statusregister. Beispiel *k2p5* wartet auf eine fallende Flanke am Eingang PIND7, erhöht einen Zähler auf dem Port B um 1 und wartet dann auf eine steigende Flanke.

```
; k2p5.asm ATmega8 Dualzähler bei fallender Flanke PD7 um 1 erhöht
;****** Testprogramm in einführendes Beispiel einbauen ****************
        clr    akku           ; Ausgabezähler löschen             *
        out    PORTB,akku                                         *
loop:   sbic   PIND,PIND7     ; überspringe wenn Taste gedrückt   *
        rjmp   loop           ; warte solange Taste High          *
        in     akku,PORTB     ; alten Zähler laden                *
        inc    akku           ; Zähler um 1 erhöhen               *
        out    PORTB,akku     ; neuen Zähler ausgeben             *
warte:  sbis   PIND,PIND7     ; überspringe wenn Taste gelöst     *
        rjmp   warte          ; warte solange Taste gedrückt      *
        rjmp   loop           ; bei steigender Flanke neue Abfrage *
;*********************************************************************
```

k2p5: Fallende Flanke an PD7 erhöht Dualzähler auf Port B.

2.3.5 Multiplikation und Division

Die hier behandelten Verfahren werden als Makros und Unterprogramme (Abschnitt 2.6) formuliert und in späteren Anwendungen aufgerufen.

2.3.5.1 Die ganzzahligen Multiplikationsbefehle der ATmega-Familie

Die 8-Bit Multiplikationsbefehle sind nur bei Controllern der ATmega-Familie sowie den modernsten ATtinys verfügbar. Bei allen Multiplikationsbefehlen erscheint das 16-Bit Produkt *immer* in den Registern R1 (High-Byte) und R0 (Low-Byte).

Tabelle 2-26: Multiplikationsbefehle der ATmega-Familie und moderner ATtinys.

Befehl	Operand	ITHSVNZC	W	T	Wirkung	nur ATmegas und moderne ATtinys
mul	Rd, Rr	ZC	1	2	R1:R0 <= Rd * Rr	*vorzeichenlos * vorzeichenlos* alle Register R0 bis R31
muls	Rd, Rr	ZC	1	2	R1:R0 <= Rd * Rr	*vorzeichenbehaftet * vorzeichen-behaftet* nur Register R16 bis R31
mulsu	Rd, Rr	ZC	1	2	R1:R0 <= Rd * Rr	*vorzeichenbehaftet * vorzeichenlos* nur Register R16 bis R23
movw	Rd, Rr		1	1	Rd+1:Rd <= Rr+1:Rr **d** und **r** geradzahlig	*kopiert 16-Bit Wort* alternativ auch: movw Rd+1:Rd, Rr+1:Rr

Das Beispiel multipliziert den Inhalt von R16 mit einem Faktor in R17 und kopiert das 16-Bit Produkt aus den Ergebnisregistern R1 und R0 nach R19 und R18.

```
mul    r16,r17        ; R1:R0 <- R16 * R17 vorzeichenlos
movw   r19:r18,r1:r0  ; alternative Schreibweise für R18,R0
```

Die 8-Bit Multiplikation lässt sich durch gruppenweise Teilmultiplikationen und Additionen auf 16 Bit erweitern.

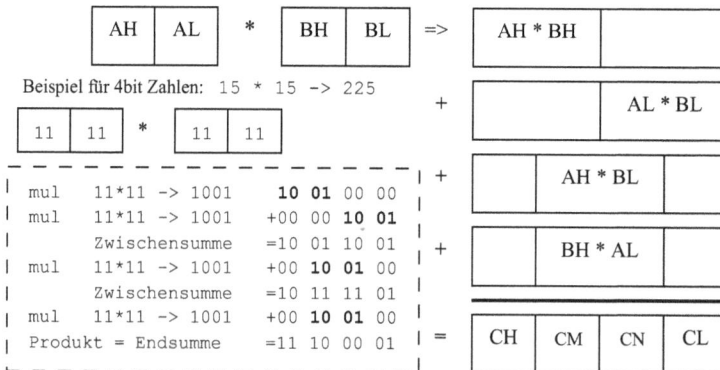

Der Makrobefehl `Mmul16` fügt die Befehle der vorzeichenlosen 16-Bit Multiplikation in den Code ein und lässt sich auf alle Register mit Ausnahme der Ergebnisregister R3:R2:R1:R0 mit dem 32-Bit Produkt und der Hilfsregister R4 bis R6 anwenden.

```
; Mmul16.asm Makro mit mul-Befehlen R3:R2:R1:R0 <- @0:@1 * @2:@3
        .MACRO  Mmul16      ; Nicht R0,R1,R2,R3,R4,R5,R6
        push    r4          ; Register retten
        push    r5
        push    r6
        clr     r6          ; für Addition
        mul     @0,@2       ; R1:R0 <- AH * BH
        movw    r5:r4,r1:r0 ; R5:R4 <- High-Teilprodukt
        mul     @1,@3       ; R1:R0 <- AL * BL
        movw    r3:r2,r1:r0 ; R3:R2 <- Low-Teilprodukt
        mul     @0,@3       ; R1:R0 <- AH * BL
        add     r3,r0
        adc     r4,r1
        adc     r5,r6
        mul     @2,@1       ; R1:R0 <- BH * AL
        add     r3,r0
        adc     r4,r1
        adc     r5,r6       ; Produkt in R5:R4:R3:R2
        movw    r1:r0,r3:r2 ; R1:R0 = Produkt_Low
        movw    r3:r2,r5:r4 ; R3:R2 = Produkt_High
        pop     r6          ; Register zurück
        pop     r5
        pop     r4
        .ENDM
```

Da Makros bei jedem Aufruf erneut in den Code eingebaut werden, kann es bei häufiger Anwendung zweckmäßig sein, ein Unterprogramm aufzurufen, dessen Code nur einmal vorhanden ist. Das Unterprogramm `mul16` multipliziert zwei vorzeichenlose 16-Bit Zahlen in R17:R16 und R19:R18 zu einem 32-Bit Produkt in den vier Registern R3:R2:R1:R0 und verwendet die Befehle des Makros `Mmul16`.

```
; mul16.asm Upro mit mul-Befehlen R3:R2:R1:R0 <- R19:R18 * R17:R16
mul16:  Mmul16      r19,r18,r17,r16 ;
        ret
```

Die Befehle `muls` und `mulsu` dienen der Multiplikation vorzeichenbehafteter (signed) Zahlen; die Festpunktmultiplikationsbefehle `fmul` werden im Abschnitt 2.3.5.4 behandelt.

2.3.5.2 Software-Multiplikationsverfahren

Bei Classic AVRs (AT90S...) und älteren ATtinys muss die Multiplikation auf die Standardoperationen Schieben und Addieren zurückgeführt werden (Abbildung 2-6). Das der Handrechnung entsprechende Verfahren mit Teiladditionen und Verschiebungen benötigt bei einer 8 mal 8 Bit Multiplikation acht Durchläufe. Es lässt sich auf längere Operanden erweitern. Die Softwareverfahren werden in den Bezeichnern der Beispiele mit einem x gekennzeichnet.

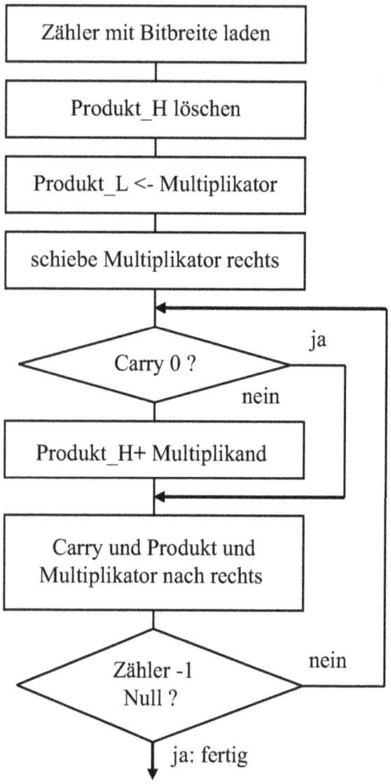

Zahlenbeispiel:

```
1111 * 1111 -> 11100001
  15 * 15   -> 225
```

C	Prod_H	Rrod_L Multiplikator	C	n	Multiplikand 1111 Bemerkung
	0000	1111		4	Anfangszustand
		0111	1		schiebe rechts
0	1111	0111			Carry 1: addiere
	0111	1011	1		schiebe rechts
				3	Zähler- 1
1	0110	1011			Carry 1: addiere
	1011	0101	1		schiebe rechts
				2	Zähler-1
1	1010	0101			Carry 1: addiere
	1101	0010	1		schiebe rechts
				1	Zähler-1
1	1100	0010			Carry 1: addiere
	1110	0001	0		schiebe rechts
				0	Zähler-1
	1110	0001			Produkt fertig
					$E1 = 225_{10}

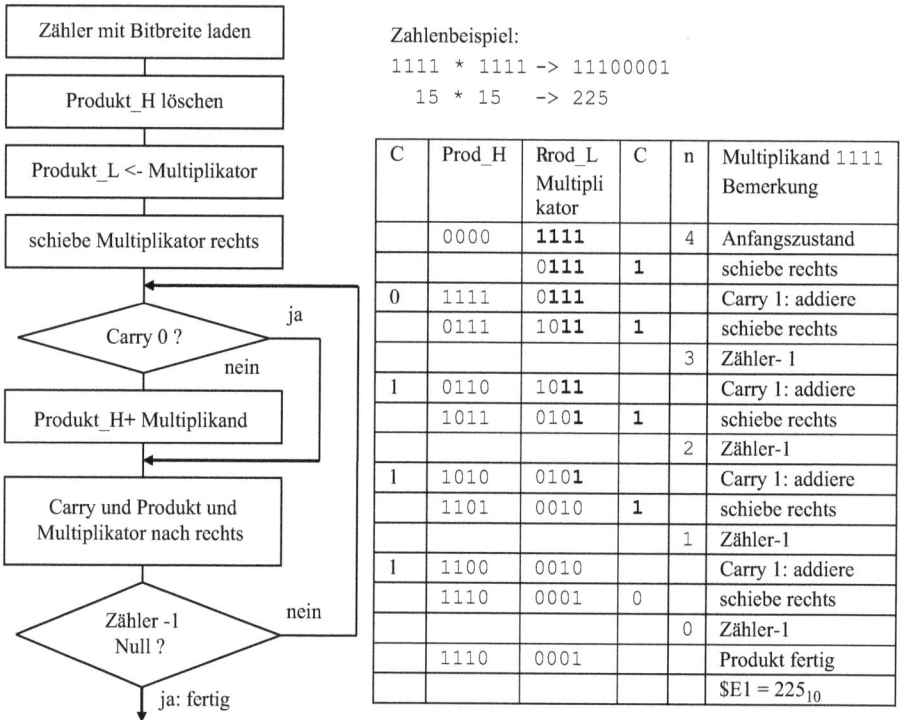

Abbildung 2-6: Multiplikation ohne mul-Befehl.

Der Makrobefehl `Mmulx8` fügt die Befehle einer 8-Bit Multiplikation in den Code ein und lässt sich im Gegensatz zu einem entsprechenden Unterprogramm auf alle Register mit Ausnahme der Ergebnisregister R1 und R0 und des Zählregisters R2 anwenden. Das 16-Bit Produkt erscheint wie beim `mul`-Befehl in den Registern R1 (High-Byte) und R0 (Low-Byte).

```
; Mmulx8.asm Makro Softwaremultiplikation R1:R0 <- @0 * @1
        .MACRO  Mmulx8  ; R1:R0 <- @0 * @1 Nicht R0,R1,R2
        push    r2      ; Register retten
        push    r16     ; Hilfsregister retten
```

```
        ldi     r16,8    ; Zähler für 8 Schritte
        mov     r2,r16   ; R2 = Schrittzähler
        pop     r16      ; Hilfsregister zurück
        clr     r1       ; R1 <- Produkt_High löschen
        mov     r0,@1    ; R0 <- Produkt_Low <- Multiplikator
        lsr     r0       ; Multiplikator rechts nach Carry
Mmulx8a:brcc    Mmulx8b  ; Carry = 0: nicht addieren
        add     r1,@0    ; Produkt_High + Multiplikand
Mmulx8b:ror     r1       ; Carry und Produkt_High rechts
        ror     r0       ; Carry und Produkt_Low=Multiplikator rechts
        dec     r2       ; Schrittzähler für 8 Schritte
        brne    Mmulx8a  ; bis Schrittzähler Null
        clc              ; C <- 0
        sbrc    r1,7     ; überspringe für Bit_15 = 0
        sec              ; C <- 1 für Bit_15 = 1
        mov     r2,r1    ; Produkt auf Null testen
        or      r2,r0    ; Z-Bit entsprechend Produkt
        pop     r2       ; Register zurück
        .ENDM            ; R1:R0 <- Produkt  @0 und @1 bleiben
```

Das Unterprogramm mulx8 multipliziert die beiden 8-Bit Faktoren in R17 und R16 zu einem 16-Bit Produkt, das wie bei den mul-Befehlen in den Registern R1 (High-Byte) und R0 (Low-Byte) erscheint. Dabei wird die entsprechende Makroanweisung für die Parameter R16 und R17 in den Code eingefügt.

```
; mulx8.asm Upro unsigned Softwaremultiplikation R1:R0 <- R16 * R17
mulx8:  Mmulx8  r16,r17 ; benötigt Makro Mmulx8
        ret              ; R1:R0 <- Produkt  R16 R17 bleiben erhalten
```

Das Software-Multiplikationsverfahren kann auf längere Operanden ausgeweitet werden. Dazu sind der Durchlaufzähler und die Operandenregister entsprechend zu erweitern. Der Makrobefehl Mmulx16 fügt die Befehle einer 16-Bit Multiplikation in den Code ein und lässt sich im Gegensatz zu einem entsprechenden Unterprogramm auf alle Register mit Ausnahme der Ergebnisregister und des Zählregisters R4 anwenden. Das 32-Bit Produkt erscheint in den frei gewählten Registern R3:R2:R1:R0.

```
; Mmulx16.asm Makro Softwaremultipl. R3:R2:R1:R0 <-  @0:@1 * @2:@3
        .MACRO  Mmulx16 ; Nicht R0,R1,R2,R3,R4
        push    r4       ; Register retten
        push    r16
        ldi     r16,16
        mov     r4,r16   ; R4 = Durchlaufzähler
```

```
              pop     r16
              clr     r3      ; Produkt_High löschen
              clr     r2
              mov     r0,@3   ; Produkt_Low = Multiplikator
              mov     r1,@2
              lsr     r1      ; Multiplikator_High rechts
              ror     r0      ; Multiplikator_Low rechts nach Carry
Mmulx16a:brcc Mmulx16b; Carry = 0: nicht addieren
              add     r2,@1   ;       = 1: Übertrag + Multiplikand
              adc     r3,@0
Mmulx16b:ror  r3      ; Carry und Übertrag rechts
              ror     r2      ; Produkt_High rechts
              ror     r1      ; Multiplikator_High rechts
              ror     r0      ; Multiplikator_Low rechts nach Carry
              dec     r4      ; Durchlaufzähler - 1
              brne    Mmulx16a; bis Zähler Null
              pop     r4      ; Register zurück
              .ENDM
```

Das Unterprogramm mulx16 ruft das Makro Mmulx16 für die beiden 16-Bit Register-paare R17:R16 und R19:R18 auf. Das 32-Bit Produkt erscheint in den vier frei gewählten Registern R3:R2:R1:R0.

```
; mulx16.asm Upro Softwaremultipl. R3:R2:R1:R0 <-  R17:R16 * R19:R18
mulx16: Mmulx16  r17,r16,r19,r18  ; benötigt Makro Mmulx16
        ret                       ;
```

Eine *Multiplikation mit dem konstanten Faktor 10*, die bei der Dezimal/Dualum-wandlung benötigt wird, kann durch Verschiebungen und Additionen ersetzt werden. Das Beispiel multipliziert R16 mit dem konstanten Faktor 10 mit Überlaufkontrolle.

```
        mov     r17,r16      ; R17 <- alten Wert von R16 retten
        lsl     r16          ; *2
        bcs     fehler       ; C = 1: Überlauf
        lsl     r16          ; nochmal *2 gibt *4
        bcs     fehler       ; C = 1: Überlauf
        add     r16,r17      ; Addition gibt *5
        bcs     fehler       ; C = 1: Überlauf
        lsl     r16          ; nochmal *2 gibt *10
        bcs     fehler       ; C = 0: Produkt <= 255

fehler:                      ; C = 1: Produkt > 255
```

Multiplikationen mit dem konstanten Faktor 2 oder mit einem Faktor, der eine Potenz zur Basis 2 darstellt wie z. B. 4 oder 8 oder 16 können schneller mit dem logischen Linksschiebebefehl lsl durchgeführt werden.

2.3.5.3 Software-Divisionsverfahren

Die Division ist bei 8-Bit AVR Controllern nicht als Befehl verfügbar und muss auf die Standardoperationen Schieben, Vergleichen und Subtrahieren zurückgeführt werden. Die mehrmalige Subtraktion des Divisors vom Dividenden in einer Schleife kann unter Umständen sehr viel Zeit in Anspruch nehmen. Schneller ist das bei der Handrechnung übliche Verfahren mit Teilsubtraktionen und Verschiebungen. Die Softwareverfahren werden in den Bezeichnern der Beispielprogramme mit einem x gekennzeichnet.

Zahlenbeispiel:
```
1111 / 0010 -> 0111 Rest 1
  15 /    2 ->    7 Rest 1
```

Rest	Dividend Quotient	n	Divisor 0010 Bemerkung
0000	1111	4	Anfangszustand
0001	111		schiebe links: Rest < Divisor
0001	1110		Bit_0 <- 0
		3	Zähler – 1
0011	110		schiebe links: Rest > Divisor
0001	1101		subtrahiere Rest - Divisor Bit_0 <- 1
		2	Zähler - 1
0011	101		schiebe links: Rest > Divisor
0001	1011		subtrahiere Rest - Divisor Bit_0 <- 1
		1	Zähler - 1
0011	011		schiebe links: Rest > Divisor
0001	0111		subtrahiere Rest - Divisor Bit_0 <- 1
		0	Zähler - 1
0001	0111		Null: fertig
Rest	Quotient		15 / 2 -> 7 Rest 1

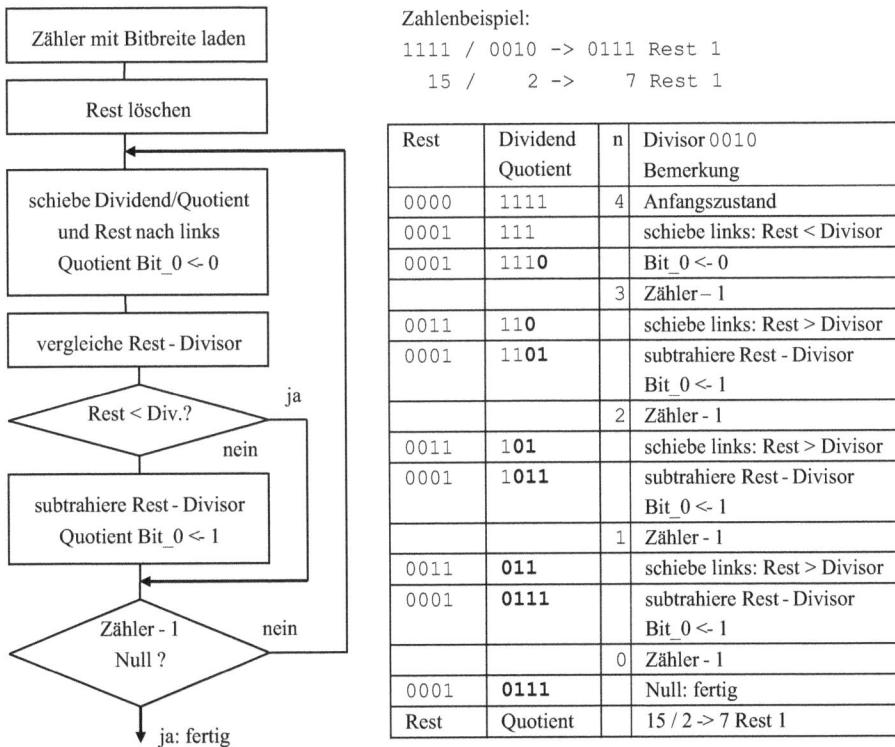

Abbildung 2-7: Software-Divisionsverfahren.

Das Verfahren erfordert bei 8-Bit Operanden acht Schritte und lässt sich auf weitere Operandenlängen ausdehnen. Divisionen mit dem konstanten Divisor 2 oder mit einem Divisor, der eine Potenz zur Basis 2 darstellt wie z. B. 4 oder 8 oder 16 können schneller mit dem logischen Rechtsschiebebefehl lsr durchgeführt werden.

Der Makrobefehl `Mdivx8` fügt die Befehle der 8-Bit Division in den Code ein und lässt sich im Gegensatz zu dem entsprechenden Unterprogramm auf alle Register mit Ausnahme der Hilfsregister R2 und R3 anwenden. Der Quotient überschreibt den Dividenden, der Rest ersetzt den Divisor. Eine Division durch Null wird nicht abgefangen und ergibt den größtmöglichen Quotienten $ff; als Rest erscheint dabei der Dividend.

```
; Mdivx8.asm Makro 8-Bit Division @0 / @1  @0 <- Quotient  @1 <- Rest
          .MACRO  Mdivx8  ; Nicht R2 und R3
          push    r2      ; Register retten
          push    r3
          push    r16     ; Hilfsregister retten
          ldi     r16,8   ; 8 Schritte
          mov     r2,r16  ; R2 = Schrittzähler
          pop     r16     ; Hilfsregister wieder zurück
          mov     r3,@1   ; R3 = Divisor
          clr     @1      ; @1 = Rest löschen
Mdivx8a:  lsl     @0      ; Dividend/Quotient links Bit_0 <- 0
          rol     @1      ; Rest links
          cp      @1,r3   ; Test Rest - Divisor
          brlo    Mdivx8b ; Rest < Divisor: Quotient Bit_0 bleibt 0
          sub     @1,r3   ; Rest >= Divisor abziehen
          inc     @0      ; Quotient Bit_0 wird 1
Mdivx8b:  dec     r2      ; Zähler - 1
          brne    Mdivx8a ; ungleich Null: weiter
          pop     r3      ; Register zurück
          pop     r2
          .ENDM           ; @0 <- Quotient  @1 <- Rest
```

Das Unterprogramm `divx8` dividiert den 8-Bit Dividenden in R1 durch den 8-Bit Divisor in R0. Der 8-Bit Quotient erscheint immer im Register R0 und überschreibt den Dividenden, der Rest steht in R1 und ersetzt den Divisor.

```
; divx8.asm Upro 8-Bit Division  R1 durch R0
divx8:  Mdivx8  r1,r0    ; benötigt Makro Mdivx8
        ret              ; R1 <- Quotient  R0 <- Rest
```

Der Makrobefehl `Mdivx16` fügt die Befehle der 16-Bit Division in den Code ein. Ein 16-Bit Dividend dividiert durch einen 16-Bit Divisor liefert einen 16-Bit Quotienten und einen 16-Bit Rest. Eine Division durch Null wird nicht abgefangen und ergibt den größtmöglichen Quotienten $ffff; als Rest erscheint dabei der Dividend.

```
; Mdivx16.asm Makro 16-Bit Division @0:@1 durch @2:@3
        .MACRO  Mdivx16  ; Nicht R0,R1,R2,R3,R4,R5,R6
        push    r4       ; Register retten
        push    r5
        push    r6
        push    r16      ; Hilfsregister retten
        ldi     r16,16   ; 16 Schritte
        mov     r6,r16   ; R6 = Schrittzähler
        pop     r16      ; Hilfsregister wieder zurück
        mov     r4,@3    ; R4 = Divisor_Low
        mov     r5,@2    ; R5 = Divisor_High
        clr     @3       ; Rest_Low löschen
        clr     @2       ; Rest_High löschen
Mdivx16a:lsl    @1       ; Dividend_L links Quotient Bit_0 <- 0
        rol     @0       ; Dividend_H links
        rol     @3       ; Rest_L links
        rol     @2       ; Rest_H links
        cp      @3,r4    ; Low-Test Rest - Divisor
        cpc     @2,r5    ; High-Test Rest - Divisor
        brlo    Mdivx16b ; Rest < Divisor: Quotient Bit_0 bleibt 0
        sub     @3,r4    ; Rest >= Divisor_Low abziehen
        sbc     @2,r5    ;          Divisor_High abziehen
        inc     @1       ; Quotient Bit_0 wird 1
Mdivx16b:dec    r6       ; Zähler - 1
        brne    Mdivx16a ; ungleich Null: weiter
        pop     r6       ; Register zurück
        pop     r5
        pop     r4
        .ENDM            ; @0:@1 <- Quotient  @2:@3 <- Rest
```

Das Unterprogramm divx16 dividiert den 16-Bit Dividenden in R3:R2 durch den 16-Bit Divisor in R1:R0. Der 16-Bit Quotient erscheint immer im Register R3:R2 und überschreibt den Dividenden. Der Rest in R1:R0 ersetzt den Divisor.

```
; divx16.asm Upro 16-Bit Division  R3:R2 durch R1:R0
divx16: Mdivx16  r3,r2,r1,r0  ;
        ret                      ; R3:R2 <- Quotient  R1:R0 <- Rest
```

Bei einer **_Dual/Dezimalumwandlung_** nach Abbildung 2-8 kann es vorteilhafter sein, die Dualzahl nicht fortlaufend durch 10 zu dividieren, sondern die Stellen durch Subtraktionen abzuspalten. Das Unterprogramm dual2bcd wandelt eine in R16 übergebene Dualzahl in eine dreistellige BCD-codierte Dezimalzahl um, die in R17:R16 zurückgeliefert wird.

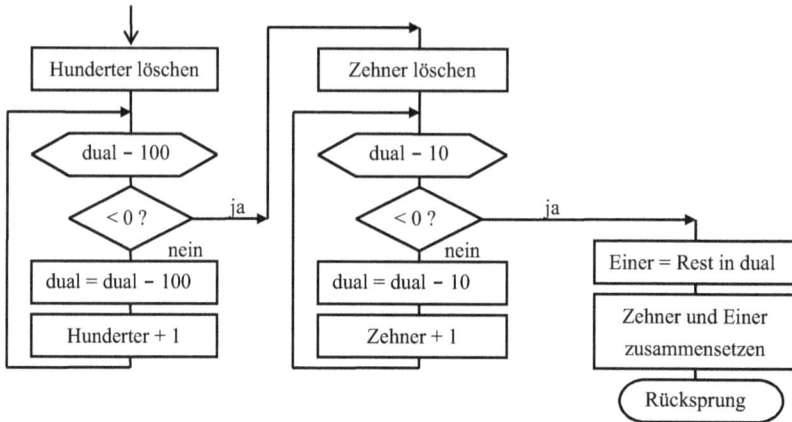

Abbildung 2-8: Dual/Dezimalumwandlung.

```
; dual2bcd Umwandlung R16 dual nach dezimal in R17 und R16
dual2bcd:  push   r15        ; Hilfsregister retten
           clr    r17        ; Hunderter löschen
dual2bcd1: cpi    r16,100    ; Hunderterprobe
           brlo   dual2bcd2  ; dual  <  100: fertig
           subi   r16,100    ; dual >=  100: abziehen
           inc    r17        ; Hunderter zählen
           rjmp   dual2bcd1  ; bis dual < 100
dual2bcd2: clr    r15        ; Zehner löschen
dual2bcd3: cpi    r16,10     ; Zehnerprobe
           brlo   dual2bcd4  ; dual  <  10: fertig
           subi   r16,10     ; dual >=  10: abziehen
           inc    r15        ; Zehner zählen
           rjmp   dual2bcd3  ; bis dual < 10
dual2bcd4: swap   r15        ; R15 = Zehner   0000
           or     r16,r15    ; R16 <- Zehner   Einer
           pop    r15        ; Hilfsregister zurück
           ret               ; Rücksprung R17 <- Hunderter
```

dual2bcd: Unterprogramm zur Dual/Dezimalumwandlung.

Das Programm *k2p6* gibt einen Dezimalzähler auf dem Port B (Einer und Zehner) und auf dem Port C (Hunderter) aus, der bei jeder steigenden Flanke an PD7 um 1 erhöht wird. Die Direktive `.INCLUDE` fügt das Unterprogramm `dual2bcd` in das Hauptprogramm ein.

```
; k2p6.asm ATmega8 Dezimalzähler bei steigender Flanke PD7 um 1 erhöht
;****** Testprogramm in einführendes Beispiel einbauen *****************
        clr     r18             ; dualen Ausgabezähler löschen        *
loop:   mov     akku,r18        ; dualen Zähler                       *
        rcall   dual2bcd        ; nach dezimal in R17:R16 umwandeln   *
        out     PORTC,r17       ; Hunderter auf Port C ausgeben       *
        out     PORTB,r16       ; Zehner und Einer auf Port B ausgeben *
oben:   sbic    PIND,PIND7      ; überspringe wenn Taste gedrückt     *
        rjmp    oben            ; warte solange Taste High            *
        inc     r18             ; Zähler dual erhöhen                 *
unten:  sbis    PIND,PIND7      ; überspringe wenn Taste gelöst       *
        rjmp    unten           ; warte solange Taste gedrückt        *
        rjmp    loop            ; bei steigender Flanke neue Ausgabe  *
; externes Unterprogramm R16 dual nach R17:R16 dezimal                *
        .INCLUDE "dual2bcd.asm" ; wird hier aus Ordner eingefügt      *
;*********************************************************************
```

k2p6: Ausgabe eines Dezimalzählers auf den Ports B und C.

2.3.5.4 Die Festpunkt-Multiplikationsbefehle

Der Dualpunkt steht im unsigned 8-Bit Format *1.7* nach Tabelle 2-27 zwischen den Bitpositionen 7 und 6. Die werthöchste Bitposition ist der ganzzahlige Anteil mit der Wertigkeit 1. Der dezimale 8-Bit Zahlenbereich liegt zwischen 0.0078125 und 1.9921875. Durch Hinzunahme eines weiteren Bytes im Format *1.14* lassen sich Genauigkeit und Zahlenbereich erweitern.

Tabelle 2-27: Wertigkeit der Bits im unsigned 8-Bit Format 1.7.

Bit 7	Bit 6	Bit 5	Bit 4	Bit 3	Bit 2	Bit 1	Bit 0
2^0	2^{-1}	2^{-2}	2^{-3}	2^{-4}	2^{-5}	2^{-6}	2^{-7}
1	0.5	0.25	0.125	0.0625	0.03125	0.015625	0.0078125

Beispiele: 0.500_{10} -> 0.100_2 gespeichert als `01000000`

                1.250_{10} -> 1.010_2 gespeichert als `10100000`

                1.500_{10} -> 1.100_2 gespeichert als `11000000`

                1.875_{10} -> 1.111_2 gespeichert als `11110000`

Für die *Festpunkt-Multiplikation* stehen bei ATmegas und modernen ATtinys Befehle zur Verfügung. Die 8-Bit Faktoren *müssen* in den Registern R16 bis R23 stehen; das 16-Bit Produkt erscheint *immer* in dem Registerpaar R1 (High-Byte) und R0 (Low-Byte).

Tabelle 2-28: Festpunktmultiplikation.

Befehl	Operand	ITHSVNZC	W	T	Wirkung	R16 bis R23
fmul	Rd, Rr	ZC	1	2	R1:R0 <= Rd * Rr	*vorzeichenlos * vorzeichenlos*
fmuls	Rd, Rr	ZC	1	2	R1:R0 <= Rd * Rr	*vorzeichenbehaftet * vorzeichenbehaftet*
fmulsu	Rd, Rr	ZC	1	2	R1:R0 <= Rd * Rr	*vorzeichenbehaftet * vorzeichenlos*

Die Festpunktbefehle nach Tabelle 2-28 arbeiten zunächst wie die ganzzahligen mul-Befehle, verschieben dann aber zusätzlich das Produkt um eine Bitposition nach links. Das werthöchste Bit gelangt in das Carry-Bit, um das ursprüngliche Format wiederherzustellen. Bei der Multiplikation zweier Faktoren im Format 1.7 ergibt sich das 16-Bit Produkt im Format 1.14. Die Beispiele zeigen die vier möglichen Fälle in einer verkürzten 4 Bit Darstellung.

```
0.5 * 0.5                       0.25
0100 * 0100 -> 0001 0000 -> C=0 0010 000 nach Verschiebung

1.25 * 1.25                     1.5625
1010 * 1010 -> 0110 0100 -> C=0 1010 000 nach Verschiebung

1.5 * 1.5                       2.25
1100 * 1100 -> 1001 0000 -> C=1 0010 000 nach Verschiebung

1.875 * 1.875                   3.515625
1111 * 1111 -> 1110 0001 -> C=1 1100 0010 nach Verschiebung
```

2.4 Sprung- und Verzweigungsbefehle

2.4.1 Unbedingte Sprungbefehle

Die **unbedingten Sprungbefehle mit relativer Adressierung** sind bei allen Controllern der AT-Familien verfügbar (Tabelle 2-29). Der 12 Bit lange vorzeichenbehaftete Abstand erlaubt Sprünge im Adressbereich von 4096 Wörtern oder 8192 Bytes.

Bei der **indirekten Sprungadressierung** enthält das Indexregister Z die absolute Zieladresse, die sich damit zur Laufzeit berechnen lässt. Beispiel für die indirekte Sprungadressierung als Ersatz für den direkten Sprung mit rjmp zum Ziel loop:

```
loop:   nop                 ; Beispiel für unendliche Schleife
        ldi   ZL,LOW(loop)  ; Z <- Sprungadresse von loop
        ldi   ZH,HIGH(loop)
        ijmp                ; indirekter Sprung nach loop
```

Tabelle 2-29: unbedingte Spungbefehle.

Befehl	Operand	ITHSVNZC	W	T	Wirkung	
rjmp	ziel		1	2	PC <= PC + Abstand	*springe unbedingt relativ*
rcall	Ziel		1	3	Stapel <= PC, SP <= SP − 2 PC <= PC + Abstand	*rette Befehlszähler* *rufe Unterprogramm relativ*
ijmp			1	2	PC <= Z	*springe unbedingt indirekt*
icall			1	3	Stapel <= PC, SP <= SP − 2 PC <= Z	*rette Befehlszähler* *rufe Unterprogramm indirekt*

Bei Controllern mit mehr als 8 kByte Programmspeicher sind zusätzliche unbedingte Sprungbefehle erforderlich, die eine absolute Zieladresse im zweiten Wort des Befehls enthalten (Tabelle 2-30).

Tabelle 2-30: zusätzliche unbedingte Sprungbefehle bei AVRs mit Programmspeicher >8kByte.

Befehl	Operand	ITHSVNZC	W	T	Wirkung	
jmp	ziel		2	3	PC <= Zieladresse	*springe unbedingt direkt*
call	ziel		2	4	Stapel <= PC, SP <= SP − 2 PC <= Zieladresse	*rette Befehlszähler* *rufe Unterprogramm direkt*

Für Sonderausführungen und bei Controllern mit mehr als 64 kByte Programm-speicher stehen weitere Befehle und Register zur Verfügung, um den gesamten Speicherbereich zu adressieren. Die Befehle rcall, icall und call springen eben-falls zur angegebenen Zieladresse mit dem Unterschied, dass die Rücksprung-adresse auf den Stapel gerettet wird, um eine Rückkehr mit dem Befehl ret zu ermöglichen.

2.4.2 Bedingte Sprungbefehle

Die **bedingten relativen Sprungbefehle** enthalten den Abstand und die auszuwer-tende Bitposition des Statusregisters (Abbildung 2-9). Bei *ja* wird ein vorzeichenbe-hafteter Abstand zum Befehlszähler addiert (2 Takte), bei *nein* wird der Befehlszähler um 1 erhöht (1 Takt) und damit der folgende Befehl ausgeführt. Positive Abstände ergeben Vorwärtssprünge um maximal 63 Wörter, negative Abstände (2er Komple-ment) Rückwärtssprünge um maximal 64 Wörter. Die Abkürzung **br** bedeutet **br**anch gleich verzweige (Tabelle 2-31).

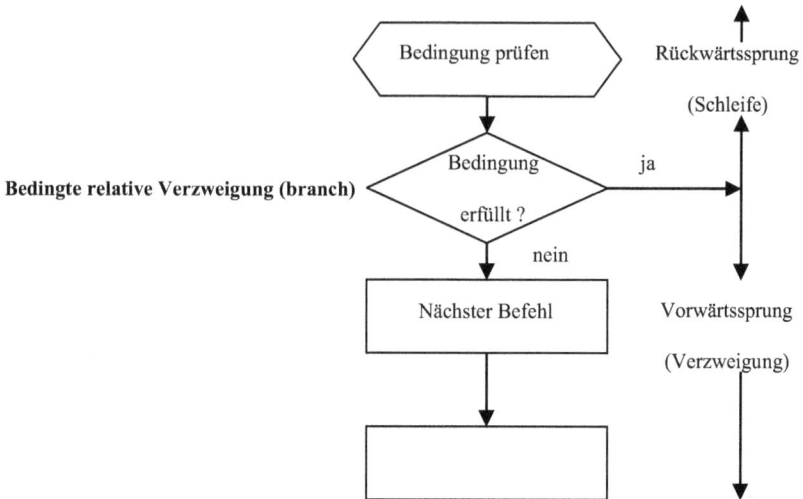

Abbildung 2-9: Bedingte Sprungbefehle im Ablaufdiagramm.

Die üblicherweise verwendeten Pseudobefehle enthalten Kennbuchstaben wie z. B. brcs für *carry set* = Überlaufbit gesetzt. Der Assembler setzt dafür die entsprechende Bitposition in den Branchbefehl ein. Die Pseudobefehle enthalten im Operandenteil nur noch die symbolische Zieladresse, die vom Assembler in einen vorzeichenbehafteten Abstand umgewandelt wird. Das Beispiel verzweigt für den Fall Carry = 1 zu Ziel error:

```
        add    R16,R17   ; R16 <- R16 + R17 Addition
        brcs   error     ; Sprung bei Überlauf Summe > 255
                         ; hier geht es weiter bei Summe <= 255
error:                   ; hier Fehlermeldung ausgeben
```

Die bedingten relativen Sprungbefehle haben wegen des 7 Bit Abstands nur einen eingeschränkten Sprungbereich von +63 und −64 Befehlen. Meldet der Assembler, dass die maximale Sprungweite überschritten wurde, so muss die Logik des Sprungs umgekehrt werden. Das Beispiel springt zum Ziel ende, wenn im akku der Wert $10 enthalten ist.

```
        cpi    akku,$10       ; vergleiche Variable - Konstante
        breq   ende           ; springe wenn beide gleich
; Fehlermeldung, wenn ende weiter als 63 Befehle entfernt
ende:                         ; hier soll es weitergehen
; Ersatzlösung mit einem zusätzlichen unbedingten Sprung
        cpi    akku,$10       ; vergleiche Variable - Konstante
```

```
        brne  ersatz        ; bzw. PC+2: springe wenn beide ungleich
        rjmp  ende          ; springe (bei gleich) immer nach ende
ersatz:                     ; nun keine Fehlermeldung mehr
; ende kann nun weit entfernt sein
ende:                       ; hier soll es weitergehen
```

Tabelle 2-31: Branch-Befehle.

Befehl	Operand	ITHSVNZC	W	T	Wirkung	
brbc	bit,ziel		1	2	ja: PC <= PC + Abstand	*verzweige relativ für Bit = 0*
				1	nein: PC <= PC + 1	
brbs	bit,ziel		1	2	ja: PC <= PC + Abstand	*verzweige relativ für Bit = 1*
				1	nein: PC <= PC + 1	
brcc	ziel		1	1/2	Sprung bei C = 0 unsigned	branch if carry clear
brcs	ziel				Sprung bei C = 1 unsigned	branch if carry set
brsh	ziel		1	1/2	Sprung bei >= unsigned	branch if same or higher
brlo	ziel				Sprung bei < unsigned	branch if lower
brne	ziel		1	1/2	Sprung bei Z = 0 ungleich	branch if not equal
breq	ziel				Sprung bei Z = 1 gleich	branch if equal
brpl	ziel		1	1/2	Sprung bei N = 0 signed	branch if plus
brmi	ziel				Sprung bei N = 1 signed	branch if minus
brvc	ziel		1	1/2	Sprung bei V = 0 signed	branch if overflow clear
brvs	ziel				Sprung bei V = 1 signed	branch if overflow set
brge	ziel		1	1/2	Sprung bei >= signed	branch if greater / equal
brlt	ziel				Sprung bei < signed	branch if less than
brhc	ziel		1	1/2	Sprung bei H = 0	branch if halfcarry clear
brhs	ziel				Sprung bei H = 1	branch if halfcarry set
brtc	ziel		1	1/2	Sprung bei T = 0	branch if transfer clear
brts	ziel				Sprung bei T = 1	branch if transfer set
brid	ziel		1	1/2	Sprung bei I = 0 *gesperrt*	branch if interrupt disabled
brie	ziel				Sprung bei I = 1 *frei*	branch if interrupt enabled

Die Sprungbedingungen des Statusregisters werden verändert durch:

– die Statusregister-Bit-Befehle bclr und bset mit den entsprechenden Pseudobefehlen,

– arithmetische und logische Operationen entsprechend den Befehlslisten und

– besondere Test- und Vergleichsbefehle, welche die Operanden nicht verändern (Tabelle 2-32).

Die **bedingten Skip-Befehle** (skip = übergehen) überspringen den nächsten Befehl, wenn die Bedingung erfüllt ist; ist sie nicht erfüllt, so wird der nächste

Befehl ausgeführt. Sie verändern und werten keine Bedingungsbits aus und enthalten keine Zieladresse (Tabelle 2-33 und Abbildung 2-10).

Tabelle 2-32: Compare-Befehle.

Befehl	Operand	ITHSVNZC	W	T	Wirkung	
cp	Rd, Rr	HSVNZC	1	1	Rd – Rr	*vergleiche Register durch Testsubtraktion*
cpc	Rd, Rr	HSVN*C	1	1	Rd – Rr – C	*vergleiche Register und Carry*
cpi	Rd, k8	HSVNZC	1	1	Rd – Konstante	*vergleiche Register R16…R31 mit Konstante*
tst	Rd	SØNZ	1	1	Rd <= Rd and Rd, Rd	*teste Register auf null und Vorzeichen*

Bedingter Sprung (skip)

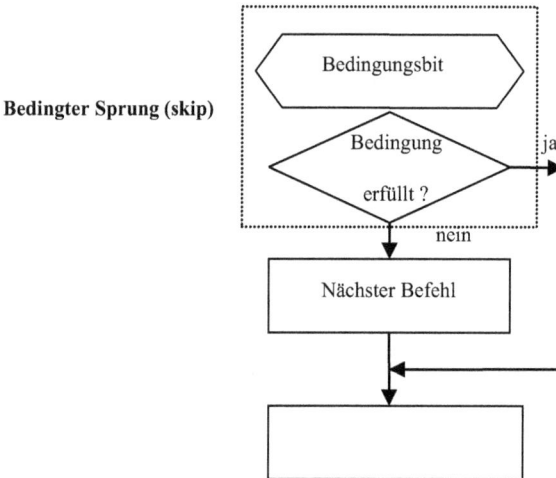

Abbildung 2-10: Bedingter Sprung im Ablaufdiagramm.

Tabelle 2-33: Bedingte Skip-Befehle.

Befehl	Operand	ITHSVNZC	W	T	Wirkung	
cpse	Rd, Rr		1	1+	Rd – Rr	*überspringe nächsten Befehl, wenn Rd = Rr*
sbrc	Rr, Bit		1	1+	teste Bit in Register Rr	*überspringe nächsten Befehl, wenn Register-Bit = 0*
sbrs	Rr, Bit		1	1+	teste Bit in Register Rr	*überspringe nächsten Befehl, wenn Register-Bit = 1*

Tabelle 2-33 (fortgesetzt)

Befehl	Operand	ITHSVNZC	W	T	Wirkung	
sbic	Port, Bit		1	1+	teste Bit in Port	*überspringe nächsten Befehl, wenn* Port-Bit = 0
sbis	Port, Bit		1	1+	teste Bit in Port	*überspringe nächsten Befehl, wenn* Port-Bit = 1

Die Anzahl der Takte ist abhängig von der Ausführung des Sprungs:
- 1 Takt: kein Sprung und Ausführung des folgenden Befehls
- 2 Takte: Sprung über einen 1-Wort-Befehl (z. B. `rjmp`)
- 3 Takte: Sprung über einen 2-Wort-Befehl (z. B. `jmp`)

2.4.3 Schleifen

Schleifen entstehen, wenn Programmteile mehrmals ausgeführt werden. Sie können in der Assemblerprogrammierung sowohl als Programmablaufplan als auch als Struktogramm nach Nassi-Shneiderman dargestellt werden (Abbildung 2-11).
- Die **unbedingte Schleife** hat weder eine Lauf- noch eine Abbruchbedingung. Sie muss durch ein äußeres Ereignis wie z. B. Reset oder Interrupt abgebrochen werden.
- Bei der **bedingten Schleife** wird die Laufbedingung *vor* dem Eintritt in die Schleife und *vor* jedem neuen Durchlauf geprüft. Sie verhält sich abweisend, da sie für den Fall, dass die Laufbedingung vor dem Eintritt in die Schleife nicht erfüllt war, nie ausgeführt wird.
- Bei der **wiederholenden Schleife** liegt die Kontrolle der Laufbedingung hinter dem Schleifenkörper, der mindestens einmal ausgeführt wird.
- Bei einer **Kontrolle im Schleifenkörper** unterscheidet man zwischen dem Abbruch der Schleife und dem Ende des aktuellen Durchlaufs mit erneuter Schleifenkontrolle.
- Schleifen kann man **schachteln**: jeder Schleifenkörper kann weitere Schleifen enthalten.

Zählschleifen mit einer konstanten Anzahl von Durchläufen werden meist mit der Anzahl der Durchläufe begonnen und am Ende mit einer Abfrage auf null kontrolliert.

```
; Abwärtszähler für 100 Durchläufe von 100 bis 1
      ldi   r17,100  ; R17 <= Anfangswert
lab2: nop            ; hier läuft der Wert von 100 bis 1
      dec   r17      ; Zähler - 1
      brne  lab2     ; springe bei Zähler ungleich Null
```

Unbedingte Schleife	Bedingte Schleife	Wiederholende Schleife	Kontrolle in Schleife

immer

Laufbedingung

Schleifenabbruch >>

<< Durchlaufende

Laufbedingung

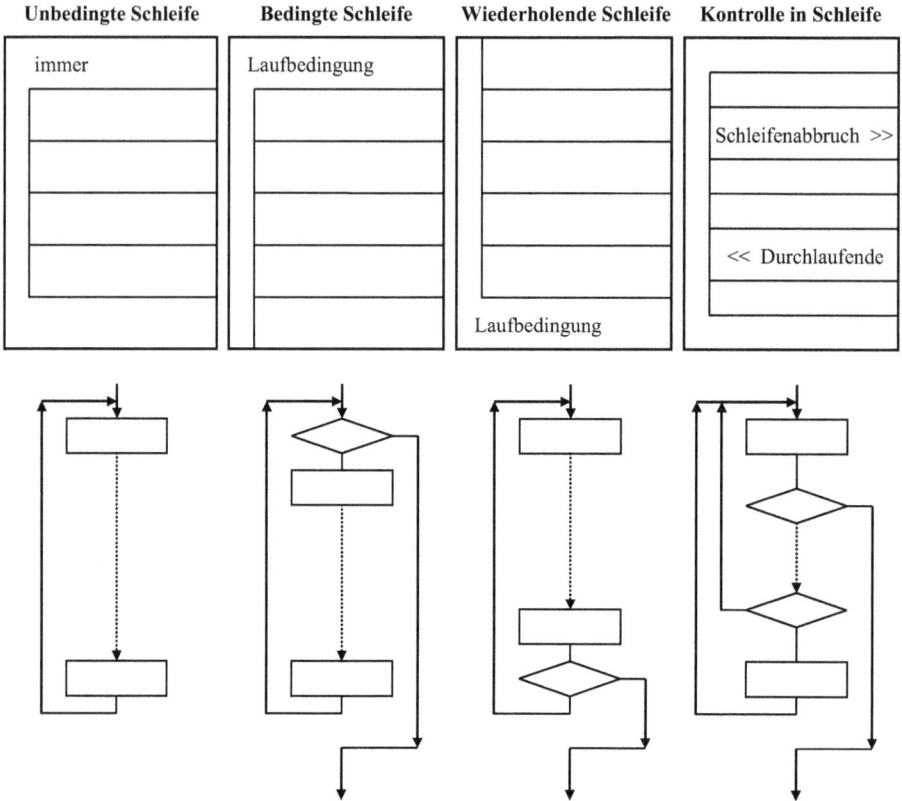

Abbildung 2-11: Schleifendarstellung in Struktogramm und Ablaufplan.

Beginnt man eine wiederholende Zählschleife mit dem Anfangswert Null, so wird sie mit der maximalen Anzahl von Durchläufen ausgeführt. Ein wiederholender 8-Bit Zähler führt nicht 0, sondern 256 Durchläufe durch. Bei Zählschleifen mit einer variablen Anzahl von Durchläufen, die bei null Durchläufen *nicht* durchlaufen werden dürfen, ist eine abweisende Struktur erforderlich. Das Beispiel liest die Anzahl der Durchläufe als Variable vom Port D. Für den Wert Null wird die Schleife nicht ausgeführt.

```
; abweisender Abwärtszähler für eine variable Anzahl von Durchläufen
        in   r17,PIND  ; R17 <= Anfangswert n von Anschlüssen Port D
lab2: tst  r17       ; Zähler n auf null testen
        breq ende      ; bei Null Ende der Schleife
        nop            ; hier läuft der Wert von n bis 1
        dec  r17       ; Zähler - 1
        rjmp lab2      ; zur Nullprüfung
ende:                  ; hier geht es weiter
```

Verzögerungsschleifen für eine bestimmte Wartezeit sind abhängig von der Taktfrequenz des Controllers. Der Anfangswert des Zählers ohne Berücksichtigung von Zusatztakten durch das Laden ergibt sich zu:

Zähler = Wartezeit [Sek.] * Frequenz [1/Sek.] / Anzahl der Schleifentakte

---

Für die Einstellung des Zähleranfangswertes ist es zweckmäßig, den Controllertakt mit der Direktive .EQU zu vereinbaren. Das interne Unterprogramm warte1ms für eine Wartezeit von einer Millisekunde erwartet, dass das Symbol takt im Hauptprogramm definiert wurde. Der Wartezähler liegt im Bereich von 250 (1 MHz) bis 5000 (20 MHz) Durchläufen. Dazu kommen noch Takte für das Retten und Zurückladen der Register sowie für das Laden des Anfangswertes, den Aufruf mit rcall und den Rücksprung mit ret.

```
; warte1ms.asm wartet 1 ms + 14 Zusatztakte / Systemtakt
warte1ms: push    r24                 ; Register retten
          push    r25
          ldi     r24,LOW(takt/4000) ; 20 MHz gibt
          ldi     r25,HIGH(takt/4000); Ladewert 5000
warte1msa:sbiw    r24,1               ; 2 Takte
          brne    warte1msa           ; 2 Takte
          nop                         ; Zeitausgleich
          pop     r25                 ; Register zurück
          pop     r24
          ret
```

Bei einer Schachtelung von Schleifen multiplizieren sich die Durchläufe, bei einer Folge werden sie nur addiert. Das Unterprogramm wartex10ms verwendet den in R16 übergebenen Faktor für eine äußere Schleife, in die eine innere Schleife für eine Wartezeit von 10 ms eingebettet ist. Der Faktor Null würde 256 Durchläufe ergeben und wird abgefangen.

```
; wartex10ms.asm wartet 10 ms * Faktor in R16
wartex10ms:  tst   r16                ; Null abfangen
             breq  wartex10msc        ; bei Null Rücksprung
             push  r16                ; Register retten
             push  r24
             push  r25
wartex10msa: ldi   r24,LOW(takt/400)  ; 20 MHz ergibt
             ldi   r25,HIGH(takt/400) ; Ladewert 50 000
wartex10msb: sbiw  r24,1              ; 2 Takte
             brne  wartex10msb        ; 2 Takte
```

```
           dec     r16              ; Zähler vermindern
           brne    wartex10msa
           pop     r25              ; Register zurück
           pop     r24
           pop     r16
wartex10msc: ret                    ; Rücksprung
```

Beispiel *k2p7* ordnet das Symbol takt dem Takt des Controllers zu und gibt einen Dualzähler aus, dessen Verzögerungszeit in der Einheit 10 Millisekunden am Port D eingestellt wird.

```
; k2p7.asm ATmega8  16-Bit Dualzähler mit einstellbarer Wartezeit
;****** Testprogramm in einführendes Beispiel einbauen ****************
           clr     r24              ; dualen Ausgabezähler löschen      *
           clr     r25                                                  *
loop:      out     PORTC,r25        ; High-Teil auf Port C ausgeben     *
           out     PORTB,r24        ; Low-Teil  auf Port B ausgeben     *
           adiw    r24,1            ; 16-Bit Zählung + 1                *
           in      r16,PIND         ; Wartefaktor vom Port D eingeben   *
           rcall   wartex10ms       ; R16 * 10 ms max. 2.55 Sek. warten *
           rjmp    loop             ; dann neue Ausgabe                 *
; externes Unterprogramm Wartefaktor * 10 ms in R16 übergeben          *
           .INCLUDE "wartex10ms.asm"; wird hier aus Ordner eingefügt    *
;*********************************************************************
```

k2p7: 16-Bit Dualzähler mit einstellbarer Wartezeit von 1 bis 2550 ms.

Das Signal am Ausgang PB0 ist eine Wartezeit lang Low und dann eine Wartezeit lang High. Die Periode beträgt zwei Wartezeiten, aus denen sich die Frequenz ergibt. Bei kleinen Eingabewerten zeigen sich durch die Zusatztakte relativ große Abweichungen. Mit den im Abschnitt 4 behandelten Timern lassen sich Wartezeiten wesentlich genauer einstellen, sie sind jedoch wie Verzögerungsschleifen abhängig vom Systemtakt des Controllers.

Warteschleifen auf Ereignisse wie z. B. Signalflanken sollten möglichst die bedingten Skip-Befehle für Portbits oder ersatzweise für Registerbits verwenden.

```
warte: sbic    PIND,PIND7       ; überspringe wenn Taste gedrückt
       rjmp    warte            ; warte auf fallende Flanke
;
warte1:in      akku,PIND        ; Ersatzlösung mit Arbeitsregister
       sbrs    akku,PIND7       ; überspringe wenn Taste gelöst
       rjmp    warte1           ; warte auf steigende Flanke
```

Bei der Betätigung von mechanischen Schaltern tritt meistens das so genannte **Kontakt-Prellen** auf, so dass nicht eine, sondern mehrere Flanken entstehen. Im Beispiel *k2p8* wird nach der ersten Flanke eine Wartezeit von 20 ms zum Entprellen eingefügt.

```
; k2p8.asm ATmega8 Dezimalzähler Taste PD7 softwaremässig entprellt
;****** Testprogramm in einführendes Beispiel einbauen ******************
        clr    r18              ; dualen Ausgabezähler löschen      *
loop:   mov    akku,r18         ; dualen Zähler                     *
        rcall  dual2bcd         ; nach dezimal in R17:R16 umwandeln *
        out    PORTC,r17        ; Hunderter auf Port C ausgeben     *
        out    PORTB,r16        ; Zehner und Einer auf Port B ausgeben *
oben:   sbic   PIND,PIND7       ; überspringe wenn Taste gedrückt   *
        rjmp   oben             ; warte solange Taste High          *
        ldi    r16,2            ; Faktor 2                          *
        rcall  wartex10ms       ; 20 ms entprellen                  *
        inc    r18              ; Zähler dual erhöhen               *
unten:  sbis   PIND,PIND7       ; überspringe wenn Taste gelöst     *
        rjmp   unten            ; warte solange Taste gedrückt      *
        ldi    r16,2            ; Faktor 2                          *
        rcall  wartex10ms       ; 20 ms entprellen                  *
        rjmp   loop             ; bei steigender Flanke neue Ausgabe *
; externes Unterprogramm R16 dual nach R17:R16 dezimal              *
        .INCLUDE "dual2bcd.asm" ; wird hier aus Ordner eingefügt    *
        .INCLUDE "wartex10ms.asm" ; wird aus Ordner eingefügt       *
;********************************************************************
```

k2p8: Entprellen von Tasten durch Verzögerungsschleifen.

2.4.4 Verzweigungen

Programmverzweigungen werten eine Bedingung aus und entscheiden, welche Programmteile ausgeführt werden. Sie lassen sich als Struktogramm nach Nassi-Shneiderman oder auch als Programmablaufplan (Abbildung 2-12).
- Bei einer *bedingten* Ausführung wird bei erfüllter Bedingung nur der Ja-Block ausgeführt, der aus mehreren Anweisungen bestehen kann. Einen Nein-Block gibt es nicht.
- Bei einer *alternativen* Ausführung wird entweder der Ja- oder der Nein-Block ausgeführt.
- Eine *Fallunterscheidung* entsteht durch eine Aneinanderreihung bzw. Schachtelung von bedingten Ausführungen.

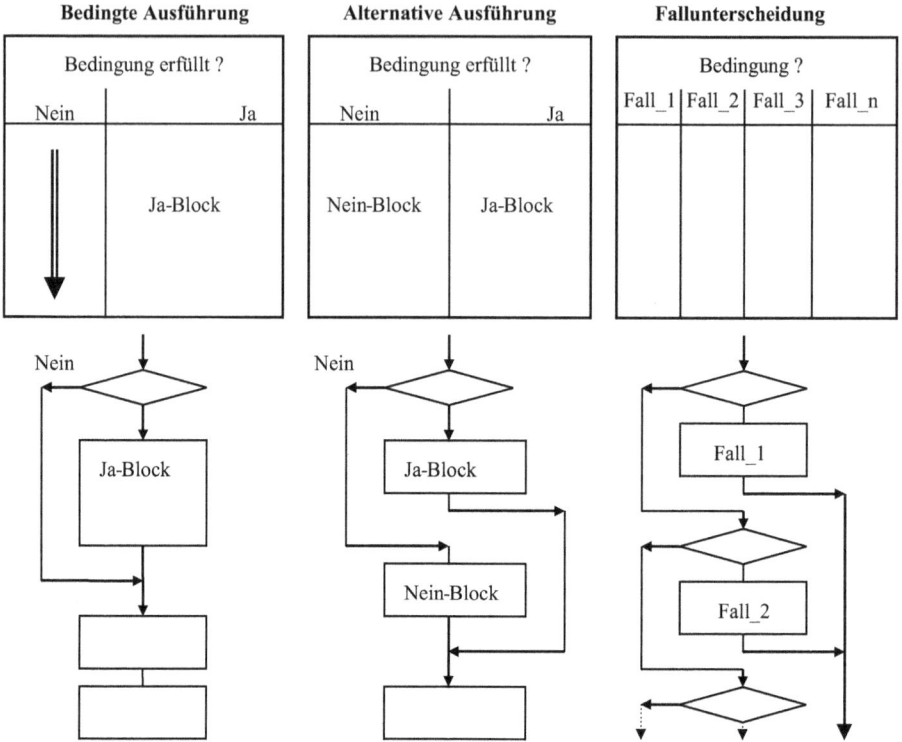

Abbildung 2-12: Verzweigungen.

- Die bedingten Blöcke müssen gegebenenfalls mit unbedingten Sprungbefehlen abgeschlossen werden, um das ungewollte Durchlaufen nachfolgender Blöcke zu vermeiden.
- Die Assemblerprogrammierung führt Verzweigungen mit den gleichen bedingten Befehlen wie für Schleifen durch.

Die folgenden Beispiele behandeln die Codierung bzw. Decodierung von ASCII-Zeichen der Hex-Ziffern von 0 bis 9 und A bis F. Tabelle 2-34 zeigt die drei Bereiche zur Darstellung von hexadezimalen Ziffern im ASCII-Code.

Tabelle 2-34: Die drei Bereiche der hexadezimalen ASCII-Ziffern 0 bis 9 und A bis F.

	Ziffern		*Großbuchstaben*		*Kleinbuchstaben*	
Zeichen	0	 9	A	...... F	a	...... f
ASCII	$30	...... $39	$41	...... $46	$61	...... $66
HEX	$0	...... $9	$A	...... $F	$a	...... $f
binär	0000	 1001	1010	 1111	1010	 1111

- Die Binärcodes 0000 bis 1001 der Ziffern **0** bis **9** sind im ASCII-Code die Bitmuster $30 bis $39. Addition von $30 codiert sie, Subtraktion von $30 decodiert sie.
- Die binären Codes 1010 bis 1111 der Hexadezimalziffern von **A** bis **F** erscheinen im ASCII-Code als $41 bis $46. Sie haben den Abstand 7 vom Ziffernbereich 0 bis 9.
- Die Kleinbuchstaben von **a** bis **f** liegen im Bereich von $61 bis $66. Sie unterscheiden sich nur in der Bitposition B5 von den Großbuchstaben.

Beispiel *k2p9.asm* liest den Binärcode von 0000 bis 1111 von Port D und gibt den ASCII-Code der Hex-Ziffer auf Port B aus. Ein Fehlerfall kann bei der Umwandlung nicht auftreten. Die vier werthöheren Bitpositionen der Eingabe werden durch eine Maske ausgeblendet.

```
; k2p9.asm ATmega8 Umwandlung binär nach HEX-ASCII-Zeichen
;****** Testprogramm in einführendes Beispiel einbauen *****************
loop:   in      akku,PIND       ; binäre Eingabe: PD0 bis PD3          *
        andi    akku,$0F        ; Maske 0000 1111 PD4 bis PD7 löschen  *
        subi    akku,-$30       ; ADDI akku,+$30 codieren Ziffer 0 - 9 *
        cpi     akku,'9'+1      ; Buchstaben A - F ?                   *
        brlo    weiter          ; nein: war 0 - 9                     *
        subi    akku,-7         ; ADDI akku,+7 nach Buchstaben A - F   *
weiter: out     PORTB,akku      ; 0 - 9 bzw. A - F ausgeben            *
        rjmp    loop            ; neue Eingabe                         *
;*********************************************************************
```

k2p9.asm: Umwandlung binär nach ASCII-Hexadezimalziffer.

Beispiel *k2p10* übernimmt von Port D den ASCII-Code einer Hex-Ziffer und gibt den Binärwert von 0000 bis 1111 auf Port B aus. Bei Fehlern erscheint der Code 1111 1111. Wie Abschnitt 2.5.1 zeigt, lässt sich Umcodieren statt mit Vergleichen auch durch Tabellen lösen.

```
; k2p10.asm ATmega8 Umwandlung HEX-ASCII-Zeichen nach binär
;****** Testprogramm in einführendes Beispiel einbauen *****************
loop:   in      akku,PIND           ; Eingabe Code HEX-Ziffer PD0 bis PD7 *
        cpi     akku,'0'            ; < Ziffer 0 ?                        *
        brlo    fehler              ; ja: nicht im Bereich                *
        cpi     akku,'9'+1          ; > Ziffer 9 ?                        *
        brsh    weiter              ; ja: Bereich A - F untersuchen       *
        subi    akku,'0'            ; Ziffernbereich 0 - 9 decodieren     *
        rjmp    ausgabe             ; und binär ausgeben                  *
weiter: andi    akku,0b11011111     ; Maske Bit B5 = 0: klein -> gross     *
        cpi     akku,'A'            ; < Buchstabe A ?                     *
```

```
        brlo    fehler          ; ja: nicht im Bereich              *
        cpi     akku,'F'+1      ; > Buchstabe F ?                   *
        brsh    fehler          ; ja: nicht im Bereich              *
        subi    akku,'A'-10     ; Buchstabenbereich A - F decodieren *
ausgabe:out     PORTB,akku      ; binär 00000000 bis 00001111 ausgeben *
        rjmp    loop            ; neue Eingabe                      *
fehler: ldi     akku,$ff        ; Fehlercode 1111 1111              *
        out     PORTB,akku      ; ausgeben                          *
        rjmp    loop            ; neue Eingabe                      *
;*******************************************************************
```

k2p10.asm: Umwandlung von ASCII nach binär mit Fehlerausgang.

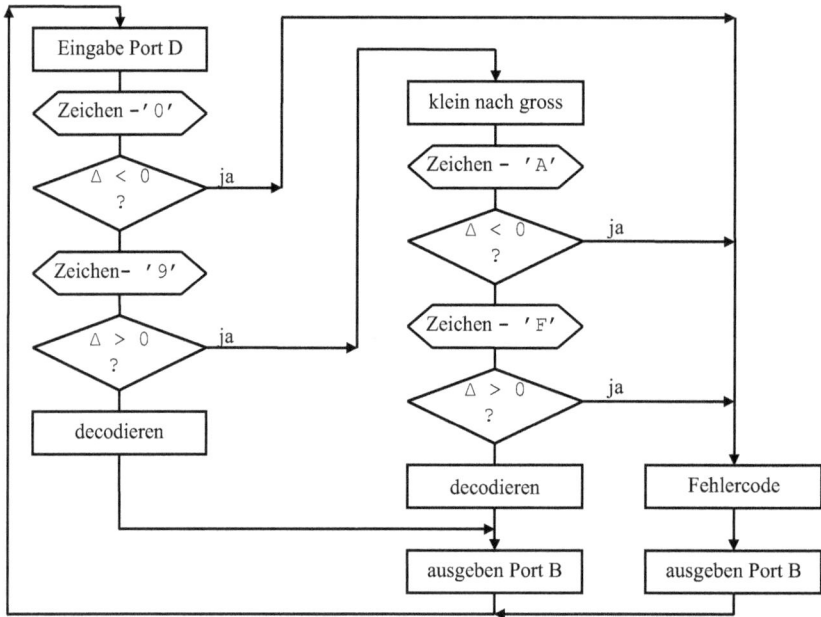

Abbildung 2-13: Ablaufplan zu k2p10.asm.

2.5 Die Adressierung der Speicherbereiche

Die 32 Arbeitsregister der AVR-Controller bieten genügend Platz für einzelne Bytevariablen wie z. B. Zähler. Einzelne Bytekonstanten werden meist im Befehlswort abgelegt und mit unmittelbarer Adressierung (nur R16 bis R31) als Operanden verwendet. Zusammenhängende Speicherbereiche werden auch **Tabellen, Listen** oder **Felder (Arrays)** genannt. Die Adressierung der fortlaufend angeordneten Daten erfolgt

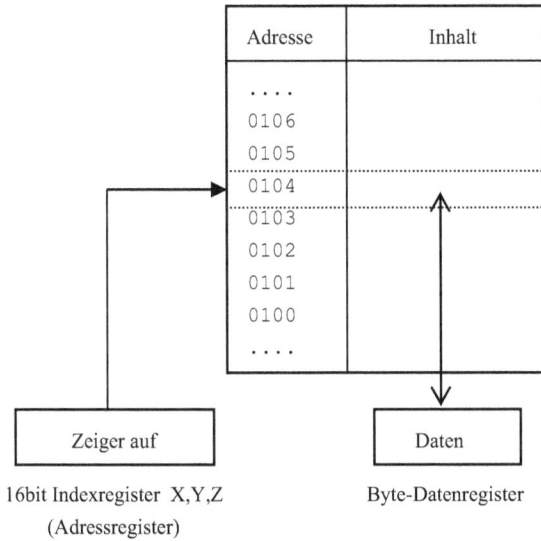

Abbildung 2-14: Indirekte Adressierung über Zeiger.

durch Zeiger in Adressregistern, auch **Indexregister** genannt (Abbildung 2-14). In den Befehlslisten steht das Indexregister in runden Klammern.

Listen mit variablen Einträgen wie z. B. die Werte einer Messreihe werden im SRAM oder für eine nichtflüchtige Speicherung im EEPROM angelegt. Tabellen mit konstanten Einträgen wie z. B. Ausgabetexte oder Codetabellen liegen wie das Programm im Flash oder im EEPROM. Der Umfang eines Bereiches kann festgelegt werden durch:

- die Anfangsadresse und eine Endadresse oder
- die Anfangsadresse und eine Endemarke oder
- die Anfangsadresse und die Anzahl der Einträge oder
- die Anfangsadresse als Kopfzeiger einer verketteten Liste offener Länge.

Beim **fortlaufenden** (sequentiellen) **Zugriff** wird der Zeiger in einem Indexregister beginnend mit der Anfangsadresse laufend erhöht, bis das Ende erreicht ist. Beim **direkten** – wahlfreien (random) – **Zugriff** wird die Adresse des Eintrags eingegeben oder berechnet und in einem Indexregister für den Datenzugriff verwendet. Bei einer **verketteten Liste** enthält jeder Eintrag neben den Daten auch die Adresse des Nachfolgers bzw. Vorgängers.

2.5.1 Die Adressierung der Konstanten im Flash

Das Lesen der im Flash-Speicher liegenden Befehle erfolgt wortweise durch den Befehlszähler (PC). Die verschiedenen Varianten des Befehls lpm (load program memory) laden ein Arbeitsregister mit einem Byte aus dem Flash-Speicher, das sowohl im Befehls- als auch im Konstantenbereich liegen kann (Tabelle 2-35). Die Byteadresse befindet sich im Indexregister Z mit dem High-Teil in ZH (R31) und dem Low-Teil in ZL (R30). Nur der Befehl lpm ohne Operandenteil ist für alle AVR-Familien verfügbar, wobei R0 als Zielregister fest zugeordnet ist.

Tabelle 2-35: Laden aus dem Flash in ein Arbeitsregister und Abspeichern im Flash aus einem Arbeitsregister.

Befehl	Operand	ITHSVNZC	W	T	Wirkung	
lpm			1	3	R0 <= (Z)	*lade R0 mit Flash-Byte*
lpm	Rd,Z		1	3	Rd <= (Z)	*lade Rd mit Flash-Byte*
lpm	Rd,Z+		1	3	Rd <= (Z) Z <= Z+1	*lade Rd mit Flash-Byte, danach erhöhe Z*
spm			1	-	(Z) <= R1:R0	*speichere Boot-Bereich*

Für Bausteine mit mehr als 64 kByte Flash stehen weitere Befehle zur Adressierung des gesamten Speicherbereiches zur Verfügung. Für die byteweise Adressierung des wortorganisierten Flash-Speichers ist es erforderlich, die Wortadresse mit dem Faktor 2 zu multiplizieren. Das Beispiel lädt ein Arbeitsregister mit einer im Flash abgelegten Bytekonstanten.

```
        ldi    ZL,LOW(konni*2)   ; Z <- Adresse der Konstanten * 2
        ldi    ZH,HIGH(konni*2)
        lpm                      ; R0 <- Byte durch Z adressiert
        mov    akku,r0           ; Akku <- Byte aus R0
;
; Konstantenbereich hinter den Befehlen
konni: .DB    123               ; eine dezimale Bytekonstante
```

Für die fortlaufende Adressierung eines Speicherbereiches wird die Adresse in einem der drei Indexregister mit dem Befehl adiw erhöht bzw. mit sbiw vermindert. Das Beispiel gibt eine nullterminierte Zeichenkette (String) auf dem Port B aus.

```
        ldi    ZL,LOW(text*2)    ; Z <- Anfangsadresse * 2
        ldi    ZH,HIGH(text*2)
loop:   lpm                      ; R0 <- Byte durch Z adressiert
        tst    r0                ; Endemarke Null ?
        breq   ende              ;   ja: fertig
        out    PORTB,r0          ; nein: ausgeben
```

```
        adiw    ZL,1             ;         Adresse + 1
        rjmp    loop             ; Schleife
ende:                            ; hier geht es weiter
;
; Konstantenbereich hinter den Befehlen
text:   .DB     10,13,"Hallo",0  ; lf cr Text und Endemarke
```

Tabellen werden oft zur Umcodierung eingesetzt. Der ***fortlaufende Zugriff*** durchsucht die Tabelle nach den Eingabewerten. Die Tabelle 2-36 des Programmbeispiels *k2p11* enthält als Eingabewerte die ASCII-Zeichen der hexadezimalen Ziffern von 0 bis 9, A bis F und a bis f. Hinter jedem Zeichen liegt als Ausgabewert der entsprechende binäre Zahlenwert. Hinter dem letzten Eintrag steht die Endemarke Null, die so gewählt wurde, dass sie in den Eingabedaten nicht vorkommt. Die zweite Endemarke Null beruhigt eine Warnung des Assemblers, der immer eine gerade Anzahl von Konstantenbytes im Flash anlegen will – siehe Programmablaufplan in Abbildung 2-15.

Tabelle 2-36: Tabelle zur Umcodierung von ASCII-Zeichen.

Adresse	Inhalt
atab+0	Eingabe-Ziffer '0'
atab+1	Ausgabe-Wert 0000
atab+2	Eingabe-Ziffer '1'
atab+3	Ausgabe-Wert 0001
. . . .	. . . .
	Ende-Marke 0
	Ende-Marke 0

```
; k2p11.asm ATmega8 Tabellensuchen HEX-ASCII-Zeichen nach binär
;****** Testprogramm in einführendes Beispiel einbauen *****************
loop:   in      akku,PIND        ; Eingabe HEX-ASCII-Code PD0 bis PD7   *
        ldi     ZL,LOW(atab*2)   ; Z <- Tabellenanfangsadresse          *
        ldi     ZH,HIGH(atab*2)                                         *
suche:  lpm                      ; R0 <- Tabellenwert mit HEX-Ziffer    *
        tst     r0               ; Endemarke Null erreicht ?            *
        breq    nicht            ; ja: nicht enthalten                  *
        cp      akku,r0          ; Eingabeziffer - Tabellenziffer       *
        breq    gleich           ; Tabelleneintrag gefunden             *
        adiw    ZL,2             ; nicht gefunden: nächster Eintrag     *
        rjmp    suche            ; und weiter suchen                    *
```

```
gleich: adiw    ZL,1            ; Ausgabewert auf nächster Adresse      *
        lpm                     ; R0 <- Ausgabe-Zahl                    *
        out     PORTB,r0        ; und ausgeben                          *
        rjmp    loop            ; neue Eingabe                          *
nicht:  ldi     akku,$ff        ; Fehlermarke 1111 1111                 *
        out     PORTB,akku      ; ausgeben                              *
        rjmp    loop            ; neue Eingabe                          *
; Tabelle  Ziffer,Zahl .... Ziffer,Zahl,Endemarke                       *
atab: .DB  '0',0,'1',1,'2',2,'3',3,'4',4,'5',5,'6',6,'7',7,'8',8,'9',9;*
      .DB  'A',10,'B',11,'C',12,'D',13,'E',14,'F',15;                   *
      .DB  'a',10,'b',11,'c',12,'d',13,'e',14,'f',15,0,0; Endemarken    *
;************************************************************************
```

k2p11.asm: Suchen eines ASCII-Zeichens in einer Tabelle mit Endemarke.

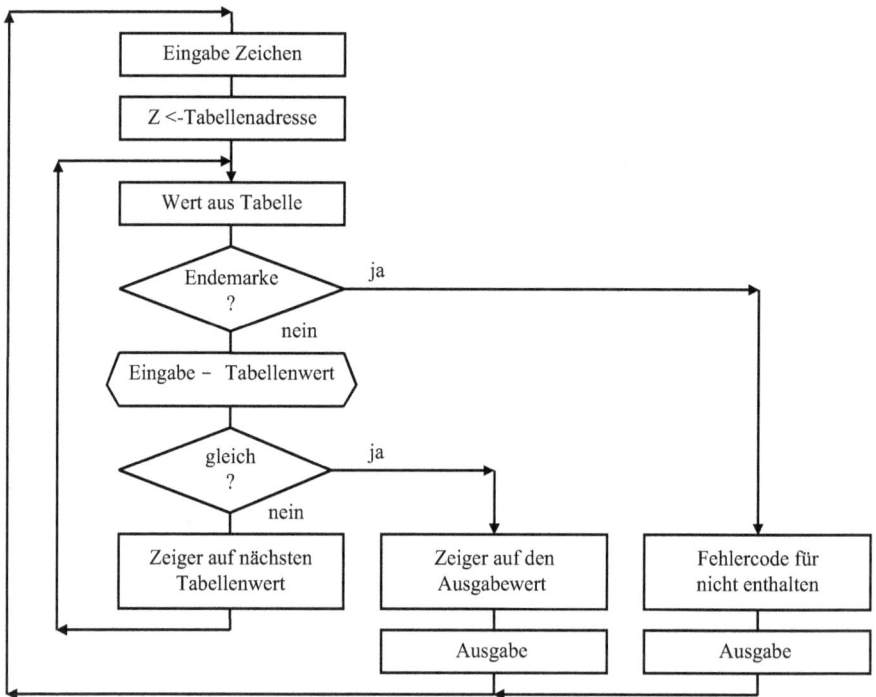

Abbildung 2-15: Programmablaufplan der Tabellensuche.

Bei einem **direkten Zugriff** enthält die Tabelle nur die Ausgabewerte, deren Adresse aus den Eingabewerten berechnet wird. Das Beispiel *k2p12* enthält als Ausgabewerte nur die ASCII-Codierungen der hexadezimalen Ziffern von 0 bis 9 und von A bis F.

```
; k2p12.asm ATmega8 Tabellendirektzugriff binär nach HEX-ASCII-Zeichen
;****** Testprogramm in einführendes Beispiel einbauen *****************
loop:   in      akku,PIND       ; Eingabe Binärcode 0 bis 15          *
        andi    akku,$0F        ; Maske 0000 1111 blendet D7 bis D4 aus*
        ldi     ZL,LOW(atab*2)  ; Z <- Tabellenanfangsadresse         *
        ldi     ZH,HIGH(atab*2)                                       *
        add     ZL,akku         ; addiere Eingabewert                 *
        clr     akku            ; Akku löschen, Carry unverändert!    *
        adc     ZH,akku         ; addiere Null + Übertrag             *
        lpm                     ; R0 <- Tabellenwert HEX-ASCII-Zeichen *
        out     PORTB,r0        ; ausgeben                            *
        rjmp    loop            ; neue Eingabe                        *
; Tabelle  enthält nur Ausgabezeichen ohne Endemarke                  *
atab:   .DB     "0123456789ABCDEF"   ; ASCII-String                   *
;*********************************************************************
```

k2p12.asm: Direkter Zugriff auf eine Umcodiertabelle.

Eine **Sprungtabelle** enthält die Adressen von Sprungzielen, mit denen ein indirekter Sprung mit den Befehlen ijmp bzw. icall in die Zweige einer Fallunterscheidung durchgeführt werden kann. Das Beispiel *k2p13* berechnet die Adresse des Sprungziels aus einem Eingabewert von 0 bis 3 und springt dann in einen von vier Zweigen, der das ASCII-Zeichen ausgibt. Die symbolischen Sprungadressen werden wie Zahlenkonstanten behandelt.

```
; k2p13.asm  ATmega8  Sprungtabelle als Fallunterscheidung
;****** Testprogramm in einführendes Beispiel einbauen *****************
loop:   in      akku,PIND       ; Auswahlwert vom Port D eingeben     *
        andi    akku,0b00000011 ; Bereich 0 .. 3 begrenzen            *
        lsl     akku            ; Abstand = Eingabe * 2 (zwei Bytes)  *
; Adresse des Eintrags berechnen                                      *
        ldi     ZL,LOW(stab*2)  ; Z <- Tabellenanfangsadresse         *
        ldi     ZH,HIGH(stab*2)                                       *
        add     ZL,akku         ; ZL <- Anfangsadresse + Abstand      *
        clr     akku            ; Akku <- Null Carry unverändert      *
        adc     ZH,akku         ; Wortaddition: Null + Carry          *
; Sprungadresse aus Tabelle entnehmen                                 *
        lpm                     ; R0 <- Low-Byte des Sprungziels      *
        mov     akku,r0         ; nach Akku retten                    *
        adiw    ZL,1            ; Zeiger auf High-Byte                *
        lpm                     ; R0 <- High-Byte des Sprungziels     *
```

```
; Adresse des Sprungziels nach Z und indirekt springen          *
        mov     ZL,akku         ; ZL <- Low-Byte                 *
        mov     ZH,r0           ; ZH <- High-Byte                *
        ijmp                    ; springe indirekt: Zieladresse in Z *
; hier liegen die vier Zweige der Fallunterscheidung             *
fall0:  ldi     akku,'0'        ; ASCII-Zeichen 0 = $30          *
        rjmp    aus                                              *
fall1:  ldi     akku,'1'        ; ASCII-Zeichen 1 = $31          *
        rjmp    aus                                              *
fall2:  ldi     akku,'2'        ; ASCII-Zeichen 2 = $32          *
        rjmp    aus                                              *
fall3:  ldi     akku,'3'        ; ASCII-Zeichen 3 = $33          *
aus:    out     PORTB,akku      ; auf Port B ausgeben            *
        rjmp    loop                                             *
; Sprungtabelle im Konstantenbereich                            *
stab:   .DW     fall0,fall1,fall2,fall3 ; Adressen der Sprungziele *
;************************************************************************
```

k2p13.asm: Sprungtabelle als Fallunterscheidung.

Veränderliche Speicherbereiche wie z. B. Listen von Eingabewerten müssen im SRAM angelegt und gegebenenfalls in den EEPROM-Bereich gerettet werden, wenn sie nach dem Abschalten der Versorgungsspannung noch benötigt werden.

2.5.2 Die Adressierung der Variablen im SRAM

Einige Controllerbausteine wie z. B. der ATtiny12 haben keinen SRAM-Bereich und enthalten nur die 32 Arbeitsregister als Variablenspeicher.

Die SRAM-Adressierung der Lade- und Speicherbefehle wirkt auf die drei Bereiche:
- die Arbeitsregister auf den Adressen $00 bis $1F (anstelle der mov-Befehle)
- die SF-Register auf den Adressen $20 bis $5F (anstelle der Befehle in bzw. out)
- die SRAM-Variablen von der Adresse $60 bis zu dem mit dem Symbol RAMEND definierten Ende; der SRAM-Bereich des ATmega8 reicht von $60 bis RAMEND = $45F.

Bei der *direkten Adressierung* einzelner Variablen im SRAM nach Tabelle 2-37 enthalten die beiden Befehle lds für laden bzw. sts für speichern die 16-Bit SRAM-Adresse im zweiten Befehlswort. Sie wird meist als Symbol mit der Direktive .BYTE vereinbart.

Tabelle 2-37: Direkte Adressierung des SRAM.

Befehl	Operand	ITHSVNZC	W	T	Wirkung	
lds	Rd, adr		2	3	Rd <= SRAM	*lade Rd direkt mit Byte aus SRAM*
sts	adr, Rr		2	3	SRAM <= Rr	*lade Byte im SRAM direkt mit Rr*

Das Beispiel legt einen Zähler zaehl im SRAM an und erhöht ihn in einem Arbeitsregister.

```
        lds     akku,zaehl    ; akku <- alter Wert aus SRAM
        inc     zaehl         ; Zähler im Arbeitsregister + 1
        sts     zaehl,akku    ; SRAM <- akku neuer Wert
;
        .DSEG                 ; Datensegment mit einer Variablen
zaehl:  .BYTE   1             ; eine Bytevariable
```

Zur **indirekten Adressierung** des SRAMs nach Tabelle 2-38 dienen die drei Wortregister X, Y und Z als Indexregister. In der Spalte *Wirkung* der Befehlslisten erscheinen sie mit runden Klammern, da sie nicht den Operanden, sondern den **Zeiger** auf den Operanden enthalten. Vor der Ausführung einer indirekten Adressierung ist das Indexregister mit der SRAM-Adresse zu laden. Für eine fortlaufende Adressierung mit Befehlen *ohne* automatische Inkrementierung bzw. Dekrementierung stehen die Befehle adiw bzw. subiw zur Verfügung.

Tabelle 2-38: Indirekte Adressierung des SRAM.

Befehl	Operand	ITHSVNZC	W	T	Wirkung	
ld	Rd, X		1	2	Rd <= (X)	*lade Rd indirekt mit Byte aus SRAM*
ld	Rd, Y		1	2	Rd <= (Y)	*lade Rd indirekt mit Byte aus SRAM*
ld	Rd, Z		1	2	Rd <= (Z)	*lade Rd indirekt mit Byte aus SRAM*
st	X, Rr		1	2	(X) <= Rr	*speichere Rr indirekt nach SRAM*
st	Y, Rr		1	2	(Y) <= Rr	*speichere Rr indirekt nach SRAM*
st	Z, Rr		1	2	(Z) <= Rr	*speichere Rr indirekt nach SRAM*

Folgende Befehle nach Tabelle 2-39 verwenden eines der 3 Indexregister zur indirekten Adressierung der Daten, das Wortregister wird automatisch *nach* der Operation um 1 erhöht (**post-increment**).

Tabelle 2-39: Indirekte Adressierung des SRAM inklusive Adressen-Inkrementierung.

Befehl	Operand	ITHSVNZC	W	T	Wirkung	
ld	Rd, X+		1	2	Rd <= (X) X <= X+1	*lade Rd indirekt mit Byte aus SRAM*
ld	Rd, Y+		1	2	Rd <= (Y) Y <= Y+1	*lade Rd indirekt mit Byte aus SRAM*
ld	Rd, Z+		1	2	Rd <= (Z) Z <= Z+1	*lade Rd indirekt mit Byte aus SRAM*
st	X+, Rr		1	2	(X) <= Rr X <= X+1	*speichere Rr indirekt nach SRAM*
st	Y+, Rr		1	2	(Y) <= Rr Y <= Y+1	*speichere Rr indirekt nach SRAM*
st	Z+, Rr		1	2	(Z) <= Rr Z <= Z+1	*speichere Rr indirekt nach SRAM*

Folgende Befehle nach Tabelle 2-40 verwenden eines der 3 Indexregister zur indirekten Adressierung der Daten, das Wortregister wird automatisch *vor* der Operation um 1 *vermindert* **(pre-decrement)**.

Tabelle 2-40: Indirekte Adressierung des SRAM inklusive Adressen-Dekrementierung.

Befehl	Operand	ITHSVNZC	W	T	Wirkung	
ld	Rd, -X		1	2	X <= X-1 Rd <= (X)	*lade Rd indirekt mit Byte aus SRAM*
ld	Rd, -Y		1	2	Y <= Y-1 Rd <= (Y)	*lade Rd indirekt mit Byte aus SRAM*
ld	Rd, -Z		1	2	Z <= Z-1 Rd <= (Z)	*lade Rd indirekt mit Byte aus SRAM*
st	-X, Rr		1	2	X <= X-1 (X) <= Rr	*speichere Rr indirekt nach SRAM*
st	-Y, Rr		1	2	Y <= Y-1 (Y) <= Rr	*speichere Rr indirekt nach SRAM*
st	-Z, Rr		1	2	Z <= Z-1 (Z) <= Rr	*speichere Rr indirekt nach SRAM*

Indirekte Adressierung mit *konstantem Abstand* nach Tabelle 2-41 ist nur für die Indexregister Y und Z verfügbar. Der vorzeichenlose Abstand (**Displacement**) im Bereich 1 bis 63 wird zum Inhalt des Wortregisters addiert und ergibt die Speicheradresse; das Indexregister bleibt unverändert.

Tabelle 2-41: Indirekte Adressierung des SRAM inklusive Displacement.

Befehl	Operand	ITHSVNZC	W	T	Wirkung	
ldd	Rd, Y+k6		1	2	Rd <= (Y+Konstante)	*lade Rd indirekt mit Byte aus SRAM*
ldd	Rd, Z+k6		1	2	Rd <= (Z+Konstante)	*lade Rd indirekt mit Byte aus SRAM*
std	Y+k6,Rr		1	2	(Y+Konstante) <= Rr	*speichere Rr indirekt nach SRAM*
std	Z+k6,Rr		1	2	(Z+Konstante) <= Rr	*speichere Rr indirekt nach SRAM*

Das Beispiel lädt das Indexregister X mit der Adresse eines Bytes im SRAM und löscht es.

```
        ldi     XL,LOW(tab)   ; X <- Zeiger auf Variable im SRAM
        ldi     XH,HIGH(tab)
        clr     akku          ; akku <- 0
        st      X,akku        ; speichere indirekt adressiert
        st      X+,akku       ; indirekt adressiert dann Adresse + 1
        st      -X,akku       ; Adresse - 1 dann indirekt adressiert
        .DSEG                 ; ohne  .ORG  am SRAM-Anfang
tab:    .BYTE   1             ; 1 Byte
```

Die **Stapelbefehle** push und pop nach Tabelle 2-42 sind eine Sonderform der indirekten Adressierung durch den Stapelzeiger SP, der im SFR-Bereich liegt. Der Befehl push kopiert den Inhalt eines Arbeitsregisters auf die durch den Stapelzeiger SP adressierte SRAM-Speicherstelle und vermindert dann den Stapelzeiger um 1. Der Befehl pop erhöht erst den Stapelzeiger SP um 1 und lädt dann das Arbeitsregister mit dem adressierten SRAM-Byte.

Tabelle 2-42: Stapelbefehle.

Befehl	Operand	ITHSVNZC	W	T	Wirkung	
push	Rr		1	2	(SP) <= Rr SP <= SP – 1	*speichere Rr auf den Stapel*
pop	Rd		1	2	SP <= SP + 1 Rd <= (SP)	*lade Rd vom Stapel*

SPH = **S**tack **P**ointer **High** im SFR-Bereich

```
High-Teil der Stapeladresse
```

SPL = **S**tack **P**ointer **Low** im SFR-Bereich

```
Low-Teil der Stapeladresse
```

Der Stapelzeiger wird üblicherweise zum Programmbeginn auf die höchste SRAM-Adresse gesetzt. Beispiel für den ATmega8 mit der in der Deklarationsdatei m8def. inc vordefinierten Adresse RAMEND = $045F:

```
; Stapelzeiger auf höchste SRAM-Adresse setzen
start: ldi     akku,LOW(RAMEND)  ; Symbol RAMEND vordefiniert
       out     SPL,akku
       ldi     akku,HIGH(RAMEND) ; SPL und SPH liegen im SFR-Bereich
       out     SPH,akku
```

Stapel Anfangswert

Adresse	Inhalt
$045F	xx
$045E	xx
$045D	xx
$045C	xx

Stapelzeiger SP ==> (points to $045F)

Beim Retten von Registern muss das zuletzt auf den Stapel gelegte Register als erstes wieder zurückgeladen werden (Abbildung 2-16). Beispiel für das Retten und Rückladen von R0 und R1:

```
; Retten von Arbeitsregistern in einem Unter- oder Serviceprogramm
        push    r0              ; R0 -> Stapel  SP <- SP - 1
        push    r1              ; R1 -> Stapel  SP <- SP - 1
; -----------------------------------------------------------------
; Rückladen von Arbeitsregistern in umgekehrter Reihenfolge
        pop     r1              ; SP <- SP + 1  R1 <- Stapel
        pop     r0              ; SP <- SP + 1  R0 <- Stapel
```

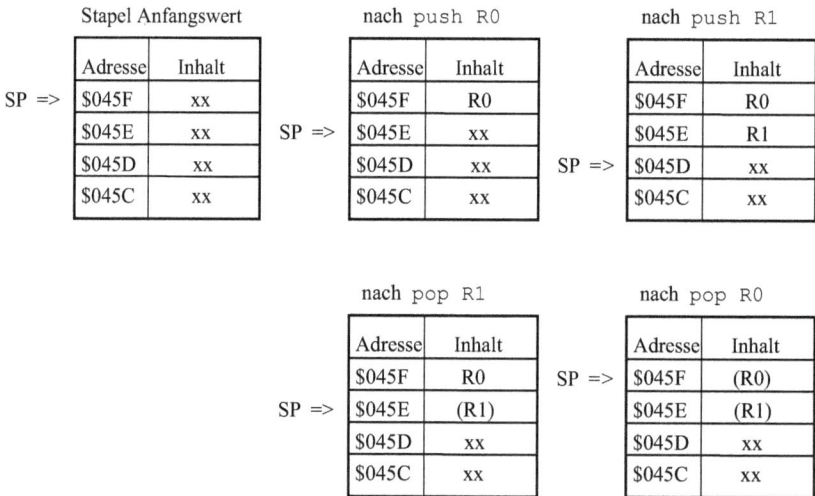

Stapel Anfangswert

Adresse	Inhalt
$045F	xx
$045E	xx
$045D	xx
$045C	xx

SP => (points to $045F)

nach push R0

Adresse	Inhalt
$045F	R0
$045E	xx
$045D	xx
$045C	xx

SP => (points to $045E)

nach push R1

Adresse	Inhalt
$045F	R0
$045E	R1
$045D	xx
$045C	xx

SP => (points to $045D)

nach pop R1

Adresse	Inhalt
$045F	R0
$045E	(R1)
$045D	xx
$045C	xx

SP => (points to $045E)

nach pop R0

Adresse	Inhalt
$045F	(R0)
$045E	(R1)
$045D	xx
$045C	xx

SP => (points to $045F)

Abbildung 2-16: Die Wirkung der Stapel-Befehle beim Retten und Rückladen zweier Arbeitsregister.

Die Befehle rcall, icall und call zum Aufruf von Unterprogrammen sowie die Auslösung von Interrupts legen automatisch die aus zwei Bytes bestehende Rücksprungadresse auf den Stapel. Sie werden automatisch durch die Befehle ret bzw. iret wieder vom Stapel entfernt. Controllerbausteine ohne SRAM enthalten für Unterprogramme und Interrupts anstelle des Softwarestapels einen dreistufigen **Hardwarestapel.**

Nach dem Einschalten der Versorgungsspannung ist der Inhalt des SRAM-Speichers undefiniert, nach einem Reset bleibt der Inhalt erhalten. Daher müssen SRAM-Listen im Gegensatz zu Flash- oder EPROM-Tabellen vor ihrer Verwendung erst erstellt werden. Das Beispiel *k2p14* baut eine Liste von 256 Dualzahlen von 0 bis 255 im SRAM auf und gibt sie bei jeder fallenden Flanke am Taster PD7 auf dem Port B aus. Die SRAM-Adresse wurde durch .ORG $100 so gewählt, dass bei Erhöhung des Low-Bytes ein durchlaufender Zeiger entsteht, der am Endwert $1FF wieder mit $100 beginnt.

```
; k2p14.asm ATmega8 Aufbau und Ausgabe einer Liste im SRAM
;****** Testprogramm in einführendes Beispiel einbauen ******************
; Aufbau der Liste mit Werten von 0 bis 255 im SRAM                     *
        ldi     XL,LOW(stab)    ; X <- Listenadresse für Speicherung    *
        ldi     XH,HIGH(stab)                                           *
        clr     akku            ; Zähler und Anfangswert Null           *
aufbau: st      X+,akku         ; Wert nach Liste, Zeiger erhöhen       *
        inc     akku            ; Wert und Zähler erhöhen               *
        brne    aufbau          ; bis Überlauf bei 255 + 1 = 256 Werte  *
; Ausgabe der Liste in einer Schleife bei fallender Flanke an PD7       *
        ldi     XL,LOW(stab)    ; X <- Listenadresse für Ausgabe        *
        ldi     XH,HIGH(stab)                                           *
        ldi     akku,$55        ; Test-Anfangswert                      *
        out     PORTB,akku      ; auf Port B ausgeben                   *
loop:   sbic    PIND,PIND7      ; überspringe wenn Taste PD7 gedrückt   *
        rjmp    loop            ; warte solange Taste nicht gedrückt    *
        ld      akku,X          ; fallende Flanke: Wert aus Liste       *
        out     PORTB,akku      ; ausgeben                              *
        inc     XL              ; nur Low-Teil erhöhen                  *
warte:  sbis    PIND,PIND7      ; überspringe wenn Taste PD7 gelöst     *
        rjmp    warte           ; warte solange Taste gedrückt          *
        rjmp    loop            ; zyklische Ausgabe                     *
; Datenbereich im SRAM                                                  *
        .DSEG                   ; Datensegment                          *
        .ORG    $100            ; Anfangsadresse nur Low-Teil erhöht!   *
stab :  .BYTE   256             ; 256 Bytes für Liste                   *
;**********************************************************************
```

k2p14.asm: Aufbau und Ausgabe einer Liste im SRAM.

Mechanisches Kontaktprellen kann in Hardware durch Flipflop-Schaltungen oder in Software durch Verzögerungsschleifen unterdrückt werden. Das Programm *k2p15*.

asm zeichnet die Prellungen auf und gibt die Anzahl der Änderungen (Flanken) auf
dem Port B dual aus.

```
; k2p15.asm ATmega8 Prellungen aufzeichnen und auswerten
;****** Testprogramm in einführendes Beispiel einbauen *****************
; Adresse und Zähler vorbereiten warte auf beliebige Taste PORT D      *
        ser     akku            ; Startmarke 1111 1111                 *
        out     PORTB,akku      ; ausgeben                             *
loop1:  ldi     XL,LOW(stab)    ; X <- Listenadresse                   *
        ldi     XH,HIGH(stab)                                          *
        ldi     YL,LOW(1000)    ; Y <- Zähler mit Listenlänge          *
        ldi     YH,HIGH(1000)                                          *
loop2:  in      akku,PIND       ; Akku <- Zustand PIND                 *
        cpi     akku,$ff        ; alles High ?                         *
        breq    loop2           ; ja: warte auf Änderung               *
; Speicherschleife 7 Takte = 7 us Abtastrate bei 1 MHz                 *
loop3:  st      X+,akku         ; 2 Takte speichern                    *
        in      akku,PIND       ; 1 Takt  neuen Zustand laden          *
        sbiw    YL,1            ; 2 Takte 16-Bit Zähler dekrementieren *
        brne    loop3           ; 2 Takte bei Sprung                   *
; Aufzeichnung auswerten Prellungen (Änderungen) zählen                *
        ldi     XL,LOW(stab)    ; X <- Listenadresse                   *
        ldi     XH,HIGH(stab)                                          *
        ldi     YL,LOW(999)     ; Y <- Listenzähler Länge-1            *
        ldi     YH,HIGH(999)    ; weil letzter ohne Nachfolger         *
        clr     akku            ; Zähler für Prellungen löschen         *
loop4:  ld      r18,X+          ; R18 = laufender Wert                 *
        ld      r19,X           ; R19 = nächster Wert                  *
        cpse    r18,r19         ; überspringe wenn beide gleich        *
        inc     akku            ; bei ungleich: Prellung zählen        *
        sbiw    YL,1            ; Listenzähler - 1                     *
        brne    loop4           ; bis alle Listenelemente durch        *
        out     PORTB,akku      ; Anzahl der Prellungen dual ausgeben  * '
; warte bis Port D wieder High entprellen durch Warteschleife          *
loop5:  in      akku,PIND       ; Akku <- Zustand PIND                 *
        cpi     akku,$ff        ; alle High wieder High ?              *
        brne    loop5           ; nein: warten                        *
        clr     YL              ; Wartezähler löschen                  *
        clr     YH              ; 65536 * 4 Takte = 262 ms bei 1 MHz   *
loop6:  sbiw    YL,1            ; 2 Takte                              *
        brne    loop6           ; 2 Takte                              *
        rjmp    loop1           ; neuer Versuch                        *
```

```
; Datenbereich im SRAM                                                   *
        .DSEG                   ; Datensegment                           *
stab :  .BYTE   1000            ; 1000 Bytes für Liste                   *
;**********************************************************************
```

k2p15.asm: Prellungen abtasten, in einer Liste speichern und auswerten.

Beispiel *k2p16* baut eine Liste im SRAM auf, die aus dem Konstanten-Flash kopiert wird.

```
; k2p16.asm ATmega8 Flash nach SRAM-Liste kopieren und ausgeben
;****** Testprogramm in einführendes Beispiel einbauen *****************
; Nullterminierten String aus Flash nach SRAM kopieren                  *
        ldi     ZL,LOW(ftab*2)  ; Z <- Tabellenadresse Flash            *
        ldi     ZH,HIGH(ftab*2)                                         *
        ldi     XL,LOW(stab)    ; X <- Listenadresse SRAM               *
        ldi     XH,HIGH(stab)                                           *
        clr     r17             ; R17 = Zeichenzähler löschen            *
loop1:  lpm                     ; R0 <- Konstante aus Flash              *
        tst     r0              ; Endemarke Null ?                       *
        breq    lab1            ;  ja: fertig                            *
        st      X+,r0           ; nein: nach SRAM Adresse + 1            *
        adiw    ZL,1            ;       Flashadresse + 1                 *
        inc     r17             ;       Zähler + 1                       *
        rjmp    loop1           ; Kopierschleife                         *
; Listenlänge speichern und Liste ausgeben                              *
lab1:   sts     lang,r17        ; Zeichenzähler vor Liste ablegen        *
loop2:  ldi     XL,LOW(stab)    ; X <- Listenadresse für Ausgabe         *
        ldi     XH,HIGH(stab)                                           *
        lds     r17,lang        ; R17 Zähler <- Listenlänge              *
loop3:  sbic    PIND,PIND7      ; Taster PIND7 Low ?                     *
        rjmp    loop3           ; warte solange High                     *
        ld      akku,X+         ; Akku <- Listenelement                  *
        out     PORTB,akku      ; nach Port B ausgeben                   *
loop4:  sbis    PIND,PIND7      ; Taster PIND7 High ?                    *
        rjmp    loop4           ; warte solange Low                      *
        dec     r17             ; Zähler vermindern                      *
        brne    loop3           ; bis Zähler Null                        *
        rjmp    loop2           ; neuer Anfang                           *
; Konstanten hinter den Befehlen                                        *
ftab:   .DB "0123456789ABCDEF",0,0 ; Nullterminierter String            *
```

```
; Datenbereich im SRAM                                                *
        .DSEG                    ; Datensegment ab $60                 *
lang:   .BYTE   1                ; 1 Byte für Listenlänge              *
stab:   .BYTE   100              ; max. 100 Bytes für Daten            *
;**********************************************************************
```

k2p16.asm: Aufbau einer SRAM-Liste aus einer Flash-Tabelle.

Eine **verkettete Liste** nach Abbildung 2-17 legt die Daten nicht fortlaufend, sondern verstreut im Speicher ab. Jeder Eintrag enthält neben den Daten einen Zeiger (Adresse) auf den Nachfolger. Die Adresse des ersten Eintrags liegt im Kopfzeiger auf einer festen Adresse, der letzte Eintrag, der keinen Nachfolger hat, erhält als Nachfolgeradresse eine Endemarke. Das Programm *k2p17.asm* testet das Verfahren zum Aufbau und Auswerten einer verketteten Liste. Ein Listeneintrag besteht aus einem Datenbyte, der Datenende-Marke Null und der Adresse des folgenden Eintrags. Der letzte Eintrag enthält anstelle einer Folgeadresse eine Null als Endemarke.

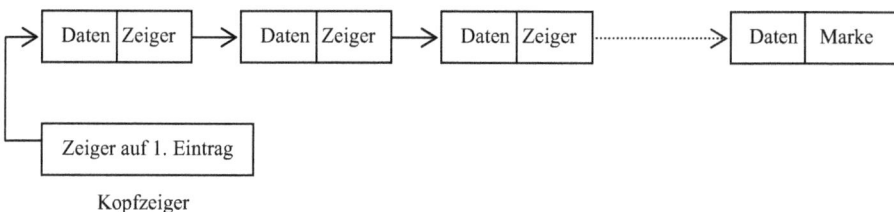

Abbildung 2-17: Verkettete Liste.

```
; k2p17.asm ATmega8 Aufbau und Ausgabe einer verketteten Liste
;****** Testprogramm in einführendes Beispiel einbauen ****************
; Verkettete Liste Anfangswerte Zähler und Zeiger laden               *
loop:   ldi     XL,LOW(liste)    ; X <- laufender Zeiger              *
        ldi     XH,HIGH(liste)   ; auf Listenelemente                 *
        sts     kopfz,XL         ; Kopfzeiger_Low <- Anfangsadresse   *
        sts     kopfz+1,XH       ; Kopfzeiger_High                    *
        ldi     akku,$FF         ; Anfangsmarke 1111 1111             *
        out     PORTB,akku       ; ausgeben                           *
; Verkettete Liste Eingabeschleife bis Null = Ende                    *
loop1:  sbic    PIND,PIND7       ; überspringe bei Low                *
        rjmp    loop1            ; warte auf fallende Flanke          *
        in      akku,PIND        ; akku <- Daten von PIND6 bis PIND0  *
        tst     akku             ; Ende der Eingabe Marke Null ?      *
        breq    fertig           ;   ja: Ausgabe aller Testdaten      *
```

```
        out     PORTB,akku      ; nein: Port B Kontrollausgabe          *
        st      X+,akku         ;     : Datensatz ablegen               *
        ser     akku            ;        Datensatz Endemarke $ff         *
        st      X+,akku         ;         ablegen                        *
        mov     YL,XL           ; YL <- Adresse_Low                      *
        mov     YH,XH           ; YH <- Adresse High                     *
        adiw    YL,2            ; Nachfolgeradresse um 2 weiter          *
        st      X+,YL           ;        Adresse_Low  Nachfolger         *
        st      X+,YH           ;        Adresse_High Nachfolger         *
loop2:  sbis    PIND,PIND7      ; überspringe bei High                   *
        rjmp    loop2           ; warte auf steigende Flanke             *
        rjmp    loop1           ; Eingabeschleife bis Daten Null         *
; Ende der Eingabe letzter Satz: Daten $ff Adresse $0000                 *
fertig: ser     akku            ; Datenende: $ff                         *
        st      X+,akku                                                  *
        clr     akku            ; Adresse Nachfolger $0000               *
        st      X+,akku                                                  *
        st      X+,akku                                                  *
; Verkettete Liste Ausgabe der Daten im Takt von 500 ms                 *
        lds     YL,kopfz        ; Y <- Kopfzeiger                        *
        lds     YH,kopfz+1                                               *
loop3:  ldi     akku,100        ; Faktor 100 * 10 ms = 1000 ms          *
        rcall   wartex10ms      ; 1 sek warten                          *
        ld      akku,Y+         ; Daten laden                           *
        cpi     akku,$ff        ; Endemarke ?                           *
        breq    weiter          ;  ja: nächster Satz                    *
        out     PORTB,akku      ; nein: Daten ausgeben                  *
        rjmp    loop3           ; neuen Satz lesen                      *
weiter: ld      akku,Y+         ; akku  <- Adresse_Low Nachfolger        *
        ld      r17,Y+          ; R17   <- Adresse_High Nachfolger       *
        mov     YL,akku         ; YL   <- Adresse_Low Nachfolger         *
        mov     YH,r17          ; YH   <- Adresse_High Nachfolger        *
        or      akku,r17        ; YL ODER YH: 16-Bit Adresse Null ?      *
        brne    loop3           ; nein: neuen Datensatz lesen            *
; Ende der verketteten Liste: neue Eingabe von Testwerten               *
        ldi     akku,100        ;  ja: Faktor 100 * 10 ms = 1 sek       *
        rcall   wartex10ms      ;      1000 ms warten                   *
        rjmp    loop            ;      neue Eingabe                     *
; Externes Unterprogramm hier einbauen                                  *
        .INCLUDE "wartex10ms.asm" ; wartet R16 * 10 ms benötigt TAKT     *
```

```
; Datenbereich im SRAM                                                 *
        .DSEG                    ; Datensegment ab $60                  *
kopfz: .BYTE    2                ; 16-Bit Kopfzeiger                    *
liste: .BYTE    1000             ; offene Liste max. 1000 Bytes         *
;**********************************************************************
```

k2p17.asm: Aufbau und Auswertung einer verketteten Liste.

Die **Arbeitsregister** liegen im Bereich von 0 ($00 für R0) bis 31 ($1F für R31) der SRAM-Adressierung und lassen sich auch mit Lade- und Speicherbefehlen ansprechen. Anstelle der Registerbezeichner sind absolute Werte oder definierte Symbole zu verwenden. Das Beispiel kopiert die 26 Arbeitsregister von R0 bis R25 in den SRAM ab Adresse ziel.

```
        ldi     r26,26       ; R26 <- Zähler für 26 Register
        ldi     YL,0         ; Y <- Anfangsadresse Herkunftsbereich
        ldi     YH,0
        ldi     ZL,LOW(ziel) ; Z <- Anfangsadresse Zielbereich
        ldi     ZH,HIGH(ziel)

loop:   ld      r27,Y+       ; Byte aus Herkunftsbereich Y + 1
        st      Z+,r27       ; nach Zielbereich Z + 1
        dec     r26          ; Zähler - 1
        brne    loop         ; bis Zähler Null
; nun fehlen noch 6 Befehle für R26 bis R31
;
        .DSEG                ; Datensegment im SRAM
ziel:   .BYTE   32           ; 32 Bytes zum Retten der Register
```

Mit den Lade- und Speicherbefehlen in den Adressierungsarten, die das Indexregister vor der Operation um 1 vermindern oder danach um 1 erhöhen, lassen sich eigene Stapel anlegen. Das Beispiel legt im Indexregister Y einen Hilfsstapel im SRAM an, der im Gegensatz zum Systemstapel *nach* dem Schreiben *aufwärts* und *vor* dem Lesen *abwärts* zählt.

```
; Hilfs-Stapelzeiger in Y anlegen
        ldi     YL,LOW(stapel)  ; Y <- Hilfsstapelzeiger
        ldi     YH,HIGH(stapel)
; Testwert auf Hilfsstapel legen
        st      Y+,akku         ; nach Stapel dann Adresse + 1
; Testwert vom Hilfsstapel holen
        ldi     r17,10          ; r17 = Zähler
        ld      akku,-Y         ; Adresse - 1 dann Stapel lesen
        .DSEG                   ; SRAM Datenbereich
stapel: .BYTE   100             ; 100 Bytes Hilfsstapel
```

2.5.3 Die Adressierung der Daten im EEPROM

Der EEPROM-Bereich dient zur nichtflüchtigen Aufbewahrung von Daten, da diese im Gegensatz zum SRAM nach dem Abschalten der Spannung nicht verloren gehen und nach dem Einschalten der Versorgungsspannung wieder zur Verfügung stehen. Die Größe des Bereiches ist üblicherweise mit der Endadresse E2END vordefiniert (Abbildung 2-18).

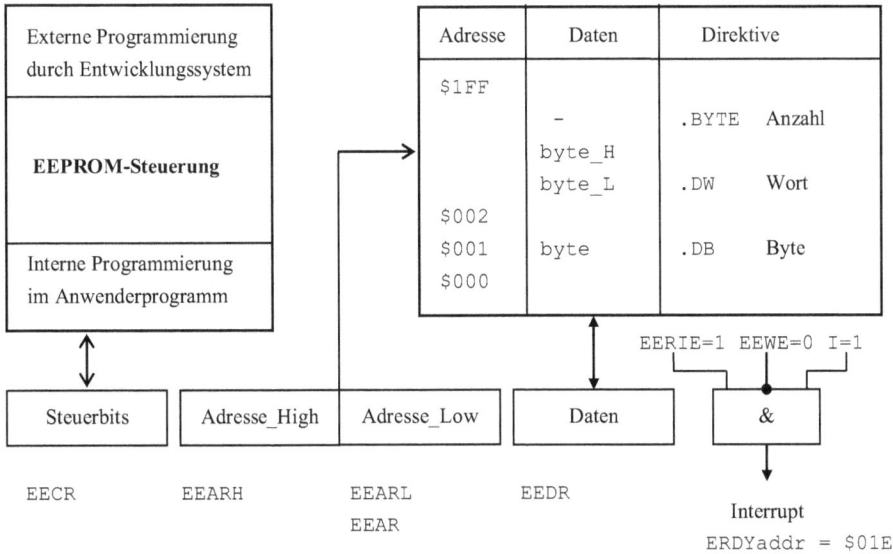

Abbildung 2-18: EEPROM-Programmierung.

Die **externe Programmierung** von vorbesetzten Daten erfolgt aus einer vom Entwicklungssystem angelegten Datei .eep mit der Programmiereinrichtung, mit der auch der Flash-Programmspeicher geladen wird. Sie lassen sich durch eine interne Programmierung überschreiben. Die Direktive .BYTE reserviert nur Speicherplätze, ohne diese mit definierten Werten vorzubesetzen.

Tabelle 2-43: Direktiven zur nichtflüchtigen Speicherung.

Direktive	Operand	Anwendung	Beispiel		
.ESEG		EEPROM-Bereich		.ESEG	
.DB	Bytekonstantenliste	vorgeladene 8-Bit Werte	otto:	.DB	1,2,3,4
.DW	Wortkonstantenliste	vorgeladene 16-Bit Werte	eadd:	.DW	otto,4711
.BYTE	Anzahl der Bytes	Variablen reservieren	evar:	.BYTE	100

Für die *interne Programmierung* aus dem Anwenderprogramm stehen keine Befehle und Adressierungsarten zur Verfügung. Sie erfolgt über im bitadressierbaren Bereich liegende SF-Register. Der ATmega8 hat einen EEPROM-Bereich von 512 Bytes und benötigt zwei SF-Register zur Aufnahme der 9-Bit Adresse des zu lesenden bzw. zu schreibenden Bytes.

EEARH = EEPROM **A**ddress **R**egister **H**igh   bitadressierbar

Byteadresse_High des Operanden

EEARL = EEPROM **A**ddress **R**egister **L**ow   bitadressierbar

Byteadresse_Low des Operanden

AVRs mit einem EEPROM kleiner oder gleich 256 Bytes benötigen nur ein 8-Bit Adressregister EEAR entsprechend dem EEARL. Das Datenregister EEDR wird vor einem Schreib-vorgang mit dem Datenbyte geladen. Nach einem Lesevorgang enthält es das gelesene Byte.

EEDR = EEPROM **D**ata Register   bitadressierbar

8-Bit Operand

Das Steuerregister EECR enthält Steuerbits, mit denen das Programm einen Lese- bzw. Schreibvorgang auslöst.

EECR = EEPROM **C**ontrol **R**egister   bitadressierbar

Bit 7	*Bit 6*	*Bit 5*	*Bit 4*	*Bit 3*	*Bit 2*	*Bit 1*	*Bit 0*
-	·	·	·	EERIE	EEMWE	EEWE	EERE
				0: kein Interrupt	0: Schreibsperre	0: nicht schreiben	0: kein Lesen
				1: Interrupt frei	1: schreiben frei	1: schreiben	1: lesen
						X: nach Reset	

Das Bit **EERIE** (EEPROM Ready Interrupt Enable) gibt mit einer 1 einen Interrupt frei, der ausgelöst wird, wenn die Steuerung am Ende eines Schreibvorgangs das Bit EEWE von 1 wieder auf 0 zurücksetzt. EERIE ist nicht bei allen Controllertypen verfügbar.

Das Bit **EEMWE** (EEPROM Master Write Enable) gibt mit einer 1 einen Schreibvorgang frei und wird von der Steuerung nach vier Takten automatisch wieder gelöscht. Innerhalb dieser Zeit muss der Schreibvorgang durch Setzen von EEWE gestartet werden.

Das Bit **EEWE** (EEPROM Write Enable) startet mit einer 1 den Schreibvorgang, wenn vorher EEMWE auf 1 gesetzt wurde. Die Steuerung setzt nach Beendigung des Schreibvorgangs EEWE wieder auf 0 zurück. Das Bit EEWE ist nach einem Reset undefiniert und muss vor der Freigabe des Schreibvorgangs gelöscht werden.

Das Bit **EERE** (EEPROM Read Enable) startet mit einer 1 den Lesevorgang und wird von der Steuerung automatisch wieder gelöscht.

Die Verfahren zum Schreiben und Lesen des EEPROMs setzen voraus, dass während dieser Zeit keine Interrupts auftreten und dass keine Daten in den Bootbereich des Flash-Programmspeichers geschrieben werden. EEPROM-Zugriffe dürfen erst erfolgen, wenn der vorhergehende EEPROM-Schreibvorgang abgeschlossen ist. Für das *Schreiben* von Daten in den EEPROM werden vom Hersteller folgende Schritte empfohlen:

–   Warteschleife bis EEWE = 0 (kein Schreibzugriff)
–   Byteadresse nach Adressregister und Datenbyte nach EEDR
–   Schreib-Freigabebit EEMWE auf 1 setzen
–   Schreib-Startbit EEWE auf 1 setzen
–   Schreibzeit ca. 8.5 ms entsprechend 8500 Takte eines internen Oszillators

Das Unterprogramm weprom übernimmt im Adressregister Z (zur Erinnerung: Doppelregister, bestehend aus den Arbeitsregistern R30 und R31) die Adresse und in R16 das zu schreibende Datenbyte. Durch die bedingte Assemblierung werden sowohl Bausteine mit einem EEPROM-Bereich größer als 256 Bytes (EEARH und EEARL) als auch solche mit einem Bereich kleiner oder gleich 256 Bytes (EEAR) berücksichtigt. Da das Unterprogramm nach dem Start des Schreibvorgangs, der ca. 8.5 ms dauern kann, verlassen wird, muss vor einem erneuten EEPROM-Zugriff das Ende des laufenden Zugriffs abgewartet werden.

```
; weprom.asm EEPROM schreiben   Z=Adresse   R16=Daten
weprom: sbic    EECR,EEWE   ; warte bis Schreibzugriff beendet
        rjmp    weprom
        .IFDEF  EEARH       ; für EEPROM >= 256 Bytes
          out   EEARH,ZH    ; Adresse High
          out   EEARL,ZL    ; Adresse Low
        .ENDIF
        .IFDEF  EEAR        ; für EEPROM < 256 Bytes
          out   EEAR,ZL     ; nur Adresse Low
        .ENDIF
        out     EEDR,r16    ; Daten nach Schreibregister
        sbi     EECR,EEMWE  ; Start des Schreibzugriffs
        sbi     EECR,EEWE   ; Start des Schreibvorgangs
        ret                 ; Rücksprung
```

Für das Lesen von Daten werden vom Hersteller folgende Schritte empfohlen:
- Warteschleife bis EEWE = 0 (kein Schreibzugriff)
- Byteadresse nach Adressregister
- Lese-Startbit EERE auf 1 setzen
- gelesenes Byte aus dem Datenregister EEDR abholen

Bevor EEPROM Zellen der AVRs neu beschrieben werden können, müssen Sie gelöscht werden. Bei älteren AVRs geschehen Löschen und anschließendes Schreiben in einem Zug. Bei AVRs neuerer Generation kann man unabhängig voneinander löschen und Schreiben.

Aufgabe 11:
a) Welchen Vorteil hat es, wenn das Löschen des EEPROMs unabhängig vom Schreiben erfolgen kann?
b) Wird das Programm dadurch möglicherweise schneller?

Antwort zu Aufgabe 11:
a) So wird schnelleres *Schreiben* möglich. Das EEPROM kann in Ruhe schon einmal gelöscht werden und steht anschließend bei Bedarf sofort zum Schreiben zur Verfügung. Das hat auch dann Vorteile, wenn im Normalbetrieb eigentlich kein Zeitdruck herrscht: will man bei Stromausfall Daten retten, bevor die Pufferkondensatoren der Vcc entladen sind, kommt es auf jede Millisekunde an. Gerade bei explosionsgeschützten Geräten darf man nämlich nicht einfach die Kapazität der Puffer-Elkos beliebig erhöhen. Siehe auch hier AppNote AVR042!

b) Nein, genau genommen wird das *Programm als Ganzes* sogar etwas *langsamer*, denn Löschen und Schreiben getrennt aufzurufen erfordert etwas mehr Zeit (im Millisekundenbereich). Allerdings wird beim Schreiben, also wenn es darauf ankommt, Zeit gespart. In die Dauer der Hauptprogrammschleife gehen aber nur die Befehle zum Aufruf des Löschens und Schreibens sowie der Datentransfer vom Arbeitsregister in das flüchtige EEDR Datenregister ein, nicht jedoch die Dauer der Lösch- und Schreibvorgänge in die EEPROM-Zellen selbst, also das Übertragen der Ladungen auf die Floating-Gates. Durch die Auslagerung des EEPROM Bereichs in die Peripherie mit eigenen Registern kann diese Übertragung völlig unabhängig von der CPU erfolgen, so dass diese mit dem Hauptprogramm fortfahren kann. Dies ist ein Beispiel für **CIP: Core Independent Peripheral**, also Peripherie, die unabhängig vom Core (Rechnerkern, CPU) arbeitet, wenn sie erst einmal aktiviert ist.

Das Unterprogramm reprom übernimmt im Adressregister Z die Adresse und liefert in R16 das gelesene Datenbyte zurück. Da die Daten sofort nach dem Start des Lesevorgangs zur Verfügung stehen, sind keine Warteschleifen erforderlich.

```
; reprom.asm EEPROM lesen   Z=Adresse  R16 <- Daten
reprom: sbic    EECR,EEWE   ; warte bis Schreibzugriff beendet
        rjmp    reprom
        .IFDEF  EEARH       ; für EEPROM >= 256 Bytes
          out   EEARH,ZH    ; Adresse High
          out   EEARL,ZL    ; Adresse Low
        .ENDIF
        .IFDEF  EEAR        ; für EEPROM < 256 Bytes
          out   EEAR,ZL     ; nur Adresse Low
        .ENDIF
        sbi     EECR,EERE   ; setze Lesebit
        in      r16,EEDR    ; Daten lesen
        ret                 ; Rücksprung
```

Das Programm *k2p18.asm* testet die EEPROM-Programmierung durch Lesen einer
mit .DB vorbesetzten Konstanten und mit einer Testschleife, in der Daten vom Port D
gelesen, in den EEPROM geschrieben, zurückgelesen und zur Kontrolle auf dem Port
B ausgegeben werden.

```
; k2p18.asm ATmega8 Test der EEPROM-Adressierung
;****** Testprogramm in einführendes Beispiel einbauen *****************
; Beim Start vorbesetzten Testwert $55 aus EEPROM ausgeben            *
        ldi     ZL,LOW(ekon)    ; Z <- EEPROM-Adresse der Konstanten  *
        ldi     ZH,HIGH(ekon)                                         *
        cbi     EECR,EEWE       ; EEWE = 0: kein Schreiben            *
        rcall   reprom          ; R16 <- vorbesetzte Konstante        *
        out     PORTB,akku      ; LED-Ausgabe                         *
; Testschleife PIND -> EEPROM -> PORT B bei fallender Flanke PIND7    *
loop :  sbic    PIND,PIND7      ; warte                               *
        rjmp    loop            ; bis PIND7 Low                       *
        ldi     ZL,LOW(evar)    ; Z <- EEPROM-Adresse der Variablen   *
        ldi     ZH,HIGH(evar)                                         *
        in      akku,PIND       ; Tasteneingabe PIND6 bis PIND0       *
        rcall   weprom          ; R16 -> EEPROM schreiben             *
        clr     akku            ; löschen für Test                    *
        rcall   reprom          ; R16 <- EEPROM zurücklesen           *
        out     PORTB,akku      ; LED-Ausgabe                         *
warte:  sbis    PIND,PIND7      ; warte                               *
        rjmp    warte           ; bis PIND7 High                      *
        rjmp    loop                                                  *
```

```
; externe Unterprogramme für EEPROM-Zugriff R16=Daten   Z=Adresse    *
        .INCLUDE "reprom.asm"     ; Read EEPROM                       *
        .INCLUDE "weprom.asm"     ; Write EEPROM                      *
; EEPROM-Bereich                                                      *
        .ESEG                     ; EEPROM-Segment                    *
ekon:   .DB      $55             ; vorbesetzte Konstante             *
evar:   .BYTE    1               ; Variable 1 Byte                   *
;*******************************************************************
```

k2p18.asm: EEPROM-Programmierung mit Unterprogrammen.

2.6 Makroanweisungen und Unterprogramme

Bei umfangreichen Programmieraufgaben ist es zweckmäßig, Teilprobleme als Makroanweisungen oder als Unterprogramme zusammenzufassen, um die Programme übersichtlicher zu gestalten und sie für andere Aufgaben oder auch weitere Anwender verfügbar zu machen.

2.6.1 Makroanweisungen

Makroanweisungen bestehen aus Befehlsfolgen, die der Anwender nur einmal definiert und die der Assembler bei *jedem* Aufruf in den Code einbaut (Abbildung 2-19).

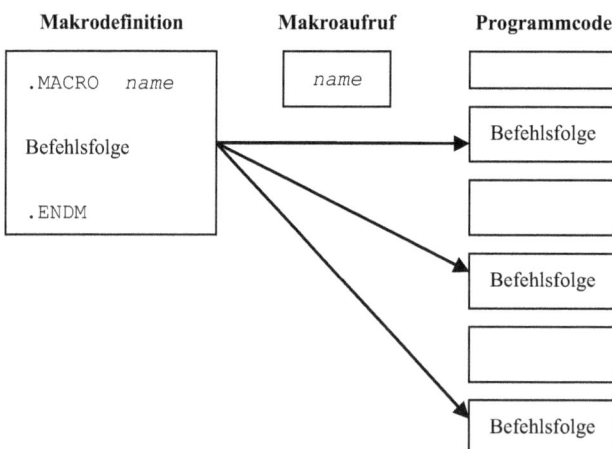

Abbildung 2-19: Makro-Anweisungen.

Die Makrodefinition kann offene Stellen (formale Parameter) enthalten, die mit den Operatoren @0 bis @9 zu kennzeichnen sind. Beim Aufruf werden sie durch Register, Ausdrücke, Konstanten oder Symbole (aktuelle Parameter) ersetzt (Tabelle 2-44).

Tabelle 2-44: Macro-Direktiven.

Direktive	*Operand*	*Anwendung*	*Beispiel*	
`.MACRO`	Bezeichner	Makrobeginn	`.MACRO`	`addi`
	`@0 . . . @9`	formale Parameter	`subi`	`@0,-@1`
`.ENDM` `.ENDMACRO`		Makroende	`.ENDM`	
`.LISTMAC`		Makroexpansion in Liste (voreingestellt aus)	`.LISTMAC`	

Das Beispiel definiert eine Makroanweisung mit dem frei gewählten Bezeichner `addi`, die eine Bytekonstante zu einem der Register R16 bis R31 addiert.

```
; Makrodefinitionen vor den Befehlen im Vereinbarungsteil
       .MACRO  addi            ; Aufruf:  addi   R16..R31,Konstante
       subi    @0,-@1          ; subtrahiere das Komplement
       .ENDM
```

Beim Aufruf des Makros baut der Assembler den Code für die aktuellen Parameter an der Stelle des Aufrufs in die Befehlsfolge ein (Makroexpansion). Der formale Parameter @0 wird durch den ersten aktuellen Parameter des Aufrufs ersetzt, der zweite Parameter @1 durch den folgenden usw. Das Beispiel addiert zum Register R16 = akku die Konstante $30.

```
; Makroexpansion (Aufruf) wie ein Befehl
       addi    akku,$30        ; liefert  subi  r16,-$30
```

Die Anzahl der aktuellen Parameter des Aufrufs muss mit der Anzahl der formalen Parameter der Definition übereinstimmen. Die für die Beispiele verwendete Assemblerversion gab eine Fehlermeldung aus, wenn beim Aufruf zu wenige Parameter angegeben wurden; überzählige Parameter wurden ignoriert. Makrodefinitionen können eigene Sprungziele enthalten, die man meist mit dem Bezeichner des Makros und einer fortlaufenden Nummerierung kennzeichnet. Sprünge zu außerhalb des Makros liegenden Zielen ergeben bei der Übersetzung Fehlermeldungen des Assemblers. Korrektes Beispiel:

```
; Definition im Vereinbarungsteil
        .MACRO  Mwhile      ; Aufruf: Mwhile  Port,Bit
Mwhile1: sbic    @0,@1      ; überspringe wenn Portbit Low
        rjmp    Mwhile1     ; warte solange High
        .ENDM
;
; Aufruf im Anweisungsteil
        Mwhile  PIND,PIND7  ; warte auf fallende Flanke PIND7
```

In der Unterprogrammtechnik sind die Register zur Übergabe von Parametern fest zugeordnet. Ein Beispiel ist das Unterprogramm mulx8 des Abschnitts 2.3.5, das die Faktoren in R16 und R17 erwartet. Die Makroanweisung Mmulx8 dagegen kann mit jedem Register mit Ausnahme von R1 und R0 (Produkt) und R2 (Hilfsregister) aufgerufen werden.

```
; Aufruf als Unterprogramm
        rcall   mulx8       ; Faktoren in R16 und R17 vorgegeben
;
; Aufruf als Makro
        Mmulx8  r20,r21     ; Faktoren in R20 und R21 gewählt
```

2.6.2 Unterprogramme

Unterprogramme sind Befehlsfolgen, die der Anwender nur einmal definiert und die mit einem der call-Befehle aufgerufen werden. Sie kehren mit einem ret-Befehl an die Stelle des Aufrufs zurück und lassen sich mehrmals aufrufen und schachteln (Abbildung 2-20). Der Stapel nimmt Parameter, Rücksprungadressen, gerettete Register und lokale Variablen auf. Aber nur die Rücksprungadresse wird automatisch gerettet, um alles andere muss sich der Programmierer selbst kümmern! AVRs ohne SRAM enthalten einen dreistufigen Hardwarestapel für Rücksprungadressen. Register müssen in diesem Fall in freien Arbeitsregistern gerettet werden.

Beim Aufruf eines Unterprogramms mit einem der call-Befehle wird die Adresse des folgenden Befehls als Rücksprungadresse auf den Stapel gelegt. Dabei liegt das Low-Byte auf der durch den Stapelzeiger adressierten Speicherstelle, das High-Byte auf der nächst niedrigeren. Da der Stapelzeiger dabei automatisch um zwei vermindert wird, zeigt er nach dem call-Befehl auf den nächsten freien Stapelplatz, der mit push zu rettende Register oder weitere Rücksprungadressen aufnehmen kann. Bei einem Softwarestapel ist die Schachtelungstiefe von Unterprogrammen nur durch die Größe des SRAM begrenzt. Ein Rücksprung, der nicht an die Stelle des Aufrufs erfolgt, muss auf dem Stapel die Rücksprungadresse durch die Zieladresse ersetzen oder vorher den

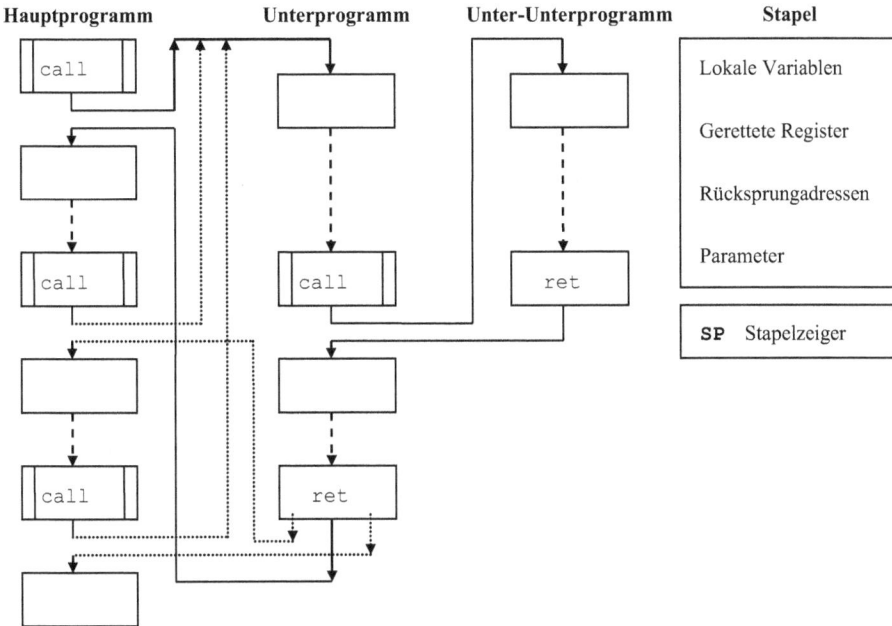

Abbildung 2-20: Verschachtelte Unterprogramme.

Stapelzeiger entsprechend korrigieren. Der Befehl call mit direkter Adressierung ist nur bei Controllern mit mehr als 8 kByte Programm-Flash (ATmega-Familie) vorhanden (Tabelle 2-45).

Tabelle 2-45: Unterprogrammaufruf- und Rücksprung-Befehle.

Befehl	Operand	ITHSVNZC	W	T	Wirkung	
rcall	Ziel		1	3	Stapel <= PC, SP <= SP – 2 PC <= PC + Abstand	*rufe Unterprogramm relativ*
icall			1	3	Stapel <= PC, SP <= SP – 2 PC <= Z	*rufe Unterprogramm indirekt* *Adresse in Z*
call	Ziel		2	4	Stapel <= PC, SP <= SP – 2 PC <= Zieladresse	*rufe Unterprogramm direkt* *nicht bei allen Controllern!*
ret			1	4	SP <= SP + 2 PC <= Stapel	*Rücksprung aus einem* *Unterprogramm*

Parameter sind Daten, die zwischen dem aufrufenden und dem aufgerufenen Programm übergeben werden. Für die Übergabe von Werten gibt es die Möglichkeiten:

– Aufruf ohne Parameter
– Übergabe von Symbolen, die im Hauptprogramm vereinbart sind (z. B. TAKT)

- Übergabe von Parametern in Arbeitsregistern z. B. R16 oder Statusbits z. B. Carry
- Übergabe von Parametern über den Stapel
- Übergabe von Parametern in fest vereinbarten Speicherstelle
- Übergabe von Adressen der Parameter

Unterprogramme können eigene Komponenten enthalten, die beim Aufruf unsichtbar sind.
- Konstanten im Flash hinter den Befehlen des Unterprogramms
- temporäre Variablen und Speicherbereiche auf dem Stapel
- lokale Unter-Unterprogramme hinter den Befehlen des Unterprogramms

Das Unterprogramm bintascii benutzt einen lokalen Konstantenbereich für einen direkten Tabellenzugriff. Alle im Unterprogramm zerstörten Register werden gerettet.

```
; bintascii R16 binär -> ASCII Tabellendirektzugriff
bintascii:  push    r0       ; Register retten
            push    ZH
            push    ZL
            ldi     ZL,LOW(bintab*2)   ; Z <- Tabellenadresse
            ldi     ZH,HIGH(bintab*2)
            andi    r16,$0f ; Maske 0000 1111
            add     ZL,r16   ; addiere Eingabewert
            clr     r16      ; R16 <- 0 Carry unverändert!
            adc     ZH,r16   ; Null + Übertrag
            lpm              ; R0 <- Tabellenwert
            mov     r16,r0   ; R16 <- Rückgabe
            pop     ZL       ; Register zurück
            pop     ZH
            pop     r0
            ret
; Tabelle hinter den Befehlen des Unterprogramms
bintab:     .DB     "0123456789ABCDEF" ; ASCII-String
```

Unterprogramme benutzen den Stapel zum Retten von Registern und legen lokale Variable üblicherweise in Arbeitsregistern ab. In besonderen Fällen kann es z. B. für den Aufbau von Listen erforderlich sein, dass ein Unterprogramm während seiner Arbeit einen größeren SRAM-Bereich benötigt, der beim Rücksprung wieder freigegeben werden kann. Das Programm k2p19.asm baut einen lokalen und temporären SRAM-Bereich auf dem Stapel auf. Dabei wird der Stapel um die Länge des Bereiches verlegt, um push-Befehle und Unterprogrammaufrufe sowie Interrupts zu ermöglichen.

```
; k2p19.asm ATmega8 Unterprogramm mit lokalem SRAM und Unter-Unterprogramm
;****** Testprogramm in einführendes Beispiel einbauen ******************
; Arbeitsschleife im Hauptprogramm                                        *
loop:   rcall   lokal           ; Unterprogramm gibt lokalen SRAM aus     *
        rjmp    loop            ;                                         *
;                                                                         *
; Unterprogramm mit lokalem SRAM                                          *
lokal:  push    r16             ; Register retten                         *
        in      r16,SREG        ; R16 <- Status mit I-Bit retten          *
        cli                     ; alle Interrupts gesperrt                *
        push    r17                                                       *
        push    XL              ; X rettet Stapelzeiger                   *
        push    XH              ;                                         *
        push    ZL              ; Z adressiert lokalen SRAM               *
        push    ZH                                                        *
        in      XL,SPL          ; X <- SP retten                          *
        in      XH,SPH                                                    *
        mov     ZL,XL           ; Z <- Zeiger auf lokalen SRAM            *
        mov     ZH,XH                                                     *
        sbiw    ZL,9            ; Stapel um 9 lokale Bytes verlegen       *
        out     SPL,ZL          ; Stapel verlegt                          *
        out     SPH,ZH          ; hinter lokalen SRAM                     *
        out     SREG,r16        ; altes I-Bit wiederhergestellt           *
        adiw    ZL,1            ; Z <- Zeiger auf Anfang SRAM             *
        push    ZL              ; Zeiger retten                           *
        push    ZH                                                        *
        ldi     r17,9           ; R17 <- Abwärtszähler                    *
        ldi     r16,1           ; R16 <- Werte 1..9                       *
; Speicherschleife: Zahlen von 1 bis 9 speichern                          *
lokal1: st      Z+,r16          ; Wert speichern                          *
        inc     r16             ; Wert erhöhen                            *
        dec     r17             ; Zähler vermindern                       *
        brne    lokal1          ; bis Liste aufgebaut                     *
        pop     ZH              ; Zeiger zurück                           *
        pop     ZL                                                        *
        ldi     r17,9           ; Zähler für Listenelemente               *
; Ausgabeschleife der gespeicherten Zahlen von 1 bis 9                    *
lokal2: ld      r16,Z+          ; R16 <- Listenelement                    *
        out     PORTB,r16       ; nach Port B                             *
        rcall   warte           ; internes Unter-Unterprogramm wartet     *
        dec     r17                                                       *
        brne    lokal2                                                    *
```

```
; Stapel wiederherstellen und Rücksprung                              *
        in     r16,SREG        ; R16 <- alter Status I-Bit            *
        cli                    ; Interrupts gesperrt                  *
        out    SPL,XL          ; Stapelzeiger laden                   *
        out    SPH,XH                                                 *
        out    SREG,r16        ; altes I-Bit wiederhergestellt        *
        pop    ZH              ; Register zurück                      *
        pop    ZL                                                     *
        pop    XH                                                     *
        pop    XL                                                     *
        pop    r17                                                    *
        pop    r16                                                    *
        ret                    ; Rücksprung aus Unterprogramm lokal   *
;                                                                     *
; internes Unter-Unterprogramm 262 ms bei 1 MHz Systemtakt           *
warte:  push   XL              ; Register retten                      *
        push   XH                                                     *
        clr    XL                                                     *
        clr    XH                                                     *
warte1: sbiw   XL,1            ; 2 Takte                              *
        brne   warte1          ; 2 Takte                              *
        pop    XH              ; Register zurück                      *
        pop    XL                                                     *
        ret                    ; Rücksprung aus Unter-Unterprogramm   *
;********************************************************************
```

k2p19.asm: Unterprogramm mit lokalem SRAM-Bereich sowie Unter-Unterprogramm.

Das Unterprogramm baut im lokalen SRAM-Bereich eine Liste mit den Zahlen von 1 bis 9 auf und gibt sie auf dem Port B aus. Die Zeitverzögerung übernimmt ein lokales Unter-Unterprogramm, das den Stapel zum Retten der beiden Zählregister XL und XH verwendet. Auf der Ausgabe des Ports B erscheinen fortlaufend die Zahlen von 1 bis 9, da das Unterprogramm in einer unendlichen Arbeitsschleife aufgerufen wird.

Konstanten, die global in allen Unterprogrammen verfügbar sein müssen, kann man im Hauptprogramm als Symbol vereinbaren. Das Beispiel definiert für den Systemtakt das Symbol TAKT, das im Unterprogramm wahlweise auch als takt geschrieben werden darf.

```
; Symbol TAKT im Hauptprogramm in [Hz] vereinbart
        .EQU   TAKT = 1000000 ; Systemtakt 1 MHz
```

```
; Unterprogramm wartet 20 ms bei TAKT von 1 bis 16 MHz
; Symbol TAKT im Hauptprogramm in [Hz] vereinbart
warte20ms:
        push    XL                      ; Register retten
        push    XH
        .IF     (TAKT/250) > 65535    ; Anfangswert für max. 16 MHz
         .ERROR "Fehler: TAKT > 16 MHz"
        .ELSE
        ldi     XL,LOW(TAKT/250)       ; 8 MHz / 250 = 32 000
        ldi     XH,HIGH(TAKT/250)     ; (32 000 * 5)/8 [us] = 20 ms
        .ENDIF
warte20ms1:
        nop                             ; 1 Takt
        sbiw    XL,1                  ; 2 Takte
        brne    warte20ms1            ; 2 Takte
        pop     XH                    ; Register zurück
        pop     XL
        ret                           ; Rücksprung
```

Hinweise auf Fehlermöglichkeiten im Umgang mit Unterprogrammen:
–   Vor dem Aufruf von Unterprogrammen muss der Stapel korrekt angelegt sein, normalerweise mit dem vordefinierten Symbol RAMEND auf der höchsten SRAM-Adresse.
–   Unterprogramme sollten Register, die zerstört werden, vorher mit push retten und vor dem Rücksprung mit pop wiederherstellen.
–   Register, die Werte an das Hauptprogramm zurückliefern, dürfen nicht gerettet und wiederhergestellt werden.
–   Die Anzahl der push-Befehle muss mit der Anzahl der pop-Befehle übereinstimmen.
–   Das Register, das *zuletzt* mit push gerettet wurde, wird *zuerst* mit pop wiederhergestellt.
–   Unterprogramme werden mit call-Befehlen aufgerufen und mit ret wieder verlassen. Soll der Rücksprung nicht an die Stelle des Aufrufs erfolgen, so kann die Rücksprungadresse auf dem Stapel ausgetauscht werden.
–   Bei Veränderung des Stapelzeigers, z. B. für lokale Variablen, sollten mögliche Programmunterbrechungen (Interrupts) gesperrt werden.
–   Allgemein verwendbare Unterprogramme, die mit .INCLUDE eingefügt werden, sollten keine benutzerdefinierten Bezeichner wie z. B. akku, sondern die vorgesehenen Registerbezeichnungen wie z. B. R16 verwenden.
–   Bei Sprungzielen innerhalb von Unterprogrammen hängt man üblicherweise eine fortlaufende Nummerierung an den Unterprogrammnamen an.

2.6.3 Makro- und Unterprogrammbibliotheken

Die Direktive .INCLUDE fügt die im Operandenteil angegebene Datei zur Übersetzungszeit in den Programmtext ein. Diese kann enthalten:
- Vereinbarungen wie z. B. .DEF, .EQU und .SET
- Makrodefinitionen mit .MACRO wie z. B. 8-Bit Rotierbefehle oder 16-Bit Befehle
- Unterprogramme für Standardverfahren wie z. B. Zeitschleifen.

Die einzufügenden Textdateien müssen sich entweder im gleichen Ordner wie das Assemblerprogramm befinden oder können in einem Ordner liegen, der im Atmel Studio unter Project/…Properties/Toolchain/AVR Assembler/General/Include Paths (-I) als Pfad einzutragen ist. Der Dateityp ist frei wählbar, die Beispiele verwenden .INC für Definitionen und .ASM für einzufügende Unterprogramme. In Anlehnung an die Programmiersprache C enthalten Textdateien mit der Erweiterung .H (für Header) weitere INCLUDE-Direktiven, mit denen sich Bibliotheken einfügen lassen. Das Beispiel fasst zwei INCLUDE-Direktiven für Makros zu einer Headerdatei zusammen.

```
; Makros.h fügt INCLUDE-Direktiven für Makros ein
    .INCLUDE    "Mrol8.asm"     ; rotiert Register links
    .INCLUDE    "Mror8.asm"     ; rotiert Register rechts
```

Die Headerdatei upros.h fasst zwei INCLUDE-Direktiven für Unterprogramme in einer Anweisung zusammen.

```
; upros.h fügt INCLUDE-Direktiven für Unterprogramme ein
    .INCLUDE    "warte1ms.asm"  ; wartet 1 ms
    .INCLUDE    "warte20ms.asm" ; wartet 20 ms
```

Makros bzw. Makros enthaltende Headerdateien müssen im Vereinbarungsteil eingefügt werden. Unterprogramme bzw. Unterprogramme enthaltende Headerdateien werden meist hinter dem Hauptprogramm eingefügt.

```
; Vereinbarungen
    .INCLUDE "Makros.h"         ; INCLUDE-Direktive für Makros
; Hauptprogramm
    .INCLUDE "upros.h"          ; INCLUDE-Direktive für Unterprogramme
    .EXIT                       ; Ende des Quelltextes
```

2.7 Interrupts

Dieser Abschnitt behandelt schwerpunktmäßig die bei allen AVR-Controllerfamilien vorhandene Interruptsteuerung sowie die externen Interrupts an den Porteingängen. Weitere Interrupts werden durch die im Kapitel 4 behandelten Peripherieeinheiten wie z. B. Timer und serielle Schnittstellen ausgelöst.

2.7.1 Die Interruptsteuerung

Ein Interrupt bedeutet die Unterbrechung eines laufenden Programms durch ein Ereignis. Nach dessen Bedienung (Service) soll das unterbrochene Programm an der alten Stelle fortgesetzt werden. Abbildung 2-21 zeigt die Interruptauslösung durch die fallende Flanke eines Signals.

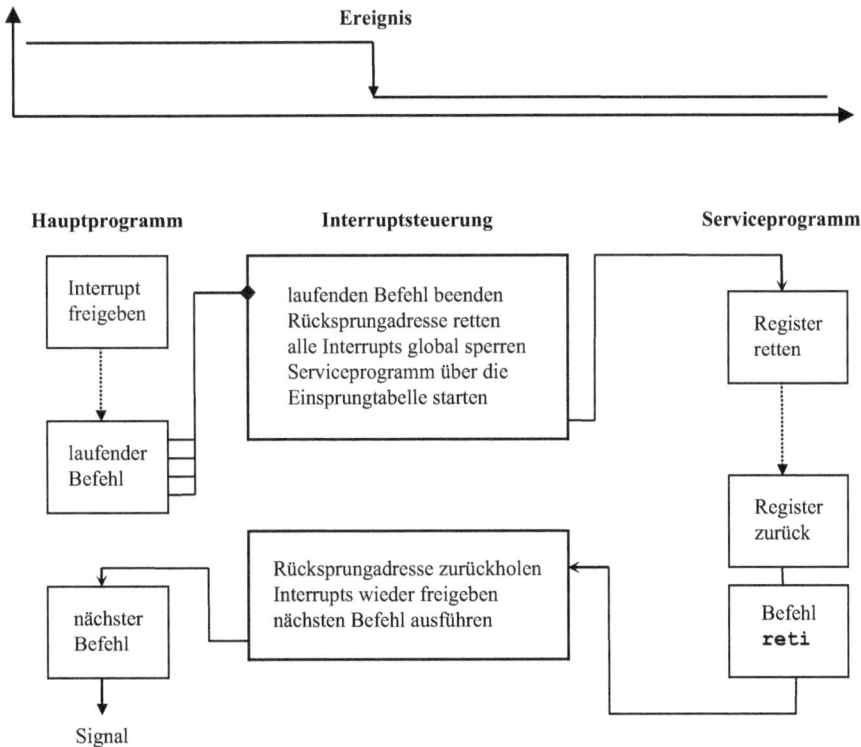

Abbildung 2-21: Auslösung und Bedienung eines Interrupts durch die fallende Flanke eines Signals.

Das Statusregister SREG enthält das I-Bit, das *alle* Interrupts global sperrt bzw. freigibt. Das I-Bit wird automatisch bei einem Reset oder bei der Annahme eines Interrupts gelöscht und bei Ausführung des Befehls reti wieder gesetzt.

SREG = Status **Reg**ister   *Bitbefehle* cli *und* sei

Bit 7	Bit 6	Bit 5	Bit 4	Bit 3	Bit 2	Bit 1	Bit 0
I	T	H	S	V	N	Z	C
Interrupts 0: gesperrt 1: frei	Transfer	Halfcarry	Sign	Overflow	Negative	Zero	Carry

Nach dem Anlauf des Controllers bzw. nach einem Reset sind alle Interrupts global durch das Bit I = 0 im Statusregister SREG gesperrt. Das Hauptprogramm muss sie mit dem Befehl sei freigeben, der I = 1 setzt. Ist beim Auftreten des Ereignisses der Interrupt freigegeben, so beendet die Interruptsteuerung den laufenden Befehl, rettet den Befehlszähler PC mit der Adresse des nächsten Befehls auf den Stapel und springt über eine Sprungtabelle im unteren Adressbereich des Programmspeichers in das *Serviceprogramm*. Dort müssen alle benutzten Register (auch SREG) gerettet und vor dem Rücksprung wieder zurückgeladen werden. Der Befehl reti holt die Rücksprungadresse vom Stapel und setzt das unterbrochene Programm fort. Bei der Annahme eines Interrupts wird das I-Bit des Statusregisters automatisch gelöscht, alle weiteren Interrupts sind gesperrt. Bei der Rückkehr mit reti wird das I-Bit automatisch wieder gesetzt und alle Interrupts sind wieder freigegeben. Serviceprogramme können nur dann unterbrochen werden, wenn sie weitere Interrupts mit dem Befehl sei gezielt freigeben. Ältere AVRs ohne SRAM (z. B. ATtiny12) enthalten anstelle des Softwarestapels einen dreistufigen Hardwarestapel, der die Rücksprungadressen von Unterprogrammen und unterbrochenen Programmen aufnimmt.

Die Tabelle 2-46 enthält eine Zusammenfassung von Befehlen, die für die Interruptbehandlung, den Ruhezustand und den Watchdog Timer (Abschnitt 4.2.5) benötigt werden.

Tabelle 2-46: Befehle für Interruptbehandlung, Ruhezustand und Watchdog-Timer.

Befehl	Operand	ITHSVNZC	W	T	Wirkung	
sei		1	1	1	I <= 1	*alle Interrupts global freigeben*
cli		0	1	1	I <= 0	*alle Interrupts global sperren*
reti		1	1	4	SP <= SP + 2 PC <= Stapel I <= 1	*Rücksprung aus Serviceprogramm* *alle Interrupts global freigeben*
in	Rd,SREG		1	1	Rd <= Statusbits	*Statusregister (auch I-Bit) kopieren*
out	SREG,Rr	xxxxxxxx	1	1	Statusbits <= Rr	*Statusregister (auch I-Bit) laden*
brid	Ziel		1	1/2		*verzweige bei I = 0 Interrupts gesperrt*

Tabelle 2-46 (fortgesetzt)

Befehl	Operand	ITHSVNZC	W	T	Wirkung	
brie	Ziel	1		1/2		*verzweige bei I = 1 Interrupts frei*
sleep		1		1	Systemsteuerung	*Ruhezustand für SE = 1*
wdr		1		1	Systemsteuerung	*Watchdog Timer zurücksetzen*

Dürfen bestimmte Programmteile z. B. beim Zugriff auf den Stapel oder auf 16-Bit SF-Register nicht unterbrochen werden, so muss die Interruptsteuerung mit dem Befehl cli gesperrt werden. Das Unterprogramm des Beispiels rettet das Statusregister mit dem I-Bit auf den Stapel und sperrt während seiner Arbeit die Interrupts mit dem Befehl cli. Vor dem Rücksprung wird durch Zurückladen des Statusregisters das alte I-Bit wiederhergestellt.

```
lokal:  push    r16         ; Register retten
        in      r16,SREG    ; Status mit I-Bit retten
        push    r16         ; auf Stapel
        cli                 ; alle Interrupts gesperrt
; weitere Befehle des Unterprogramms
        pop     r16         ; alten Status mit I-Bit vom Stapel
        out     SREG,r16    ; und wieder zurückladen
        pop     r16         ; Register zurück
        ret                 ; Rücksprung
```

Jede Interruptquelle hat ein *eigenes* Maskenregister, ein *eigenes* Anzeigeregister und einen *eigenen* Einsprungpunkt im Programm-Flash ab Adresse $000, an dem üblicherweise unbedingte Sprungbefehle angeordnet werden, die in das Service-programm führen. Tabelle 2-47 zeigt die Einsprungspunkte des ATmega8. Für jeden Interrupt ist ein Wort für den Befehl rjmp vorgesehen. Bei Controllern mit größerem Flash-Speicher, wie z. B. dem ATmega16, umfasst jeder Eintrag zwei Wörter für den Zweiwort-Befehl jmp.

Tabelle 2-47: Die Interrupteinsprungtabelle des ATmega8.

Adresse	Symbol in m8def.inc	Symbol in avr/iom8.h	Auslösung durch
$000			Reset
$001	INT0addr	SIG_INT0	externer Interrupt INT0 (PD2)
$002	INT1addr	SIG_INT1	externer Interrupt INT1 (PD3)
$003	OC2addr	SIG_OUTPUT_COMPARE2	Timer2 Compare Match

Tabelle 2-47 (fortgesetzt)

Adresse	Symbol in m8def.inc	Symbol in avr/iom8.h	Auslösung durch
$004	OVF2addr	SIG_OVERFLOW2	Timer2 Überlauf
$005	ICP1addr	SIG_INPUT_CAPTURE1	Timer1 Capture Eingang
$006	OC1Aaddr	SIG_OUTPUT_COMPARE1A	Timer1 Compare Match A
$007	OC1Baddr	SIG_OUTPUT_COMPARE1B	Timer1 Compare Match B
$008	OVF1addr	SIG_OVERFLOW1	Timer1 Überlauf
$009	OVF0addr	SIG_OVERFLOW0	Timer0 Überlauf
$00A	SPIaddr	SIG_SPI	SPI Schnittstelle
$00B	URXCaddr	SIG_UART_RECV	USART Zeichen empfangen
$00C	UDREaddr	SIG_UART_DATA	USART Datenregister leer
$00D	UTXCaddr	SIG_UART_TRANS	USART Zeichen gesendet
$00E	ADCaddr	SIG_ADC	Analog/Digitalwandler fertig
$00F	ERDYaddr	SIG_EEPROM_READY	EEPROM Schreibop. fertig
$010	ACIaddr	SIG_COMPARATOR	Analogkomparator
$011	TWIaddr	SIG_2WIRE_SERIAL	TWI Schnittstelle
$012	SPMaddr	SIG_SPM_READY	SPM Selbstprogrammierung
$013	Ende der Einsprungtabelle erster Befehl des Programms		

Für die Auslösung eines Interrupts müssen nach Abbildung 2-22 drei durch ein logisches UND verknüpfte Bedingungen erfüllt sein:
-   globale Freigabe aller Interrupts im Statusregister durch I = 1
-   individuelle Freigabe des Interrupts in einem Maskenregister
-   Auftreten des Ereignisses, das in einem Anzeigeregister eine Marke setzt

Für Serviceprogramme sind gegenüber Unterprogrammen einige Unterschiede zu beachten:
-   Serviceprogramme werden durch ein Ereignis gestartet und nicht mit einem call-Befehl aufgerufen.
-   Serviceprogramme werden mit einem reti-Befehl und nicht mit ret verlassen.
-   Serviceprogramme müssen zusätzlich das Statusregister SREG retten, damit dem unterbrochenen Programm keine Statusbits wie z. B. das Carrybit verloren gehen.
-   Die Übergabe von Daten zwischen dem Serviceprogramm und anderen Programmteilen muss über fest zugeordnete Arbeitsregister oder Speicherstellen im SRAM oder SF-Register wie z. B. Ausgabeports erfolgen.

Ereignis setzt `INTF1` = **1**

Statusregister	Maskenregister	Anzeigeregister
I=1	INT1=1	INTF1=1

&

weitere Interrupts

&

&

Einsprungtabelle

Sprung zum Serviceprogramm

1. Befehl

`reti`

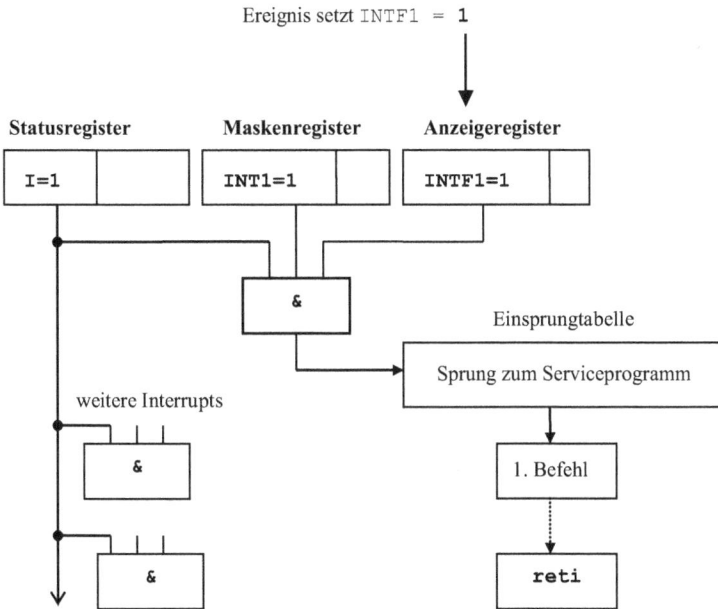

Abbildung 2-22: Bedingungen für die Interruptausführung.

- Serviceprogramme werden nur gestartet, wenn sie freigegeben sind und das auslösende Ereignis eintritt.
- Die Einsprungspunkte für Interrupts liegen auf festen Adressen am Anfang des Programm-Flash. Von dort führen unbedingte Sprungbefehle zu den Serviceprogrammen, die wie Unterprogramme üblicherweise hinter dem Hauptprogramm angeordnet werden.

2.7.2 Die externen Interrupts

Die externen Interrupts werden durch Signale an den Portanschlüssen ausgelöst. Die folgenden Beispiele behandeln die beiden externen Interrupts des ATmega8.

Im Haupt-Steuerregister MCUCR wird der auslösende Zustand bzw. die Flanke der externen Interrupts INT1 (PD3) und INT0 (PD2) festgelegt. Der Anfangszustand der Bits nach einem Reset ist 0. Die Programmierung erfolgt mit UND- bzw. ODER-Masken, da das Register nicht bitadressierbar ist.

MCUCR = **MCU** Control **Register**

Bit 7	Bit 6	Bit 5	Bit 4	Bit 3	Bit 2	Bit 1	Bit 0
SE	SM2	SM1	SM0	ISC11	ISC10	ISC01	ISC00
Sleep Betrieb 0: gesperrt 1: frei	Sleep Betriebsart	Sleep Betriebsart	Sleep Betriebsart	externer Interrupt INT1 0 0: durch Low-Zustand 0 1: Zustandsänderung * 1 0: fallende Flanke 1 1: steigende Flanke		externer Interrupt INT0 0 0: durch Low-Zustand 0 1: Zustandsänderung * 1 0: fallende Flanke 1 1: steigende Flanke	

*: nicht bei allen Controllertypen vorhanden.

Das Haupt-Interrupt-Kontrollregister (GICR) gibt die beiden externen Interrupts INT0 und INT1 frei. Bei anderen Controllern wird es mit GIMSK, GIMSR oder EIMSK bezeichnet. Nach einem Reset sind beide Interrupts durch eine 0 gesperrt. Die Programmierung erfolgt mit UND- bzw. ODER-Masken, da das Register nicht bitadressierbar ist.

GICR = **G**eneral **I**nterrupt **C**ontrol **R**egister

Bit 7	Bit 6	Bit 5	Bit 4	Bit 3	Bit 2	Bit 1	Bit 0
INT1	INT0	-	-	-		IVSEL	IVCE
INT1 0: gesperrt 1: frei	INT0 0: gesperrt 1: frei						

Das Haupt-Interrupt-Anzeigeregister (GIFR) enthält die beiden Anzeigebits (Flags) der externen Interrupts, alle anderen Bitpositionen sind beim ATmega 8 nicht belegt. Die Flags sind nach einem Reset mit 0 vorbesetzt, werden durch das Interruptsignal automatisch auf 1 gesetzt und beim Start des *Serviceprogramms* automatisch wieder auf 0 zurückgesetzt. Durch Einschreiben einer 1 können die Anzeigebits auch per Befehl gelöscht werden. Können beide Interrupts anstehen, so darf nur die zurückzusetzende Bitposition auf 1 gesetzt werden, damit die andere Anzeige erhalten bleibt.

GIFR = **G**eneral **I**nterrupt **F**lag **R**egister

Bit 7	Bit 6	Bit 5	Bit 4	Bit 3	Bit 2	Bit 1	Bit 0
INTF1	INTF0	-	-	-	-	-	-
0: nicht anstehend 1: anstehend	0: nicht anstehend 1: anstehend						

Im *Programm k2p20.asm* wird der externe Interrupt INT1 durch die fallende Flanke
eines entprellten Tasters ausgelöst. Das Hauptprogramm initialisiert den Stapel, den
Ausgabeport sowie die externen Interrupts und verharrt dann in einer unendlichen
Schleife. Das Serviceprogramm rettet die Register und erhöht einen auf dem Port B
laufenden dualen Zähler.

```
; k2p20.asm ATmega8 externer Interrupt INT1 Taste PD3
; Port B: Ausgabe PB7 .. PB0 acht   Leuchtdioden
; Port C: Ausgabe PC5 .. PC0 sechs Leuchtdioden
; Port D: Eingabe PD7 .. PD0 acht   Schalter
; Konfiguration: interner Oszillator 1 MHz, externes RESET-Signal
        .INCLUDE  "m8def.inc"   ; Deklarationen für ATmega8
        .EQU    takt = 1000000  ; Systemtakt 1 MHz intern
        .DEF    akku = r16      ; Arbeitsregister
        .CSEG                   ; Programm-Flash
        rjmp    start           ; Reset-Einsprung
        .ORG    INT1addr        ; Einsprung externer Interrupt INT1
        rjmp    taste           ; nach Serviceprogramm
        .ORG    $2A             ; weitere Interrupteinsprünge übergehen
start:  ldi     akku,LOW(RAMEND); Stapel anlegen
        out     SPL,akku
        ldi     akku,HIGH(RAMEND)
        out     SPH,akku
        ldi     akku,$ff        ; Bitmuster 1111 1111
        out     DDRB,akku       ; Richtung Port B ist Ausgang
        clr     akku            ; Dualzähler löschen
        out     PORTB,akku      ; und Anfangswert ausgeben
; Interrupt INT1 initialisieren
        in      akku,MCUCR      ; altes Steuerregister
        sbr     akku,1 << ISC11 ; setze  Bit ISC11
        cbr     akku,1 << ISC10 ; lösche Bit ISC10
        out     MCUCR,akku      ; ISC1x: 1 0 INT1 fallende Flanke
        in      akku,GICR       ; altes Freigaberegister
        sbr     akku,1 << INT1  ; setze Bit INT1:
        out     GICR,akku       ; Interrupt INT1 freigegeben
        sei                     ; alle Interrupts global frei
; Hauptprogramm schläft vor sich hin
loop:   rjmp    loop            ; tu nix
; Serviceprogramm bedient externen Interrupt INT1 Taste PD3
taste:  push    r16             ; Register retten
        in      r16,SREG        ; Status
        push    r16             ; retten
```

```
        in      r16,PORTB       ; alten Zähler
        inc     r16             ; um 1 erhöhen
        out     PORTB,r16       ; neuen Zähler ausgeben
        pop     r16
        out     SREG,r16        ; Status zurück
        pop     r16
        reti                    ; Rücksprung aus Serviceprogramm
        .EXIT                   ; Ende des Quelltextes
```

k2p20.asm: Externer Interrupt INT1 erhöht einen Dualzähler.

2.7.3 Der Software-Interrupt

Als **Software-Interrupt (SWI)** bezeichnet man den Start eines Interruptprogramms nicht durch ein Ereignis (externes Signal oder Timer), sondern durch besondere Befehle, die jedoch bei den Controllern der AVR-Familien nicht vorgesehen sind. Im Gegensatz zum Simulator löst das Setzen der Interrupt-Anzeigebits (z. B. INTF1 in GIFR) durch einen Befehl keinen Interrupt aus, sondern setzt das Bit wieder zurück. Software-Interrupts können jedoch u. a. durch die Beeinflussung von Portbits erzeugt werden. *Programm k2p21.asm* zeigt als Beispiel den Interrupt INT1, der durch den Befehl cbi für das Datenbit PD3 des Ports D ausgelöst wird. Jeder Nulldurchgang eines 16-Bit Zählers erhöht einen Dualzähler auf dem Port B um 1.

```
; k2p21.asm ATmega8 Software Interrupt INT1 intern ausgelöst
; Port B: Ausgabe PB7 .. PB0 acht   Leuchtdioden
; Port C: Ausgabe PC5 .. PC0 sechs Leuchtdioden
; Port D: Eingabe PD7 .. PD0 acht   Schalter
; Konfiguration: interner Oszillator 1 MHz, externes RESET-Signal
        .INCLUDE  "m8def.inc"   ; Deklarationen für ATmega8
        .EQU    takt = 1000000  ; Systemtakt 1 MHz intern
        .DEF    akku = r16      ; Arbeitsregister
        .CSEG                   ; Programm-Flash
        rjmp    start           ; Reset-Einsprung
        .ORG    INT1addr        ; Einsprung externer Interrupt INT1
        rjmp    taste           ; nach Serviceprogramm
        .ORG    $2A             ; weitere Interrupteinsprünge übergehen
start:  ldi     akku,LOW(RAMEND); Stapel anlegen
        out     SPL,akku
        ldi     akku,HIGH(RAMEND)
        out     SPH,akku
        ldi     akku,$ff        ; Bitmuster 1111 1111
```

```
        out     DDRB,akku       ; Richtung Port B ist Ausgang
        clr     akku            ; Dualzähler löschen
        out     PORTB,akku      ; und Anfangswert ausgeben
; Interrupt INT1 initialisieren
        in      akku,MCUCR      ; altes Steuerregister
        sbr     akku,1 << ISC11 ; setze  Bit ISC11
        cbr     akku,1 << ISC10 ; lösche Bit ISC10
        out     MCUCR,akku      ; ISC1x: 1 0 INT1 fallende Flanke
        in      akku,GICR       ; altes Freigaberegister
        sbr     akku,1 << INT1  ; setze Bit INT1:
        out     GICR,akku       ; Interrupt INT1 freigegeben
        sei                     ; alle Interrupts global frei
; Software Interrupt und Zähler vorbereiten
        sbi     DDRD,DDD3       ; PD3 ist Ausgang
        sbi     PORTD,PD3       ; PD3 High
        clr     XL              ; 16-Bit Zähler löschen
        clr     XH
; Hauptprogramm löst bei Zählerüberlauf Interrupt aus
loop:   adiw    XL,1            ; 16-Bit Zähler erhöhen
        brne    loop            ; nicht Null
        cbi     PORTD,PD3       ;          Null: erzeugt an PD3 fallende Flanke
        nop                     ;              Pause
        sbi     PORTD,PD3       ;              macht PD3 wieder High
        rjmp    loop            ; weiter zählen
;
; Serviceprogramm bedient Software-Interrupt INT1
taste:  push    r16             ; Register retten
        in      r16,SREG        ; Status
        push    r16             ; retten
        in      r16,PORTB       ; alten Zähler
        inc     r16             ; um 1 erhöhen
        out     PORTB,r16       ; neuen Zähler ausgeben
        pop     r16
        out     SREG,r16        ; Status zurück
        pop     r16
        reti                    ; Rücksprung aus Serviceprogramm
        .EXIT                   ; Ende des Quelltextes
```

k2p21.asm: Software-Interrupt für INT1 durch Zählernulldurchgang.

Aufgabe 12:
Da ein Software-Interrupt ähnlich wie ein Unterprogramm aufgerufen wird, stellt sich die Frage, welchen Vorteil er gegenüber letzterem bietet. Haben Sie (mindestens) eine Idee?

Antwort zu Aufgabe 12:
Der anschaulichste Fall dürfte vorliegen, falls ein und dieselbe Routine sowohl durch Interrupts als auch bei Bedarf vom Programm selbst gestartet werden können muss. Als SW-Interrupt geeignet implementiert, muss sie nur einmal geschrieben werden und belegt demnach auch nur einmal Speicherplatz im Flash.

Andere Anwendungen des SWI stehen im Zusammenhang mit der Verwendung eines Betriebssystems, im Bereich der Mikrocontroller zumeist eines **RTOS** (**Real Time Operating System**). Hier ist u. a. die Möglichkeit der Zuweisung von Prioritäten zu einzelnen Routinen erforderlich. Unterprogramme sehen solche Prioritäten per se nicht vor, bei Interrupts ist das in vielen Fällen anders. Bei AVRs allerdings verfügen nur die Xmegas und die neueste Generation von ATtinys und ATmegas über priorisierbare Interrupts. In allen anderen Fällen müssen Prioritäten bei Bedarf in Software implementiert werden.

Aufgabe 13:
Neben der oben gezeigten Methode gibt es weitere Möglichkeiten, Interrupts per Software auszulösen. Fallen Ihnen welche ein?

Antwort zu Aufgabe 13:
Einige AVRs verfügen über *Pin Change Interrupts*, die sich ähnlich nutzen lassen wie der INT Pin. Auch der *Timer Input Capture Interrupt* kann ausgelöst werden, indem auf den Input Capture Pin geschrieben wird. Ohne Verwendung eines externen Anschlusses kommt der *Counter Overflow Interrupt* aus.

2.7.4 Interrupt durch Potentialänderung und T/C-Eingangsflanke

Das *Beispiel k2p20a* zeigt die Programmierung eines externen Interrupts durch eine Potentialänderung am Eingang PD3, also für beide Flanken, sowie einen Interrupt, der durch eine fallende Flanke am Eingang PD4 ausgelöst wird. Dabei wird der Timer0 (Abschnitt 4.2.1) für einen externen Takt programmiert und mit dem größten Wert $FF geladen. Jede fallende Flanke am Eingang PD4 (T0) erzeugt einen Zählerüberlauf und löst einen Interrupt aus. Abschnitt 7.1.2 zeigt am Beispiel eines ATtiny2313, dass bei neueren Bausteinen Interrupts auch durch eine Potentialänderung an *jedem* Porteingang ausgelöst werden können.

```
; k2p20a.asm (Auszug) ATmega8 Potentialänderung und Timereingang
        in      akku,MCUCR     ; altes Steuerregister
        cbr     akku,1 << ISC11 ; lösche Bit ISC11
        sbr     akku,1 << ISC10 ; setze  Bit ISC10
        out     MCUCR,akku     ; ISC1x: 0 1 INT1 beide Flanken
        in      akku,GICR      ; altes Freigaberegister
        sbr     akku,1 << INT1 ; setze Bit INT1:
        out     GICR,akku      ; Interrupt INT1 freigegeben
; Interrupt Timer0 externe Taktflanke an PD4 vorbereiten
        ldi     akku,0b110     ; externer Takt fallende Flanke
        out     TCCR0,akku     ; Steuerregister Timer0
        in      akku,TIMSK     ; Timer-Interrupt-Masken
        ori     akku,1 << TOIE0 ; Interrupt für Timer0
        out     TIMSK,akku     ; freigeben
        ldi     akku,$FF       ; max. Zähler nach
        out     TCNT0,akku     ; Timer0
        sei                    ; alle Interrupts global frei
-----------------------------------------------------------------
; Serviceprogramm bedient externen Interrupt durch Timer0 PD4
taste4: push    r16            ; Register retten
        in      r16,SREG       ; Status
        push    r16            ; retten
        in      r16,PORTB      ; alten Zähler
        dec     r16            ; um 1 vermindern
        out     PORTB,r16      ; neuen Zähler ausgeben
        ldi     akku,$ff       ; max. Zähler
        out     TCNT0,akku     ; nach Timer0
        pop     r16
        out     SREG,r16       ; Status zurück
        pop     r16
        reti                   ; Rücksprung aus Serviceprogramm
```

k2p20a: Interrupt durch Potentialänderung und durch Flanke am Timereingang.

2.8 Die Eingabe und Ausgabe von Zahlen

Dieser Abschnitt behandelt die Eingabe und Ausgabe von Zahlen mit Geräten wie z. B.
Siebensegment-Anzeigen, alphanumerischen LCD-Anzeigen oder einem PC als Terminal:
– Zahlenumwandlungen dual nach dezimal und dezimal nach dual
– Codierungen der Dezimalziffern
– Übertragungsverfahren

a. Siebensegment-Anzeige   **b. Alphanumerische LCD-Anzeige**   **c. PC als Terminal**

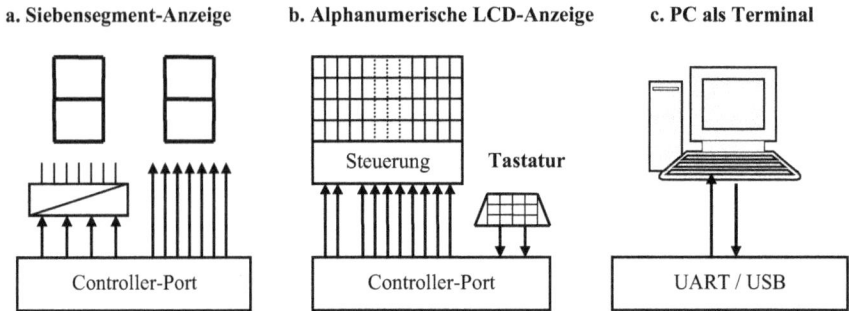

Abbildung 2-23: Eingabe und Ausgabe von Zahlen.

Für die dezimale **Ausgabe** von Ergebnissen ist eine Zahlenumwandlung von dual nach dezimal erforderlich. Die Codierung der Dezimalziffern richtet sich nach der Ausgabeeinheit. Bei einer Siebensegmentanzeige nach Abbildung 2-23 a wird links der 4 Bit BCD-Code mit einem Decoderbaustein, z. B. 74LS47, den Siebensegmentcode der Anzeigeeinheit überführt. Die rechte Darstellung steuert die sieben Segmente direkt an. Für alphanumerische LCD-Anzeigen nach Abbildung 2-23b und für die PC-Ausgabe nach Abbildung 2-23c ist eine 8-Bit ASCII-Codierung der Dezimalziffern erforderlich. LCD-Anzeigen werden vorzugsweise parallel angesteuert; die Übertragung zu einem PC als Terminal erfolgt seriell.

Für die **Eingabe** von Dezimalzahlen von einer Tastatur ist der Tastencode der Dezimalziffern in die intern duale Zahlendarstellung zu überführen. Der Code direkt angesteuerter Tastenfelder ist abhängig von der Anordnung der Tastenelemente. PC-Tastaturen liefern Spezialcodes für das Drücken und Lösen einer Taste. Bei einem PC als Terminal erscheinen die Dezimalziffern seriell im ASCII-Code.

Die Beispiele dieses Abschnitts verwenden zur Ein- und Ausgabe von Testdaten einen PC.

2.8.1 USART-Zeichen- und Stringfunktionen

Die serielle *USART-Schnittstelle (Universal Synchronous and Asynchrous Receiver and Transmitter)* des Controllers wird über die Anschlüsse TXD (PD1) als Sender und RXD (PD0) als Empfänger mit einer COM-Schnittstelle eines PC verbunden. Für USB-Schnittstellen stehen entsprechende Adapter zur Verfügung. Auf dem PC muss ein Terminalprogramm wie z. B. HyperTerminal laufen, das vom Controller ankommende Zeichen auf dem PC-Bildschirm ausgibt sowie auf der PC-Tastatur eingegebene Zeichen an den Controller sendet. Abschnitt 4.5 behandelt Aufbau und Programmierung der USART-Schnittstelle. Hier dagegen erscheinen nur die Unterprogramme zur Übertragung von Zeichen und Zeichenketten (Strings).

Das Unterprogramm `initusart2` initialisiert die USART-Schnittstelle für die doppelte Baudrate. Die Symbole `takt` und `BAUD` müssen im Hauptprogramm definiert sein.

```
; initusart2.asm USART initialisieren doppelte Baudrate
initusart2:push r16              ; Register retten
        ldi     r16,LOW(takt/(8*BAUD) - 1) ; Teilerformel
        out     UBRRL,r16         ; nach Baudratenregister Low
        ldi     r16,HIGH(takt/(8*BAUD) - 1) ; Teilerformel
        andi    r16,0b01111111 ; URSEL = 0
        out     UBRRH,r16         ; nach Baudratenregister High
        sbi     UCSRA,U2X         ; doppelte Baudrate Faktor 8 in Formel
        sbi     UCSRB,RXEN        ; Empfänger einschalten
        sbi     UCSRB,TXEN        ; Sender einschalten
        ldi     r16,(1 << URSEL) | (1 << UCSZ1) | (1 << UCSZ0) ; URSEL = 1
        out     UCSRC,r16         ; async, ohne Parit. 1 Stoppbit 8 Datenbits
        in      r16,UDR           ; Empfänger leeren
        pop     r16               ; Register zurück
        ret                       ; Rücksprung
```

Das Unterprogramm `putch` sendet ein im Arbeitsregister R16 übergebenes ASCII-Zeichen über die USART-Schnittstelle an den PC. Es wird vom Terminalprogramm auf dem PC-Bildschirm ausgegeben.

```
; putch.asm warten und Zeichen aus R16 ausgeben
putch:  sbis    UCSRA,UDRE  ; überspringe wenn Sender frei
        rjmp    putch       ; sonst warten
        out     UDR,r16     ; Zeichen nach Sender
        ret                 ; Rücksprung
```

Das Unterprogramm `puts` gibt einen nullterminierten String aus dem Konstanten-Flash über die USART-Schnittstelle auf dem PC-Bildschirm aus. Die Anfangsadresse wird im Z-Register übergeben.

```
; puts.asm String aus Flash (Z) ausgeben
puts:   push    r0      ; Register retten
        push    r16
        push    ZL      ; Z = Zeiger auf String
        push    ZH
puts1:  lpm             ; R0 <= Zeichen
        adiw    ZL,1    ; Adresse + 1
        tst     r0      ; String-Ende-Marke ?
        breq    puts2   ;   ja: nicht ausgeben
```

```
        mov     r16,r0 ; nein: R16 <- Zeichen
        rcall   putch   ; R16 ausgeben
        rjmp    puts1   ; nächstes Zeichen
puts2:  pop     ZH      ; Register zurück
        pop     ZL
        pop     r16
        pop     r0
        ret             ; Rücksprung
```

Das Unterprogramm getch wartet auf ein von der PC-Tastatur kommendes Zeichen und liefert es im Arbeitsregister R16 an das aufrufende Programm zurück.

```
; getch.asm warten und Zeichen nach R16 lesen
getch:  sbis    UCSRA,RXC   ; überspringe wenn Zeichen da
        rjmp    getch       ; sonst warten
        in      r16,UDR     ; R16 <- Zeichen
        ret                 ; Rücksprung
```

Das Unterprogramm gets speichert von der PC-Tastatur ankommende Zeichen in einem SRAM-Pufferspeicher, dessen Adresse im Y-Register übergeben wird. Es gelten folgende Eingaberegeln:
- Die Eingabe endet mit einem ASCII-Steuerzeichen kleiner $20 (Leerzeichen).
- Das Abbruchzeichen wird im Arbeitsregister R16 zurückgeliefert.
- Hinter das letzte gültige Zeichen wird als Endemarke der Wert $00 gesetzt.
- Die Eingabe kann mit der Rücktaste (*backspace*) korrigiert werden.
- Die maximale Stringlänge wird als Symbol NPUF im Hauptprogramm definiert.

```
; gets.asm String nach SRAM (Y) bis Zeichen < $20 Rückgabe in R16
gets:   push    r17     ; Register retten
        push    YL
        push    YH
        clr     r17     ; R17 = Zähler löschen
gets1:  rcall   getch   ; R16 <= Zeichen
        cpi     r16,$08 ; Code BS-Taste
        brne    gets2   ; nein
        cpi     r17,0   ; am Anfang ?
        breq    gets1   ;   ja: keine Wirkung
        rcall   putch   ; nein: BS Echo
        ldi     r16,' ' ; Leerzeichen
        rcall   putch   ; ausgeben
        ldi     r16,8   ; BS
        rcall   putch   ; ausgeben
```

```
          dec     r17         ; Zähler - 1
          sbiw    r28,1       ; Zeiger - 1
          rjmp    gets1       ; weiter ohne speichern
gets2:    cpi     r16,$20     ; Steuerzeichen < $20 ?
          brlo    gets3       ;   ja: fertig
          st      Y+,r16      ; nein: speichern Adresse + 1
          cpi     r17,NPUF    ; Pufferende ?
          brsh    gets3       ; > Pufferlänge: Abbruch
          inc     r17         ; Zähler + 1
          rcall   putch       ; Echo
          rjmp    gets1       ; neues Zeichen
gets3:    push    r16         ; rette Abbruchzeichen
          ldi     r16,0       ; R16 <= Endemarke
          st      Y,r16       ; an String anhängen
          pop     r16         ; Rückgabe R16 = Abbruchzeichen
          pop     YH
          pop     YL
          pop     r17
          ret                 ; Rücksprung R16 = Abbruchzeichen
```

Das *Programm k2p22.asm* fügt die USART-Unterprogramme mit einzelnen INCLUDE-Direktiven in den Programmtext ein. In den folgenden Anwendungen werden sie in einer Headerdatei usart.h zusammengefasst und mit .INCLUDE "usart.h" eingefügt.

```
; usart.h Zeichen- und Stringfunktionen für USART
;
          .INCLUDE "initusart2.asm" ; USART initialisieren
          .INCLUDE "putch.asm"    ;   R16 senden
          .INCLUDE "puts.asm"     ;   String aus (Z) senden
          .INCLUDE "getch.asm"    ;   Zeichen nach R16 empfangen
          .INCLUDE "gets.asm"     ;   String nach (Y) empfangen
```

Das Testprogramm initialisiert die USART-Schnittstelle für 9800 baud bei einem relativ ungenauen internen Systemtakt von 1 MHz für die üblichen asynchronen Übertragungsparameter acht Datenbits, ein Stoppbit und ohne Parität. Auf dem Bildschirm erscheint eine Meldung, hinter der ein Text einzugeben ist, der mit der Rücktaste (*backspace*) korrigiert werden kann und z. B. mit der Wagenrücklauftaste (*return*) beendet wird. Auf der Ausgabe erscheint zur Kontrolle das erste eingegebene Zeichen.

```
; k2p22.asm ATmega8 USART-Unterprogramme für PC als Terminal
; Port B: Ausgabe PB7 .. PB0 acht  Leuchtdioden
; Port C: Ausgabe PC5 .. PC0 sechs Leuchtdioden
```

```
; Port D: PC-Terminal: PD0:RXD PD1:TXD PD2-PD7 frei Taster
; Konfiguration: interner Oszillator 1 MHz, externes RESET-Signal
          .INCLUDE  "m8def.inc"    ; Deklarationen für ATmega8
          .EQU      takt = 1000000  ; Systemtakt 1 MHz intern
          .EQU      BAUD = 9600     ; Baudrate für USART
          .EQU      NPUF = 80       ; Länge Eingabepuffer im SRAM
          .DEF      akku = r16      ; Arbeitsregister
          .CSEG                     ; Programm-Flash
          rjmp      start           ; Reset-Einsprung
          .ORG      $13             ; Interrupteinsprünge übergehen
start:    ldi       akku,LOW(RAMEND); Stapel anlegen
          out       SPL,akku
          ldi       akku,HIGH(RAMEND)
          out       SPH,akku
          ldi       akku,$ff        ; Bitmuster 1111 1111
          out       DDRB,akku       ; Richtung Port B ist Ausgang
          out       DDRC,akku       ; Richtung Port C ist Ausgang
          rcall     initusart2      ; USART doppelte Baudrate mit BAUD und takt
loop:     ldi       ZL,LOW(text*2)  ; Z <- Stringadresse im Flash
          ldi       ZH,HIGH(text*2)
          rcall     puts            ; cr lf Text ausgeben
          ldi       YL,LOW(puffer)  ; Y <- Eingabeadresse im SRAM
          ldi       YH,HIGH(puffer)
          rcall     gets            ; String nach SRAM
          ld        akku,Y+         ; 1. Zeichen
          rcall     putch           ; zur Kontrolle zurücksenden
          out       PORTB,akku      ; zur Kontrolle auf PORTB ausgeben
          rjmp      loop
          .INCLUDE "initusart2.asm" ; USART initialisieren
          .INCLUDE "putch.asm"     ;   R16 senden
          .INCLUDE "puts.asm"      ;   String aus (Z) senden
          .INCLUDE "getch.asm"     ;   Zeichen nach R16 empfangen
          .INCLUDE "gets.asm"      ;   String nach (Y) empfangen
text:     .DB 10,13,"Eingabe ->",0,0 ; neue Zeile und Text ausgeben
;
          .DSEG
puffer:   .BYTE     NPUF            ; Pufferspeicher für Eingabe
          .EXIT                     ; Ende des Quelltextes
```

k2p22.asm: Test der USART-Unterprogramme. ·

2.8.2 Die Eingabe und Ausgabe von ganzen Zahlen

Zahlen werden meist als ASCII-Zeichen von einem Gerät eingegeben und müssen in die interne Zahlendarstellung umgewandelt werden. Umgekehrt ist es erforderlich, auszugebende Zahlen aus der internen Darstellung in die ASCII-Codierung zu überführen.

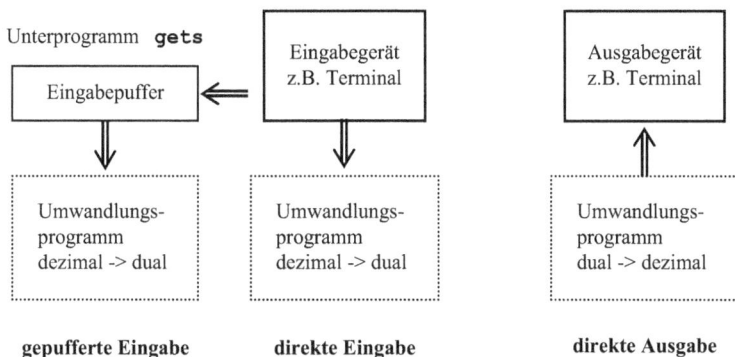

Abbildung 2-24: Betriebsarten der Eingabe und Ausgabe von Zahlen.

Eingabegeräte sind Tastaturen oder entsprechende Geräte an den seriellen Schnittstellen wie z. B. ein PC als Terminal. Ausgabegeräte sind Siebensegment- oder LCD-Anzeigen sowie Geräte an den seriellen Schnittstellen wie z. B. der Bildschirm eines PC als Terminal.

Bei der *direkten Eingabe* werden die umzuwandelnden Zeichen einzeln vom Eingabegerät abgeholt und ausgewertet; Korrekturen durch einen Benutzer sind nicht möglich. Bei der direkten Ausgabe erscheinen die Ziffern sofort auf dem Gerät; begleitende Texte müssen jedes Mal erneut aufgebaut werden (Abbildung 2-24 Mitte).

Bei der *gepufferten Eingabe* gelangen die Zeichen zunächst in einen String im SRAM und können z. B. mit der Rücktaste (Backspace) korrigiert werden, bevor sie vom Umwandlungsprogramm ausgewertet werden (Abbildung 2-24 links). Die gepufferte Ausgabe kann die Zahlenwerte in einen konstanten Ausgabetext einsetzen, der nur einmal aufgebaut wird (Abbildung 2-24 rechts).

Die in diesem Abschnitt vorgestellten Umwandlungsprogramme sind universell für unterschiedliche Betriebsarten und Geräte ausgelegt. Das für die Ausgabe eines Zeichens aufgerufene Unterprogramm ausz ist an die Betriebsart und das Ausgabegerät anzupassen. Beispiel einer direkten Zeichenausgabe über die serielle Schnittstelle.

```
; Umwandlungsprogramm gibt Zeichen auf Gerät oder Puffer aus
        rcall   ausz      ; R16 -> Ausgabegerät
;
; Unterprogramm zur direkten seriellen Ausgabe von R16 über USART
ausz:   rcall   putch     ; Unterprogramm R16 senden
        ret
```

Das für die Eingabe eines Zeichens aufgerufene Unterprogramm einz holt ein Zeichen von einem Eingabegerät oder aus dem Eingabepuffer. In dem Beispiel fordert das Hauptprogramm mit gets eine Eingabezeile vom Terminal an und ruft das Umwandlungsprogramm ein16 auf. Das Eingabeunterprogramm einz holt ein Zeichen aus dem Eingabepuffer.

```
; Hauptprogramm fordert Eingabezeile an und ruft Umwandlungsprogramm
        ldi     YL,LOW(puffer) ; Y <- Adresse Eingabepuffer
        ldi     YH,HIGH(puffer)
        rcall   gets           ; String von USART nach (Y)
        rcall   ein16          ; Umwandlung R17:R16 <- Dualzahl
; Umwandlungsprogramm benötigt Zeichen von Gerät oder aus Puffer
ein16:  rcall   einz           ; R16 <- Ziffer
;
; Unterprogramm liefert Zeichen aus Eingabepuffer
einz:   ld      r16,Y+         ; R16 <- (Y)  Y <- Y + 1
        ret
```

Die in der Tabelle 2-48 zusammengestellten Umwandlungsprogramme dienen zur Eingabe und Ausgabe in der vorzeichenlosen ganzzahligen 16-Bit Darstellung. Die INCLUDE-Anweisungen der in der Tabelle zusammengestellten Unterprogramme sind in der Headerdatei einaus.h zusammengefasst.

Tabelle 2-48: Unterprogramme für die Ausgabe und Eingabe von vorzeichenlosen Dezimalzahlen.

Name	Parameter	Aufgabe
ausbin8	R16 = Ausgabebyte	Ausgabe lz 0b acht Binärziffern
ausbin8a	R16 = Ausgabebyte	Einsprungpunkt: nur acht Binärziffern
aushex8	R16 = Ausgabebyte	Ausgabe lz $ zwei Hexadezimalziffern
aushex8a	R16 = Ausgabebyte	Einsprungpunkt: nur zwei Hexadezimalziffern
ausdez16	R17:R16 = Dualzahl	Ausgabe lz Dezimalzahl ohne führende Nullen
ausdez16a	R17:R16 = Dualzahl	Einsprungpunkt: nur Dezimalzahl ohne lz
ausdez32u	R3:R2:R1:R0 = 32-Bit Dualzahl unsigned	Ausgabe des 32-Bit Produktes für Testzwecke
ein16	R17:R16 <= Eingabe C = 1: Überlauf	Eingabe binär, hexadezimal oder dezimal
einbin16	R17:R16 <= Eingabe C = 1: Überlauf	Eingabe binär bxxxx
einhex16	R17:R16 <= Eingabe C = 1: Überlauf	Eingabe hexadezimal $xxxx
eindez16	R17:R16 <= Eingabe C = 1: Überlauf	Eingabe dezimal ohne Vorzeichen
mul1016	R17:R16 <= R17:R16 * 10 R18 <= Übertrag	Multiplikation * 10 R18 <= Übertr. C=1 Überl.

Tabelle 2-48 (fortgesetzt)

Name	Parameter	Aufgabe
div1016	R17:R16 <= R17:R16 / 10 R18 <= Rest	Division durch 10 Rest in R18
div1032	R3:R2:R1:R0 <= R3:R2:R1:R0/10 R4 <= Rest	Division durch 10 Rest in R4
ascii2bin	R16 dual <= R16 Ziffer C=1: keine Ziffer	Umwandlung einer ASCII-Hexadezimalziffer

Die Unterprogramme einz und ausz dienen der Anpassung an Betriebsart und Gerät. Für die binäre und hexadezimale **Ausgabe** von Speicherinhalten sind keine Umrechnungsverfahren erforderlich, da das duale Zahlensystem erhalten bleibt. Die dezimale Ausgabe dividiert nach dem Divisionsrestverfahren die auszugebende Dualzahl fortlaufend durch 10 und legt die entstehenden Dezimalziffern zunächst auf den Stapel, da bei der Umwandlung die wertniedrigsten Stellen zuerst erscheinen, die Ausgabe aber mit den werthöchsten Stellen beginnen muss. Durch den Abbruch des Zerlegungsverfahrens beim Quotienten Null werden führende Nullen unterdrückt (Abbildung 2-25).

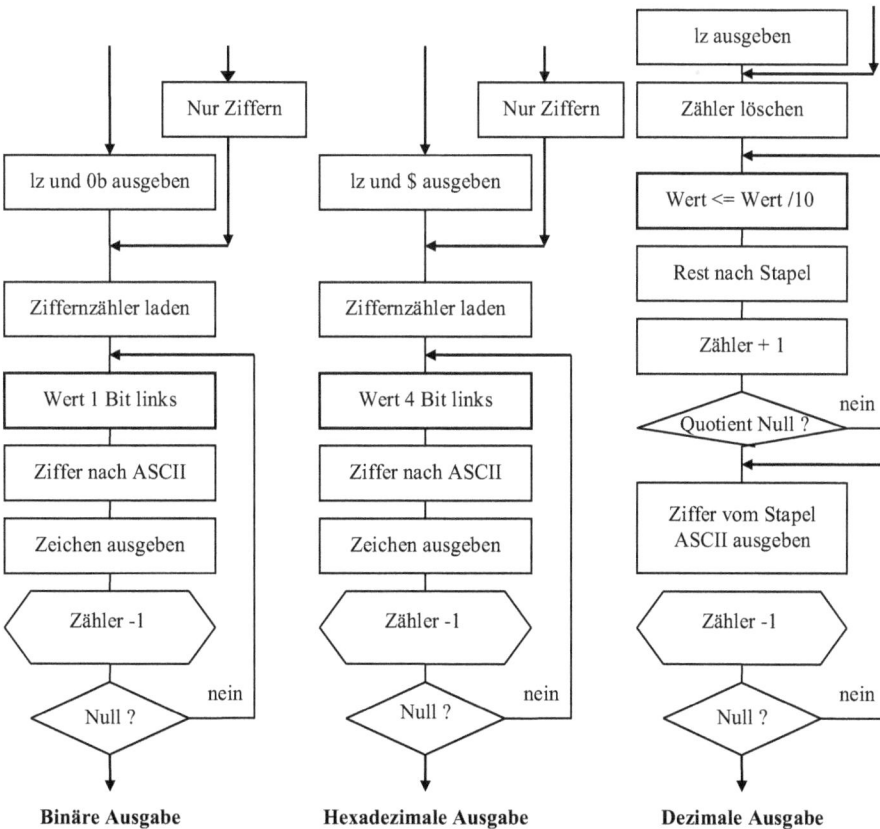

Abbildung 2-25: Zeichenausgabe in verschiedenen Formaten.

Das Unterprogramm ausbin8 gibt den Inhalt des Registers R16 hinter einem Leerzeichen und den Zeichen **0b** mit acht binären Ziffern **0** bzw. 1 auf der Konsole aus; der Einsprungspunkt ausbin8a gibt nur die Ziffern aus.

```
; ausbin8.asm R16 ausgeben lz 0b acht Binärziffern
ausbin8:    push    r16     ; Register retten
            ldi     r16,' ' ; Leerzeichen
            rcall   ausz    ; ausgeben
            ldi     r16,'0' ; 0
            rcall   ausz    ; ausgeben
            ldi     r16,'b' ; b
            rcall   ausz    ; ausgeben
            pop     r16     ; Register zurück
; Einsprungspunkt R16 ausgeben nur acht Binärziffern
ausbin8a:   push    r16     ; Register retten
            push    r17
            push    r18
            mov     r17,r16 ; R17 <- Ausgabemuster
            ldi     r18,8   ; R18 <- Ziffernzähler
ausbin8b:   clr     r16     ; R16 <- Ausgabe löschen
            lsl     r17     ; Carry <- höchstes Ausgabebit
            rol     r16     ; nach R16
            subi    r16,-$30; addi R16,+$30 nach ASCII codieren
            rcall   ausz    ; Ziffer ausgeben
            dec     r18     ; Ziffernzähler - 1
            brne    ausbin8b; bis alle Ziffern ausgegeben
            pop     r18     ; Register zurück
            pop     r17
            pop     r16
            ret
```

Das Unterprogramm aushex8 gibt den Inhalt des Registers R16 hexadezimal mit zwei Stellen hinter einem Leerzeichen und dem Zeichen **$** aus; der Einsprungspunkt aushex8a gibt nur die Ziffern aus.

```
; aushex8.asm R16 ausgeben lz $ zwei Hexadezimalziffern
aushex8:    push    r16     ; Register retten
            ldi     r16,' ' ; Leerzeichen
            rcall   ausz    ; ausgeben
            ldi     r16,'$' ; $
            rcall   ausz    ; ausgeben
            pop     r16     ; Register zurück
```

```
; Einsprungspunkt R16 nur zwei Hexadezimalziffern ausgeben
aushex8a:   push    r16      ; Register retten
            push    r17
            push    r18
            push    r19
            mov     r17,r16  ; R17 <- Ausgabemuster
            ldi     r18,2    ; R18 <- Ziffernzähler
aushex8b:   clr     r16      ; R16 <- Ausgabe löschen
            ldi     r19,4    ; R19 <- Schiebezähler
aushex8c:   lsl     r17      ; Carry <- höchstes Ausgabebit
            rol     r16      ; nach R16
            dec     r19      ; Schiebezähler - 1
            brne    aushex8c ; bis 4 Bit Gruppe nach R16
            subi    r16,-$30 ; addi R16,+$30 nach ASCII-Ziffer
            cpi     r16,'9'+1 ; Bereich 0-9 ?
            brlo    aushex8d ;   ja: fertig
            subi    r16,-7   ; nein: addi R16,+7 nach ASCII A-F
aushex8d:   rcall   ausz     ; ausgeben
            dec     r18      ; Ziffernzähler - 1
            brne    aushex8b ; bis zwei Hex-Ziffern ausgegeben
            pop     r19      ; Register zurück
            pop     r18
            pop     r17
            pop     r16
            ret
```

Das Unterprogramm ausdez16 gibt ein Leerzeichen und den Inhalt der Register R17:R16 ohne führende Nullen dezimal aus. Beim Einsprungspunkt entfällt das Leerzeichen.

```
; ausdez16.asm Leerzeichen R17:R16 dezimal ohne führende Nullen
ausdez16:   push    r16      ; Register retten
            ldi     r16,' '  ; Leerzeichen
            rcall   ausz     ; ausgeben
            pop     r16      ; alten Wert zurück
; Einsprungspunkt nur Ziffern ohne lz ausgeben
ausdez16a:  push    r16      ; und wieder retten
            push    r17
            push    r18
            push    r19
            clr     r19      ; R19 = Stellenzähler löschen
ausdez16b:  rcall   div1016  ; R17:R16 <- R17:R16 / 10 R18 <- Rest
            push    r18      ; Stelle nach Stapel
```

```
        inc     r19        ; Stellenzähler + 1
        tst     r17        ; Quotient High Null ?
        brne    ausdez16b  ; nein: weiter zerlegen
        tst     r16        ;   ja: Quotient Low Null ?
        brne    ausdez16b  ; nein: weiter zerlegen
; Ausgabeschleife ohne führende Nullen
ausdez16c: pop   r16        ; R16 <- Stelle
        subi    r16,-$30   ; addi R16,+$30 nach ASCII-Ziffer
        rcall   ausz       ; Ziffer ausgeben
        dec     r19        ; Stellenzähler - 1
        brne    ausdez16c  ; bis alle Ziffern ausgegeben
        pop     r19        ; Register zurück
        pop     r18
        pop     r17
        pop     r16
        ret
```

Für die *Eingabe* von dezimalen Zahlenwerten ist das Divisionsrestverfahren nicht brauchbar, da die Ziffern nacheinander erscheinen und die Dezimalzahl nicht für Operationen verfügbar ist. Für die Umwandlung des dezimalen in das duale Zahlensystem wird daher der laufende duale Wert mit 10 multipliziert und dann die neue Dezimalstelle dazu addiert. Bei der hexadezimalen Eingabe ist keine Umwandlung des Zahlensystems erforderlich, da jede Hexadezimalziffer lediglich vier Dualstellen zusammenfasst. Für eine gemeinsame Eingabe von dezimalen, hexadezimalen und binären Werten sollen folgende Formate gelten:

>1234   nur Dezimalziffern 0 bis 9 Abbruch mit Nicht-Ziffer
>$1aB $ Hexadezimalziffern 0 bis 9 a bis f bzw. A bis F Abbruch mit Nicht-Ziffer
>b101   b Binärziffern 0 und 1 Abbruch mit Nicht-Ziffer

Das Unterprogramm ein16 untersucht das erste Eingabezeichen und ruft eines der drei Unter-Unterprogramme gemäß Abbildung 2-26 zur Umwandlung des entsprechenden Zahlenformates auf.

```
; ein16.asm R17:R16 <- Eingabe binär, HEX, dezimal C=1: Überlauf
ein16:  rcall   einz       ; R16 <- 1. Eingabezeichen
        cpi     r16,'$'    ; $ für hexadezimal ?
        brne    ein16a     ; nein:
        rcall   einhex16   ;  ja: hexadezimal umwandeln
        rjmp    ein16c     ; zum Ausgang
ein16a: cpi     r16,'b'    ; b für binär ?
        brne    ein16b     ; nein:
```

```
        rcall    einbin16 ;   ja: binär umwandeln
        rjmp     ein16c   ; zum Ausgang
ein16b: rcall    eindez16 ; dezimal umwandeln R16 = 1. Ziffer
ein16c: ret
```

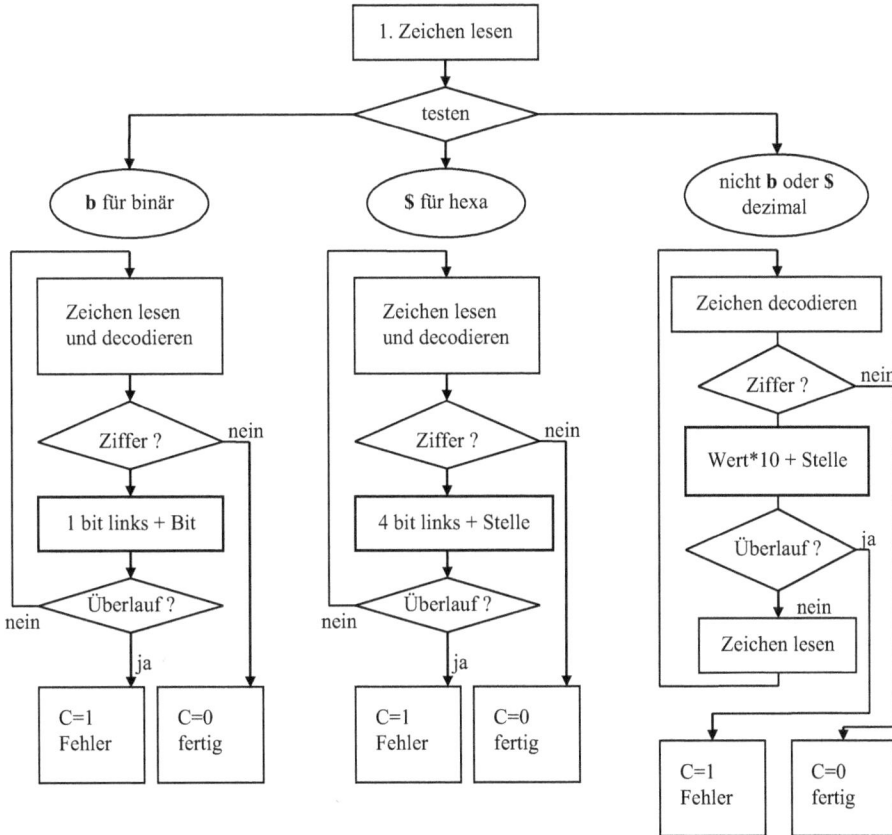

Abbildung 2-26: Zeichen einlesen in verschiedenen Formaten.

Das Unterprogramm eindez16 wird aufgerufen, wenn das erste Zeichen weder ein b noch ein $ ist. Es wird wie alle folgenden mit dem Unterprogramm ascii2bin decodiert.

```
; eindez16.asm R17:R16 <- dezimale Eingabe R16 enthält bereits 1. Zeichen!!!!
eindez16: push     r18       ; Register retten
          push     r19
          push     r20
          clr      r17       ; R17 = Ergebnis_High löschen
          clr      r20       ; R20 = Hilfsregister Ergebnis_Low löschen
```

```
eindez16a: rcall    ascii2bin  ; R16 <- decodierte HEX-ziffer
           brcs     eindez16c  ; C = 1: keine HEX-ziffer Ende der Eingabe
           cpi      r16,10     ; Test auf Dezimalziffer
           brsh     eindez16c  ; >= 10: Ende der Eingabe
           mov      r19,r16    ; R19 <- neue Dezimalstelle retten
           mov      r16,r20    ; R16 <- Ergebnis_Low wegen mul retten
           rcall    mul1016    ; R17:R16<-R17:R16*10 R18<-Übertrag C=1: Überl.
           brcs     eindez16d  ; C = 1: Überlauf
           add      r16,r19    ; Wert_Low: neue Stelle dazu
           clr      r19        ; R19 <- Null  Carry bleibt
           adc      r17,r19    ; Wert_High + Übertrag
           brcs     eindez16d  ; C = 1: Überlauf
           mov      r20,r16    ; R20 <- neuer Wert_Low
           rcall    einz       ; neues Zeichen holen
           rjmp     eindez16a  ; weitere Umwandlung
; Ende der Eingabe mit Nicht-Ziffer
eindez16c: clc                 ; Carry <- 0: kein Fehler
           rjmp     eindez16e
; Eingabefehler
eindez16d: sec                 ; Carry <- 1: Fehlermarke
eindez16e: mov      r16,r20    ; R16 <- Ergebnis_Low
           pop      r20        ; Register zurück
           pop      r19
           pop      r18
           ret
```

Das *Programm k2p23.asm* testet die in diesem Abschnitt behandelten Umwandlungs-programme durch Eingabe und Ausgabe von 16-Bit Werten in allen drei Darstellungen. Wird der größte zulässige Wert 65535 überschritten, so erscheint als Fehlermeldung ein Fragezeichen. Durch den Code 7 (*bell*) ertönt die Hupe.

```
; k2p23.asm ATmega8 gepufferte 16-Bit Eingabe und direkte 16-Bit Ausgabe
; Port B: Ausgabe PB7 .. PB0 acht  Leuchtdioden
; Port C: Ausgabe PC5 .. PC0 sechs Leuchtdioden
; Port D: PC-Terminal: PD0:RXD PD1:TXD PD2-PD7 frei
; Konfiguration: interner Oszillator 1 MHz, externes RESET-Signal
        .INCLUDE  "m8def.inc"    ; Deklarationen für ATmega8
        .EQU    takt = 1000000   ; Systemtakt 1 MHz intern
        .EQU    BAUD = 9600      ; Baudrate für USART
        .EQU    NPUF = 80        ; Länge Eingabepuffer im SRAM
        .DEF    akkul = r16      ; Arbeitsregister Low
        .DEF    akkuh = r17      ; Arbeitsregister High
        .DEF    retter = r18     ; Retter für Ausgabe HEX und binär
        .CSEG                    ; Programm-Flash
        rjmp    start            ; Reset-Einsprung
        .ORG    $2A              ; Interupteinsprünge übergehen
```

```
start:  ldi     akkul,LOW(RAMEND); Stapel anlegen
        out     SPL,akkul
        ldi     akkul,HIGH(RAMEND)
        out     SPH,akkul
        ldi     akkul,$ff       ; Bitmuster 1111 1111
        out     DDRB,akkul      ; Richtung Port B ist Ausgang
        out     DDRC,akkul      ; Richtung Port C ist Ausgang
        rcall   initusart2      ; USART doppelte Baudrate mit BAUD und takt
        ldi     ZL,LOW(prompt*2) ; Z <- Adresse Ausgabetext
        ldi     ZH,HIGH(prompt*2)
; Arbeitsschleife
loop:   rcall   puts            ; Prompt: Eingabe ->
        ldi     YL,LOW(puffer)  ; Y <- Adresse Eingabepuffer
        ldi     YH,HIGH(puffer)
        rcall   gets            ; Eingabezeile nach Puffer Ende mit cr
        rcall   ein16           ; R17:R16 <- Eingabewert
        brcs    error           ; C = 1: Eingabefehler
        rcall   ausdez16        ; R17:R16 dezimale Kontrollausgabe
        mov     retter,akkul
        mov     akkul,akkuh
        rcall   aushex8         ; R17:R16 hexadezimale Kontrollausgabe
        mov     akkul,retter
        rcall   aushex8a
        mov     akkul,akkuh
        rcall   ausbin8         ; R17:R16 binäre Kontrollausgabe
        mov     akkul,retter
        rcall   ausbin8a
        rjmp    loop
; Fehlermeldung
error:  ldi     akkul,'?'       ; Fragezeichen
        rcall   ausz
        ldi     akkul,7         ; Code für Bell = Hupe
        rcall   ausz
        rjmp    loop
;
; interne Unterprogramme für Gerät und Betriebsart
ausz:   rcall   putch           ; direkte Ausgabe nach USART
        ret
einz:   ld      r16,Y+          ; gepufferte Eingabe von USART aus (Y)
        ret
;
```

```
; externe Unterprogramme für USART und Umwandlung
        .INCLUDE "usart.h"       ; USART-Programme für Zeichen und Strings
        .INCLUDE "einaus.h"      ; Umwandlungsprogramme zur Ein/Ausgabe
;
; Ausgabetext
prompt: .DB      10,13,"Eingabe -> ",0
;
; SRAM-Bereich
        .DSEG                    ; Datenbereich
puffer: .BYTE   NPUF             ; Eingabepuffer für gets
        .EXIT                    ; Ende des Quelltextes
```

k2p23.asm: Test der Eingabe und Ausgabe vorzeichenloser ganzer Zahlen.

In den Ergebnissen eines Testlaufs werden die Eingabewerte unterstrichen darge-stellt:

```
Eingabe -> 1234   1234 $04D2 0b0000010011010010
Eingabe -> $1234  4660 $1234 0b0001001000110100
Eingabe -> b1111  15   $000F 0b0000000000001111
Eingabe -> 65536  ?
```

Das Multiplikationsprogramm mul1016 und das Divisionsprogramm div1016 sind Spezialfälle der in Abschnitt 2.3.5 behandelten Multiplikation und Division.

```
; mul1016.asm R17:R16 <- R17:R16*10 R18<-Übertrag C=1: 16-Bit Überlauf
mul1016:    push    r19       ; Register retten
            clr     r18       ; R18 = Übertragstelle löschen
            push    r17       ; alten Wert_High retten
            push    r16       ; alten Wert_Low retten
            lsl     r16       ; * 2
            rol     r17
            rol     r18       ; R18 <- Übertrag
            lsl     r16       ; * 2
            rol     r17
            rol     r18       ; R18 <- Übertrag
            pop     r19       ; R19 <- alter Wert_Low aus R16
            add     r16,r19   ; + alter Wert_Low
            pop     r19       ; R19 <- alter Wert_High aus R17
            adc     r17,r19   ; + alter Wert_High + Übertrag
            clr     r19       ; R19 <- Null
            adc     r18,r19   ; R18 <- Übertrag addieren
```

```
            lsl     r16     ; * 2
            rol     r17
            rol     r18     ; R18 <- Übertrag
            tst     r18     ; Übertragstelle testen
            brne    mul1016a; ungleich Null: 16-Bit Überlauf
; Ausgang R17:R16 <- Produkt  R18 <- Übertragstelle C = 0: gut
            clc
            pop     r19     ; Register zurück
            ret
; Fehlerausgang C = 1: Überlauf
mul1016a:   sec
            pop     r19     ; Register zurück
            ret
;
; div1016.asm Division R17:R16 <- R17:R16 /10   R18 <- Rest
div1016:    push    r19     ; Register retten
            ldi     r19,16  ; R19 = Schrittzähler
            clr     r18     ; R18 = Rest löschen
div1016a:   lsl     r16     ; Dividend/Quotient_Low Bit_0 <- 0
            rol     r17     ; Dividend/Quotient_High
            rol     r18     ; Rest
            cpi     r18,10  ; Test Rest - Divisor 10
            brlo    div1016b; Rest < Divisor: Bit_0 bleibt 0
            subi    r18,10  ; Rest >= Divisor: 10 abziehen
            inc     r16     ; Quotient Bit_0 <- 1
div1016b:   dec     r19     ; Schrittzähler - 1
            brne    div1016a; bis alle Schritte durchgeführt
            pop     r19     ; Register zurück
            ret
```

2.8.3 Vorzeichenbehaftete ganzzahlige 16-Bit Arithmetik

Abschnitt 1.1.3 *Zahlendarstellungen* behandelt den Aufbau der vorzeichenbehafteten (signed) Dualzahlen. Positive Zahlen bestehen aus einer **0** im Vorzeichenbit gefolgt vom Absolutwert; bei negativen Zahlen im Zweierkomplement erscheint eine **1** als Vorzeichen. Die in der Tabelle 2-49 zusammengestellten Umwandlungsprogramme dienen zur Eingabe und Ausgabe von vorzeichenbehafteten Dezimalzahlen im Bereich von −32767 bis +32767. Die Unterprogramme einz und ausz übernehmen die Anpassung an die Betriebsart und das Gerät.

Die INCLUDE-Anweisungen der Unterprogramme sind in der Headerdatei einaus.h enthalten. Das Ausgabeprogramm ausdez16s ruft nach einer Vorzeichenbehandlung

Tabelle 2-49: Umwandlungsprogramme zur Ein- und Ausgabe vorzeichenbehafteter Dezimalzahlen.

Name	Parameter		Aufgabe
ausdez16s	R17:R16 = signed dual		Ausgabe dezimal lz + oder – Absolutwert
eindez16s	R17:R16 <= signed dual	C=1: Überlauf	Eingabe dezimal mit oder ohne Vorzeichen
ausdez32s	R3:R2:R1:R0 = 32-Bit Dualzahl signed		Ausgabe des 32-Bit Produktes für Testzwecke

das im Abschnitt 2.8.2 behandelte Umwandlungsprogramm ausdez16a zur Ausgabe des Absolutwertes auf.

```
; ausdez16s.asm R17:R16 vorzeichenbehaftet dezimal ausgeben
ausdez16s:   push   r18          ; Register retten
             ldi    r18,'+'      ; + Vorzeichen angenommen
             tst    r17          ; Vorzeichen testen
             brpl   ausdez16sa   ; Vorzeichen 0: positiv
             ldi    r18,'-'      ; - Vorzeichen geladen
             com    r16          ; 1er Komplement
             com    r17
             subi   r16,-1       ; 2er Komplement
             sbci   r17,-1
ausdez16sa:  push   r16          ; retten
             ldi    r16,' '      ; Leerzeichen
             rcall  ausz         ; ausgeben
             mov    r16,r18      ; R16 <- Vorzeichen
             rcall  ausz         ; ausgeben
             pop    r16          ; zurück
             rcall  ausdez16a    ; Absolutwert ohne lz ausgeben
             pop    r18          ; Register zurück
             ret
```

Das Eingabeprogramm eindez16s ruft nach einer Vorzeichenbehandlung das im Abschnitt 2.8.2 behandelte Umwandlungsprogramm eindez16 zur Eingabe des Absolutwertes auf. Dies verlangt, dass die erste Ziffer in R16 übergeben wird.

```
; eindez16s.asm R17:R16 <- vorzeichenbehaftet signed ganz
eindez16s:   push   r18          ; Register retten
             clr    r18          ; R18 = Vorzeichenmarke löschen
             rcall  einz         ; R16 <- 1. Zeichen holen
             cpi    r16,'+'      ; Vorzeichen + ?
             brne   eindez16sa   ; nein
```

```
              mov     r18,r16    ;   ja: R18 <- Vorzeichen
              rjmp    eindez16sb
eindez16sa:   cpi     r16,'-'    ; Vorzeichen - ?
              brne    eindez16sc ; nein
              mov     r18,r16    ;   ja: R18 <- Vorzeichen
eindez16sb:   rcall   einz       ; R16 <- 1. Ziffer hinter Vorzeichen
eindez16sc:   rcall   eindez16   ; R17:R16 <- Absolutwert umwandeln
              brcs    eindez16se ; C = 1: Eingabefehler
              tst     r17        ; Bit_7 des High-Teils testen
              brmi    eindez16se ; Absolutwert > $7fff = 32767
              cpi     r18,'-'    ; Vorzeichen -
              brne    eindez16sd ; nein
              com     r16        ; Einerkomplement
              com     r17
              subi    r16,-1     ; Zweierkomplement
              sbci    r17,-1
eindez16sd:   clc                ; C = 0: Gut-Ausgang
              pop     r18        ; Register zurück
              ret
eindez16se:   sec                ; C = 1: Fehlerausgang
              pop     r18        ; Register zurück
              ret
```

Die Ausgabe erfolgt immer mit einem + oder – Vorzeichen. Für die Eingabe im Bereich von –32767 bis +32767 gibt es drei Formate:

>12345	Dezimalziffern 0 bis 9	Abbruch mit Nicht-Ziffer oder C=1 Überlauf
>+12345	Positives Vorzeichen	Abbruch mit Nicht-Ziffer oder C=1 Überlauf
>-12345	Negatives Vorzeichen	Abbruch mit Nicht-Ziffer oder C=1 Überlauf

Für die Addition und Subtraktion vorzeichenbehafteter 16-Bit Dualzahlen gelten die gleichen Befehle wie sie im Abschnitt 2.3.3 *Wortoperationen* für vorzeichenlose 16-Bit Dualzahlen dargestellt wurden. Für das 16-Bit Zweierkomplement wird zunächst mit zwei com-Befehlen das Einerkomplement gebildet und dann wird eine 1 mit Übertrag addiert.

Die Controller der ATmega-Familie enthalten den 8-Bit Multiplikationsbefehl muls für vorzeichenbehaftete (signed) Dualzahlen, der allerdings auf die Register R16 bis R31 beschränkt ist. Die Befehle mulsu und mul dienen der Multiplikation von 8-Bit Teilfaktoren (Tabelle 2-50).

Die in diesem Abschnitt behandelten Verfahren zur Multiplikation und Division vorzeichenbehafteter 16-Bit Zahlen greifen nach entsprechender Behandlung der Vorzeichen auf die vorzeichenlose Arithmetik zurück. Die INCLUDE-Anweisungen der Makros sind in der Headerdatei Mmuldiv.h enthalten.

Tabelle 2-50: Multiplikationsbefehle (signed).

Befehl	Operand	ITHSVNZC	W	T	Wirkung	
Muls	Rd, Rr	ZC	1	2	R1:R0 <= Rd * Rr	ganzzahlig
	R16..R31					signed * signed
Mulsu	Rd, Rr	ZC	1	2	R1:R0 <= Rd * Rr	ganzzahlig
	R16..R23					signed * unsigned
Mul	Rd, Rr	ZC	1	2	R1:R0 <= Rd * Rr	ganzzahlig
	alle					unsigned * unsigned

Tabelle 2-51: Makrovereinbarungen zur signed 16-Bit Multiplikation und Division in Mmuldiv.h.

Name	Parameter	Bemerkung
Mmuls16	R3:R2:R1:R0 <= @0:@1 * @2:@3	nur ATmega-Familie R16 bis R23
Mmulsx16	R3:R2:R1:R0 <= @0:@1 * @2:@3	nicht R0, R1, R2, R3, R4, R5
Mdivsx16	@0:@1 durch @2:@3	nicht R4, R5, R6, R7
	@0:@1 <= Quotient @2:@3 <= Rest	

Die Unterprogramme verwenden die entsprechenden Makrovereinbarungen mit fest zugeordneten Registern (Tabelle 2-51). Die INCLUDE-Anweisungen der Unterprogramme sind in der Headerdatei muldiv.h enthalten.

Name	Parameter	Bemerkung
muls16	R3:R2:R1:R0 <= R17:R16 * R19:R18	benötigt Mmuls16 nur ATmegas
mulsx16	R3:R2:R1:R0 <= R17:R16 * R19:R18	benötigt Mmulsx16
divsx16	R3:R2 durch R1:R0	benötigt Mdivsx16
	R3:R2 <= Quotient R1:R0 <= Rest	

Tabelle der Unterprogramme zur signed 16-Bit Multiplikation und Division in muldiv.h

Bei den Controllern der ATmega-Familie lässt sich die 16-Bit Multiplikation mit den mul-Befehlen auf die Addition von 8-Bit Teilprodukten zurückführen. Bei vorzeichenbehafteten (signed) Operanden ist es erforderlich, bei der Addition vorzeichenbehafteter Teilprodukte mit dem Befehl mulsu das Vorzeichen auszudehnen.

Die Makroanweisung Mmuls16 multipliziert zwei vorzeichenbehaftete (signed) 16-Bit Operanden mit mul-Befehlen zu einem 32-Bit Produkt in den frei gewählten Ergebnisregistern R3 bis R0. Wegen des mulsu-Befehls sind die Parameter auf die Register R16 bis R23 beschränkt. Die beiden Teilprodukte der mulsu-Befehle werden durch den sbc-Befehl vorzeichenausgedehnt, der das im Carrybit befindliche werthöchste Bit R15, das Vorzeichenbit, zusätzlich berücksichtigt (Abbildung 2-27).

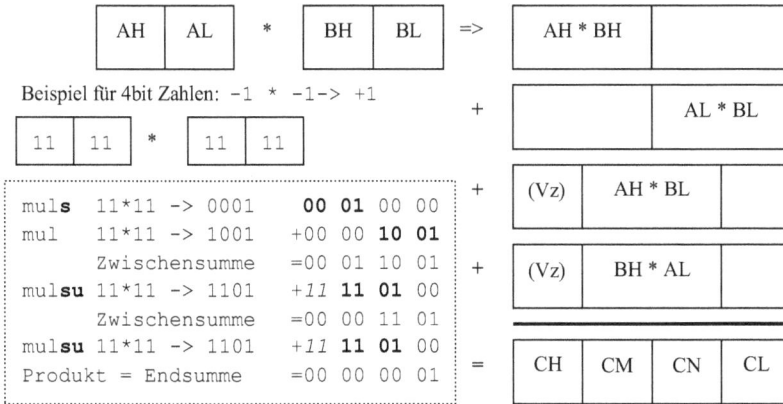

Abbildung 2-27: Beispiel zur Multiplikation (Mmuls16.asm).

```
; Mmuls16.asm Makro muls-Befehle R3:R2:R1:R0 <- @0:@1 * @2:@3 signed
        .MACRO  Mmuls16     ; nur ATmega-Familie R16 bis R23
        push    r4          ; Register retten
        push    r5
        push    r6
        clr     r6          ; für Addition
        muls    @0,@2       ; R1:R0 <- (signed)AH * (signed)BH
        movw    r5:r4,r1:r0 ; R5:R4 <- High-Teilprodukt
        mul     @1,@3       ; R1:R0 <- AL * BL
        movw    r3:r2,r1:r0 ; R3:R2 <- Low-Teilprodukt
        mulsu   @0,@3       ; R1:R0 <- (signed)AH * BL
        sbc     r5,r6       ; R5 vorzeichenausgedehnt C <- N
        add     r3,r0       ; addiere mittleres Teilprodukt
        adc     r4,r1
        adc     r5,r6
        mulsu   @2,@1       ; R1:R0 <- (signed)BH * AL
        sbc     r5,r6       ; R5 vorzeichenausgedehnt C <- N
        add     r3,r0       ; addiere mittleres Teilprodukt
        adc     r4,r1
        adc     r5,r6       ; Produkt in R5:R4:R3:R2
        movw    r1:r0,r3:r2 ; R1:R0 = Produkt-Low
        movw    r3:r2,r5:r4 ; R3:R2 = Produkt-High
        pop     r6          ; Register zurück
        pop     r5
        pop     r4
        .ENDM
```

Das Unterprogramm muls16 fügt das entsprechende Makro mit festen Registern ein und kann wegen der Multiplikationsbefehle nur für die ATmega-Familie verwendet werden.

```
; muls16.asm R3:R2:R1:R0 <- R17:R16 * R19:R18 signed
muls16: Mmuls16   r17,r16,r19,r18 ; Makro nur für ATmega-Familie
        ret
```

Bei Controllern wie den älteren ATtinys, die keine Multiplikationsbefehle enthalten, muss die Multiplikation auf Teilmultiplikationen durch Verschiebungen und die Addition der Teilprodukte zurückgeführt werden. Das Makro Mmulsx16 verwendet nach einer Vorzeichenbehandlung das in Abschnitt 2.3.5 behandelte Verfahren.

```
; Mmulsx16.asm Makro Software R3:R2:R1:R0 <-  @0:@1 * @2:@3 signed
        .MACRO   Mmulsx16        ; Nicht R0,R1,R2,R3,R4,R5
        push     r4              ; Register retten
        push     r5
        push     @3
        push     @2
        push     @1
        push     @0
        push     r16
        ldi      r16,16
        mov      r4,r16          ; R4 = Durchlaufzähler
        pop      r16
; Vorzeichen der Faktoren behandeln
        mov      r5,@0           ; R5 <- High-Byte
        eor      r5,@2           ; R5 <- High EOR Low = Vorzeichen Produkt
        tst      @0              ; Vorzeichen ?
        brpl     Mmulsx16a ; positiv
        com      @0              ; negativ
        neg      @1
        sbci     @0,-1
Mmulsx16a:tst    @2
        brpl     Mmulsx16b ; positiv
        com      @2              ; negativ
        neg      @3
        sbci     @2,-1
Mmulsx16b:clr    r3              ; Produkt-High löschen
        clr      r2
        mov      r0,@3           ; Produkt-Low = Multiplikator
```

```
           mov     r1,@2
           lsr     r1              ; Multiplikator-High rechts
           ror     r0              ; Multiplikator-Low rechts nach Carry
Mmulsx16c:brcc   Mmulsx16d          ; Carry = 0: nicht addieren
           add     r2,@1           ;        = 1: Übertrag + Multiplikand
           adc     r3,@0
Mmulsx16d:ror    r3               ; Carry und Übertrag rechts
           ror     r2              ; Produkt-High rechts
           ror     r1              ; Multiplikator-High rechts
           ror     r0              ; Multiplikator-Low rechts nach Carry
           dec     r4              ; Durchlaufzähler - 1
           brne    Mmulsx16c       ; bis Zähler Null
; Vorzeichen des Produktes behandeln
           tst     r5
           brpl    Mmulsx16e ; Produkt positiv
           com     r0              ; Produkt 2er Komplement
           com     r1
           com     r2
           com     r3
           clr     r4
           inc     r4
           add     r0,r4           ; + 1
           clr     r4
           adc     r1,r4
           adc     r2,r4
           adc     r3,r4
Mmulsx16e:pop    @0              ; Register zurück
           pop     @1
           pop     @2
           pop     @3
           pop     r5
           pop     r4
           .ENDM
```

Das Unterprogramm mulsx16 fügt das entsprechende Makro mit festen Registern ein
und kann für alle Controller verwendet werden.

```
; mulsx16.asm Upro Software R3:R2:R1:R0 <-  R17:R16 * R19:R18 signed
mulsx16: Mmulsx16  r17,r16,r19,r18
        ret
```

Die 16-Bit Division des Makros Mdivsx16 und des Unterprogramms divsx16 arbeitet ebenfalls nach den in Abschnitt 2.3.5 behandelten Verfahren. Dabei erhält der Rest das Vorzeichen des Quotienten. Eine Division durch Null wird nicht abgefangen; der Quotient ist in diesem Fall $FFFF = –1!

2.8.4 BCD-Arithmetik

Der **BCD-Code (*binary coded decimal*)** stellt eine Dezimalziffer als entsprechende Dualzahl dar. Für eine ASCII-Codierung ist zusätzlich der hexadezimale Wert $30 zu addieren (Tabelle 2-52).

Tabelle 2-52: BCD versus ASCII.

Ziffer	0	1	2	3	4	5	6	7	8	9
BCD	0000_2	0001_2	0010_2	0011_2	0100_2	0101_2	0110_2	0111_2	1000_2	1001_2
ASCII	$30	$31	$32	$33	$34	$35	$36	$37	$38	$39

Die verbreitetste gepackte Darstellung legt 2 Ziffern in einem Byte ab (Abbildung 2-28). Die Dezimalzahlen der Beispiele werden vorzeichenlos mit 4 Dezimalziffern in 2 Bytes gespeichert. Der Zahlenbereich geht von 0000_{10} bis 9999_{10}. Die Zehntausenderstelle ergibt sich bei einer 16-Bit Umwandlung von dual nach dezimal z. B. für den größten Wert $FFFF gleich 65535_{10}.

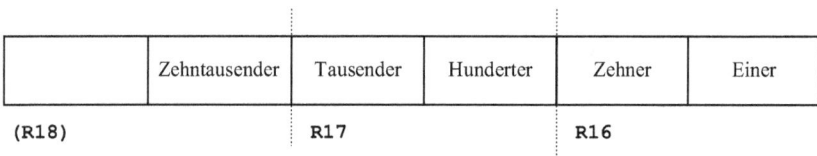

	Zehntausender	Tausender	Hunderter	Zehner	Einer
(R18)		R17		R16	

Abbildung 2-28: Gepackte Darstellung.

Wegen der dualen Codierung der BCD-Ziffern ist es möglich, mit einem dualen Rechenwerk auch dezimal zu rechnen. Die gepackte Darstellung erfordert die zusätzliche Übertraganzeige des wertniederen Halbbytes, die als Halfcarry im H-Bit des Statusregisters enthalten ist.

Die **Addition** BCD-codierter Dezimalziffern lässt sich auf eine duale Addition mit Korrektur zurückführen. Dabei können drei Fälle auftreten:

```
Stelle '5'      0101     Stelle '5'      0101     Stelle '9'      1001
Stelle '4'    + 0100     Stelle '5'    + 0101     Stelle '9'    + 1001
------------------       ------------------       ------------------
Summe  '9' C=01001       Summe      C=01010       Summe      C=10010
keine Korrektur          Pseudotetrade            Carry = 1!
                         Korrektur    + 0110      Korrektur    + 0110
                         ------------------       ------------------
Summe  '9'   =01001      Summe  '0' C=1 0000      Summe  '8' C=0 1000
Übertrag  '0'            Übertrag  '1'            Übertrag  '1'
```

Nach einer dualen Addition zweier BCD-Stellen ist eine Korrektur durch Addition des Wertes 6 = 0110 erforderlich, wenn eine Pseudotetrade von 1010 bis 1111 oder ein Übertrag (C = 1) aufgetreten ist. Das Unterprogramm daa korrigiert eine zweistellige gepackte BCD-Zahl nach einer Addition mit den Befehlen add und adc und setzt das Carrybit, wenn ein Übertrag auftritt. Man beachte, dass die Befehle inc, subi und sbci, die oft anstelle eines Additionsbefehls verwendet werden, die Carrybits nicht oder negiert verändern und daher *nicht* für BCD-Additionen verwendet werden können!

```
; daa.asm Dezimalkorrektur in R16 nach Addition mit ADD und ADC
daa:    push    r17             ; Hilfsregister retten
        in      r17,SREG        ; Status retten
        push    r17
        clr     r17             ; EOR r17,r17 <= 0   C und H unverändert!
        brcc    daa1            ; Carry_alt nach Bit 0 von R17 sichern
        inc     r17             ; Calt = 1: R17.0<=1 Calt = 0: R17.0 <= 0
; Low-Ziffer korrigieren H-Bit=1 oder Zahl > 0000 1001: +6 gibt H = 1
daa1:   brhs    daa2            ; H = 1: => immer korrigieren
        subi    r16,-6          ; ADDI akku,+6 (H negiert) Testkorrektur
        brhc    daa3            ; H = 0 (richtig H = 1 !) Korrektur o.k.
        subi    r16,6           ; H = 1 (richtig H = 0 !) Korr. zurück
        rjmp    daa3            ; nach High-Ziffer
daa2:   subi    r16,-6          ; H = 1: immer korrigieren
; High-Ziffer korrigieren Calt = 1 oder Zahl > 1001 0000: +$60 gibt H = 1
daa3:   subi    r16,-$60        ; ADDI R16,+$60 (Cneu negiert) immer Test
        brcc    daa4            ; C = 0 (richtig C =1!) => Korrektur o.k.
        sbrs    r17,0           ; überspringe wenn Calt=1:=>Korrektur o.k.
        rjmp    daa5            ; => Korrektur aufheben und Cneu <= 0
daa4:   pop     r17             ; alten Status
        out     SREG,r17        ; zurück
        sec                     ; Cneu <= 1
        rjmp    daa6            ; fertig
```

```
daa5:   subi    r16,$60         ; Korrektur aufheben
        pop     r17             ; alten Status
        out     SREG,r17        ; zurück
        clc                     ; Cneu <= 0
daa6:   pop     r17             ; Hilfsregister zurück
        ret                     ; Rücksprung
```

Die **Subtraktion** von BCD-codierten Dezimalziffern lässt sich auf eine duale Subtraktion mit Korrektur zurückführen. Die duale Subtraktion wird im Rechenwerk durch die Addition des Zweierkomplementes durchgeführt (- +x => + -x). Durch die Addition des Komplements erscheint das Carrybit negiert! Es können nur zwei Fälle auftreten:

```
Stelle    '7'    0111      Stelle    '1'    0001
    + ('-6')     1010          + ('-6')     1010
--------------------      --------------------

Ergebnis   C=1 0001       Ergebnis   C=0 1011
Keine Korrektur           Carry = 0
                          Korrektur +(-6)   1010
                          --------------------

Differenz '1'             Differenz '5' C=1 0101
Borgen    '0'                 Borgen '1'
```

Nach einer dualen Subtraktion zweier BCD-Stellen ist eine Korrektur durch Subtraktion des Wertes 6 = 0110 erforderlich, wenn ein Borgen (C = 0) aufgetreten ist. Das Unterprogramm das korrigiert eine zweistellige gepackte BCD-Zahl nach einer Subtraktion mit den Befehlen sub, sbc, subi und sbci und setzt das Carrybit, wenn ein Borgen auftritt. Der Befehl dec kann *nicht* für BCD-Subtraktionen verwendet werden!

```
; das.asm Dezimalkorrektur in R16 nach Subtraktion mit SUB SBC SUBI SBCI
das:    push    r17             ; Hilfsregister retten
        in      r17,SREG        ; Status retten
        push    r17             ;
        clr     r17             ; EOR r17,r17 <= 0   C und H unverändert!
        brcc    das1            ; Carry_alt nach Bit 0 von R17 sichern
        inc     r17             ; Calt = 1: R17.0 <=1 Calt = 0: R17.0 <= 0
; Low-Ziffer korrigieren für H-Bit=1
das1:   brhc    das2            ; H = 0: => nicht korrigieren
        subi    r16,6           ; H = 1: -> immer korrigieren
; High-Ziffer korrigieren Calt=1
das2:   sbrs    r17,0           ; überspringe wenn Calt=1:=> korrigieren
        rjmp    das3            ; Calt=0:=> fertig
        subi    r16,$60         ; Calt=1:=> korrigieren
```

```
        pop     r17             ; alten Status
        out     SREG,r17        ; zurück
        sec                     ; Cneu <= 1
        rjmp    das4            ; fertig
das3:   pop     r17             ; alten Status
        out     SREG,r17        ; zurück
        clc                     ; Cneu <= 0
das4:   pop     r17             ; Hilfsregister zurück
        ret                     ; Rücksprung
```

Für die Multiplikation und Division BCD-codierter Dezimalzahlen sind den dualen Verfahren entsprechende Schleifen zu programmieren. Das Beispiel zeigt den Sonderfall einer Multiplikation mit dem Faktor 10_{10} durch Verschieben um vier Bitpositionen nach links.

```
        ldi     zael,4          ; Zähler vier Bitpos. gleich eine BCD-Stelle
        clr     r18             ; R18 = Übertrag Zehntausender löschen
mal:    lsl     r16             ; Zehner und Einer,  Null nachziehen
        rol     r17             ; Tausender und Hunderter mit Übertrag
        rol     r18             ; gibt Zehntausender mit Übertrag
        dec     zael            ; Durchlaufzähler vermindern
        brne    mal             ; für alle vier Stellen
```

Das *Programmbeispiel k2p24* gibt einen zweistelligen Dezimalzähler auf dem Port B aus, der durch die Taste PD7 um 1 vermindert und durch die Taste PD6 um 1 erhöht wird. Zwei Decoder 74LS47 setzen den BCD-Code direkt in den Siebensegmentcode um.

```
; k2p24.asm ATmega8 Test der BCD-Arithmetik Siebensegmentausgabe
; Port B: BCD-Zähler
; Port C: -
; Port D: Taste PD7: -1  Taste PD6: +1
; Konfiguration: interner Oszillator 1 MHz, externes RESET-Signal
        .INCLUDE "m8def.inc"   ; Deklarationen für ATmega8
        .EQU    takt = 1000000 ; Systemtakt 1 MHz intern
        .DEF    akku = r16     ; Arbeitsregister
        .DEF    eins = r17     ; für Zähl-Eins
        .CSEG                  ; Programm-Flash
        rjmp    start          ; Reset-Einsprung
        .ORG    $2A            ; Interrupteinsprünge übergehen
start:  ldi     akku,LOW(RAMEND); Stapel anlegen
        out     SPL,akku
        ldi     akku,HIGH(RAMEND)
```

```
        out     SPH,akku
        ldi     akku,$ff        ; Bitmuster 1111 1111
        out     DDRB,akku       ; Richtung Port B ist Ausgang
        ldi     eins,1          ; Zähl-Eins
        clr     akku            ; Zähler löschen
; Arbeitsschleife
loop:   out     PORTB,akku      ; laufenden Zähler ausgeben
        sbis    PIND,PD7        ; überspringe wenn PD7 High
        rjmp    minus           ; PD7 Low: subtrahieren
        sbis    PIND,PD6        ; überspringe wenn PD6 High
        rjmp    plus            ; PD6 Low: addieren
        rjmp    loop            ; keine Taste
; PD7 gedrückt: Zähler - 1
minus:  sub     akku,eins       ; subtrahieren - 1
        rcall   das             ; R16 korrigieren nach Subtraktion
minus1: sbis    PIND,PD7        ; überspringe wenn PD7 High
        rjmp    minus1          ; warte solange Taste Low
        rjmp    loop            ; Taste PD7 gelöst: weiter
; PD6   gedrückt: Zähler + 1
plus:   add     akku,eins       ; addieren + 1
        rcall   daa             ; R16 korrigieren nach Addition
plus1:  sbis    PIND,PD6        ; überspringe wenn PD6 High
        rjmp    plus1           ; warte solange Taste Low
        rjmp    loop            ; Taste PD6 gelöst: weiter
;
        .INCLUDE "daa.asm"      ; R16 korrigieren nach Addition
        .INCLUDE "das.asm"      ; R16 korrigieren nach Subtraktion
        .EXIT                   ; Ende des Quelltextes
```

k2p24.asm: Aufwärts/Abwärtszähler im BCD-Code auf dem Port B.

Das Unterprogramm ausbcd gibt eine vierstellige Dezimalzahl ohne führende Nullen über die USART-Schnittstelle aus. Es entspricht dem hexadezimalen Ausgabeprogramm mit dem Unterschied, dass nur die Ziffern von 0 bis 9 auftauchen können.

```
; ausbcd.asm R17:R16 = BCD lz dezimal ausgeben über USART
ausbcd:     push    r16     ; Register retten
            ldi     r16,' ' ; lz
            rcall   ausz    ; ausgeben
            pop     r16
; Einsprungpunkt nur Ziffern ohne lz ausgeben
```

```
ausbcda:    push    r16
            push    r17
            push    r18
            push    r19
            push    r20
            clr     r18     ; R18 = Ziffernzähler
ausbcd1:    clr     r19     ; R19 <- Ziffer
            ldi     r20,4   ; R20 <- Schiebezähler
ausbcd2:    lsr     r17     ; Zahl 4 Bit rechts nach R19
            ror     r16
            ror     r19     ; R19 <- Ziffer
            dec     r20     ; R20 Schiebezähler
            brne    ausbcd2
            swap    r19     ; R19 <- Ziffer rechtsbündig
            push    r19     ; nach Stapel
            inc     r18     ; R18 = Ziffern zählen
            tst     r17     ; Rest Null ?
            brne    ausbcd1 ; nein
            tst     r16
            brne    ausbcd1 ; nein
ausbcd3:    pop     r16     ; R16 <- Stelle
            subi    r16,-$30; nach ASCII
            rcall   ausz    ; ausgeben
            dec     r18     ; Ziffernzähler - 1
            brne    ausbcd3
            pop     r20     ; Register zurück
            pop     r19
            pop     r18
            pop     r17
            pop     r16
            ret
```

Das Unterprogramm einbcd liest maximal vier Dezimalziffern über die USART-Schnittstelle. Die Eingabe wird bei der ersten Nicht-Ziffer oder bei einem Überlauf abgebrochen. Das Verfahren entspricht der hexadezimalen Eingabe mit dem Unterschied, dass nur die Ziffern von 0 bis 9 gültig sind.

```
; einbcd.asm R17:R16 <- vier Dezimalstellen von USART C=1: Überlauf
einbcd:     push    r18     ; Register retten
            push    r19     ;
            clr     r18     ; R18 = Low-Stellen für R16 löschen
            clr     r17     ; R17 = High-Stellen löschen
```

```
einbcd1:    rcall   einz    ; R16 <- Zeichen
            cpi     r16,'0' ; < Ziffer 0 ?
            brlo    einbcd3 ; Ende: keine Ziffer
            cpi     r16,'9'+1 ; > Ziffer 9
            brsh    einbcd3 ; Ende: keine Ziffer
            subi    r16,$30 ; Ziffer 0 - 9 decodieren
            ldi     r19,4   ; R19 <- Schiebezähler
einbcd2:    lsl     r18     ; 4 Bit links
            rol     r17
            brcs    einbcd4 ; Überlauf
            dec     r19
            brne    einbcd2
            or      r18,r16 ; neue Stelle dazu
            rjmp    einbcd1 ; neues Zeichen holen
einbcd3:    mov     r16,r18 ; R16 <- Low-Ziffern
            clc             ; C = 0: Gut
einbcd4:    pop     r19     ; Register zurück
            pop     r18
            ret
```

Die Makroanweisungen und Unterprogramme der Tabelle 2-53 können direkt mit INCLUDE oder aus der entsprechenden Headerdatei bcd.h oder Mbcd.h eingefügt werden.

Tabelle 2-53: Makroanweisungen und Unterprogramme zur BCD Darstellung.

Name	Parameter	Bemerkung
ausbcd	R17:R16 = vier BCD-Stellen ausgeben	Unterprogramm benötigt Upro ausz
einbcd	R17:R16 <= vier BCD-Stellen C=1: Überlauf	Unterprogramm benötigt Upro einz
daa	R16 <= R16 Korrektur nach Addition	Unterprogramm in bcd.h
das	R16 <= R16 Korrektur nach Subtraktion	Unterprogramm in bcd.h
Mdaa	@0 <= @0 Korrektur nach Addition	Makroanweisung in Mbcd.h
Mdas	@0 <= @0 Korrektur nach Subtraktion	Makroanweisung in Mbcd.h
dual2bcd	R17:R16 bcd <= R16 dual	16 Bit dual nach vier BCD-Stellen
dual4bcd	R18:R17:R16 bcd <= R17:R16 dual	16 Bit dual nach fünf BCD-Stellen
bcd2dual	R16 dual <= R17:R16 bcd	vier BCD-Stellen nach dual
bcd4dual	R17:R16 dual <= R18:R17:R16 bcd	fünf BCD-Stellen nach dual

2.8.5 Festpunktarithmetik

Dieser Abschnitt behandelt das vom `fmul`-Befehl der ATmega-Familie verwendete vorzeichenlose (unsigned) 8-Bit Format, auch *1.7* genannt. Der Dualpunkt steht zwischen den Bitpositionen 7 und 6; die werthöchste Bitposition ist der ganzzahlige Anteil mit der Wertigkeit 1 (Tabelle 2-54). Der dezimale 8-Bit Zahlenbereich liegt zwischen 0.0078125 und 1.9921875. Durch Hinzunahme eines weiteren Bytes im Format *1.14* lassen sich Genauigkeit und Zahlenbereich erweitern.

Tabelle 2-54: Vorzeichenloses 8-Bit Format.

Bit 7	Bit 6	Bit 5	Bit 4	Bit 3	Bit 2	Bit 1	Bit 0
2^{0}	2^{-1}	2^{-2}	2^{-3}	2^{-4}	2^{-5}	2^{-6}	2^{-7}
1	0.5	0.25	0.125	0.0625	0.03125	0.015625	0.0078125

Beispiele:
0.500_{10} -> 0.100_{2} gespeichert als `01000000`
1.250_{10} -> 1.010_{2} gespeichert als `10100000`
1.500_{10} -> 1.100_{2} gespeichert als `11000000`
1.875_{10} -> 1.111_{2} gespeichert als `11110000`

Für die Umwandlung von Nachpunktstellen ist das in Abschnitt 1.1.3 beschriebene Verfahren der Multiplikation mit der Basis des neuen Zahlensystems und Abspaltung der neuen Ziffer erforderlich (Abbildung 2-29).

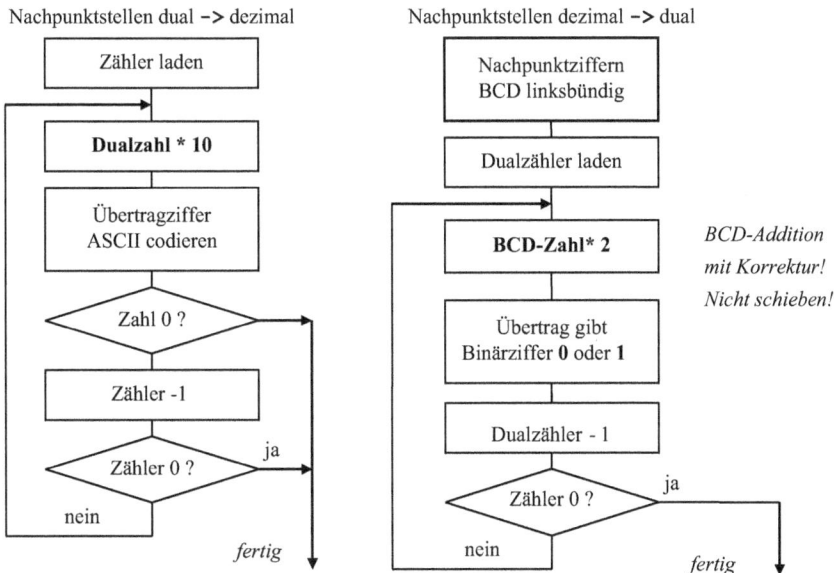

Abbildung 2-29: Nachpunktstellen berechnen.

Für die Ausgabe von ***Nachpunktstellen*** wird der duale Wert laufend mit 10 multipliziert, die Ziffer des Übertrags wird codiert und ausgegeben. Der Abbruch des Verfahrens beim Produkt Null unterdrückt nachfolgende Nullen. Das Unterprogramm ausfp gibt den Inhalt der Register R17:R16, der im erweiterten fmul-Format 1.14 vorliegt, dezimal aus. Wegen der bei der Eingabe auftretenden Rundungsfehler wäre eine Rundung bei der Ausgabe dringend erforderlich.

```
; ausfp.asm R17:R16 im fmul-Format lz V.NNNN dezimal ausgeben
ausfp:  push    r16     ; Register retten
        push    r17
        push    r18
        push    r19
        mov     r19,r16 ; R19 = Retter für R16
        ldi     r16,' ' ; lz
        rcall   ausz
        ldi     r16,'0' ; R16 <- Vorpunktstelle 0 angenommen
        tst     r17     ; Vorpunktstelle ?
        brpl    ausfp1  ; war 0
        ldi     r16,'1' ; war 1
ausfp1: rcall   ausz    ; Vorpunktstelle ausgeben
        ldi     r16,'.' ; Punkt
        rcall   ausz
        mov     r16,r19 ; R16 zurück
        lsl     r16     ; Vorpunktstelle entfernen
        rol     r17     ; jetzt nur noch Nachpunktstellen
ausfp2: rcall   mul1016 ; R17:R16 <- R17:R16 / 10  R18 <- Übertrag
        subi    r18,-$30; nach ASCII
        mov     r19,r16 ; R19 = Retter
        mov     r16,r18 ; R16 <- Ziffer
        rcall   ausz    ; ausgeben
        mov     r16,r19 ; R16 zurück
        tst     r17     ; Produkt Null ?
        brne    ausfp2  ; nachfolgende Nullen
        tst     r16     ; nicht ausgeben
        brne    ausfp2
        pop     r19     ; Register zurück
        pop     r18
        pop     r17
        pop     r16
        ret
```

Bei der *Eingabe* dezimaler Nachpunktstellen decodiert man die Dezimalziffern und legt sie als BCD-Zahl linksbündig ab. Diese wird durch fortlaufende dezimale Additionen und Dezimalkorrektur mit dem Faktor 2 multipliziert. Die Überträge ergeben die Dualstellen. Das Beispiel wandelt 0.625_{10} nach 0.1010_2.

```
>0.625      Eingabe von drei Ziffern
  .0625     drei BCD-Stellen rechtsbündig
  .6250     vier BCD-Stellen linksbündig
 +6250      *2 durch Addition
=======
 1.2500     Übertrag abspalten -> 1 (werthöchste Stelle)
 +2500      *2 durch Addition
=======
 0.5000     Übertrag abspalten -> 0
 +5000      *2 durch Addition
=======
 1.0000     Übertrag abspalten -> 1
 +0000      *2 durch Addition
=======
 0.0000     Übertrag abspalten -> 0 (wertniedrigste Stelle)
 0.1010     Ergebnis dual
```

Das Unterprogramm `einfp` legt die dezimalen Nachpunktstellen bis zur Eingabe einer Nicht-Ziffer auf dem Stapel ab und führt dort die Multiplikation mit dem Faktor 2 durch Addition der Stelle mit sich selbst und anschließende BCD-Korrektur durch. Im Gegensatz zu der im Abschnitt BCD-Arithmetik verwendeten gepackten Darstellung wird in dieser ungepackten Darstellung die Dezimalkorrektur nur für eine Stelle durchgeführt. Die Dualzahl erscheint in den Registern R17:R16 im erweiterten `fmul`-Format 1.14.

```
; einfp.asm R17:R16 <- Festpunkteingabe >0.zzz  >1.zzz
einfp:  push    r18     ; Register retten
        push    r19
        push    r20
        push    r21
        push    XL
        push    XH
        push    ZL
        push    ZH
        clr     r17     ; R17 <- 0000 0000 Nachpunkt_High
        rcall   einz    ; R16 <- Vorpunktstelle 0 oder 1 lesen
        cpi     r16,'0'
```

```
            breq    einfp1  ;   ja:
            cpi     r16,'1'
            brne    einfp11 ; nein: Eingabefehler
            ldi     r17,1   ; R17 <- 0000 0001
einfp1: call        einz    ; R16 <- Punkt lesen
            cpi     r16,'.' ; Punkt ?
            brne    einfp11 ; Eingabefehler
; Nachpunktstellen einzeln ungepackt nach Stapel
            clr     r18     ; R18 = Ziffernzähler
einfp2: rcall       einz    ; R16 <- Nachpunktziffer
            cpi     r16,'0' ; < Ziffer 0 ?
            brlo    einfp3  ; ja: fertig
            cpi     r16,'9'+1 ;> 10 ?
            brsh    einfp3  ; ja: fertig
            subi    r16,$30 ; decodieren
            push    r16     ; Dezimalstelle -> Stapel
            inc     r18     ; Ziffernzähler + 1
            rjmp    einfp2  ; neue Eingabe
; alle dezimalen Nachpunktstellen gespeichert
einfp3: in          XL,SPL  ; X <- Stapelzeiger
            in      XH,SPH
            adiw    XL,1    ; auf letzte Stelle
            mov     ZL,XL   ; Z <- Stapelzeiger gerettet
            mov     ZH,XH
            mov     r16,r17 ; R16 <- 0000 000x Nachpunkt_Low
            clr     r17     ; R16 <- 0000 0000 Nachpunkt_High
            ldi     r19,15  ; R19 <- Zähler für duale Nachpunktstellen
einfp4: mov         XL,ZL   ; X <- Stapelzeiger gerettet
            mov     XH,ZH
            mov     r20,r18 ; Ziffernzähler
            clc             ; C <- 0 für erste Addition
; dezimale Multiplikation * 2 durch Addition und Korrektur
einfp5: tst         r20     ; Ziffernzähler Null ?
            breq    einfp8  ; ja: fertig mit Multiplikation
            ld      r21,X   ; R21 <- Stelle vom Stapel
            adc     r21,r21 ; Stelle * 2 mit Carry
            cpi     r21,10  ; Stelle > 10
            brsh    einfp6  ;  ja: korrigieren
            clc             ; nein: C <- 0
            rjmp    einfp7
```

```
einfp6: subi    r21,-6  ; addi R21,+6 Korrektur
        andi    r21,$0f ; Maske 0000 1111
        sec             ; C <- 1 Übertrag für nächste Stelle
einfp7: st      X+,r21  ; neue Stelle zurück
        dec     r20     ; Ziffernzähler - 1
        rjmp    einfp5
; Carry nach Dualstellen schieben
einfp8: rol     r16
        rol     r17
        dec     r19     ; Zähler Nachpunktstellen
        brne    einfp4  ; neue Nachpunktstelle
; Nachpunktstellen fertig: Stapel aufräumen
einfp9: tst     r18     ; Ziffernzähler Null ?
        breq    einfp10 ; ja
        pop     r21     ; vom Stapel entfernen
        dec     r18
        rjmp    einfp9
einfp10:clc             ; C <- 0: Gut
        rjmp    einfp12
einfp11:sec             ; C <- 1: Fehler
einfp12:pop     ZH      ; Register zurück
        pop     ZL
        pop     XH
        pop     XL
        pop     r21
        pop     r20
        pop     r19
        pop     r18
        ret
```

Es gelten folgende Eingabeformate:

>**0**.12345   Stelle **0** *Punkt* Nachpunktziffern 0 bis 9 Abbruch mit Nicht-Ziffer
>**1**.12345   Stelle **1** *Punkt* Nachpunktziffern 0 bis 9 Abbruch mit Nicht-Ziffer

Bei der Dezimal/Dualwandlung von Nachpunktstellen können Umwandlungsfehler entstehen. Beispiel:

0.4_{10} => $0.01100110011001100110\ldots\ldots$ Periode 0110
0.4_{10} => 0.01100110_2 + Restfehler bei acht Nachpunktstellen
0.4_{10} => 0.66_{16} => 6/16 + 6/256 = 0.375 + 0.0234375 => 0.3984375_{10}

Die Rückwandlung der bei acht Nachpunktstellen abgebrochenen Dualzahl in eine Dezimalzahl ergibt 0.39843750_{10} und nicht 0.4_{10} wie zu erwarten wäre.

Für die **Addition** und **Subtraktion vorzeichenloser dualer Nachpunktstellen** im Format 1.14 gelten die gleichen Befehle wie sie im Abschnitt 2.3.3 *Wortoperationen* für vorzeichenlose 16-Bit Dualzahlen dargestellt wurden. Ein Überlauf bzw. Übertrag entsteht bei einer Addition, wenn die Vorpunktstelle größer als 1 wird. Ein Unterlauf bzw. Borgen entsteht, wenn bei einer Subtraktion eine negative Differenz entsteht.

Für die **Multiplikation** stehen bei ATmegas und modernen ATtinys Befehle zur Verfügung (Tabelle 2-55). Die 8-Bit Faktoren *müssen* in den Registern R16 bis R23 stehen, das 16-Bit Produkt erscheint *immer* in dem Registerpaar R1 (High-Byte) und R0 (Low-Byte). Anwendungsbeispiele für die vorzeichenbehafteten signed Befehle finden sich in der Hilfefunktion des Assemblers und im Dokument AVR201 der Atmel-Anwendungsbibliothek.

Tabelle 2-55: Multiplikationsbefehle.

Befehl	Operand	ITHSVNZC	W	T	Wirkung	nur ATmega-Familie R16 bis R23
fmul	Rd, Rr	ZC	1	2	R1:R0 <= Rd * Rr	*vorzeichenlos * vorzeichenlos*
fmuls	Rd, Rr	ZC	1	2	R1:R0 <= Rd * Rr	*vorzeichenbehaftet * vorzeichenbehaftet*
fmulsu	Rd, Rr	ZC	1	2	R1:R0 <= Rd * Rr	*vorzeichenbehaftet * vorzeichenlos*

Die Festpunktbefehle arbeiten zunächst wie die ganzzahligen mul-Befehle, verschieben dann aber zusätzlich das Produkt um eine Bitposition nach links. Das werthöchste Bit gelangt in das Carry-Bit, um das ursprüngliche Format wiederherzustellen. Bei der Multiplikation zweier Faktoren im Format 1.7 ergibt sich das 16-Bit Produkt im Format 1.14. Die Beispiele zeigen die vier möglichen Fälle in einer verkürzten 4 Bit Darstellung.

```
0.5 * 0.5                      0.25
0100 * 0100 -> 0001 0000 -> C=0 0010 000 nach Verschiebung
1.25 * 1.25                    1.5625
1010 * 1010 -> 0110 0100 -> C=0 1010 000 nach Verschiebung
1.5 * 1.5                      2.25
1100 * 1100 -> 1001 0000 -> C=1 0010 000 nach Verschiebung
1.875 * 1.875                  3.515625
1111 * 1111 -> 1110 0001 -> C=1 1100 0010 nach Verschiebung
```

Die Makro-Anweisung Mfmulx8 bildet den fmul-Befehl durch Software nach. Sie ist in der Headerdatei Mmuldiv.h enthalten.

```
; Mfmulx8.asm Makro Softwaremultiplikation R1:R0 <- @0 * @1
        .MACRO   Mfmulx8  ; R1:R0 <- @0 * @1 Nicht R0,R1,R2
        push     r2       ; Register retten
        push     r16      ; Hilfsregister retten
        ldi      r16,8    ; Zähler für 8 Schritte
        mov      r2,r16   ; R2 = Schrittzähler
        pop      r16      ; Hilfsregister zurück
        clr      r1       ; R1 <- Produkt_High löschen
        mov      r0,@1    ; R0 <- Produkt_Low <- Multiplikator
        lsr      r0       ; Multiplikator rechts nach Carry
Mfmulx8a:brcc    Mfmulx8b ; Carry = 0: nicht addieren
        add      r1,@0    ; Produkt_High + Multiplikand
Mfmulx8b:ror     r1       ; Carry und Produkt_High rechts
        ror      r0       ; Carry und Produkt_Low=Multiplikator rechts
        dec      r2       ; Schrittzähler für 8 Schritte
        brne     Mfmulx8a ; bis Schrittzähler Null
        lsl      r0       ; Frac-Format
        rol      r1
        mov      r2,r1    ; Produkt auf Null testen
        or       r2,r0    ; Z-Bit entsprechend Produkt
        pop      r2       ; Register zurück
        .ENDM             ; R1:R0 <- Produkt  @0 und @1 bleiben
```

Das Beispiel zeigt einen Ausschnitt aus einem Testprogramm, mit dem die Addition, Subtraktion und Multiplikation im Festpunktformat untersucht wurden. Die Operanden wurden mit einfp gelesen, Ergebnisse mit ausfp ausgegeben.

```
; Arbeitsschleife
loop:   rcall   puts            ; Prompt: Eingabe ->
        ldi     YL,LOW(puffer)  ; Y <- Adresse Eingabepuffer
        ldi     YH,HIGH(puffer)
        rcall   gets            ; Eingabezeile nach Puffer
        rcall   einfp           ; R17:R16 <- 1. Operand
        brcc    PC+2            ; C = 0: kein Eingabefehler
        rjmp    error
        movw    r19:r18,r17:r16 ; R19:R18 <- 1. Operand
        movw    r21:r20,r17:r16 ; R21:R20 <- 1. Operand
        rcall   puts            ; Prompt: Eingabe ->
        ldi     YL,LOW(puffer)  ; Y <- Adresse Eingabepuffer
        ldi     YH,HIGH(puffer)
        rcall   gets            ; Eingabezeile nach Puffer
        rcall   einfp           ; R17:R16 <- 2. Operand
```

```
            movw    r23:r22,r17:r16   ; R23:R22 <- 2. Operand
            brcc    PC+2              ; C = 0: kein Eingabefehler
            rjmp    error
; Test der Addition
            add     r16,r18           ; addiere Low
            adc     r17,r19           ; addiere High + Übertrag
            brcc    loop1             ; kein Übertrag
            Mputkon ' '
            Mputkon 'C'
loop1:      rcall   ausfp             ; Summe ausgeben
; Test der Subtraktion
            movw    r17:r16,r19:r18   ; R17:R16 <- 1. Operand
            sub     r16,r22           ; subtrahiere Low
            sbc     r17,r23           ; subtrahiere High - Borgen
            brcc    loop2             ; kein Borgen
            Mputkon ' '
            Mputkon 'C'
loop2:      rcall   ausfp             ; Differenz ausgeben
; Test des 8-Bit fmul-Befehls
            Mputkon ' '               ; lz
            Mputkon '*'               ; Marke
            fmul    r21,r23           ; nur High-Teile multiplizieren
            brcc    loop3             ; kein Übertrag
            Mputkon ' '
            Mputkon 'C'
loop3:      movw    r17:r16,r1:r0
            rcall   ausfp             ; Produkt ausgeben
; Test des 8-Bit Mfmulx8-Makros
            Mputkon ' '               ; lz
            Mputkon '*'               ; Marke
            Mfmulx8 r21,r23           ; nur High-Teile multiplizieren
            brcc    loop4             ; kein Übertrag
            Mputkon ' '
            Mputkon 'C'
loop4:      movw    r17:r16,r1:r0
            rcall   ausfp             ; Produkt ausgeben
            rjmp    loop
```

Beispiel eines Testlaufs ohne Umwandlungsfehler und ohne Überläufe:

Eingabe > **0.5**	*Summe*	*Differenz*	*mul-Befehl*	*Mfmulx8-Makro*
Eingabe > **0.125**	0.625	0.375	0.0625	0.0625

Beispiel eines Testlaufs ohne Umwandlungsfehler und mit Überläufen (durch **C** markiert):

```
Eingabe > 1.5      Summe     Differenz    mul-Befehl    Mfmulx8-Makro
Eingabe > 1.75   C 1.25    C 1.75       C 0.625       C 0.625
```

Beispiel eines Testlaufs mit Umwandlungsfehlern und ohne Überläufe:

```
Eingabe > 1.0      Summe                Differenz             8bit Produkt
Eingabe > 0.4    1.399993896484375   0.600006103515625   0.3984375
```

Die Ungenauigkeiten dualer Festpunktarithmetik liegen an den notwendigen dezimalen Zahlenumwandlungen, die sich umgehen lassen, wenn dezimal eingegeben, gerechnet und ausgegeben wird. Eine reelle BCD-Arithmetik arbeitet z. B. mit vier Vorpunktstellen V3 bis V0 und vier Nachpunktstellen N3 bis N0 in je zwei Bytes und ist frei von Umwandlungsfehlern.

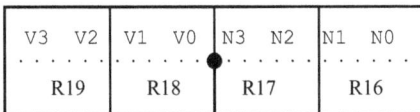

2.8.6 Ganzzahlige Funktionen

Die mathematischen Funktionen wie z. B. Quadratwurzel und Sinus erfordern allgemein eine reelle Arithmetik. Für ganzzahlige Operationen gibt es Näherungs- und Tabellenverfahren. Ein Beispiel ist die Berechnung der Quadratwurzel für ganzzahlige Radikanden mit den Additions-, Subtraktions- und Schiebebefehlen (Abbildung 2-30). Das Verfahren geht auf eine Reihenentwicklung des Quadrates zurück. Wegen der vielen Schritte ist es nur für kleine Zahlen brauchbar.

```
; sqrt.asm R1:R0 <- SQRT(R1:R0) ganzzahlig

sqrt:   push    r24           ; Register retten
        push    r25
        ldi     r24,LOW(-1)   ; R25:R24 = Wurzel
        ldi     r25,HIGH(-1)  ; Anfangswert = -1
sqrt1:  adiw    r24,2         ; W <- W + 2
        sub     r0,r24        ; R <- R - W
        sbc     r1,r25
        brsh    sqrt1         ; R >= 0: weiter
```

R = Radikand
W = Wurzel

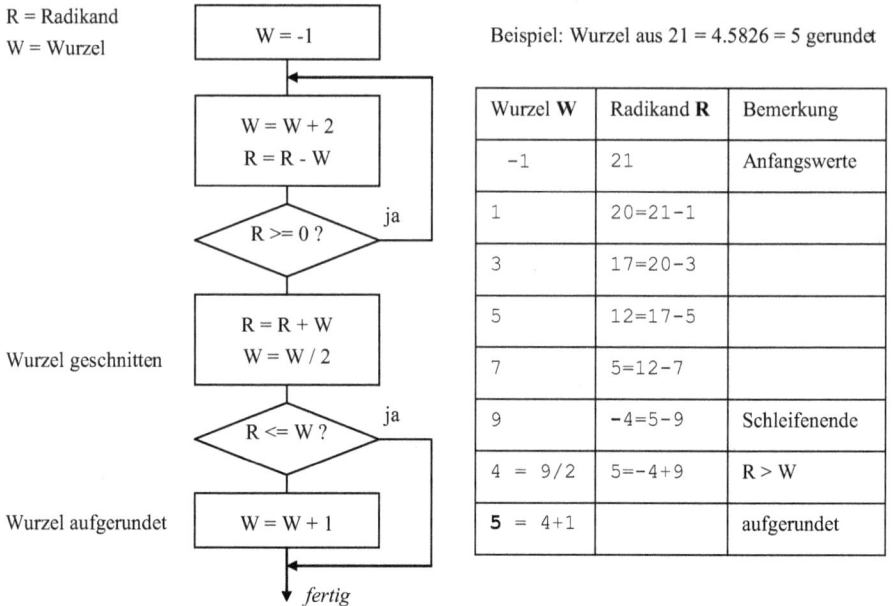

Beispiel: Wurzel aus 21 = 4.5826 = 5 gerundet

Wurzel **W**	Radikand **R**	Bemerkung
-1	21	Anfangswerte
1	20=21-1	
3	17=20-3	
5	12=17-5	
7	5=12-7	
9	-4=5-9	Schleifenende
4 = 9/2	5=-4+9	R > W
5 = 4+1		aufgerundet

Abbildung 2-30: Berechnung der Quadratwurzel für ganzzahlige Radikanden.

```
        add     r0,r24      ; R <- R + W
        adc     r1,r25      ; für Rundung
        lsr     r25         ; W <- W / 2
        ror     r24         ; W = Wurzel geschnitten
        cp      r0,r24      ; Vergleich R - W
        cpc     r1,r25
        brlo    sqrt2       ; kleiner: nicht aufrunden
        breq    sqrt2       ; gleich:  nicht aufrunden
        adiw    r24,1       ; kleiner: +1 zum aufrunden
sqrt2:  mov     r0,r24      ; R0 <- Wurzel Low
        mov     r1,r25      ; R1 <- Wurzel High
        pop     r25         ; Register zurück
        pop     r24
        ret                 ; R1:R0 <- Wurzel
```

Bei einem Testlauf ergaben sich folgende Ergebnisse:

```
Radikand positiv ganz -> 0 => 0
Radikand positiv ganz -> 1 => 1
Radikand positiv ganz -> 21 => 5
Radikand positiv ganz -> 25 => 5
Radikand positiv ganz -> 30 => 5
Radikand positiv ganz -> 65535 => 256
```

Trigonometrische Funktionen wie z. B. Sinus enthalten reelle Werte, für deren Berechnung mit Hilfe von Näherungsverfahren eine reelle Arithmetik erforderlich ist. Das Unterprogramm `sinus` dagegen legt eine Tabelle mit ganzzahligen Sinuswerten im Speicher ab und greift auf die Werte mit indirekter Adressierung zu. Die Tabellenwerte sind nach der Formel

$$Y = \sin(x) * 127 + 127 \text{ ganzzahlig gerundet}$$

im Speicher abgelegt. Der Faktor *127 beseitigt die Nachpunktstellen, der Summand +127 verschiebt negative Werte in den positiven Bereich. Dadurch ergeben sich für den Winkel x:

```
sin  (0) =  0 -> 127
sin (90) = +1 -> 254
sin(180) =  0 -> 127
sin(270) = -1 -> 0
sin(360) =  0 -> 127
```

Der ganzzahlige Winkel im Bereich von 0 bis 359 wird ohne Bereichskontrolle zur Anfangsadresse der Tabelle addiert und ergibt die Adresse des Tabellenwertes in R0.

```
; sinus.asm ganzzahlige Sinusfunktion R0 <- SIN(R25:R24) 19 Takte
sinus:  push    ZL                      ; 2 Takte: Register retten
        push    ZH                      ; 2 Takte
        ldi     ZL,LOW(sinustab*2)      ; 1 Takt: Z <- Anfangsadresse
        ldi     ZH,HIGH(sinustab*2)     ; 1 Takt
        add     ZL,r24                  ; 1 Takt: + Grad als Abstand
        adc     ZH,r25                  ; 1 Takt:
        lpm                             ; 3 Takte: R0 <- Tabellenwert
        pop     ZH                      ; 2 Takte: Register zurück
        pop     ZL                      ; 2 Takte:
        ret                             ; 4 Takte: R0 <- Tabellenwert Sinus
; Sinustabelle  =  sin(Winkel)*127 + 127 ganzzahlig verschoben
;                   0   1   2   3   4   5   6   7   8   9
sinustab: .DB 127,129,131,134,136,138,140,142,145,147 ;  0.. 9 Grad
          .DB 149,151,153,156,157,160,162,164,166,168 ; 10.. 19 Grad
          .DB 170,173,175,177,179,181,183,185,187,189 ; 20.. 29 Grad
          .DB 191,192,194,196,198,200,202,203,205,207 ; 30.. 39 Grad
          .DB 209,210,212,214,215,217,218,220,221,223 ; 40.. 49 Grad
          .DB 224,226,227,228,230,231,232,234,235,236 ; 50.. 59 Grad
          .DB 237,238,239,240,241,242,243,244,245,246 ; 60.. 69 Grad
          .DB 246,247,248,248,249,250,250,251,251,252 ; 70.. 79 Grad
```

```
.DB 252,252,253,253,253,254,254,254,254,254 ;  80.. 89 Grad
.DB 254,254,254,254,254,254,253,253,253,252 ;  90.. 99 Grad
.DB 252,252,251,251,250,250,249,248,248,247 ; 100..109 Grad
.DB 246,246,245,244,243,242,241,240,239,238 ; 110..119 Grad
.DB 237,236,235,234,232,231,230,228,227,226 ; 120..129 Grad
.DB 224,223,221,220,218,217,215,214,212,210 ; 130..139 Grad
.DB 209,207,205,203,202,200,198,196,194,192 ; 140..149 Grad
.DB 191,189,187,185,183,181,179,177,175,173 ; 150..159 Grad
.DB 170,168,166,164,162,160,158,156,153,151 ; 160..169 Grad
.DB 149,147,145,142,140,138,136,134,131,129 ; 170..179 Grad
.DB 127,125,123,120,118,116,114,112,109,107 ; 180..189 Grad
.DB 105,103,101, 98, 96, 94, 92, 90, 88, 86 ; 190..199 Grad
.DB  84, 82, 80, 77, 75, 73, 71, 69, 67, 65 ; 200..209 Grad
.DB  63, 62, 60, 58, 56, 54, 52, 51, 49, 47 ; 210..219 Grad
.DB  45, 44, 42, 40, 39, 37, 36, 34, 33, 31 ; 220..229 Grad
.DB  30, 28, 27, 26, 24, 23, 22, 21, 19, 18 ; 230..239 Grad
.DB  17, 16, 15, 14, 13, 12, 11, 10,  9,  8 ; 240..249 Grad
.DB   8,  7,  6,  6,  5,  4,  4,  3,  3,  2 ; 250..259 Grad
.DB   2,  2,  1,  1,  1,  0,  0,  0,  0,  0 ; 260..269 Grad
.DB   0,  0,  0,  0,  0,  0,  1,  1,  1,  2 ; 270..279 Grad
.DB   2,  2,  3,  3,  4,  4,  5,  6,  6,  7 ; 280..289 Grad
.DB   8,  8,  9, 10, 11, 12, 13, 14, 15, 16 ; 290..299 Grad
.DB  17, 18, 19, 21, 22, 23, 24, 26, 27, 28 ; 300..309 Grad
.DB  30, 31, 33, 34, 36, 37, 39, 40, 42, 44 ; 310..319 Grad
.DB  45, 47, 49, 51, 52, 54, 56, 58, 60, 62 ; 320..329 Grad
.DB  63, 65, 67, 69, 71, 73, 75, 77, 80, 82 ; 330..339 Grad
.DB  84, 86, 88, 90, 92, 94, 96, 98,101,103 ; 340..349 Grad
.DB 105,107,109,112,114,116,118,120,123,125 ; 350..359 Grad
```

Das *Programm k2p25.asm* gibt eine periodische Sinusfunktion auf dem Port B aus, an den ein 8-Bit Digital/Analogwandler angeschlossen ist. Bei einem Controllertakt von 1 MHz wurde am analogen Ausgang eine Frequenz von ca. 90 Hz gemessen.

```
; k2p25.asm ATmega8 Ganzzahlige Sinusfunktion analog ausgeben
; 31 Takte * 360 Werte * 1 us -> 11 ms -> 90 Hz bei 1 MHz Systemtakt
; Port B: Ausgabe Digital/Analogwandler
; Konfiguration: interner Oszillator 1 MHz, externes RESET-Signal
        .INCLUDE  "m8def.inc"  ; Deklarationen für ATmega8
        .EQU   takt = 1000000  ; Systemtakt 1 MHz intern
        .DEF   akku = r16       ; Arbeitsregister
        .CSEG                   ; Programm-Flash
        rjmp   start            ; Reset-Einsprung
        .ORG   $2A              ; Interrupteinsprünge übergehen
```

```
start:  ldi     akku,LOW(RAMEND); Stapel anlegen
        out     SPL,akku
        ldi     akku,HIGH(RAMEND)
        out     SPH,akku
        ldi     akku,$ff        ; Bitmuster 1111 1111
        out     DDRB,akku       ; Richtung Port B ist Ausgang
        ldi     r26,LOW(360)    ; R26 <- Endwert Low
        ldi     r27,HIGH(360)   ; R27 <- Endwert High
neu:    clr     r24             ; 1 Takt: R25:R24 <- Anfangswert 0 Grad
        clr     r25             ; 1 Takt
; Arbeitsschleife Abbruch nur mit Reset 12 Takte + 19 Takte Upro sinus
loop:   rcall   sinus           ; 3 Takte: R0 <- SIN(R25:R24)
        out     PORTB,r0        ; 1 Takt    Ausgabe auf Port B
        adiw    r24,1           ; 2 Takte: Winkel + 1
        cp      r24,r26         ; 1 Takt:  Winkel 360 Grad ?
        cpc     r25,r27         ; 1 Takt:
        breq    neu             ;  ja: 2 Takte + 2 Takte clr
        nop                     ; nein: 1 Takt  + 1 Takt nop + 2 Takte rjmp
        rjmp    loop            ; 2 Takte springe immer zum Ziel loop
; Unterprogramm sinus
        .INCLUDE "sinus.asm"    ; R0 <- SIN(R25:R24)
        .EXIT                   ; Ende des Quelltextes
```

k2p25.asm: Periodische Ausgabe der Sinusfunktion.

Abbildung 2-31 zeigt die Schaltung des Digital/Analogwandlers am Port B. An den digitalen Eingängen D0 bis D7 liegen die Ausgänge B0 bis B7 des Ports B. Die Referenzspannung ist so eingestellt, dass $00 am Eingang 0 Volt am analogen Ausgang und $FF am Eingang der Ausgangsspannung 2.55 Volt entsprechen.

Funktionen lassen sich im Arbeitsspeicher aufbauen und ausgeben. Das Beispiel speichert eine Dreieckfunktion, bestehend aus 256 Bytes, in den SRAM-Bereich ab Adresse $0100, dessen Inhalt dann durch Inkrementieren des Low-Teils periodisch ausgegeben wird.

```
; Ausgabespeicher mit 256 Funktionswerten füllen
        ldi     XL,LOW(list)
        ldi     XH,HIGH(list)
        ldi     akku,0
anstei: st      X+,akku         ; 129 Werte von 0 bis 128
        inc     akku
        cpi     akku,128
        brlo    anstei          ; bis Wert = 128
```

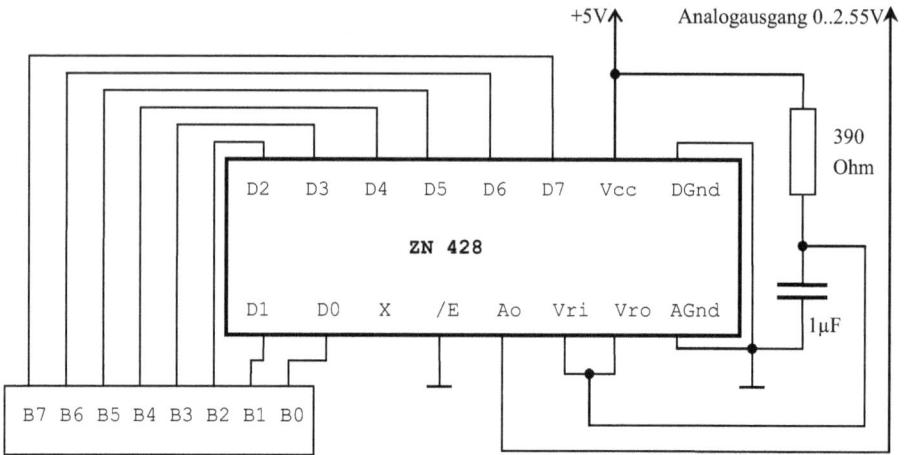

Abbildung 2-31: Paralleler Digital/Analogwandler am Port B.

```
fallen:  st     X+,akku
         dec    akku
         brne   fallen          ; 127 Werte von 127 bis 1
; 256 Bytes Ausgabespeicher periodisch ausgeben
         ldi    XL,LOW(list)
         ldi    XH,HIGH(list)
aus:     ld     akku,X          ; Wert aus Liste
         out    PORTB,akku      ; nach D/A-Wandler
         inc    XL              ; nur Low-Adresse erhöhen
         rjmp   aus             ; Ausgabeschleife
         .DSEG                  ; Datenbereich
         .ORG   $100            ; Low-Adresse muss 00 sein
list:    .BYTE  256             ; 256 Bytes Ausgabespeicher
```

3 C-Programmierung

Die Programmiersprache C wurde 1987 zum ersten Mal als ANSI-Standard genormt. Sie hat sich im Bereich der professionellen Mikrocontroller-Programmierung mit weitem Abstand gegenüber Assembler und anderen Hochsprachen (BASIC, Forth, PASCAL, Modula ...) durchgesetzt. Allerdings berücksichtigt ANSI keine Mikrocontroller-spezifischen Anforderungen. Compiler müssen an den Befehlssatz und spezielle Register- und Speicherstrukturen der Zielhardware angepasst sein, insbesondere bei Mikrocontrollern mit ihren knappen Speicher-Ressourcen. Die AVR-Entwickler erkannten dies und bezogen von Anfang an einen Compilerhersteller in den Designprozess mit ein. So wurde erstmals nicht nur der Compiler an die Hardware angepasst, sondern auch umgekehrt die Controller-Architektur an die Bedürfnisse des Compilerbaus. Der entsprechende kommerzielle AVR-C-Compiler erzeugt ca. 20% kompakteren Code als die AVR-Version des freien GNU-Compilers **GCC (GNU Compiler Collection)**. Dennoch wurde letzterer für dieses Buch verwendet, da er kostenlos als Bestandteil des Atmel Studios verfügbar ist. Die etwas weniger effiziente Optimierung spielt hier keine Rolle. In frühen Phasen der Entwicklung sowie in der Lehre sollte ohnehin vorsichtig mit Optimierungseinstellungen vorgegangen werden, da sonst die Übersichtlichkeit des resultierenden Assemblercodes leidet und unerwartete Nebenwirkungen zu den stets auftretenden Herausforderungen durch die eigentliche Aufgabenstellung noch hinzukommen. Code-Optimierung ist etwas für fortgeschrittene Phasen der Projektentwicklung.

GCC ist das Werk vieler Programmierer, die ohne kommerzielles Interesse ein großartiges Arbeitsmittel geschaffen haben. Auch der Hersteller Microchip pflegt die GCC Version für AVR Mikrocontroller ebenso, wie es Atmel schon früher tat.

Der **Editor** der Entwicklungsumgebung dient zur Erstellung des Quelltextes und markiert farblich dessen verschiedene Teile wie z. B. Kommentare, Präprozessoranweisungen und reservierte Kennwörter.

Für die Übersetzung und das Laden des Programmcodes in den Baustein werden entsprechend Abbildung 3-1 der Compiler, der Linker (Binder) und die Programmiersoftware aufgerufen.

Der **Präprozessor** fügt vor der eigentlichen Übersetzung Definitionen, Makroanweisungen und Funktionen in den Quelltext ein. Diese werden der Systembibliothek AVR-libc sowie benutzereigenen Dateien entnommen.

Der **Linker** bindet das vom Compiler übersetzte Maschinenprogramm mit Funktionen der Systembibliothek und mit Benutzerfunktionen zu einem ladbaren Programmcode zusammen, der von der im Studio7 integrierten Programmiersoftware über eine Interfaceschaltung in den Controllerbaustein „gebrannt" wird.

Die Arbeit des Compilers wird gesteuert durch Optionen in einem vorgefertigten *makefile*, in das mindestens der Controllertyp – z. B. atmega8 – und der Name der zu übersetzenden C-Datei – z. B. k3p1 einzutragen sind. Dazu kommen Optimierung,

https://doi.org/10.1515/9783110403886-003

Compilerversion und Optionen des Linkers sowie Angaben für die Programmiersoftware. All dies kann komfortabel innerhalb des Atmel Studios über entsprechende Eingabemasken geschehen.

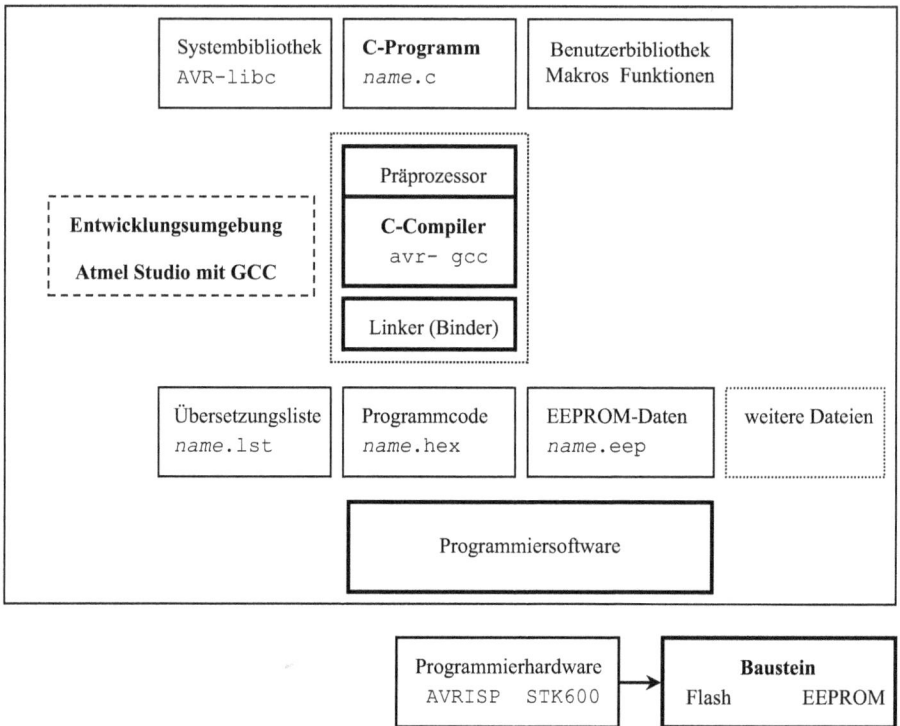

Abbildung 3-1: Die Entwicklung eines C-Programms mit GCC (Übersicht).

In makefiles kennzeichnet die Raute # anders als in C einen Kommentar. Die Wirkung der Optimierung lässt sich mit Assemblerkenntnissen in der List-Datei .1st verfolgen. Dies ist anzuraten, wenn sich bei Simulation oder Test unerwartete Ergebnisse zeigen.

Der Compiler legt im *Startup-Teil (Anlaufprogramm)* die Interrupt-Tabelle an, kopiert Konstanten und Anfangswerte in den SRAM, initialisiert Register und ruft die Hauptfunktion main auf. Dies kann länger dauern und belegt einen Teil des Programmspeichers.

```
#MCU name
MCU = atmega8

#Target file name (without extension)
TARGET = k3p1

#Optimization level, can be [0, 1, 2, 3, s].
OPT = 1
```

```
# List any extra directories to look for include files here.
#     Each directory must be separated by a space
EXTRAINCDIRS = c:\avr5\cprog5

#Compiler flag to set the C Standard level.

#Linker flags

#Programming support
```

Der verwendete Compiler benötigt bei leerer Hauptfunktion `main{}` 66 Bytes Programmspeicher für den Startup (Abbildung 3-2):

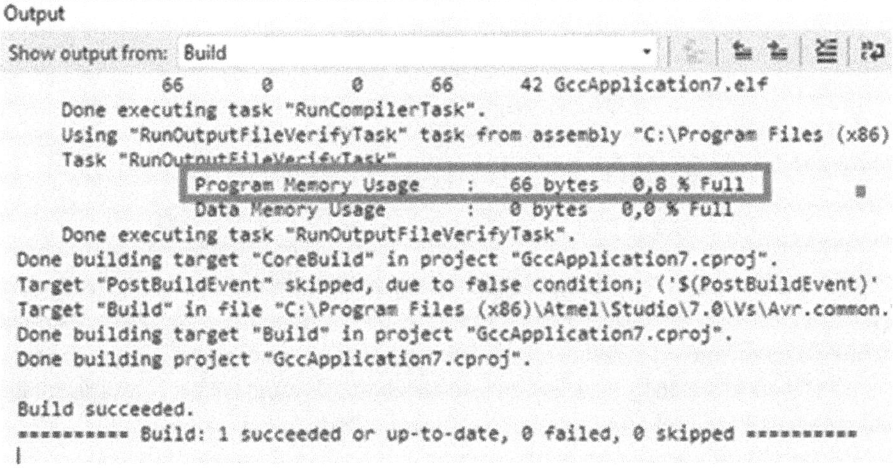

Abbildung 3-2: Atmel Studio Output Fenster.

In der Hauptfunktion `main` werden in einem *Prolog* (Vorspann) von ca. 16 Bytes der Stapel angelegt und Register vorbesetzt. Dann folgt der Code der übersetzten C-Anweisungen, hinter dem in einem *Epilog* (Nachspann) eine unendliche Schleife angeordnet wird, die verhindert, dass das Programm bei fehlerhafter Programmierung in einen undefinierten Bereich gelangt.

3.1 Testschaltung und einführendes Beispiel

Das einführende Beispiel entspricht in Aufbau und Funktion der Schaltung im Abschnitt Assemblerprogrammierung. Das C-Programm *k3p1.c* gibt die am Port D anliegenden Daten auf Port B wieder aus. Gleichzeitig erscheint auf Port C ein Dualzähler.

```
// k3p1.c ATmega8 Einführendes Beispiel
// Port B: Ausgabe PB7 .. PB0 acht  Leuchtdioden
// Port C: Ausgabe PC5 .. PC0 sechs Leuchtdioden
// Port D: Eingabe PD7 .. PD0 acht  Schalter
// Konfiguration: interner Oszillator 1 MHz, externes RESET-Signal
#include <avr/io.h>        // Deklarationen einfügen
#define TAKT 1000000       // Systemtakt 1 MHz intern
void main(void)            // Hauptfunktion
{                          // Anfang der Hauptfunktion
 DDRB = 0xff;              // Port B ist Ausgang
 DDRC = 0xff;              // Port C ist Ausgang
// Testschleife  PC0 gemessen 70.7 kHz
 while(1)                  // unendliche Schleife
 {                         // Anfang des Schleifenblocks
  PORTB = PIND;            // Eingabe Port D nach Ausgabe Port B
  PORTC++;                 // Dualzähler auf Port C um 1 erhöhen
 }                         // Ende der while-Schleife
}                          // Ende der Hauptfunktion main
```

k3p1.c: Einführendes C-Programmbeispiel (ATmega8).

Die Präprozessoranweisung #include fügt die in der Datei avr/io.h vordefinierten Deklarationen in den Programmtext ein. #define definiert das Symbol TAKT für den Systemtakt, der in dem vorliegenden Programm nicht verwendet wird. Die Bezeichner der SF-Register sind vordefinierte Variablen vom Datentyp volatile unsigned char.

Die Hauptfunktion main weist den Portvariablen DDRB und DDRC die hexadezimale Konstante 0xff zu und programmiert dadurch die Ports B und C als Ausgänge.

In der unendlichen Testschleife, die nur durch einen Reset abgebrochen werden kann, bringt die Wertzuweisung PORTB = PIND die am Eingang des Ports D anliegenden Schalterpotentiale auf dem Port B als Leuchtdiodenanzeige zur Ausgabe. Die Anweisung PORTC++ liest den augenblicklichen Zählerstand des Ports C, erhöht ihn um 1 und bringt den neuen Zählerstand wieder zurück zur Ausgabe auf dem Port C.

3.2 Grundlagen

Der **Präprozessor** ist der Teil des Compilers, der den Programmtext vor der eigentlichen Übersetzung bearbeitet durch Einfügen von Dateien, Umwandeln von Makroanweisungen und bedingtes Übersetzen. Die in Tabelle 3-1 zusammengestellten Präprozessoranweisungen beginnen mit dem Zeichen #, erstrecken sich bis zum Ende der Zeile und werden nicht, wie Vereinbarungen und Anweisungen, durch ein Semikolon abgeschlossen.

In Pfadangaben kann für den Rückstrich \ auch ein Schrägstrich / verwendet werden, also <avr/io.h> für <avr\io.h>. Mit #define vereinbarte Symbole schreibt man üblicherweise, aber nicht zwingend, mit großen Buchstaben, um sie von den übrigen Vereinbarungen zu unterscheiden. Vom System vordefinierte Symbole beginnen oft mit einem oder zwei Unterstrichen _.

Präprozessoranweisungen sollten möglichst im globalen Vereinbarungsteil angeordnet werden, lassen sich aber auch im Testbetrieb zum Ausblenden bestimmter Programmteile verwenden.

Tabelle 3-1: Präprozessoranweisungen (Auszug).

Anweisung	Operand	Anwendung	Beispiel
#include	<Datei>	Datei aus Standardordner einfügen	#include <avr/io.h>
#include	"Datei"	Datei aus Benutzerordner einfügen	#include "konsole.h"
#define	NAME	Symbol vereinbaren	#define TEST
#define	NAME *text*	Symbol für *text* vereinbaren	#define TEST 1
#define	NAME(Argumente)	Makroanweisung	#define ADD(x,y) x + y
#undef	NAME	Symbolvereinbarung aufheben	#undef TEST
#if	Ausdruck	bei *wahr* Folgezeilen ausführen	#if (TEST == 1)
#if	defined NAME	bei *definiert* Folgezeilen ausführen	#if defined TEST
#ifdef	NAME	bei *definiert* Folgezeilen ausführen	#ifdef TEST
#ifndef	NAME	bei *nicht definiert* Folgezeilen ausf.	#ifndef TEST
#else		bei *nicht erfüllt* Folgezeilen ausf.	
#elif	Ausdruck	wie #else dann #if Ausdruck	#elif (TEST == 2)
#endif		beendet #if #else #elif	
#error	"String"	Übersetzung mit Meldung abbrechen	#error "Fehler"
#pragma	*compilerabhängig*	compilerabhängige Anweisungen	
\		Folgezeilen anhängen	#error "Fehler \ meldung"

Ist im Beispiel das Symbol TEST bereits definiert, so wird die Übersetzung mit einer Fehlermeldung abgebrochen, anderenfalls wird für das Symbol TEST der Wert 1 vereinbart. In der Hauptfunktion main entscheidet der Wert von TEST über eine bedingte Compilierung.

```
#include <avr/io.h>        // io.h aus Ordner C:\WinAVR\avr\include\avr
#ifdef TEST                // ist TEST schon definiert?
 #error "TEST schon definiert"  // bei "ja" Fehlermeldung und Abbruch
#else
 #define TEST 1            // bei "nein" definiere TEST Wert 1
```

```
#endif
void main(void)
{
 DDRB=0xff;                          // Anweisung immer compilieren
 #if TEST==1                         // wenn TEST den Wert 1 hat
  PORTB = 0x11;                      // dann Anweisung compilieren
 #elif TEST==2                       // wenn TEST den WERT 2 hat
  PORTB = 0x22;                      // dann Anweisung compilieren
  PORTD = 0x22;                      // dann Anweisung compilieren
 #endif
}
```

Bedingte Präprozessoranweisungen sind wertvoll, um Programme unabhängig vom Controllertyp zu gestalten. Das Beispiel programmiert die UART für die Datenübertragung von und zu einem PC. Die UART der älteren Familien ATtiny und Classic hat einen anderen Aufbau als die USART der ATmegas und neuerer ATtinys mit der erweiterten synchronen Betriebsart sowie mit neuen Registern und anders vordefinierten Symbolen. Die bedingte Compilierung unterscheidet die beiden Fälle durch das vordefinierte Symbol UBRRL.

```
#ifdef UBRRL                                     // für USART-Schnittstelle
UBRRL = (TAKT / (8 * BAUD)) - 1;                 // Baudrate
  UCSRA |= (1 << U2X);                           // Taktverdopplung
  UCSRB |= (1 << TXEN) | (1 << RXEN);            // Sender und Empfänger ein
  UCSRC |= (1 << URSEL) | (1 << UCSZ1) | (1 << UCSZ0);
 #else                                           // für UART-Schnittstelle
  UBRR = (TAKT / (16 * BAUD)) - 1;               // Baudrate
  UCR |= (1 << TXEN) | (1 << RXEN);              // Sender und Empfänger ein
 #endif
x = UDR;                                         // für beide Schnittstellen
```

Die restlichen Zeilen müssen an dieser Stelle noch nicht verstanden werden. Ihre Schreibweise wird im Zusammenhang mit Schiebeoperationen weiter unten erklärt. Die Typen nach Tabelle 3-2 sind compilerabhängig. Die 8-Bit Datentypen char und unsigned char passen am besten zum byteorganisierten Register-/ Befehlssatz der AVRs. In einigen Fällen, wie Konstanten, Zeigern und Aufzählungsdaten, verwendet der Compiler standardmäßig den Datentyp int. Mit typedef lassen sich benutzereigene Bezeichner vereinbaren.

Beispiel:

```
typedef unsigned char byte;     // neuer 8-Bit Datentyp byte
typedef unsigned int wort;      // neuer 16-Bit Datentyp wort
```

Tabelle 3-2: Vordefinierte Datentypen (compilerabhängig!).

Datentyp	Länge	Bereich dezimal	Anwendung
unsigned char	8 bit	0 .. 255	vorzeichenlose kleine Zahlen, Zähler, Zeichen
unsigned int	16 bit	0 .. 65535	vorzeichenlose große Zahlen und Zähler
unsigned long	32 bit	0 .. 4294967295	vorzeichenlose sehr große Zahlen und Zähler
char signed char	8 bit	-128 .. +127	vorzeichenbehaftete kleine Zahlen
int short int	16 bit	−32768 .. +32767	vorzeichenbehaftete große Zahlen
long long int	32 bit	−2147483648 .. +2147483647	vorzeichenbehaftete sehr große Zahlen
float	32 bit	$\pm 10^{-37}$ .. $\pm 10^{+38}$	reelle Zahlen mit ca. 7 Dezimalstellen
double	64 bit	$\pm 10^{-307}$ .. $\pm 10^{+308}$	reelle Zahlen mit ca. 15 Dezimalstellen
void			leer oder unbestimmt oder nicht verwendet

Datenkonstanten sind Dezimalzahlen mit den Ziffern 0 bis 9, Hexadezimalzahlen (Basis 16) mit den Ziffern 0 bis 9, A bis F oder a bis f nach dem Doppelzeichen **0x** sowie Zeichen und Zeichenketten (strings). Binäre Konstanten sind standardmäßig nicht vorgesehen.

```
unsigned char dezi, hexa, zeich, i;      // Variablen
unsigned char liste [10] = "0123456789";  // String

dezi = 123;       // dezimale Konstante
hexa = 0x8f;      // hexadezimale Konstante Bitmuster 1000 1111
zeich= 'A';       // Zeichenkonstante Buchstabe A Code 0x41
for (i=0; i<10; i++) PORTB = liste[i];      // Stringausgabe
```

Wenn das standardmäßig für Konstanten verwendete 16-Bit int-Format für größere Werte oder bei Teilausdrücken nicht ausreicht, kann eine 32-Bit Speicherung durch Anhängen von **l** oder **L** (signed long) bzw. **ul** oder **UL** (unsigned long) vorgegeben werden. Das Beispiel berücksichtigt, dass der Wert 153600 des Klammerausdrucks den 16-Bit Zahlenbereich überschreitet.

```
#define TAKT 3686400UL           // 32-Bit Symbolkonstante
#define BAUD 9600UL              // 32-Bit Symbolkonstante

UBRRL = TAKT / (16UL * BAUD) - 1;   // 32-Bit Rechnung gibt 23
```

Der Compiler berechnet Ausdrücke mit Konstanten oder vorbesetzten Anfangswerten bereits zur Übersetzungszeit und liefert eine Meldung *Warning: integer overflow in expression*, wenn der 16-Bit Wertebereich überschritten wird. Bei Operationen zur Laufzeit findet standardmäßig keine Überprüfung statt.

Mit den in Tabelle 3-3 zusammengestellten Kennwörtern lassen sich besondere Speichervereinbarungen für die Gültigkeit, die Lebensdauer und die Startwerte treffen.

Tabelle 3-3: Kennwörter für Speicherklassen und Attribute (Auszug).

Kennwort	Anwendung	Beispiel
auto	automatisch lokal und dynamisch anlegen	*selten verwendet*
extern	bereits außerhalb des Blocks vereinbart	*selten verwendet*
register	möglichst in einem Register anlegen	*selten verwendet*
static	auf fester Adresse (statisch) anlegen	static unsigned char a, b;
const	Daten sind konstant und dürfen nicht geändert werden	const unsigned char x = 7;
volatile	Daten können von außen geändert werden (flüchtig)	volatile unsigned char x;

Die Speicherklassenspezifizierer auto, extern und register werden kaum verwendet, da sie vom Compiler automatisch erkannt bzw. angewendet werden. Mit **static** gekennzeichnete lokale Variable sind nur innerhalb des vereinbarten Blocks gültig, behalten aber ihren Wert auch nach dem Verlassen des Blocks, da sie auf festen Adressen (statisch) angelegt werden. Ohne Zuweisung eines Anfangswertes ist ihr Startwert Null.

Das Attribut **const** kennzeichnet Größen, deren bei ihrer Vereinbarung zugewiesener Wert sich nicht ändern darf. Der Compiler legt für diese benannten Konstanten keine Speicherstellen an, sondern setzt die zugewiesenen Werte in die entsprechenden Anweisungen ein.

Das Attribut **volatile** (flüchtig) kennzeichnet Variablen, die außerhalb der Programmkontrolle z. B. durch Hardware oder Interrupts verändert werden können. Daher muss der Compiler immer auf den entsprechenden Speicher zugreifen und darf keine Optimierungen vornehmen, die überflüssige Anweisungen wegrationalisieren.

In C sind standardmäßig keine Einzelbitvariablen und Einzelbitbefehle vorgesehen. Wenn der Compiler keine entsprechenden Makros oder Funktionen zur Verfügung stellt, müssen *Bitoperationen* mit logischen Operatoren und Schiebeoperatoren vorgenommen werden. Die logischen Operatoren lassen sich wie die arithmetischen auf alle Datentypen anwenden (Tabelle 3-4).

Tabelle 3-4: Logische Operatoren.

Rang	Richtung	Operator	Typ	Wirkung	Beispiel
2	<--	~*op*	unär	logisches NICHT Einerkomp.	x = ~ a;
8	-->	*op* & *op*	binär	logisches UND	x = a & 0x00ff;
9	-->	*op* ^ *op*	binär	logisches EODER	x = a ^ b;
10	-->	*op* | *op*	binär	logisches ODER	x = a | b;
14	<--	*op* &= *op*	binär	erst & dann zuweisen	x &= y; // x = x & y;
		op ^= *op*		erst ^ dann zuweisen	x ^= y; // x = x ^ y;
		op |= *op*		erst | dann zuweisen	x |= y; // x = x | y;

- Eine UND-Maske löscht alle Bitpositionen, in denen die Maske eine **0** hat.
- Eine EODER-Maske komplementiert alle Bitpositionen, in denen die Maske eine **1** hat.
- Eine ODER-Maske setzt alle Bitpositionen auf 1, in denen die Maske eine **1** hat.

```
unsigned char  x , a = 0x0f;  // a = Bitmuster 0000 1111
x = ~a;             // gibt x = 0xf0 = 1111 0000 Einerkomplement
x = a & 0x03;       // gibt x = 0x03 = 0000 0011 Bits löschen
x = a ^ 0x03;       // gibt x = 0x0c = 0000 1100 Bits komplementieren
x = a | 0x30;       // gibt x = 0x3f = 0011 1111 Bits einfügen
```

Die *Schiebeoperationen* enthalten neben den Richtungsoperatoren << und >> noch die Anzahl der Bitpositionen, um die der Operand verschoben werden soll (Tabelle 3-5).

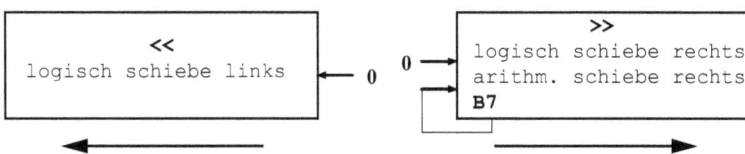

Tabelle 3-5: Schiebeoperationen.

Rang	Richtung	Operator	Typ	Wirkung	Beispiel
5	-->	*op* << *n*	unär	schiebe Operanden n bit links	x = a << 1; // 1 bit
5	-->	*op* >> *n*	unär	schiebe Operanden n bit rechts	x = a >> 4; // 4 bit
14	<--	*op* <<= *n*	unär	erst links schieben dann zuweisen	x <<= 1; // 1 bit
14	<--	*op* >>= *n*	unär	erst rechts schieben dann zuweisen	x >>= 4; // 4 bit

Der Verschiebezähler *n* kann eine Konstante, eine Variable oder allgemein ein positiver ganzzahliger Ausdruck sein. Der Links-Schiebeoperator **<<** füllt die rechts frei werdenden Stellen unabhängig vom Datentyp mit Nullen auf (logisches Schieben). Linksschieben um *n* Bitpositionen entspricht einer Multiplikation mit 2^n. Der Rechts-Schiebeoperator **>>** füllt bei vorzeichenlosen (unsigned) Datentypen die links frei werdenden Stellen mit Nullen auf (logisches Schieben); bei den vorzeichenbehafteten Datentypen (signed) wird das Vorzeichen nachgezogen (arithmetisches Schieben). Rechtsschieben um *n* Bitpositionen entspricht einer Division durch 2^n. Beispiele mit einer konstanten Anzahl von Verschiebungen:

```
unsigned char  x , a = 0x04;  // a = Bitmuster 0000 0100 = 4
x = a << 1;        // gibt x = 0x08 = 0000 1000 = 8 wie 8 = 4*2
x = a >> 1;        // gibt x = 0x02 = 0000 0010 = 2 wie 2 = 4/2
```

Beispiele für zyklisches Schieben (Rotieren) in allen acht Bitpositionen:

```
x = (x << 1) | (x >> 7);  // rotiere links    23456781 <- 12345678
x = (x >> 1) | (x << 7);  // rotiere rechts   12345678 -> 81234567
```

Die hexadezimalen logischen Masken für logische Operationen können durch Schiebeoperationen erzeugt werden, die der Compiler bereits zur Übersetzungszeit berechnet und in den Befehl einsetzt. Der Ausdruck

---

```
(1 << Bitposition)
```

---

erzeugt ein Byte, das in der angegebenen *Bitposition* eine **1** enthält, alle anderen Bitpositionen sind **0**. Mehrere Ausdrücke lassen sich durch die ODER-Funktion zu einem Bitmuster zusammensetzen.

```
(1 << Bitposition) | (1 << Bitposition) | (1 << Bitposition)
```

Die Beispiele erzeugen die binäre Maske 10000001 durch den Teilausdruck (1 << 7) („verschiebe die 1 um 7 Bitpositionen nach links") mit dem Teilergebnis 10000000 und den Teilausdruck (1 << 0) („verschiebe die 1 um 0 Bitpositionen, also gar nicht") mit dem Teilergebnis 00000001. Das ODER setzt beide Teilausdrücke zu 10000001 zusammen.

```
unsigned char  x, y;        // Testvariable
x  = (1 << 7) | (1 << 0);   // lade Konstante 1000 0001
y |= (1 << 7) | (1 << 0);   // ODER-Operation y = y ODER Konstante
```

Masken für UND-Verknüpfungen mit dem Operator **&** enthalten eine 0 dort, wo Bits gelöscht werden sollen. Dazu wird die mit Schiebe- und ODER-Operatoren aufgebaute Maske mit dem NICHT-Operator ~ negiert. Das Beispiel löscht die Bitpositionen 7 und 0 einer Variablen. Durch die Negation wird aus dem Muster 10000001 das Komplement 01111110. Man beachte die Klammerung des zu negierenden Ausdrucks, da der Operator ~ mit dem Rang 2 auf die gesamte Konstante und nicht nur auf den ersten Teilausdruck angewendet werden muss.

```
unsigned char  x = 0xff;      // Testvariable mit Anfangswert 11111111
x &= ~((1 << 7) | (1 << 0)); // UND-Operation x = x UND Konstante
```

Der Zugriff auf die eingebaute Peripherie erfolgt über die Sonder-Funktions-Register *(Special Function Register, SFR)*. Sie werden auch als Ports oder I/O-Register bezeichnet, nicht zu verwechseln mit den Anschluss-Ports des Bausteins nach außen, wobei auch diesen solche SF-Register zugewiesen sind. Die 8-Bit SF-Register werden wie vordefinierte Variablen vom Typ **volatile unsigned char** behandelt; die 16-Bit SF-Register sind vom Typ **volatile unsigned int**. Die Datei avr/io.h enthält neben den Portvariablen auch vordefinierte Bezeichner für einzelne Bitpositionen. Tabelle 3-6 zeigt Beispiele für die Ports B und D, das Steuerregister UCSRB der seriellen USART-Schnittstelle (Abschnitt 4.3.2) und das 16-Bit Timerregister TCNT1 (Abschnitt 4.2.2). In älteren GNU-Compilerversionen sind keine Portvariablen, sondern nur die Bezeichner vordefiniert. Beispiel: #define PB7 7

Tabelle 3-6: Beispiele für vordefinierte Portvariablen und Bitbezeichner (ATmega8).

SRAM	SFR	Name	Bit 7	Bit 6	Bit 5	Bit 4	Bit 3	Bit 2	Bit 1	Bit 0
0x38	0x18	**PORTB**	PB7	PB6	PB5	PB4	PB3	PB2	PB1	PB0
0x37	0x17	**DDRB**	DDB7	DDB6	DDB5	DDB4	DDB3	DDB2	DDB1	DDB0
0x36	0x16	**PINB**	PINB7	PINB6	PINB5	PINB4	PINB3	PINB2	PINB1	PINB0
0x32	0x12	**PORTD**	PD7	PD6	PD5	PD4	PD3	PD2	PD1	PD0
0x31	0x11	**DDRD**	DDD7	DDD6	DDD5	DDD4	DDD3	DDD2	DDD1	DDD0
0x30	0x10	**PIND**	PIND7	PIND6	PIND5	PIND4	PIND3	PIND2	PIND1	PIND0
0x2A	0x0A	**UCSRB**	RXCIE	TXCIE	UDRIE	RXEN	TXEN	UCSZ2	RXB8	TXB8
0x4C	0x2C	**TCNT1**	*16-Bit Timerregister ohne Bitbezeichner*							
0x4C	0x2C	**TCNT1L**	*Low-Byte des 16-Bit Timerregisters*							
0x4D	0x2D	**TCNT1H**	*High-Byte des 16-Bit Timerregisters*							

In der einzubindenden *Systembibliothek* avr/io.h ist für die Bezeichnung einer Bitposition in allen Registern der gleiche Zahlenwert definiert, also PB7 = DDB7 = PINB7 = 7, so dass auch in den Richtungs- und Eingaberegistern der Bezeichner des

Portbits verwendet werden kann. Mit den Portvariablen und Bitbezeichnern können nun Bitmuster für die Behandlung von SF-Registern erzeugt werden, in denen die Angaben der Datenblätter wie z. B. RXEN für Receiver X ENable erscheinen. In den Beispielen haben PB7 den Wert 7, PB0 den Wert 0, RXEN den Wert 4 und TXEN den Wert 3. In den Masken wird die 1 entsprechend nach links geschoben.

```
TCNT1 = 1000;                        // 16-Bit Timerregister laden
PORTB = 0x81;                        // ist binär 1000 0001
PORTB = (1 << PB7) | (1 << PB0);     // gibt binär 1000 0001
```

Bei der Programmierung von Peripheriefunktionen ist zu unterscheiden, ob das gesamte Register mit einer Konstanten geladen wird oder ob nur bestimmte Bitpositionen gesetzt oder gelöscht werden ohne die übrigen zu verändern. Die Beispiele zeigen auch die Definition eigener Symbole für Ports und Bits entsprechend der Anwendung.

```
UCSRB |= (1 << RXEN) | (1 << TXEN);     // setze zwei Bitpositionen
UCSRB &= ~((1 << RXEN) | (1 << TXEN));  // lösche zwei Bitpositionen
PORTB |= (1 << PB7);                    // setze Bit7 in PORTB
PORTB &= ~(1 << PB7);                   // lösche Bit7 in PORTB
PORTB ^= (1 << PB7);                    // komplementiere Bit7
#define PCPORT  PINB         // Symbol für Port des PC-Anschlusses
#define PCTAKT  PB5          // Symbol für Bit PC-Takteingang
#define PCDAT   PB3          // Symbol für Bit PC-Dateneingang
while ( (PCPORT & (1 << PCTAKT)));      // warte solange Takt High
while ( !(PCPORT & (1 << PCTAKT)));     // warte solange Takt Low
if (PCPORT & (1 << PCDAT)) daten |= 0x80; // Bit_7 = 1
```

3.3 Programmstrukturen

Die Schleifen und bedingten Anweisungen verwenden den Wert eines Ausdrucks als Bedingung für ihre Ausführung. Bei *ja* oder *wahr* wird die Anweisung ausgeführt, bei *nein* oder *falsch* wird sie übergangen.

Wert *ungleich Null* bedeutet *wahr*: ausführen
Wert *gleich Null* bedeutet *falsch*: nicht ausführen

Der in runde Klammern zu setzende *Bedingungsausdruck* kann bestehen aus:
- einer Konstanten wie z. B. while (1), die immer *wahr* ergibt,
- einer Variablen wie z. B. if (wert), deren Inhalt *gleich Null* oder *ungleich Null* ist,
- einem arithmetischen Ausdruck wie z. B. if (x - 4), der berechnet wird und *gleich Null* oder *ungleich Null* ergibt,

– einem logischen Ausdruck wie z. B. if (PIND & (1 << PD7)), der eine Bitoperation mit dem Ergebnis *gleich Null* oder *ungleich Null* durchführt,
– einem Vergleichsausdruck wie z. B. if (a == b), der *wahr* oder *falsch* ergibt sowie
– Verknüpfungen von Vergleichen wie z. B. if (a == 0 && b == 0).

3.3.1 Schleifenanweisungen

Zu den verschiedenen Formen von Programmschleifen und ihrer Darstellung siehe auch Kapitel 2.4.3 im Abschnitt Assemblerprogrammierung.

Die **Schleifenanweisung**

---

for (Anfangsausdruck; Bedingungsausdruck; Veränderungsausdruck) Anweisung;

---

enthält in runden Klammern drei Ausdrücke, die durch ein Semikolon zu trennen sind, und dahinter eine Anweisung oder einen in geschweifte Klammern { } zu setzenden Anweisungsblock, der mehrmals ausgeführt wird.
– Der *Anfangsausdruck* bestimmt den Anfangswert der Laufbedingung vor dem Eintritt in die Schleife.
– Der *Bedingungsausdruck* wird vor jedem Schleifendurchlauf geprüft. Bei *wahr* wird die Anweisung des Schleifenkörpers erneut ausgeführt, bei *falsch* ist die Schleife beendet.
– Der *Veränderungsausdruck* wird nach jedem Schleifendurchlauf neu berechnet und bildet die Bedingung für den nächsten Durchlauf.

Die **Zählschleife mit fest vorgegebener Anzahl an Durchläufen** ist die häufigste Anwendungsform der Schleifenanweisung.

---

for (*Variable* = Anfangswert; *Laufbedingung*; *Variable* ± Schrittweite) Anweisung;

– Der *Anfangsausdruck* besteht aus der Zuweisung des Anfangswertes an die Laufvariable. Beispiel: i = 1;   // beginne mit i = 1
– Der *Bedingungsausdruck* vergleicht den Inhalt der Laufvariablen mit dem Endwert. Solange die Laufbedingung erfüllt ist, wird die Anweisung des Schleifenkörpers ausgeführt. Beispiel: i <= 10;   // solange i kleiner oder gleich 10
– Der *Veränderungsausdruck* erhöht bzw. vermindert die Laufvariable um die Schrittweite. Beispiel: i++   // erhöhe i um 1

Der laufende Wert der Laufvariablen steht im Schleifenkörper zur Verfügung, darf aber dort nicht verändert werden. Das Beispiel vereinbart eine Laufvariable und gibt einen Zähler von 1 bis 10 auf dem Port B aus.

```
unsigned char i;                    // Laufvariable vereinbart
for (i = 1; i<= 10; i++) PORTB = i;  // Schleifenkörper
```

Mit der Option C++ ist es möglich, den Typ der Laufvariablen in der for-Anweisung zu vereinbaren, die lokal nur für diese Anweisung gilt. Die Gültigkeit der beiden Laufvariablen i ist auf die entsprechende for-Schleife beschränkt.

```
for (unsigned char i = 1; i<= 10; i++) PORTB = i; // i ist lokal
for (unsigned int i = 1; i < 65535; i++);         // i ist lokal
```

Die for-Schleife verhält sich abweisend. Ist die Laufbedingung vor dem Eintritt in die Schleife nicht erfüllt, so erfolgt kein Durchlauf. Müssen im Schleifenkörper mehrere Anweisungen ausgeführt werden, so verwendet man entweder eine Folge von Ausdrücken (Kommaoperator) oder besser eine Blockanweisung, die auf einer oder mehreren Zeilen eine Folge von Anweisungen enthält. Beispiele:

```
unsigned char i;            // Laufvariable vereinbart
for (i = 1; i <= 100; i++) { PORTB = i; warte(); }  // eine Zeile

for (i = 1; i <= 100; i++) // Blockanweisung als Schleifenkörper
{                          // Blockanfang
 PORTB = i;                // Ausgabe
 warte();                  // warten
}                          // Blockende
```

Eine for-Schleife mit leeren Laufparametern bildet wie ein while mit der Bedingung 1 eine unendliche Schleife. Beispiel:

```
for (;;)  { Schleifenkörper }  // wie while(1) { Schleifenkörper }
```

Bei einer Schachtelung von for-Schleifen wird die innere Schleife vollständig für jeden Wert der äußeren Schleife ausgeführt. Die Gesamtzahl der Durchläufe ist das Produkt der Einzeldurchläufe. Steht hinter den runden Klammern direkt ein Semikolon, so ist der auszuführende Schleifenkörper leer. Beispiel für zwei geschachtelte Verzögerungsschleifen:

```
for (i=1; i<=100; i++) for (j=1; j<=100; j++);   // 10000 Durchläufe
```

Für Warteschleifen zur Zeitverzögerung empfiehlt es sich, eine Abwärtsschleife mit der Laufbedingung größer Null zu verwenden. Sie wurde bei dem untersuchten Compiler in vier Takten pro Schritt ausgeführt. Die entsprechende Aufwärtsschleife benötigte wegen der Prüfung auf den Endwert sieben Takte. Der Abwärtszähler wurde für die Laufbedingung i >= 0 vom Compiler wegrationalisiert, ebenso der Aufwärtszähler für i <= 65535. Hier erschien jedoch: "*warning: comparison is always true due to limited range of data type*".

```
for (unsigned int i = 65535; i > 0; i--);   // Abwärtszähler 4 Takte
for (unsigned int i = 1; i < 65535; i++);   // Aufwärtszähler 7 Takte
```

Die **bedingte Schleifenanweisung**

```
while (Laufbedingung) Anweisung ; oder Blockanweisung { }
```
---

prüft die Laufbedingung vor dem ersten Durchlauf und verhält sich dadurch abweisend. Ist die Bedingung nicht erfüllt, so wird die Schleife nicht begonnen. Unendliche Arbeitsschleifen mit der Laufbedingung 1 für „immer erfüllt" lassen sich nur durch einen Interrupt unterbrechen oder durch einen Reset abbrechen. Steht hinter den runden Klammern der while-Schleife direkt ein Semikolon, so ist der Schleifenkörper leer. Beispiele für Warteschleifen, die auf ein Low- bzw. High-Potential am Porteingang PD7 warten:

```
while (1)                         // Arbeitsschleife
{
 while ( PORTD & (1 << PD7));     // warte solange PD7 High
 PORTB++;
 while ( !(PORTD & (1 << PD7)));  // warte solange PD7 Low
}
```

Die **wiederholende Schleifenanweisung**

```
do
    Anweisung ; oder Blockanweisung { }
while (Laufbedingung);
```
---

prüft die Laufbedingung erst nach dem Schleifenkörper und führt mindestens einen Durchlauf aus. Blockanweisungen und Einrückungen fördern die Übersicht.

Beispiel:

```
do
{
 PORTB++;
 warte();
}
while ( !(PORTD & (1 << PD7)));   // solange PD7 Low
```

Die **Abbruchanweisung**

```
break;
if (Bedingung) break;
```

---

dient dazu, eine Schleife oder den case-Zweig einer switch-Fallunterscheidung abzubrechen. Sie kann an beliebiger Stelle im Schleifenkörper angeordnet werden.

Die **Kontrollanweisung**

```
continue;
if (Bedingung) continue;
```

---

bricht nur den aktuellen Schleifendurchlauf ab. Alle auf continue folgenden Anweisungen werden nicht mehr ausgeführt, die Schleife wird jedoch fortgesetzt. Das Beispiel gibt einen verzögerten Dualzähler auf Port B aus. PD7 Low unterbricht die Schleife mit continue, der zweite Aufruf der Wartefunktion wird nicht mehr ausgeführt. PD6 Low bricht die Schleife ab.

```
while(1)
{
 PORTB++;                            // Port B um 1 erhöhen
 warte();                           // 33 ms warten
 if (! (PIND & (1 << PD7))) continue; // unterbrechen für PD7 Low
 if (! (PIND & (1 << PD6))) break;   // abbrechen für PD6 Low
 warte();                           // nochmal 33 ms warten
}
```

Die Sprunganweisung

```
goto Sprungziel;
if (Bedingung) goto Sprungziel;
```

---

gestattet den Aufbau von Schleifen und Verzweigungen wie im Assembler. Hinter dem durch Doppelpunkt markierten Sprungziel stehen die auszuführenden Anweisungen. Das Beispiel ruft in einer bedingten Schleife die Wartefunktion zehn Mal auf und verzögert damit den Zähler um 330 ms. Die Schleife wird mit PD5 Low abgebrochen.

```
loop: PORTB++;
      for(unsigned char i = 1; i <=10; i++) warte(); // 330 ms warten
if( PIND & (1 << PD5)) goto loop;          // solange PD5 High
```

Die Verzögerungszeit der Funktion warte ist abhängig vom Controllertakt.

```
void warte(void)   // Funktion Zeitverzögerung ca. 33 ms bei 8 MHz
{
  for (unsigned int i = 65535; i > 0; i--); // 4*0.125*65534=32767 us
}
```

3.3.2 Verzweigungen mit bedingten Anweisungen

Zu den grafischen Darstellungen verschiedener Verzweigungsarten siehe auch Kapitel 2.4.4.

Die **einseitig bedingte Anweisung**

if (*Bedingung*) **Ja-Anweisung;** oder Blockanweisung **{ }**

führt die Ja-Anweisung nur bei erfüllter Bedingung aus, sonst wird die Anweisung übergangen. Sind mehrere Anweisungen auszuführen, verwendet man eine Folge von Ausdrücken (Kommaoperator) oder besser eine Blockanweisung aus einer Folge von Anweisungen. Die Beispiele begrenzen die Variable zaehl auf 99 und geben sie bei High auf Port B aus.

```
if (zaehl > 99) zaehl = 0;                     // eine Anweisung
if (PIND & (1 << PD7)) { PORTB = zaehl; warte(); }  // eine Zeile

if (PIND & (1 << PD7))      // Block auf mehreren Zeilen
{                           // Blockanfang
 PORTB = zaehl;
 warte();
}                           // Blockende
```

Die zweiseitig bedingte Anweisung

if (*Bedingung*) **Ja-Anweisung** oder Block; else **Nein-Anweisung** oder Block;

führt entweder bei *wahr* die Ja-Anweisung oder bei *falsch* die hinter dem Kennwort **else** stehende Nein-Anweisung aus. Der Programmtext lässt sich durch Blockanweisungen übersichtlich gestalten. Zwischen der rechten Klammer **}** und dem else steht dann kein Semikolon. Die Beispiele verwenden das Potential am Eingang PD7 zur Auswahl der beiden Programmzweige.

```
if (PORTD & (1 << PD7)) PORTB = 0x55; else PORTB = 0xaa;

if (PORTD & (1 << PD7)) {PORTB++;warte();} else {PORTB--;warte();}

if (PORTD & (1 << PD7))
{                          // Ja-Block für High
 PORTB++;
 warte();
}                          // Ende Ja-Block
else
{                          // Nein-Block für Low
 PORTB--;
 warte();
}                          // Ende Nein-Block
```

Der *bedingte Ausdruck* mit dem Rang 13 wird nach allen Operationen und vor der Wertzuweisung ausgeführt.

Bedingungsausdruck **?** Wahr_Ausdruck **:** Falsch_Ausdruck

Ergibt der *Bedingungsausdruck* den Wert *wahr*, so wird der *Wahr_Ausdruck* verwendet. Ergibt er den Wert *falsch*, so wird der *Falsch_Ausdruck* verwendet. Das Beispiel liest den Eingang PIND des Ports D. Durch die UND-Maske (1 << PD7) = 10000000 wird die Bitposition B7 als Bedingung verwendet. Für B7 = High entsprechend 1 wird 0xff auf dem Port B ausgegeben, alle Bitpositionen des Ports werden auf 1 gesetzt. Für B7 = Low entsprechend 0 werden alle Bitpositionen mit einer 0 gelöscht.

```
PORTB = PIND & (1 << PD7) ? 0xff : 0x00; // ergibt 0xff oder 0x00
```

Dieses Verhalten lässt sich auch durch eine zweiseitig bedingte Anweisung ausdrücken, für die der untersuchte Compiler wesentlich kürzeren und schnelleren Code erzeugte.

```
if(PIND & (1 << PD7)) PORTB = 0xff; else PORTB = 0x00;
```

Geschachtelte Verzweigungen können zu recht unübersichtlichen Programmen führen. Das Beispiel führt für die ganzzahlige Variable x im Bereich von 0 bis 2 drei verschiedene Programmzweige aus und berücksichtigt den Fehlerfall.

```
if (x == 0) y = 0x30;
else if (x == 1) y = 0x31;
 else if (x == 2) y = 0x32;
  else y = 0xff;                // Fehlerfall bleibt übrig
```

Für die Programmierung der gleichen Aufgabe mit einer *Folge* von einseitigen Bedingungen ist für die Abfrage des Fehlerfalls eine Bereichsprüfung erforderlich.

```
if (x == 0) y = 0x30;
if (x == 1) y = 0x31;
if (x == 2) y = 0x32;
if (x > 2)  y = 0xff;              // Fehlerfall mit Bereichsprüfung
```

Die **Fallunterscheidung**

```
switch (Auswahlausdruck)
{
  case Konstante_1 : Anweisungsfolge_1; break;
  . . . . . . . . . . . . . . . . . . . . .
  case Konstante_n : Anweisungsfolge_n; break;
  default:          Anweisungsfolge_s; break;
}
```

---

vergleicht den ganzzahligen *Auswahlausdruck* mit den hinter case stehenden ganzzahligen Konstanten und führt bei einer Übereinstimmung die entsprechenden Anweisungen aus. Fehlt das break, so werden alle Zweige durchlaufen, bis entweder ein break auftritt oder die switch-Anweisung beendet ist. Dadurch lassen sich mehrere Konstanten zu einem gemeinsamen Zweig zusammenführen. Findet keine Übereinstimmung statt, so wird der default-Zweig ausgeführt; fehlt dieser, so ist die Anweisung ohne Ausführung eines Zweigs beendet. Das Beispiel entspricht den mit if programmierten Verzweigungen.

```
unsigned char x, y;          // Auswahlvariable und Ergebnis
x = PIND;                    // Wertzuweisung
switch(x)                    // Fallunterscheidung
{
 case 0 : y = 0x30; break;   // Fall x == 0
 case 1 : y = 0x31; break;   // Fall x == 1
 case 2 : y = 0x32; break;   // Fall x == 2
 default: y = 0xff;          // Fehlerfall x > 2
}
```

3.3.3 Funktionen

Gemäß der Vorgabe „*erst vereinbaren, dann verwenden*" müssen Funktionen vor ihrem Aufruf definiert oder mit einem Prototyp – bestehend aus der Kopfzeile – deklariert werden. Sie erhalten bei ihrer *Definition* einen frei wählbaren Funktionsbezeichner.

```
Ergebnistyp Funktionsbezeichner (Liste formaler Argumente)
{
  lokale Vereinbarungen;
  Anweisungen;
  return Wert;              // entfällt bei Ergebnistyp void
}
```

Fehlende Rückgabewerte und leere Argumentenlisten werden durch **void** (unbestimmt, leer) gekennzeichnet. **Das Beispiel übernimmt keine Werte und liefert kein Ergebnis zurück. Es ergibt eine Zeitverzögerung von 1 ms. Der Systemtakt in Hz ist als Symbol definiert.**

```
void warte1ms(void)         // Symbol TAKT im Hauptprogramm definiert
{
 unsigned int i;                     // lokale Variable
 for (i = TAKT/4000ul; i > 0; i--);  // Warteschleife 1 ms
} // keine Rückgabe mit return
```

Das Beispiel übernimmt als Wertparameter einen Faktor, mit dem eine Verzögerungszeit von 10 ms multipliziert wird. Es liefert kein Ergebnis zurück.

```
void wartex10ms(unsigned char faktor)   // TAKT ist Systemtakt in Hz
{
 unsigned char j;                    // lokale Variable
 unsigned int i;                     // lokale Variable
 for (j = 0; j < faktor; j++)        // Parameter Faktor
 {
  for (i = TAKT/400ul; i > 0; i--);  // 10 ms Wartezeit
 }
} // keine Rückgabe mit return
```

Das Beispiel übernimmt als Wertparameter eine 4 Bit BCD-Ziffer und liefert als Ergebnis das entsprechende 8-Bit ASCII-Zeichen mit return zurück.

```
unsigned char bin2ascii(unsigned char bin)
{
 if (bin <= 9) return bin + 0x30; else return bin + 0x37;
} // Rückgabe mit return
```

Das Beispiel übernimmt als Wertparameter eine Dualzahl und liefert über die Adressen der mit einem * gekennzeichneten Referenzparameter drei Stellen einer Dezimalzahl zurück.

```
void dual2dezi(unsigned char x, \
               unsigned char *h, unsigned char *z, unsigned char *e)
{
 *h = x / 100;            // Rückgabe Hunderter über Zeiger
 *z = (x % 100) / 10;     // Rückgabe Zehner über Zeiger
 *e = x /10;              // Rückgabe Einer über Zeiger
}
 // keine Rückgabe mit return
```

Der *Aufruf* einer Funktion erfolgt mit ihrem Bezeichner und, wenn vereinbart, mit einer Liste aktueller Argumente, die an die Stelle der formalen Argumente treten.

.... *Funktionsbezeichner* (Liste aktueller Argumente) ....

Die Beispiele rufen die vorher definierten Funktionen auf.

```
warte1ms();                    // Aufruf ohne Argumente
wartex10ms(100);               // Aufruf mit Wert 100
PORTB = bin2ascii(0x0f);       // Aufruf mit Wert 0x0f
dual2dezi(123, &hund, &zehn, &ein); // Aufruf mit Wert und Adressen
```

Funktionsdefinitionen lassen sich mit der Präprozessoranweisung #include in den Programmtext des Hauptprogramms einfügen. In dem Beispiel liegen die Funktionen in Dateien gleichen Namens vom Typ .c.

```
// warte1ms.c und wartex10ms.c enthalten die Funktionsdefinitionen
#include   "warte1ms.c"     // fügt Funktionstext von warte1ms ein
#include   "wartex10ms.c"   // fügt Funktionstext von wartex10ms ein
```

Mehrere #include-Anweisungen lassen sich in einer Headerdatei vom Typ .h zusammenfassen. In dem Beispiel enthält die Datei warte.h die #include-Anweisungen der Funktionen warte1ms und wartex10ms, die nun beide eingefügt werden.

```
// Datei warte.h enthält #include von warte1ms.c und wartex10ms.c
#include   "warte.h"   // fügt Funktionen warte1ms und wartex10ms ein
```

In dem Beispiel wird in die makefile-Datei des GNU-Compilers ein Suchpfad für einzufügende Dateien eingetragen, die nicht im Ordner des Hauptprogramms liegen.

```
# List any extra directories to look for include files here.
#    Each directory must be separated by a space
EXTRAINCDIRS = c:\avr5\cprog5
```

3.3.4 Anwendungsbeispiele

Die vollständigen Programmbeispiele behandeln Grundfunktionen der Controller-technik:
- Verzögerungsschleifen zur Einstellung von Wartezeiten
- Ausgabe von dualen und dezimalen Zählern
- Umwandlung von Codes
- Warteschleifen auf Flanken von Eingangssignalen

Die Verzögerungszeit von Schleifen ist abhängig von den durch den Compiler erzeugten Maschinen-Befehlen und von der Taktfrequenz. Diese ist gegeben durch den an den Takteingängen anliegenden Quarz bzw. den internen RC-Oszillator sowie den programmierbaren internen Teiler. Das Programm k3p2.c gibt einen unverzögerten Dualzähler auf dem Port B aus, mit dem sich die Taktfrequenz messen lässt.

```
// k3p2.c  ATmega8 Dualzähler als Taktteiler / 10
// Port B: Ausgabe unverzögerter Dualzähler PB0 = 99 kHz gemessen
// Port D: -
// Konfiguration: interner Oszillator 1 MHz, externes RESET-Signal
#include <avr/io.h>        // Deklarationen
#define TAKT 1000000UL     // Systemtakt 1 MHZ intern
void main(void)            // Hauptfunktion
{
 DDRB = 0xff;              // Port B ist Ausgang
 PORTB = 0;               // Anfangswert Null
 while(1)                 // 5 Takte Low / 5 Takte High gibt Takt / 10
 {
  PORTB++;                // Portzähler + 1
 } // Ende while
} // Ende main
```

k3p2.c: Dualer Aufwärtszähler zur Messung der Taktfrequenz.

Die untersuchte Konfiguration des Compilers in der Optimierungsstufe 1 übersetzte die while-Schleife zusammen mit dem Ausdruck PORTB++ in vier Befehle, die in fünf Takten ausgeführt wurden. Bei fünf Takten Low und fünf Takten High erscheint an PB0 der Controllertakt geteilt durch 10. Bei einem externen Takt von 1 MHz wurde an PB0 eine Frequenz von ca. 99 kHz gemessen; am PB7 waren es 99 kHz / 128 = 781 Hz. Bei anderen Compilern bzw. Konfigurationen ist es dringend erforderlich, den Maschinencode in der Übersetzungsliste zu untersuchen. Für die Einstellung bestimmter Wartezeiten ist es erforderlich, die Anzahl der Schleifendurchläufe aus der Taktfrequenz und der Anzahl der Takte für einen Schleifendurchlauf zu berechnen.

Durchläufe = Wartezeit [Sek.] * Frequenz [1/Sek.] / Anzahl der Schleifentakte

Die untersuchte Compilerkonfiguration lieferte für eine abwärts zählende unsigned int for-Schleife einen Code mit vier Takten für einen Schleifendurchlauf. Die in *warte.c* definierten Wartefunktionen werden in mehreren Programmbeispielen zur Zeitverzögerung in #include eingebunden. Die Funktionen warte1ms und wartex10ms benötigen das Symbol TAKT.

```
// warte.c  Funktion Zeitverzögerung ca. 262 ms bei 1 MHz
// 1 MHz: 4 * 1 * 65534 = 262136 us = 262 ms taktabhängig
void warte(void)
{
 for (unsigned int i = 65535; i > 0; i--); // 4 Takte
}


// warte1ms.c  Funktion Zeitverzögerung ca. 1 ms bei TAKT
// 1 MHz: ia=1000000/4000 = 250 * 4 * 1 = 1000 us
void warte1ms(void)
{
 for (unsigned int i = TAKT/4000ul; i > 0; i--); // 4 Takte
}


// wartex10ms.c  Funktion Zeitverzögerung faktor*10 ms bei TAKT
// 1 MHz: ia=1000000/400 = 2500 * 4*1 = 10000 us = 10 ms
void wartex10ms(unsigned char faktor)
{
 for (unsigned char j = 0; j < faktor; j++)      // Faktor
 {
  for (unsigned int i = TAKT/400ul; i > 0; i--); // 4 Takte 10 ms
 } // Ende for j
}  // Ende wartex10ms
```

warte.c: Wartefunktionen zur Zeitverzögerung.

Die parameterlose Funktion warte() verwendet den maximalen 16-Bit Anfangswert, der bis 1 heruntergezählt wird. Die Verzögerungszeit ist abhängig vom Controllertakt. Die Funktion warte1ms() berechnet den Zähleranfangswert aus dem Symbol TAKT, das in main definiert sein muss, und wartet dadurch taktunabhängig ca. 1 ms. Der Wertparameter der Funktion wartex10ms(*faktor*) steuert eine for-Schleife, in die eine Warteschleife für 10 ms eingebettet ist. Wegen der abweisenden Struktur der for-Schleife wird für den Faktor 0 die Schleife nicht ausgeführt. Die Wartezeit ergibt sich aus dem Aufruf der Funktion und dem Rücksprung ohne die innere Schleife.

Für zusätzliche Wartetakte lassen sich mit dem GNU-Compiler nop-Befehle einbauen. Das Beispiel erweitert eine unsigned int-Schleife von vier auf fünf Takte.

```
for (i=iend; i>0; i--) asm volatile ("nop"::);  // 5 Takte
```

Der durch das Programm k3p3.c ausgegebene Dualzähler lässt sich durch den Aufruf der externen Funktion warte1ms() sichtbar machen. Bei einem fehlerhaften Aufruf der Funktion ohne die leeren runden Klammern erschien die Warnung: *statement with no effect.*

```
// k3p3.c ATmega8  verzögerter Dualzähler
// Port B: Ausgabe dual verzögert T=2ms f_PB0 = 489 Hz gemessen
// Port D: -
// Konfiguration: interner Oszillator 1 MHz, externes RESET-Signal
#include <avr/io.h>        // Deklarationen
#define TAKT 1000000UL     // Symbol Controllertakt 1 MHz
#include "warte1ms.c"      // ca. 1 ms Wartezeit bei TAKT
void main(void)            // Hauptfunktion
{
 DDRB = 0xff;              // Port B ist Ausgang
 PORTB = 0;                // Anfangswert Null
 while(1)                  // Arbeitsschleife
 {
  warte1ms();             // Wartefunktion ca 1 ms
  PORTB++;                // Zähler + 1
 } // Ende while
} // Ende main
```

k3p3.c: Verzögerter Dualzähler auf dem Port B.

Zur *dezimalen Wert-Ausgabe* verwendet man oft Siebensegmentanzeigen und LCD-Module, bei denen jede Dezimalstelle binär codiert wird. Der BCD-Code (**B**inär **C**odierte **D**ezimalziffer) stellt die Ziffern von 0 bis 9 durch die entsprechenden vierstelligen Dualzahlen von 0000 bis 1001 dar. Decoderbausteine wie der 74LS47 setzen den BCD-Code in den 7-Segment-Code um. Für die Pseudotetraden von 1010 bis 1111 liefern die Decoder Sonderzeichen.

Die Funktion dual2bcd berechnet die Hunderter-, Zehner- und Einerstelle mit den Operatoren / (ganzzahlige Division) und % (ganzzahliger Divisionsrest) und setzt sie mit dem Verschiebeoperator << und dem ODER-Operator | zu einem 16-Bit Ergebnis zusammen, das rechtsbündig die drei binär codierten Dezimalziffern enthält.

```
// dual2bcd.c  dual -> BCD dreistellig gepackt in 16-Bit Wort
unsigned int dual2bcd(unsigned char z)
```

```
{
 return ((z/100) << 8) | (((z % 100) / 10) <<  4) | ((z % 100) % 10);
}
```

Im Programm k3p4.c läuft ein 8-Bit Dualzähler von 0 bis 255 mod 256, der mit der
Funktion dual2bcd umgewandelt und dezimal ausgegeben wird. Die Hunderterstelle
erscheint auf dem Port C, die Zehner und Einer auf dem Port B. Am Port D wird der variable Verzögerungsfaktor in der Einheit 10 ms eingestellt, der den Zähler sichtbar macht.

```
// k3p4.c  ATmega8 verzögerter Dezimalzähler
// Port B: Ausgabe            Zehner | Einer
// Port C: Ausgabe Hunderter
// Port D: Eingabe Wartefaktor * 10ms
// Konfiguration: interner Oszillator 1 MHz, externes RESET-Signal
#include <avr/io.h>              // Deklarationen
#define TAKT 1000000UL           // Symbol Controllertakt 1 MHz
#include "wartex10ms.c"          // wartet Faktor * 10 ms
#include "dual2bcd.c"            // Umwandlung dual nach dezimal
void main(void)                  // Hauptfunktion
{
 unsigned char zaehler = 0;      // Bytevariable
 DDRB = 0xff;                    // Port B ist Ausgang
 DDRC = 0xff;                    // Port C ist Ausgang
 while(1)                        // Arbeitsschleife
 {
  PORTC = dual2bcd(zaehler) >> 8; // Zähler Hunderter
  PORTB = dual2bcd(zaehler);      // Zähler Zehner | Einer
  zaehler++;                      // Zähler dual erhöhen
  wartex10ms(PIND);               // Faktor dual vom Port D
 } // Ende while
} // Ende main
```

k3p4.c: Verzögerter Dezimalzähler auf dem Port B und C.

Die Funktion dual3bcd übernimmt den Wert einer 8-Bit Dualzahl und liefert die drei
Dezimalstellen in drei Referenzparametern zurück.

```
// dual3bcd.c  Umwandlung 8-Bit dual nach drei Bytes dezimal
void dual3bcd(unsigned char wert, \
      unsigned char *hund, unsigned char *zehn, unsigned char *ein)
{
 *hund = wert / 100;          // ganzzahlige Division
 *zehn = (wert % 100) / 10;   // ganzzahlige Division des Restes
```

```
*ein = wert % 10;          // Divisionsrest
}                          // kein return da Typ void
```

Die Funktion bcd2dual übernimmt eine zweistellige gepackte Dezimalzahl im BCD-Code und liefert die Dualzahl im Bereich von 0 bis 99 als Funktionsergebnis zurück.

```
// bcd2dual Umwandlung BCD zweistellig 0-99 nach dual
unsigned char bcd2dual (unsigned char x)
{
  return ( (x >> 4)*10 + (x & 0x0f)); // Zehner und Einer addieren
}
```

Die folgenden Beispiele behandeln die Codierung bzw. Decodierung von ASCII-Ziffern in Form von Funktionen, die für den Anschluss eines PC als Terminal verwendet werden. Die Tabelle 3-7 zeigt die drei Bereiche zur Darstellung von hexadezimalen Ziffern.

Tabelle 3-7: Darstellung von Hexadezimal-Ziffern.

	Ziffern		Großbuchstaben		Kleinbuchstaben	
Zeichen	0 9		A ...... F		a ...... f	
ASCII	0x30 ...... 0x39		0x41 ...... 0x46		0x61 ...... 0x66	
HEX	0x00 ...... 0x09		0x0A 0x0F		0x0a 0x0f	
binär	0000 1001		1010 1111		1010 1111	

- Die binären Codes 0000 bis 1001 der Dezimalziffern von 0 bis 9 erscheinen im ASCII-Code als 0x30 bis 0x39 und lassen sich einfach durch Addition von 0x30 codieren bzw. durch Subtraktion von 0x30 decodieren.
- Die binären Codes 1010 bis 1111 der Hexadezimalziffern von A bis F erscheinen im ASCII-Code als 0x41 bis 0x46. Sie haben den Abstand 7 vom Ziffernbereich 0 bis 9.
- Die Kleinbuchstaben von a bis f liegen im Bereich von 0x61 bis 0x66. Sie haben den Abstand 0x20 vom Bereich der Großbuchstaben und unterscheiden sich nur in der Bitposition B5 von den Großbuchstaben.

Die Funktion bin2ascii übernimmt den binären Code von 0000 bis 1111 als Argument und liefert den ASCII-Code der Ziffern 0 bis 9 bzw. A bis F als Funktionsergebnis zurück. Durch die Maskierung der oberen vier Bitpositionen kann kein Fehlerfall auftreten.

```
// bin2ascii.c  Umwandlung binär -> ASCII
unsigned char bin2ascii(unsigned char bin)
```

```
{+
 bin = bin & 0x0f;                       // High_Nibble maskieren
 if (bin <= 9) return bin + 0x30; else return bin + 0x37;
}
```

Das Programmbeispiel k3p6.c übernimmt vom Port D einen binären Wert von 0000
bis 1111 und gibt ihn als ASCII-Zeichen codiert auf dem Port B aus.

```
// k3p6.c  ATmega8 binär nach ASCII umwandeln
. . . . . . . . . . . . . . . . . . . . . . . . .
while(1)                                 // Arbeitsschleife
 {
  PORTB = bin2ascii(PIND);        // Eingabe umcodiert ausgeben
 } // Ende while
```
k3p6.c: Umwandlung von binär nach ASCII-Code.

Die Funktion ascii2bin übernimmt ein Bitmuster als Argument und unterscheidet
mit geschachtelten alternativen Verzweigungen vier Fälle:
- Ziffernbereich von 0 bis 9
- Bereich der Großbuchstaben von A bis F
- Bereich der Kleinbuchstaben von a bis f
- Fehlerfall, wenn keine Hexadezimalziffer eingegeben wurde

```
// ascii2bin.c   ASCII nach binär   0xff = Nicht-Ziffer
unsigned char ascii2bin(unsigned char as)
{
 if (as >= '0' && as <= '9') return as - '0';
  else if (as >= 'A' && as <= 'F') return as - 'A' + 10;
   else if (as >= 'a' && as <= 'f') return as - 'a' + 10;
    else return 0xff;          // Fehlermarke
}
```

Das Programmbeispiel k3p7.c übernimmt vom Port D ein ASCII-Zeichen und gibt den
decodierten Wert auf dem Port B aus. Der Fehlercode 0xff schaltet alle sieben Segmente der Anzeige dunkel.

```
// k3p7.c  ATmega8 Umcodierung ASCII nach binär
. . . . . . . . . . . . . . . . . . . . . . . . .
while(1)                                 // Arbeitsschleife
 {
  PORTB = ascii2bin(PIND);        // Eingabe umcodiert ausgeben
 } // Ende while
```
k3p7.c: Umwandlung von ASCII-Code nach binär mit Fehlerausgang.

Bei der Auswertung von Portsignalen unterscheidet man zwischen Zuständen (High oder Low) und Flanken (steigend oder fallend).

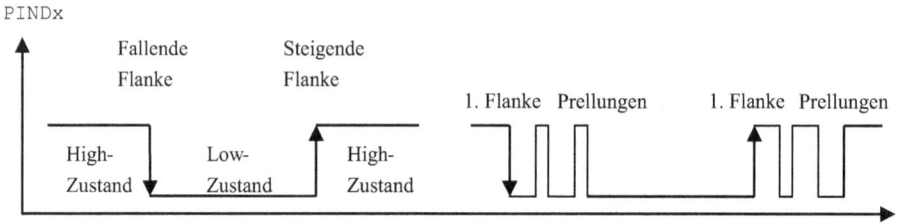

Abbildung 3-3: Zustände und Flanken bei Portsignalen.

Eingangs-Pins werden meist auf High-Potential gehalten. Beim Betätigen eines Tasters oder Schalters gehen sie in den Low-Zustand, es entsteht eine fallende Flanke. Beim Übergang von Low auf High tritt eine steigende Flanke auf. Mechanische Kontakte neigen zum Prellen, so dass nach dem ersten Übergang weitere Flanken auftreten können, die bei einer Flankensteuerung Fehlauslösungen verursachen würden. Die Prellzeiten liegen bei 1 bis 100 ms (Abbildung 3-3).

Bei **Zustandsteuerung** liegt eine alternative Verzweigung vor. Das Beispiel gibt bei High am Eingang PD7 auf dem Port B den Wert 0xaa und bei Low den Wert 0x55 aus.

```
if (PIND & (1 << PD7)) PORTB = 0xaa; else PORTB = 0x55;
```

Bei **Flankensteuerung** löst oft eine fallende Flanke (High nach Low) das Ereignis aus. Bei Tasteneingaben sind Warteschleifen auf die steigende Flanke sowie Prellungen zu berücksichtigen. Das Beispiel zeigt einen Dualzähler, der bei fallender Flanke an PD7 um 1 erhöht und ausgegeben wird. Eingang PD7 ist durch ein Flipflop hardwaremäßig entprellt.

```
/* Ausgangszustand PD7 High, Kontakt durch Flipflop entprellt */
while (1)                          // Arbeitsschleife
{
  while( (PIND & (1 << PD7)) );    // warte solange High
  PORTB = ++zaehler;               // Zähler erhöhen und ausgeben
  while ( !(PIND & (1 << PD7)) );  // warte solange Low
}
```

Bei nicht entprellten Kontakten kann die Betätigung einer Taste bis zu zehn und mehr fallende Flanken und damit Fehlfunktionen auslösen. Für eine softwaremäßige Entprellung baut man Verzögerungsschleifen ein. Für den Schalter PD0 waren 10 ms ausreichend.

```
/* Ausgangszustand PD0 High, Kontakt nicht entprellt */
while(1)
{
  while( (PIND & (1 << PD0)) );    // warte auf fallende Flanke
  wartex10ms(1);                   // 1 * 10 ms entprellen
  PORTB = ++zaehler;               // Zähler erhöhen und ausgeben
  while ( !(PIND & (1 << PD0)) );  // warte auf steigende Flanke
  wartex10ms(1);                   // 1 * 10 ms entprellen
}
```

Das Programmbeispiel k3p8.c zeigt einen dezimalen Zähler im Bereich von 0 bis 99 auf dem Port B, der durch drei Tasten bzw. Schalter am Eingabeport D gesteuert wird.

- Eine fallende Flanke an PD7 erhöht den Zähler um 1. Der Eingabetaster ist durch ein Flipflop entprellt, mit dem parallel liegenden Schalter lassen sich Prellungen testen.
- Eine fallende Flanke an PD6 vermindert den Zähler um 1. Bei der automatischen Wiederholung der Funktion (auto repeat) wird der Low-Zustand alle 250 ms abgetastet und die Eingabe wiederholt. Beide Flanken werden durch Warteschleifen entprellt.
- Eine fallende Flanke an PD5 löscht den Zähler. Beide Flanken werden mit einer Wartezeit von 10 ms entprellt.

```
// k3p8.c  ATmega8  Zähler mit Tastenkontrolle
// Port B: Ausgabe dezimal 00 bis 99
// Port D: PD7: Zähler+1  PD6: Zähler-1  PD5: Zähler löschen
// Konfiguration: interner Oszillator 1 MHz, externes RESET-Signal
#include <avr/io.h>              // Deklarationen
#define TAKT 1000000UL           // Symbol Controllertakt 1 MHz
#include "wartex10ms.c"          // wartet ca. n * 10 ms
#include "dual2bcd.c"            // Umwandlung dual nach dezimal
void main(void)                  // Hauptfunktion
{
 unsigned char zaehler=0;        // Zähler Bytevariable
 DDRB = 0xff;                    // Port B ist Ausgang
 PORTB = zaehler;                // Anfangswert Null ausgeben
 while(1)                        // Arbeitsschleife
 {
 // wenn entprellte Taste PD7 fallende Flanke dann Zähler + 1
  if ( !(PIND & (1 << PD7)) )    // wenn Taste Low
  {
   if (zaehler < 99) zaehler++;  // maximal 99
   PORTB = dual2bcd(zaehler);
   while ( !(PIND & (1 << PD7)) );  // warte solange Low
```

```
    } // Ende if
 // wenn Taste PD6 Low dann Zähler - 1 mit auto-repeat
    if ( !(PIND & (1 << PD6)) )            // wenn Taste Low
    {
      if (zaehler > 0) zaehler--;          // minimal 0
      PORTB = dual2bcd(zaehler);
      wartex10ms(25);                       // 250 ms warten
      if( (PIND & (1 << PD6)) ) wartex10ms(1); // bei High 10 ms entprellen
    } // Ende if
    // wenn Taste PD5 fallende Flanke dann Zähler löschen
    if ( !(PIND & (1 << PD5)) )            // wenn Taste Low
    {
      zaehler = 0;                          // Zähler löschen
      PORTB = dual2bcd(zaehler);
      wartex10ms(1);                        // 10 ms entprellen
      while ( !(PIND & (1 << PD5)) );       // warte solange Low
      wartex10ms(1);                        // 10 ms entprellen
    } // Ende if
  } // Ende while
} // Ende main
```

k3p8.c: Zähler mit Tastenkontrolle.

3.4 Speicherbereiche

Die Bausteine der AVR-Familien enthalten drei Speicherbereiche:
- Flash-Programmspeicher mit Interrupt-Tabelle, Befehlen und Konstanten
- EEPROM-Speicher zur nichtflüchtigen Aufbewahrung von Daten
- Schreib-Lese-Speicher mit Arbeitsregistern, SFR-Bereich und SRAM als Arbeitsspeicher (fehlt bei einigen älteren Typen der ATtiny-Familie)

3.4.1 Felder im SRAM-Bereich

Die GNU-Compiler unterteilen den SRAM in die Bereiche:
- .data für initialisierte globale und statische Variablen und Strings
- .bss für nichtinitialisierte, globale und statische Variablen und Strings
- Heap-Bereich für die dynamische Speichervergabe
- Stapel am Ende des SRAM-Bereiches

Bei der Vereinbarung von Feldern ist zu beachten, dass im Gegensatz zum PC der SRAM-Bereich der Controller stark begrenzt ist. Er umfasst beim ATmega8 1024 Bytes, von denen ein Teil für Variablen und den Stapel verwendet wird, so dass nicht mehr als 1000 Bytes für Felder zur Verfügung stehen. Konstanten und vorbesetzte Variablen werden standardmäßig in einem Prolog (Vorspann) aus dem Flash-Programmspeicher .txt in den SRAM-Bereich .bss kopiert.

In *Feldern* lassen sich abgetastete Signale speichern und auswerten. Das Programm k3p9.c untersucht die Tasten des Ports D auf Prellungen. Nach der ersten fallenden Flanke beginnt eine Schleife, welche die folgenden 1000 Zustände des Ports abtastet und in einem Feld speichert. Die Abtastrate betrug bei der untersuchten Compilerversion 13 Takte, also 13 μs pro Abtastung bei 1 MHz Takt. Die auf die Aufzeichnung folgende Auswertung vergleicht zwei aufeinanderfolgende Zustände: stimmen sie nicht überein, so liegt eine prellende Flanke vor. Nach der steigenden Flanke kann eine neue Messung vorgenommen werden. Die Versuche ergaben zwischen 3 und 15 Prellungen.

```
// k3p9.c  ATmega8  Signal abtasten, speichern und auswerten
// Port B: Ausgabe Anzahl der Prellungen dezimal
// Port D: Eingabe fallende Flanke am Port D beginnt Speicherung
// Konfiguration: interner Oszillator 1 MHz, externes RESET-Signal
#include <avr/io.h>        // Deklarationen
#include "dual2bcd.c"      // dual -> BCD
#define TAKT 1000000UL     // Controllertakt 1 MHz
#define N 1000             // Anzahl der Aufzeichnungen
void main(void)            // Hauptfunktion
{
 unsigned char feld[N], x;  // Feld vereinbart
 unsigned int i;            // Zählvariable
 DDRB = 0xff;               // Port B ist Ausgang
 while(1)                   // Arbeitsschleife
 {
  x = 0; PORTB = 0;                     // Zähler und Ausgabe löschen
  while ( PIND == 0xff);                // warte auf fallende Flanke
  for (i=0; i < N; i++) feld[i] = PIND; // Port N mal speichern 13 Takte
  for (i=0; i < N-1; i++)  if (feld[i] != feld[i+1]) x++; // Flanken
                                                         zählen
  PORTB = dual2bcd(x);                  // Prellungen dezimal ausgeben
  while ( !(PIND == 0xff));             // warte auf steigende Flanke
 } // Ende while
} // Ende main
```

k3p9.c: Prellungen abtasten, speichern und auswerten.

Mit *Tabellen* lassen sich Umcodierungen, mathematische Funktionen und nichtlineare Zusammenhänge anstelle von Rechenverfahren behandeln. Man unterscheidet

- fortlaufenden (sequentiellen) Tabellenzugriff für Suchverfahren und
- direkten (random) Zugriff mit einem berechneten oder eingegebenen Index.

Das Beispiel k3p10.c führt eine Umcodierung der Eingabewerte von 0000 bis 1111 in den ASCII-Code der Hexadezimalziffern von 0 bis F mit einem eindimensionalen Feld im Direktzugriff durch. Die Umcodiertabelle enthält nur die 16 Ausgabewerte, deren Adresse durch eine Indexberechnung bestimmt wird.

```
// k3p10.c  ATmega8   direkter Tabellenzugriff
// Port B: Ausgabe ASCII-Code 0x30 (Ziffer 0) bis 0x46 (Ziffer F)
// Port D: Eingabe PD3..PD0 Bitmuster 0000 bis 1111
// Konfiguration: interner Oszillator, externes RESET-Signal
#include <avr/io.h>          // Deklarationen
#define TAKT 1000000UL       // Controllertakt 1MHz
void main(void)              // Hauptfunktion
{
 const unsigned char tab[] = "0123456789ABCDEF";  // Tabelle als String
 DDRB = 0xff;                // Port B ist Ausgang
 while(1)                    // Arbeitsschleife
 {
  PORTB = tab[PIND & 0x0f]; // direkter Tabellenzugriff
 } // Ende while
} // Ende main
```

k3p10.c: Umcodierung durch direkten Tabellenzugriff.

Das Programm k3p11.c löst die Umcodieraufgabe durch Suchen in einem zweidimensionalen Feld, das in der ersten Dimension 16 Eingabewerte und in der zweiten Dimension die 16 auszugebenden ASCII-Zeichen enthält. Der Fehlerfall ergibt sich, wenn der gesuchte Wert nicht in der Tabelle enthalten ist. Im Gegensatz zum Programm k3p10.c sind die Ausgabezeichen nicht als String, sondern einzeln abgelegt. Der Rückstrich \ am Ende der Konstantenliste bedeutet, dass die Vereinbarung auf der nächsten Zeile fortgesetzt wird.

```
// k3p11.c  ATmega8 Umcodierliste durchsuchen
// Port B: Ausgabe ASCII-Zeichen von 0x30 (0) bis 0x46 (F) Fehler:0xff
// Port D: Eingabe binäre Codierungen von 00000000 bis 00001111
// Konfiguration: interner Oszillator, externes RESET-Signal
#include <avr/io.h>          // Deklarationen
#define TAKT 1000000UL       // Controllertakt 1 MHz
void main(void)              // Hauptfunktion
{
```

```
const unsigned char tab [2][16]={ {0,1,2,3,4,5,6,7,8,9,10,11,12,13,14,15}, \
     {'0','1','2','3','4','5','6','7','8','9','A','B','C','D','E','F'} } ;
unsigned char i, bin, aus;
DDRB = 0xff;              // Port B ist Ausgang
while(1)                  // Arbeitsschleife
{
 bin = PIND;              // binäre Eingabe ohne Maske für High_Nibble !!!!
 aus = 0xff;              // Ausgabe mit Fehlercode vorbesetzt
 for (i=0; i<16; i++) if (tab[0][i] == bin) aus = tab[1][i]; // bei
                                                         gefunden
 PORTB = aus;             // ASCII oder Fehlercode ausgeben
} // Ende while
} // Ende main
```

k3p11.c: Umcodierung durch Tabellensuche.

Das Programm k3p12.c speichert eine Sinustabelle in einem Feld ab und gibt dieses periodisch auf einem Digital/Analogwandler aus. Die Sinusfunktion und die Konstante π mit dem Symbol M_PI werden der Systembibliothek math.h entnommen. In der Formel

```
sinus[i] = sin(i*M_PI/180)*127 + 127
```

beseitigt der Faktor *127 die Nachpunktstellen und der Summand +127 verschiebt negative Werte in den positiven Bereich. Bei der Ausgabe entsteht eine mit einem Gleichanteil verschobene Sinusfunktion zwischen 0 und 2.55 Volt.

```
// k3p12.c  ATmega8   Sinustabelle aufbauen und ausgeben
// Port B: Ausgabe des Sinus auf D/A-Wandler
// Konfiguration: interner Oszillator 1 MHz, externes RESET-Signal
#include <avr/io.h>              // Deklarationen
#include <math.h>                // M_PI und sin
#define TAKT 1000000UL           // Controllertakt 1 MHz

void main(void)                  // Hauptfunktion
{
 unsigned char sinus[360];       // Sinustabelle von 0 bis 359 Grad
 unsigned int i;                 // Laufvariable
 DDRB = 0xff;                    // Port B ist Ausgang
 for (i=0; i<360; i++) sinus[i] = sin(i*M_PI/180)*127 + 127;
 while(1)                        // Arbeitsschleife
 {
```

```
    for (i=0; i<360; i++) PORTB = sinus[i]; // Ausgabe D/A-Wandler
  } // Ende while
} // Ende main
```

k3p12.c: Ausgabe einer Sinustabelle auf einem Digital/Analogwandler.

Dynamischen Feldern wird erst während der Laufzeit des Programms Speicherplatz zugewiesen, der dem Heap (Haufen, Halde) entnommen wird. Die dafür erforderlichen Funktionen der Systemdatei stdlib.h sind nicht bei allen Compilern verfügbar (Tabelle 3-8). In der untersuchten Konfiguration legte der Compiler den Heap zwischen dem Bereich der Variablen und Felder und dem Stapel an.

Tabelle 3-8: Systemfunktionen zur Speicherverwaltung in stdlib.h.

Ergebnis	Aufruf	Bemerkung
Zeiger	malloc (Anzahl der Bytes)	Speicher nicht vorbesetzt zuweisen
Zeiger	calloc (Anzahl der Werte , Länge des Datentyps)	Speicher mit 0 vorbesetzt zuweisen
Länge	free (Zeiger)	Speicher freigeben
	sizeof (Datentyp)	liefert die Länge des Datentyps
	NULL	Nullmarke mit Wert 0

Das Beispiel *k3p14.c* vereinbart einen Zeiger p, dem mit der Funktion malloc Speicherplatz für N = 10 Werte des Datentyps unsigned char zugewiesen wird. Nach der Freigabe mit free wird der Speicher erneut mit der Funktion calloc an den Zeiger z vergeben. Für den nächsten Durchlauf der Testschleife muss der durch den Zeiger z belegte Speicher wieder freigegeben werden.

```
// k3p14.c  ATmega8  Dynamische Felder
// PORTB: Ausgabe Marke und Sekundenzähler 0 .. 9
// PORTD: -
// Konfiguration: interner Oszillator 1 MHz, externes RESET-Signal
#include <avr/io.h>          // Vereinbarungen
#include <stdlib.h>          // Speicherverwaltungsfunktionen
#define TAKT 1000000         // Controllertakt ca. 8 MHz
#include "wartex10ms.c"      // wartet n * 10 ms
#define N 10                 // Symbol für Anzahl der Werte
void main(void)              // Hauptfunktion
{
 char *p=NULL,*z=NULL;       // Zeiger mit Null-Marke vorbesetzt
 unsigned int i;             // Laufvariable
 DDRB = 0xff;                // Port B ist Ausgang
```

```
while(1)                        // Testschleife
{
 p = malloc(N * sizeof(char) );               // Speicher zuweisen
 if (p != NULL) PORTB=0x55; else PORTB = 0xaa; // gelungen ?
 wartex10ms(200);                             // 2 sek warten
 for (i=0; i<N; i++) *(p+i) = i;              // besetzen
 for (i=0; i<N; i++) { PORTB = *(p+i); wartex10ms(100); } //  ausgeben
 free(p);                                     // freigeben
 z = calloc(N, sizeof(char));                 // Speicher mit 0 be-
                                                 setzt
 if (z != NULL) PORTB=0x55; else PORTB = 0xaa; // gelungen ?
 wartex10ms(200);                             // 2 sek warten
 for (i=0; i<N; i++) *(z+i) = *(z+i) + i;     // besetzen
 for (i=0; i<N; i++) { PORTB = *(z+i); wartex10ms(100); }  // ausgeben
 free(z);                                     // freigeben
} // Ende while
} // Ende main
```

k3p14.c: Dynamische Felder zur Laufzeit des Programms.

Bei der Anforderung dynamischer Felder ist die Größenbeschränkung des SRAM zu beachten (ATmega8: nur 1 kByte). Die Vergabe des dynamischen Speichers erfolgt zur Laufzeit durch ein residentes Betriebsprogramm und ist compilerabhängig.

Beim Aufbau *verketteter Listen* enthält jeder Eintrag neben den Daten einen Zeiger auf das nächste Element (Abbildung 3-4). Die Adresse des ersten Listenelementes wird in einem Kopfzeiger gespeichert; das letzte Element ohne Nachfolger erhält eine Endemarke.

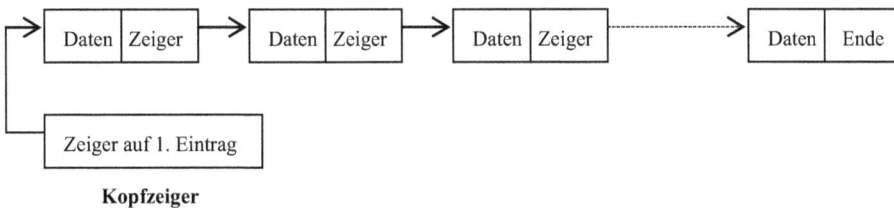

Abbildung 3-4: Verkettete Listen.

Das Beispiel k3p16.c baut eine verkettete Liste aus Eingabewerten vom Port D auf, die durch den Wert Null abgebrochen wird. Anschließend werden die gespeicherten Werte aus der Liste verzögert auf dem Port B ausgegeben.

```
// k3p16.c  ATmega8  Verkettete Liste aufbauen und ausgeben
// Port B: Ausgabe der Listenwerte dann Endemarke 0x55
// Port D: Eingabe Taste PD7 bis Wert Null
```

```c
// Konfiguration: interner Oszillator 1 MHz, externes RESET-Signal
#include <avr/io.h>                    // Deklarationen
#include <stdlib.h>                    // für malloc und NULL
#define TAKT 1000000UL                 // Controllertakt 8 MHz
#include "wartex10ms.c"                // wartet n * 10 ms
void main(void)                        // Hauptfunktion
{
 struct styp {                         // Typdeklaration
              unsigned char x,daten;   // Datenteil
              struct styp *nach;       // Zeiger auf Nachfolger
             };
 struct styp *kopfz, *altz, *laufz;    // Zeigervariablen
 unsigned char wert, i = 0;            // Eingabewert und Zähler
 DDRB = 0xff;                          // Port B ist Ausgang
 kopfz = NULL; laufz = NULL; altz = NULL ; // Zeiger löschen
 while(1)                              // Eingeben und speichern
 {
  while ( PIND & (1 << PD7) );         // warte solange PD7 High
  wert = PIND;                         // Eingabewert
  if (wert == 0) break;                // Abbruch der Eingabe für Null
  altz = laufz;                        // Zeiger auf Vorgänger
  laufz = malloc(1*sizeof(*laufz));    // neuen Speicher anfordern
  laufz->daten = wert;                 // Daten ablegen
  laufz->nach = NULL;                  // Endemarke
  if (kopfz == NULL) kopfz = laufz;    // Zeiger nach Kopf
  if (kopfz != NULL) altz->nach = laufz; // Zeiger nach Vorgänger
  PORTB = ++i;                         // laufender Kontrollzähler
  while ( !(PIND & (1 << PD7)) );      // warte solange PD7 Low
 } // Ende while Liste aufbauen
 while ( !(PIND & (1 << PD7)) );       // warte solange PD7 Low
 laufz = kopfz;                        // Zeiger auf 1.Element
 while(laufz != NULL)                  // Liste ausgeben
 {
  PORTB = laufz->daten;                // Daten ausgeben
  laufz = laufz->nach;                 // Zeiger auf Nachfolger
  wartex10ms(100);                     // ca. 1 sek warten
 } // Ende while ausgeben
 PORTB = 0x55;                         // Marke für Ende des Programms
} // Ende main                         // Neustart mit RESET
```

k3p16.c: Verkettete Liste aufbauen und ausgeben.

3.4.2 Konstanten im Flash-Programmspeicher

Bei großen Tabellen und langen Texten kann es vorteilhafter sein, konstante Felder nicht in den SRAM zu kopieren, sondern im Programmspeicher zu adressieren.

Die untersuchte Compilerkonfiguration stellt für die Adressierung von Daten im Flash-Programmspeicher eine Reihe von Definitionen und Funktionen zur Verfügung, die in dem Handbuch „avr-libc Reference Manual" beschrieben werden. Sie werden mit

```
#include <avr/pgmspace.h>
```

eingefügt. Ältere Versionen verwenden die Datei progmem.h. Die im Programmspeicher abzulegenden Konstanten müssen vor main global oder in main statisch mit dem Attribut PROGMEM vereinbart werden.

```
const Datentyp PROGMEM Bezeichner = Konstanten
```

Ältere Compilerversionen verwenden __attribute__ ((progmem)) anstelle von PROGMEM. Die Beispiele vereinbaren eine globale und eine statische Bytekonstante im Programmspeicher.

```
#include <avr/pgmspace.h>        // Definitionen und Funktionen
const char PROGMEM wert = 0x55;  // globale Konstante
void main (void)
{
static const char PROGMEM zahl = 0xaa; // statische Konstante
```

Die Tabelle 3-9 enthält einige Definitionen und Funktionen, die im Programm k3p17.c als Beispiele dienen. Die Stringfunktionen entsprechen denen in string.h.

Tabelle 3-9: Definitionen und Funktionen zum Programm k3p17.c.

Ergebnis	Aufruf	Anwendung
	PROGMEM	Attribut für Konstanten im Programmspeicher
8 bit	pgm_read_byte(&*Bezeichner*)	Byte (8 bit) aus Programmspeicher lesen
16 bit	pgm_read_word(&*Bezeichner*)	Wort (16 bit) aus Programmspeicher lesen
32 bit	pgm_read_dword(&*Bezeichner*)	Doppelwort (32 bit) aus Programmspeicher lesen
	strcpy_P(Ziel, Quelle)	kopiert Quelle im Programmspeicher nach Ziel im SRAM
	strcat_P(Ziel, Quelle)	hängt Quelle im Programmspeicher an Ziel im SRAM an

Tabelle 3-9 (fortgesetzt)

Ergebnis	Aufruf	Anwendung
Kennwert	strcmp_P(String_1,String_2)	vergleicht String_2 (Programmsp.) mit String_1 (SRAM) Kennwert wie strcmp-Funktion
Länge	strlen_P(String)	liefert Anzahl der Zeichen ohne Endemarke

```c
// k3p17.c  ATmega8 Programmspeicherzugriff
// Port B: Ausgabe Testbytes und Feldelemente im Sekundentakt
// Port D: -
// Konfiguration: interner Oszillator 1 MHz, externes RESET-Signal
#include <avr/io.h>              // Deklarationen
#include <avr/pgmspace.h>        // Programmspeicherzugriff
#define TAKT 1000000UL           // Controllertakt 1 MHz
#include "wartex10ms.c"          // wartet n * 10 ms
const unsigned char PROGMEM byte = 0x01;          // Bytekonstante
const unsigned int PROGMEM wort = 0x0102;         // Wortkonstante
const unsigned long int PROGMEM dwort = 0x01020304;  // Doppelwort
void main(void)                  // Hauptfunktion
{
 static const char PROGMEM text [] = "0123456789";  // Textkonstante
 unsigned char feld[100];        // variabler String im SRAM
 unsigned int i;
 DDRB = 0xff;                    // Port B ist Ausgang
 while(1)                        // Arbeitsschleife
 {
  PORTB = pgm_read_byte(&byte);  wartex10ms(200);  // Bytezugriff
  PORTB = pgm_read_word(&wort);  wartex10ms(200);  // Wortzugriff
  PORTB = pgm_read_dword(&dwort); wartex10ms(200); // Doppelwortzu-
                                                   // griff
  strcpy_P(feld, text);                            // String kopieren
  strcat_P(feld, text);                            // String anhängen
  if (strcmp_P(feld, text) != 0) PORTB = 0x55; else PORTB = 0xaa;
  wartex10ms(200); PORTB = strlen_P(text); wartex10ms(200);     //
Stringlänge
  i = 0; while(feld[i] != 0) {PORTB = feld[i++]; wartex10ms(100);} //
Ausgabe
 } // Ende while
} // Ende main
```

k3p17.c: Der Zugriff auf Daten im Flash-Programmspeicher.

Der Compiler verwendet für den Programmspeicherzugriff den Befehl lpm. Für den Zugriff auf den erweiterten Programmspeicher mit dem Befehl elpm stehen entsprechende Funktionen zur Verfügung. Kapitel 5 behandelt die Programmierung des Boot-Bereiches, die nur für die AT(x)mega-Bausteine und neuere ATtinys verfügbar ist.

3.4.3 Daten im EEPROM-Bereich

Der *EEPROM-Bereich* dient zur nichtflüchtigen Aufbewahrung von Daten, die im Gegensatz zum SRAM nach dem Abschalten der Spannung nicht verloren gehen und nach dem Einschalten der Versorgungsspannung wieder zur Verfügung stehen. Der EEPROM-Bereich ist als Arbeitsspeicher nicht geeignet, da er nur etwa 100000 mal programmierbar ist und die Zugriffszeit besonders beim Schreiben im Millisekundenbereich liegt. Abschnitt 2.5.3 behandelt den Assembler-Zugriff auf den EEPROM-Bereich über zwei SF-Register. Dies ist auch in der C-Programmierung über die SFR-Adressierung möglich.

Die untersuchte Compilerkonfiguration stellt für das Lesen und Schreiben von Daten im EEPROM eine Reihe von Definitionen und Funktionen zur Verfügung, die in dem Handbuch „avr-libc Reference Manual" beschrieben werden. Sie werden mit

```
#include <avr/eeprom.h>
```

eingefügt. Ältere Versionen verwenden die Datei eeprom.h. Die im EEPROM abzulegenden Variablen bzw. Felder müssen vor main global oder in main statisch mit

```
Datentyp __attribute__((section(".eeprom"))) Bezeichner
```

vereinbart werden. Hinter dem Bezeichner lassen sich Anfangswerte angeben, die durch eine Programmiereinrichtung aus einer Datei .eep in den Baustein geladen werden. In der Entwicklungsumgebung „Programmers Notepad 2" des GNU-Compilers muss dazu im Makefile der Schalter AVRDUDE_WRITE_EEPROM = … gesetzt werden. Das recht umständliche Attribut lässt sich mit einem definierten Symbol EEPROM vereinfachen. Die Beispiele vereinbaren eine globale und eine statische Variable mit Anfangswerten im EEPROM.

```
#include <avr/eeprom.h>             // EEPROM-Funktionen
#define EEPROM  __attribute__((section (".eeprom")))  // neues Symbol
unsigned int EEPROM x = 0x0102;     // EEPROM-Variable global
main(void)                          // Hauptfunktion
{
static unsigned char EEPROM y = 0x03;  // EEPROM-Variable statisch
```

Die in der Tabelle 3-10 dargestellten Funktionen werden im Programm *k3p18.c* für die Adressierung des EEPROM-Bereiches verwendet. Das „avr-libc Reference Manual" beschreibt weitere Funktionen für ältere Versionen des GNU-Compilers und für Compiler anderer Hersteller sowie zur Behandlung der recht langen Warte- und Zugriffszeiten.

Tabelle 3-10: Funktionen zum EEPROM Zugriff.

Ergebnis	Aufruf	Anwendung
	__attribute__((section(".eeprom")))	Attribut für Daten im EEPROM
8 bit	eeprom_read_byte(&Bezeichner)	Byte (8 bit) aus EEPROM lesen
16 bit	eeprom_read_word(&Bezeichner)	Wort (16 bit) aus EEPROM lesen
32 bit	eeprom_read_dword(&Bezeichner)	Doppelwort (32 bit) aus EEPROM lesen
	eeprom_read_block(Ziel,Quelle,Länge)	Quelle (EEPROM) nach Ziel (SRAM)
	eeprom_write_byte(&Bezeichner, Wert)	Byte (8 bit) nach EEPROM schreiben
	eeprom_write_word(&Bezeichner, Wert)	Wort (16 bit) nach EEPROM schreiben
	eeprom_write_dword(&Bezeichner, Wert)	Doppelwort (32 bit) nach EEPROM schr.
	eeprom_write_block(Quelle,Ziel,Länge)	Quelle (SRAM) nach Ziel (EEPROM)

```
// k3p18.c ATmega8  EEPROM-Zugriff
// Port B: Ausgabe Testwerte und Feld im Sekundentakt
// Port D: Eingabe Testwert
// Konfiguration: interner Oszillator 1 MHz, externes RESET-Signal
#include <avr/io.h>              // Deklarationen
#include <avr/eeprom.h>          // EEPROM-Funktionen
#define TAKT 1000000UL           // Controllertakt 1 MHz
#define EEPROM __attribute__((section(".eeprom")))  // Abkürzung
#include "wartex10ms.c"          // wartet n * 10 ms
unsigned int EEPROM x = 0x0102;  // EEPROM-Variable global
void main(void)                  // Hauptfunktion
{
 static unsigned char EEPROM y = 0x03, z = 0x04;   // EEPROM statisch
 static unsigned char EEPROM tab[] = "0123456789"; // EEPROM Block
 unsigned char feld[20];                           // Puffer im SRAM
 unsigned int i;
 DDRB = 0xff;                    // Port B ist Ausgang
 while(1)                        // Arbeitsschleife
 {
```

```
PORTB = eeprom_read_word(&x); wartex10ms(200); // EEPROM Wort lesen
PORTB = eeprom_read_byte(&y); wartex10ms(200); // EEPROM Byte lesen
PORTB = eeprom_read_byte(&z); wartex10ms(200); // EEPROM Byte lesen
eeprom_write_byte(&z, PIND);                    // EEPROM Byte schrei-
                                                   ben
PORTB = eeprom_read_byte(&z); wartex10ms(200); // EEPROM Byte rückle-
                                                   sen
eeprom_read_block(feld, tab, sizeof(tab));      // EEPROM Block lesen
i=0; while( feld[i] != 0) {PORTB = feld[i++]; wartex10ms(100);} // Ausgabe
} // Ende while
} // Ende main
```

k3p18.c: Der Zugriff auf den EEPROM-Bereich.

3.5 Die Ein/Ausgabe von Zeichen und Zahlen

Zur Ein- und Ausgabe von Zeichen und Zahlen mit Geräten siehe auch Abschnitt 2.8.

3.5.1 USART-Zeichen- und Stringfunktionen

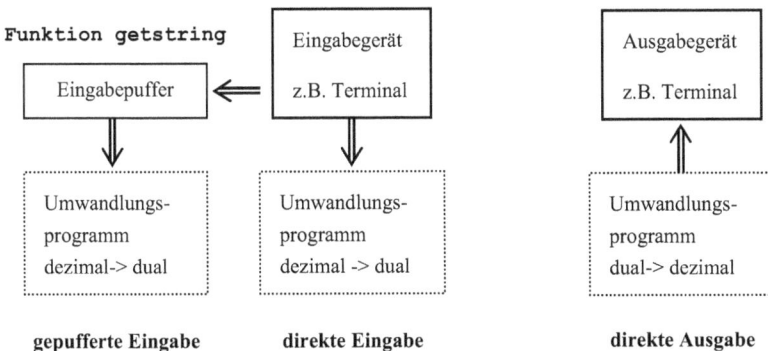

Abbildung 3-5: Direkte und gepufferte Ein/Ausgabe.

Bei der *direkten Eingabe* werden die umzuwandelnden Zeichen einzeln vom Einga-begerät geholt und ausgewertet, Korrekturen durch den Benutzer sind nicht möglich. Bei der *direkten Ausgabe* erscheinen die Ziffern sofort auf dem Gerät. Bei der *gepuf-ferten Eingabe* gelangen die Zeichen zunächst in einen String im SRAM und können z. B. mit der Rücktaste korrigiert werden, bevor sie vom Umwandlungsprogramm aus-gewertet werden. Die *gepufferte Ausgabe* schreibt die Zeichen in einen Zwischenspei-cher, aus dem sie zum Ausgabegerät gelangen.

Die Tabelle des ASCII-Codes für Zeichen befindet sich im Anhang. Man unterscheidet:

- Steuerzeichen als Escape-Sequenzen wie z. B. 0x0A (\n *lf*) und 0x0D (\r *cr*)
- Sonderzeichen: Bereich von 0x20 (Leerzeichen) bis 0x2F (/)
- Dezimalziffern: Bereich von 0x30 (Ziffer 0) bis 0x39 (Ziffer 9)
- Großbuchstaben: Bereich von 0x41 (Buchstabe A) bis 0x5A (Buchstabe Z)
- Kleinbuchstaben: Bereich von 0x61 (Buchstabe a) bis 0x7A (Buchstabe z)
- weitere Bereiche mit Sonderzeichen

Zeichenketten werden meist als nullterminierte Strings mit dem Steuercode $00 als Endemarke gespeichert und v. a. zur Ein- und Ausgabe von Texten auf einem angeschlossenen PC (Konsole) verwendet. Die in der Tabelle 3-11 dargestellten benutzerdefinierten Konsolfunktionen werden im Abschnitt 4.3 erläutert. Die #include-Anweisungen sind zusammen mit Stringfunktionen in der Headerdatei `konsole.h` enthalten.

Tabelle 3-11: Benutzerdefinierte Zeichen- und Stringfunktionen in `konsole.h`.

Ergebnis	Funktionsaufruf	Aufgabe
void	`initusart2(void)`	USART initialisieren Symbole TAKT und BAUD
void	`putch(unsigned char)`	Zeichen nach USART ausgeben
unsigned char	`getch(void)`	warten und Zeichen von USART lesen
unsigned char	`getche(void)`	warten, Zeichen lesen und Echo ausgeben
unsigned char	`kbhit(void)`	Empfänger testen ohne Warten Ergebnis == 0: kein Zeichen Ergebnis != 0: Zeichen zurück
void	`putstring(string)`	Stringausgabe bis Endemarke NULL
unsigned char	`getstring(string)`	Stringeingabe mit BS bis Steuerzeichen max. Länge SLAENG Abbruchzeichen wird zurückgegeben
unsigned char	`cmpstring(string_1, string_2)`	Stringvergleich: Ergebnis == 0: Strings sind ungleich Ergebnis == 1: Strings sind gleich

Die Funktion `initusart2` initialisiert die USART. Mit TAKT = 1000000ul, BAUD = 9600ul und doppelter Baudrate U2X = 1 ergibt der Teilungsfaktor 12.03, gerundet 12.

```
// initusart2.c  USART initialisieren mit TAKT und BAUD
void initusart2(void)                    // USART initialisieren
{
 unsigned char x;                        // Hilfsvariable
 UBRRL = (TAKT / (8ul * BAUD)) - 1;      // Baudrate mit TAKT und BAUD
 UBRRH = 0;                              //
 UCSRA |= (1 << U2X);                    // U2X Baudrate Faktor 8
 UCSRB |= (1 << TXEN) | (1 << RXEN);     // Sender und Empfänger ein
 UCSRC |= (1 << URSEL) | (1 << UCSZ1) | (1 << UCSZ0); // async 8-Bit
 x = UDR;                                // Empfänger leeren
}
```

Die Zeichen-Ausgabefunktion putch wartet, bis der Sender frei ist und gibt dann das
als Parameter übergebene Zeichen über die serielle Schnittstelle aus.

```
// putch.c  Zeichenausgabe für USART
void putch (unsigned char x)             // warten und Zeichen senden
{
 while( ! (UCSRA & (1 << UDRE)));        // warte solange Sender besetzt
 UDR = x;                                // Zeichen nach Sender
}
```

Die Zeichen-Eingabefunktionen getch und getche warten auf den Empfang eines Zeichens, das als Ergebnis vom Datentyp unsigned char zurückgeliefert wird.

```
// getch.c  Zeichen von USART holen
unsigned char getch(void)                // warten und Zeichen abholen
{
 while ( ! (UCSRA & (1 << RXC)));        // warten bis Zeichen da
 return UDR;                             // Zeichen abholen
}
```

```
// getche.c  Eingabe mit Echo von USART
unsigned char getche(void)               // warten und lesen mit Echo
{
 int x;                                  // Hilfsvariable
 while ( ! (UCSRA & (1 << RXC)));        // warten bis Zeichen da
 x = UDR;                                // abholen und speichern
 while( ! (UCSRA & (1 << UDRE)));        // warten solange Sender besetzt
 UDR = x;                                // Zeichen als Echo zurücksenden
 return x;                               // Zeichen zurückgeben
}
```

Die Stringfunktion putstring gibt einen nullterminierten String auf der Konsole aus und ruft dazu die Zeichenfunktion putch auf, die davor vereinbart sein muss.

```c
// putstring.c  String bis Endemarke Null ausgeben
void putstring(unsigned char *zeiger)  // SRAM_String ausgeben
{
 while(*zeiger != 0) putch(*zeiger++); // solange keine Endemarke 0
}
```

Die Stringfunktion getstring speichert Eingabezeichen in einem String bis entweder ein Steuerzeichen wie z. B. Wagenrücklauf *cr* eingegeben wird oder die mit SLAENG definierte Länge erreicht ist. Das Abbruchzeichen wird als Ergebnis zurückgeliefert. Die während der Eingabe mit der Rücktaste *Backspace* BS möglichen Korrekturen sind für die gepufferte Eingabe von Zahlen besonders hilfreich. Die Zeichenfunktionen putch und getch müssen vor getstring vereinbart sein.

```c
// getstring.c  String max. SLAENG mit Korrekturen lesen
unsigned char getstring(unsigned char *zeiger)
{
 unsigned anz = 0;                       // Zeichenzähler
 while(1)
 {
  *zeiger = getch();                     // Zeichen lesen ohne Echo
  if(*zeiger >= 0x20 && anz < SLAENG)    // kein Steuerzeichen
  {
   putch(*zeiger); anz++; zeiger++;      // Echo Zähler Zeiger erhöhen
  } // Ende if
  else
  {
   if(*zeiger != '\b' || anz >= SLAENG) // Ende der Eingaben
   {
    anz = *zeiger; *zeiger = 0; return anz; // Abbruchzeichen
   } // Ende if
   else
   if(*zeiger == '\b' && anz != 0)       // Korrektur mit Rücktaste
   {
    zeiger--; putch('\b'); putch(' '); putch('\b'); anz--;
   } // Ende if
  } // Ende else
 } // Ende while
} // Ende Funktion
```

Die Stringfunktion cmpstring vergleicht die beiden als Parameter übergebenen Strings. Sie sind nur dann gleich, wenn sie in der Länge und in allen Zeichenpositionen übereinstimmen. In diesem Fall wird als Ergebnis der Wert 1 zurückgeliefert; bei ungleich ist das Ergebnis der Funktion 0.

```c
// cmpstring.c  Stringvergleich  1:gleich  0:ungleich
unsigned char cmpstring(unsigned char *s1, unsigned char *s2)
{
 while(1)
 {
  if( (*s1 == 0) && (*s2 == 0) ) return 1;   //   ja:  gleich
  if(*s1 != *s2) return 0;                   // nein: ungleich
  s1++; s2++;                                // weiter
 } // Ende  while
} // Ende cmpstring
```

Das Programm k3p15.c testet die Zeichen- und Stringfunktionen. Das Passwort für den Stringvergleich ist „*geheim*".

```c
// k3p15.c  ATmega8 Zeichen- und Stringfunktionen
// Port D: PD1 = TXD und PD0 = RXD -> PC als Terminal
// Konfiguration: interner Oszillator 1 MHz, externes RESET-Signal
#include   <avr/io.h>           // Deklarationen
#define    TAKT 1000000ul       // Controllertakt 1 MHz
#define    BAUD 9600ul          // 9600 Baud
#define    SLAENG 81            // Länge Eingabestring
#include   "konsole.h"          // Zeichen- und Stringfunktionen
// initusart2 putch getch getche kbhit putstring getstring cmpstring
void main (void)
{
 unsigned char puffer[SLAENG];  // Pufferspeicher
 initusart2();                  // USART initialisieren dopp. Baudrate
 DDRB = 0xff;                   // Port B ist Ausgang
 while(1)                       // Arbeitsschleife String
 {
  putch('>');                   // Marke > ausgeben
  PORTB = getche();             // Zeichen lesen, Echo und auf Port
                                //             ausgeben
  putstring("\n\rKennwort -> "); // Meldung  auf neuer Zeile
  getstring(puffer);            // String eingeben
  putstring(" = ");             // Trennzeichen ausgeben
  putstring(puffer);            // Puffer ausgeben
```

```
   if (cmpstring(puffer,"geheim")) putstring("  getroffen "); //
   Vergleich
   putch('#');
 } // Ende while
} // Ende main
```

k3p15.c: Test der benutzerdefinierten Stringfunktionen.

Die Systemdateien `string.h` und `ctype.h` enthalten eine Reihe von vordefinierten String- und Zeichenfunktionen für Stringoperationen. Die Tabelle 3-12 enthält nur eine Auswahl; weitere Funktionen finden sich im Handbuch „avr-libc Reference Manual ".

Tabelle 3-12: String- und Zeichenfunktionen für Stringoperationen.

Ergebnis	Funktionsaufruf	Aufgabe
Zeiger auf Anfang	strcpy (*Ziel, Quelle*)	kopiert Quellstring nach Zielstring
Zeiger auf Anfang	strcat (*Ziel, Quelle*)	hängt Quellstring an Zielstring an
Anzahl der Zeichen	strlen (*String*)	liefert Anzahl der Zeichen ohne die Endemarke
Kennwert	strcmp (*String_1, String_2*)	vergleicht Strings alphabetisch Kennwert < 0: String_1 niedriger als String_2 Kennwert = 0: beide Strings sind gleich Kennwert > 0: String_1 höher als String_2

Die vordefinierten Stringfunktionen führen Operationen mit Stringkonstanten, Stringvariablen oder Zeigern auf Strings durch. Beispiele:

```
strcpy (aus,tab);                   // kopiert Stringvariable aus <- tab
strcat(aus,"ABCDEF");               // hängt Stringkonstante an
if (strcmp(tab,"0123456789") == 0)  // vergleicht Strings
```

3.5.2 System-Funktionen für die Ein/Ausgabe von Zahlen

Die Programmiersprache C stellt standardmäßig Funktionen für die Eingabe und Ausgabe von Zahlen und Zeichen zur Verfügung, die mit

```
#include <stdio.h>
```

in den Programmtext eingefügt werden. Das Programm `k3p20.c` testet eine Minimalversion; weitere Möglichkeiten können dem Handbuch „avr-libc Reference Manual" entnommen werden und lassen sich als Compileroptionen im make-File einstellen. Im Gegensatz zu einem PC, bei dem Tastatur und Bildschirmausgabe standardmäßig vorhanden sind, muss in der vorliegenden Version der Benutzer die Initialisierung der Schnittstelle und die Programmierung der grundlegenden Zeichenfunktionen selber durchführen (Tabelle 3-13).

Tabelle 3-13: Vom Benutzer zu definierende Grundfunktionen.

Ergebnis	Funktion	Anwendung
void	inituart(void)	Baudrate, Sender und Empfänger des USART initialisieren
int	putch(char)	wartet und gibt das als Wertargument angegebene Zeichen aus
int	getch(void)	wartet auf ein ankommendes Zeichen und liefert es zurück
int	getche(void)	liefert wie getch ein Zeichen und sendet es zurück (Echo)

Die Initialisierung des Gerätes und die Definition der Grundfunktionen haben den Vorteil, dass mit den stdio-Funktionen nicht nur die USART-Schnittstelle, sondern auch andere Geräte wie z. B. eine externe Tastatur oder eine LCD-Anzeige betrieben werden können.

Die Funktion inituart initialisiert die serielle Schnittstelle. Sie erwartet die Symbole TAKT mit dem Systemtakt und BAUD mit der gewünschten Baudrate.

Die Funktion putch wartet bis der Sender frei ist und gibt das als Argument übergebene Zeichen seriell aus. Die Definition der Funktion mit einem int-Rückgabewert ist vom Compilerhersteller vorgeschrieben.

Die Funktion getch wartet bis ein Zeichen am Empfänger angekommen ist und liefert es als Ergebnis zurück. Die Definition als Funktion mit einem int-Rückgabewert anstelle von unsigned char ist vom Compilerhersteller vorgeschrieben.

Die Funktion getche sendet das empfangene Zeichen zusätzlich im Echo wieder zurück. Die Definition als Funktion mit einem int-Rückgabewert anstelle von unsigned char ist vom Compilerhersteller vorgeschrieben.

Die vom Benutzer definierten Zeichenfunktionen putch und getch werden der Systemfunktion fdevopen als Zeiger übergeben und dienen zur Ausgabe der Datenströme (Stream) stdout und stderr bzw. zur Eingabe in den Datenstrom (Stream) stdin. Dies sind Strings, die vom System im freien Speicher (Heap) des SRAM angelegt werden.

Die in der Tabelle 3-14 enthaltenen Funktionen der Minimalversion von stdio führen nicht alle am PC üblichen Operationen aus. Sie liefern z. T. eine int-Marke zurück, mit der sich Fehlerzustände erkennen lassen.

Tabelle 3-14: Systemdefinierte Funktionen in stdio.h.

Ergebnis	Funktion	Anwendung
Zeiger	fdevopen(*Ausf*, *Einf*, 0)	öffnet Stream stdin, stdout und stderr
		Ausf ist ein Zeiger auf die Zeichen-Ausgabe-Funktion
		Einf ist ein Zeiger auf die Zeichen-Eingabe-Funktion
int	putchar(int *Wert*)	gibt ein Zeichen über stdout aus
int	getchar(void)	liest ein Zeichen von stdin
int	puts(*String*)	gibt einen String über stdout aus
int	gets(*String*)	liest String von stdin Ende der Eingabe mit *lf = Alt-1-0*
int	**printf**("Formate", *Werte*)	gibt Werte der Liste mit Formatstring aus
int	**scanf**("Formate", *Zeiger*)	liest Daten mit Formatstring nach Variablen (Zeiger)
void	clearerr(Stream)	Fehlermarke stdin, stdout oder stderr zurücksetzen
int	fclose(Stream)	schließt Stream stdin, stdout oder stderr

Für die Eingabe und Ausgabe von *Zeichen und Texten* (Strings) sollten die entsprechenden Funktionen und nicht scanf und printf verwendet werden. Bei der Eingabe eines Textes mit gets ist zu beachten, dass dieser mit dem Steuerzeichen *lf = neue Zeile* zu beenden ist, das mit der Tastenkombination *Alt-1-0* der Zehnertastatur erzeugt werden kann.

```
char meldung [] = "\n\rStringeingabe mit lf (Alt-1-0) beenden!";
char z, text[81];                  // Zeichen und Stringvariable

puts("Bitte ein Zeichen eingeben"); // Stringkonstante ausgeben
putchar('>');                      // Prompt-Zeichen > ausgeben
z = getchar();                     // Zeichen-Eingabe mit Echo
puts(meldung);                     // Stringvariable ausgeben
gets(text);                        // Test-String lesen
puts(text);                        // Test-String ausgeben
```

Für die *Eingabe von Zahlen* müssen als ASCII-Zeichen codierte Dezimalziffern aus stdin in die interne duale Zahlendarstellung umgerechnet werden. Dazu sind Umwandlungsvorschriften in Form von Formatangaben erforderlich.

Zahl = **scanf**("Formatangaben" , Liste von Zeigern);

Die *Formatangaben* stehen üblicherweise zwischen Hochkommata in einer Stringkonstanten und werden durch Leerzeichen getrennt. Sie bestehen aus dem Prozentzeichen %

gefolgt von einem Kennbuchstaben für den umzuwandelnden Datentyp. Hinter dem letzten Format sollte kein Leerzeichen mehr stehen, da sonst bei der Eingabe ein neues Datenfeld erwartet wird. Formate für die Eingabe ganzer Zahlen:

- **%d** für den Datentyp int im Bereich von –32767 bis +32767
- **%i** für den Datentyp int im Bereich von –32767 bis +32767 auch hexadezimal 0x..
- **%u** für den Datentyp unsigned int im Bereich von 0 bis 65535
- **%x** für den Datentyp unsigned int auch hexadezimale Eingabe 0x..
- **%li** und **%ld** für den Datentyp long int bei %li auch hexadezimale Eingabe 0x..
- **%lu** für den Datentyp unsigned long int

Die Bezeichner von *Variablen* sind durch ein vorangestelltes **&** als Zeiger zu kennzeichnen. Für jede Variable ist eine Formatangabe erforderlich. Der Compiler kontrolliert die Übereinstimmung der Formatangaben mit den Datentypen und gibt entsprechende Warnungen, aber keine Fehlermeldungen aus. Das Beispiel gibt eine Meldung aus und liest korrekt drei int-Variablen ohne den Rückgabewert von scanf auszuwerten.

```
int   x, y, z;                 // drei int-Variablen vereinbart
printf("\n\rDrei ganze Zahlen ->"); // Eingabeaufforderung
scanf("%i %i %i", &x, &y, &z);     // drei Formate und drei Zeiger
```

Auf der *Eingabezeile* sind die Zahlen durch mindestens ein Leerzeichen zu trennen. Ein Leerzeichen, ein Wagenrücklauf (return, enter, *cr*) oder ein Zeilenvorschub (*lf*) nach der letzten Ziffer der letzten Zahl beendet die Eingabe; Korrekturen sind nicht möglich. Beispiel:

```
100   -100   0x64cr
```

Eingabefehler durch einen Buchstaben, ein Sonderzeichen oder die Rücktaste führen zu einem sofortigen Abbruch der Eingabe; das den Fehler auslösende Zeichen verbleibt in stdin und kann bei der nächsten Eingabe zu einem weiteren Fehlerabbruch führen. Es ist daher dringend anzuraten, den int-Rückgabewert von scanf zu kontrollieren. Bei einer korrekten Umwandlung enthält er die Anzahl der gelesenen Werte, für den Wert 0 ist ein Eingabefehler aufgetreten. Das Beispiel fängt den Fehlerfall ab, löscht den Fehlerzustand, entfernt das fehlerhafte Zeichen und gibt eine Meldung aus.

```
marke = scanf("%i %i %i", &x, &y, &z);       // Zahlen-Eingabe
if (marke == 3)  printf("\n %i + %i %i", x, y, z); // Zahlen-Ausgabe
 else { clearerr(stdin);         // Fehlerzustand löschen
       getchar();               // Zeichen entfernen
       puts(" Eingabefehler"); }  // Fehlermeldung ausgeben
```

Da es zurzeit keine Möglichkeit gibt, stdin mit fflush oder reset zu löschen, können Fehler auch mit fclose und einem neuen fdevopen behoben werden.

Für die *Ausgabe von Zahlen* werden diese aus der internen dualen Darstellung in ASCII-codierte Dezimalzahlen umgewandelt und zusammen mit zusätzlichen Texten und Steuerzeichen dem Datenstrom stdout zur Ausgabe übergeben. Zur formatierten Ausgabe dient der Aufruf der Funktion

---

Zahl = printf("Formatangaben" , Liste von Werten);

Der Rückgabewert *Zahl* enthält die Anzahl der umgewandelten Datenfelder oder eine Fehlermarke, die üblicherweise nicht ausgewertet wird. In der Liste der auszugebenden Werte stehen Variablen, Konstanten oder beliebige Ausdrücke; für jeden Wert muss im Formatstring eine Umwandlungsvorschrift in Form eines Prozentzeichens % gefolgt von einem Kennbuchstaben für den umzuwandelnden Datentyp angegeben werden. Der Compiler kontrolliert die Übereinstimmung der Formatangaben mit den Datentypen und gibt entsprechende Warnungen, aber keine Fehlermeldungen aus. Formate für die Ausgabe ganzer Zahlen:

- %d und %i für den Datentyp int dezimal im Bereich von –32767 bis +32767
- %u für den Datentyp unsigned int dezimal im Bereich von 0 bis 65535
- %x und %X für den Datentyp unsigned int hexadezimal 0x..
- %li und %ld für den Datentyp long int dezimale Ausgabe
- %lu für den Datentyp unsigned long int dezimale Ausgabe
- %lx und %lX für den Datentyp unsigned long int hexadezimal 0x..

Für die reellen Datentypen float und double gibt es sowohl für die Eingabe als auch für die Ausgabe entsprechende Formatangaben, die den Unterlagen des Compilerherstellers entnommen werden können.

Der Formatstring kann neben den Formatangaben auch Escape-Steuerzeichen wie z. B. \n für eine neue Zeile und \r für einen Wagenrücklauf sowie beliebige Zeichen und Texte enthalten. Das Beispiel gibt den Inhalt der Variablen x, y und z sowie ihre Summe aus.

```
printf("\n\r X=%i  Y=%i  Z=%i  Summe=%i", x, y, z, x+y+z);
```

Auf der Ausgabe erscheinen auf einer neuen Zeile für x = 1, y = 2 und z = 3 die Werte:

```
X=1  Y=2  Z=3  Summe=6
```

Das Programm *k3p20.c* testet die Eingabe und Ausgabe von Zeichen, Texten und ganzen Zahlen mit Funktionen in stdio.h. Die benutzerdefinierten Funktionen für die Initialisierung und die Eingabe und Ausgabe von Zeichen könnten mit einer Headerdatei eingefügt werden. Sie berücksichtigen durch bedingte Compilierung sowohl die USART der ATmega-Familie als auch die UART der Classic-Bausteine.

```c
// k3p20.c  ATmega8 Test der stdio-Funktionen
// Konfiguration: interner Oszillator 1 MHz, externes RESET-Signal
// Minimalversion nur für Zeichen, Strings und ganze Zahlen getestet
#include <avr/io.h>          // Deklarationen
#include <stdio.h>           // Standard Ein/Ausgabe-Funktionen
#define TAKT 1000000UL       // Controllertakt 1 MHz
#define BAUD 9600UL          // Baudrate 9600 Bd
void inituart(void)          // USART bzw. UART initialisieren
{
 unsigned char x;           // Hilfsvariable
 UBRRL = (TAKT / (8 * BAUD)) - 1;
 UBRRH = 0;
 UCSRA |= (1 << U2X);        // doppelte Baudrate Faktor 8
 UCSRB |= (1 << TXEN) | (1 << RXEN);
 UCSRC |= (1 << URSEL) | (1 << UCSZ1) | (1 << UCSZ0);
 x = UDR;                    // Empfänger leeren
}
int putch (char x)           // warten und Zeichen senden
{
 while ( !(UCSRA & (1 << UDRE)));   // warte solange Sender besetzt
 UDR = x;                          // Zeichen nach Sender
 return 0;                         // Marke kein Fehler
}
int getch(void)   // warten und Zeichen abholen
{
 while ( !(UCSRA & (1 << RXC)));    // warte solange Empfänger besetzt
 return UDR;                       // Zeichen abholen und rückliefern
}
int getche(void)  // warten und Zeichen mit Echo abholen
{
 unsigned char x;
 x = getch();                      // Zeichen abholen
 putch(x);                         // im Echo zurücksenden
 return x;                         // Zeichen zurückliefern
}
```

```
void main(void)                  // Hauptfunktion
{
 char meldung [] = "\n\rStringeingabe mit lf (Alt-1-0) abschliessen";
 char z, text[81];               // Zeichen und String
 int x, y, marke;                // Zahlenvariable und Fehlermarke
 inituart();                     // USART-Schnittstelle initialisieren
 fdevopen(putch, getche, 0);     // Zeichenfunktionen für stdout und stdin
 puts("Bitte ein Zeichen eingeben");
 putchar('>');                   // Prompt-Zeichen > ausgeben
 z = getchar();                  // Zeichen-Eingabe mit Echo
 puts(meldung);                  // Stringvariable ausgeben
 gets(text);                     // Test-String lesen
 puts(text);                     // Test-String ausgeben
 while(1)                        // Testschleife für ganze Zahlen
 {
  printf("\n\rZwei ganze Zahlen ->");              // Meldung
  marke = scanf("%i %i", &x, &y);                  // Eingabe zwei
                                                   //   Zahlen
  if (marke == 2)  printf("\n %i + %i = %i", x, y, x+y); // Zahlen-Ausgabe
  else { clearerr(stdin); getchar(); puts(" Eingabefehler"); }  // Fehler
 } // Ende while
} // Ende main
```

k3p20.c: Test der Ein-/Ausgabefunktionen in `stdio.h`.

Das Programm umfasste insgesamt 4956 Bytes. Beim Testlauf zeigten sich trotz korrekter Eingabe unerwartete Ergebnisse.

Die Werte 20000 für x und 30000 für y lieferten als Summe –15536 und nicht wie zu erwarten 50000. Die Ursache liegt darin, dass die int-Obergrenze von +32767 bei der Bildung der Summe nicht kontrolliert wird.

Der Wert 100000 für x und y wurde zu –31072 umgewandelt und ergab als Summe den Wert 3392. Dies zeigt, dass der zulässige Zahlenbereich auch bei der Umwandlung mit scanf nicht kontrolliert wird.

Der Umfang der stdio-Funktionen sowie Schwierigkeiten bei ihrer Anwendung können dazu führen, nur die System-Umwandlungsfunktionen zu verwenden oder maßgeschneiderte Ein-/Ausgabefunktionen zu entwickeln.

3.5.3 System-Umwandlungsfunktionen für Zahlen

Die Umwandlungsfunktionen in stdlib.h nach Tabelle 3-15 überführen Zahlen aus der internen Darstellung in einen ASCII-String bzw. aus einem ASCII-String in die interne Darstellung.

Tabelle 3-15: System-Umwandlungsfunktion in stdlib.h (Auszug).

Ergebnis	Funktion	Bemerkung
Zeiger	utoa(unsigned int, *String, Basis*)	16 Bit unsigned => ASCII
Zeiger	ultoa(unsigned long, *String, Basis*)	32 Bit unsigned => ASCII
Zeiger	itoa(signed int, *String, Basis*)	16 Bit signed => ASCII
Zeiger	ltoa(signed long, *String, Basis*)	32 Bit signed => ASCII
Zeiger	dtostrf(double, *Weite, Genau., String*)	64 Bit reell => ASCII F-Format
Zeiger	dtostre(double, *String, Genau., Flags*)	64 Bit reell => ASCII E-Format
long int	strtol(*String*, NULL, *Basis*)	ASCII => 32 Bit signed
unsigned long	strtoul(*String*, NULL, *Basis*)	ASCII => 32 Bit unsigned
double	strtod(*String*, NULL)	ASCII => 64 Bit reell

```
putstring("\n\r     unsigned int -> "); getstring(epuffer);  // eingeben
uwort = (unsigned int) strtoul(epuffer, NULL, 10);           // umwandeln
utoa(uwort, apuffer, 10); putch(' '); putstring(apuffer);    // Zahl ausgeben
putstring("\n\r       signed int -> "); getstring(epuffer);  // eingeben
iwort = (signed int) strtol(epuffer, NULL, 10);              // umwandeln
itoa(iwort, apuffer, 10); putch(' '); putstring(apuffer);    // Zahl ausgeben
putstring("\n\r unsigned long int -> "); getstring(epuffer); // eingeben
udwort = strtoul(epuffer, NULL, 10);                         // umwandeln
ultoa(udwort, apuffer, 10); putch(' '); putstring(apuffer);  // ausgeben
putstring("\n\r   signed long int -> "); getstring(epuffer); // eingeben
idwort = strtol(epuffer, NULL, 10);                          // umwandeln
ltoa(idwort, apuffer, 10); putch(' '); putstring(apuffer);   // ausgeben
putstring("\n\r            double -> "); getstring(epuffer); // eingeben
doppel = strtod(epuffer, NULL);                              // umwandeln
putstring("\n\r   Feldweite -> "); getstring(epuffer);// Feldweite
weite = (unsigned char) strtoul(epuffer, NULL, 10);  // umwandeln
putstring("\n\r Genauigkeit -> "); getstring(epuffer);// Genauigkeit
genau = (unsigned char) strtoul(epuffer, NULL, 10);  // umwandeln
putstring("\n\r      Flags -> "); getstring(epuffer); // Flags standard 0
flag  = (unsigned char) strtoul(epuffer, NULL, 10);     // Vorz.1 plus 2 E 4
dtostrf(doppel, weite, genau, apuffer); putch(' '); putstring(apuffer);
dtostre(doppel, apuffer, genau, flag); putch(' '); putstring(apuffer);
```

Test der System-Umwandlungsfunktionen nach T.

3.5.4 Benutzerdefinierte Funktionen für Zahlen

Die Funktionen nach Tabelle 3-16 benutzen die Verfahren der Zahlenumwandlung, die im entsprechenden Assembler-Abschnitt erklärt werden. Die Eingabefunktionen liefern eine Fehlermarke zurück, die für den Rückgabewert 0 einen Umwandlungsfehler anzeigt. Die #include-Anweisungen sind in der Headerdatei einaus.h zusammengefasst.

Tabelle 3-16: Benutzerdefinierte Umwandlungsfunktionen für Zahlen in einaus.h.

Ergebnis	Funktion	Anwendung
void	ausbin8(*Wert*)	Byte binär mit **0b** und acht Binärziffern ausgeben
void	aushex8(*Wert*)	Byte hexadezimal mit **0x** und zwei HEX-Ziffern ausgeben
void	ausudez16(*Wert*)	unsigned int vorzeichenlos dezimal ausgeben
void	ausidez16(*Wert*)	signed int mit Vorzeichen dezimal ausgeben
marke	einudez16(&*Adr.*)	dezimale unsigned int Eingabe marke 0: Fehler
marke	einidez16(&*Adr.*)	dezimale signed int Eingabe marke 0: Fehler
marke	einhex16(&*Adr.*)	**0x** hexadezimale unsigned int Eingabe marke 0: Fehler

Die Funktionen ausbin8 und aushex8 geben einen unsigned 8-Bit Wert binär bzw. hexadezimal aus und sind nur für die Ausgabe von Kontrollwerten im Testbetrieb vorgesehen.

```
// ausbin8.c  lz 0b binäre Ausgabe unsigned char
void ausbin8(unsigned char wert)    // binäre 8-Bit Ausgabe
{
 ausz(' '); ausz('0'); ausz('b');   // lz 0b für binär
 for (unsigned char i = 0; i < 8; i++)
    { ausz ((wert >> 7) + '0'); wert <<= 1; }
}
```

```
// aushex8.c  Ausgabe hexadezimal lz 0x zwei HEX-Ziffern
void aushex8(unsigned char x)        // hexadezimale 8-Bit Ausgabe
{
 ausz(' '); ausz('0'); ausz('x');    // lz 0x für HEX
 if ((x >> 4) < 10 ) ausz((x >> 4) + 0x30);
    else ausz((x >> 4) + 0x37);       // High-Nibble
 if ((x & 0xf) < 10 ) ausz((x & 0x0f) + 0x30);
    else ausz( (x & 0x0f) + 0x37);    // Low-Nibble
}
```

Die Funktionen ausudez16 und ausidez16 dienen zur Umwandlung von 16-Bit Werten in die dezimale Darstellung nach dem Divisionsrestverfahren. Die abgespaltenen Ziffern gelangen in einen als Stapel angelegten Zwischenspeicher und werden in umgekehrter Reihenfolge ausgegeben.

```c
// ausudez16.c  unsigned dezimal 16 bit
void ausudez16(unsigned int x)          // unsigned dezimal 16 bit
{
 unsigned char ziffer[5], anz = 0, i;   // Zwischenspeicher und Zähler
 ausz(' ');                             // Leerzeichen
 do
 {
  ziffer[anz++] = (x % 10) + 0x30;      // zerlegen zwischenspeichern
  x = x/10;
 } while (x != 0);                      // solange Quotient ungleich 0
 for (i = anz; i != 0; i--) ausz(ziffer[i-1]); // umgekehrt ausgeben
}
```

```c
// ausidez16.c  lz Vorz. signed dezimal 16 Bit
void ausidez16(int y)                   // signed dezimal 16 Bit
{
 long int x;                            // 32 bit für Rechnung
 unsigned char ziffer[5], anz = 0, i;   // Zwischenspeicher und Zähler
 x = y;                                 // long int ! wegen 0x8000 !
 ausz(' ');                             // Leerzeichen
 if (x > 0) ausz('+'); else { ausz('-'); x = -x; } // Vorzeichen
 do
 {
  ziffer[anz++] = (x % 10) + 0x30;      // zerlegen zwischenspeichern
  x = x/10;
 } while (x != 0);                      // solange Quotient ungleich 0
 for (i = anz; i != 0; i--) ausz(ziffer[i-1]); // umgekehrt ausgeben
}
```

Bei vorzeichenbehafteten Zahlen erhalten negative Werte in der Ausgabe das Vorzeichen – und müssen für die Umwandlung durch den Ausdruck x = - x positiv gemacht werden. Wegen des Sonderfalls 0x8000 = –32768 muss die vorzeichenbehaftete Umwandlung mit erhöhter Genauigkeit als long int durchgeführt werden.

Bei der Eingabe vorzeichenloser Dezimalzahlen mit der Funktion einudez16 wird für den Fehlerfall eine Marke mit dem Wert 0 zurückgeliefert, bei gültigen Eingaben die Marke 1.

```
// einudez16.c  Eingabe unsigned dezimal 16 Bit
unsigned char einudez16( unsigned int *x)  // return Fehlermarke
{
 unsigned char ziffer, err = 0, n = 0;
 unsigned long int wert = 0;              // 32-Bit Rechnung
 while (1)                                // dezimale Umwandlung
 {
  ziffer = einz();                        // Zeichen lesen
  if (ziffer >= '0' && ziffer <= '9')     // Dezimalziffer
  {
   wert = wert * 10 + (ziffer - '0'); n++;
   if (wert > 65535) err = 1;             // Überlaufmarke
  } // Ende if Ziffer
  else
  {
   if (n == 0 && ziffer < ' ') { *x = 0;    return 0; }  // Fehler
   if (n != 0 && err == 1)     { *x = 0;    return 0; } // Fehler
   if (n != 0 && err == 0)     { *x = wert; return 1; } // gut
  } // Ende else keine Ziffer
 } // Ende while dezimale Umwandlung
} // Ende Funktion
```

Bei der Eingabe vorzeichenbehafteter Dezimalzahlen mit einidez16 für den Datentyp int bzw. signed int kann ein Vorzeichen + oder – angegeben werden. Durch die 32-Bit Rechnung ist es möglich, den 16-Bit Zahlenbereich zu kontrollieren und im Fall der Bereichsüberschreitung die Fehlermarke 0 zurückzuliefern.

```
// einidez16.c Eingabe signed dezimal 16 Bit
unsigned char einidez16(int *x)      // Eingabe dezimal signed 16 Bit
{
 unsigned char ziffer, err = 0, vor = 0 ;
 unsigned int n = 0;
 long int wert = 0;          // 32-Bit Rechnung
 while (1)                   // dezimale Umwandlung
 {
  ziffer = einz();
  if (ziffer == '+')   ziffer = einz();
  if (ziffer == '-') { ziffer = einz(); vor = 1; }
  if (ziffer >= '0' && ziffer <= '9')  // Dezimalziffer
  {
   wert = wert * 10 + (ziffer - '0'); n++;
   if (wert > 32767) err = 1;          // Überlaufmarke
```

```
  } // Ende if Dezimalziffer
  else
  {
   if (n == 0 && ziffer < ' ') { *x = 0; return 0; } // Fehler
   if (n != 0 && err == 1)    { *x = 0; return 0; } // Fehler
   if (n != 0 && err == 0)                          // Gut-Ausgang
   { if (vor) wert = -wert; *x = wert; return 1; }  // gut
  } // Ende else nicht Dezimalziffer
 } // Ende while
} // Ende Funktion
```

Die hexadezimale Eingabefunktion `einhex16` dient zur Eingabe von vorzeichenlosen Bitmustern. Die Ziffernfolge muss mit **0x** beginnen und wird durch ein Steuerzeichen kleiner Leerzeichen abgebrochen. Bei einem Überlauf wird die Fehlermarke 0 zurückgegeben.

```
// einhex16.c 0x hexadezimale Eingabe 16 Bit
unsigned char einhex16 (unsigned int *x) // Eingabe hexadezimal
{
 unsigned char ziffer;
 unsigned long int h = 0;     // Rechnung 32 bit wegen Überlauf
 if (einz() != '0') return 0;  // Fehler nicht 0
 if (einz() != 'x') return 0;  // Fehler nicht x
 ziffer = einz();             // erste Hexadezimalziffer lesen
 while (1)                    // hexadezimale Umwandlung
 {
  if (ziffer >= '0' && ziffer <= '9') h = (h << 4) + (ziffer - 0x30);
  if (ziffer >= 'A' && ziffer <= 'F') h = (h << 4) + (ziffer - 0x37);
  if (ziffer >= 'a' && ziffer <= 'f') h = (h << 4) + (ziffer - 0x57);
  if (h > 65535) return 0;              // Fehler Überlauf
  ziffer = einz();                      // neue Ziffer
  if (ziffer < ' ') { *x = h; return 1; }  // Ende Steuerzeichen Gut
  } // Ende while hexadezimale Umwandlung
} // Ende Funktion
```

Die Ausgabe-Umwandlungsfunktionen übergeben die auszugebenden Zeichen einer Funktion ausz, die an das Ausgabegerät anzupassen ist. In dem Programmbeispiel k3p21.c erfolgt die Ausgabe direkt über die serielle USART-Schnittstelle.

```
void ausz(unsigned char zeichen)   // direkte Ausgabe nach Gerät
{
 putch(zeichen);                    // nach USART
}
```

Die Eingabe-Umwandlungsfunktionen fordern Zeichen von der an das Eingabegerät anzupassenden Funktion einz an. In k3p21.c erfolgt die Eingabe aus einem globalen Puffer.

```
// Globaler Pufferspeicher und Eingabefunktion für gepufferte Eingabe
unsigned char puffer[SLAENG], ppos; // global Puffer Pufferposition
unsigned char einz(void)   // Eingabe aus globalem Pufferspeicher
{
  return puffer[ppos++];   // Zeichen aus Puffer  Zeiger + 1
}
```

Die Hauptfunktion muss dafür sorgen, dass der Pufferspeicher mit Zeichen des Eingabegerätes gefüllt wird. Dies geschieht in dem Beispiel durch die Funktion getstring.

```
    getstring(puffer); ppos = 0;    // Eingabe nach Pufferspeicher
```

Die Eingabefunktionen werten daher den Eingabestring anders aus als die Formate der scanf-Funktion:
- Bei der Eingabe sind Korrekturen mit der Rücktaste (Backspace Code 0x08) möglich
- Ende der Eingabezeile mit einer Steuertaste z. B. Wagenrücklauf (*cr* return enter)
- Nicht-Ziffern (z. B. Buchstaben) werden übergangen und führen nicht zu einem Abbruch.
- Rückgabe der Fehlermarke 0 bei Werten außerhalb 0 bis 65535 bzw. –32767 bis +32767
- hexadezimale Eingabe mit 0x und maximal vier Hexadezimalziffern
- Bei jedem Aufruf kann nur ein Wert umgewandelt werden.
- Die folgenden Aufrufe können die Auswertung des Eingabepuffers fortsetzen.

Das Programm k3p21.c testet die Eingabe und Ausgabe von Zeichen, Texten und ganzen Zahlen mit den Umwandlungsfunktionen in einaus.h und den Konsolfunktionen in konsole.h, die mit #include eingefügt werden. Dabei ist besonders auf die Reihenfolge der Funktionsdefinitionen zu achten, da Funktionen nur auf andere Unterfunktionen zugreifen können, die bereits vorher definiert wurden. Reihenfolge:
- Zeichenfunktionen putch und getch
- Stringfunktionen putstring und getstring
- Pufferspeicher puffer und Pufferposition ppos
- Eingabefunktion einz und Ausgabefunktion ausz
- Umwandlungsfunktionen wie z. B. einudez16 und ausudez16

```
// k3p21.c ATmega8  benutzerdefinierte Ein-/Ausgabe-Funktionen
// Port D: PD1 = TXD und PD0 = RXD -> PC als Terminal
```

```
// Konfiguration: interner Oszillator 1 MHz, externes RESET-Signal
#include   <avr/io.h>        // Deklarationen
#define    TAKT 1000000ul    // Systemtakt 1 MHz
#define    BAUD 9600ul       // 9600 Baud
#define    SLAENG 81         // Länge Eingabestring
#include   "konsole.h"       // Konsolfunktionen Zeichen und Strings
// Globaler Pufferspeicher und laufende Pufferposition
unsigned char puffer[SLAENG], ppos;
// interne Eingabefunktion aus globalem Pufferspeicher
unsigned char einz(void)
{
  return puffer[ppos++];    // Zeichen aus Puffer Zeiger + 1
}
void ausz(unsigned char zeichen)    // direkte Ausgabe nach Gerät
{
 putch(zeichen);                    // nach USART
}
#include "einaus.h"                 // Umwandlungs-Funktionen


// Hauptfunktion
void main (void)                    // Hauptfunktion
{
 unsigned char zeichen, marke;      // Zeichen und Fehlermarke
 unsigned int uwort;                // unsigned Zahl 16 Bit
 int iwort;                         // signed Zahl 16 Bit
 initusart2();                      // USART initialisieren
 while(1)                           // Arbeitsschleife
 {
  // ASCII-Zeichen lesen und Cde binär, hexadezimal und dezimal ausgeben
  putstring("\n\n\r       ein Zeichen -> ");
  getstring(puffer); ppos = 0;     // Eingabe nach Pufferspeicher
  zeichen = einz();                // Zeichen aus Puffer
  ausbin8(zeichen);                // binäre Ausgabe
  aushex8(zeichen);                // hexadezimale Ausgabe
  ausudez16(zeichen);              // unsigned dezimale Ausgabe
  ausidez16((int)zeichen);         // signed dezimale Ausgabe
  //
  // vorzeichenlose Dezimalzahl lesen und ausgeben
  putstring("\n\rZahl ohne Vorzeichen -> ");
  getstring(puffer); ppos = 0;     // Eingabe nach Pufferspeicher
  marke = einudez16(&uwort);       // nach unsigned int umwandeln
  if(marke) ausudez16(uwort);      // unsigned dezimale Ausgabe
```

```
  if (!marke) putstring(" Fehler");
  //
  // vorzeichenbehaftete Dezimalzahl lesen und ausgeben
  putstring("\n\r Zahl mit Vorzeichen -> ");
  getstring(puffer); ppos = 0;      // Eingabe nach Pufferspeicher
  marke = einidez16(&iwort);        // nach unsigned int umwandeln
  if(marke) ausidez16(iwort);       // signed dezimale Ausgabe
  if (!marke) putstring(" Fehler");
  //
  // Hexadezimalzahl lesen und ausgeben
  putstring("\n\r    0x hexadezimal -> ");
  getstring(puffer); ppos = 0;      // Eingabe nach Pufferspeicher
  marke = einhex16(&uwort);         // HEX nach unsigned int umwandeln
  if(marke) ausudez16(uwort);       // unsigned dezimale Ausgabe
  if (!marke) putstring(" Fehler");
 } // Ende while-Schleife
} // Ende main
```

k3p21.c: Test der Umwandlungsfunktionen in `einaus.h`.

3.6 Die Interruptsteuerung

Zu Programmunterbrechungen (Interrupts) und ihrer Verarbeitung bei den AVR Controllern siehe auch Abschnitt 2.7 im Kapitel Assemblerprogrammierung.

In der C-Programmierung hängt die Behandlung der Interrupts vom verwendeten Compiler ab. Der GNU-Compiler enthält in `<avr/interrupt.h>` und `<avr/signal.h>` Funktionen und Makros. Die Tabelle 3-17 enthält Beispiele für die Interruptbezeichner des ATmega8 in `<avr/iom8.h>`. Neuere GNU-Compiler verwenden die Funktion ISR anstelle von SIGNAL. Treten mehrere Interruptanforderungen gleichzeitig auf, so werden die in der Tabelle an oberer Stelle stehenden Servicefunktionen vor den nachfolgenden ausgeführt.

Tabelle 3-17: Vordefinierte Bezeichner für Interrupt-Service-Funktionen (Auszug).

alte Bezeichner für SIGNAL	neue Bezeichner für ISR	Anwendung
SIG_INTERRUPT0	INT0_vect	externer Interrupt INT0
SIG_INTERRUPT1	INT1_vect	externer Interrupt INT1
SIG_OUTPUT_COMPARE2	TIMER2_COMP_vect	Timer2 Ausgang Vergleich
SIG_OVERFLOW2	TIMER2_OVF_vect	Timer2 Überlauf
SIG_INPUT_CAPTURE1	TIMER1_CAPT_vect	Timer1 Eingang Auffangen

Tabelle 3-17 (fortgesetzt)

alte Bezeichner für SIGNAL	neue Bezeichner für ISR	Anwendung
SIG_OVERFLOW1	TIMER1_OVF_vect	Timer1 Überlauf
SIG_OVERFLOW0	TIMER0_OVF_vect	Timer0 Überlauf
SIG_SPI	SPI_STC_vect	SPI-Interrupt
SIG_UART_RECV	UART_RX_vect	USART Empfänger gefüllt
SIG_UART_DATA	UART_UDRE_vect	USART Datenregister leer
SIG_UART_TRANS	UART_TX_vect	USART Sender frei
SIG_ADC	ADC_vect	ADC Umwandlung beendet
SIG_COMPARATOR	ANA_COMP_vect	Analogkomparator
SIG_2WIRE_SERIAL	TWI_vect	TWI-Zweidraht-Schnittstelle
SIG_INTERRUPT2	INT2_vect	externer Interrupt INT2
SIG_OUTPUT_COMPARE0	TIMER0_COMP_vect	Timer0 Ausgang Vergleich

Tabelle 3-18: Vordefinierte Funktionen und Attribute für Interrupt-Servicefunktionen.

Ergebnis	Funktion	Anwendung
void	cli(void)	I <= 0 Interrupts global sperren
void	sei(void)	I <= 1 Interrupts global freigeben
	SIGNAL(*Bezeichner*)	Servicefunktion kann nicht unterbrochen werden
	INTERRUPT(*Bezeichner*)	Servicefunktion kann unterbrochen werden
	ISR(*Bezeichner*)	für neue GNU-Versionen

Eine **Interrupt-Servicefunktion** (**Interrupt Service Routine, ISR**) erhält als Parameter einen der vordefinierten Bezeichner, der die Interruptquelle kennzeichnet. Dadurch kann der Compiler die Startadresse in die Einsprungtabelle eintragen. Nicht besetzte Einsprünge führen in eine Serviceroutine, die standardmäßig sofort wieder in das unterbrochene Programm zurückkehrt. Bei in früheren Auflagen dieses Buches verwendeten älteren Versionen des WinAVR Compilers wurden ISRs mit SIGNAL bzw. INTERRUPT vereinbart. Mit SIGNAL gekennzeichnete Funktionen können durch andere Interrupts nicht unterbrochen werden, während bei der Kennzeichnung mit INTERRUPT der Compiler zusätzlich einen Befehl erzeugt, der alle anderen Interrupts global wieder freigibt (Tabelle 3-18).

Das Beispiel zeigt ein Serviceprogramm, das durch eine Flanke am Eingang PIND2 = INT0 aufgerufen wird.

```
#include <avr/signal.h>    // Deklarationen für Interrupt
#include <avr/interrupt.h> // Deklarationen für Interrupt
SIGNAL(SIG_INTERRUPT0)     // für fallende Flanke PIND2 = INT0
{
 PORTB++;                  // Zähler um 1 erhöhen
}
```

Im Gegensatz zu Funktionen, die vom Programm aus aufgerufen werden, können Servicefunktionen weder Ergebnisse zurückliefern noch Argumente übernehmen oder übergeben. Sie erhalten daher weder einen Rückgabewert noch eine Argumentenliste. Werte können ausschließlich über globale Variablen oder Register übergeben werden. In dem Beispiel ist es das Datenregister des Ports B, das auch vom Hauptprogramm main aus zugänglich ist.

Globale Variablen für Argumente werden außerhalb von Servicefunktionen und von main angelegt. Beispiel für eine globale Variable marke:

```
volatile unsigned char marke; // global vor ISR-Funktion und main
SIGNAL(SIG_INTERRUPT0)        // ISR-Funktion ändert marke
{
 marke = 1;                   // Marke setzen
}
void main (void)              // Hauptfunktion wertet marke aus
{
 if (marke). .  ;             // Marke auswerten
```

3.6.1 Die externen Interrupts

Das Beispielprogramm k3p22.c initialisiert den externen Interrupt INT0. Der Anschluss PIND2 ist mit einem entprellten Taster beschaltet, der bei jeder Betätigung (fallende Flanke) ein Serviceprogramm startet, das einen Zähler auf dem Port B um 1 erhöht. Das Hauptprogramm fragt mit Warteschleifen einen entsprechenden Taster am Eingang PIND6 ab, der bei einer fallenden Flanke den Zähler löscht. Die Programmierung der Auslöseart in MCUCR und die Freigabe in GIMSK erfolgen in dem Beispiel durch Masken, welche die anderen Bitpositionen der Register nicht verändern.

```
// k3p22.c  ATmega8  Externer Interrupt INT0 (PD2)
// Port B: Ausgabe Zähler
// Port D: Eingabe Taste PD6: Zähler löschen  Taste PD2 (INT0): Zähler + 1
// Konfiguration: interner Oszillator 1 MHz, externes RESET-Signal
#include <avr/io.h>            // Deklarationen
// #include <avr/signal.h>     // Deklarationen für Interrupt (alt)
```

```
#include <avr/interrupt.h>        // Deklarationen für Interrupt
#define TAKT 1000000UL            // Controllertakt 1 MHz
// SIGNAL(SIG_INTERRUPT0)         // alte Bezeichnung für Interruptservice
ISR (INT0_vect)                   // neue Bezeichnung für Interruptservice
{
 PORTB++;                         // Zähler um 1 erhöhen
}
void main(void)                   // Hauptfunktion
{
 DDRB = 0xff;                     // Port B ist Ausgang
 MCUCR |= (1 << ISC01);          // INT0 fallende Flanke
 GIMSK |= (1 << INT0);           // INT0 frei
 sei();                          // alle Interrupts frei
 while(1)                        // Arbeitsschleife für Taste PIND6
 {
  while(PIND & (1 <<  PD6));      // warte auf fallende Flanke
  PORTB = 0;                      // Zähler löschen
  while( ! (PIND & (1 << PD6)));  // warte auf steigende Flanke
 } // Ende while
} // Ende main
```

k3p22.c: Externer Interrupt INT0 erhöht Zähler.

3.6.2 Der Software-Interrupt

Beispiel k3p23.c zeigt den Interrupt INT0, der durch den Befehl cbi für das Datenbit PD2 des Ports D ausgelöst wird. Bei jedem Nulldurchgang eines 16-Bit Dualzählers wird ein Dezimalzähler auf dem Port B um 1 erhöht.

```
// k3p23.c  ATmega  Software-Interrupt
// Port B: Ausgabe Dual-Zähler
// Port D: keine Eingabe: PD2 High belegt durch Software-Interrupt
// Konfiguration: interner Oszillator 1 MHz, externes RESET-Signal
#include <avr/io.h>              // Deklarationen
// #include <avr/signal.h>       // Interrupt Deklarationen (alt)
#include <avr/interrupt.h>       // Interrupt Deklarationen
#define TAKT 1000000UL           // Controllertakt 1 MHz
ISR(INT0_vect)                   // neue Bezeichnung für
// SIGNAL(SIG_INTERRUPT0)        // ISR Interrupt-Einsprung
{
 PORTB++;                        // Zähler PORT B + 1
}
```

```
void main(void)                 // Hauptfunktion
{
 unsigned int zaehl = 0;        // 16-Bit Zähler
 DDRB = 0xff;                   // Port B ist Ausgang
 DDRD |= (1 << PD2);            // PD2 = INT0 ist Ausgang!
 PORTD |= (1 << PD2);           // PD2 High
 MCUCR |= (1 << ISC01);         // fallende Flanke
 GIMSK |= (1 << INT0);          // INT0 frei
 sei();                         // alle Interrupts frei
 while(1)                       // Arbeitsschleife
 {
  zaehl++;                      // 16-Bit Zähler + 1
  if (zaehl == 0) { PORTD &= ~(1 << PD2); PORTD |= (1 << PD2);} // Flanke
 } // Ende while
} // Ende main
```

k3p23.c: Software-Interrupt für INT0 bei Zählernulldurchgang.

3.6.3 Interrupt durch Potentialänderung und Timereingang

Das Beispiel k3p22c.c zeigt die Programmierung eines externen Interrupts durch eine Potentialänderung am Eingang PD2, also für beide Flanken, sowie einen Interrupt, der durch eine fallende Flanke am Eingang PD4 ausgelöst wird. Dabei wird der Timer0 (Abschnitt 4.2.1) für einen externen Takt programmiert und mit dem größten Wert $FF geladen. Jede fallende Flanke am Eingang PD4 (T0) erzeugt einen Zählerüberlauf und löst einen Interrupt aus. Abschnitt 7.1.2 zeigt am Beispiel eines ATtiny2313, dass bei neueren Bausteinen Interrupts auch durch eine Potentialänderung an *jedem* Portein-gang möglich sind.

```
// k3p22c.c ATmega8  Interrupt INT0 beide Flanken und Takteingang Timer0
// Port B: Ausgabe Dualzähler
// Port D: Taste PD2 (INT0): Zähler + 1  PD4 (T0): Zähler - 1
// Konfiguration: interner Oszillator 1 MHz, externes RESET-Signal
#include <avr/io.h>             // Deklarationen
// #include <avr/signal.h>      // Deklarationen für Interrupt (alt)
#include <avr/interrupt.h>      // Deklarationen für Interrupt
#define TAKT 1000000UL          // Controllertakt 1 MHz
ISR (INT0_vect)                 // neue Bezeichnung für Interruptservice
// SIGNAL(SIG_INTERRUPT0)       // Interruptservice für INT0-Eingang
{
 PORTB++;                       // Zähler um 1 erhöhen
}
```

```
ISR (TIMER0_OVF_vect)        // neue Bezeichnung für Interruptservice
// SIGNAL(SIG_OVERFLOW0)     // Interruptservice für Timer0 Überlauf (alt)
{
 PORTB--;                    // Zähler um 1 vermindern
 TCNT0 = 0xff;               // Timer0 wieder mit max. Wert vorladen
}
void main(void)              // Hauptfunktion
{
 DDRB = 0xff;                // Port B ist Ausgang
 MCUCR |= (1 << ISC00);      // INT0 beide Flanken
 GIMSK |= (1 << INT0);       // INT0 frei
 TCCR0 |= 0x06;              // 110 Timer0 externer Takt fallende Flanke
 TIMSK |= (1 << TOIE0);      // Timer0 Interrupt frei
 TCNT0 = 0xff;               // Timer0 mit max. Wert vorladen
 sei();                      // alle Interrupts frei
 while(1)                    // leere Schleife
 {      }
} // Ende main
```

k3p22c.c: Interrupt durch Potentialänderung und durch Timertakteingang.

4 Die Peripherie

Die Peripherie-Einheiten verbinden den Controller mit der Außenwelt. Nach dem Einschalten der Versorgungsspannung bzw. nach einem Reset sind alle Peripherieanschlüsse zunächst als Eingänge der Parallelports geschaltet. Für die Ausgabe von Signalen und für die in Abbildung 4-1 dargestellten alternativen Portfunktionen müssen die Schnittstellen durch das Programm initialisiert werden.

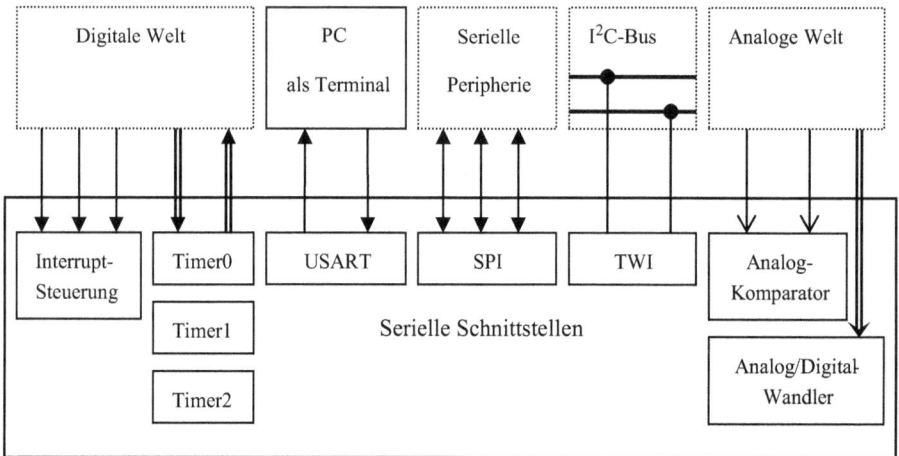

Abbildung 4-1: Alternative Portfunktionen (ATmega8).

Die externen Eingänge der Interruptsteuerung dienen der Programmunterbrechung durch wichtige Ereignisse wie z. B. „Endschalter am Anschlag". Sie werden im Abschnitt 2.7 (Assembler) und im Abschnitt 3.6 (C-Programmierung) behandelt. Mit der seriellen USART-Schnittstelle kann entsprechend Abschnitt 2.8 (Assembler) und Abschnitt 3.5 (C-Programmierung) eine Verbindung zu einem PC als Terminal hergestellt werden.

Dieses Kapitel behandelt die Timer, die seriellen Schnittstellen USART, SPI und TWI sowie die analogen Schnittstellen. Die Assemblerbeispiele sind alle in der Schriftart Courier, die C-Programmbeispiele sind in der Schriftart Courier kursiv gesetzt.

Tabelle 4-1 zeigt die Anschlüsse des ATmega8 mit den alternativen Funktionen. Der Reseteingang und die Eingänge für einen externen Takt werden mit dem Lader konfiguriert.

Die Peripheriefunktionen benötigen den Systemtakt als Zeitbasis. Für besondere Anforderungen an Stabilität und Genauigkeit sollte ein externer Quarz für den Systemtakt verwendet werden. Verwendet man den internen Systemtakt, müssen Abweichungen von ca. ± 3% in Kauf genommen werden. Bei der Herstellung wird für den internen RC-Oszillator ein Kalibrierungsbyte im System-Flash abgelegt und bei jedem Reset in das Kalibrierungsregister OSCCAL geladen, das vom Benutzerprogramm gelesen und auch geändert werden kann.

https://doi.org/10.1515/9783110403886-004

Tabelle 4-1: Die Anschlüsse des Controllers ATmega8 mit alternativen Funktionen.

Stift	Port	Alternative Funktion	
1	PC6	/RESET	(konfigurierbar)
2	PD0	RXD	Eingang der seriellen Schnittstelle USART
3	PD1	TXD	Ausgang der seriellen Schnittstelle USART
4	PD2	INT0	Eingang für den externen Interrupt0
5	PD3	INT1	Eingang für den externen Interrupt1
6	PD4	XCK	Taktausgang im Synchronbetrieb der USART-Schnittstelle
		T0	Eingang für den externen Takt Timer0
7		Vcc	Versorgungsspannung
8		GND	Masseanschluss
9	PB6	XTAL1	Systemtaktanschluss (konfigurierbar)
		TOSC1	Quarz-Takteingang für Timer2
10	PB7	XTAL2	Systemtaktanschluss (konfigurierbar)
		TOSC2	Quarz-Takteingang für Timer2
11	PD5	T1	Eingang für den externen Takt Timer1
12	PD6	AIN0	positiver Eingang des Analog-Komparators
13	PD7	AIN1	negativer Eingang des Analog-Komparators
14	PB0	ICP1	Eingang für den Capture-Betrieb Timer1
15	PB1	OC1A	Ausgang für den Compare-Betrieb A Timer1
16	PB2	OC1B	Ausgang für den Compare-Betrieb B Timer1
		/SS	Steueranschluss der seriellen SPI-Schnittstelle
17	PB3	OC2	Ausgang für den Compare-Betrieb Timer2
		MOSI	Ausgang und Eingang der seriellen SPI-Schnittstelle
18	PB4	MISO	Eingang und Ausgang der seriellen SPI-Schnittstelle
19	PB5	SCK	Eingang und Ausgang für den Takt der seriellen SPI-Schnittstelle
20		AVCC	Referenzspannung für den Analog/Digitalwandler
21		AREF	Versorgungspannung für den Analog/Digitalwandler
22		GND	Masseanschluss
23	PC0	ADC0	Analogeingang Kanal 0
24	PC1	ADC1	Analogeingang Kanal 1
25	PC2	ADC2	Analogeingang Kanal 2
26	PC3	ADC3	Analogeingang Kanal 3
27	PC4	ADC4	Analogeingang Kanal 4
		SDA	bidirektionaler Datenanschluss der seriellen TWI-Schnittstelle
28	PC5	ADC5	Analogeingang Kanal 5
		SCL	bidirektionaler Taktanschluss der seriellen TWI-Schnittstelle

OSCCAL = OSCillator CALibration Register

Kalibrierungsbyte

Die AppNote AVR053 "Calibration of the internal RC oscillator" beschreibt, wie man anstelle des in den Signature Bytes des Controllers ab Werk abgelegten Kalibrierungsbytes einen genaueren Wert ermittelt. Mit den Programmen *k4p1* lässt sich das für einen bestimmten Systemtakt erforderliche Kalibrierungsbyte bestimmen.

```
; k4p1.asm  Atmega8  internen Oszillator kalibrieren
; Port B: Ausgabe des aktuellen Kalibrierungsbytes
; Port C: Ausgabe Dualzähler PC0: Systemtakt / 20
; Port D: Eingabe Schalter Testwert für das Kalibrierungsbyte
; Konfiguration: interner Oszillator 1 MHz, externes RESET-Signal
         .INCLUDE  "m8def.inc"   ; Deklarationen für Atmega8
         .EQU    takt = 1000000  ; Systemtakt ca. 1 MHz intern
         .DEF    akku = r16      ; Arbeitsregister
         .CSEG                   ; Programm-Flash
         rjmp    start           ; Reset-Einsprung
         .ORG    $13             ; Interrupt-Einsprünge übergehen
start:   ldi     akku,LOW(RAMEND); Stapel anlegen
         out     SPL,akku        ;
         ldi     akku,HIGH(RAMEND)
         out     SPH,akku        ;
         ldi     akku,$ff        ; Bitmuster 1111 1111
         out     DDRB,akku       ; Port B ist Ausgang
         out     DDRC,akku       ; Port C ist Ausgang
; Testschleife PC0: 1 MHz / 20 = 50 kHz gemessen 49.98 kHz für 0xC2
loop:    in      akku,PORTC      ; 1 Takt:  Eingabe alter Zähler
         inc     akku            ; 1 Takt:  Zähler erhöhen
         out     PORTC,akku      ; 1 Takt:  neuen Zähler ausgeben
         in      akku,PIND       ; 1 Takt:  neue Eingabe
         out     OSCCAL,akku     ; 1 Takt:  nach Kalibrierungsregister
         nop                     ; 1 Takt:  warten
         in      akku,OSCCAL     ; 1 Takt:  rücklesen
         out     PORTB,akku      ; 1 Takt:  Kontrollausgabe
         rjmp    loop            ; 2 Takte: Sprung zum Schleifenanfang
         .EXIT                   ; Ende des Quelltextes
```

k4p1.asm: Assemblerprogramm Kalibrierung des internen RC-Oszillators.

```
// k4p1.c  Atmega8 internen RC-Oszillator kalibrieren
// Port B: Ausgabe aktuelles Kalibrierungsbyte
// Port C: Ausgabe Dualzähler PC0 = Systemtakt / 20
// Port D: Eingabe Testwert für Kalibrierungsbyte
// Konfiguration: interner Oszillator 1 MHz, externes RESET-Signal
#include <avr/io.h>      // Deklarationen einfügen
#define  TAKT 1000000UL  // Systemtakt ca. 1 MHz intern
void main(void)          // Hauptfunktion
{                        // Anfang Funktionsblock
 DDRB = 0xff;            // Port B ist Ausgang
 DDRC = 0xff;            // Port C ist Ausgang
// Testschleife PC0: 1 MHz / 20 = 50 kHz gemessen 49.98 kHz für 0xC2
 while(1)                // Schleife 10 Takte
 {                       // 2 Takte für Schleifenblock
  PORTC++;               // 3 Takte Dualzähler Port C um 1 erhöhen
  OSCCAL = PIND;         // 2 Takte
  asm volatile ("nop");  // 1 Takt
  PORTB = OSCCAL;        // 2 Takte
 } // Ende while-Schleife
} // Ende Funktionsblock
```

k4p1.c: C-Programm Kalibrierung des internen RC-Oszillators.

Die Testprogramme lieferten für einen Atmega8 mit internem Takt die in Tabelle 4-2 zusammengefassten Werte.

Tabelle 4-2: Ergebnisse der Vermessung des internen Taktoszillators mittels Testprogramm.

Byte	Frequenz an PC0	Systemtakt	Bemerkung
0x00 ($00)	22.88 kHz	458 kHz	niedrigster Wert
0xC0 ($C0)	49.55 kHz	991 kHz	Vorgabewert des Herstellers
0xC1 ($C1)	49.72 kHz	994 kHz	
0xC2 ($C2)	50.02 kHz	1000.4 kHz	bester Näherungswert an 1 MHz
0xff ($ff)	80.59 kHz	1612 kHz	höchster Wert

Der Korrekturwert kann durch das Programm geladen werden. Beispiel:

```
; Assembler
    ldi    akku,$C2    ; Korrekturwert für 1 MHz internen Takt
    out    OSCCAL,akku ; nach Oszillator-Kalibrierungsregister

// C-Programm
OSCCAL = 0xC2;          // Korrektur für 1 MHz internen Takt
```

4.1 Die Peripherieports (I/O-Ports)

Die Ports der AVR-Controller sind wie der ganze Baustein in CMOS-Technik ausgeführt. Im Gegensatz zu bipolaren Schaltungen, die relativ hohe Steuerströme
erfordern, arbeiten MOS-Schaltungen (*metal oxide semiconductor*) mit spannungs-
gesteuerten Feldeffekttransistoren, die nur geringe Steuerströme benötigen. Man
unterscheidet:

- PMOS-Schaltungen mit selbstsperrenden P-Kanal-Transistoren
- NMOS-Schaltungen mit selbstsperrenden N-Kanal-Transistoren
- **CMOS-Schaltungen** (*Complementary MOS*) nach Abbildung 4-2, bestehend aus
  einem PMOS- und einem NMOS-Transistor; das zur Vereinfachung dargestellte
  Schaltbild eines CMOS-Schalters ist nicht genormt!

Für eine Eingangsspannung $U_e = 0$ leitet der P-Kanal-Transistor T2 und die Ausgangsspannung U_a ist gleich der Betriebsspannung V_{DD}. Für eine Eingangsspannung
$U_e = V_{DD}$ leitet der N-Kanal-Transistor T1 und die Ausgangsspannung U_a ist gleich dem
Bezugspotential V_{SS}. Die Umschaltschwelle liegt etwa bei der halben Betriebsspannung. Nur beim Umschalten fließt ein geringer Ladestrom in der Zuleitung zum Gate,
da dieses sich wie ein Kondensator verhält. Im stationären Zustand ist die Stromaufnahme am Gate nahezu Null.

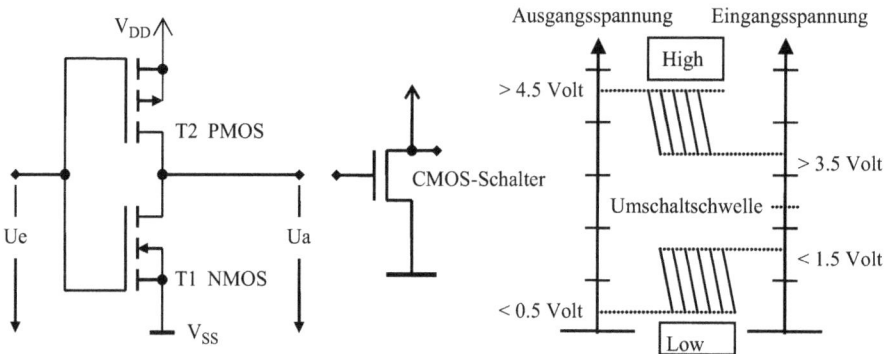

Abbildung 4-2: CMOS-Schaltung als Inverter und Toleranzgrenzen.

Abbildung 4-3 zeigt die Schaltung eines Anschlusses ohne Berücksichtigung
alternativer Funktionen. Am Eingang befinden sich zwei Schutzdioden gegen Über-
spannungen größer als die Betriebsspannung Vcc und gegen negative Eingangsspannungen.

Nach einem Reset sind alle Register gelöscht, die Ports sind offene Eingänge ohne
definierten Logikpegel (tristate).

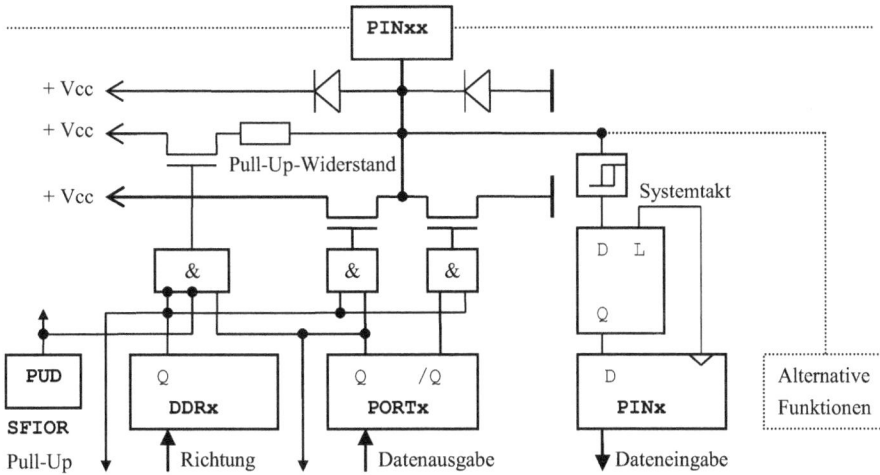

Abbildung 4-3: Modell eines Controller-Portanschlusses.

Die I/O-Ports aller modernen AVRs sind bitweise als Eingang oder als Ausgang konfigurierbar. Ihnen sind je drei 8-Bit Spezialregister des bitadressierbaren SFR-Bereichs zugeordnet (siehe auch Tabelle 4-5):
- Das **D**ata **D**irection **R**egister DDRx bestimmt die Richtung des Datentransfers (0 = Eingang, 1 = Ausgang).
- PORTx nimmt für jeden Ausgangspin des Ports x das auszugebende Bit auf und ist rücklesbar. Im Fall eines Eingangspins legt das entsprechende Bit in PORTx fest, ob der zugehörige Pull-Up-Widerstand aktiviert (1) ist oder nicht (0).
- Der Anschlussport PINx dient zum Einlesen der anliegenden Logiksignale, eine Ausgabe auf PINx ist bei älteren AVRs wie dem ATmega8 wirkungslos. Bei AVRs neuerer Generation bewirkt das Schreiben einer 1 ein Toggeln des Pins, falls er als Ausgang konfiguriert ist.

Bei Xmegas stehen mehr Register und auch mehr Optionen zur Eingangskonfiguration zur Verfügung (Pulldown-Widerstände, Wired-AND, Wired-OR,...).

Die Parallelschnittstellen Abbildung 4-3 werden üblicherweise mit ihren SFR-Adressen angesprochen. Beispiele:

```
    ldi    r16,$55     ; Assemblerprogrammierung
    out    PORTB,r16   ; sts   PORTB+$20, r16    SRAM-Adressierung
PORTB = 0x55;          // C-Programmierung
```

Die *Ausgangsschaltung* besteht aus zwei CMOS-Schaltern mit Tristate-Verhalten. Eine 0 im Richtungsbit DDRx schaltet beide Ausgangstransistoren ab. Mit dem Bit PUD des Steuerregisters SFIOR können die internen Pull-Up-Widerstände (20 bis 50 kOhm bei ATmega8) der Ports gesperrt bzw. freigegeben werden (Tabelle 4-3).

Tabelle 4-3: Pin-Konfiguration der Ports.

Richtung DDRx	Daten PORTx	PUD in SFIOR	Port als	Portzustand
0	0	0	Eingang	tristate (nach Reset)
0	0	1	Eingang	tristate
0	1	0	Eingang	High durch Pull-Up
0	1	1	Eingang	tristate
1	0	x	Ausgang	Low durch PORTx
1	1	x	Ausgang	High durch PORTx

Die *Eingangsschaltung* besteht aus einem hochohmigen Eingang mit Schmitt-Trigger-Verhalten und zwei Flipflops zur Synchronisation mit dem Systemtakt. Die dadurch entstehende Zeitverzögerung bedeutet, dass über PORTx ausgegebene Daten erst nach einem Wartetakt (nop-Befehl) über PINx wieder zurückgelesen werden können.

SFIOR - Speziel Function **IO** Register

Bit 7	Bit 6	Bit 5	Bit 4	Bit 3	Bit 2	Bit 1	Bit 0
–	–	–	–	ACME	**PUD**	PSR2	PSR10
				Anschluss Analogkomparator	0: Pull-Up ein 1: Pull-Up aus	Vorteiler-Reset Timer2	Vorteiler-Reset Timer0 Timer1

Tabelle 4-4 fasst beispielhaft alle Adressen und Bezeichner des ATmega8 zusammen.

Tabelle 4-4: Adressen und Bezeichner der Ports B, C und D (Beispiel ATmega8).

SRAM	SFR	Name	Bit 7	Bit 6	Bit 5	Bit 4	Bit 3	Bit 2	Bit 1	Bit 0
$38	$18	PORTB	PB7	PB6	PB5	PB4	PB3	PB2	PB1	PB0
$37	$17	DDRB	DDB7	DDB6	DDB5	DDB4	DDB3	DDB2	DDB1	DDB0
$36	$16	PINB	PINB7	PINB6	PINB5	PINB4	PINB3	PINB2	PINB1	PINB0
$35	$15	PORTC	PC7	PC6	PC5	PC4	PC3	PC2	PC1	PC0
$34	$14	DDRC	DDC7	DDC6	DDC5	DDC4	DDC3	DDC2	DDC1	DDC0
$33	$13	PINC	PINC7	PINC6	PINC5	PINC4	PINC3	PINC2	PINC1	PINC0
$32	$12	PORTD	PD7	PD6	PD5	PD4	PD3	PD2	PD1	PD0
$31	$11	DDRD	DDD7	DDD6	DDD5	DDD4	DDD3	DDD2	DDD1	DDD0
$30	$10	PIND	PIND7	PIND6	PIND5	PIND4	PIND3	PIND2	PIND1	PIND0

Für die Betriebsart **Eingang** (Abbildung 4-4) ist das Richtungsbit DDRx = 0 zu setzen. Das Datenbit PORTx bestimmt in dieser Betriebsart, ob der interne Pull-Up-Widerstand aktiviert (PORTx = 1) oder abgeschaltet ist (PORTx = 1), was den Anschluss in den hochohmigen Tristate-Zustand bringt. Das an PINx eingelesene Potential hängt von der äußeren Beschaltung ab. Ein offener Tristate-Eingang liefert undefinierte Werte und stellt eine häufige Fehlerquelle dar. Im Register SFIOR lassen sich alle Eingänge tristate schalten.

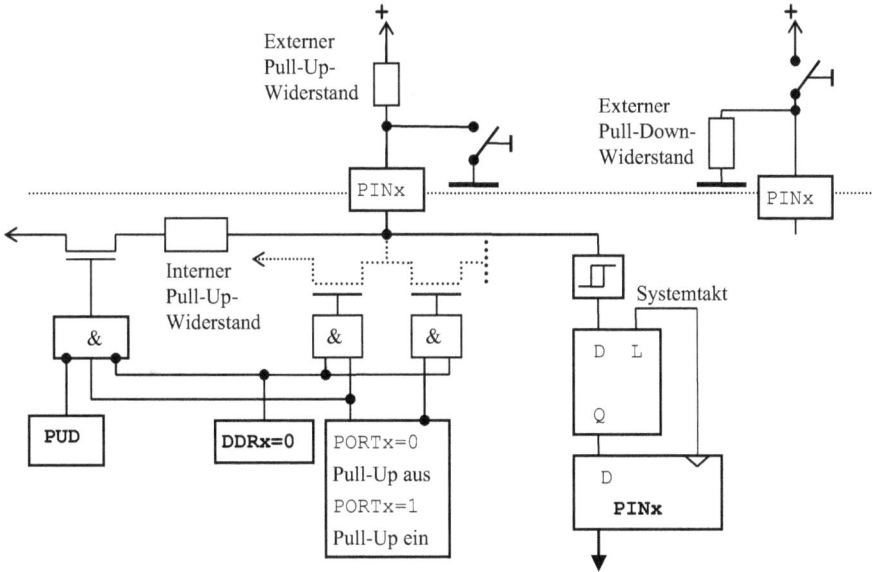

Abbildung 4-4: Die Betriebsart Dateneingabe.

Für eine analoge Eingabe des Analogkomparators und des Analog/Digitalwandlers muss der interne Pull-Up-Widerstand abgeschaltet werden. Beim Rücklesen auf dem Port ausgegebener Daten ist zu beachten, dass wegen der Taktsynchronisation zwischen der Ausgabe und der Eingabe ein Wartetakt z. B. durch einen nop-Befehl eingelegt werden muss und dass eine High-Ausgabe z. B. im stark belasteten Treiberbetrieb zu einer Low-Eingabe werden kann.

Das Beispiel aktiviert die internen Pull-Up-Widerstände der drei Ports und schaltet sie durch Programmierung des Daten- und Richtungsregisters nur für den Port B ein.

```
; Assembler interne Pull-Up-Widerstände für den Port B einschalten
        ldi     akku,$ff    ; Bitmuster 1111 1111
        out     PORTB,akku  ; Daten 1 aktiviert Pull-Up
        ldi     akku,$00    ; Bitmuster 0000 0000
        out     DDRB,akku   ; Richtung 0 aktiviert Pull-Up
        in      akku,SFIOR
        andi    akku,~(1 << PUD); PUD = 0 schaltet Pull-Up ein
        out     SFIOR,akku
```

```
// C-Programm interne Pull-Up-Widerstände für den Port B einschalten
PORTB = 0xff;              // Daten 1 aktiviert Pull-Up
DDRB = 0x00;               // Richtung 0 aktiviert Pull-Up
SFIOR &= ~(1 << PUD);      // PUD = 0 schaltet Pull-Up ein
```

Für die Betriebsart **Push-Pull-Ausgang** nach Abbildung 4-5 ist das Richtungsbit DDRx = 1 zu setzen. Es gibt beide Ausgangstransistoren frei. Die Daten werden mit dem Port-Bit ausgegeben. Das Datenbit PORTx = 1 schaltet den linken Transistor durch und sperrt den rechten, der Ausgang liegt auf High und liefert Strom (*source*) an eine auf Low liegende Last. Das Datenbit PORTx = 0 schaltet den rechten Transistor durch und sperrt den linken, der Ausgang liegt auf Low und nimmt Strom (*sink*) von einer auf High liegenden Last auf. Der interne Pull-Up-Widerstand ist unabhängig von PUD in SFIOR abgeschaltet.

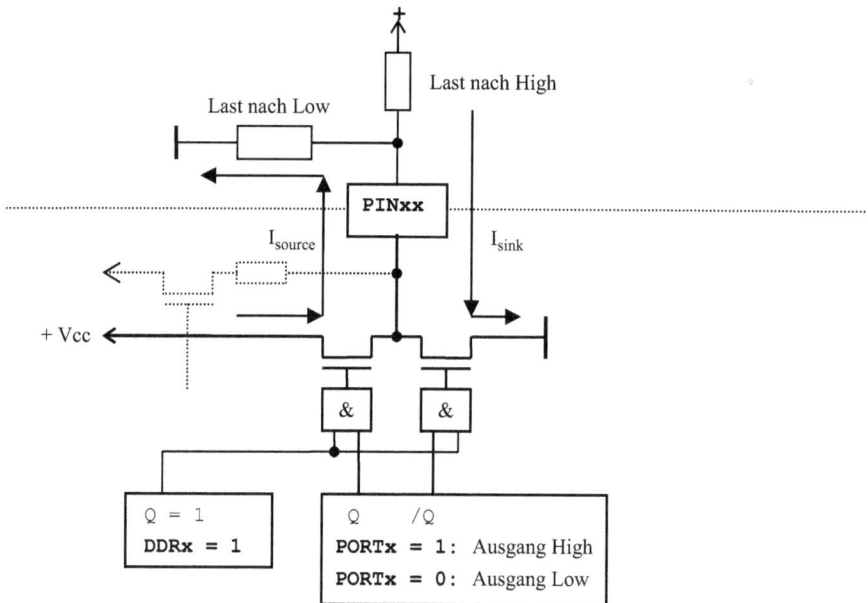

Abbildung 4-5: Die Betriebsart Push-Pull-Ausgabe.

Das an PINx zurückgelesene Potential hängt von der äußeren Beschaltung ab. So kann bei einem stark belasteten Ausgang die Spannung soweit ansteigen bzw. Absinken, dass die auf PORTx ausgegebenen Daten nicht mehr richtig am Eingang PINx zurückgelesen werden! Beim Umschalten vom Tristate-Zustand nach Reset in den Push-Pull-Betrieb ist die Reihenfolge in der Richtungs- und Datenausgabe zu beachten. Unter der Voraussetzung, dass eine äußere Last den Tristate-Ausgang auf High hält, programmiert man erst das Datenbit PORTx = 1 und dann das Richtungsbit DDRx = 1, um einen kurzzeitigen Low-Zustand am Ausgang zu vermeiden. Bei Ansteuerung von Leuchtdioden fällt ein kurzzeitiges Low nicht ins Gewicht.

Das Beispiel programmiert nach einem Reset den Port D als Ausgang und legt unterbrechungsfrei alle Anschlüsse auf High.

```
; Assembler Push-Pull-Ausgabe Ausgänge Port D High
        ldi     akku,$ff    ; Bitmuster 1111 1111
        out     PORTD,akku  ; erst Daten High
        out     DDRD,akku   ; dann Richtung Ausgabe
// C-Programm Push-Pull-Ausgabe Ausgänge Port D High
PORTD = 0xff;               // erst Daten High
DDRD = 0xff;                // dann Richtung Ausgabe
```

Die Höhe der Ausgangsspannung ist abhängig von der Belastung. Man unterscheidet:
- Logikbetrieb, bei dem der Ausgang die für die angeschlossenen Logikeingänge erforderlichen High- bzw. Low-Spannungen liefern muss
- Treiberbetrieb z. B. für Leuchtdioden oder Relais, bei dem der Ausgangsstrom durch die thermische Belastbarkeit des Bausteins begrenzt wird

Die in Abbildung 4-6 dargestellten Ausgangskennlinien aus dem Handbuch des Herstellers beziehen sich auf eine Versorgungsspannung von 5 Volt und normale Betriebsbedingungen. Für die Stromaufnahme ohne Portbelastung werden im aktiven Betrieb und bei 8 MHz Systemtakt ca. 12 mA angegeben. Charakteristische Eigenschaften der Portanschlüsse:

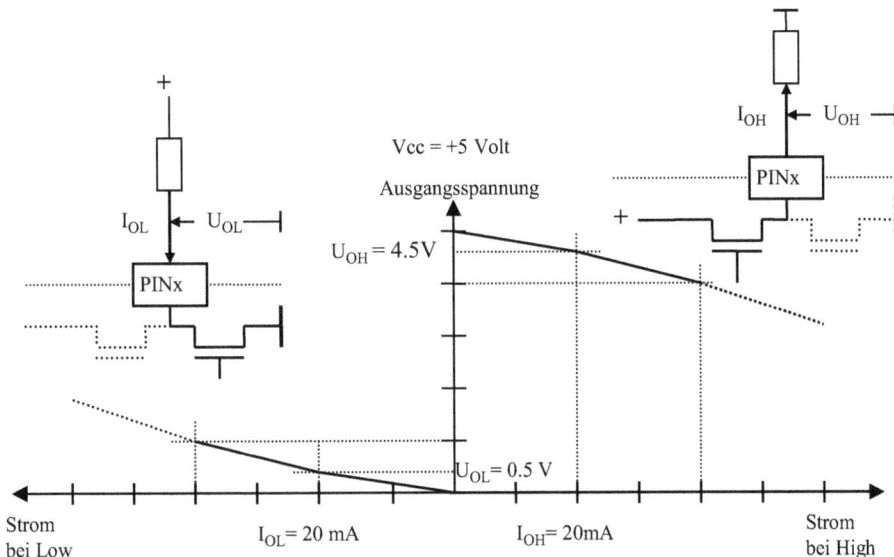

Abbildung 4-6: Ausgangskennlinien eines Ports (Handbuch Atmega8).

– Eingangsspannung für High größer 3.0 Volt bei einem Strom von ca. 1 µA
– Eingangsspannung für Low kleiner 1.0 Volt bei einem Strom von ca. 1 µA
– Eingangshysterese ca. 0.5 Volt
– Ausgangsspannung für High größer 4.2 Volt bei einem Strom von 20 mA
– Ausgangsspannung für Low kleiner 0.7 Volt bei einem Strom von 20 mA
– Maximaler Strom eines Anschlusses 40 mA bei High und bei Low
– Maximaler Gesamtstrom eines Ports 200 mA bei High und bei Low
– Maximaler Gesamtstrom aller Ports 400 mA bei High und bei Low

Die Ausgänge liefern eine TTL-typische positive Gleichspannung (Abbildung 4-7).

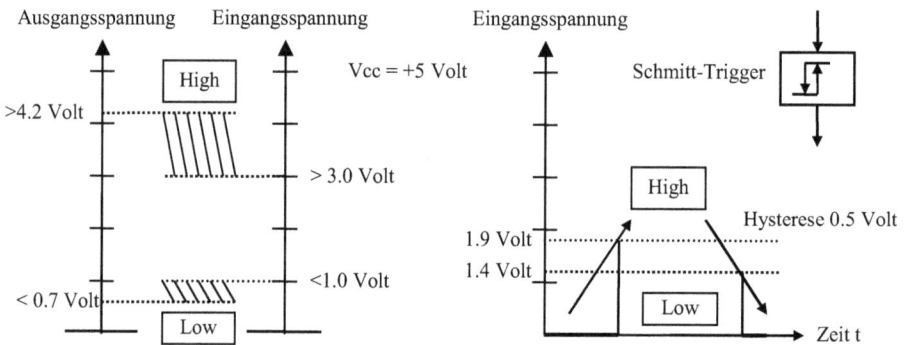

Abbildung 4-7: Toleranzgrenzen und Hysterese eines Ports (Handbuch Atmega8).

Tabelle 4-5 enthält Angaben über die Belastung von Standard-Logik-Bausteinen und Peripherieanschlüssen der AVR-Controller (Spalte I/O-Pin) aus den Hersteller-Handbüchern. Die Ströme sind Absolutwerte ohne Angabe einer Richtung.

Tabelle 4-5: Eigenschaften verschiedener Logikbausteine.

Lastangabe	TTL	LS	ALS	HCT	I/O-Pin
Eingangs-High-Spannung	> 2.0 Volt	> 2.0 Volt	> 2.0 Volt	> 2.0 Volt	**> 3.0 Volt**
Eingangs-Low-Spannung	< 0.8 Volt	< 0.8 Volt	< 0.8 Volt	< 0.8 Volt	**< 1.0 Volt**
Ausgangs-High-Spannung (Standard)	> 2.4 Volt	> 2.4 Volt	> 2.4 Volt	> 4.9 Volt	**> 4.2 Volt**
Ausgangs-Low-Spannung (Standard)	< 0.4 Volt	< 0.4 Volt	< 0.4 Volt	< 0.1 Volt	**< 0.7 Volt**
Eingangs-High-Strom (Fan-In = 1)	0.04 mA	0.02 mA	0.02 mA	1 µA	**1 µA**
Eingangs-Low-Strom (Fan-In = 1)	1.6 mA	0.4 mA	0.1 mA	1 µA	**1 µA**
Ausgangs-High-Strom (Standard)	0.4 mA	0.4 mA	0.4 mA	5..20 mA	**20 mA**
Ausgangs-Low-Strom (Standard)	16 mA	8 mA	8 mA	5..20 mA	**20 mA**
max. High-Strom als Treiber	ca. 0.5 mA	ca. 0.5 mA	ca. 0.5 mA	> 25 mA	**ca. 40 mA**
max. Low-Strom als Treiber	ca. 20 mA	ca. 20 mA	ca. 20 mA	> 25 mA	**ca. 40 mA**

In Anwendungen, bei denen die Treiberfähigkeit der Portanschlüsse nicht ausreicht oder für Lasten mit höheren Betriebsspannungen als +5 Volt sind Treiberschaltungen nach Abbildung 4-8 erforderlich. Für kleine Lasten und Betriebsspannungen eignen sich bipolare Transistoren, die meist an der Versorgungsspannung Vcc = 5 Volt des Controllers betrieben werden können. Für höhere Belastungen und Betriebsspannungen werden oft MOSFETs eingesetzt. Relais zur Potentialtrennung erfordern eine parallele Freilaufdiode und gegebenenfalls ein RC-Glied zur Unterdrückung von Störimpulsen, die durch Funken an den Schaltkontakten auftreten können. Die serielle 20-mA-Schnittstelle verwendet Optokoppler zur Potentialtrennung (Tabelle 4-6).

Tabelle 4-6: Beispiele für Ausgangstreiber.

Baustein	max. U_B	max. I	Anwendung
npn-Transistor BC 337	50 V	0.8 A	schaltet Last nach Ground
pnp-Transistor BC 327	50 V	0.8 A	schaltet Last nach +U_B
npn-Transistor BD 677	60 V	4 A	Darlington schaltet Last nach Ground
pnp-Transistor BD 678	60 V	4 A	Darlington schaltet Last nach +U_B
ULN 2803 und ULN 2804	95 V	0.5 A	8 Darlingtontransistoren in einem Gehäuse nach +U_B
IRL3705N MOSFET	55 V	80 A	Schalten großer Lasten
74LS47	15 V	24 mA	Siebensegmentdecoder aktiv Low, LED an Vcc
CD 4511	-	25 mA	Siebensegmentdecoder aktiv High , LED an GND
74HC595	6 V	25 mA	Schieberegister seriell ein, parallel aus
Reedrelais (Beispiel!)	5 V	500 Ω	Schaltspannung max. 200 V Schaltleistung max. 15 W
Optokoppler PC817	35 V	50 mA	Potentialtrennung

Die Betriebsart **Open-Drain-Ausgang,** die dem Open-Collector-Ausgang der TTL-Technik entspricht, ist nur bei Xmegas als eigene Konfiguration auswählbar. Sie kann aber bei allen anderen AVRs nachgebildet werden mittels eines äußeren Arbeitswiderstandes (externer Pull-Up), an dem die Open-Drain-Ausgänge auch anderer Bausteine parallel liegen können und der den Ausgang auf High hält (Abbildung 4-9). Der interne Pull-Up-Widerstand bleibt abgeschaltet. Die Register tauschen hierbei die Rollen: Das *Datenbit* bestimmt mit PORTx = 0 die *Betriebsart*, die *Daten* werden mit dem *Richtungs*bit DDRx ausgegeben. Für DDRx = 0 ist der Ausgang tristate und der Anschluss wird durch den externen Arbeitswiderstand auf High gehalten, für DDRx = 1 wird er durch PORTx = 0 auf Low gezogen. Fehlt der Arbeitswiderstand, so ist das Ausgangspotential undefiniert. Dies stellt eine häufige Fehlerquelle dar.

Durch Rücklesen des Portzustandes mit PINx lässt sich ermitteln, ob ein parallel liegender Ausgang aktiv ist. Das Beispiel gibt das vom Port D eingelesene Bitmuster auf dem Port B wieder aus. Dabei ist zu beachten, dass eine 1 im Richtungsbit den

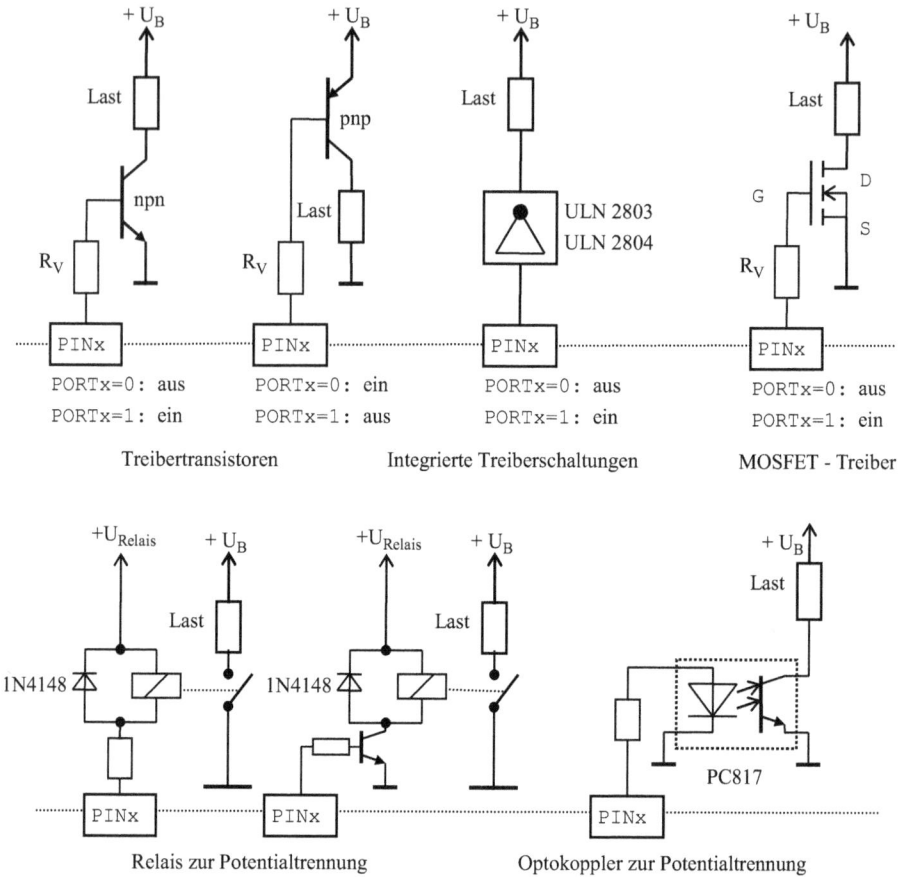

Abbildung 4-8: Treiberschaltungen.

Ausgang niederohmig auf Low legt und eine 0 im Richtungsbit den Ausgang durch den externen Widerstand hochohmig auf High legt. Die Ausgabedaten müssen in dem Beispiel also komplementiert werden.

```
; Assembler Open-Drain mit externem Pull-Up-Widerstand
         ldi     akku,$00    ; Bitmuster 0000 0000
         out     PORTB,akku  ; Ausgangstransistoren fest nach Low
         in      akku,PIND   ; Eingabe vom Port D
         com     akku        ; Komplement
         out     DDRB,akku   ; Ausgabe auf dem Port B über Richtung!
```

```
// C-Programm Open-Drain mit externem Pull-Up-Widerstand
PORTB = 0x00;              // Ausgangstransistoren fest nach Low
DDRB = ~PIND;              // Komplement ausgeben auf Richtung
```

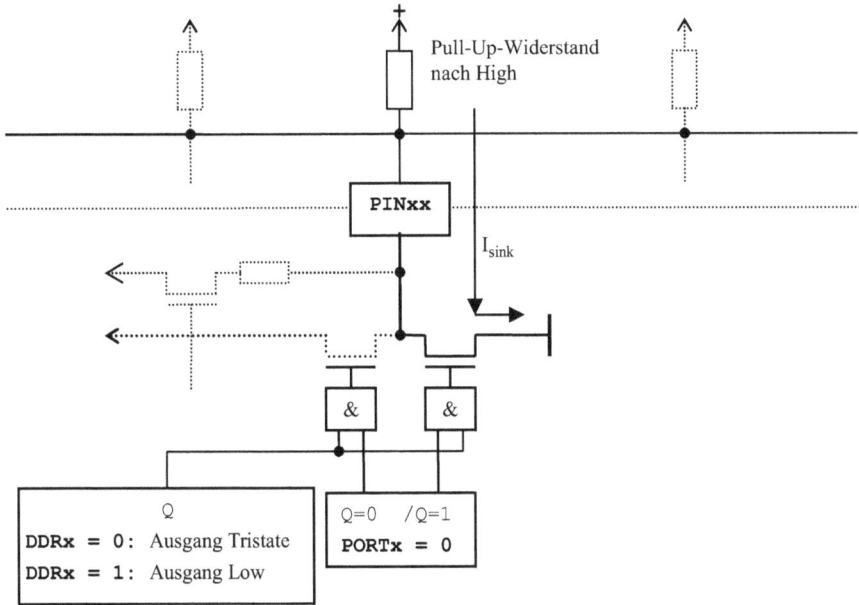

Abbildung 4-9: Die Betriebsart Open-Drain-Ausgabe.

4.2 Die Timer/Counter (T/C)

Ein *Timer* ist ein Zähler, der mit Befehlen initialisiert wird, aber dann programm-
unabhängig arbeitet und bei seinem Überlauf einen Interrupt auslösen kann. Anwen-
dungsbeispiele:
–   Periodische Interrupts als Zeitgeber z. B. für eine Uhr
–   Ereigniszähler (Counter) für externe Signale
–   Verzögerungen anstelle von Programmschleifen
–   Frequenzgenerator und Frequenzmesser
–   Pulsweitenmodulation PWM als (analoge) Ausgabe z. B. zur Ansteuerung von
    Motoren

Das in Abbildung 4-10 dargestellte Modell eines Timers besteht aus vier hintereinander geschalteten Flipflops, die bei jeder fallenden Flanke das nachfolgende Flipflop
umschalten. Der Timer lässt sich mit Anfangswerten laden und an den Ausgängen
auslesen und vergleichen.

Bewertet man die Ausgänge des Timers als Zahlen, so entsteht ein Aufwärtszähler von 0000 bis 1111 dual oder von 0 bis F hexadezimal oder von 0 bis 15 dezimal.
Im durchlaufenden Betrieb beginnt der Zähler nach dem Erreichen des Endwertes
1111 wieder mit dem Anfangswert 0000. Es entsteht eine Periode von 16 Timertakten
(Abbildung 4-11).

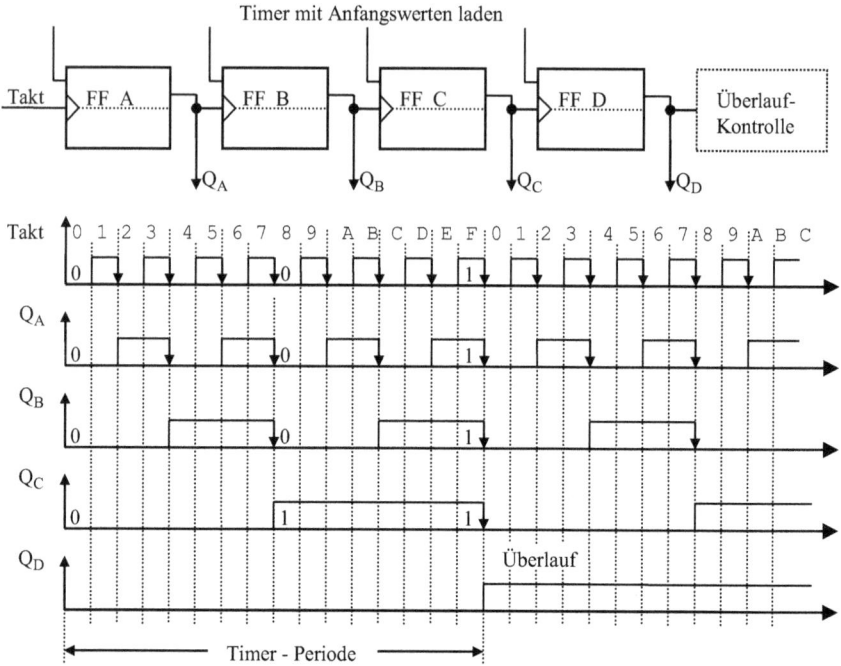

Abbildung 4-10: Modell eines Timers im durchlaufenden Betrieb als Aufwärtszähler.

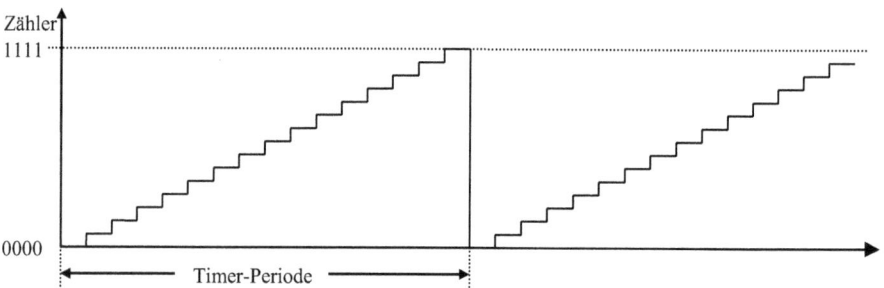

Abbildung 4-11: 4 Bit Timer im durchlaufenden Betrieb als Aufwärtszähler.

Im Betrieb als Frequenzgenerator wird der laufende Zählerstand mit dem Inhalt eines Registers verglichen. Bei Übereinstimmung (*match*) schaltet eine Steuerung den Frequenzausgang von Low auf High bzw. von High auf Low, so dass eine Rechteckfrequenz entsteht.

Für die Ausgabe eines Rechtecksignals im Tastverhältnis 1:1 wird der Aufwärtszähler beim Erreichen des Vergleichswertes abgebrochen und der Ausgang wird umgeschaltet. Zur Ausgabe eines PWM-Signals läuft der Zähler nach dem Erreichen des Endwertes abwärts, der Ausgang wird bei jedem Erreichen des Vergleichswertes umgeschaltet (Abbildung 4-12).

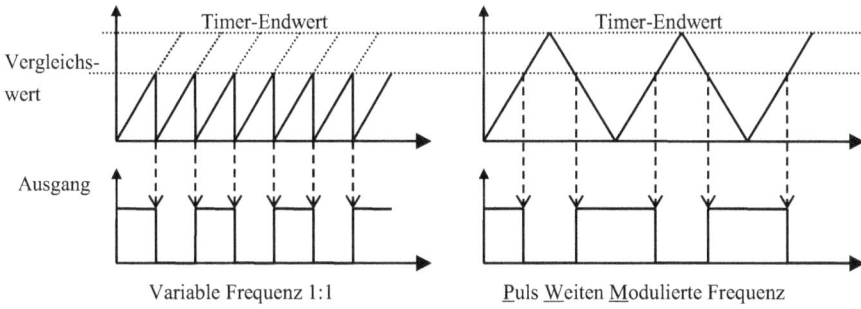

Abbildung 4-12: Timer als Frequenzgenerator.

Der Timertakt für den 8-Bit Timer0 und den 16-Bit Timer1 wird durch einen programmierbaren Vorteiler vom Systemtakt abgeleitet. Dieser beträgt bei allen Beispielen 1 MHz.

4.2.1 Der 8-Bit Timer0

In den Standard-Betriebsarten arbeitet Timer0 als 8-Bit Aufwärtszähler. Compare-Betrieb zur Frequenzerzeugung ist beim ATmega8 für Timer0 nicht vorhanden. Timer0 besteht aus einem dualen 8-Bit Aufwärtszähler, der jederzeit beschrieben und gelesen werden kann. Im Timerbetrieb wird der Systemtakt mit einem programmierbaren Vorteiler zum Timertakt heruntergeteilt. Im Zählerbetrieb erhöhen externe Taktflanken am Eingang T0 den Zähler um 1. Der Überlauf kann einen Interrupt auslösen. Taktquelle und Taktteiler werden im Steuerregister TCCR0 eingestellt. Nach einem Reset ist das Register gelöscht und der Takt abgeschaltet (Abbildung 4-13).

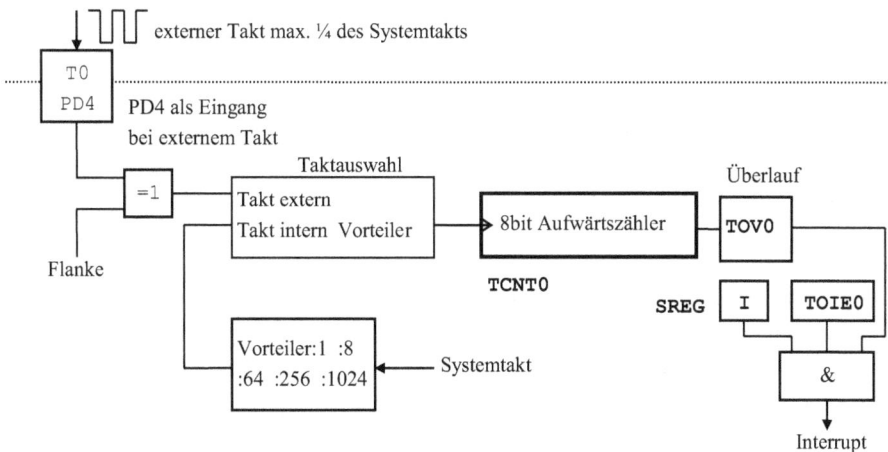

Abbildung 4-13: Modell des 8-Bit Timer/Counter0 (ATmega8).

TCCR0 = Timer/Counter Control Register 0

Bit 7	Bit 6	Bit 5	Bit 4	Bit 3	Bit 2		Bit 1	Bit 0
					CS02		CS01	CS00
					0 0 0	Timer Stopp		
					0 0 1	Systemtakt / 1		
					0 1 0	Systemtakt / 8		
					0 1 1	Systemtakt / 64		
					1 0 0	Systemtakt / 256		
					1 0 1	Systemtakt / 1024		
					1 1 0	externer Takt fallende Flanke an T0		
					1 1 1	externer Takt steigende Flanke an T0		
						externer Takt max. ¼ des Systemtakts		

Tabelle 4-7 enthält Frequenz und Periode für 1 MHz Systemtakt. Wenn der Timer nach 256 Durchläufen wieder mit 0 beginnt, entsteht ein zusätzlicher Teiler durch 256. (z. T. gerundet)

Tabelle 4-7: Frequenz und Periode für 1 MHz Systemtakt.

Auswahl	Teiler	Timertakt	Periode	Timertakt : 256	Periode * 256
0 0 1	: 1	**1 MHz**	1 µs	3.90625 kHz	256 µs
0 1 0	: 8	125 kHz	8 µs	488.28124 Hz	2.048 ms
0 1 1	: 64	15.625 kHz	64 µs	61.035156 Hz	16.384 ms
1 0 0	: 256	3.90625 kHz	256 µs	15.258790 Hz	65.536 ms
1 0 1	: 1024	976.5625 Hz	1.024 ms	3.8146973 Hz	262.144 ms

Für Synchronisationszwecke kann ein Vorteiler, der Timer0 und Timer1 gemeinsam ist, durch Einschreiben einer 1 in das Bit PSR10 von SFIOR zurückgesetzt werden.

Für periodische Interrupts mit 256 Timerschritten können Ungenauigkeiten durch Rundungsfehler entstehen. Beispiel für die Zeitbasis einer Sekundenuhr:

Systemtakt = 1 000 000 Hz
Teilerfaktor in TCCR0 = 64 gibt Timertakt 15 625 Hz
Teiler wegen periodischer Auslösung durch 256 gibt 61.035 Hz **gerundet** 61 Hz
Nach 61 Auslösungen des Timer0-Interrupts ist **etwa** eine Sekunde vergangen (gerundet!).

Durch folgende externe Quarze ergeben sich **genaue** ganzzahlige Zähler:

Systemtakt 2.4576 MHz Teilerfaktor 64 Periodenteiler 256 Zähler 150
Systemtakt 3.2768 MHz Teilerfaktor 64 Periodenteiler 256 Zähler 200
Systemtakt 3.2768 MHz Teilerfaktor 256 Periodenteiler 256 Zähler 50
Systemtakt 3.6864 MHz Teilerfaktor 64 Periodenteiler 256 Zähler 225
Systemtakt 14.7456 MHz Teilerfaktor 256 Periodenteiler 256 Zähler 225

Eine andere Lösung arbeitet nicht im Durchlaufbetrieb mit 256 Timerschritten, sondern lädt den Timer nach jedem Endwert mit einem neuen Anfangswert, der so gewählt wird, dass sich ein ganzzahliger Durchlaufzähler ergibt. Gegebenenfalls sind Korrekturen für die Verzögerung bei der Annahme des Interrupts und das Nachladen erforderlich. Beispiel:

Systemtakt = 1 000 000 Hz
Teilerfaktor in TCCR0 = 64 gibt Timertakt 15 625 = 125 * 125 = 25 * 625 = 5 * 3125 [Hz]
gewählt: Nachladewert 125 und Durchlaufzähler 125 ohne Korrektur da Teilerfaktor 64 bedeutet, dass ein Timerschritt 64 Befehlstakte umfasst.

Der duale 8-Bit Aufwärtszähler des Timerregisters TCNT0 kann vom Programm jederzeit mit einem Anfangswert beschrieben und ausgelesen werden. Nach einem Nulldurchgang läuft der Timer weiter aufwärts. Gegebenenfalls ist der Anfangswert neu zu laden.

TCNT0 = Timer/**C**ou**NT**er**0**

---

laufender 8-Bit Aufwärtszähler

Bei einem Überlauf des Zählers von $FF nach $00 wird das Bit TOV0 im Timer-Anzeigeregister TIFR auf 1 gesetzt. Das Register ist nicht bitadressierbar!

TIFR = Timer Interrupt **F**lag **R**egister

Bit 7	Bit 6	Bit 5	Bit 4	Bit 3	Bit 2	Bit 1	Bit 0
OCF2	TOV2	ICF1	OCF1A	OCF1B	TOV1	–	**TOV0**
Timer2	Timer2	Timer1	Timer1	Timer1	Timer1		**Timer0** 1: *Überlauf*

Wird das Bit TOV0 durch eine Warteschleife des Programms kontrolliert, so muss es durch Einschreiben einer 1 wieder zurückgesetzt werden. Löst es einen Interrupt aus, so wird es bei der Annahme des Interrupts automatisch wieder gelöscht. Der Assembler-Einsprungspunkt ist OVF0addr, die C-Bezeichner sind SIG_OVERFLOW0 bzw. TIMER0_OVF_vect.

Das Timer-Interruptmasken-Register TIMSK gibt den Timer0-Interrupt frei. Da es nicht bitadressierbar ist, sollten Einzelbitoperationen mit Masken in einem Arbeitsregister durchgeführt werden. Nach einem Reset sind alle Masken gelöscht und die Interrupts gesperrt.

Für TOV0 = 1 (Überlauf) und TOIE0 = 1 (Freigabe) und I = 1 wird der Timer0-Interrupt ausgelöst, der beim Start des Serviceprogramms das Anzeigebit TOV0 wieder zurücksetzt. Bei einem Überlauf von $FF läuft der Timer weiter mit dem Anfangswert $00, *nicht* mit einem eingeschriebenen Startwert. Bei einem Neuladen durch das Programm sind Verzögerungszeiten der Interruptsteuerung (4 Takte) und Ausführungszeiten der Befehle bis zum Einschreiben des neuen Wertes besonders zu berücksichtigen. Man beachte, dass wegen des Aufwärtszählens die Differenz zum Überlaufwert 256 anzugeben ist!

TIMSK = Timer Interrupt **MaSK** Register

Bit 7	Bit 6	Bit 5	Bit 4	Bit 3	Bit 2	Bit 1	Bit 0
OCIE2	TOIE2	TICIE1	OCIE1A	OCIE1B	TOIE1	–	**TOIE0**
Timer2	Timer2	Timer1	Timer1	Timer1	Timer1		**Timer0** Überlauf 1: *frei*

Die Programme *k4p2* zeigen einen Sekundenzähler. Der Systemtakt von 1 MHz geteilt durch den Vorteiler 256 ergibt einen Timertakt von 15.625 kHz. Der durchlaufende Timer wirkt als Teiler durch 256 und ergibt eine Überlauffrequenz von 61.035 gerundet 61 Hz. Alle 16 ms tritt ein Interrupt auf, der den Interruptzähler um 1 vermindert. Nach 61 Durchläufen ist eine Sekunde vergangen, der Dezimalzähler auf den Ports B und C wird um 1 erhöht.

```
; k4p2.asm  ATmega8  Timer0 Sekundenzähler mit Interrupt
; Port B: Ausgabe              Zehner Einer
; Port C: Ausgabe Hunderter
; Port D: -
; Konfiguration: interner Oszillator 1 MHz, externes RESET-Signal
        .INCLUDE  "m8def.inc"   ; Deklarationen für ATmega8
        .EQU    takt = 1000000  ; Systemtakt ca. 1 MHz intern
        .EQU    zael = 61       ; 1 MHz:256:64 = 61.03 gerundet 61
        .DEF    akku = r16      ; Arbeitsregister
        .DEF    seku = r18      ; dualer Sekundenzähler mod 256
```

```
        .DEF    tic  = r19        ; Interruptzähler
        .CSEG                     ; Programm-Flash
        rjmp    start             ; Reset-Einsprung
        .ORG    OVF0addr          ; Timer0 Überlauf Einsprung
        rjmp    timer             ; nach Interrupt-Service-Programm
        .ORG    $13               ; weitere Interrupt-Einsprünge übergehen
start:  ldi     akku,LOW(RAMEND); Stapel anlegen
        out     SPL,akku          ;
        ldi     akku,HIGH(RAMEND)
        out     SPH,akku          ;
        ldi     akku,$ff          ; Bitmuster 1111 1111
        out     DDRB,akku         ; Port B ist Ausgang
        out     DDRC,akku         ; Port C ist Ausgang
; Timer0 und Interrupt programmieren
        ldi     akku,0b011        ; Taktteiler : 64
        out     TCCR0,akku        ; Steuerregister Timer0
        in      akku,TIMSK        ; akku <= Timer-Interrupt-Masken
        ori     akku,1 << TOIE0   ; TOIE0 = 1: Interrupt für
        out     TIMSK,akku        ; Timer0 Überlauf frei
        clr     seku              ; Sekundenzähler löschen
        out     PORTB,seku        ; Port B: 0 0 ausgeben
        out     PORTC,seku        ; Port C: 0 0 ausgeben
        ldi     tic,zael          ; Interruptzähler für 1 sek laden
        sei                       ; I = 1: alle Interrupts frei
; Hauptprogramm schläft vor sich hin
schlei: nop                       ; tu nix
        rjmp    schlei            ;
; Interruptserviceprogramm Timer0 Überlauf
timer:  push    r16               ; Register R16 retten
        in      r16,SREG          ;
        push    r16               ; SREG retten
        push    r17               ; Register R17 retten
        dec     tic               ; Interruptzähler - 1
        brne    timer1            ; ungleich 0: weiter
        ldi     tic,zael          ;   gleich 0: Anfangswert
        inc     seku              ; dualer Sekundenzähler + 1
        mov     r16,seku          ; nach R16 für Dezimalumwandlung
        rcall   dual2bcd          ; nach BCD R17:R16 umwandeln
        out     PORTB,r16         ; Zehner und Einer nach Port B
        out     PORTC,r17         ; Hunderter nach Port C
timer1: pop     r17               ; R17 zurückladen
        pop     r16               ; SREG zurück
```

```
        out     SREG,r16         ; laden
        pop     r16              ; R16 zurückladen
        reti                     ; Rücksprung nach Unterbrechung
; dual2bcd: Umwandlung R16 dual nach BCD dreistellig
        .INCLUDE "dual2bcd.asm"  ; R16 dual -> R17 Hund. R16 Zehner | Einer
        .EXIT                    ; Ende des Quelltextes
```

k4p2.asm: Timer0-Interrupt als Sekundenzähler (Assembler).

Das C-Programm ruft im Serviceprogramm die Umwandlungsfunktion dual2bcd auf. Den globalen Variablen takt und seku wurden bei der Vereinbarung Vorgabewerte zugewiesen, da ein übereifriger Compiler in der Optimierungsstufe 1 die Wertzuweisungen in der Arbeitsschleife von main nicht ausführte, wenn vor der Schleife die gleichen Werte zugewiesen wurden!

```
// k4p2.c  ATmega8  Timer0 Sekundenzähler mit Interrupt
// Port B: Ausgabe              Zehner Einer
// Port C: Ausgabe Hunderter
// Port D: -
// Konfiguration: interner Oszillator 1 MHz, externes RESET-Signal
#include <avr/io.h>             // Deklarationen
#include <avr/signal.h>         // Deklarationen für Interrupt
#include <avr/interrupt.h>      // Deklarationen für Interrupt
#define TAKT 1000000UL          // Controllertakt 1 MHz
#define ZAEHL 61                // 1 MHz : 256 : 64 = 61.03 gerundet 61
#include "dual2bcd.c"           // dual -> BCD int (Hunderter Zehner Einer)
volatile unsigned char takt=ZAEHL, seku=0;  // globale Variable
// ISR (TIMER0_OVF_vect)        // neue Bezeichnung für Interruptservice
SIGNAL (SIG_OVERFLOW0)          // bei Timer0 Überlauf
{
 takt--;                        // Interruptzähler - 1
 if(takt == 0)                  // nach 61 Durchläufen
 {
  takt = ZAEHL; seku++;         // wieder Anfangswert Zähler erhöhen
  PORTC = dual2bcd(seku) >> 8;  // Port C Hunderter
  PORTB = dual2bcd(seku);       // Port B: Zehner Einer
 } // Ende if takt
} // Ende SIGNAL
void main(void)                 // Hauptfunktion
{
 DDRB = 0xff;                   // Port B ist Ausgang
 DDRC = 0xff;                   // Port C ist Ausgang
```

```
TCCR0 |= 0x03;          // Teiler 64 = 011
TIMSK |= (1 << TOIE0);  // Timer0 Interrupt frei
PORTB = 0;              // Port B 0 0
PORTC = 0;              // Port C 0 0
sei();                  // alle Interrupts frei
while(1)                // schlafende Schleife durch Interrupt unterbrochen
{
} // Ende while
} // Ende main
```

k4p2.c: Timer0-Interrupt als Sekundenzähler (C-Programm).

Wenn Sie das Programm mit der aktuellen Version des im Studio7 integrierten C-Compilers übersetzen, erscheinen Warnungen und Fehlermeldungen (Abbildung 4-14).

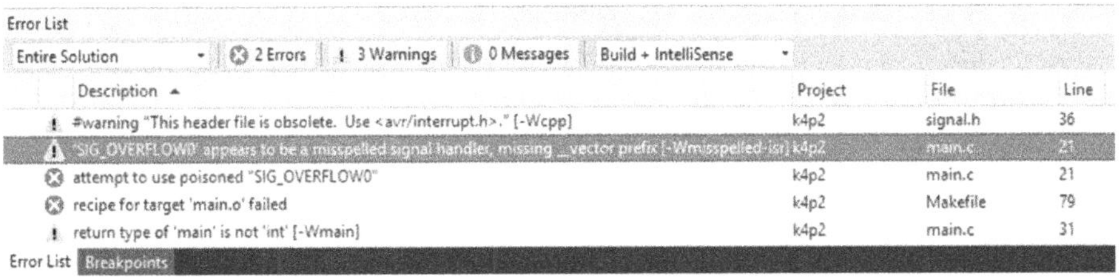

Abbildung 4-14: Warn- und Fehlermeldungen des Studio7 C-Compilers.

Einschlägige Suchmaschinen verweisen beim Suchbegriff SIG_OVERFLOW u. a. auf informative Seiten wie http://www.avrfreaks.net, www.roboternetz.de, www.mikrocontroller.net.

Aufgabe 14:
Versuchen Sie unter Zuhilfenahme der genannten Links herauszufinden, was es mit der Warnung und der Fehlermeldung auf sich hat und was Sie ändern müssen, um das Programm fehlerfrei zum Laufen zu bringen. Beachten Sie insbesondere die Warnung:
    „This header file is obsolete. Use <avr/interrupt.h>."

Lösung zu Aufgabe 14:
```
#include <avr/signal.h>     // Deklarationen für Interrupt
```
wird ersatzlos gestrichen. Ihre Funktion übernimmt die Zeile
```
#include <avr/interrupt.h> // Deklarationen für Interrupt .
```

```
SIGNAL (SIG_OVERFLOW0)      // bei Timer0 Überlauf
```
wird ersetzt durch
```
ISR (TIMER0_OVF_vect) .
```

Die Programme *k4p3* zeigen die Betriebsart *Flankenzähler* (Counter). Eine fallende Flanke am Eingang T0 (PB0) arbeitet als externer Takt und erhöht den Timer0 um 1. Die Programmschleife gibt den laufenden Zählerstand dezimal auf den Ports B und C aus. Ein Überlauf des Zählers von 255 nach 0 könnte mit einem Interrupt abgefangen werden, der einen weiteren Zähler um 1 erhöht, so dass ein 16-Bit Zähler entsteht.

```
; k4p3.asm  ATmega8  Timer0 Flankenzähler externer Takt an T0 (PD4)
; Port B: Ausgabe            Zehner Einer
; Port C: Ausgabe Hunderter
; Port D: PD4 = T0 = externer Takt durch Taster
; Konfiguration: interner Oszillator 1 MHz, externes RESET-Signal
        .INCLUDE  "m8def.inc"  ; Deklarationen für ATmega8
        .EQU    takt = 1000000 ; Systemtakt ca. 1 MHz intern
        .DEF    akku = r16     ; Arbeitsregister
        .CSEG                  ; Programm-Flash
        rjmp    start          ; Reset-Einsprung
        .ORG    $13            ; Interrupt-Einsprünge übergehen
start:  ldi     akku,LOW(RAMEND); Stapel anlegen
        out     SPL,akku     ;
        ldi     akku,HIGH(RAMEND)
        out     SPH,akku     ;
        ldi     akku,$ff       ; Bitmuster 1111 1111
        out     DDRB,akku      ; Port B ist Ausgang
        out     DDRC,akku      ; Port C ist Ausgang
; Timer0 programmieren
        ldi     akku,0b110     ; extener Takt fallende Flanke T0
        out     TCCR0,akku     ; Steuerregister Timer0
        clr     akku         ;
        out     TCNT0,akku     ; Flankenzähler Timer0 löschen
; Arbeitsschleife gibt laufenden Flankenzähler Timer0 aus
loop:   in      akku,TCNT0     ; Zähler nach R16 für Dezimalumwandlung
        rcall   dual2bcd       ; nach BCD R17:R16 umwandeln
        out     PORTB,r16      ; Zehner und Einer nach Port B
        out     PORTC,r17      ; Hunderter nach Port C
        rjmp    loop         ;
; dual2bcd: Umwandlung R16 dual nach BCD dreistellig
        .INCLUDE "dual2bcd.asm"  ; R16 dual -> R17 Hund. R16 Zehner | Einer
        .EXIT                  ; Ende des Quelltextes
```

k4p3.asm: Timer0 als Flankenzähler (Assembler).

```
// k4p3.c  ATmega8  Timer0 externer Takt Flankenzähler
// Port B: Ausgabe             Zehner Einer
// Port C: Ausgabe Hunderter
// Port D: PD4 = T0 externer Takt durch entprellten Taster
// Konfiguration: interner Oszillator 1 MHz, externes RESET-Signal
#include <avr/io.h>            // Deklarationen
#define TAKT 1000000UL         // Controllertakt 1 MHz
#include "dual2bcd.c"          // dual -> BCD int (Hunderter Zehner Einer)
void main(void)                // Hauptfunktion
{
 DDRB = 0xff;                  // Port B ist Ausgang
 DDRC = 0xff;                  // Port C ist Ausgang
 TCCR0 |= 0x06;                // 110 Timer0 externer Takt fallende Flanke
 while(1)                      // laufenden Flankenzähler ausgeben
 {
  PORTC = dual2bcd(TCNT0) >> 8; // Port C: Hunderter
  PORTB = dual2bcd(TCNT0);      // Port B: Zehner Einer
 } // Ende while
} // Ende main
```

k4p3.c: Timer0 als Flankenzähler (C-Programm).

Im freilaufenden Betrieb z. B. für einen Sekundenzähler beginnt der Timer beim Erreichen des Endwertes 255 automatisch wieder mit dem Anfangswert Null. Für weniger als 255 Durchläufe ist der Timer mit der Anzahl der Takte bis zum Nulldurchgang, also mit der Differenz zum Überlaufwert 256, zu laden. Beispiel:

Systemtakt 1 000 000 Hz / Teiler 64 = 15 625 Hz = 125 Timerschritte für 125 Durchläufe

```
    ldi    r16, - 125      ; Anfangswert des Timers
    out    TCNT0,r16       ; nach Timer Register

TCNT0 = - 125;         // Anfangswert laden
```

Wird die Überlaufanzeige TOV0 im Anzeigeregister TIFR softwaremäßig kontrolliert, so ist bei einem Überlauf, der durch TOV0 = 1 angezeigt wird, das Bit durch Einschreiben einer **1** wieder zu löschen!

Die Programme *k4p4.asm* verwenden den Timer0 zur Ausgabe einer variablen Rechteckfrequenz am Ausgang PB4. Am Port D wird die Wartezeit eingestellt. Jeder Überlauf schaltet den Ausgang PB4 um, wodurch ein Rechtecksignal im Tastverhältnis von 1:1 entsteht. Für den Verzögerungswert 1 wurde an PB4 eine Frequenz von 484 Hz gemessen.

```
; k4p4.asm  ATmega8  Timer0 variable Wartezeit zur Frequenzausgabe
; Port B: Ausgabe PB4 umschalten als Frequenzausgabe
; Port C: -
; Port D: Eingabe Wartezeit
; Konfiguration: interner Oszillator 1 MHz, externes RESET-Signal
        .INCLUDE  "m8def.inc"    ; Deklarationen für ATmega8
        .EQU    takt = 1000000   ; Systemtakt ca. 1 MHz intern
        .DEF    akku = r16       ; Arbeitsregister
        .CSEG                    ; Programm-Flash
        rjmp    start            ; Reset-Einsprung
        .ORG    $13              ; Interrupt-Einsprünge übergehen
start:  ldi     akku,LOW(RAMEND) ; Stapel anlegen
        out     SPL,akku
        ldi     akku,HIGH(RAMEND)
        out     SPH,akku
        ldi     akku,(1 << PB4)  ; PB4 als Ausgang
        out     DDRB,akku
        mov     r17,akku         ; R17 <- EODER-Maske für PB4
; Timer0 programmieren
        ldi     akku,0b101       ; Systemtakt / 1024 = 977 Hz
        out     TCCR0,akku       ; Steuerregister Timer0
; Arbeitsschleife mit Überlaufkontrolle
loop:   in      akku,PIND        ; Wartefaktor lesen
        neg     akku             ; Zweierkomplement $00 - Eingabe
        out     TCNT0,akku       ; als Zähleranfangswert
warte:  in      akku,TIFR        ; Überlaufbit testen
        sbrs    akku,TOV0        ; überspringe bei TOV0 = 1 Überlauf
        rjmp    warte            ; warte auf Überlauf
        out     TIFR,akku        ; Überlaufbit wieder löschen
        in      akku,PORTB       ; altes PB4
        eor     akku,r17         ; komplementieren
        out     PORTB,akku       ; neues PB4
        rjmp    loop             ; Schleife neue Eingabe
        .EXIT                    ; Ende des Quelltextes
```

k4p4.asm: Variable Rechteckfrequenz an PB4 (Assembler).

```
// k4p4.c  ATmega8  Timer0 variable Wartezeit zur Frequenzausgabe
// Port B: PB4 Frequenzausgabe
// Port C: -
// Port D: Eingabe Wartezeit
// Konfiguration: interner Oszillator 1 MHz, externes RESET-Signal
```

```
#include <avr/io.h>            // Deklarationen
#define TAKT 1000000UL         // Controllertakt 1 MHz
void main(void)                // Hauptfunktion
{
  DDRB = (1 << PB4);           // PB4 ist Ausgang
  TCCR0 |= 0x05;               // 101 Teiler 1 MHz : 1024 = 977 Hz
  while(1)                     // Arbeitsschleife
  {
    TCNT0 = - PIND;            // Wartefaktor laden
    while(!((TIFR & (1 << TOV0)))); // warte solange kein Überlauf
    TIFR |= (1 << TOV0);       // Überlaufanzeige löschen
    PORTB ^= (1 << PB4);       // PB4 komplementieren
  } // Ende while
} // Ende main
```

k4p4.c: Variable Rechteckfrequenz an PB4 (C-Programm).

Bausteine wie z. B. der ATmega16 haben ein zusätzliches Vergleichsregister OCR0 für die Ausgabe von Rechteckfrequenzen im Tastverhältnis 1:1 und für **P**uls **W**eiten **M**odulation PWM am Ausgang OCR0. Die Betriebsart wird im Steuerregister TCCR0 eingestellt.

TCCR0 = Timer/**C**ounter **C**ontrol **R**egister

Konfiguration der Betriebsarten im TCCR0.

Bit 7	Bit 6	Bit 5	Bit 4	Bit 3	Bit 2 bis Bit 0 bestimmen die Timerfrequenz
FOC0	WGM00	COM01	COM00	WGM01	**Betriebsarten**
0	0	0	0	0	Timerbetrieb OC0 ist Portausgang
0	0	0	1	0	OC0 Rechteck 1:1 Frequenz fest wie OCR0 = $FF
0	0	0	1	1	OC0 Rechteck 1:1 Frequenz variabel durch OCR0
0	0	1	0	x	OC0 bei match fest auf Low legen (Flanke)
0	0	1	1	x	OC0 bei match fest auf High legen (Flanke)
0	1	1	0	0	OC0 PWM phasenrichtig
0	1	1	1	0	OC0 PWM phasenrichtig invertiert
0	1	1	0	1	OC0 PWM schnell (fast)
0	1	1	1	1	OC0 PWM schnell (fast) invertiert

Diese zusätzlichen Betriebsarten sind beim ATmega8 nur für den 16-Bit Timer1 verfügbar.

4.2.2 Der 16-Bit Timer1

Timer1 nach Abbildung 4-15 ist ein 16-Bit Aufwärtszähler mit zusätzlichen Registern für folgende Betriebsarten:
- Der Timer/Counter-Betrieb arbeitet als Taktgeber und Zähler wie Timer0.
- Im Capture-Betrieb wird der laufende Zählerstand im Capture-Register aufgefangen.
- Im Compare-Betrieb wird der Zähler mit dem Compare-Register verglichen.
- Der PWM-Betrieb gibt ein pulsweitenmoduliertes Signal aus.

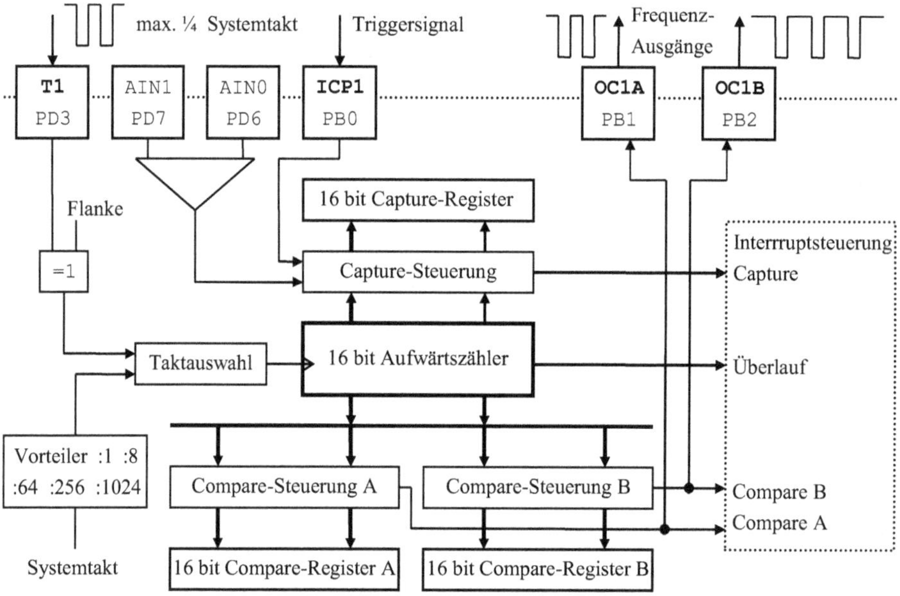

Abbildung 4-15: Modell des 16-Bit Timer/Counter1 (ATmega8).

Die Beispiele beziehen sich auf den ATmega8. Bei Classic- und ATtiny-AVRs kann Timer1 fehlen oder eingeschränkte Betriebsarten aufweisen. Die 16-Bit Register Zähler, Capture und Compare werden über zwei Byteregister angesprochen. Ein Zwischenspeicher sorgt für den korrekten 16-Bit Zugriff. Falls Interrupts in den Ablauf der beiden Bytezugriffe einbrechen können, wird empfohlen, sie während des Zugriffs zu sperren. Assemblerbeispiel:

```
.EQU   teiler = -1234      ; Teiler als Vorgabewert
cli                        ; I <= 0 Interrupts gesperrt
ldi    akku,High(teiler)
out    TCNT1H,akku         ; Teiler_High laden
ldi    akku,LOW(teiler)
out    TCNT1L,akku         ; Teiler_Low laden
sei                        ; I <= 1 Interrupts wieder frei
```

Für C-Compiler mit Portvariablen werden Wortoperationen verwendet. Beispiel:

```
unsigned int teil = 1234ul;   // Teiler als Vorgabewert
cli();                        // I <= 0 Interrupts gesperrt
TCNT1 = -teil;                // zwei Byteoperationen
sei();                        // I <= 1 Interrupts wieder frei
```

Die *Taktquelle* wird zusammen mit dem Capture-Betrieb über das Steuerregister **B** programmiert. Das Steuerregister **A** stellt die Betriebsarten Compare und PWM ein. Nach einem Reset sind diese Register gelöscht und alle Timerfunktionen sind abgeschaltet.

TCCR1B = **T**imer/**C**ounter **C**ontrol **R**egister **1 B**

Bit 7	Bit 6	Bit 5	Bit 4	Bit 3	Bit 2	Bit 1	Bit 0
ICNC1	ICES1	–	WGM13	WGM12	CS12	CS11	CS10

0 0 0	Timer Stopp
0 0 1	Systemtakt /1
0 1 0	Systemtakt / 8
0 1 1	Systemtakt / 64
1 0 0	Systemtakt / 256
1 0 1	Systemtakt / 1024
1 1 0	externer Takt fallende Flanke
1 1 1	externer Takt steigende Flanke
	externer Takt max. ¼ Systemtakt

Tabelle 4-8 enthält für einen Systemtakt von 1 MHz Timertaktfrequenz und Timerperiode. Für den Fall, dass der Timer nach 65 536 Durchläufen wieder mit 0 beginnt, entsteht ein zusätzlicher Teiler durch 65536. Die Werte sind z. T. gerundet.

Tabelle 4-8: Frequenz und Periodendauer für die Vorteiler-Einstellungen bei 1 MHz Systemtakt.

Auswahlcode	Teiler	Timertakt	Periode	Timertakt : 65536	Periode * 65536
0 0 1	: 1	**1 MHz**	1 µs	15.259 Hz	65.536 ms
0 1 0	: 8	125 kHz	8 µs	1.9073 Hz	524. 288 ms
0 1 1	: 64	15.626 kHz	64 µs	0.238 Hz	4.194 s
1 0 0	: 256	3.90625 kHz	256 µs	0.0596 Hz	16.777 s
1 0 1	: 1024	976.5625 Hz	1024 µs	0.0149 Hz	67.109 s

Timer1 arbeitet wie Timer0 als Aufwärtszähler. Zur Einstellung von Verzögerungszeiten ist die Anzahl der Takte als Differenz zum Überlaufwert 65536 zu laden. Beispiel:

Systemtakt 1 000 000 Hz: Teiler 256 = 3906.25 Hz gerundet 3906
Verzögerungszeit 1 Sekunde ergibt 3906 Takte, die als 65536 – **3906** zu laden sind.

Im freilaufenden Betrieb (modulo 65536) als Zeitgeber einer Sekundenuhr muss sich ein ganzzahliger Zähler ergeben, der gegebenenfalls zu runden ist. Beispiel:

Systemtakt 1 000 000 Hz, Teilerfaktor 1, Periodenteiler 65536 gibt Zähler 15.259
gerundet 15

Weitere Kombinationen mit einem externen Quarz liefern **genaue** ganzzahlige Zähler:

Systemtakt 3.2768 MHz Teilerfaktor 1 Periodenteiler 65536 Zähler 50
Systemtakt 6.5536 MHz Teilerfaktor 1 Periodenteiler 65536 Zähler 100
Systemtakt 9.8304 MHz Teilerfaktor 1 Periodenteiler 65536 Zähler 150

Wie beim Timer0 lassen sich auch beim Timer1 durch geeignete Wahl des Nachladewertes ganzzahlige Werte für die Timerüberläufe einstellen. Beispiel:

Systemtakt 1 000 000 Hz, Teilerfaktor 1, Überlauffrequenz 2000 Hz, Nachladewert 500
Korrektur ca. 16 Takte für Interruptannahme und Nachladen

Der duale 16-Bit Zähler kann vom Programm jederzeit mit einem Anfangswert beschrieben und ausgelesen werden. Er besteht aus zwei Bytes auf zwei verschiedenen Adressen, die nacheinander angesprochen werden müssen. Ein (verdeckter) Zwischenspeicher sorgt dafür, dass beide Bytes gleichzeitig in bzw. aus dem Zähler übertragen werden.

TCNT1H = Timer/**CouNTer1** High

High-Byte des 16-Bit Zählers

TCNT1L = Timer/**CouNTer1** Low

Low-Byte des 16-Bit Zählers

Beim *Lesen* wird zuerst das Low-Byte gelesen, gleichzeitig wird das High-Byte zwischengespeichert. Dann wird das High-Byte aus dem Zwischenspeicher gelesen.

Beim *Schreiben* wird zuerst das High-Byte in den Zwischenspeicher geschrieben. Das Schreiben des Low-Bytes überträgt gleichzeitig das High-Byte aus dem Zwischenspeicher in das 16-Bit Register.

Timer1 besitzt standardmäßig drei *Interruptquellen*, die in den Interruptregistern TIFR und TIMSK zusammen mit dem Überlauf der anderen Timer kontrolliert werden. In der erweiterten Version kommt dazu ein Interrupt durch die Steuerung von Compare B.

- Bei einem Überlauf des Zählers von $FFFF nach $0000 wird Bit TOV1 gesetzt.
- Beim Auffangen (Capture) des Zählers in das Auffangregister wird Bit ICF1 gesetzt.
- Bei Gleichheit (Compare) von Zähler und Vergleichswert A wird Bit OCF1A gesetzt.
- Bei Gleichheit (Compare) von Zähler und Vergleichswert B wird Bit OCF1B gesetzt.

Die Bitpositionen des Timer-Interruptanzeigeregisters TIFR werden beim Auftreten des Ereignisses von der Steuerung auf 1 gesetzt und beim Start des Serviceprogramms automatisch wieder gelöscht. Dies kann auch durch Einschreiben einer 1 durch einen Befehl erfolgen, wenn das entsprechende Bit durch eine Programmschleife kontrolliert wird.

TIFR = Timer Interrupt **F**lag **R**egister

Bit 7	Bit 6	Bit 5	Bit 4	Bit 3	Bit 2	Bit 1	Bit 0
OCF2	TOV2	ICF1	OCF1A	OCF1B	TOV1	–	TOV0
Timer2	Timer2	**Timer1**	**Timer1**	**Timer1**	**Timer1**		Timer0
		1: *Capture*	1: *match A*	1: *match B*	1: *Überlauf*		

TOV1 wird auf 1 gesetzt durch einen Timer1-Überlauf; es wird gelöscht durch Annahme des Interrupts oder Schreiben einer 1. Der Assembler-Einsprungpunkt ist OVF1addr, die C-Bezeichner sind SIG_OVERFLOW1 bzw. TIMER1_OVF_vect.

ICF1 wird auf 1 gesetzt bei erfüllter Capture-Bedingung; es wird gelöscht durch Annahme des Interrupts oder Schreiben einer 1. Der Assembler-Einsprungpunkt ist ICP1addr, die C-Bezeichner sind SIG_INPUT_CAPTURE1 bzw. TIMER1_CAPT_vect.

OCF1A wird auf 1 gesetzt bei erfüllter Compare-Bedingung des standardmäßigen Komparators A; es wird gelöscht durch Annahme des Interrupts oder Schreiben einer 1. Der Assembler-Einsprungpunkt ist OC1Aaddr, die C-Bezeichner sind SIG_OUTPUT_ COMPARE1A bzw. TIMER1_COMPA_vect.

OCF1B wird auf 1 gesetzt bei erfüllter Compare-Bedingung des erweiterten Komparators B; es wird gelöscht durch Annahme des Interrupts oder Schreiben einer 1. Der Assembler-Einsprungpunkt ist OC1Baddr, die C-Bezeichner sind SIG_OUTPUT_COMPA- RE1B bzw. TIMER1_COMPB_vect.

Das Timer-Interrupt-Masken-Register TIMSK gibt die Timer1-Interrupts frei. Da es nicht bitadressierbar ist, sollten Einzelbitoperationen mit Masken in einem Arbeitsregister durchgeführt werden, da das Register von allen zwei (drei) Timern gemeinsam verwendet wird. Nach einem Reset sind alle Masken gelöscht und die Interrupts sind gesperrt.

TIMSK = Timer Interrupt **MaSK** Register

Bit 7	Bit 6	Bit 5	Bit 4	Bit 3	Bit 2	Bit 1	Bit 0
OCIE2	TOIE2	TICIE1	OCIE1A	OCIE1B	TOIE1	–	TOIE0
Timer2	Timer2	Timer1 Capture 1: *frei*	Timer1 Compare A 1: *frei*	Timer1 Compare B 1: *frei*	Timer1 Überlauf 1: *frei*		Timer0

4.2.2.1 Die Betriebsarten Timer und Zähler des Timer1

Die Betriebsart *Timer/Counter* (Abbildung 4-16) entspricht der des Timer0 mit dem Unterschied, dass ein 16-Bit Aufwärtszähler von Null bzw. einem Startwert bis zum Endwert 65535 ($FFFF) zur Verfügung steht. Der Zähler beginnt bei einem Überlauf automatisch wieder mit Null, wenn er nicht im Programm mit einem neuen Startwert geladen wird. Dabei sind Verzögerungszeiten der Interruptsteuerung (4 Takte) und Ausführungszeiten der Befehle bis zum Einschreiben des Startwertes zu berücksichtigen.

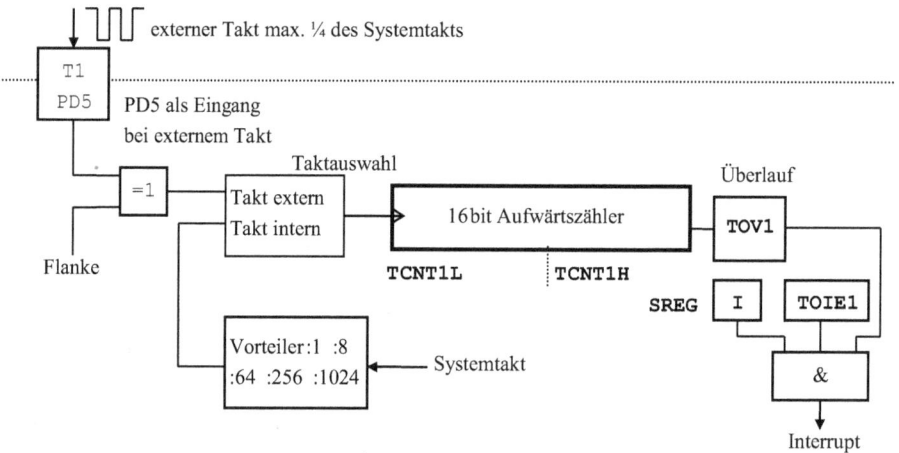

Abbildung 4-16: Timer1 Betriebsarten Timer und Zähler.

Das Beispiel *k4p5* gibt im *Timerbetrieb* eine Rechteckfrequenz von 1 kHz am Port PB4 aus. Dazu wird der Portanschluss im Abstand von 0.5 ms (Takt 2 kHz) umgeschaltet. Timer1 löst periodisch mit einer Frequenz von 2 kHz einen Interrupt aus. Der Ladewert von 500 ergibt sich aus den Timertakt 1 MHz ohne Vorteiler dividiert durch die Interruptfrequenz von 2 kHz. Dadurch entspricht ein Timerschritt einem Systemtakt, so dass Korrekturen für die Zeitverzögerung bei der Annahme des Interrupts und für die Befehle zum Nachladen des Timers erforderlich sind. Der Korrekturwert wurde durch Versuche ermittelt. Er liegt im C-Programm etwas höher als im Assemblerprogramm. Durch die Arbeitsweise als Aufwärtszähler ist der negative Ladewert in das

16-Bit Zählregister zu bringen. Bei Verwendung eines genauen und stabilen externen Quarzes als Taktgenerator entfällt die Kalibrierung des internen RC-Oszillators.

```
; k4p5.asm  ATmega8  Timer1 Rechteckgenerator 1 kHz mit Korrekturen
; Port B: Ausgabe PB4 umschalten als Frequenzausgabe
; Port C: -
; Port D: -
; Konfiguration: interner Oszillator 1 MHz, externes RESET-Signal
        .INCLUDE  "m8def.inc"   ; Deklarationen für ATmega8
        .EQU    takt = 1000000  ; Systemtakt ca. 1 MHz intern
        .EQU    kali = $C2      ; Kalibrierungsbyte für Oszillator
        .EQU    lade = takt/2000 - 16 ; Ladewert - Korrektur
        .DEF    akku = r16      ; Arbeitsregister
        .CSEG                   ; Programm-Flash
        rjmp    start           ; Reset-Einsprung
        .ORG    OVF1addr        ; Einsprung Timer1 Überlauf
        rjmp    time1           ; nach Interrupt-Service
        .ORG    $13             ; Interrupt-Einsprünge übergehen
start:  ldi     akku,LOW(RAMEND); Stapel anlegen
        out     SPL,akku
        ldi     akku,HIGH(RAMEND)
        out     SPH,akku
        ldi     akku,(1 << PB4) ; PB4 als Ausgang
        out     DDRB,akku
        mov     r17,akku        ; R17 <- EODER-Maske für PB4
        ldi     akku,kali       ; Oszillator
        out     OSCCAL,akku     ; kalibrieren
; Timer1 programmieren
        ldi     akku,0b001      ; Systemtakt :1
        out     TCCR1B,akku     ; Steuerregister B Timer1
        ldi     akku,HIGH(-lade); Ladewert
        out     TCNT1H,akku
        ldi     akku,LOW(-lade)
        out     TCNT1L,akku
        in      akku,TIMSK      ; altes Interrupt-Freigaberegister
        ori     akku,(1 << TOIE1) ; Timer1 Überlauf Interrupt frei
        out     TIMSK,akku      ; neues Interrupt-Freigaberegister
        sei                     ; Interrupts frei
; Arbeitsschleife
loop:   nop                     ; tu nix
        rjmp    loop
```

```
; Timer1 Überlauf Interrupt Service 16 Takte Korrektur
time1:  push    r16                 ;  2 Takte Register retten
        in      r16,SREG            ;  1 Takt
        push    r16                 ;  2 Takte
        ldi     akku,HIGH(-lade);   1 Takt neuer Ladewert
        out     TCNT1H,akku         ;  1 Takt
        ldi     akku,LOW(-lade) ;   1 Takt
        out     TCNT1L,akku         ;  1 Takt
        in      akku,PORTB          ; altes PB4
        eor     akku,r17            ; komplementieren
        out     PORTB,akku          ; neues PB4
        pop     r16                 ; Register zurück
        out     SREG,r16
        pop     r16
        reti
        .EXIT                       ; Ende des Quelltextes
```

k4p5.asm: Assemblerprogramm Timer1 Betriebsart Timer Rechteckgenerator 1 kHz.

```
// k4p5.c ATmega8  Timer1  Rechteckgenerator 1 kHz mit Korrekturen
// Port B: Ausgabe PB4 umschalten als Frequenzausgabe
// Port C: -
// Port D:
// Konfiguration: interner Oszillator 1 MHz, externes RESET-Signal
#include <avr/io.h>          // Deklarationen
#include <avr/signal.h>      // für Interrupt
#include <avr/interrupt.h>   // für Interrupt
#define TAKT 1000000UL       // Controllertakt 1 MHz
#define kali 0xC2            // Kalibrierungsbyte für Oszillator
#define lade -(TAKT/2000ul - 22ul) // Ladewert - Korrektur
SIGNAL (SIG_OVERFLOW1)       // Servicefunktion Timer1 Überlauf
{
 TCNT1 = lade;              // Timer1 Ladewert  für 2 kHz mit Korrektur
 PORTB ^= (1 << PB4);       // PB4 komplementieren
}
void main(void)             // Hauptfunktion
{
 DDRB = (1 << PB4);         // PB4 ist Ausgang
 OSCCAL = kali;            // internen RC Oszillator kalibrieren
 TCNT1 = lade;             // Timer1 Ladewert  für 2 kHz mit Korrektur
 TCCR1B |= 0x01;           // Timer1 Teiler 1
```

```
TIMSK |= (1 << TOIE1);      // Timer1 Überlauf Interrupt frei
sei();                      // alle Interrupts frei
while(1)                    // Arbeitsschleife tut nix
{ } // Ende while
} // Ende main
```

k4p5.c: C-Programm Timer1 Betriebsart Timer Rechteckgenerator 1 kHz.

Das Beispiel *k4p6* misst im *Zählerbetrieb* die am Eingang T1 (PD4) angelegte Frequenz und gibt sie dezimal auf den Ports B und C aus. Der Timer0 liefert als Zeitbasis die Messzeit von einer Sekunde, in der die fallenden Flanken am Eingang T1 im Timer1 gezählt werden. Der Timer0 läuft mit einem Timertakt 15625 Hz, die in 125 Durchläufe bei 125 Timerschritten aufgeteilt werden. Eine Korrektur für die Annahme des Interrupts und das Nachladen entfällt, da ein Timerschritt 64 Systemtakte dauert.

```
; k4p6.asm  ATmega8    Timer1: Flankenzähler  Timer0: Zeitbasis
; Port B: Ausgabe      Zehner  Einer
; Port C: Ausgabe      Tausender Hunderter
; Port D: Eingang      T1 = PD5 Messfrequenz
; Konfiguration: interner Oszillator 1 MHz, externes RESET-Signal
        .INCLUDE  "m8def.inc"  ; Deklarationen für ATmega8
        .EQU    takt = 1000000 ; Systemtakt ca. 1 MHz intern
        .EQU    durch = 125    ; 1 MHz :64 = 15625 Hz Timertakt
        .EQU    lade = 125     ; lade * durch = 125 * 125 = 15625
        .DEF    akku = r16     ; Arbeitsregister
        .DEF    zaehl = r19    ; Durchlaufzähler
        .CSEG                  ; Programm-Flash
        rjmp    start          ; Reset-Einsprung
        .ORG    OVF0addr       ; Einsprung Timer0 Überlauf
        rjmp    tic            ; Timer0 Interrupt-Service
        .ORG    $13            ; Interrupt-Einsprünge übergehen
start:  ldi     akku,LOW(RAMEND); Stapel anlegen
        out     SPL,akku
        ldi     akku,HIGH(RAMEND)
        out     SPH,akku
        ldi     akku,$ff       ; Ausgang
        out     DDRB,akku      ; Port B Ausgang
        out     DDRC,akku      ; Port C Ausgang
        ldi     akku,$C2       ; kalibrieren
        out     OSCCAL,akku    ; RC Oszillator
        ldi     zaehl,durch    ; Durchlaufzähler Anfangswert
```

```
; Timer0: Zeitbasis 1 sek  Timer1: Flankenzähler programmieren
        ldi    akku,-lade     ; Timer0 laden
        out    TCNT0,akku
        ldi    akku,0b011     ; Systemtakt :64 = 15.625 kHz
        out    TCCR0,akku     ; Steuerregister Timer0
        ldi    akku,0b110     ; externer Takt T1 PD5
        out    TCCR1B,akku    ; Steuerregister Timer1
        clr    akku           ; Flankenzähler
        out    TCNT1H,akku    ; High löschen
        out    TCNT1L,akku    ; Low löschen
        in     akku,TIMSK     ; altes Interrupt-Freigaberegister
        ori    akku,(1 << TOIE0) ; Zeitbasis Timer0 Interrupt frei
        out    TIMSK,akku     ; neues Interrupt-Freigaberegister
        sei                   ; Interrupts frei
;
; Arbeitsschleife
loop:   nop                   ; tu nix
        rjmp   loop
; Timer0 Interrupt für Zeitbasis 1 Sekunde
tic:    push   r16            ; Register retten
        in     r16,SREG
        push   r16
        ldi    akku,-lade     ; Timer0 nachladen
        out    TCNT0,akku
        dec    zaehl          ; Durchlaufzähler - 1
        brne   tic1           ; noch keine Sekunde vergangen
        ldi    zaehl,durch    ; Durchlaufzähler Anfangswert
        push   r17
        push   r18
        in     r16,TCNT1L     ; R16 <- Low-Flankenzähler
        in     r17,TCNT1H     ; R17 <- High-Flankenzähler
        clr    r18            ; löschen
        out    TCNT1H,r18     ; Flankenzähler High
        out    TCNT1L,r18     ; Flankenzähler Low
        rcall  dual4bcd       ; R17:R16 dual -> R18:R17;R16 BCD
        out    PORTC,r17      ; Port C Tausender Hunderter
        out    PORTB,r16      ; Port B Zehner    Einer
        pop    r18            ; Register zurück
        pop    r17
tic1:   pop    r16            ; Register zurück
        out    SREG,r16
```

```
        pop     r16
        reti
; externes Unterprogramm 16 Bit dual -> 5 Stellen dezimal
        .INCLUDE "dual4bcd.asm"   ; R17:R16 dual -> R18:R17:R16 BCD
        .EXIT                     ; Ende des Quelltextes
```

k4p6.asm: Assemblerprogramm Timer1 Zähler-Betriebsart zur Frequenzmessung.

```
// k4p6.c ATmega8  Timer1: Flankenzähler  Timer0: Zeitbasis
// Port B: Ausgabe     Zehner  Einer
// Port C: Ausgabe     Tausender Hunderter
// Port D: Eingang     T1 = PD5 Messfrequenz
// Konfiguration: interner Oszillator 1 MHz, externes RESET-Signal
#include <avr/io.h>              // Deklarationen
#include <avr/signal.h>          // für Interrupt
#include <avr/interrupt.h>       // für Interrupt
#define TAKT 1000000UL           // Systemtakt intern ca. 1 MHz
#define durch 125                // Durchlaufzähler
#define nach 125                 // Nachladewert
volatile unsigned char zaehl = durch; // Durchlaufzähler
unsigned char ein, zehn, hund, taus, ztaus;  // BCD-Stellen
unsigned int dual;              // 16-Bit Flankenzähler Timer1
#include "dual5bcd.c"            // 16-Bit dual nach BCD fünfstellig
SIGNAL(SIG_OVERFLOW0)            // Serviceroutine bei Timer0 Überlauf
{                               // Einsprung 61 mal pro Sekunde
 TCNT0 = -nach;                  // Timer0 nachladen
 zaehl--;                        // Durchlaufzähler - 1
 if (zaehl == 0)                 // wenn Sekunde vergangen
 {
  zaehl = durch;                 // neuer Anfangswert
  dual = TCNT1;                  // Timer1 Flankenzähler nach einer Sekunde
  TCNT1 = 0;                     // Timer1 Flankenzähler löschen
  dual5bcd(dual, &ein, &zehn, &hund, &taus, &ztaus); // dual -> BCD
  PORTB = (zehn << 4) | ein;    // Port B Zehner     und Einer
  PORTC = (taus << 4) | hund;   // Port C Tausender und Hunderter
 }
}
void main(void)                  // Hauptfunktion
{
 DDRB = 0xff;                    // Port B ist Ausgang
 DDRC = 0xff;                    // Port C ist Ausgang
 OSCCAL = 0xC2;                  // RC Oszillator kalibrieren
```

```
TCNT1 = 0;                      // Timer1 Anfangswert
TCCR1B = 0x06;                  // Timer1 110  externer Takt T1 PD5
zaehl = durch;                  // Timer0 Durchlaufzähler
TCNT0 = -nach;                  // Timer0 Nachladewert
TCCR0 = 0x03;                   // Timer0 011 Systemtakt :64 = 15625 Hz
TIMSK |= (1 << TOIE0);          // Timer0 Überlauf Interrupt frei
sei();                          // I = 1: alle Interrupts frei
while(1) {}                     // Schleife tut nix mehr
} // Ende main
```

k4p6.c: C-Programm Timer1 Zähler-Betriebsart zur Frequenzmessung.

4.2.2.2 Die Capture-Betriebsart des Timer1

In der Betriebsart *Capture* (Auffangen) wird der laufende Zählerstand durch ein Ereignis in das Capture-(Auffang)-Register ICR1 geladen und kann dort abgeholt werden. Die beiden Byteregister werden nacheinander gelesen in der Reihenfolge erst Low, dann High (Abbildung 4-17).

ICR1H = Input Capture Register Timer 1 High

High-Byte des 16-Bit Auffangwertes

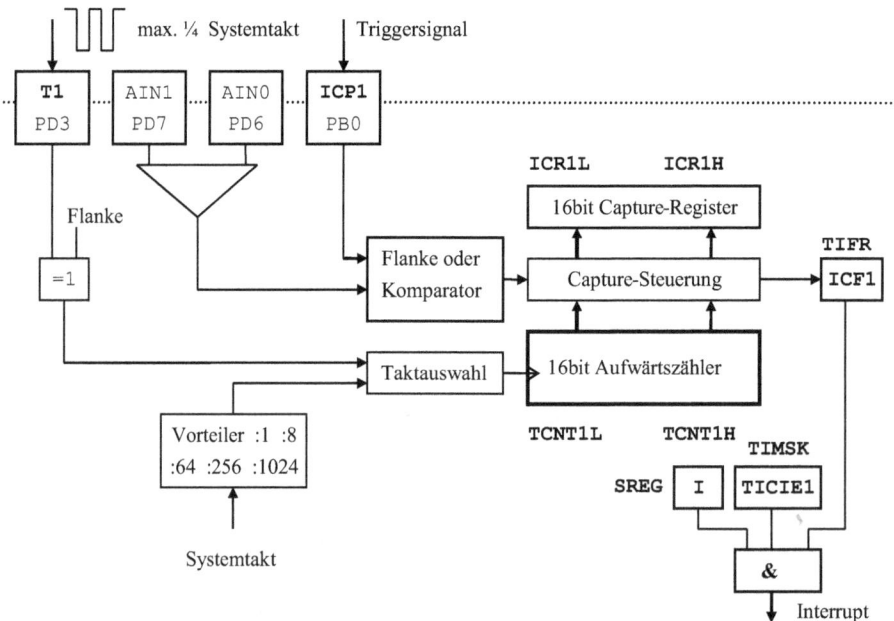

Abbildung 4-17: Timer1 Betriebsart Capture (Auffangen).

ICR1L = Input Capture Register Timer 1 Low

Low-Byte des 16-Bit Auffangwertes

Eine 0 im Bit ACIC im Steuerregister ACSR des Analogkomparators bestimmt den Eingang ICP1 (PD6) als auslösendes Ereignis, es ist nach einem Reset gelöscht (0). Für eine 1 löst der Analogkomparator das Auffangen des Zählerstandes aus.

ACSR = **A**nalogcomp. **C**ontr **S**tatus **R**eg.   bitadressierbar

Bit 7	Bit 6	Bit 5	Bit 4	Bit 3	Bit 2		Bit 1	Bit 0
ACD	ACBG	ACO	ACI	ACIE	**ACIC**		ACIS1	ACIS0
					Captureauslösung durch			
					0: **Eingang ICP1**			
					1: Analogkomparator			

Für eine 1 im Bit ICNC1 (**I**nput **C**apture **N**oise **C**anceler Timer 1) im Steuerregister **B** wird der Capture-Vorgang nur ausgelöst, wenn vier Systemtakte lang das Signal stabil anliegt. Bit ICES1 (**I**nput **C**apture **E**dge **S**elect Timer 1) legt die auslösende Flanke fest.

TCCR1B = **T**imer/**C**ounter **C**ontrol **R**egister 1 **B**

Bit 7	Bit 6	Bit 5	Bit 4	Bit 3	Bit 2		Bit 1	Bit 0
ICNC1	**ICES1**	–	WGM13	WGM12	CS12		CS11	CS10
Störunterdrück.	*Flanke*	0	0 0 für Capture		0 0 0 Timer Stopp			
0: aus	0: fallend				0 0 1 Systemtakt			
1: ein	1: steigend				0 1 0 Systemtakt / 8			
					0 1 1 Systemtakt / 64			
					1 0 0 Systemtakt / 256			
					1 0 1 Systemtakt / 1024			
					1 1 0 ext. Takt fallende Flanke			
					1 1 1 ext. Takt steigende Flanke			
					externer Takt max. ¼ Systemtakt			

Für eine Auslösung der Capture-Funktion durch ICP1 (**I**nput **C**apture **P**in) muss die Portleitung PB0 entsprechend Abbildung 4-18 als Eingang programmiert werden. Gleichzeitig mit der Übernahme des Zählerstands in das Auffangregister kann ein entsprechender Interrupt ausgelöst werden. Das Maskenbit in TIMSK ist nach einem Reset gelöscht. Der Timer läuft unabhängig von der Übernahme weiter und muss gegebenenfalls gelöscht werden.

Das Beispiel *k4p7* misst die Zeit von einer fallenden Flanke an PB0 (ICP1) bis zur nächsten fallenden Flanke. Der Messwert wird dual auf den Ports C und D ausgegeben.

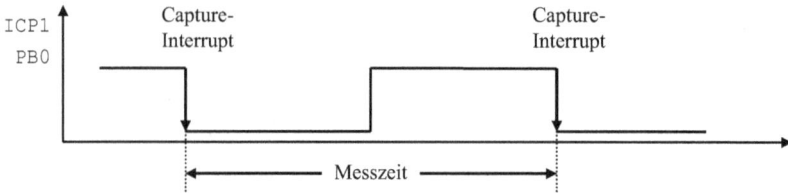

Abbildung 4-18: Zeitmessung im Capture-Betrieb.

Eine verbesserte Version müsste den Wert dezimal umrechnen und durch eine Korrektur die Verzögerung durch den Interrupt und die Befehle vor dem Löschen des Timers berücksichtigen.

```
; k4p7.asm  ATmega8  Timer1 Periodendauermessung im Capture-Betrieb
; Port B: Eingang ICP1 = PB0 Messfrequenz
; Port C: Ausgabe Zähler dual High-Byte
; Port D: Ausgabe Zähler dual Low-Byte
; Konfiguration: interner Oszillator 1 MHz, externes RESET-Signal
        .INCLUDE  "m8def.inc"   ; Deklarationen für ATmega8
        .EQU    takt = 1000000  ; Systemtakt ca. 1 MHz intern
        .DEF    akku = r16      ; Arbeitsregister
        .CSEG                   ; Programm-Flash
        rjmp    start           ; Reset-Einsprung
        .ORG    ICP1addr        ; Einsprung Timer1 Capture-Signal
        rjmp    fange           ; Timer1 Interrupt-Service
        .ORG    $13             ; Interrupt-Einsprünge übergehen
start:  ldi     akku,LOW(RAMEND); Stapel anlegen
        out     SPL,akku
        ldi     akku,HIGH(RAMEND)
        out     SPH,akku
        ldi     akku,$ff        ; Ausgang
        out     DDRC,akku       ; Port C Ausgang
        out     DDRD,akku       ; Port D Ausgang
        ldi     akku,$C2        ; kalibrieren
        out     OSCCAL,akku     ; RC Oszillator
; Timer1: programmieren
        ldi     akku,0b10000001 ; Störunterdr. fallende Flanke Takteiler 1
        out     TCCR1B,akku     ; Steuerregister Timer1
        clr     akku            ; Timer1
        out     TCNT1H,akku     ; High löschen
        out     TCNT1L,akku     ; Low löschen
        in      akku,TIMSK      ; altes Interrupt-Freigaberegister
        ori     akku,(1 << TICIE1) ; Timer1 Capture Interrupt frei
```

```
        out     TIMSK,akku      ; neues Interrupt-Freigaberegister
        sei                     ; Interrupts frei
; Arbeitsschleife
loop:   nop                     ; tu nix
        rjmp    loop
; Timer1 Capture Interrupt durch fallende Flanken
fange:  push    r16             ; Register retten
        in      r16,SREG
        push    r16
        clr     r16             ; Timer1
        out     TCNT1H,akku     ; High löschen
        out     TCNT1L,akku     ; Low löschen
        in      akku,ICR1L      ; Auffang-Wert Low
        out     PORTD,akku      ; auf Port D ausgeben
        in      akku,ICR1H      ; Auffang-Wert High
        out     PORTC,akku      ; auf Port C ausgeben
        pop     r16             ; Register zurück
        out     SREG,r16
        pop     r16
        reti
        .EXIT                   ; Ende des Quelltextes
```

k4p7.asm: Assemblerprogramm Zeitmessung im Capture-Betrieb.

```
// k4p7.c ATmega8  Timer1  Zeitmessung im Capture-Betrieb
// Port B: Eingabe PB0 = ICP1 Messfrequenz
// Port C: Ausgabe Dualzähler High
// Port D: Ausgabe DualZähler Low
// Konfiguration: interner Oszillator 1 MHz, externes RESET-Signal
#include <avr/io.h>             // Deklarationen
// #include <avr/signal.h>      // für Interrupt (alt)
#include <avr/interrupt.h>      // für Interrupt
#define TAKT 1000000UL          // Systemtakt intern ca. 1 MHz
// SIGNAL(SIG_INPUT_CAPTURE1)// Serviceroutine bei Timer1 Capture (alt)
ISR(TIMER1_CAPT_vect)           // Serviceroutine bei Timer1 Capture (neu)
{
 TCNT1 = 0;                     // Timer1 löschen
 PORTD = ICR1L;                 // Low-Zähler nach Port D
 PORTC = ICR1H;                 // High-Zähler nach Port C
}
int main(void)                  // Hauptfunktion
{
```

```
DDRD = 0xff;                  // Port D ist Ausgang
DDRC = 0xff;                  // Port C ist Ausgang
OSCCAL = 0xC2;                // RC Oszillator kalibrieren
TCNT1 = 0;                    // Timer1 Anfangswert löschen
TCCR1B = 0x81;               // Timer1 1000 0001 Störunt. Teiler 1
TIMSK |= (1 << TICIE1);      // Timer1 Capture Interrupt frei
sei();                        // I = 1: alle Interrupts frei
while(1) {}                   // Schleife tut nix mehr
} // Ende main
```

k4p7.c: C-Programm Zeitmessung im Capture-Betrieb.

4.2.2.3 Die einfache Compare-Betriebsart des Timer1

In der Betriebsart *Compare* (Vergleichen) wird der laufende Zählerstand mit dem Inhalt des Vergleichsregisters OCR1A bzw. OCR1B verglichen (Abbildung 4-19). Diese bestehen jeweils aus zwei Bytes auf zwei Adressen, die nacheinander beschrieben werden in der Reihenfolge erst High, dann Low; und umgekehrt gelesen werden in der Reihenfolge erst Low, dann High. Bei Übereinstimmung (*match*) von Timer1 und einem Compare-Register kann ein Interrupt ausgelöst werden. Die Maskenbits in TIMSK sind nach einem Reset gelöscht, die Interrupts gesperrt.

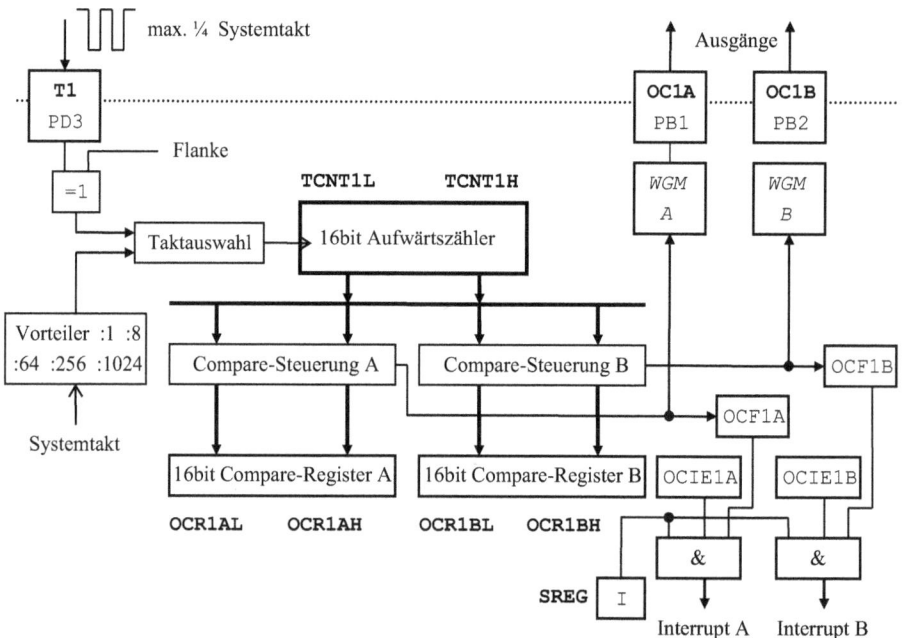

Abbildung 4-19: Timer1 Betriebsarten Compare und PWM (ATmega8).

Das Compare-Register A enthält den Vergleichswert der Compare-Steuerung A. Der Portanschluss PB1 muss als Ausgang programmiert werden.

OCR1AH = **O**utput **C**ompare **R**eg. Timer **1 A H**igh

High-Byte des 16-Bit Vergleichswertes

OCR1AL = **O**utput **C**ompare **R**eg. Timer **1 A L**ow

Low-Byte des 16-Bit Vergleichswertes

Das Compare-Register B enthält den Vergleichswert der Compare-Steuerung B. Der Portanschluss PB2 muss als Ausgang programmiert werden.

OCR1BH = **O**utput **C**ompare **R**eg. Timer **1 B H**igh

High-Byte des 16-Bit Vergleichswertes

OCR1BL = **O**utput **C**ompare **R**eg. Timer **1 B L**ow

Low-Byte des 16-Bit Vergleichswertes

Das **Steuerregister B** bestimmt den Taktteiler des Timer1 sowie das Verhalten des Timer1 nach einer Übereinstimmung (*match*).

TCCR1B = **T**imer/**C**ounter **C**ontrol **R**egister **1 B**

Bit 7	Bit 6	Bit 5	Bit 4	Bit 3	Bit 2	Bit 1	Bit 0
ICNC1	ICES1	–	WGM13	**WGM12** (CTC1)	CS12	CS11	CS10
0 0		0	0	*Im Comparebetrieb:*	0 0 0	Timer Stopp	
für Compare			*für Compare*	0: Timer durchlaufend	0 0 1	Systemtakt / 1	
				1: löschen nach *match*	0 1 0	Systemtakt / 8	
					0 1 1	Systemtakt / 64	
					1 0 0	Systemtakt / 256	
					1 0 1	Systemtakt / 1024	
					1 1 0	ext. Takt fallende Flanke	
					1 1 1	ext. Takt steigende Flanke	
						ext. Takt max. ¼ Systemtakt	

Bit WGM12 (**W**aveform **G**eneration **M**ode) legt fest, ob der Timer nach einer Über-einstimmung (*match*) weiter laufen soll (0) oder gelöscht wird (1). In älteren Versio-nen wird das Bit mit CTC1 (Clear Timer 1 on Compare Match) bezeichnet.

Das **Steuerregister A** legt die Betriebsart **beider** Compare-Steuerungen fest.

Die Steuerbits COM1A1 und COM1A0 (**COM**pare Output Mode) bestimmen das Ver-halten (Mode) des Ausgangs OC1A (**O**utput **C**ompare Pin **1**) bei Übereinstimmung (*match*). Sie haben in der Betriebsart PWM eine andere Bedeutung. Das Schreiben einer 1 nach FOC1A löst ein *match* an OC1A aus. Gleiches gilt für den Ausgang OC1B.

In der Betriebsart *bei match Ausgang umschalten und Timer löschen* nach Abbil-dung 4-20 bricht der Timer1 beim Erreichen des Vergleichswertes ab und startet neu mit dem Anfangswert 0.

TCCR1A = Timer/Counter Control Register 1 A

Bit 7	Bit 6	Bit 5	Bit 4	Bit 3	Bit 2	Bit 1	Bit 0
COM1A1	COM1A0	COM1B1	COM1B0	FOC1A	FOC1B	PWM11	PWM10
0 0: OC1A abgeschaltet		0 0: OC1B abgeschaltet		1 löst	1 löst	0	0
0 1: OC1A umschalten		0 1: OC1B umschalten		Compare A	Compare B	*für Compare*	*für Compare*
1 0: OC1A löschen (0)		1 0: OC1B löschen (0)		*match* aus	*match* aus		
1 1: OC1A setzen (1)		1 1: OC1B setzen (1)					
bei match		*bei match*					

Der Vergleichswert im Compare-Register bestimmt die Frequenz des Ausgangssignals mit dem Tastverhältnis 1:1.

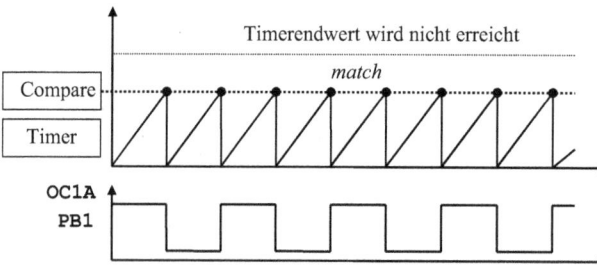

Abbildung 4-20: Comparebetrieb schaltet bei match Ausgang um und löscht Timer.

Das Beispiel *k4p8* gibt eine Frequenz von 1 kHz auf PB1 (OC1A) aus. Der Ladewert für das Compare-Register nach der Formel *Timertakt/(2*Frequenz)* gilt nur für den Taktteiler 1.

```
; k4p8.asm  ATmega8  Timer1 Compare-Betrieb Rechteckgenerator
; Port B: Ausgang PB1 OC1A Signalausgabe 1 kHz Rechteck 1:1
; Port C: -
; Port D: -
; Konfiguration: interner Oszillator 1 MHz, externes RESET-Signal
        .INCLUDE  "m8def.inc"   ; Deklarationen für ATmega8
        .EQU    takt = 1000000  ; Systemtakt ca. 1 MHz intern
        .EQU    freq = 1000     ; 1000 Hz Rechteckausgabe
        .EQU    lade = takt/(2*freq) ; Ladewert für Compare
        .DEF    akku = r16      ; Arbeitsregister
        .CSEG                   ; Programm-Flash
        rjmp    start           ; Reset-Einsprung
        .ORG    $13             ; Interrupt-Einsprünge übergehen
start:  ldi     akku,LOW(RAMEND); Stapel anlegen
        out     SPL,akku
        ldi     akku,HIGH(RAMEND)
        out     SPH,akku
        sbi     DDRB,PB1        ; PB1 ist Ausgang OC1A
        ldi     akku,$C2        ; kalibrieren
        out     OSCCAL,akku     ; RC Oszillator
; Timer1: programmieren
        ldi     akku,HIGH(lade) ; Compare A Register laden
        out     OCR1AH,akku
        ldi     akku,LOW(lade)
        out     OCR1AL,akku
        ldi     akku,(1 << COM1A0) ; OC1A umschalten
        out     TCCR1A,akku     ; Steuerregister A Timer1
        ldi     akku,0b001      ; Taktteiler :1
        ori     akku,(1 << WGM12) ; Timer1 nach match löschen
        out     TCCR1B,akku     ; Steuerregister B Timer1 start
; Arbeitsschleife
loop:   nop                     ; tut nix mehr
        rjmp    loop
        .EXIT                   ; Ende des Quelltextes
```

k4p8.asm: Assemblerprogramm Frequenzgenerator im Compare-Betrieb.

```
// k4p8.c  ATmega8  Timer1  Compare Betrieb Rechteckgenerator
// Port B: Ausgang PB1 OC1A Signalausgabe 1 kHz Rechteck 1:1
// Port C: -
// Port D: -
// Konfiguration: interner Oszillator 1 MHz, externes RESET-Signal
```

```
#include <avr/io.h>              // Deklarationen
#define TAKT 1000000UL           // Systemtakt intern ca. 1 MHz
#define freq 1000ul              // 1000 Hz Rechteckausgabe
#define lade TAKT/(2ul*freq)     // Ladewert für Compare
void main(void)                  // Hauptfunktion
{
  DDRB = (1 << PB1);             // PB1 OC1A ist Ausgang
  OSCCAL = 0xC2;                 // RC Oszillator kalibrieren
  OCR1A = lade;                  // Compare-Register laden
  TCCR1A = (1 << COM1A0);        // OC1A bei match umschalten
  TCCR1B = (1 << WGM12) | (1 << CS10); // Timer1 löschen Taktteiler:1
  while(1) {}                    // Schleife tut nix mehr
} // Ende main
```

k4p8.c: C-Programm Frequenzgenerator im Compare-Betrieb.

4.2.2.4 Die einfache PWM-Betriebsart des Timer1

Die Betriebsart **PWM** (**P**uls **W**eiten **M**odulation) ist ein Sonderfall des Compare-Betriebs. Die einfache PWM-Betriebsart verwendet nur den Komparator A und liefert am Ausgang OC1A ein PWM-Signal, dessen Frequenz im Steuerregister B zusammen mit den zwei Bitpositionen im Steuerregister A bestimmt wird. Das Verhältnis von High-Zeit zu Low-Zeit ergibt sich aus dem Compare-Register OCR1A. Der Portanschluss PB1 muss als Ausgang programmiert werden. Mit dem Steuerregister TCCR1B wird der Timertakt eingestellt, die anderen Bitpositionen sind im einfachen PWM-Betrieb 0.

TCCR1B = Timer/Counter Control Register 1 B

Bit 7	Bit 6	Bit 5	Bit 4	Bit 3	Bit 2	Bit 1	Bit 0
ICNC1	ICES1	–	WGM13	WGM12	CS12	CS11	CS10
0 0		0	0	0	0 0 0	Timer Stopp	
für einfache PWM			*für einfache PWM*	*für einfache PWM*	0 0 1	Systemtakt / 1	
					0 1 0	Systemtakt / 8	
					0 1 1	Systemtakt / 64	
					1 0 0	Systemtakt / 256	
					1 0 1	Systemtakt / 1024	
					1 1 0	ext. Takt fallende Flanke	
					1 1 1	ext. Takt steigende Flanke	
						ext. Takt max. ¼ Systemt.	

Das Steuerregister TCCR1A legt das Verhalten (Mode) des PWM-Ausgangs OC1A (PB1) fest. Bit 2 bis Bit 5 sind in der einfachen Betriebsart 0.

TCCR1A = **T**imer/**C**ounter **C**ontrol **R**egister **1 A**

Bit 7	Bit 6	Bit 5	Bit 4	Bit 3	Bit 2	Bit 1	Bit 0
COM1A1	COM1A0	COM1B1	COM1B0	FOC1A	FOC1B	WGM11	WGM10
0 0: kein PWM		0 0		0	0	0 0 : kein PWM-Betrieb	
0 1: kein PWM						0 1 : 8-Bit PWM-Betrieb	
1 0: PWM						1 0 : 9-Bit PWM-Betrieb	
1 1: PWM invertiert						1 1 : 10-Bit PWM-Betrieb	

Die Bitpositionen WGM11 und WGM10 legen den Spitzenwert (TOP) des Zählers und damit die Frequenz des PWM-Signals in Abhängigkeit vom Timertakt fest. Abbildung 4-21 zeigt die Erzeugung des Signals durch den Timer1 und das Compare-Register.

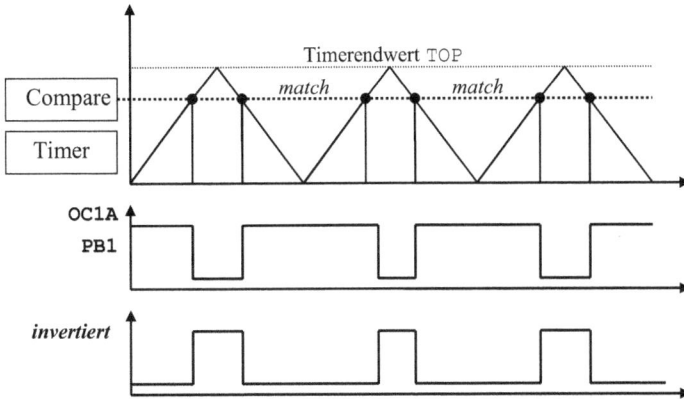

Abbildung 4-21: Timer im PWM-Betrieb (Puls Weiten Modulation).

Im 8-Bit Modus läuft Timer1 von $00 bis zum Spitzenwert (TOP) $FF (255) aufwärts. Erreicht der Zähler den 8-Bit Wert des Compare-Registers (*match*), so wird der Ausgang OC1 (PB3) auf Low geschaltet. Nach dem Spitzenwert TOP läuft der Zähler abwärts und schaltet beim Erreichen des Vergleichswertes den Ausgang wieder auf High. Dies setzt sich periodisch fort. Im invertierten Betrieb schaltet der Aufwärtszähler den Ausgang auf High und der Abwärtszähler den Ausgang auf Low.

Allgemein bestimmen die Bitpositionen WGM11 und WGM10 die Auflösung und zusammen mit dem Takt für Timer1 die Frequenz des PWM-Signals.

8-Bit Auflösung: TOP = $0FF (255) Frequenz = Timertakt / 510
9-Bit Auflösung: TOP = $1FF (511) Frequenz = Timertakt / 1022
10-Bit Auflösung: TOP = $3FF (1023) Frequenz = Timertakt / 2046

Das Compare-Register OCR1A wird zuerst mit dem High-Byte und dann mit dem Low-Byte der Impulslänge beschrieben. Der Wert gelangt zunächst in einen Zwischenspeicher und wird zum Zeitpunkt TOP in das eigentliche Vergleichsregister übertragen.

Im nichtinvertierten Betrieb bestimmt der Wert des Compare-Registers die Länge der High-Zeit. Für den Spitzenwert TOP ist der Ausgang OC1 immer High. Für $000 ist er nie High, also immer Low.

Im invertierten Betrieb bestimmt der Wert des Compare-Registers die Länge der Low-Zeit. Für den Spitzenwert TOP ist der Ausgang OC1A immer Low. Für $000 ist er nie Low, also immer High.

Die Bitpositionen CS12, CS11 und CS10 des Steuerregisters **B** wählen den Timertakt aus. Die Tabelle 4-9 enthält für einen Systemtakt von 1 **MHz** die Timertaktfrequenz und die PWM-Frequenzen in den drei Auflösungen. Die Werte sind gerundet.

Tabelle 4-9: Timertaktfrequenz und PWM-Frequenzen für 1 MHz Systemtakt.

Auswahl	Teiler	Timertakt	8-Bit PWM Takt : 510	9-Bit PWM Takt : 1022	10-Bit PWM Takt : 2046
0 0 1	: 1	**1 MHz**	1961 Hz	979 Hz	489 Hz
0 1 0	: 8	125 kHz	245 Hz	122 Hz	61 Hz
0 1 1	: 64	15.63 kHz	31 Hz	15 Hz	7.6 Hz
1 0 0	: 256	3.91 kHz	7.7 Hz	3.8 Hz	1.9 Hz
1 0 1	: 1024	976.6 Hz	1.9 Hz	0.96 Hz	0.48 Hz

Entsprechend der Auflösung werden nur die wertniedrigsten acht, neun oder zehn Bitpositionen des Compare-Registers geladen und beim Vergleich berücksichtigt. Der geladene Wert bestimmt die Länge der High- bzw. Low-Zeit und somit Tastverhältnis und arithmetischen Mittelwert des PWM-Signals. Im PWM-Betrieb arbeiten die Interrupts Timer1-Überlauf und Timer1-Compare wie in den entsprechenden Betriebsarten.

Das Beispiel *k4p9* gibt ein nichtinvertiertes PWM-Signal von ca. 489 Hz mit der Auflösung 10 bit aus. Die High-Zeit wird an Schaltern des Ports C (Bit_9 und Bit_8)

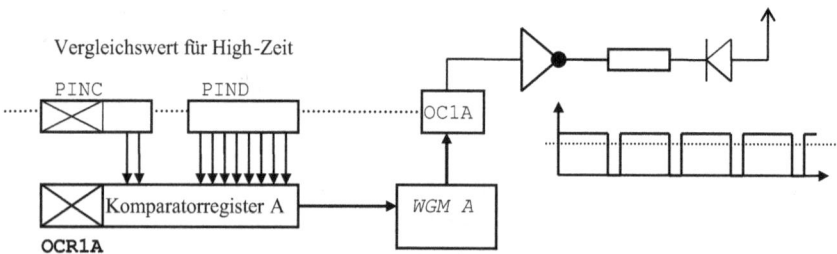

Abbildung 4-22: Helligkeitssteuerung einer LED.

und Ports D (Bit_7..Bit_0) eingestellt. Damit lässt sich die Helligkeit einer am Ausgang OC1A (PB1) angeschlossenen Leuchtdiode *analog* einstellen (Abbildung 4-22).

```
; k4p9.asm  ATmega8  Timer1 einfacher PWM-Betrieb
; Port B: Ausgang PB1 OC1A Signalausgabe PWM
; Port C: Eingabe PC1=Bit_9 PC0=Bit_8
; Port D: Eingabe                       PD7=Bit_7   PD0=Bit_0
; Konfiguration: interner Oszillator 1 MHz, externes RESET-Signal
         .INCLUDE  "m8def.inc"  ; Deklarationen für ATmega8
         .EQU    takt = 1000000  ; Systemtakt ca. 1 MHz intern
         .DEF    akku = r16      ; Arbeitsregister
         .CSEG                   ; Programm-Flash
         rjmp    start           ; Reset-Einsprung
         .ORG    $13             ; Interrupt-Einsprünge übergehen
start:   ldi     akku,LOW(RAMEND); Stapel anlegen
         out     SPL,akku
         ldi     akku,HIGH(RAMEND)
         out     SPH,akku
         sbi     DDRB,PB1        ; PB1 ist Ausgang OC1A
         ldi     akku,$C2        ; kalibrieren
         out     OSCCAL,akku     ; RC Oszillator
; Timer1 PWM programmieren 10 Bit nicht invertiert
         ldi     akku,(1 << COM1A1) | (1 << WGM11) | (1 << WGM10); 10 Bit
         out     TCCR1A,akku     ; Steuerregister A Timer1
         ldi     akku,0b001      ; Taktteiler :1
         out     TCCR1B,akku     ; Steuerregister B Timer1 start
; Arbeitsschleife Eingabe der High-Zeit
loop:    in      akku,PINC       ; Port C Compare-High
         out     OCR1AH,akku     ; PC1=Bit_9 PC0=Bit_8
         in      akku,PIND       ; Port D Compare-Low
         out     OCR1AL,akku     ; PD7=Bit_7   PD0=Bit_0
         rjmp loop               ;
         .EXIT                   ; Ende des Quelltextes
```

k4p9.asm: Assemblerbeispiel für eine „analoge" Ausgabe im PWM-Betrieb.

```
// k4p9.c  ATmega8  Timer1  einfacher PWM-Betrieb
// Port B: Ausgang    PB1 OC1A Signalausgabe PWM
// Port C: Eingabe    PC1=Bit_9 PC0=Bit_8
// Port D: Eingabe    PD7=Bit_7 PD0=Bit_0
// Konfiguration: interner Oszillator 1 MHz, externes RESET-Signal
```

```
#include <avr/io.h>        // Deklarationen
#define TAKT 1000000UL     // Systemtakt intern ca. 1 MHz
void main(void)            // Hauptfunktion
{
  DDRB = (1 << PB1);       // PB1 OC1A ist Ausgang
  OSCCAL = 0xC2;           // RC Oszillator kalibrieren
  TCCR1A = (1 << COM1A1) | (1 << WGM11) | (1 << WGM10); // 10 Bit
  TCCR1B = 0x01;           // Taktteiler :1
  while(1)                 // Arbeitsschleife Eingabe High-Zeit
  {
    OCR1AH = PINC;         // Port C Compare-High PC1=Bit_9 PC0=Bit_8
    OCR1AL = PINC;         // Port D Compare-Low  PD7=Bit_7 PD0=Bit_0
  } // Ende while
} // Ende main
```

k4p9.c: C-Beispiel für eine „analoge" Ausgabe im PWM-Betrieb.

4.2.3 Die erweiterten Timer-Betriebsarten

Moderne Bausteine wie der ATmega8 enthalten einen dritten Timer2 sowie erweiterte Funktionen für den Compare- und PWM-Betrieb auch für den Timer0. Die Beispiele beziehen sich auf den Timer1 und können sinngemäß auf die anderen Timer übertragen werden (Abbildung 4-23).

Die erweiterten Betriebsarten werden in den Bitpositionen WGM13, WGM12, WGM11 und WGM10 der Steuerregister TCCR1A und TCCR1B eingestellt. Die Abkürzung WGM bedeutet **W**aveform **G**eneration **M**odul (Kurvenformerzeugung).

TCCR1B = Timer/Counter Control Register **1 B**

Bit 7	Bit 6	Bit 5	Bit 4	Bit 3	Bit 2	Bit 1	Bit 0
ICNC1	ICES1	–	WGM13	WGM12	CS12	CS11	CS10
0 0 für PWM		0	erweiterte Betriebsart zusammen mit WGM11 und WGM10		0 0 0 Timer Stopp		
					0 0 1 Systemtakt / 1		
					0 1 0 Systemtakt / 8		
					0 1 1 Systemtakt / 64		
					1 0 0 Systemtakt / 256		
					1 0 1 Systemtakt / 1024		
					1 1 0 ext. Takt fallende Flanke		
					1 1 1 ext. Takt steigende Flanke		
					ext. Takt max. ¼ Systemt.		

TCCR1A = **T**imer/**C**ounter **C**ontrol **R**egister **1 A**

Bit 7	Bit 6	Bit 5	Bit 4	Bit 3	Bit 2	Bit 1	Bit 0
COM1A1	COM1A0	COM1B1	COM1B0	FOC1A	FOC1B	WGM11	WGM10
Kanal A		Kanal B		0	0	erweiterte Betriebsart	
1 0: PWM nicht inv.		1 0: PWM nicht inv.				zusammen mit WGM13	
1 1: PWM invertiert		1 1: PWM invertiert				und WGM12	

Der zweite Compare-Kanal B des Timer1 enthält ein Vergleichsregister OCR1B, das wie das entsprechende Register des Kanals A arbeitet. Der Portanschluss PB2 muss als Ausgang programmiert werden, um das Signal OC1B (**O**utput **C**ompare Timer1 **B**) auszugeben. Für eine Interruptauslösung durch den Kanal B stehen in den Timer-Interruptregistern ein entsprechendes Anzeige- und ein entsprechendes Freigabebit zur Verfügung. Die Steuerbits COM1B1 und COM1B0 im Steuerregister TCCR1A legen die Betriebsart des Ausgangs OC1B wie für den Kanal A fest.

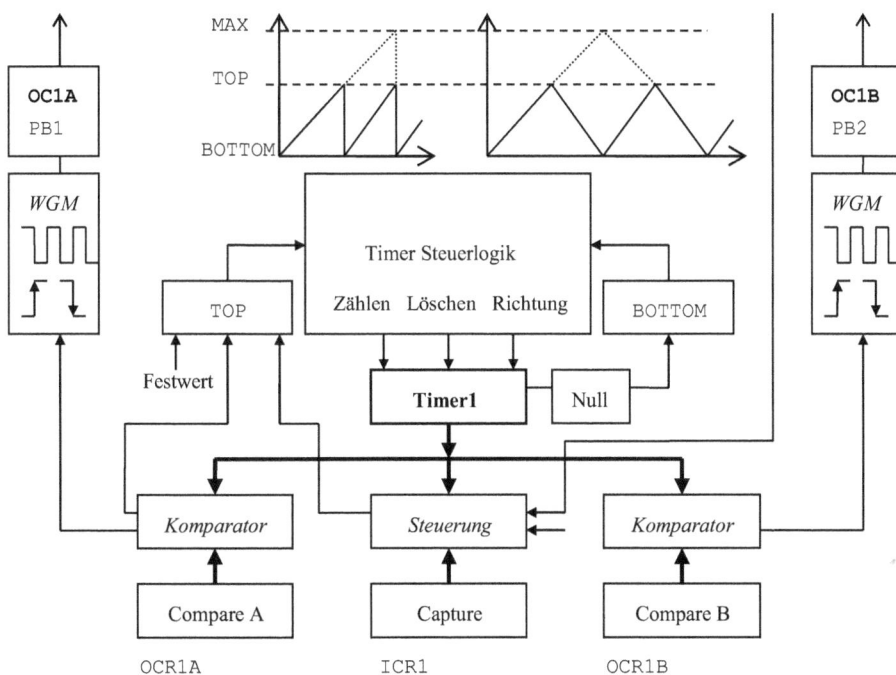

Abbildung 4-23: Modell der erweiterten Betriebsarten des Timer1.

Der Timer beginnt im Zustand BOTTOM mit dem Anfangswert $0000 und zählt aufwärts bis zum Endwert TOP. Dieser ist entweder ein Festwert ($00FF, $01FF, $03FF oder MAX = $FFFF) oder der variable Inhalt der Register OCR1A bzw. ICR1. In den Betriebsarten Compare und Schnell-PWM (*fast*) zählt er nach dem Endwert wieder ab $0000 aufwärts (Sägezahnfunktion). In den phasenkorrekten Betriebsarten läuft der Timer jedoch abwärts bis zum Endwert BOTTOM (Dreiecksfunktion) und dann wieder aufwärts.

Im *Compare-Betrieb* findet eine Übereinstimmung (*match*) statt, wenn Timer und Compare-Register den gleichen Wert haben und damit der Endwert TOP des Timers erreicht ist. Die Steuerbits COM1xx des Steuerregisters TCCR1A bestimmen die Funktion der WGM-Einheit für die Ausgänge OC1x. Die Bitkombinationen 1 0 (löschen) und 1 1 (setzen) bringen den Ausgang bei der ersten Übereinstimmung (*match*) in den Low- bzw. High-Zustand und sind für die Ausgabe von einmaligen Flanken bestimmt. Die Bitkombination 0 1 schaltet den Ausgang bei jeder Übereinstimmung (*match*) um und dient zur Ausgabe eines Rechtecksignals mit dem Tastverhältnis 1:1.

In den *PWM-Betriebsarten* legt eine *match*-Bedingung den Endwert TOP des Timers und damit die Ausgabefrequenz fest. Diese ist entweder eine Konstante oder variabel durch den Inhalt des Registers ICR1 bzw. OCR1A. Der Umschaltpunkt der Ausgabe und damit das Tastverhältnis ergibt sich aus einer zweiten *match*-Bedingung des Compare-Registers OCR1A für den Kanal A bzw. OCR1B für den Kanal B. Diese beiden Werte müssen jedoch kleiner als der TOP Wert sein, damit ein *match* erfolgen kann. Die Steuerbits COM1xx bestimmen in den PWM-Betriebsarten, wie der Ausgang an den *match*-Punkten umgeschaltet wird. Bei der direkten Ausgabe wird beim *match* des Aufwärtszählens der Ausgang von High auf Low geschaltet; bei der invertierten Ausgabe geht der Ausgang auf High.

Die beiden Kanäle A und B haben jeweils einen eigenen Komparator, ein eigenes Komparator-Register und eine eigene Ausgabesteuerung WGM, jedoch kann Kanal B keinen Umschaltpunkt TOP liefern. Die Beispiele beziehen sich auf die Ausgabe von Rechteckfunktionen auf dem Kanal A des Timer1. Auf die Unterschiede zwischen dem Laden der Compare-Register und der Interruptauslösung wird nicht eingegangen.

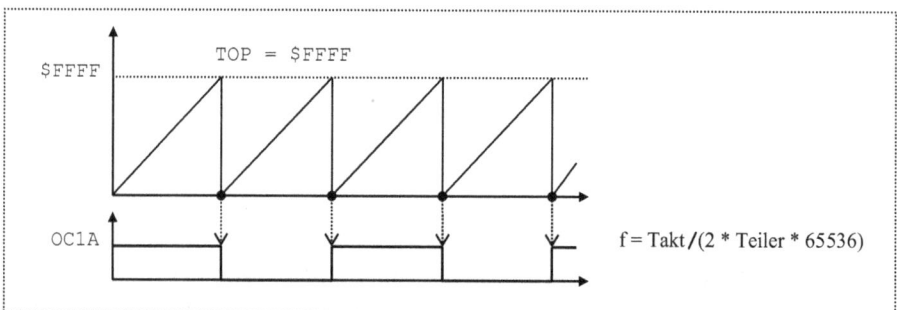

Abbildung 4-24: Der Compare-Betrieb mit durchlaufendem Timer für den Kanal A.

Tabelle 4-10: Bitbelegungen des TCCR1 je nach Timer-Betriebsart.

Betriebsart	TCCR1A		TOP	TCCR1B		TCCR1A	
	COM1A1	COM1A0		WGM13	WGM12	WGM11	WGM10
Compare durchlaufend Frequenz konstant 1:1	0	1	$FFFF	0	0	0	0

Im *Compare-Betrieb* mit durchlaufendem Timer (Abbildung 4-24, Tabelle 4-10) ist die Frequenz im Tastverhältnis 1:1 fest durch den Taktteiler vorgegeben. Beide Kanäle liefern bei gleicher Programmierung der Ausgabeeinheit WGM phasensynchron die gleiche Frequenz. Beispiel:

Systemtakt 8 MHz
Timertakt durch Teiler 1: 8 MHz Ausgangsfrequenz 61 Hz
Timertakt durch Teiler 8: 1 MHz Ausgangsfrequenz 7.6 Hz

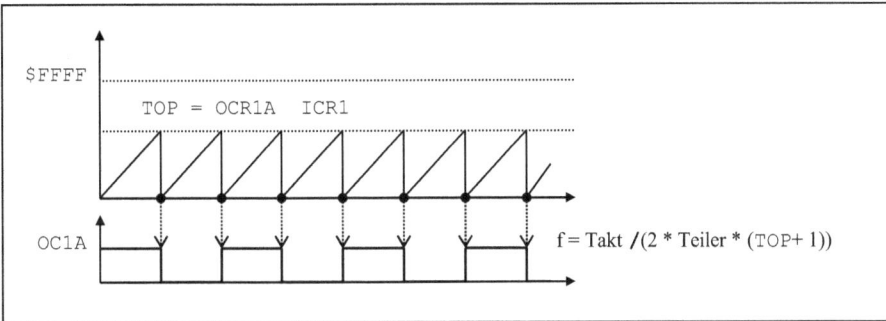

Abbildung 4-25: Der Compare-Betrieb mit Timer löschen (CTC) für den Kanal A.

Tabelle 4-11: Weitere Bitbelegungen des TCCR1 je nach Timer-Betriebsart.

Betriebsart	TCCR1A		TOP	TCCR1B		TCCR1A	
	COM1A1	COM1A0		WGM13	WGM12	WGM11	WGM10
Compare Timer löschen CTC Frequenz variabel durch OCR1A	0	1	OCR1A	0	1	0	0
Compare Timer löschen CTC Frequenz variabel durch ICR1	0	1	ICR1	1	1	0	0

Im *Compare-Betrieb* CTC (Clear Timer on Compare match) ist die Frequenz variabel im Tastverhältnis 1:1 (Abbildung 4-25, Tabelle 4-11). Der Umschaltpunkt TOP und damit die Frequenz wird bestimmt durch das Compare-Register OCR1A oder durch das

Capture-Register ICR1, das sich nur für das Steuerbit WGM13 = 1 beschreiben lässt. Für den Kanal B ergibt sich die gleiche Frequenz, die jedoch durch OCR1B in der Phase gegenüber dem Kanal A verschoben werden kann.

Beispiel:

Systemtakt 8 MHz
Timertakt durch Teiler 1: 8 MHz
TOP durch OCR1A = 65535
Kanal A: OCR1A = 65535 Ausgangsfrequenz 61 Hz
Kanal B: OCR1B = 32767 Ausgangsfrequenz 61 Hz gegenüber Kanal A phasenverschoben

TOP durch ICR1 = 65535
Kanal A: OCR1A = 32767 Ausgangsfrequenz 61 Hz
Kanal B: OCR1B = 16383 Ausgangsfrequenz 61 Hz gegenüber Kanal A phasenverschoben

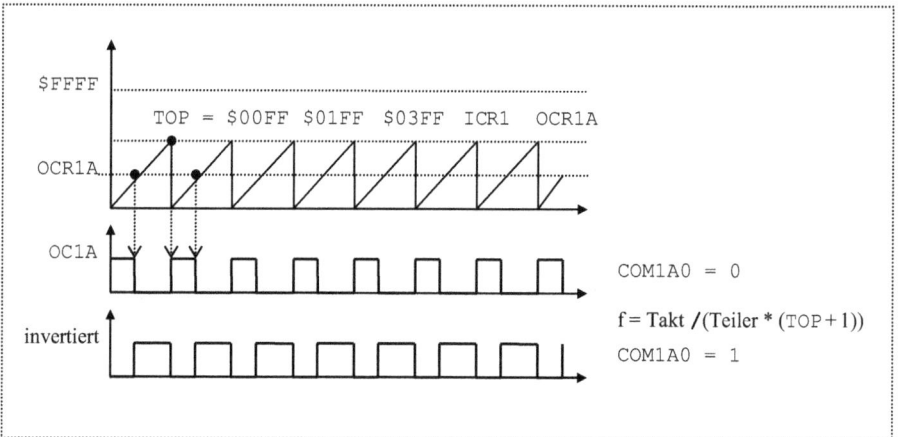

Abbildung 4-26: Schneller (fast) PWM-Betrieb für den Kanal A.

Tabelle 4-12: Bitbelegungen des TCCR1 je nach Timer1 PWM Mode.

Betriebsart	TCCR1A		TOP	TCCR1B		TCCR1A	
	COM1A1	COM1A0		WGM13	WGM12	WGM11	WGM10
PWM fast 8 bit Frequenz fest	1	x	$00FF	0	1	0	1
PWM fast 9 bit Frequenz fest	1	x	$01FF	0	1	1	0
PWM fast 10 bit Frequenz fest	1	x	$03FF	0	1	1	1
PWM fast Frequenz variabel	1	x	ICR1	1	1	1	0
PWM wie Compare Frequenz variabel 1:1	0	1	OCR1A	1	1	1	1

Im schnellen (*fast*) PWM-Betrieb wird der Timer beim Erreichen des TOP-Umschaltpunktes auf Null gesetzt und läuft dann wieder aufwärts (Abbildung 4-26, Tabelle 4-12). TOP bestimmt die Frequenz, OCR1A das Tastverhältnis. Das Register OCR1A für den ersten Umschaltpunkt muss kleiner sein als der obere Umschaltpunkt TOP, da sonst keine Übereinstimmung zwischen dem Timer und dem Compare-Register auftreten kann. Dann wird keine periodische Rechteckfunktion, sondern ein konstantes Potential ausgegeben. In dem Beispiel liegen die Ladewerte der beiden Compare-Register mit 128 und 64 unter dem TOP-Wert von 255.

Systemtakt 8 MHz
Timertakt durch Teiler 1: 8 MHz
TOP konstant $FF = 255
Kanal A: OCR1A = 128 Ausgangsfrequenz 31.25 kHz Tastverhältnis 1:1
Kanal B: OCR1B = 64 Ausgangsfrequenz 31.25 kHz Tastverhältnis 1:3

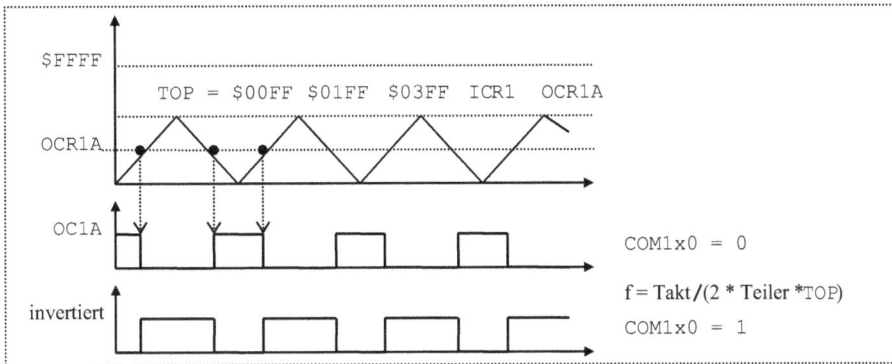

Abbildung 4-27: Phasen- und frequenzkorrekter PWM-Betrieb für den Kanal A.

Tabelle 4-13: Bitbelegungen des TCCR1 je nach Timer1 PWM Mode.

Betriebsart	TCCR1A		TOP	TCCR1B		TCCR1A	
	COM1A1	COM1A0		WGM13	WGM12	WGM11	WGM10
PWM phasenkorrekt 8 bit	1	x	$00FF	0	0	0	1
PWM phasenkorrekt 9 bit	1	x	$01FF	0	0	1	0
PWM phasenkorrekt 10 bit	1	x	$03FF	0	0	1	1
PWM phasenkorrekt variabel	1	x	ICR1	1	0	1	0
PWM phasen- und frequenzkorrekt, Frequenz variabel	1	x	ICR1	1	0	0	0
PWM wie Compare 1:1	0	1	OCR1A	1	0	0	1
PWM wie Compare 1:1	0	1	OCR1A	1	0	1	1

Im phasen- und frequenzkorrekten PWM-Betrieb läuft der Timer nach dem Erreichen des TOP Umschaltpunktes wieder abwärts bis auf Null (Abbildung 4-27, Tabelle 4-13). TOP bestimmt die Frequenz, OCR1A das Tastverhältnis. Beispiel: .

Systemtakt 8 MHz
Timertakt durch Teiler 1: 8 MHz
TOP konstant $FF = 255
Kanal A: OCR1A = 128 Ausgangsfrequenz 15.6 kHz Tastverhältnis 1:1
Kanal B: OCR1B = 64 Ausgangsfrequenz 15.6 kHz Tastverhältnis 1:3 phasenverschoben gegen A

In den erweiterten Betriebsarten der Timer mit zwei Kanälen für die Betriebsarten Compare und PWM arbeiten beide Kanäle mit der gleichen durch TOP gegebenen Frequenz, jedoch tritt bei unterschiedlichen Ladewerten für die Compare-Register eine Phasenverschiebung zwischen den Kanälen auf, die in Abbildung 4-28 dargestellt ist. Die Signale sind nicht invertiert. Der Umschaltpunkt TOP ist konstant oder durch ICR1 gegeben und liegt über den *match*-Bedingungen der beiden Kanäle.

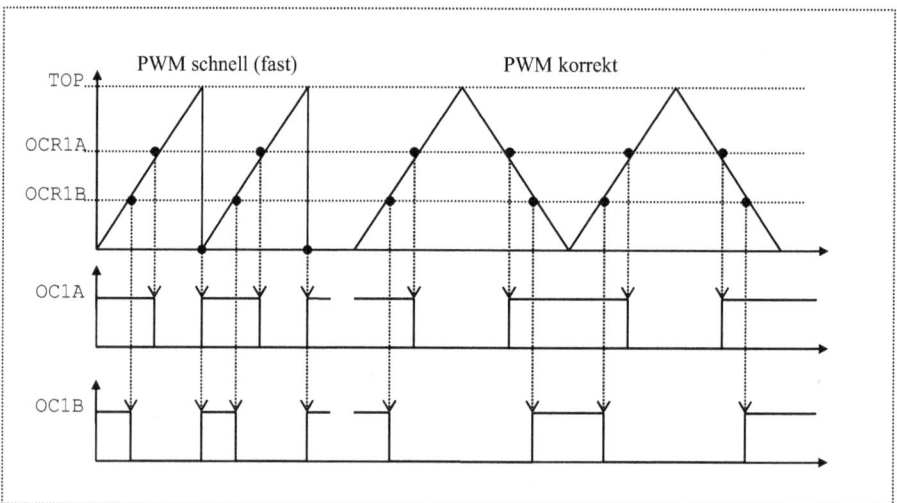

Abbildung 4-28: Die Phasenbeziehungen zwischen den Kanälen A und B.

Tabelle 4-14 gibt einen Überblick über die wichtigsten erweiterten Betriebsarten des Timer1.

Die Betriebsarten von Timer1 lassen sich mit dem Testprogramm *k4p10* gemäß Abbildung 4-29 untersuchen. Es wurde die Betriebsart 10 phasenrichtig WGM13 = 1, WGM12 = 0, WGM11 = 1 und WGM10 = 0 mit variabler Frequenz durch ICR1 eingestellt:

– Der Taktteiler wird konstant auf den Faktor 1 eingestellt. Der Timertakt beträgt 1 MHz.

Tabelle 4-14: Die erweiterten Betriebsarten des Timer1 (ATmega8).

Mode	TCCR1B WGM13	TCCR1B WGM12	TCCR1A WGM11	TCCR1A WGM10	TOP	COM1 x1x0	Operation
0	0	0	0	0	0xFFFF	0 1	Compare 1:1
1	0	0	0	1	0x00FF	1 x	PWM 8-Bit phasenrichtig
2	0	0	1	0	0x01FF	1 x	PWM 9-Bit phasenrichtig
3	0	0	1	1	0x03FF	1 x	PWM 10-Bit phasenrichtig
4	0	1	0	0	OCR1A	0 1	Compare 1:1
5	0	1	0	1	0x00FF	1 x	PWM 8-Bit fast
6	0	1	1	0	0x01FF	1 x	PWM 9-Bit fast
7	0	1	1	1	0x03FF	1 x	PWM 10-Bit fast
8	1	0	0	0	ICR1	1 x	PWM phasen/frequenzrichtig
9	1	0	0	1	OCR1A	1 x	PWM phasen/frequenzrichtig
10	1	0	1	0	ICR1	1 x	**PWM phasenrichtig**
11	1	0	1	1	OCR1A	1 x	PWM phasenrichtig
12	1	1	0	0	ICR1	0 1	Compare 1:1
13	1	1	0	1	-	-	reserviert
14	1	1	1	0	ICR1	1 x	PWM fast
15	1	1	1	1	OCR1A	0 1	Kanal A Frequenz 1:1

- Der Ausgang OCR1A des Kanals A wird bei einem *match* mit aufwärtslaufendem Timer von High nach Low und mit abwärtslaufendem Timer von Low nach High umgeschaltet. Der Ausgang arbeitet nichtinvertiert.
- Der Ausgang OCR1B des Kanals B wird bei einem *match* mit aufwärtslaufendem Timer von Low nach High und mit abwärtslaufendem Timer von High nach Low umgeschaltet. Der Ausgang arbeitet invertiert.
- Das Capture-Register ICR1 bestimmt den Zählerstand TOP, an dem der Timer wieder abwärts läuft. Der High-Wert für die Frequenz wird an den Eingängen PIND eingestellt.
- Die Compare-Register OCR1A und OCR1B bestimmen den Zählerstand, an dem die beiden Ausgänge OC1A und OC1B umgeschaltet werden. Der High-Wert für beide Register wird an den Eingängen PINC eingestellt und muss kleiner als TOP sein.

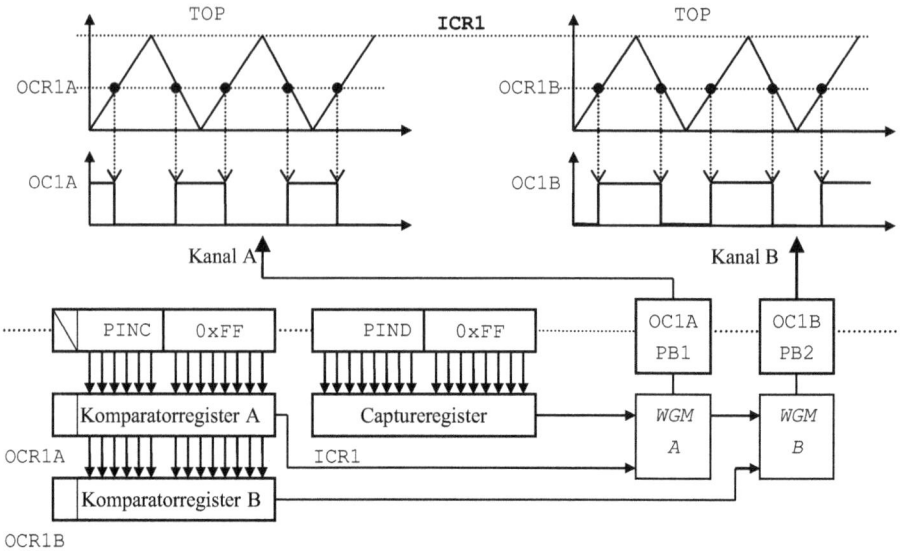

Abbildung 4-29: Zusammenspiel der Register in den Programmen k4p10.asm und k4p10.c.

```
; k4p10.asm  ATmega8  Timer1 PWM-Betrieb Kanäle A und B
; Port B: Ausgang Kanal A:OC1A (PB1)  Kanal B:OC1B (PB2)
; Port C: Eingabe High-Zeit Tastverhältnis
; Port D: Eingabe Frequenz  TOP
; Konfiguration: interner Oszillator 1 MHz, externes RESET-Signal
        .INCLUDE  "m8def.inc"    ; Deklarationen für ATmega8
        .EQU      takt = 1000000 ; Systemtakt ca. 1 MHz intern
        .DEF      akku = r16     ; Arbeitsregister
        .CSEG                    ; Programm-Flash
        rjmp      start          ; Reset-Einsprung
        .ORG      $13            ; Interrupt-Einsprünge übergehen
start:  ldi       akku,LOW(RAMEND); Stapel anlegen
        out       SPL,akku
        ldi       akku,HIGH(RAMEND)
        out       SPH,akku
        sbi       DDRB,PB1       ; PB1 ist Ausgang OC1A
        sbi       DDRB,PB2       ; PB2 ist Ausgang OC1B
        ldi       akku,$C2       ; kalibrieren
        out       OSCCAL,akku    ; RC Oszillator
; Timer1 PWM programmieren
        clr       akku           ; Steuerbits einsetzen
        ori       akku,(1 << COM1A1) | (0 << COM1A0) ; A nicht inv.
```

```
        ori     akku,(1 << COM1B1) | (1 << COM1B0) ; B invertiert
        ori     akku,(1 << WGM11)  | (0 << WGM10)  ;
        out     TCCR1A,akku     ; Steuerregister A Timer1
        ldi     akku,0b001      ; Taktteiler :1
        ori     akku,(1 << WGM13) | (0 << WGM12)  ;
        out     TCCR1B,akku     ; Steuerregister B Timer1 start
; Arbeitsschleife ICR1 (PIND) > OCR1A und B (PINC)
loop:   in      akku,PINC       ; PINC: High-Zeit  High-Byte
        ser     r17             ;                  Low-Byte $FF
        out     OCR1AH,akku     ; Kanal A
        out     OCR1AL,r17
        out     OCR1BH,akku     ; Kanal B
        out     OCR1BL,r17
        in      akku,PIND       ; PIND: Frequenz High-Byte
        ser     r17             ;                  Low-Byte $FF
        out     ICR1H,akku      ; TOP
        out     ICR1L,r17
        rjmp loop
        .EXIT                   ; Ende des Quelltextes
```

k4p10.a: Assemblertestprogramm für die erweiterte Betriebsart PWM.

```
// k4p10.c  ATmega8  Timer1 PWM-Betrieb Kanäle A und B
// Port B: Ausgang Kanal A:OC1A (PB1)  Kanal B:OC1B (PB2)
// Port C: Eingabe High-Zeit Tastverhältnis
// Port D: Eingabe Frequenz  TOP
// Konfiguration: interner Oszillator 1 MHz, externes RESET-Signal
#include <avr/io.h>     // Deklarationen
#define TAKT 1000000UL  // Systemtakt intern ca. 1 MHz
void main(void)         // Hauptfunktion
{
 DDRB = (1 << PB1) | (1 << PB2);     // PB1 OC1A PB2 OC1B Ausgänge
 OSCCAL = 0xC2;                      // RC Oszillator kalibrieren
 TCCR1A = (1 << COM1A1) | (0 << COM1A0 )| (1 << COM1B1) | (1 << COM1B0);
 TCCR1A |= (1 << WGM11) | (0 << WGM10);          // Mode
 TCCR1B = 0x01 | (1 << WGM13) | (0 << WGM12);  // Mode und Taktteiler :1
 while(1)               // Arbeitsschleife Eingabe High-Zeit und Frequenz
 {
  OCR1AH = PINC;        // Port C Compare-High
  OCR1AL = 0xff;        // Low konstant 0xFF
  OCR1BH = PINC;
```

```
    OCR1BL = 0xff;
    ICR1H = PIND;          // Port D TOP
    ICR1L = 0xff;          // Low konstant 0xFF
  } // Ende while
} // Ende main
```

k4p10.c: C-Testprogramm für die erweiterte Betriebsart PWM.

Die Steuerparameter COM1xx und WGMxx müssen für andere Betriebsarten im Programm geändert werden. Folgendes Beispiel zeigt, wie diese Bits an sechs noch freien Eingängen des Ports B einzustellen sind. Eine neue Betriebsart muss durch Reset gestartet werden.

```
; Port B: PWM13 PWM12 PWM11 PWM10 COM1x1 OC1B OC1A COM1x0
;
; Arbeitsschleife Steuerbits einsetzen
loop:   in      r17,PINB        ; WGM13 WGM12 WGM11 WGM10 X1 x x X0
        swap    r17             ; X1 x x X0 WGM13 WGM12 WGM11 WGM10
        mov     r18,r17
        andi    r18,0b00000011  ; 0 0 0 0 0 0 WGM11 WGM10
        sbrc    r17,7           ; überspringe wenn COM1x1 = 0
        ori     r18,0b10100000  ; COM1A1 = 1  COM1B1 = 1
        sbrc    r17,4           ; überspringe wenn COM1x0 = 0
        ori     r18,0b01010000  ; COM1A0 = 1  COM1B0 = 1
        in      akku,TCCR1A
        or      akku,r18
        out     TCCR1A,akku
        mov     r18,r17         ; X1 x x X0 WGM13 WGM12 WGM11 WGM10
        andi    r18,0b00001100  ; 0 0 0 0 WGM13 WGM12 0 0
        lsl     r18             ; 0 0 0 WGM13 WGM12 0 0 0
        in      akku,TCCR1B
        or      akku,r18
        out     TCCR1B,akku
; nun OCR1A OCR1B ICR einsetzen
```

4.2.4 Der 8-Bit Timer2

Der Timer2 ist bei manchen Bausteinen gar nicht oder in einer anderen Ausführung vorhanden. Dieser Abschnitt beschreibt den Timer2 des ATmega8. Der 8-Bit Timer2 bietet die Möglichkeit, einen zweiten Quarz von z. B. von 32768 Hz an TOSC1 und

TOSC2 anzuschließen, der asynchron zum Systemtakt arbeitet und als Taktgeber für eine Uhr (RTC = Real-Time Clock) dienen kann. Abbildung 4-30 zeigt ein vereinfachtes Modell.

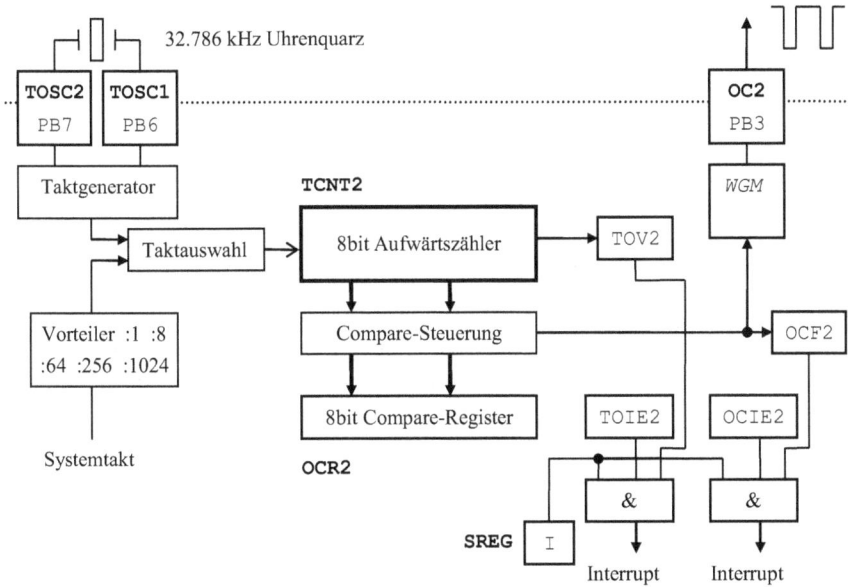

Abbildung 4-30: Modell des 8-Bit Timer2 (ATmega8).

Der duale 8-Bit Aufwärtszähler **TCNT2** kann vom Programm jederzeit gelesen und mit einem Anfangswert beschrieben werden. Das Compare-Register **OCR2** enthält den Vergleichswert im Compare- bzw. PWM-Betrieb.

TCNT2 = Timer/**C**ou**NT**er2

---

laufender 8-Bit Aufwärtszähler

OCR2 = **O**utput **C**ompare **R**egister **2**

8-Bit Vergleichswert

Der Teilerfaktor wird zusammen mit der Compare- bzw. PWM-Betriebsart im Steuerregister **TCCR2** eingestellt. Für einen externen Takt von 32768 Hz bei einem Teiler von 128 ergibt ein periodischer Überlauf modulo 256 eine Frequenz von genau 1 Hz.

TCCR2 = Timer/Counter2 Control Register

Bit 7	Bit 6	Bit 5	Bit 4	Bit 3	Bit 2	Bit 1	Bit 0
FOC2	WGM20	COM21	COM20	WGM21	CS22	CS21	CS20
					0 0 0: Timer/Counter Stopp		
					0 0 1: Takt / 1		
					0 1 0: Takt / 8		
					0 1 1: Takt / 32		
					1 0 0: Takt / 64		
					1 0 1: Takt / 128		
					1 1 0: Takt / 256		
					1 1 1: Takt / 1024		

Das **As**ynchronous **S**tatus **R**egister ASSR schaltet die asynchrone Betriebsart mit externem Quarz ein und gibt den Status der Synchronisation mit dem Systemtakt an. Für die Probleme der Synchronisation beider Takte und die drei Anzeigebits sollten die Unterlagen des Herstellers herangezogen werden.

ASSR = **AS**ynchronous **S**tatus **R**egister

Bit 7	Bit 6	Bit 5	Bit 4	Bit 3	Bit 2	Bit 1	Bit 0
–	–	–	–	AS2	TCN2UB	OCR2UB	TCR2UB
				0: Systemtakt	Anzeige	Anzeige	Anzeige
				1: externer Takt	0: TCN2	0: OCR2	0: TCR2
				durch Quarz	bereit	bereit	bereit

Bei einem Überlauf des Zählers von $FF nach $00 wird das Bit TOV2 im Timer-Anzeigeregister TIFR gesetzt. Das Register ist nicht bitadressierbar!

TIFR = **T**imer **I**nterrupt **F**lag **R**egister

Bit 7	Bit 6	Bit 5	Bit 4	Bit 3	Bit 2	Bit 1	Bit 0
OCF2	TOV2	ICF1	OCF1A	OCF1B	TOV1	–	TOV0
Timer2	**Timer2**	Timer1	Timer1	Timer1	Timer1		Timer0
1: *match*	1: *Überlauf*						

Wird das Bit TOV2 durch eine Warteschleife des Programms kontrolliert, so muss es durch Einschreiben einer 1 wieder zurückgesetzt werden. Löst es einen Interrupt aus, so wird es bei der Annahme automatisch wieder gelöscht. Das Timer-Interrupt-Maskenregister TIMSK gibt den Timer2-Interrupt frei. Da es nicht bitadressierbar ist, sollten Einzelbitoperationen mit Masken in einem Arbeitsregister durchgeführt werden. Nach einem Reset sind alle Masken gelöscht und die Interrupts gesperrt.

`TIMSK` = Timer Interrupt **MaSK** Register

Bit 7	Bit 6	Bit 5	Bit 4	Bit 3	Bit 2	Bit 1	Bit 0
OCIE2	TOIE2	TICIE1	OCIE1A	OCIE1B	TOIE1	–	TOIE0
Timer2 Compare 1: *frei*	**Timer2** Überlauf 1: *frei*	Timer1	Timer1	Timer1	Timer1		Timer0

Für TOV2 = 1 (Überlauf) und TOIE2 = 1 (Freigabe) und I = 1 wird der Timer2-Interrupt
ausgelöst, der beim Start des Serviceprogramms das Anzeigebit TOV2 wieder zurücksetzt. Bei einem Überlauf von $FF läuft der Timer weiter mit dem Anfangswert $00,
nicht mit einem eingeschriebenen Startwert. Bei einem Neuladen durch das Programm
sind Verzögerungszeiten der Interruptsteuerung (4 Takte) und Ausführungszeiten der
Befehle bis zum Einschreiben des neuen Wertes besonders zu berücksichtigen. Man
beachte, dass wegen des Aufwärtszählens die Differenz zum Überlaufwert 256 anzugeben ist!

Die Programme *k4p11* verwenden den beim Überlauf des Timer2 ausgelösten Interrupt für eine Sekundenuhr, die auf dem Port D dezimal ausgegeben wird. Bei einem
Uhrenquarz von 32768 Hz und einem Taktteiler von 128 entsteht nach 256 Timertakten
ein Interrupt, der die Uhr um 1 erhöht.

```
; k4p11.asm  ATmega8  Timer2 Sekundenzähler
; Port D: Ausgabe dezimal 00 bis 59 Sekunden
; Port B: Quarz 32 768 Hz an TOSC1 (PB6) und TOSC2 (PB7)
; Konfiguration: interner Oszillator 1 MHz, externes RESET-Signal
        .INCLUDE "m8def.inc"   ; Deklarationen für ATmega8
        .EQU    takt = 1000000 ; Systemtakt ca. 1 MHz intern
        .DEF    akku = r16     ; Arbeitsregister
        .DEF    seku = r18     ; Sekundenzähler
        .CSEG                  ; Programmbereich
        rjmp    start          ; Einsprung nach Reset
        .ORG    OVF2addr       ; Einsprung Überlauf Timer2
        rjmp    tictac         ; jede Sekunde Uhr weiterstellen
        .ORG    $13            ; alle anderen Interrupts nicht besetzt
start:  ldi     akku,LOW(RAMEND); Stapel anlegen
        out     SPL,akku
        ldi     akku,HIGH(RAMEND)
        out     SPH,akku
        ser     akku           ; akku <= $FF
        out     DDRD,akku      ; Port D Ausgang
        clr     seku           ; Sekunde löschen
```

```
         out     PORTB,seku
         in      akku,TIMSK        ; akku <= Timer Interrupt Masken
         ori     akku,(1 << TOIE2)
         out     TIMSK,akku        ; Timer2 Überlauf Interrupt frei
         in      akku,ASSR         ; akku <- asynchrone Kontrolle
         ori     akku,1 << AS2     ; asynchrone Betriebsart ext. Quarz
         out     ASSR,akku         ; einstellen
         ldi     akku,(1 << CS22) | (1 << CS20) ; Teiler:128 gibt 256
         out     TCCR2,akku        ; als Vorteiler
         sei                       ; I = 1: alle Interrupts frei
warte:   rjmp    warte
; Einsprung Interrupt Timer2 jede Sekunde Überlauf BCD-Umwandlung
tictac:  push    akku              ; Register retten
         in      akku,SREG
         push    akku
         push    r17               ; dual2bcd zerstört R17!
         inc     seku              ; Sekunde erhöhen
         cpi     seku,60           ; mod 60
         brlo    tictac1           ; < 60: weiter
         clr     seku              ; >= 60: null
tictac1: mov     akku,seku
         rcall   dual2bcd          ; Umwandlung dual -> BCD
         out     PORTD,akku        ; BCD ausgeben
         pop     r17               ; Register zurück
         pop     akku
         out     SREG,akku
         pop     akku
         reti                      ; zurück aus Interrupt
; externes Unterprogramm
         .INCLUDE "dual2bcd.asm"   ; R16 dual nach R17 und R16 BCD
         .EXIT                     ; Ende des Quelltextes
```

k4p11.asm: Assemblerprogramm einer Sekundenuhr mit Timer2 und Uhrenquarz.

```
// k4p11.c  ATmega8  Timer2 Sekundenzähler
// Port D: Ausgabe Sekunden 00 bis 59
// Port B: Quarz 32768 kHz an TOsC1 (PB6) und TOSC2 (PB7)
// Konfiguration: interner Oszillator 1 MHz, externes RESET-Signal
#include <avr/io.h>                // Deklarationen
#include <avr/interrupt.h>         // für Interrupt
#define TAKT 1000000UL             // Systemtakt intern ca. 1 MHz
volatile unsigned char  seku=0;    // globale Variable
```

```
ISR (TIMER2_OVF_vect)              // bei Timer2 Überlauf (neu)
{
 seku++;
 if (seku == 60) seku = 0;         // Sekunde mod 60
 PORTD = ((seku/10) << 4) | (seku % 10);  // BCD ausgeben
} // Ende ISR
Int main(void)                     // Hauptfunktion
{
 DDRD = 0xff;                      // Port B Richtung Ausgabe
 PORTD = seku;                     // auf Port B ausgeben
 ASSR  |= (1 << AS2);              // asynchron mit ext. Takt
 TCCR2 |= (1 << CS22) | (1 << CS20); // Teiler Systemtakt :128
 TIMSK |= (1 << TOIE2);            // Timer2 Interrupt frei
 sei();                            // alle Interrupts frei
 while(1) { }                      // Arbeitsschleife
} // Ende main
```

k4p11.c: C-Programm einer Sekundenuhr mit Timer2 und Uhrenquarz.

In den Betriebsarten *Compare* und *PWM* muss das Richtungsbit des Ausgangs OC2 (PB3) im entsprechenden Port (hier Bit DDB2) auf 1 gesetzt sein, um den Treiber durchzuschalten; das entsprechende Datenbit ist wirkungslos. Die Tabelle 4-15 zeigt die Steuercodes des Steuerregisters **TCCR2** für die Betriebsarten Compare und PWM, die denen des Timer1 entsprechen.

Tabelle 4-15: Steuercodes für das Register TCCR2.

Bit 7	Bit 6	Bit 5	Bit 4	Bit 3	Bit 2 bis Bit 0 bestimmen die Timerfrequenz
FOC2	WGM20	COM21	COM20	WGM21	**Betriebsarten**
0	0	0	0	0	Timerbetrieb OC2 ist Portausgang
0	0	0	1	0	OC2 Rechteck 1:1 Frequenz fest wie OCR0 = $FF
0	0	0	1	1	OC2 Rechteck 1:1 Frequenz variabel durch OCR0
0	0	1	0	x	OC2 bei match fest auf Low legen (Flanke)
0	0	1	1	x	OC2 bei match fest auf High legen (Flanke)
0	1	1	0	0	OC2 PWM phasenrichtig
0	1	1	1	0	OC2 PWM phasenrichtig invertiert
0	1	1	0	1	OC2 PWM schnell (fast)
0	1	1	1	1	OC2 PWM schnell (fast) invertiert

4.2.5 Der Watchdog Timer und Stromsparbetrieb

Der **Watchdog Timer (Wachhund) WDT** dient dazu, Fehlerzustände wie z. B. Endlosschleifen abzubrechen und den Controller wie bei einem Low-Signal am Reset-Pin neu zu starten. Dabei wird die Peripherie zurückgesetzt und der auf Adresse $0000 liegende Befehl ausgeführt. Die Konfiguration entsprechend den Fuse-Einstellungen wird aber, wie bei jedem *warm-reset*, nicht erneut durchlaufen. Abbildung 4-31 zeigt den WDT zusammen mit den anderen Reset-Quellen des ATmega8. In den Beispielen sind WDT-Reset und BOD-Reset durch Default-Fuse-Einstellungen (Abschnitt 1.2.6) nach dem Start abgeschaltet.

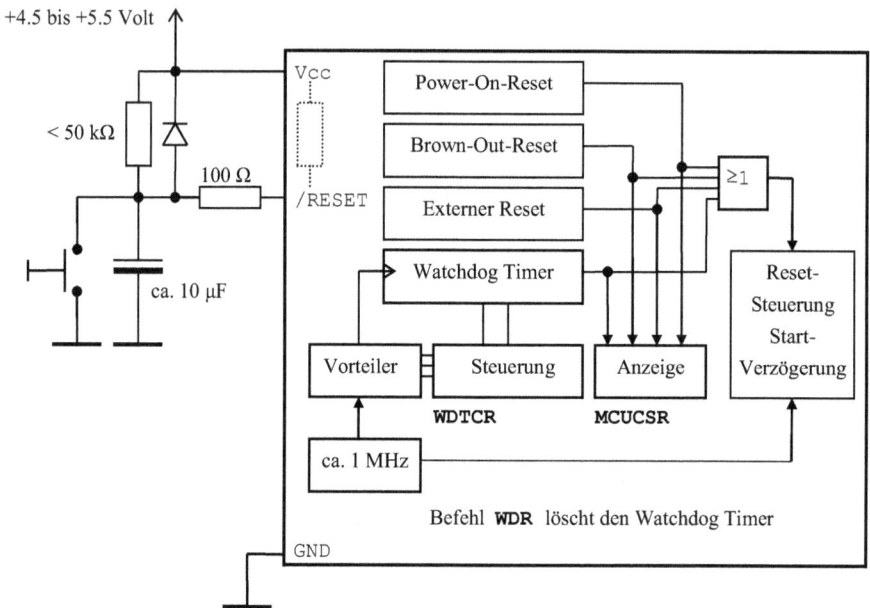

Abbildung 4-31: Watchdog Timer und Reset-Steuerung (ATmega8).

Das Anzeigeregister MCUCSR enthält die Quelle, die den Reset ausgelöst hat. Die Anzeigebits werden durch einen Power-On-Reset oder durch Einschreiben einer Null zurückgesetzt.

MCUCSR = **MCU** **C**ontrol and **S**tatus **R**egister

Bit 7	Bit 6	Bit 5	Bit 4	Bit 3	Bit 2	Bit 1	Bit 0
–	–	–	–	WDRF	BORF	EXTRF	PORF
				1: Reset durch Watchdog Timer	1: Reset durch Unterspannung	1: Reset durch Reset-Signal	1: Reset durch Spannung an Vcc

Das Register WDTCR stellt die Wartezeit bis zum Auslösen des Watchdog-Reset ein, wenn der Timer nicht vorher mit dem Befehl **WDR** (**W**atch **D**og **R**eset) zurückgesetzt wurde.

WDTCR = **W**atch**D**og **T**imer **C**ontrol **R**egister

Bit 7	Bit 6	Bit 5	Bit 4	Bit 3	Bit 2	Bit 1	Bit 0
–	–	–	WDCE	WDE	WDP2	WDP1	WDP0
			0: WDE nicht löschbar	0: Timer aus	0 0 0: Teiler 16 Zeit ca. 16 ms		
			1: WDE löschbar	1: Timer ein	0 0 1: Teiler 32 Zeit ca. 32 ms		
					0 1 0: Teiler 64 Zeit ca. 65 ms		
					0 1 1: Teiler 128 Zeit ca. 130 ms		
					1 0 0: Teiler 256 Zeit ca. 260 ms		
					1 0 1: Teiler 512 Zeit ca. 520 ms		
					1 1 0: Teiler 1024 Zeit ca. 1 sek		
					1 1 1: Teiler 2048 Zeit ca. 2 sek		

Der Timertakt wird von einem eigenen internen Oszillator (ca. 1 MHz) abgeleitet und ist abhängig von Temperatur und Versorgungsspannung Vcc. Mit den Bitpositionen WDP0 bis WDP2 wird ein Vorteiler eingestellt. Die angegebenen Wartezeiten beziehen sich auf eine Versorgungsspannung von ca. 5 Volt. Bei 3 Volt ist die Zeit etwa um das Dreifache länger. In allen Programmbeispielen wurde der Watchdog Timer im Konfigurationsmenü (Abschnitt 1.2.6) zunächst abgeschaltet. Er kann durch Setzen (1) von WDE (**W**atch **D**og **E**nable) eingeschaltet werden. Zum Abschalten des Watchdog Timers im Programm muss das Bit WDTOE (**W**atch **D**og **T**imer **O**ff Enable) gleichzeitig mit WDE gesetzt (1) werden. Dann kann innerhalb der nächsten 4 Takte (Befehle) das Bit WDE gelöscht werden. Mit dem Befehl WDR (**W**atch **D**og **R**eset) muss der Timer vor Ablauf der eingestellten Zeit wieder zurückgesetzt werden, sonst wird das Programm abgebrochen und mit Reset neu gestartet.

Der Befehl wdr (**w**atch **d**og **r**eset) setzt den Watchdog Timer vor Ablauf der Wartezeit zurück. Mit dem Befehl sleep wird der Baustein zusammen mit Steuerbits in MCUCR in einen der stromsparenden Ruhezustände (*sleep modes*) versetzt (Tabelle 4-16).

Tabelle 4-16: sleep und wdr Befehle.

Befehl	Operand	ITHSVNZC	W	T	Wirkung
sleep			1	1	*bringt für SE = 1 den Controller in einen Ruhezustand*
wdr			1	1	*setzt den Watchdog Timer zurück*

Das Assemblerbeispiel gibt einen verzögerten Dezimalzähler auf den Ports B und C aus. Wenn der Taster PD7 jedoch nicht vor Ablauf von zwei Sekunden betätigt wird, bricht der Watchdog Timer den Zähler mit einem Reset ab und startet das Programm erneut.

```
; k4p12.asm  ATmega8  Watchdog Timer
; Port B: Restzeit Einer Zehner
; Port C: Restzeit Hunderter
; Port D: Taste PD7 beruhigt Wachhund
; Konfiguration: interner Oszillator 1 MHz, externes RESET-Signal, WDT aus
        .INCLUDE  "m8def.inc"       ; Deklarationen für ATmega8
        .EQU    takt = 1000000      ; Systemtakt ca. 1 MHz intern
        .DEF    akku = r16          ; Arbeitsregister
        .DEF    zael = r18          ; Zähler
        .CSEG                       ; Programmbereich
        rjmp    start
        .ORG    $2A                 ; Interrupts nicht besetzt
start:  ldi     akku,LOW(RAMEND)    ; Stapelzeiger
        out     SPL,akku            ; anlegen
        ldi     akku,HIGH(RAMEND)
        out     SPH,akku
        ser     akku
        out     DDRB,akku           ; Port B ist Ausgang
        out     DDRC,akku           ; Port C ist Ausgang
; nach Reset 10 Sekunden 00 00 anzeigen
        ldi     zael,10             ; Faktor für 10 Sekunden
sek10:  ldi     akku,100
        rcall   wartex10ms          ; 1 sek warten
        dec     zael
        brne    sek10
; Wachhund scharf machen
        ldi     akku,(1<<WDCE) | (1<<WDE)
        out     WDTCR,akku          ; Programmierung vorbereiten
        ldi     akku,(0<<WDCE) | (1<<WDE) | (1<<WDP2) | (1<<WDP1) | (1<<WDP0)
        out     WDTCR,akku          ; Teiler 2048 ca. 2 sek einstellen
        ldi     zael,200            ; Restzeitzähler für 2000 msek
; Arbeitsschleife innerhalb von 2 Sekunden Taste PD7 drücken
loop:   sbic    PIND,PD7            ; überspringe wenn Taste Low
        rjmp    next                ; bei High gehts weiter
        wdr                         ; bei Low Wachhund beruhigen
        ldi     zael,200            ; Restzeitzähler 2000 msek
next:   mov     akku,zael
        rcall   dual2bcd            ; nach R17:R16 BCD
        out     PORTB,akku          ; Hundertstel
        out     PORTC,r17           ; Sekunde
        ldi     akku,1              ; Faktor
        rcall   wartex10ms          ; 10 ms warten
```

```
dec     zael            ; Restzeitzähler vermindern
rjmp    loop
.INCLUDE "wartex10ms.asm"  ; warte 10 * R16 Millisekunden
.INCLUDE "dual2bcd.asm"    ; R16 dual nach R17:R16 BCD
.EXIT                      ; Ende des Quelltextes
```

Ältere GNU-Compiler stellen in der API-Bibliothek Watchdog-Funktionen zur Verfügung, die mit #include <wdt.h> zugeordnet werden müssen (Tabelle 4-17).

Tabelle 4-17: Watchdog-Funktionen des GNU-Compilers.

Ergebnis	Funktion	Anwendung
void	wdt_enable(*Faktor*)	WDT einschalten
		Faktor = 0: Vorteiler :16 Zeit ca. 16 ms (5 Volt)
		Faktor = 1: Vorteiler :32 Zeit ca. 32 ms (5 Volt)
		Faktor = 2: Vorteiler :64 Zeit ca. 65 ms (5 Volt)
		Faktor = 3: Vorteiler :128 Zeit ca. 130 ms (5 Volt)
		Faktor = 4: Vorteiler :256 Zeit ca. 260 ms (5 Volt)
		Faktor = 5: Vorteiler :512 Zeit ca. 520 ms (5 Volt)
		Faktor = 6: Vorteiler :1024 Zeit ca. 1 sek (5 Volt)
		Faktor = 7: Vorteiler :2048 Zeit ca. 2 sek (5 Volt)
void	wdt_reset(void)	WDT zurücksetzen
void	wdt_disable(void)	WDT ausschalten

Neuere Versionen des GNU-Compilers ordnen die Watchdog-Funktionen mit #include <avr/wdt.h> zu und enthalten zusätzlich vordefinierte Konstanten für die Wartezeit. Das C-Programmbeispiel gibt einen verzögerten Dezimalzähler auf den Ports B und C aus. Wenn der Taster PD7 jedoch nicht vor Ablauf von zwei Sekunden betätigt wird, bricht der Watchdog Timer den Zähler mit einem Reset ab und startet das Programm erneut.

```
// k4p12.c  ATmega8  Test Watchdog Timer
// Port B: Restzeit Einer Zehner
// Port c: Restzeit Hunderter
// PORT D: Taste PD7 beruhigt Wachhund
// Konfiguration: interner Oszillator 1 MHz, externes RESET-Signal, WDT aus
#include <avr/io.h>              // Deklarationen
#include <avr/wdt.h>            // vordefinierte Watchdog Funktionen
#define TAKT 1000000UL          // Systemtakt intern ca. 1 MHz
#include "wartex10ms.c"        // wartet Faktor * 10 ms
#include "dual2bcd.c"          // dual -> BCD
void main(void)                 // Hauptfunktion
{
```

```
unsigned char zaehler, i;          // 8-Bit Dualzähler
DDRB = 0xff;                        // Port B ist Ausgang
DDRC = 0xff;                        // Port C ist Ausgang
// nach Reset 10 Sekekunden 00 00 anzeigen dann Wachhund scharf machen
for(i=1; i <= 10; i++) wartex10ms(100); // 10 sek Wartezeit
wdt_enable(7);                      // Wachhund scharf machen Zeit ca. 1.9
sek
zaehler = 200;                      // Restzeitzähler für 2000 msek
while(1)                            // Innerhalb von 2 sek PD7 drücken
{
  if ( !(PIND & (1 << PIND7))) {wdt_reset(); zaehler = 200; }
  PORTB = dual2bcd(zaehler);        // Zehner Einer
  PORTC = dual2bcd(zaehler) >> 8;   // Hunderter
  wartex10ms(1);                    // warte 10 ms
  zaehler--;
} // Ende while
} // Ende main
```

Mit den Bits SE und SMx des Haupt-Steuerregisters MCUCR lässt sich für den Controller ein stromsparender *Ruhezustand* vorbereiten, der durch den Befehl sleep ausgelöst wird.

MCUCR = **MCU** **C**ontrol **R**egister

Bit 7	Bit 6	Bit 5	Bit 4	Bit 3	Bit 2	Bit 1	Bit 0
SE	SM2	SM1	SM0	ISC11	ISC10	ISC01	ISC00
Sleep 0: gesperrt 1: frei	Sleep-Mode	Sleep-Mode	Sleep-Mode	Interrupt INT1		Interrupt INT0	

Tabelle 4-18: Konfiguration des jeweils gewünschten Sleep-Befehls.

SM2	SM1	SM0	Sleep Betriebsart
0	0	0	Idle
0	0	1	ADC Noise Reduction
0	1	0	Power-down
0	1	1	Power-save
1	0	0	reserviert
1	0	1	reserviert
1	1	0	Standby
1	1	1	Extended Standby

Der Ruhezustand wird durch SE = 1 vorbereitet (initialisiert) (Tabelle 4-18). Das Beispiel bereitet für den ATmega8 mit SM0 = 0, SM1 = 0 und SM2 = 0 den Zustand idle vor, der durch alle Interrupts abgebrochen werden kann. Der Befehl sleep der Hauptprogrammschleife versetzt den Baustein in einen stromsparenden Ruhezustand, in dem er keine Befehle ausführt. Dieser wird in dem Beispiel durch einen externen Interrupt INT1 abgebrochen. Der Controller führt die Serviceroutine und dann den auf den Befehl sleep folgenden Befehl aus.

Tabelle 4-19: Sleep Modi der AVR Controller.

Sleep-Modus	MainClock	RTC	Wake up	SPM & EEPROM Ready Wake up	ADC Complete Wake up	RTC Wake up	Sonstige Interrupt Wakeups	Anmerkung
Idle	Ein	Ein	Schnell	Ja	Ja	Ja	Ja	
ADC Noise Reduction	Ein	Ein	Schnell	Ja	Ja	Ja	Nein	Wie Idle, aber weniger Module aktiv
Power Down	Aus	Aus	Langsam	Nein	Nein	Ja	Nein	Nur externes Wecken
Power Save	Aus	Ein	Langsam	Nein	Nein	Nein	Nein	Wie Power Down, aber Selbstwecken möglich
Standby	Ein	Aus	Schnell	Nein	Nein	Nein	Nein	Wie Power Down, aber Mainclock an
Extended Standby	Ein	Ein	Schnell	Nein	Nein	Nein	Nein	Wie Power Save, aber Mainclock an

Für die genaue Wirkung der stromsparenden Betriebsarten nach Tabelle 4-19 und die Möglichkeiten zu ihrer Beendigung sollte das jeweilige Datenblatt herangezogen werden.

```
; k4p13.asm ATmega8  Ruhezustand (Sleep Mode)
; Port B: Dualzähler
; Port C: -
; Port D: Taste PD3 INT1 weckt und erhöht Dualzähler
; Konfiguration: interner Oszillator 1 MHz, externes RESET-Signal
        .INCLUDE  "m8def.inc"   ; Deklarationen für ATmega8
        .EQU    takt = 1000000  ; Systemtakt 1 MHz intern
        .DEF    akku = r16      ; Arbeitsregister
```

```
           .CSEG                       ; Programm-Flash
           rjmp    start               ; Reset-Einsprung
           .ORG    INT1addr            ; Einsprung externer Interrupt INT1
           rjmp    taste               ; nach Serviceprogramm
           .ORG    $13                 ; weitere Interrupteinsprünge übergehen
start:     ldi     akku,LOW(RAMEND)    ; Stapel anlegen
           out     SPL,akku
           ldi     akku,HIGH(RAMEND)
           out     SPH,akku
           ldi     akku,$ff            ; Bitmuster 1111 1111
           out     DDRB,akku           ; Richtung Port B ist Ausgang
           clr     akku                ; Dualzähler löschen
           out     PORTB,akku          ; und Anfangswert ausgeben
; Ruhezustand Sleep Mode 000 idle vorbereiten
           ldi     akku,(1 << SE) | (0 << SM2) | (0 << SM1) | (0 << SM0);
           out     MCUCR,akku
; Interrupt INT1 initialisieren
           in      akku,MCUCR          ; altes Steuerregister
           sbr     akku,1 << ISC11     ; setze  Bit ISC11
           cbr     akku,1 << ISC10     ; lösche Bit ISC10
           out     MCUCR,akku          ; ISC1x: 1 0 INT1 fallende Flanke
           in      akku,GICR           ; altes Freigaberegister
           sbr     akku,1 << INT1      ; setze Bit INT1:
           out     GICR,akku           ; Interrupt INT1 freigegeben
           sei                         ; alle Interrupts global frei
; Hauptprogramm schläft vor sich hin
loop:      sleep                       ; energiesparender Winterschlaf
           rjmp    loop                ; tu nix
;
; Serviceprogramm bedient externen Interrupt INT1 Taste PD3
taste:     push    r16                 ; Register retten
           in      r16,SREG            ; Status
           push    r16                 ; retten
           in      r16,PORTB           ; alten Zähler
           inc     r16                 ; um 1 erhöhen
           out     PORTB,r16           ; neuen Zähler ausgeben
           pop     r16
           out     SREG,r16            ; Status zurück
           pop     r16
           reti                        ; Rücksprung aus Serviceprogramm
           .EXIT                       ; Ende des Quelltextes
```

Durch #include <avr/sleep.h> können bei GNU-Compilern zwei Funktionen und mehrere vordefinierte Bezeichner für den Stromsparbetrieb zugeordnet werden (Tabelle 4-20).

Tabelle 4-20: C-Funktionen und Bezeichner zu den Sleep-Modi.

Ergebnis	Funktion	Anwendung
void	set_sleep_mode(*mode*)	bereitet sleep-Betrieb in MCUCR durch SM2 SM1 SM0 vor
		mode 0 0 0: SLEEP_MODE_IDLE
		mode 0 0 1: SLEEP_MODE_ADC
		mode 0 1 0: SLEEP_MODE_PWR_DOWN
		mode 0 1 1: SLEEP_MODE_PWR_SAVE
		mode 1 1 0: SLEEP_MODE_STANDBY
		mode 1 1 1: SLEEP_MODE_EXT_STANDBY
void	sleep_mode(void)	führt sleep-Befehl aus

Die genaue Wirkung der Betriebsarten ist im Datenblatt beschrieben. Das Beispiel versetzt den ATmega8 in den *idle*-Stromsparbetrieb, der durch einen externen Interrupt kurzzeitig unterbrochen wird, um einen Dualzähler auf dem Port B um 1 zu erhöhen.

```
// k4p13.c  ATmega8  Ruhezustand (Sleep Mode)
// Port B: Dualzähler
// Port C: -
// Port D: Taste PD3 INT1 weckt und erhöht Dualzähler
// Konfiguration: interner Oszillator 1 MHz, externes RESET-Signal
#include <avr/io.h>                    // Deklarationen
#include <avr/sleep.h>                 // Sleep Funktionen
#include <avr/interrupt.h>             // Interruptfunktionen
ISR(INT1_vect)                         // durch INT1 ausgelöst
{
 PORTB++;                              // Ausgabe Port B + 1
}
void main(void)                        // Hauptfunktion
{
 DDRB = 0xff;                          // Port B ist Ausgang
 PORTB = 0;                            // Anfangswert Null
 MCUCR |= (1 << ISC11);                // Interrupt 1 fallende Flanke
 GICR  |= (1 << INT1);                 // Interrupt 1 frei
 set_sleep_mode(SLEEP_MODE_IDLE);      // Sleep Mode 0 idle vorbereiten
 sei();                                // alle Interrupts frei
 while(1)  { sleep_mode();  }          // Arbeitsschleife schläft fest
} // Ende main
```

4.3 Die serielle USART-Schnittstelle

4.3.1 Serielle Datenübertragung

Die Bezeichnung **USART** ist eine Abkürzung für Universal **S**ynchronous and **A**synchronous **R**eceiver and **T**ransmitter und bedeutet, dass Empfänger und Sender sowohl für die synchrone als auch für die asynchrone serielle Datenübertragung vorhanden sind. Abbildung 4-32 zeigt eine *synchrone* Übertragung mit einer Datenleitung und einer Taktleitung zur Synchronisation von Sender und Empfänger.

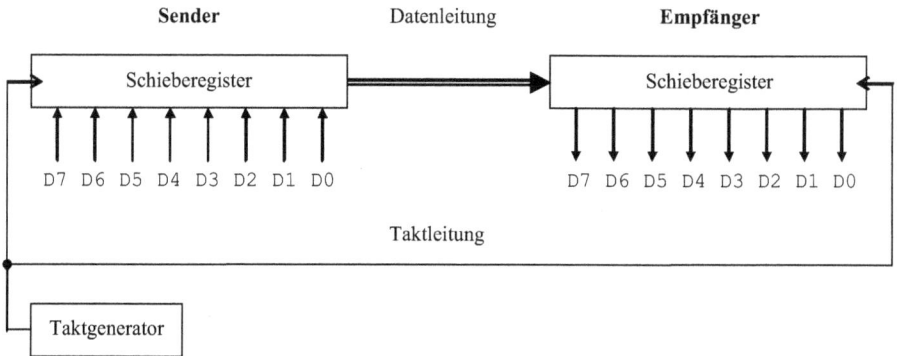

Abbildung 4-32: Synchrone serielle Datenübertragung mit gemeinsamer Taktleitung.

Bei der in Abbildung 4-33 dargestellten *asynchronen* seriellen Übertragung nach den Normen V.24 bzw. RS 232C entfällt die Taktleitung. Sender und Empfänger sind nur durch die Datenleitung und Ground (Erde) miteinander verbunden.

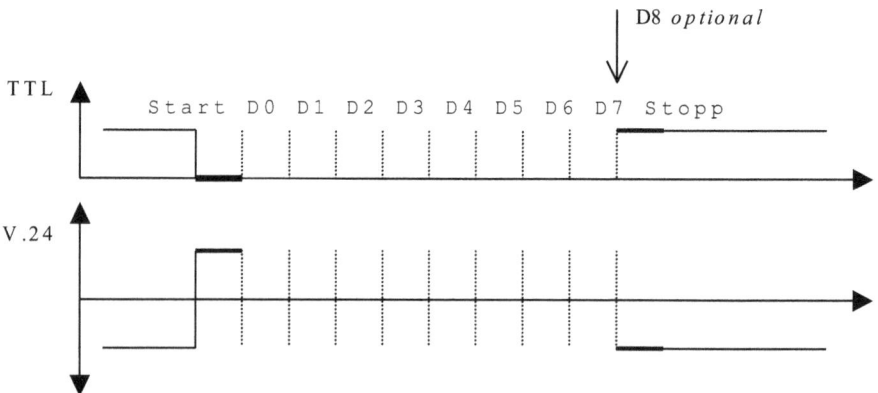

Abbildung 4-33: Zeitdiagramm der asynchronen seriellen Übertragung nach der Norm V.24 (RS 232C).

Die **asynchrone Schnittstelle** enthält sowohl einen Sender als auch einen Empfänger und kann im Vollduplexbetrieb gleichzeitig senden und empfangen. Die Daten werden in einen Rahmen (*frame*) aus Startbit, Stoppbit und Paritätsbit eingebettet. Da der Schiebetakt nicht übertragen wird, müssen sich Sender und Empfänger bei jedem Zeichen durch die fallende Flanke des Startbits neu synchronisieren. Ausgehend vom *Ruhezustand* TTL-High und V.24-negativ (-3 bis -15 Volt) ist das *Startbit* immer TTL-Low, und die Leitung ist V.24-positiv (+3 bis +15 Volt). Dann folgen die Datenbits. Das *Stoppbit* ist immer TTL-High und geht in den Ruhezustand über, wenn kein Zeichen direkt folgt. Zwischen dem letzten Bit D7 und dem Stoppbit kann optional ein Paritätsbit oder ein zweites Stoppbit eingeschoben werden. Die Anzahl der Übertragungsschritte pro Sekunde wird in der Einheit *baud* angegeben. Da mit jedem Schritt (Takt) ein Bit übertragen wird, ist die Baudrate gleich der Datenübertragungsrate in der Einheit *bps* (Bit pro Sekunde). Wegen der fehlenden Taktverbindung müssen Sender und Empfänger auf die gleiche Baudrate eingestellt sein, die nicht mehr als 2% von dem genormten Wert abweichen sollte. Bei 9600 baud (bps) beträgt die Bitzeit 104 µs. Die Übertragung eines Zeichens (Startbit, acht Datenbits und ein Stoppbit) dauert ca. 1 ms. Mit der USART-Schnittstelle lässt sich eine Verbindung zur seriellen Schnittstelle des PC (COM) herstellen und mit einem Terminalprogramm wie z. B. HyperTerminal testen. Der Pegelwandler MAX 232 Abbildung 4-34 passt die Controllersignale an die COM-Schnittstelle an.

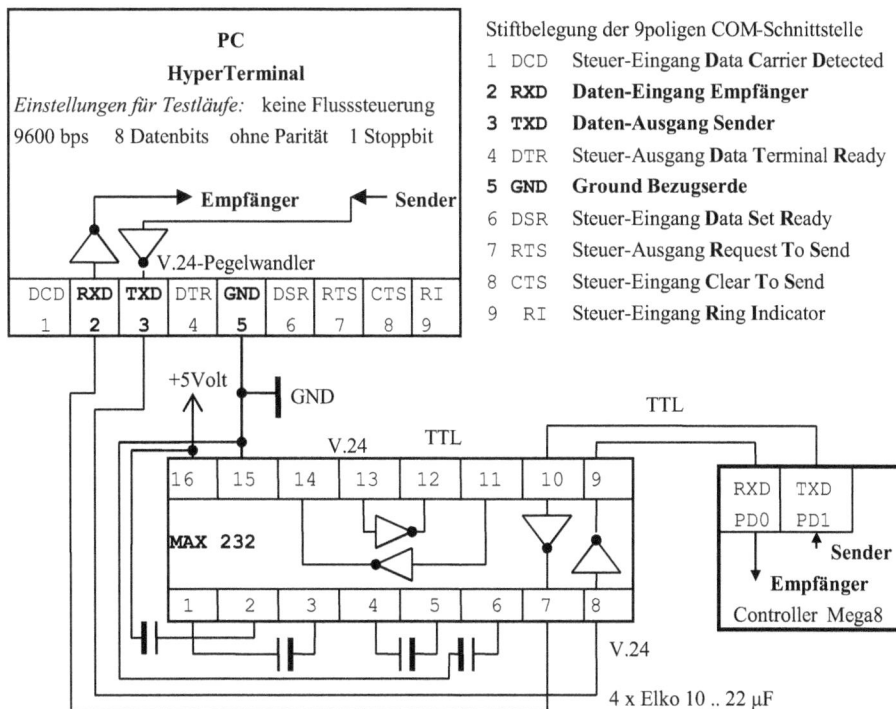

Abbildung 4-34: Test der USART-Schnittstelle mit TTL/V.24-Pegelwandler MAX 232 und HyperTerminal.

Die klassische COM-Schnittstelle des PC ist für den Anschluss eines Modems (Modulator/Demodulator) mit besonderen Steuersignalen eingerichtet, die einen Quittungsbetrieb (Handshake) ermöglichen. Die USART-Schnittstelle muss diese Modemsignale – wenn erforderlich – mit zusätzlichen Leitungen der Parallelports übertragen. Abbildung 4-35 zeigt links eine Drei-Draht-Verbindung mit einem 1:1-Kabel und einem V.24/TTL-Pegelwandler sowie rechts eine Null-Modem-Schaltung mit gekreuzten Verbindungen ohne einen Pegelwandler, der für kurze Leitungen (ca. 1 m) zwischen zwei Controllern nicht erforderlich ist.

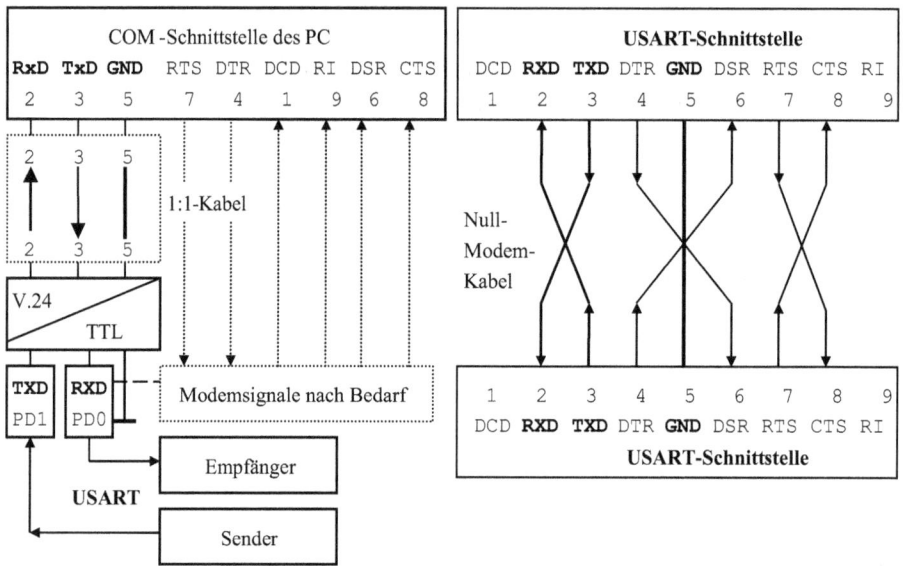

Abbildung 4-35: Drei-Draht-Verbindung mit 1:1-Kabel und Null-Modem-Kabel (9polige Anschlüsse).

Für den Test der folgenden Beispielprogramme ist neben dem in Abbildung 4-34 dargestellten Pegelwandler auf dem PC ein Terminalprogramm erforderlich, das von der PC-Tastatur eingegebene Zeichen an die USART-Schnittstelle sendet und von der Schnittstelle ankommende Zeichen auf dem PC-Bildschirm darstellt. Das Windows-Programm HyperTerminal wurde eingestellt für 9600 bps, 8 Datenbits, 1 Stoppbit, ohne Parität und ohne Flusssteuerung. Abschnitt 4.3.6 behandelt die drei Übertragungsverfahren der Flusssteuerung:

– Ohne Flusssteuerung: Sender immer freigegeben
– Flusssteuerung Xon/Xoff: Freigabe des Senders durch Steuerzeichen
– Flusssteuerung Hardware: Freigabe des Senders durch eine Signalleitung

4.3.2 Der Asynchronbetrieb der USART-Schnittstelle

Die Sende- und Empfangsdaten werden in Doppelpuffern zwischengespeichert. Die Datenübertragung erfolgt über das Datenregister UDR, das beim Schreiben die Sendedaten aufnimmt und beim Lesen die empfangenen Daten enthält.

UDR = USART **D**ata **R**egister   bitadressierbar

schreiben:	Sendedaten nach Senderpuffer übertragen
lesen:	Empfangsdaten aus Empfängerpuffer abholen

Sender und Empfänger der Schnittstelle werden für die gleiche Baudrate programmiert. Für die einfache asynchrone Übertragungsgeschwindigkeit (Bit U2X = 0 in UCSRA) ergeben sich der ganzzahlige Teiler, die tatsächliche Baudrate und der Fehler aus den Formeln:

$$\text{Teiler} = \frac{\text{Systemtakt}}{16 * \text{Baud}} - 1 \qquad \textbf{z.B.} \quad \frac{8 \text{ MHz}}{16 * 9600} - 1 = 51.08 \text{ gerundet } 51$$

$$\text{Baud} = \frac{\text{Systemtakt}}{16 * (\text{Teiler} + 1)} \qquad \textbf{z.B.} \quad \frac{8 \text{ MHz}}{16*(51 + 1)} = 9615.4 \text{ tatsächlich}$$

$$\text{Fehler} = \frac{\text{Baudrate}_{\text{tatsächlich}}}{\text{Baudrate}_{\text{genormt}}} - 1 * 100 \qquad \textbf{z.B.} \quad \frac{9615.4}{9600} - 1 * 100 = 0.16\%$$

Bei verdoppelter asynchroner Übertragungsgeschwindigkeit (Bit U2X = 1 in UCSRA) ist der Faktor 16 im Nenner durch den Faktor 8 zu ersetzen. Im Synchronbetrieb (Bit UMSEL = 1) ist der Faktor 16 im Nenner durch den Faktor 2 zu ersetzen.

Für die einfache Baudrate (Faktor 16 im Nenner) ergeben sich mit einer Nachpunktstelle die Teiler nach Tabelle 4-21:

Tabelle 4-21: Teiler für verschiedene Baudraten und Systemfrequenzen.

Baud	1 MHz	2 MHz	3.2768 MHz	3.6864 MHz	4 MHz	7.3728 MHz	8 MHz	16 MHz
2400	25.0	51.1	84.3	95	103.2	191.0	207.3	415.7
4800	12.0	25.0	42.7	47	51.1	95.0	103.2	207.3
9600	*5.5*	12.0	20.3	23	25.0	47.0	51.1	103.2

Für einen Systemtakt von 1 MHz und die genormte Baudrate von 9600 liefert der gerundete Teiler 5 eine einfache Baudrate von 10417. Dies ergibt einen Fehler von 8.5%! Die folgenden Programmbeispiele arbeiten daher mit doppelter Baudrate (Faktor 8 im Nenner) und einem Teiler von 12.02 gerundet 12 bei einem Fehler von 0.16%.

Das Low-Byte der 12 bit langen ganzzahligen Baudrate ist nach UBRRL zu schreiben.

UBRRL = USART **B**aud **R**ate **R**egister Low   bitadressierbar

---

Baudrate Bit 7 bis Bit 0

Das High-Byte ist nach UBRRH zu schreiben, das nach einem Reset zunächst gelöscht ist. Da es auf der gleichen Adresse wie das Steuer- und Statusregister UCSRC liegt, muss beim Zugriff auf das Baudratenregister das Umschaltbit URSEL = 0 sein.

UBRRH = USART **B**aud **R**ate **R**egister **H**igh

Bit 7	Bit 6	Bit 5	Bit 4	Bit 3	Bit 2	Bit 1	Bit 0
URSEL = 0	–	–	–	Baudrate Bit 11 bis Bit 8			

Nach einem Reset ist die USART-Schnittstelle zunächst gesperrt. Sie muss durch Programmierung der drei Steuerregister freigegeben werden, die als Statusregister gleichzeitig auch Anzeige- und Zustandsbits enthalten.

UCSRA = USART **C**ontrol **S**tatus **R**egister **A**   bitadressierbar

Bit 7	Bit 6	Bit 5	Bit 4	Bit 3	Bit 2	Bit 1	Bit 0
RXC	TXC	UDRE	FE	DOR	PE	U2X	MPCM
Empfänger	*Daten aus*	*Sendedaten-*	*Empfangs-*	*Empfänger-*	*Paritäts-*	*Doppelte*	*Steuerbit*
0: kein Zei.	*Schiebereg.*	*Register*	*Rahmen*	*Überlauf*	*kontrolle*	*Baudrate*	*Multi-*
1: Zeichen	1: gesendet	1: leer	1: Fehler	1: Fehler	1: Fehler	0: Faktor 16	*prozessor-*
Interrupt	*Interrupt*	*Interrupt*				1: Faktor 8	*betrieb*

Das Anzeigebit **RXC** wird von der Steuerung auf 1 gesetzt, wenn ein Zeichen im Empfänger angekommen ist und wird beim Lesen der Daten aus UDR wieder gelöscht.

Das Anzeigebit **TXC** wird von der Steuerung auf 1 gesetzt, wenn ein Zeichen aus dem Sender herausgeschoben wurde und der Sendepuffer leer ist. Es wird bei der Interruptannahme bzw. durch Einschreiben einer 1 wieder gelöscht.

Das Anzeigebit **UDRE** wird von der Steuerung auf 1 gesetzt, wenn der Sendepuffer für die Übertragung neuer Daten bereit ist. Nach einem Reset ist der Sender bereit und UDRE ist 1.

Die Anzeigebits **FE, DOR** und **PE** werden von der Steuerung auf 1 gesetzt, wenn ein entsprechender Fehler aufgetreten ist. Sie werden durch Lesen des Datenregisters wieder auf 0 zurückgesetzt.

Das Steuerbit **U2X** = 1 (Double USART Transmission Speed) verdoppelt mit einer 1 die Baudrate im asynchronen Betrieb. Dann ist im Nenner der Formel für den Taktteiler der Faktor 16 durch den Faktor 8 zu ersetzen!

Das Steuerbit **MPCM** = 1 (**M**ulti-**P**rocessor **C**ommunication **M**ode) schaltet für den Empfänger den Multiprozessorbetrieb ein, in dem bei empfangenen Zeichen zwischen Daten und Adressen unterschieden wird.

UCSRB = USART **C**ontrol **S**tatus **R**egister **B**   bitadressierbar

Bit 7	Bit 6	Bit 5	Bit 4	Bit 3	Bit 2	Bit 1	Bit 0
RXCIE	TXCIE	UDRIE	RXEN	TXEN	UCSZ2	RXB8	TXB8
Empfänger	*Sender*	*Sendedaten*	*Empfänger*	*Sender*	*Zeichenlänge*	*Empfänger*	*Sender*
Interrupt	*Interrupt*	*Interrupt*	0: gesperrt	0: gesperrt	*siehe*	*Bit 8*	*Bit 8*
1: frei	1: frei	1: frei	1: frei	1: frei	**UCSRC**		

Das Steuerbit **RXCIE** ist vom Programm auf 1 zu setzen, wenn bei einem empfangenen Zeichen (RXC = 1) und für I = 1 im Statusregister ein Interrupt ausgelöst werden soll.

Das Steuerbit **TXCIE** ist vom Programm auf 1 zu setzen, wenn bei einem herausgeschobenen Zeichen (TXC = 1) und für I = 1 im Statusregister ein Interrupt ausgelöst werden soll.

Das Steuerbit **UDRIE** ist vom Programm auf 1 zu setzen, wenn bei einem leeren Sendedatenregister (UDRE = 1) und für I = 1 im Statusregister ein Interrupt ausgelöst werden soll.

Die Einsprünge der drei Interrupt-Serviceprogramme liegen im unteren Adressbereich und werden von den meisten Definitionsdateien als Symbole vereinbart.
- Empfängerinterrupt: Assembler URXCaddr und für C: SIG_UART_RECV
- Sendeschieberegisterinterrupt: Assembler UTXCaddr und für C: SIG_UART_TRANS
- Sendedatenregisterinterrupt: Assembler UDREaddr und für C: SIG_UART_DATA

```
; Assemblerbeispiel für einen Empfängerinterrupt
    .ORG    URXCaddr    ; Einsprungadresse
    rjmp    abholen     ; Sprung zum Serviceprogramm

// C-Servicefunktion für einen Empfängerinterrupt
SIGNAL(SIG_UART_RECV)
{  /* Zeichen abholen */  }
```

Das Steuerbit **RXEN** ist vom Programm auf 1 zu setzen, um den Empfänger einzuschalten. Die Portfunktionen sind dabei abgeschaltet.

Das Steuerbit **TXEN** ist vom Programm auf 1 zu setzen, um den Sender einzuschalten. Die Portfunktionen sind dabei abgeschaltet.

Das Steuerbit **UCSZ2** (**U**SART **C**haracter **S**i**Z**e) bestimmt zusammen mit UCSZ1 und UCSZ0 des Steuerregisters UCSRC die Anzahl der Datenbits von Sender und Empfänger.

Die Bitposition **RXB8** enthält bei einer Übertragung von neun Datenbits die neunte Bitposition der empfangenen Daten und muss vor dem Lesen des Datenregisters UDR gelesen werden.

In die Bitposition **TXB8** ist bei einer Übertragung von neun Datenbits die neunte Bitposition zu schreiben bevor die restlichen acht Bitpositionen nach UDR geschrieben werden.

Das Steuer- und Statusregister UCSRC liegt auf der gleichen Adresse wie das Baudratenregister UBRRH und muss mit dem Steuerbit URSEL = 1 eingeschaltet werden.

UCSRC = **US**ART **C**ontrol **S**tatus **R**egister **C**

Bit 7	Bit 6	Bit 5	Bit 4	Bit 3	Bit 2	Bit 1	Bit 0
URSEL	UMSEL	UPM1	UPM0	USBS	UCSZ1	UCSZ0	UCPOL
URSEL = 1	*Betriebsart*	*Parität:*		*Stoppbits*	*Datenlänge*		*Synchronbetrieb*
	0: Async.	0 0: keine		0: 1 Bit	UCSZ2 UCSZ1 UCSZ0		*Phasenlage*
	1: Sync.	0 1: reserviert		1: 2 Bits	0 0 0: 5 Bit Übertragung		*des*
		1 0: gerade Parität			0 0 1: 6 Bit Übertragung		*Schiebe-*
		1 1: ungerade Parit.			0 1 0: 7 Bit Übertragung		*taktes*
					0 1 1: 8-Bit Übertragung		
					1 1 1: 9-Bit Übertragung		

Das Steuerbit **UMSEL** (**U**SART **M**ode **SEL**ect) schaltet mit einer 0 den asynchronen und mit einer 1 den synchronen Betrieb ein.

Die Steuerbits **UPM1** und **UPM2** (**U**SART **P**arity **M**ode) wählen die Parität der übertragenen Daten aus, die mit dem Anzeigebit PE auf Paritätsfehler überprüft wird.

Das Steuerbit **USBS** (**U**SART **S**top **B**it **S**elect) legt die Anzahl der Stoppbits für die zu sendenden Daten fest. Die Angabe ist für den Empfänger, der nur ein Stoppbit benötigt, wirkungslos.

Die Steuerbits **UCSZ1** und **UCSZ0** (**U**SART **C**haracter **S**i**Z**e) legen zusammen mit UCSZ2 die Anzahl der übertragenen Datenbits fest.

Das Steuerbit **UCPOL** (**U**SART **C**lock **POL**arity) bestimmt nur im Synchronbetrieb die Phasenlage der gesendeten bzw. empfangenen Datenbits in Bezug auf den Übertragungstakt. Im Asynchronbetrieb sollte UCPOL = 0 sein. Im synchronen Sendebetrieb werden für das Bit UCPOL = 0 die an TxD gesendeten Datenbits mit der steigenden Flanke des Sendetaktes XCK ausgegeben, für UCPOL = 1 mit der fallenden Flanke. Im synchronen Eingabebetrieb werden für UCPOL = 0 die an RxD ankommenden Datenbits mit der fallenden Flanke des Taktes XCK abgetastet, für UCPOL = 1 mit der steigenden Flanke.

Die *Assembler-Makrovereinbarungen* sind mit INCLUDE-Anweisungen in der Headerdatei **Mkonsole.h** zusammengefasst.

```
; Mkonsole.h Makros mit Konsolfunktionen für USART
    .INCLUDE  "Minituart.asm"   ; @0: Baudrate  Symbol: TAKT
    .INCLUDE  "Mputch.asm"      ; Ausgabe @0: Register mit Zeichen
    .INCLUDE  "Mputkon.asm"     ; Ausgabe @0: Zeichenkonstante
    .INCLUDE  "Mgetch.asm"      ; Eingabe mit warten @0: Register
    .INCLUDE  "Mgetche.asm"     ; Eingabe mit Echo  @0: Register
    .INCLUDE  "Mkbhit.asm"      ; ohne warten @0 Null oder Zeichen
```

Die Makrovereinbarung Minituart initialisiert die Schnittstelle für die doppelte Baudrate (Faktor 8), acht Datenbits und zwei Stoppbits und schaltet Sender und Empfänger ein.

```
; Minituart.asm: Makro USART initialisieren Symbol TAKT @0 Baudrate
        .MACRO    Minituart      ; @0 = Baudrate
        push      r16            ; Register retten
        ldi       r16,TAKT/(8*@0) - 1 ; Teilerformel Baudrate 8*
        out       UBRRL,r16      ; UBRRH nach Reset 0 !
        sbi       UCSRA,U2X      ; 2*Baudrate Faktor 8*
        ldi       r16,(1<<URSEL)|(1<<UCSZ1)|(1<<UCSZ0)
        out       UCSRC,r16      ; asynchron 1 Stoppbit 8 Datenbits
        ldi       r16,(1<<RXEN)|(1<<TXEN)
        out       UCSRB,r16      ; Empfänger und Sender ein
        in        r16,UDR        ; Empfänger leeren
        pop       r16            ; Register zurück
        .ENDM
```

Die Makrovereinbarung Mputch wartet bis der Sender frei ist und übergibt dann dem Datenregister das Zeichen, das im angegebenen Register enthalten ist.

```
; Mputch.asm Makro: warten und Zeichen aus Register @0 nach Sender
        .MACRO    Mputch         ; @0 Register mit Ausgabezeichen
Mputch1: sbis     UCSRA,UDRE     ; überspringe wenn USART-Sender frei
        rjmp      Mputch1        ; sonst warten
        out       UDR,@0         ; Zeichen aus Register nach Sender
        .ENDM
```

Die Makrovereinbarung Mgetch wartet, bis ein Zeichen im Datenregister angekommen ist und übergibt es dem angegebenen Register.

```
; Mgetch.asm Makro: warten und Zeichen nach Register @0 ohne Echo
        .MACRO   Mgetch      ; @0 Parameter Register
Mgetch1: sbis    UCSRA,RXC   ; überspringe wenn Zeichen da
        rjmp     Mgetch1     ; sonst warten
        in       @0,UDR      ; Register @0 <- Zeichen
        .ENDM
```

Die Makrovereinbarung Mgetche wartet, bis ein Zeichen im Datenregister angekommen ist, sendet es im Echo zurück und übergibt es dem angegebenen Register.

```
; Mgetche.asm Makro: warten und Zeichen nach Register @0 mit Echo
         .MACRO   Mgetche     ; @0 Parameter Register
Mgetche1: sbis    UCSRA,RXC   ; überspringe wenn Zeichen da
         rjmp     Mgetche1    ; sonst warten
         in       @0,UDR      ; Register @0 <- Zeichen
Mgetche2: sbis    UCSRA,UDRE  ; überspringe wenn USART-Sender frei
         rjmp     Mgetche2    ; sonst warten
         out      UDR,@0      ; Zeichen aus Register nach Sender
         .ENDM
```

Die Makrovereinbarung Mkbhit prüft den Status des Empfängers und kehrt sofort zurück. Es wird entweder das empfangene Zeichen oder eine Null für den Fall zurückgeliefert, dass kein Zeichen im Empfänger angekommen ist.

```
; Mkbhit.asm Makro: Empfänger testen Zeichen nach Register @0
         .MACRO   Mkbhit      ; @0 Parameter Register
         clr      @0          ; Register @0 löschen
         sbic     UCSRA,RXC   ; überspringe wenn kein Zeichen da
         in       @0,UDR      ; sonst Register @0 <- Zeichen
         .ENDM                ;
```

Die Makrovereinbarung Mputkon gibt nicht den Inhalt eines Registers, sondern die als Parameter angegebene Konstante seriell aus.

```
; Mputkon.asm Makro gibt Konstante als ASCII-Zeichen aus
         .MACRO   Mputkon     ; @0 Parameter Zeichen
         push     r16         ; Hilfs-Register retten
         ldi      r16,@0      ; Konstante als Parameter
Mputkon1: sbis    UCSRA,UDRE  ; überspringe wenn Sender frei
         rjmp     Mputkon1    ; sonst warten
         out      UDR,r16     ; Zeichen nach Sender
         pop      r16         ; Hilfs-Register zurück
         .ENDM
```

Das Assemblerprogramm *k4p14m* testet die Konsol-Makros. Nach der Ausgabe eines Promptzeichens > werden alle ankommenden Zeichen im Echo wieder zurückgeschickt. Das Steuerzeichen *Escape* mit dem Code $1b beendet die erste Schleife und führt in eine zweite Schleife, die laufend das Zeichen U mit dem binären Code 01010101 ausgibt. Auf das Low-Startbit folgt dann als wertniedrigstes Bit ein High und dann wieder ein Low. Das werthöchste Low-Bit wird gefolgt von einem Stopp-High. Für das Rechtecksignal mit dem Tastverhältnis 1:1 wurde eine Frequenz von 4808 Hz gemessen. Dies entspricht einer Baudrate (Halbperiode des Signals) von 9616, die damit um 0.16% vom genormten Wert abweicht.

```
; k4p14m.asm ATmega8  USART Test der Konsol-Makrofunktionen
; Port B: -
; Port C: -
; Port D: PD0 -> RXD  PD1 -> TXD  COM1 9600 Bd
; Konfiguration: interner Oszillator 1 MHz, externes RESET-Signal
        .INCLUDE  "m8def.inc"    ; Deklarationen für ATmega8
        .INCLUDE "Mkonsole.h"    ; Makros Minituart,Mputch,Mputkon,Mgetch
                                 ; Mgetche,Mkbhit
        .EQU    takt = 1000000   ; Systemtakt 1 MHz intern
        .DEF    akku = r16       ; Arbeitsregister
        .CSEG                    ; Programm-Flash
        rjmp    start            ; Reset-Einsprung
        .ORG    $13              ; weitere Interrupteinsprünge übergehen
start:  ldi     akku,LOW(RAMEND) ; Stapel anlegen
        out     SPL,akku
        ldi     akku,HIGH(RAMEND)
        out     SPH,akku
        Minituart 9600           ; USART initialisieren 9600 Baud bei TAKT
neu:    Mputkon  '>'             ; > ausgeben
loop:   Mgetch  akku             ; Zeichen ohne Echo empfangen
        cpi     akku,$1b         ; Steuerzeichen Escape ?
        breq    warte            ; nein: kein Echo
        Mputch  akku             ;  ja: Echo
        rjmp    loop             ; und neue Eingabe
; Ausgabeschleife mit Zeichen U bis Abbruch mit beliebiger Taste
warte:  Mputkon 'U'              ; 0b01010101 ausgeben
        Mkbhit  akku             ; Empfänger testen
        tst     akku             ; Akku <- Null Zeichen da ?
        breq    warte            ; Null: kein Zeichen da
        rjmp    neu              ; ungleich Null:
        .EXIT                    ; Ende des Quelltextes
```

k4p14m.asm: Assemblerprogramm testet Konsol-Makros.

Die *Assembler-Unterprogramme* sind mit ihren INCLUDE-Anweisungen in der Header-datei **konsole.h** zusammengefasst.

```
; konsole.h Headerdatei für Zeichen-Konsolfunktionen
    .INCLUDE "initusart.asm"   ; Symbole TAKT und BAUD
    .INCLUDE "initusart2.asm"  ; doppelte Baudrate
    .INCLUDE "putch.asm"       ; Zeichen aus R16 ausgeben
    .INCLUDE "getch.asm"       ; Zeichen nach R16 lesen
    .INCLUDE "getche.asm"      ; Zeichen nach R16 mit Echo
    .INCLUDE "kbhit.asm"       ; Empfänger testen R16=0: kein Zeichen
```

Das Unterprogramm initusart initialisiert die Schnittstelle für den Asynchronbe-trieb mit acht Datenbits und einem Stoppbit ohne Parität. Die Baudrate wird vom Assembler aus den Symbolen TAKT und BAUD als ganzzahlige Konstante berechnet und in das Baudratenregister geschrieben. Es ist jedoch zweckmäßig, vorher durch eine Handrechnung zu überprüfen, ob der gerundete Wert nicht mehr als 2% vom genormten Nennwert abweicht. Mit verdoppelter Baudrate (U2X = 1) lassen sich mit dem Unterprogramm initusart2 günstigere Werte erzielen.

```
; initusart.asm USART initialisieren einfache Baudrate
initusart:push   r16                ; Register retten
        ldi    r16,LOW(TAKT/(16*BAUD) - 1)  ; Teilerformel
        out    UBRRL,r16            ; nach Baudratenregister Low
        ldi    r16,HIGH(TAKT/(16*BAUD) - 1) ; Teilerformel
        andi   r16,0b01111111       ; URSEL = 0
        out    UBRRH,r16            ; nach Baudratenregister High
        sbi    UCSRB,RXEN           ; Empfänger einschalten
        sbi    UCSRB,TXEN           ; Sender einschalten
        ldi    r16,(1 << URSEL) | (1 << UCSZ1) | (1 << UCSZ0) ;
        out    UCSRC,r16            ; async, ohne Parit. 1 Stopp 8 Daten
        in     r16,UDR              ; Empfänger leeren
        pop    r16                  ; Register zurück
        ret                         ; Rücksprung
; initusart2.asm USART initialisieren doppelte Baudrate
initusart2:push  r16                ; Register retten
        ldi    r16,LOW(takt/(8*BAUD) - 1)   ; Teilerformel
        out    UBRRL,r16            ; nach Baudratenregister Low
        ldi    r16,HIGH(takt/(8*BAUD) - 1)  ; Teilerformel
        andi   r16,0b01111111       ; URSEL = 0
        out    UBRRH,r16            ; nach Baudratenregister High
        sbi    UCSRA,U2X            ; doppelte Baudrate Faktor 8 in Formel
        sbi    UCSRB,RXEN           ; Empfänger einschalten
```

```
        sbi     UCSRB,TXEN      ; Sender einschalten
        ldi     r16,(1 << URSEL) | (1 << UCSZ1) | (1 << UCSZ0) ;
        out     UCSRC,r16       ; async, ohne Parit. 1 Stopp 8 Daten
        in      r16,UDR         ; Empfänger leeren
        pop     r16             ; Register zurück
        ret                     ; Rücksprung
```

Das Unterprogramm putch wartet bis der Sender frei ist und übergibt dann das auszugebende Zeichen dem Sendedatenregister. Bei 9600 Baud (Bitzeit ca. 100 μs) beträgt die maximale Wartezeit bei einem Startbit, acht Datenbits und einem Stoppbit etwa 1 ms.

```
; putch.asm warten und Zeichen aus R16 ausgeben
putch:  sbis    UCSRA,UDRE  ; überspringe wenn Sender frei
        rjmp    putch       ; sonst warten
        out     UDR,r16     ; Zeichen nach Sender
        ret                 ; Rücksprung
```

Die Unterprogramme getch und getche warten auf ein ankommendes Zeichen. Die Wartezeit beträgt bei 9600 Baud und 10 Bits mindestens eine Millisekunde. Bei sehr langsamer Eingabe durch die Sendestation kann es zweckmäßig sein, die Wartezeit durch einen Empfängerinterrupt zu verkürzen. Das Unterprogramm kbhit testet den Empfänger und kehrt mit dem Rückgabewert Null zurück, wenn kein Zeichen angekommen ist.

```
; getch.asm warten und Zeichen nach R16 lesen
getch:  sbis    UCSRA,RXC   ; überspringe wenn Zeichen da
        rjmp    getch       ; sonst warten
        in      r16,UDR     ; R16 <- Zeichen
        ret                 ; Rücksprung

; getche.asm warten und Zeichen nach R16 lesen und Echo senden
getche: sbis    UCSRA,RXC   ; überspringe wenn Zeichen da
        rjmp    getche      ; sonst warten
        in      r16,UDR     ; R16 <- Zeichen
getche1:sbis    UCSRA,UDRE  ; überspringe wenn Sender frei
        rjmp    getche1     ; sonst warten
        out     UDR,r16     ; Zeichen im Echo senden
        ret                 ; Rücksprung

;kbhit.asm Empfänger testen und Rücksprung
kbhit:  clr     r16         ; R16 löschen: kein Zeichen da
        sbic    UCSRA,RXC   ; überspringe wenn kein Zeichen da
        in      r16,UDR     ; sonst R16 <- Zeichen
        ret                 ; Rücksprung
```

Das Assemblerprogramm *k4p14* testet die USART-Zeichenfunktionen mit einem PC als Terminal. Nach dem Senden des Promptzeichens > werden alle vom PC gesendeten Zeichen im Echo wieder zurückgeschickt.

```
; k4p14.asm  ATmega8  USART Test der Konsolunterprogramme
; Port B: -
; Port C: -
; Port D: PD0 -> RXD  PD1 -> TXD  COM1 9600 Bd
; Konfiguration: interner Oszillator 1 MHz, externes RESET-Signal
        .INCLUDE  "m8def.inc"     ; Deklarationen für ATmega8
        .EQU    takt = 1000000    ; Systemtakt 1 MHz intern
        .EQU    baud = 9600       ; Baudrate
        .DEF    akku = r16        ; Arbeitsregister
        .CSEG                     ; Programm-Flash
        rjmp    start             ; Reset-Einsprung
        .ORG    $13               ; weitere Interrupteinsprünge übergehen
start:  ldi     akku,LOW(RAMEND)  ; Stapel anlegen
        out     SPL,akku
        ldi     akku,HIGH(RAMEND)
        out     SPH,akku
        rcall   initusart2        ; USART initialisieren doppelte Baudrate
neu:    ldi     akku,'>'          ; Prompt >
        rcall   putch             ;   ausgeben
loop:   rcall   getch             ; Zeichen ohne Echo empfangen
        cpi     akku,$1b          ; Steuerzeichen Escape ?
        breq    warte             ; nein: kein Echo
        rcall   putch             ;   ja: Echo
        rjmp    loop              ; und neue Eingabe
; Ausgabeschleife mit * bis Abbruch mit beliebiger Taste
warte:  ldi     akku,'*'          ; Sterne
        rcall   putch             ; ausgeben
        rcall   kbhit             ; Empfänger testen
        tst     akku              ; Akku Null Zeichen da ?
        breq    warte             ; Null: kein Zeichen da
        rjmp    neu               ; ungleich Null:
; Konsolunterprogramme einfügen
        .INCLUDE "konsole.h"      ; initusart2,putch,getch,getche,kbhit
        .EXIT                     ; Ende des Quelltextes
```

k4p14.asm: Assemblerprogramm zum Testen der USART-Zeichenfunktionen.

Die *C-Funktionen* sind mit ihren #include-Direktiven in der Headerdatei konsole.h zusammengefasst.

```
// konsole.h  Headerdatei Konsolfunktion USART
#include   "initusart.c"   // USART init. einfache Baudrate
#include   "initusart2.c"  // USART init. doppelte Baudrate
#include   "putch.c"       // Zeichen nach Sender
#include   "getch.c"       // warten und Zeichen von Empfänger
#include   "getche.c"      // warten Zeichen von Empfänger Echo
#include   "kbhit.c"       // ohne warten Rückgabe Zeichen oder Null
#include   "putstring.c"   // String ausgeben
#include   "getstring.c"   // String lesen
#include   "cmpstring.c"   // Strings vergleichen 1:gleich 0:ungleich
```

Die Funktion initusart initialisiert die Schnittstelle für den Asynchronbetrieb mit acht Datenbits und einem Stoppbit ohne Parität. Es ist zweckmäßig, durch eine Handrechnung zu überprüfen, ob der gerundete Wert der Baudrate nicht mehr als 2% vom genormten Nennwert abweicht. Mit verdoppelter Baudrate (U2X = 1) lassen sich mit der Funktion initusart2 gegebenenfalls günstigere Werte erzielen.

```
// initusart.c  USART initialisieren einfache Baudrate
void initusart(void)                  // USART initialisieren
{
 unsigned char x;                     // Hilfsvariable
 UBRRL = (TAKT / (16ul * BAUD)) - 1;  // Baudrate mit TAKT und BAUD
 UBRRH = 0;                           //
 UCSRA |= (0 << U2X);                 // U2X einfache Baudrate * 16
 UCSRB |= (1 << TXEN) | (1 << RXEN);  // Sender und Empfänger ein
 UCSRC |= (1 << URSEL) | (1 << UCSZ1) | (1 << UCSZ0); // async 8-Bit
 x = UDR;                             // Empfänger leeren
}

// initusart2.c  USART initialisieren doppelte Baudrate
void initusart2(void)                 // USART initialisieren
{
 unsigned char x;                     // Hilfsvariable
 UBRRL = (TAKT / (8ul * BAUD)) - 1;   // Baudrate mit TAKT und BAUD
 UBRRH = 0;                           //
 UCSRA |= (1 << U2X);                 // U2X doppelte Baudrate * 8
 UCSRB |= (1 << TXEN) | (1 << RXEN);  // Sender und Empfänger ein
 UCSRC |= (1 << URSEL) | (1 << UCSZ1) | (1 << UCSZ0); // async 8-Bit
 x = UDR;                             // Empfänger leeren
}
```

Die Funktion putch wartet bis der Sender frei ist und übergibt dann das auszugebende Zeichen dem Sendedatenregister. Bei 9600 Baud und einer Bitzeit von ca.

100 μs beträgt die maximale Wartezeit bei einem Startbit, acht Datenbits und einem Stoppbit etwa 1 ms.

```
// putch.c Zeichenausgabe für USART und UART
void putch (unsigned char x)        // warten und Zeichen senden
{
 while( ! (UCSRA & (1 << UDRE)));   // warte solange Sender besetzt
 UDR = x;                           // Zeichen nach Sender
}
```

Die Funktionen getch und getche warten auf ein ankommendes Zeichen. Die Wartezeit beträgt bei 9600 Baud und 10 Bits mindestens eine Millisekunde. Bei sehr langsamer Eingabe durch die Sendestation kann es zweckmäßig sein, die Wartezeit durch einen Empfängerinterrupt zu verkürzen. Die Funktion kbhit testet den Empfänger und kehrt mit dem Rückgabewert Null zurück, wenn kein Zeichen angekommen ist. Die Beispiele verzichten auf die Auswertung der Fehlermarken für Überlauf, Rahmen und Parität.

```
// getch.c Zeichen von USART holen
unsigned char getch(void)         // warten und Zeichen abholen
{
 while ( ! (UCSRA & (1 << RXC))); // warte bis Zeichen da
 return UDR;                      // Zeichen abholen
}
```

```
// getche.c Eingabe mit Echo von USART
unsigned char getche(void)         // warten und lesen mit Echo
{
 int x;                            // Hilfsvariable
 while ( ! (UCSRA & (1 << RXC)));  // warte bis Zeichen da
 x = UDR;                          // abholen und speichern
 while( ! (UCSRA & (1 << UDRE)));  // warte solange Sender besetzt
 UDR = x;                          // Echo senden
 return x;                         // Zeichen zurückgeben
}
```

```
// kbhit.c kein Zeichen: Rückgabe 0 sonst Rückgabe Zeichen
unsigned char kbhit(void)          // Empfänger testen
{
 if (UCSRA & (1 << RXC)) return UDR; else return 0;
}
```

Das C-Programm *k4p14.c* testet die USART-Zeichenfunktionen mit einem PC als Terminal. Nach dem Senden des Promptzeichens > werden alle vom PC gesendeten Zeichen im Echo wieder zurückgeschickt. Von den mit #include "konsole.h" eingefügten

Funktionen werden getch und kbhit nicht verwendet. Die in der Hauptfunktion main definierten Symbole TAKT und BAUD werden für die Initialisierung in der Funktion initusart2 benötigt.

```
// k4p14.c  ATmega8  USART Test der Konsolfunktionen
// Port B: -
// Port D: PD0 -> RXD  PD1 -> TXD
// Konfiguration: interner Oszillator 1 MHz, externes RESET-Signal
#include <avr/io.h>        // Deklarationen
#define TAKT 1000000UL     // Controllertakt 1 MHz
#define BAUD 9600UL        // Baudrate
#define SLAENG 80          // für Funktion getstring in konsole.h
#include "konsole.h"       // Funktionen initusart2,putch,getch,getche,kbhit
main(void)                 // Hauptfunktion
{
 initusart2();             // USART initialisieren doppelte Baudrate
 putch('>');               // Prompt ausgeben
 while(1)                  // Arbeitsschleife
 {
  getche();                // Zeichen lesen mit Echo
 }// Ende while
} // Ende main
```

k4p14.c: C-Programm zum Testen der USART-Zeichenfunktionen.

4.3.3 Die USART-Interruptsteuerung

In den Beispielprogrammen *k4p15* werden die den Empfänger-Interrupt auslösenden Zeichen im Echo wieder zurückgesendet, eine Auswertung findet nicht statt (Abbildung 4-36).

```
; k4p15.asm  ATmega8  USART Test Empfängerinterrupt
; Port B: -
; Port C: -
; Port D: PD0 -> RXD  PD1 -> TXD  COM1 9600 Bd
; Konfiguration: interner Oszillator 1 MHz, externes RESET-Signal
        .INCLUDE  'm8def.inc'    ; Deklarationen für ATmega8
        .EQU    takt = 1000000   ; Systemtakt 1 MHz intern
        .EQU    baud = 9600      ; Baudrate
        .DEF    akku = r16       ; Arbeitsregister
        .CSEG                    ; Programm-Flash
        rjmp    start            ; Reset-Einsprung
```

```
        .ORG    URXCaddr        ; Einsprung Empfängerinterrupt
        rjmp    holen           ; nach Serviceunterprogramm
        .ORG    $13             ; weitere Interrupteinsprünge übergehen
start:  ldi     akku,LOW(RAMEND);  Stapel anlegen
        out     SPL,akku
        ldi     akku,HIGH(RAMEND)
        out     SPH,akku
        rcall   initusart2      ; USART initialisieren doppelte Baudrate
        sbi     UCSRB,RXCIE     ; Empfängerinterrupt frei
        sei                     ; Interrupts global frei
        ldi     akku,'>'        ; Prompt >
        rcall   putch           ; ausgeben
loop:   nop                     ; tu nix mehr
        rjmp    loop
; Konsolunterprogramme einfügen
        .INCLUDE "konsole.h"    ; initusart2,putch,putkon,getch,getche,kbhit
; Serviceprogramm Empfänger voll
holen:  push    r16             ; Register retten
        rcall   getche          ; Zeichen im Echo zurücksenden
        pop     r16             ; Register zurück
        reti                    ; Zeichen nicht in R16!!!!
        .EXIT                   ; Ende des Quelltextes
```

k4p15.asm: Assemblerprogramm mit Empfängerinterrupt.

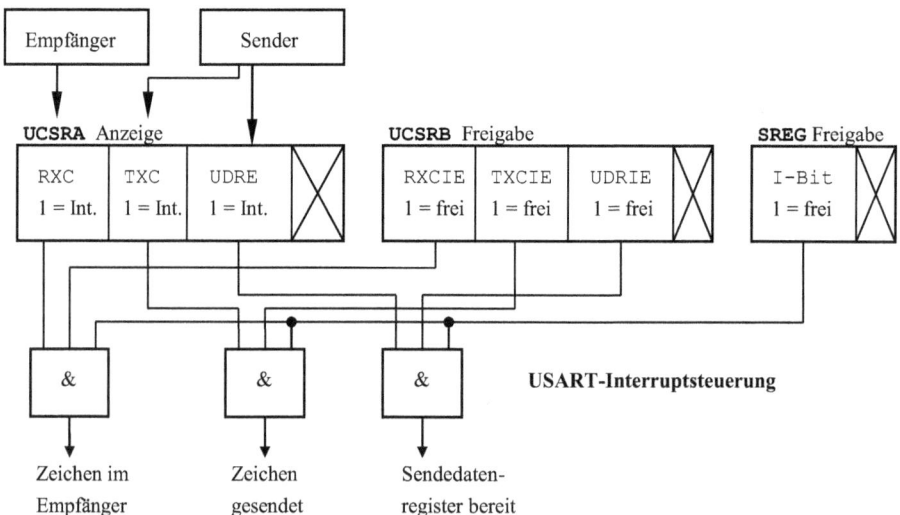

Abbildung 4-36: Die USART-Interruptsteuerung (ATmega8).

```
// k4p15.c ATmega8 USART Empfängerinterrupt
// Port B: -
// Port D: PD0 -> RXD  PD1 -> TXD
// Konfiguration: interner Oszillator 1 MHz, externes Reset-Signal
#include <avr/io.h>          // Deklarationen
#include <avr/signal.h>      // für Interrupt
#include <avr/interrupt.h>   // für Interrupt
#define TAKT 1000000UL       // Controllertakt 1 MHz
#define BAUD 9600UL          // Baudrate
#define SLAENG 80            // für getstring in konsole.h
#include "konsole.h"         // Funktionen initusart2,putch,getch,getche,kbhit
SIGNAL(SIG_UART_RECV)        // Servicefunktion für Empfängerinterrupt
{
 getche();                   // Zeichen abholen und im Echo zurücksenden
}
main(void)                   // Hauptfunktion
{
 initusart2();               // USART initialisieren doppelte Baudrate
 UCSRB |= (1 << RXCIE);      // Empfängerinterrupt frei
 sei();                      // alle Interrupts global frei
 putch('>');                 // Prompt ausgeben
 while(1) { }                // Arbeitsschleife leer
} // Ende main
```

k4p15.c: C-Programm mit Empfängerinterrupt.

4.3.4 Der Synchronbetrieb der USART-Schnittstelle

Der Synchronbetrieb wird mit UMSEL = 1 eingeschaltet. Für die Berechnung der Baudrate bzw. des Teilers aus dem Systemtakt gelten die Formeln:

$$\text{Baudrate} = \frac{\text{Systemtakt}}{2*(\text{Teiler} + 1)} \qquad \text{Teiler} = \frac{\text{Systemtakt}}{2 * \text{Baudrate}} - 1$$

Im Gegensatz zum Asynchronbetrieb wird zusätzlich zu den Daten ein Schiebetakt am Anschluss XCK (e**X**ternal **C**loc**K**) PB0 übertragen. Zur Ausgabe des Taktes muss der Anschluss durch das Richtungsbit DDR_XCK = 1 als Ausgang programmiert werden. Die Programme *k4p16* senden synchron das Bitmuster 01010101 am Ausgang TXD (PD1).

```
; k4p16.asm  ATmega8  USART Test synchron senden
; Port D: PD1 -> TXD  COM1 9600 Bd  PD4 Schiebetakt
; Konfiguration: interner Oszillator 1 MHz, externes RESET-Signal
        .INCLUDE  "m8def.inc"       ; Deklarationen für ATmega8
        .EQU    takt = 1000000      ; Systemtakt 1 MHz intern
        .EQU    baud = 9600         ; Baudrate
        .DEF    akku = r16          ; Arbeitsregister
        .CSEG                       ; Programm-Flash
        rjmp    start               ; Reset-Einsprung
        .ORG    $13                 ; Interrupteinsprünge übergehen
start:  ldi     akku,LOW(RAMEND)    ; Stapel anlegen
        out     SPL,akku
        ldi     akku,HIGH(RAMEND)
        out     SPH,akku
        ldi     akku,LOW(takt/(2*baud) - 1) ; Baudrate Low
        out     UBRRL,akku
        ldi     akku,HIGH(takt/(2*baud) - 1) ; Baudrate High
        andi    akku,$7F            ; Maske 0111 1111 URSEL = 0
        out     UBRRH,akku
        ldi     akku,(1 << URSEL) | (1 << UMSEL) | (1 << UCSZ1) | (1<<UCSZ0);
        out     UCSRC,akku          ; UCSRC ein, synch., 1 Stopp, 8 Datenbits
        sbi     DDRD,PD4            ; Taktleitung als Ausgang
        sbi     UCSRB,TXEN          ; nur Sender ein
        ldi     akku,$55            ; Bitmuster 0101 0101
loop:   sbis    UCSRA,UDRE          ; überspringe wenn Sender frei
        rjmp    loop                ; warte solange Sender besetzt
        out     UDR,akku            ; Zeichen synchron senden
        rjmp    loop                ; Sendeschleife
        .EXIT                       ; Ende des Quelltextes
```

k4p16.asm: Assemblerprogramm zum Testen des Synchronbetriebs.

```
// k4p16.c  ATmega8  USART Test Synchronbetrieb
// Port D: PD1 = TXD -> Ausgabe  PD4 Ausgang Schiebetakt
// Konfiguration: interner Oszillator 1 MHz, externes Reset-Signal
#include <avr/io.h>                 // Deklarationen
#define TAKT 1000000UL              // Controllertakt 1 MHz
#define BAUD 9600UL                 // Baudrate
void main(void)                     // Hauptfunktion
```

```
{
 unsigned int teiler;
 teiler = TAKT / (2UL * BAUD) - 1;   // Baudrate
 UBRRL = teiler;                     // Low
 UBRRH = (teiler >> 8);              // High
 UCSRC |= (1 << URSEL) | (1 << UMSEL) | (1 << UCSZ1) | (1 << UCSZ0);
 DDRD  |= (1 << PD4);                // Taktleitung als Ausgang
 UCSRB |= (1 <<TXEN);                // nur Sender ein
 while(1)                            // Arbeitsschleife
 {
  while( !(UCSRA & (1 << UDRE)));    // warte bis Sender frei
  UDR = 0x55;                        // Bitmuster 0101 0101 ausgeben
 } // Ende while
} // Ende main
```

k4p16.c: C-Programm zum Testen des Synchronbetriebs.

Der Schiebetakt wird während des gesamten Synchronbetriebes ausgegeben, auch wenn nicht gesendet wird und dabei der Ausgang TxD auf TTL-High Potential liegt. Ein auf einem PC laufendes Terminalprogramm interpretierte das synchron gesendete Bitmuster **0**1010101 = \$55 als den Buchstaben **U**. Die Bitfolge Startbit 0, Datenbit D0 = 1 bis Datenbit D7 = 0 und Stoppbit 1 ergibt ein Rechtecksignal von ca. 4800 Hz auf Datenausgang TXD = PD1 und von ca. 9600 Hz auf Taktausgang XCK = PB0. Durch das Steuerbit UCPOL = 0 im Register UCSRC wurden die Daten und Rahmenbits mit steigender Taktflanke herausgeschoben (Abbildung 4-37).

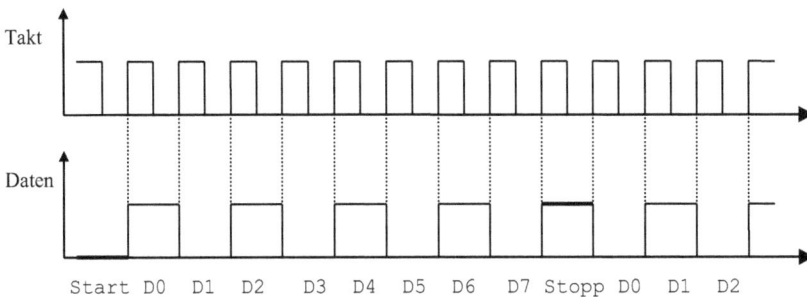

Abbildung 4-37: Ausgabe eines Rechtecksignals über die USART.

4.3.5 Software-Emulation der asynchronen Schnittstelle

Für Bausteine ohne asynchrone serielle Schnittstelle kann diese durch Programme emuliert (nachgebildet) werden. Für die Bitzeiten werden Warteschleifen verwendet.

Daher müssen für den Fall, dass Interrupts auftreten können, diese vor den Sende-
und Empfangsschleifen durch `cli` bzw. `cli()` gesperrt und anschließend durch `sei`
bzw. `sei()` wieder freigegeben werden. Die Beispiele verwenden für die Initialisierung die gleichen Portanschlüsse, die auch für die USART-Schnittstelle vorgesehen
sind. Die Baudrate erscheint in den Funktionen `putch` und `getch` als Wartezähler für
die Bitzeit.

```
; softinit.asm USART Software Initialisierung
softinit: sbi    PORTD,PD1   ; PD1 = TXD High
          sbi    DDRD,PD1    ; PD1 = TXD ist Ausgang
          cbi    DDRD,PD0    ; PD0 = RXD ist Eingang
          ret
```

```
// softinit.c USART Software Initialisierung
void softinit(void)
{
 PORTD |= (1 << PD1);   // PD1 = TXD High
 DDRD |= (1 << PD1);    // PD1 = TXD = Ausgang
 DDRD &= ~(1 << PD0);   // PD0 = RXD = Eingang
}
```

Der für das **Senden** benötigte Schiebetakt wird von einer Warteschleife der Bitzeit
abgeleitet, die durch Messungen dem Normwert von 9600 baud möglichst nahe angepasst wurde. Bei der C-Programmierung war es nötig, zusätzlich den übersetzten
Code heranzuziehen. Das Beispiel gibt das Bitmuster `00110011` mit dem wertniedrigsten Bit 1 zuerst aus (Abbildung 4-38).

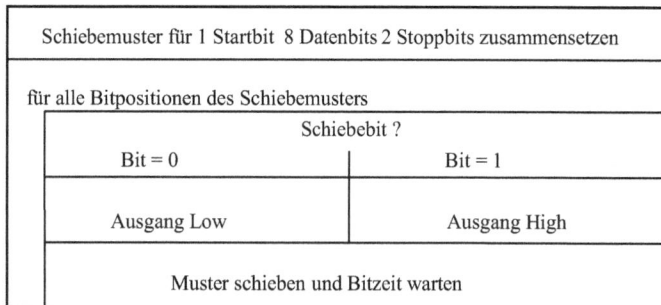

Abbildung 4-38: Emulierte UART gibt das Bitmuster 00110011 aus.

```
; softputch.asm Software R16 seriell ausgeben ohne Interruptschutz
softputch: push      r16      ; Register retten
           push      r17
           push      r18
           push      XL
           push      XH
           ser       r17      ; R17 = 11111111
           lsl       r16      ; R16 = D6 D5 D4 D3 D2 D1 D0 0=Startbit
           rol       r17      ; R17 =  1  1  1  1  1  1  1=Stoppbit D7
           ldi       r18,11   ; R18 = Zähler 1 Start- 8 Daten- 2 Stopp-Bits
softputch1:sbrc      r16,0    ; überspringe wenn Bit_0 = 0
           rjmp      softputch2 ;  springe wenn Bit_0 = 1
           cbi       PORTD,PD1  ;   TXD Ausgang Low
           rjmp      softputch3
softputch2:sbi       PORTD,PD1  ;   TXD Ausgang High
softputch3:ldi       XL,LOW(TAKT/(4*BAUD) - 3)
           ldi       XH,HIGH(TAKT/(4*BAUD) - 3)
softputch4:sbiw      XL,1        ; 2 Takte
           brne      softputch4 ; 2 Takte
           lsr       r17
           ror       r16
           dec       r18      ; Schiebezähler - 1
           brne      softputch1
           pop       XH       ; Register zurück
           pop       XL
           pop       r18
           pop       r17
           pop       r16
           ret
```

```c
// softputch.c Software Zeichen ausgeben ohne Interrupt-Schutz
void softputch(unsigned char x)
{
 unsigned int teiler = (TAKT/(6*BAUD) - 2); // Bitzeitzähler
 unsigned int muster = (((unsigned int) x) << 1) | 0xfe00;
 for (unsigned char i = 1; i <= 11; i++)    // 1 Start, 8 Daten, 2 Stopp
 {
  if ( (muster & 0x1) == 1) PORTD |= (1 << PD1); else PORTD &= ~(1 << PD1);
  muster >>= 1;
  for (unsigned int j = 1; j <= teiler; j++); // Bitzeit warten
 } // Ende for Bitschleife
} // Ende softputch
```

Der für das **Empfangen** nötige Schiebetakt wird wie beim Senden von der berechneten Bitzeit abgeleitet. Die Abtastung der Leitung erfolgt in der Mitte der Bitzeit. Das Beispiel empfängt das Bitmuster 00110011 mit dem wertniedrigsten Bit 1 zuerst (Abbildung 4-39).

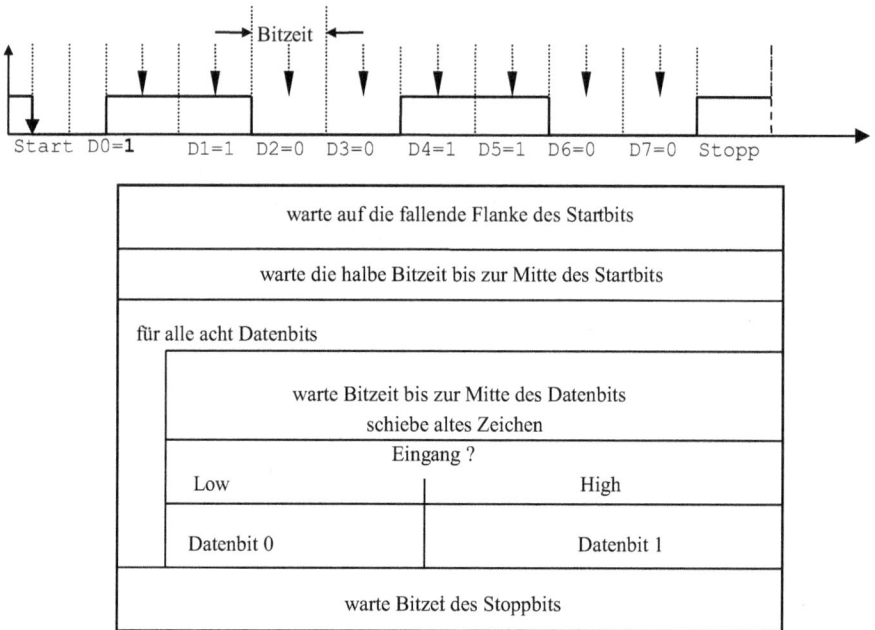

Abbildung 4-39: Emulierte UART empfängt das Bitmuster 00110011.

```
; softgetch.asm R16 <- abgetastetes Zeichen ohne Interruptschutz
softgetch: push    r17      ; Register retten
           push    XL
           push    XH
           ldi     r17,8       ; Zähler 8 Datenbits
softgetch1:ldi     XL,LOW(TAKT/(4*BAUD) - 3)   ; Bitzeit
           ldi     XH,HIGH(TAKT/(4*BAUD) - 3)
           lsr     XH          ; halbe Bitzeit
           ror     XL
softgetch2:sbic    PIND,PD0 ; überspringe bei Low
           rjmp    softgetch2 ; warte auf fallende Flanke
softgetch3:sbiw    XL,1       ; 2 Takte halbe Bitzeit
           brne    softgetch3 ; 2 Takte für Startbit warten
           sbic    PIND,PD0 ; überspringe bei Low Startbit
           rjmp    softgetch1 ; Startbit High: nochmal versuchen
softgetch4:ldi     XL,LOW(TAKT/(4*BAUD)-3)  ; Bitzeit
           ldi     XH,HIGH(TAKT/(4*BAUD)-3)
```

```
softgetch5:sbiw    XL,1        ; 2 Takte ganze Bitzeit
           brne    softgetch5 ; 2 Takte warten
           lsr     r16         ; alt nach rechts Bit_7 = 0
           sbic    PIND,PD0    ; überspringe bei Low
           ori     r16,$80     ; bei High Bit_7 = 1
           dec     r17         ; Bitzähler - 1
           brne    softgetch4
           ldi     XL,LOW(TAKT/(4*BAUD)-3)  ; Bitzeit
           ldi     XH,HIGH(TAKT/(4*BAUD)-3) ; für Stoppbit
softgetch6:sbiw    XL,1        ; 2 Takte ganze Bitzeit
           brne    softgetch6 ; 2 Takte warten
           pop     XH          ; Register zurück
           pop     XL
           pop     r17
           ret                 ; R16 = Zeichen


; softgetche.asm  R16 <- Zeichen mit Echo empfangen ohne Interruptschutz
softgetche: rcall   softgetch ; R16 <- Zeichen
            rcall   softputch ; R16 -> Echo ausgeben
            ret
```

```c
// softgetch.c ohne Interruptschutz
unsigned char softgetch(void)
{
 unsigned char zeichen;
 unsigned int teiler = (TAKT/(6*BAUD) - 2);    // Bitzeitzähler
 while( (PIND & (1 << PD0)) );  // warte auf fallende Flanke Startbit
 for (unsigned int i = 1; i <= teiler; i +=2); // warte halbe Bitzeit
 for (unsigned char j = 1; j <= 8; j++)        // für 8 Datenbits
 {
  for (unsigned int i = 1; i <= teiler; i++);  // warte Bitzeit
  zeichen >>= 1;                               // alt nach rechts Bit_7 = 0
  if (PIND & (1 << PD0)) zeichen |= 0x80;      // Bit_7 = 1
 } // Ende for j
 for (unsigned int i = 1; i <= teiler; i++);   // warte Bitzeit Stopp-Bit
 return zeichen;
} // Ende softgetch
```

```c
// softgetche.c Software lesen mit Echo ohne Interruptschutz
unsigned char softgetche(void)
{
 unsigned char x;
```

```
x = softgetch();
softputch(x);
return x;
} // Ende softgetche
```

Die in Headerdateien zusammengefassten Software-Funktionen werden in den folgenden Testprogrammen zur Eingabe und Ausgabe von Zeichen über die Portanschlüsse PD0 und PD1 verwendet, die RXD und TXD der USART-Schnittstelle entsprechen.

```
; softkonsole.h Headerdatei für Software-Konsolfunktionen
    .INCLUDE "softinit.asm"     ; Symbole TAKT und BAUD
    .INCLUDE "softputch.asm"    ; Zeichen aus R16 ausgeben
    .INCLUDE "softgetch.asm"    ; Zeichen nach R16 lesen
    .INCLUDE "softgetche.asm"   ; Zeichen nach R16 mit Echo
; k4p16a.asm  ATmega8  USART Test der Software-Emulation
; Port B: -
; Port C: -
; Port D: PD0 -> RXD   PD1 -> TXD  COM1 9600 Bd
; Konfiguration: interner Oszillator 1 MHz, externes RESET-Signal
            .INCLUDE  "m8def.inc"    ; Deklarationen für ATmega8
            .EQU    takt = 1000000   ; Systemtakt 1 MHz intern
            .EQU    baud = 9600      ; Baudrate
            .DEF    akku = r16       ; Arbeitsregister
            .CSEG                    ; Programm-Flash
            rjmp    start            ; Reset-Einsprung
            .ORG    $13              ; Interrupteinsprünge übergehen
start:      ldi     akku,LOW(RAMEND); Stapel anlegen
            out     SPL,akku
            ldi     akku,HIGH(RAMEND)
            out     SPH,akku
            rcall   softinit         ; USART initialisieren
neu:        ldi     akku,'>'         ; Prompt >
            rcall   softputch        ;  ausgeben
loop:       rcall   softgetch        ; Zeichen ohne Echo empfangen
            rcall   softputch        ; Echo senden
            rjmp    loop             ; und neue Eingabe
; Software-Konsolunterprogramme einfügen
            .INCLUDE "softkonsole.h" ; softinit,softputch,softgetch,softgetche
            .EXIT                    ; Ende des Quelltextes
```

Assembler-Hauptprogramm testet Software-Konsolunterprogramme.

```
// k4p16a.c  ATmega8 USART Test Software-Konsolfunktionen
// Port B: -
// Port D: PD0 -> RXD  PD1 -> TXD
// Konfiguration: interner Oszillator 1 MHz, externes Reset-Signal
#include <avr/io.h>          // Deklarationen
#define TAKT 1000000UL       // Controllertakt 1 MHz
#define BAUD 9600UL          // Baudrate
#include "softkonsole.h"     // softinit,softputch,softgetch,softgetche
main(void)                   // Hauptfunktion
{
 unsigned char zeichen;
 softinit();                 // RXD und TXD initialisieren
 softputch('>');             // Prompt ausgeben
 softputch(softgetch());     // Zeichen im Echo lesen
 while(1)                    // Arbeitsschleife
 {
  zeichen = softgetche();    // Zeichen lesen mit Echo bis Escape
  if (zeichen == 0x1b) while (1) { softputch(0x55); } // Abbruch mit Reset
 } // Ende while
} // Ende main
```

C-Hauptfunktion testet die Software-Konsolfunktionen.

4.3.6 Übertragungsverfahren

Bei der bisher behandelten einfachen seriellen Datenübertragung können Zeichen verloren gehen, wenn der Sender schneller sendet als der Empfänger die Daten aufnehmen und verarbeiten kann. Bei 9600 bps und einem Rahmen von zehn Bits (Startbit, acht Datenbits, ein Stoppbit) erscheint bei ungebremstem Sender (Einstellung des HyperTerminal: *ohne Flusssteuerung*) etwa jede Millisekunde ein neues Zeichen. In einem Handshakeverfahren kann der Empfänger den Sender sperren bzw. freigeben.

Das **Software-Handshakeverfahren** nach dem Xon/Xoff-Protokoll verwendet zwei Steuerzeichen des ASCII-Codes über einen seriellen Rückkanal:
– Mit dem Steuerzeichen **$11=Xon** schaltet der Empfänger den Sender ein.
– Mit dem Steuerzeichen **$13=Xoff** schaltet der Empfänger den Sender aus.

Mit der *Flusssteuerung Xon/Xoff* des HyperTerminals ist der Sender des Terminalprogramms zunächst eingeschaltet und sendet alle vom Controller ankommenden Zeichen im Echo wieder zurück. Mit der interruptgesteuerten Taste PD3 sendet der Controller das Zeichen Xoff und schaltet damit den Sender des Terminalprogramms aus. Die ebenfalls interruptgesteuerte Taste PD2 sendet das Zeichen Xon und schaltet den Sender wieder ein. Das Bestätigungszeichen $04=EOT wird in dem Beispiel nicht verwendet.

```
; k4p16xp.asm  ATmega8  USART Test des Xon/Xoff-Protokolls
; Port B: Kontrollausgabe für empfangene Zeichen
; Port C: -
; Port D: PD0 -> RXD  PD1 -> TXD  PD2 = Xon  PD3 = Xoff
; Konfiguration: interner Oszillator 1 MHz, externes RESET-Signal
        .INCLUDE  "m8def.inc"    ; Deklarationen für ATmega8
        .EQU   takt = 1000000    ; Systemtakt 1 MHz intern
        .EQU   baud = 9600       ; Baudrate
        .DEF   akku = r16        ; Arbeitsregister
        .CSEG                    ; Programm-Flash
        rjmp   start             ; Reset-Einsprung
        .ORG   INT0addr          ; Einsprung INT0 PD2
        rjmp   ein
        .ORG   INT1addr          ; Einsprung INT1 PD3
        rjmp   aus
        .ORG   $13               ; weitere Interrupteinsprünge übergehen
start:  ldi    akku,LOW(RAMEND); Stapel anlegen
        out    SPL,akku
        ldi    akku,HIGH(RAMEND)
        out    SPH,akku
        ldi    akku,$ff
        out    DDRB,akku         ; Port B ist Ausgang für Zeichencode
        rcall  initusart2        ; USART initialisieren doppelte Baudrate
        in     akku,MCUCR        ; Haupt-Steuerregister
        ori    akku,0b00001010 ; INT1 und INT0 fallende Flanke
        out    MCUCR,akku
        in     akku,GICR         ; Interrupt-Freigaberegister
        ori    akku,0b11000000 ; INT1 und INT0 frei
        out    GICR,akku
        sei                      ; alle Interrupts frei
neu:    ldi    akku,'>'          ; Prompt >
        rcall  putch             ; ausgeben
loop:   rcall  getche            ; Zeichen mit Echo empfangen
        out    PORTB,akku        ; Kontrollausgabe auf Port B
        rjmp   loop              ; und neue Eingabe
; Konsolunterprogramme einfügen
        .INCLUDE "konsole.h"     ; initusart2,putch,getch,getche,kbhit
; Interrupteinsprünge für XON und XOFF senden
ein:    push   akku             ; Sender des PC einschalten
        ldi    akku,$11          ; XON
        rcall  putch             ; senden
        pop    akku
        reti
```

```
aus:    push    akku            ; Sender des PC ausschalten
        ldi     akku,$13        ; XOFF
        rcall   putch           ; senden
        pop     akku
        reti
        .EXIT                   ; Ende des Quelltextes
```

Assemblerprogramm zum Xon/Xoff-Protokoll.

```c
// k4p16xp.c  ATmega8   USART Test des Xon/Xoff-Handshakeverfahrens
// Port B: Kontrollausgabe für empfangene Zeichen
// Port D: PD0 -> RXD  PD1 -> TXD  PD2 = XON  PD3 = XOFF
// Konfiguration: interner Oszillator 1 MHz, externes RESET-Signal
#include <avr/io.h>          // Deklarationen
#include <avr/signal.h>      // Deklarationen für Interrupt
#include <avr/interrupt.h>   // Deklarationen für Interrupt
#define TAKT 1000000UL       // Controllertakt 1 MHz
#define BAUD 9600UL          // Baudrate
#define SLAENG 80            // für Funktion getstring in konsole.h
#include "konsole.h"         // Funktionen initusart2,putch,getch,getche,kbhit
// ISR (INT0_vect)          // neue Bezeichnung für Interruptservice
SIGNAL(SIG_INTERRUPT0)       // alte Bezeichnung für Interruptservice
{
 putch(0x11);               // Taste PD2 = INT0 sendet XON
}
// ISR (INT1_vect)          // neue Bezeichnung für Interruptservice
SIGNAL(SIG_INTERRUPT1)       // alte Bezeichnung für Interruptservice
{
 putch(0x13);               // Taste PD3 = INT1 sendet XOFF
}
main(void)                   // Hauptfunktion
{
 DDRB = 0xff;               // Port B zur Kontrollausgabe
 initusart2();              // USART initialisieren doppelte Baudrate
 MCUCR |= (1 << ISC11) | (1 << ISC10);  //  INT1 und INT0 fallende Flanke
 GIMSK |= (1 << INT1)  | (1 << INT0);   //  INT1 und INT0 frei
 sei();                     // alle Interrupts frei
 putch('>');                // Prompt ausgeben
 while(1)                   // Arbeitsschleife
 {
  PORTB = getche();         // Zeichen lesen mit Echo und Kontrollausgabe
 } // Ende while
} // Ende main
```

C-Programm zum Xon/Xoff-Protokoll.

In den Testprogrammen zu den Handshakeverfahren ist eine Interruptsteuerung für die Freigabe und das Sperren des Empfängers erforderlich, da die Sende- und Empfangsprogramme putch und getche in Warteschleifen darauf warten, dass der Sender bzw. der Empfänger bereit ist. Der Einbruch in einen laufenden Sende- bzw. Empfangsvorgang ist nicht möglich, da beide Vorgänge durch die Hardware der Schnittstelle gesteuert werden. Bei den Softwareverfahren nach Abschnitt 4.3.5 müssen die Sende- und Empfangsschleifen vor Interrupts durch cli bzw. *cli()* geschützt werden. Die Programme müssen dann durch sei bzw. *sei()* die Interrupts wieder freigeben.

Das **Hardware-Handshakeverfahren** nach dem RTS/CTS-Protokoll verwendet eine zusätzliche Steuerleitung, mit welcher der Empfänger den Sender sperren bzw. freigeben kann (Abbildung 4-40). Einstellung im HyperTerminal: *Flusssteuerung Hardware*.

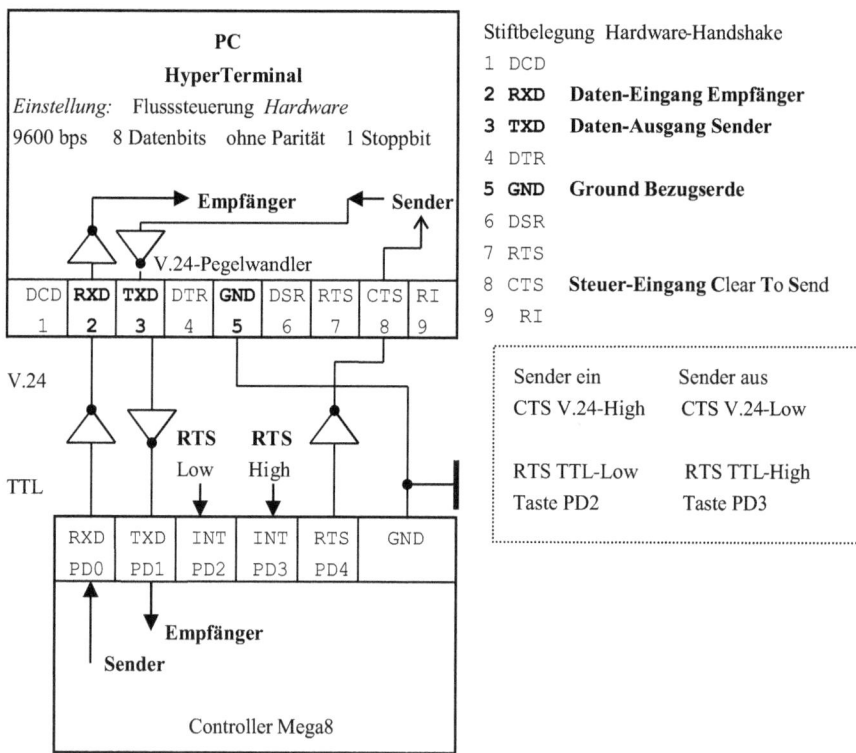

Abbildung 4-40: Hardware-Handshake.

```
; k4p16hs.asm  ATmega8  USART Test des RTS/CTS-Handshake-Protokolls
; Port B: Kontrollausgabe für empfangene Zeichen
; Port C: -
; Port D: PD0->RXD PD1->TXD PD2 = PD4 Low PD3 = PD4 High PD4 RTS->CTS
```

```
; Konfiguration: interner Oszillator 1 MHz, externes RESET-Signal
        .INCLUDE  "m8def.inc"  ; Deklarationen für ATmega8
        .EQU      takt = 1000000  ; Systemtakt 1 MHz intern
        .EQU      baud = 9600   ; Baudrate
        .DEF      akku = r16    ; Arbeitsregister
        .CSEG                   ; Programm-Flash
        rjmp      start         ; Reset-Einsprung
        .ORG      INT0addr      ; Einsprung INT0 PD2
        rjmp      ein
        .ORG      INT1addr      ; Einsprung INT1 PD3
        rjmp      aus
        .ORG      $13           ; weitere Interrupteinsprünge übergehen
start:  ldi       akku,LOW(RAMEND); Stapel anlegen
        out       SPL,akku
        ldi       akku,HIGH(RAMEND)
        out       SPH,akku
        ldi       akku,$ff
        out       DDRB,akku     ; Port B ist Ausgang für Zeichencode
        sbi       DDRD,PD4      ; PD4 ist Ausgang RTS -> CTS
        rcall     initusart2    ; USART initialisieren doppelte Baudrate
        in        akku,MCUCR    ; Haupt-Steuerregister
        ori       akku,0b00001010 ; INT1 und INT0 fallende Flanke
        out       MCUCR,akku
        in        akku,GICR     ; Interrupt-Freigaberegister
        ori       akku,0b11000000 ; INT1 und INT0 frei
        out       GICR,akku
        sei                     ; alle Interrupts frei
neu:    ldi       akku,'>'      ; Prompt >
        rcall     putch         ; ausgeben
loop:   rcall     getche        ; Zeichen mit Echo empfangen
        out       PORTB,akku    ; Kontrollausgabe auf Port B
        rjmp      loop          ; und neue Eingabe
; Konsolunterprogramme einfügen
        .INCLUDE "konsole.h"    ; initusart2,putch,getch,getche,kbhit
; Interrupteinsprünge für RTS -> CTS Protokoll
ein:    cbi       PORTD,PD4     ; schaltet RTS=PD4 Low:  Sender frei
        reti
aus:    sbi       PORTD,PD4     ; schaltet RTS=PD4 High: Sender gesperrt
        reti
        .EXIT                   ; Ende des Quelltextes
```

Assemblerprogramm für das RTS/CTS-Protokoll.

```
// k4p16hs.c  ATmega8  USART Test des RTS/CTS-Handshakeverfahrens
// Port B: Kontrollausgabe für empfangene Zeichen
// Port D: PD0 -> RXD  PD1 -> TXD  PD2 = PD4 Low  PD3 = High PD4=RTS-Ausgang
// Konfiguration: interner Oszillator 1 MHz, externes RESET-Signal
#include <avr/io.h>          // Deklarationen
#include <avr/signal.h>      // Deklarationen für Interrupt
#include <avr/interrupt.h>   // Deklarationen für Interrupt
#define TAKT 1000000UL       // Controllertakt 1 MHz
#define BAUD 9600UL          // Baudrate
#define SLAENG 80            // für Funktion getstring in konsole.h
#include "konsole.h"         // Funktionen initusart2,putch,getch,getche,kbhit
// ISR (INT0_vect)           // neue Bezeichnung für Interruptservice
SIGNAL(SIG_INTERRUPT0)       // alte Bezeichnung für Interruptservice
{
 PORTD &= ~(1 << PD4);       // Taste PD2 = INT0 schaltet PD4 Low
}
// ISR (INT1_vect)           // neue Bezeichnung für Interruptservice
SIGNAL(SIG_INTERRUPT1)       // alte Bezeichnung für Interruptservice
{
 PORTD |= (1 << PD4);        // Taste PD3 = INT1 schaltet PD4 High
}
main(void)                   // Hauptfunktion
{
 DDRB = 0xff;                // Port B zur Kontrollausgabe
 DDRD |= (1 << PD4);         // PD4 ist Ausgang für RTS
 initusart2();               // USART initialisieren doppelte Baudrate
 MCUCR |= (1 << ISC11) | (1 << ISC10);  // INT1 und INT0 fallende Flanke
 GIMSK |= (1 << INT1) | (1 << INT0);    // INT1 und INT0 frei
 sei();                      // alle Interrupts frei
 putch('>');                 // Prompt ausgeben
 while(1)                    // Arbeitsschleife
 {
  PORTB = getche();          // Zeichen lesen mit Echo und Kontrollausgabe
 } // Ende while
} // Ende main
```

C-Programm für das RTS/CTS-Protokoll.

Die elektrische Verbindung von Sender und Empfänger ist abhängig von den Übertragungsverhältnissen. Für Leitungen kürzer als ca. 1 m zwischen zwei Controllern können die Anschlüsse TXD und RXD direkt miteinander verbunden werden. Für die TTL-Signale gilt:

> Ruhezustand und Stopp-Bit logisch 1: Potential High entsprechend +3 bis +5 Volt
> Startbit logisch 0: Potential Low entsprechend 0 bis +1 Volt

Für den Anschluss an einen PC ist immer eine V.24-Schnittstelle, auch RS 232C genannt, erforderlich. Die maximale Leitungslänge beträgt je Baudrate und Störanfälligkeit ca. 10 bis 100 m. Für die V.24-Signale auf den üblicherweise geschirmten Kabeln gilt:

> Ruhezustand und Stopp-Bit logisch 1: Potential Low entsprechend –3 bis –15 Volt
> Startbit logisch 0: Potential High entsprechend +3 bis +15 Volt

Für neuere PCs und Laptops ohne COM-Schnittstelle (*legacy free*) sind im Handel USB/COM-Adapter erhältlich. Sie bestehen aus einem Kabel mit einem USB-Anschluss für den PC und einem 9poligen COM-Stecker für die normalen V.24-Kabel. Mithilfe der Treibersoftware kann die COM-Schnittstelle emuliert werden.

Für größere Entfernungen von bis zu 1000 m und in der Medizintechnik verwendet man oft eine **Stromschnittstelle**, auch **20-mA-**, **Current-Loop-** oder **TTY-Schnittstelle** genannt. Sie arbeitet für die beiden logischen Zustände 1 bzw. 0 mit einem eingeprägten Strom von 20 mA bzw. mit einer Stromunterbrechung. Durch die Optokoppler werden die Potentiale getrennt (Abbildung 4-41).

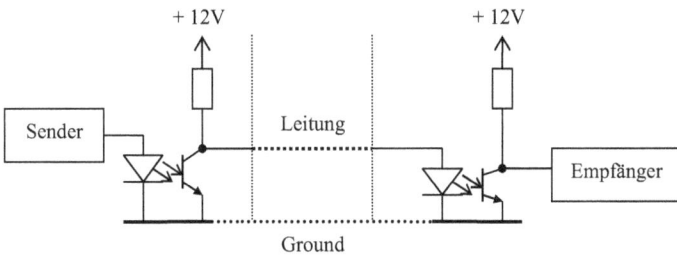

Abbildung 4-41: Potentialtrennung über Optokoppler.

Für den Datenverkehr über das Telefonnetz verwendete man lange Zeit akustische Modems (Modulator / Demodulator) zur Kopplung zweier Datenendeinrichtungen entsprechend Abbildung 4-42.

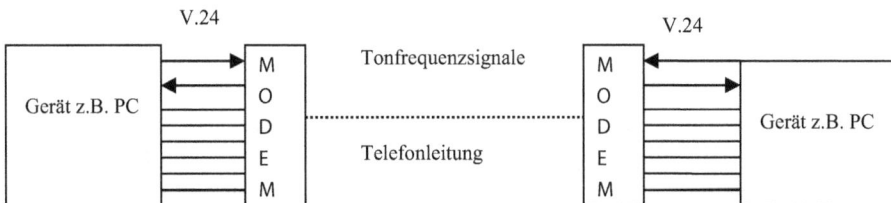

Abbildung 4-42: Kopplung zweier PCs über akustische Modems.

Im **Multiprozessorbetrieb** (Bit MPCM in UCSRA) nach Abbildung 4-43 werden mehrere Controller mit ihren USART-Schnittstellen an einem gemeinsamen seriellen Bus betrieben. Dabei empfängt nur die adressierte USART-Schnittstelle die ankommenden Daten, während die anderen Schnittstellen lediglich Adressen empfangen und auswerten.

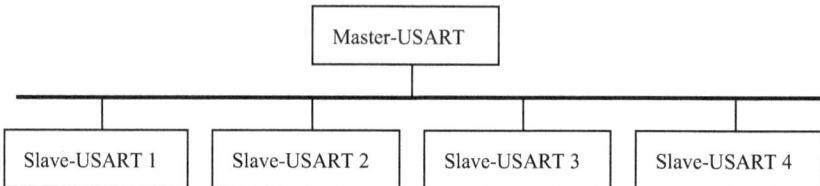

Abbildung 4-43: Multiprozessorbetrieb über USART.

4.4 Die serielle SPI-Schnittstelle

Die SPI-Schnittstelle (**S**erial **P**eripheral **I**nterface) arbeitet im Gegensatz zur asynchronen Schnittstelle synchron mit einer gemeinsamen Taktleitung für Sender und Empfänger. Sie wird bei den meisten AVRs zum Herunterladen des Programms in den Flash- und EEPROM-Bereich verwendet. Bei einigen älteren Bausteinen steht sie dem Anwender nicht zur allgemeinen Verfügung und muss bei Bedarf durch Software nachgebildet werden. Das Beispiel zeigt die Anschlüsse des ATmega8, die für andere Bausteine abweichend belegt sein können.

Der Master bestimmt den Zeitpunkt der Datenübertragung und liefert am Ausgang SCK (Shift Clock) den Schiebetakt für die angeschlossenen Slave-Einheiten, siehe *Masterbetrieb* Abbildung 4-44. Nach seiner Freigabe schiebt der als Sender arbeitende Slave die Daten seriell über den Eingang MISO (**M**aster **I**n) in das Schieberegister des Masters, der *gleichzeitig* seine Daten über den Ausgang MOSI (**M**aster **O**ut) an einen als Slave arbeitenden Empfänger ausgibt. Der Sender- bzw. Empfänger-Slave wird nicht automatisch durch die SPI-Schnittstelle freigegeben, sondern mit einem besonderen Befehl über den als Ausgang programmierten Anschluss /SS (Slave Select) oder über einen anderen Portausgang. Die Übertragung beginnt mit dem Schreiben eines Bytes in das Datenregister SPDR durch einen Ausgabebefehl und endet mit dem letzten (achten) Bit, jedoch ohne Start-, Stopp- und Paritätsbits wie bei der asynchronen seriellen Schnittstelle.

Zum *Empfangen* eines Bytes vom Sender-Slave muss nach dessen Freigabe ein beliebiges Start-Byte in das Datenregister SPDR geschrieben werden, um die Übertragung am Eingang MISO (**M**aster **I**n) zu starten. Das Ende der Übertragung wird im Anzeigebit SPIF des SPI-Statusregisters angezeigt, das empfangene Byte steht im Datenregister SPDR.

Für das *Senden* an den Empfänger-Slave am Ausgang MOSI (**M**aster **O**ut) wird nach dessen Freigabe das auszugebende Byte in das Datenregister SPDR geschrieben,

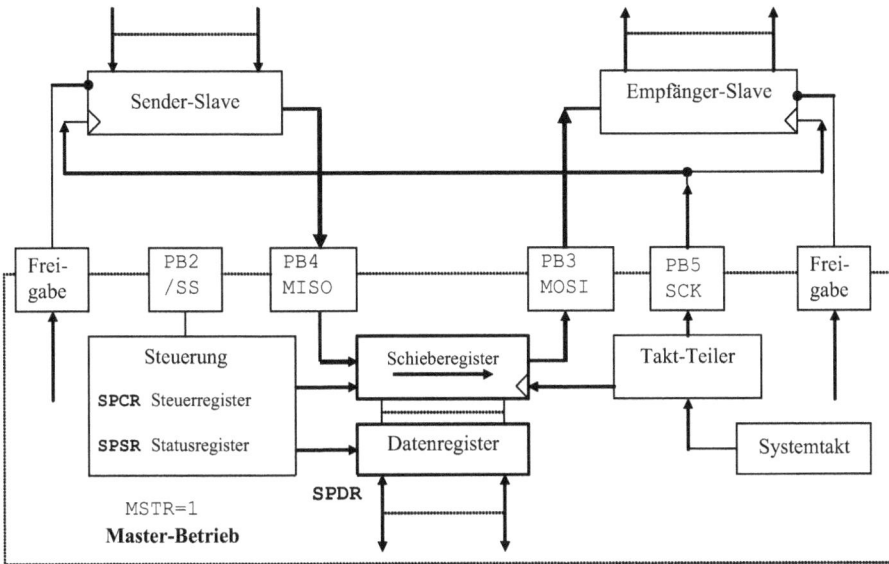

Abbildung 4-44: Die SPI-Schnittstelle als Master für Slave-Ein-/Ausgaberegister (ATmega8).

um die Ausgabe zu starten. Das Ende der Übertragung wird im Anzeigebit SPIF des SPI-Statusregisters angezeigt. Bei einer *gleichzeitigen* Freigabe von Sender- und Empfänger-Slave durch den Master wird das an MOSI ausgegebene Byte durch das an MISO ankommende Byte ersetzt.

Im *Slavebetrieb* Abbildung 4-45 wird die Schnittstelle (unten) vom Master (oben) freigegeben, der auch den Schiebetakt am Eingang SCK liefert. Ein Low-Zustand am Anschluss /SS (Slave Select) startet die Übertragung. Das im Datenregister SPDR enthaltene Datenbyte wird am Ausgang MISO (**S**lave **O**ut) gesendet und durch die am Eingang MOSI (**S**lave **I**n) ankommenden Daten ersetzt. Das Ende der Übertragung wird im Anzeigebit SPIF des SPI-Statusregisters angezeigt und kann einen Interrupt auslösen. Im Slavebetrieb ist der Anschluss MOSI als Eingang immer tristate (hochohmig). Der Ausgang MISO ist während eines High-Zustandes am Freigabeeingang /SS tristate. Er wird durch einen Low-Zustand von /SS freigegeben und enthält das Potential der Sendedaten.

Das Beispiel zeigt die Kopplung zweier AVR-Controller zur Übertragung von Daten über die SPI-Schnittstelle. Beim Anschluss mehrerer Slaves an einen Master entsteht ein Bussystem, bei dem der Master jeweils einen Slave durch den Eingang /SS freigibt. Im Multi-Masterbetrieb kann einer von mehreren Mastern die Kontrolle übernehmen.

Im SPI-Betrieb haben die vier Anschlussleitungen (Abbildung 4-46) der Schnittstelle je nach Betriebsart unterschiedliche Funktionen, sonst lassen sie sich als normale Portleitungen verwenden.

Der Anschluss MOSI (**M**aster **O**ut **S**lave **I**n) muss für den Masterbetrieb im Richtungsbit als Ausgang programmiert werden. Im Slavebetrieb ist er automatisch immer ein Eingang.

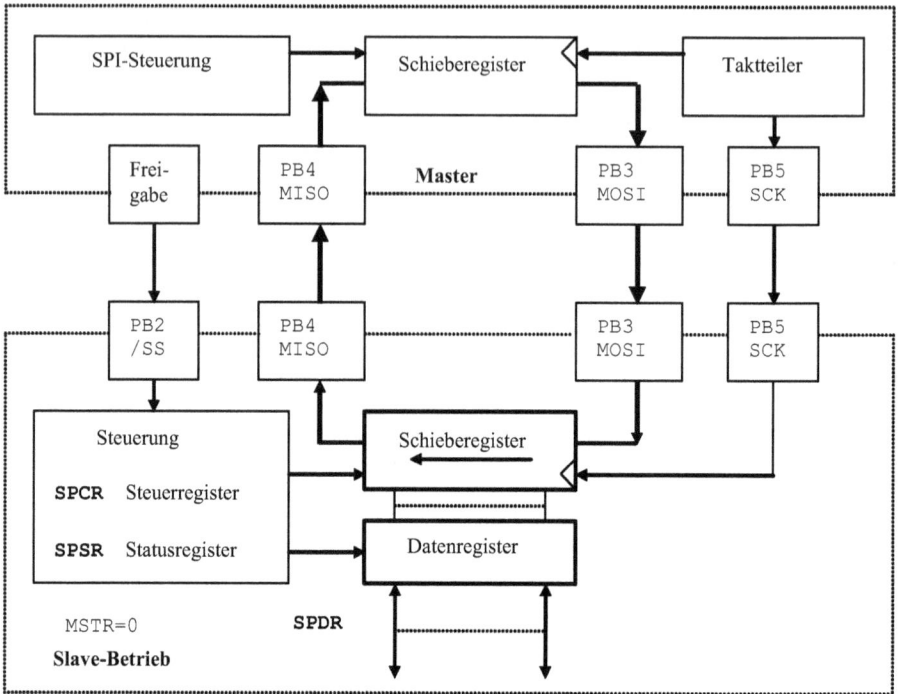

Abbildung 4-45: Die SPI-Schnittstelle zur Datenübertragung zwischen AVR-Controllern (ATmega8).

Der Anschluss MISO (**M**aster **I**n **S**lave **O**ut) ist im Masterbetrieb automatisch immer ein Eingang. Er muss für den Slavebetrieb im Richtungsbit als Ausgang programmiert werden.

Der Anschluss SCK (**S**hift **CL**ock) muss für den Masterbetrieb im Richtungsbit als Ausgang programmiert werden. Im Slavebetrieb ist er automatisch immer ein Eingang.

Der Anschluss /SS (**S**lave **S**elect) kann im Masterbetrieb als Ausgang programmiert werden und dann zur Freigabe der Slaves dienen; jedoch sind dazu besondere Befehle erforderlich. Wird er im Masterbetrieb als Eingang programmiert, so muss er auf High-Potential liegen. Ein Low bricht den Masterbetrieb ab, wenn ein anderer Baustein die Masterfunktion übernehmen will. Im Slavebetrieb ist der Anschluss /SS automatisch ein Eingang, der den Ausgang MISO bei High tristate hält und nur bei Low das Potential der zu sendenden Daten ausgibt.

Im Auslieferungszustand der Controller-Bausteine sind der Programm-Flash und der EEPROM-Bereich mit $FF vorbesetzt (gelöscht). Der serielle Programmierbetrieb der Entwicklungssysteme verwendet die SPI-Schnittstelle zum Herunterladen des Programms und vorbesetzter EEPROM-Daten über die Anschlüsse SCK, MOSI und MISO, die bei allen Bausteinen vorhanden sind. Dabei ist das Programmiergerät der Master und der zu programmierende Baustein ist Slave.

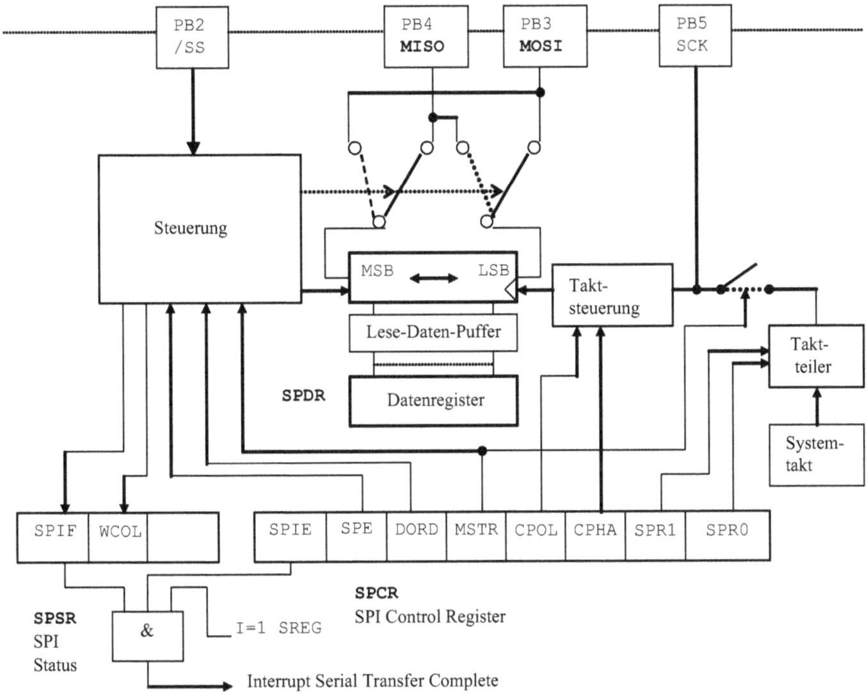

Abbildung 4-46: Modell der SPI-Schnittstelle (ATmega8).

Die Datenbücher des Herstellers enthalten die für die Programmierung zu verwendenden Algorithmen.

Die folgenden Ausführungen dieses Abschnitts behandeln die SPI-Schnittstelle im Masterbetrieb und verwenden als Anwendungsbeispiel zwei TTL-Schieberegister als Slave für die Eingabe und Ausgabe von Testdaten.

Nach einem Reset ist die SPI-Schnittstelle zunächst gesperrt. Sie muss durch Programmieren des Steuerregisters **SPCR** freigegeben werden.

SPCR = SPI Control Register   bitadressierbar

Bit 7	Bit 6	Bit 5	Bit 4	Bit 3	Bit 2	Bit 1	Bit 0
SPIE	SPE	DORD	MSTR	CPOL		CPHA	SPR1	SPR0
Interrupt	*Freigabe*	*Richtung*	*Betrieb*	*Ruhezustand*	*Taktphase*	***Master*** *Schiebetakt*		
0: gesperrt	0: gesperrt	0: MSB erst	0: Slave	0: Low	0: versetzt	0 0: Sytemtakt / 4		
1: frei	1: SPI frei	1: LSB erst	1: Master	1: High	1: sofort	0 1: Systemtakt / 16		
						1 0 : Systemtakt / 64		
						1 1 : Systemtakt / 128		
						für SPI2X = 1		
						Verdopplung des Taktes!		

Bit SPIE (**SPI** **I**nterrupt **E**nable) gibt mit einer 1 den Interrupt der SPI-Schnittstelle frei. Er wird ausgelöst, wenn die Steuerung Bit SPIF im Statusregister auf 1 setzt und der globale Interrupt mit I = 1 im Statusregister freigegeben ist.

Bit SPE (**SPI** **E**nable) gibt mit einer 1 die SPI-Schnittstellenfunktionen frei. Für den Anfangszustand 0 nach einem Reset arbeiten die vier Anschlüsse als Portleitungen.

Bit DORD (**D**ata **ORD**er) legt die Schieberichtung fest. Mit einer 0 wird das werthöchste Bit MSB (**M**ost **S**ignificant **B**it) zuerst geschoben, mit einer 1 das wertniedrigste Bit LSB (**L**east **S**ignificant **B**it).

Bit MSTR (**Ma**STe**R**/Slave Select) schaltet mit einer 1 die Master-Betriebsart ein. Das Bit wird zurückgesetzt, wenn im Masterbetrieb der als Ausgang programmierte Anschlusss /SS Low wird. Für eine 0 ist der Slavebetrieb eingeschaltet.

Die Bits CPOL (**C**lock **POL**arity) und CPHA (**C**lock **PHA**se) bestimmen den Ruhezustand der Taktleitung und den Zeitpunkt des Schiebens und der Auswertung des Eingangspotentials.

Die Bits SPR1 und SPR0 (**SPI** **C**lock **R**ate Select) legen nur im Masterbetrieb die Frequenz des Schiebetaktes fest. Im Slavebetrieb gibt der Master den Takt an. In neueren Ausführungen kann der Takt mit dem Bit SPI2X verdoppelt werden.

Die Übertragung kann vom Programm durch Auswerten des Statusregisters **SPSR** kontrolliert werden. Die Bitpositionen werden von der Steuerung gesetzt bzw. gelöscht.

SPSR = **SPI** **S**tatus **R**egister   bitadressierbar

Bit 7	Bit 6	Bit 5	Bit 4	Bit 3	Bit 2	Bit 1	Bit 0
SPIF	WCOL	–	–	–	–	–	SPI2X
Anzeige	*Kollision*						SPI2X = 1:
1: Transfer fertig	1: Schreib-						Verdopplung
oder	fehler						des Taktes in
Masterabbruch							SPR1 SPR0

Bit SPIF (**SPI** **I**nterrupt **F**lag) wird von der Steuerung am Ende einer Übertragung oder beim Abbruch der Masterfunktion durch /SS auf 1 gesetzt. Es wird von der Steuerung bei der Annahme des Interrupts automatisch auf 0 zurückgesetzt. Dies geschieht auch durch Lesen des Statusregisters SPSR bei gesetztem Flag SPIF und durch anschließenden Zugriff auf das Datenregister SPDR.

Das Bit WCOL (**W**rite **COL**lision Flag) wird von der Steuerung auf 1 gesetzt, wenn das Datenregister SPDR während einer Übertragung beschrieben wird, da in diesem Fall die laufende Übertragung abgebrochen wird. Das Bit wird durch Lesen von SPCR und durch anschließenden Zugriff auf SPDR wieder zurückgesetzt.

In neueren Versionen der Schnittstelle verdoppelt das Bit SPI2X (Double **SPI** Speed) für eine 1 den durch SPR1 und SPR0 eingestellten Schiebetakt des Masters. Für einen angeschlossenen Slave darf der Takt maximal ¼ des Systemtaktes betragen.

Beim Schreiben des SPI-Datenregisters gelangt das auszugebende Byte über einen Pufferspeicher in das Schieberegister. Im Masterbetrieb wird damit die Übertragung gestartet; im Slavebetrieb bestimmt der Eingang /SS den Beginn. Am Ende der Übertragung werden die empfangenen Daten nicht aus dem Schieberegister, sondern aus einem Empfangspuffer gelesen. Dieser muss gelesen werden, bevor das nächste Byte vollständig empfangen wurde.

SPDR = **SPI D**ata **R**egister   bitadressierbar

---

schreiben: Sendedaten nach Schieberegister Masterbetrieb: Übertragung starten
lesen: Empfangsdaten aus Empfangspuffer abholen

Die Auswahl der Schieberichtung DORT sowie der Polarität CPOL und der Phasenlage CPHA des Taktes richtet sich nach Erfordernissen der angeschlossenen Slave-Einheiten. Abbildung 4-47 zeigt die Schieberichtung des internen Schieberegisters und seine Verbindung mit den SPI-Anschlüssen als Modell.

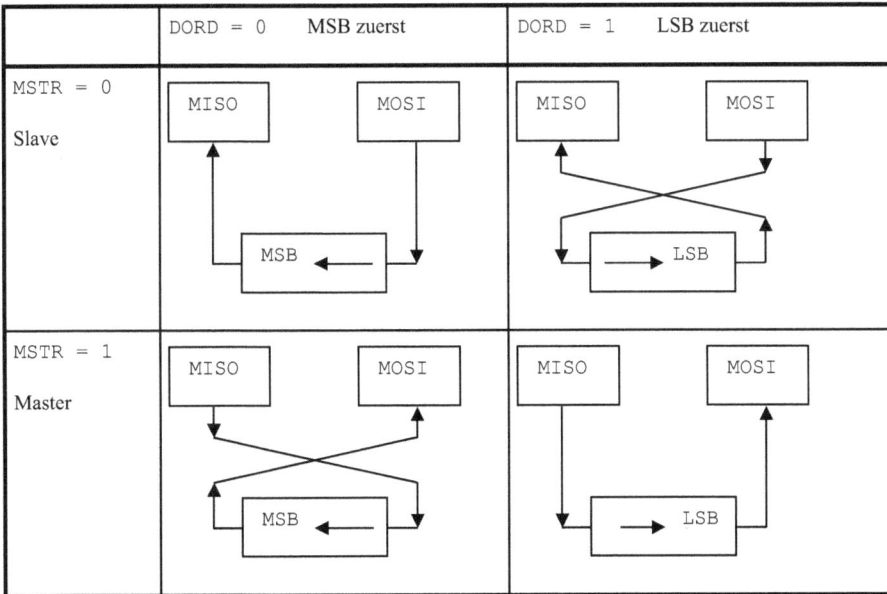

Abbildung 4-47: Die Betriebsarten (MSTR) und Schieberichtungen (DORD).

Die in Abbildung 4-48 dargestellten Zeitdiagramme geben für den *Masterbetrieb* den Ruhezustand der Taktleitung SCK und die Phasenlage des Taktes an. Für CPOL = 0 ist der Ruhezustand der Taktleitung Low. Während der Übertragung werden acht positive Taktimpulse im Tastverhältnis 1:1 ausgegeben. Für CPOL = 1 ist der Ruhezustand der

Taktleitung High und es werden acht negative Taktimpulse ausgegeben. Der Master startet mit dem Einschreiben eines Bytes in das Datenregister SPDR die Übertragung und gibt das erste Bit aus. Die Bitposition CPHA des Steuerregisters bestimmt die Phasenlage des Taktes. Für CPHA = 1 wird sofort eine steigende bzw. fallende Taktflanke ausgegeben; für CPHA = 0 folgt die steigende bzw. fallende Flanke des Taktsignals erst eine halbe Taktzeit später.

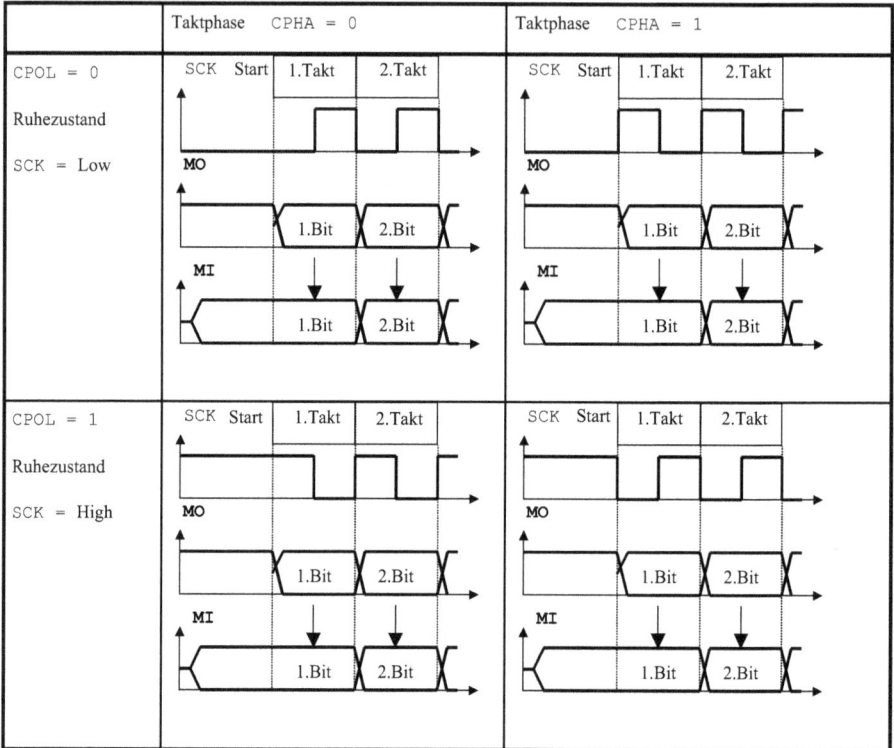

Abbildung 4-48: Die Taktpolaritäten (CPOL) und Phasenlagen (CPHA) im Master-Betrieb.

Als Sender gibt der Master sofort nach dem Start und dann am Beginn eines Taktes neue Daten auf dem Ausgang MO aus. Es ist Aufgabe des angeschlossenen Empfänger-Slaves, die Daten, meist mit einer Taktflanke, zu übernehmen.

Als Empfänger übernimmt der Master in der Mitte des Taktes die Daten von der Eingangsleitung MI und schiebt sie am Ende eines Taktes weiter. Für CPHA = 0 erfolgt die Übernahme mit der Vorderflanke, für CPHA = 1 mit der Rückflanke. Der angeschlossene Sender-Slave muss seine Ausgangsdaten, meist flankengesteuert, rechtzeitig zur Verfügung stellen.

Im *Slave-Betrieb* der SPI-Schnittstelle beginnt die Übertragung mit der fallenden Flanke des vom Master ausgegebenen Freigabesignals /SS (Slave Select). Für CPHA = 0 wird sofort das erste Bit auf dem Ausgang SO ausgegeben, alle weiteren folgen am Ende jedes Taktes.

Für CPHA = 1 erfolgt die Ausgabe des ersten Bits erst bei der ersten Taktflanke des vom Master ausgegebenen Taktsignals SCK. Empfangsbits werden ab der Mitte des Taktes übernommen und am Ende weitergeschoben.

In der Schaltung Abbildung 4-49 dienen zwei serielle TTL-Schieberegister als Slave. An den acht parallelen Eingängen A bis H des *Sender-Slaves* 74HCT165 liegen Schiebeschalter, deren Potential für einen Low-Zustand am Steuereingang SH/LD (Shift/Load) in acht zustandsgesteuerte RS-Flipflops übernommen wird. Für ein High am Eingang SH/LD sind die Eingänge gesperrt, am Ausgang Q_H liegt das Potential des H-Flipflops. Mit jeder steigenden Flanke am Takteingang CLK wird ein neues Bit herausgeschoben. Nach der ersten steigenden Flanke erscheint der Inhalt des G-Flipflops am Ausgang. Für den SPI-Betrieb wurden mit CPOL=0 der Ruhezustand Low und mit CPHA = 0 die Eingabe mit der Vorderflanke gewählt, damit Q_H gelesen werden kann, bevor der Slave mit der ersten steigenden Taktflanke Q_G herausschiebt. Mit dem zusätzlichen seriellen Eingang SER am A-Flipflop lassen sich mehrere Schieberegister kaskadieren.

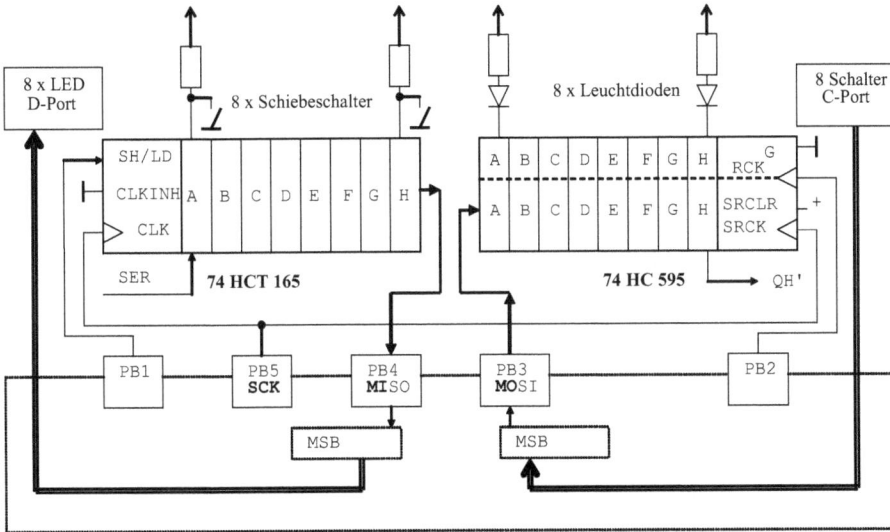

Abbildung 4-49: Die SPI-Schnittstelle mit TTL-Schieberegistern als Slave (ATmega8).

Verbindung des ATmega8 mit den Schieberegistern:

```
Ausgang PB1 -> SH/LD (Stift 1) 74HCT165
Ausgang SCK (PB5) -> CLK (Stift 2) 74HCT165
Ausgang SCK (PB5) -> SRCK (Stift 11) 74HC595
Ausgang MOSI (PB3) -> SER (Stift 14) 74HC595
Ausgang PB2 -> RCK (Stift 12) 74HC595
Eingang MISO (PB4) -> QH (Stift 9) 74HCT165
/+
```

An den acht parallelen Ausgängen des *Empfänger-Slaves* 74HC595 liegen die Katoden von acht Leuchtdioden. Mit jeder steigenden Flanke am Eingang SRCK (Shift Register Clock) wird ein Schieberegister um eine Bitposition verschoben und das am Eingang anliegende Potential gelangt in das A-Bit. Mit dem zusätzlichen Ausgang $Q_{H'}$ lassen sich mehrere Schieberegister kaskadieren. Erst eine steigende Flanke am Eingang RCK (Register Clock) übernimmt den Inhalt des Schieberegisters in das Speicherregister, an dem die parallele Ausgabe erfolgt. Durch die Trennung von Schieberegister und Speicherregister ist sichergestellt, dass während des Schiebens keine ungültigen Daten an den Ausgängen erscheinen. Für den SPI-Betrieb wurden mit CPOL=0 der Ruhezustand Low und mit CPHA = 0 die steigende Flanke in der Mitte des Übertragungstaktes gewählt, damit der Empfänger die am Taktanfang ausgegebenen Daten zum richtigen Zeitpunkt übernehmen kann. Die Programme *k4p17* geben die vom Sender-Slave empfangenen Daten zur Kontrolle auf dem Port C aus. Die am Port D eingestellten Bits werden an den Empfänger-Slave gesendet.

```
; k4p17.asm  ATmega8  Test der SPI-Schnittstelle
; Systemtakt 1 MHz : 4 = 250 kHz Schiebetakt
; Port B: SPI Anschlüsse nach 74HCT165 (Schalter) und 74HC595 (LED)
; Port D: Eingabe nach Empfänger-Slave
; Port C: Ausgabe des Sender-Slave
; Konfiguration: interner Oszillator 1 MHz, externes RESET-Signal
        .INCLUDE "m8def.inc"    ; Deklarationen
        .DEF    akku = r16      ; Arbeitsregister
        .CSEG                   ; Programmsegment
        rjmp    start           ; Reset-Einsprung
        .ORG    $13             ; Interrupts übersprungen
start:  ldi     akku,LOW(RAMEND); Endadresse SRAM
        out     SPL,akku        ; nach Stapelzeiger
        ldi     akku,HIGH(RAMEND)
        out     SPH,akku
        ldi     akku,$ff        ; Richtung Ausgabe
        out     DDRC,akku       ; Port C ist LED-Ausgabe
        ldi     akku,(1 << DDB5) | (1 << DDB3) | (1 << DDB2) | (1 << DDB1);
        out     DDRB,akku       ; DDB5=SCK DDB3=MOSI DDB2=SRCK DDB1=SH/LD
        cbi     PORTB,PB1       ; Sender-Slave SH/LD = 0: laden
        sbi     PORTB,PB2       ; Empfänger-Slave Übernahme RCK = 1
        ldi     akku,(1 << SPE) | (1 << MSTR) ;
        out     SPCR,akku       ; SPI frei  MSB erst  Master  Takt/4
; Hauptprogramm Arbeitsschleife
haupt:  rcall   empf            ; akku <= Sender-Slave Schalter
        out     PORTC,akku      ; Kontrollausgabe Port C
```

```
        in      akku,PIND       ; Testwerte eingeben vom Port D
        com     akku            ; invertieren wegen Katodenansteuerung
        rcall   send            ; Ausgabe Empfänger-Slave LEDs
        rjmp    haupt           ; Schleife
; SPI-Unterprogramme
; empf: Slave Schalter -> MISO -> Empfänger -> R16
empf:   sbi     PORTB,PB1       ; SH/LD = 1: schieben
        out     SPDR,r16        ; Start der Übertragung
empf1:  sbis    SPSR,SPIF       ; überspringe wenn SPIF=1: Übertragung fertig
        rjmp    empf1           ; warte auf Ende der Übertragung
        in      r16,SPDR        ; Empfangsdaten abholen SPIF wird 0
        cbi     PORTB,PB1       ; SH/LD = 0: laden
        ret                     ; Rücksprung
; send: R16 -> Sender -> MOSI -> Slave Leuchtdioden
send:   cbi     PORTB,PB2       ; RCK Übernahme Low
        out     SPDR,R16        ; Daten nach Sender Start der Übertragung
send1:  sbis    SPSR,SPIF       ; überspringe wenn SPIF=1: Übertragung fertig
        rjmp    send1           ; warte auf Ende der Übertragung
        in      r16,SPDR        ; SPIF wieder 0
        sbi     PORTB,PB2       ; Slave steigende Flanke RCK: übernehmen
        ret                     ; Rücksprung
        .EXIT                   ; Ende des Programmtextes
```

k4p17.asm: Assemblerprogramm zur SPI-Datenübertragung.

```
// k4p17.c ATmega8 Test  der SPI Schnittstelle
// Systemtakt 1 MHz : 4 = 259 kHz Schiebetakt
// Port B: SPI Anschlüsse 74HCT165 und 74HC595
// Port D: Eingabe nach Empfänger-Slave (LED)
// Port C: Ausgabe des Sender-Slave (Schalter)
// Konfiguration: interner Oszillator 1 MHz, extenes Reset-Signal
#include <avr/io.h>              // Deklarationen
unsigned char empf(void)         // liefert Daten des Sender-Slave
{
 sbi(PORTB,PB1);                 // SH/LD = 1: schieben
 SPDR = 0xff;                    // Start der Übertragung
 while( !(SPSR & (1 << SPIF)));  // warte bis Bit 1: fertig
 cbi(PORTB,PB1);                 // SH/LD = 0: laden
 return SPDR;                    // Empfangsdaten abholen
}
void send(unsigned char wert)    // sendet wert seriell nach Slave
```

```
{
 cbi(PORTB,PB2);                    // RCK Übernahme Low
 SPDR = wert;                       // Daten nach Sender und starten
 while( !(SPSR & (1 << SPIF)));     // warte bis Bit 1: fertig
 wert = SPDR;                       // SPIF wieder 0 (Pseudolesen)
 sbi(PORTB,PB2);                    // RCK Übernahme High: steigende Flanke
}
void main(void)                     // Hauptfunktion
{
 DDRC = 0xff;                       // Port C ist Ausgang
 DDRB = (1 << DDB5) | (1 << DDB3) | (1 << DDB2) | (1 << DDB1); // Ausgänge
 cbi(PORTB,PB1);                    // Sender-Slave SH/LD = 0: laden
 sbi(PORTB,PB2);                    // Empfänger-Slave Übernahme RCK=1
 SPCR = (1 << SPE) | ( 1 << MSTR);  // SPI ein MSB erst Master Systemtakt / 4
 while(1)                           // Arbeitsschleife
 {
  PORTC = empf();                   // Kontrollausgabe nach Port C
  send(~PIND);                      // Eingabe von Port D senden
 } // Ende while
} // Ende main
```

k4p17.c: C-Programm zur SPI-Datenübertragung.

Bei Controllern, bei denen die SPI-Schnittstelle dem Anwender nicht zur Verfügung steht, können die Funktionen der Schnittstelle durch Software emuliert (nachgebildet) werden. Die Programme *k4p18* verwenden die Anschlussleitungen und Slave-Schieberegister nach Abbildung 4-49. Die Programmierung der SPI-Schnittstelle entfällt, die Unterprogramme empf und send führen die Funktionen der SPI-Schnittstelle mit Bitoperationen durch.

```
; k4p18.asm  ATmega8  Software-Emulation SPI-Schnittstelle
; Systemtakt 1 MHz : 4 = 250 kHz Schiebetakt
; Port B: SPI Anschlüsse nach 74HCT165 (Schalter) und 74HC595 (LED)
; Port D: Eingabe nach Empfänger-Slave
; Port C: Ausgabe des Sender-Slave
; Konfiguration: interner Oszillator 1 MHz, externes Reset-Signal
        .INCLUDE "m8def.inc"    ; Deklarationen
        .DEF    akku = r16      ; Arbeitsregister
        .CSEG                   ; Programmsegment
        rjmp    start           ; Reset-Einsprung
        .ORG    $13             ; Interrupts übersprungen
```

```
start:  ldi     akku,LOW(RAMEND); Endadresse SRAM
        out     SPL,akku        ; nach Stapelzeiger
        ldi     akku,HIGH(RAMEND)
        out     SPH,akku
        ldi     akku,$ff        ; Richtung Ausgabe
        out     DDRC,akku       ; Port C ist LED-Ausgabe
        ldi     akku,(1 << DDB5) | (1 << DDB3) | (1 << DDB2) | (1 << DDB1);
        out     DDRB,akku       ; DDB5=SCK DDB3=MOSI DDB2=SRCK DDB1=SH/LD
        cbi     PORTB,PB1       ; Sender-Slave SH/LD = 0: laden
        sbi     PORTB,PB2       ; Empfänger-Slave Übernahme RCK = 1


; Hauptprogramm Arbeitsschleife
haupt:  rcall   empf            ; akku <= Sender-Slave Schalter
        out     PORTC,akku      ; Kontrollausgabe Port C
        in      akku,PIND       ; Testwerte eingeben vom Port D
        com     akku            ; invertieren wegen Katodenansteuerung
        rcall   send            ; Ausgabe Empfänger-Slave LEDs
        rjmp    haupt           ; Schleife
; Unterprogramme SPI-Software-Emulation
; empf: R16 <= Sender-Slave MSB zuerst
empf:   push    r17             ; Register retten
        ldi     r17,8           ; R17 = Schiebezähler
        sbi     PORTB,PB1       ; Slave SH/LD = 1: schieben QH liegt an
empf1:  cbi     PORTB,PB5       ; Takt Low
        lsl     r16             ; R16 1 bit links  B0 <= 0
        sbic    PINB,PB4        ; überspringe wenn MI = 0
        inc     r16             ; für MI = 1: R16 B0 <= 1
        sbi     PORTB,PB5       ; steigende Taktflanke: Slave schiebt
        dec     r17             ; Zähler - 1
        brne    empf1           ; bis 8 Bits empfangen
        cbi     PORTB,PB1       ; Slave SH/LD = 0: laden
        pop     r17             ; Register zurück
        ret                     ; Rücksprung
; send: R16 => Sender-Slave MSB zuerst
send:   push    r17             ; Register retten
        ldi     r17,8           ; R17 = Schiebezähler
        cbi     PORTB,PB2       ; Slave RCK Übernahme Low
send1:  cbi     PORTB,PB5       ; Schiebetakt Low
        cbi     PORTB,PB3       ; Ausgabebit Low
        sbrc    r16,7           ; überspringe wenn B7 = 0
        sbi     PORTB,PB3       ; für B7 = 1: Ausgabebit High
        lsl     r16             ; das nächste Bit fertig machen
```

```
        sbi     PORTB,PB5       ; Slave steigende Schiebeflanke
        dec     r17             ; Zähler - 1
        brne    send1           ; bis 8 Bits gesendet
        sbi     PORTB,PB2       ; Slave steigende Flanke RCK: übernehmen
        pop     r17             ; Register zurück
        ret
        .EXIT                   ; Ende des Programmtextes
```

k4p18.asm: Assemblerprogramm zur Software-Emulation der SPI-Schnittstelle.

```
// k4p18.c  ATmega8 Software-Emulation der SPI-Schnittstelle
// Port B: SW-SPI 74HCT165 und 74HC595; Port C: Eingabe für Empfänger-Slave
// Port D: Ausgabe Sender-Slave; Konfig.: RC Osz.1 MHz, ext. Reset-Signal
#include <avr/io.h>             // Deklarationen
unsigned char empf(void)        // liefert Schalter Slave MSB zuerst
{
 unsigned char daten, i;        // Hilfsvariable und Zähler für 8 Bits
 sbi(PORTB,PB1);                // SH/LD = 1: schieben QH liegt an
 for(i=1; i<=8; i++)            // für 8 Bits
 {
  cbi(PORTB, PB5);              // Takt Low
  daten = daten << 1;          // logisch links B0 <= 0
  if (bit_is_set(PINB, PINB4)) daten++; //  für MI = 1: B0 <= 1
  sbi(PORTB, PB5);             // steigende Taktflanke: Slave schiebt
 } // Ende for
 cbi(PORTB,PB1);               // SH/LD = 0: laden
 return daten;                 // Empfangsdaten zurückliefern
} // Ende empf
void send(unsigned char wert)   // seriell nach Empfänger-Slave MSB zuerst
{
 unsigned char i;              // Zähler für 8 Bits
 cbi(PORTB,PB2);               // RCK Übernahme Low
 for(i=1; i<=8; i++)            // für 8 Bits
 {
  cbi(PORTB, PB5);             // Takt Low
  cbi(PORTB, PB3);             // Ausgabebit Low
  if( (wert & 0x80) == 0x80) sbi(PORTB, PB3); // für B7 = 1 Ausgabebit High
  wert = wert << 1;            // das nächste Bit fertig machen
  sbi(PORTB, PB5);             // Slave steigende Schiebeflanke
 } // Ende for
 sbi(PORTB,PB2);               // RCK Übernahme High: steigende Flanke
} // Ende send
void main(void)                 // Hauptfunktion
```

```
{
  DDRC = 0xff;                    // Port C ist Ausgang
  DDRB = (1 << DDB5) | (1 << DDB3) | (1 << DDB2) | (1 << DDB1); // SPI Ausg.
  cbi(PORTB,PB1);                 // Sender-Slave SH/LD = 0: laden
  sbi(PORTB,PB2);                 // Empfänger-Slave Übernahme RCK=1
  while(1){
    PORTC = empf();               // Kontrollausgabe Port C
    send(~PIND);                  // senden invertiert LEDs Katodenansteuerung
  } // Ende while
} // Ende main
```

k4p18.c: C-Programm zur Software-Emulation der SPI-Schnittstelle.

4.5 Die serielle TWI-Schnittstelle (I²C)

Die TWI-Schnittstelle (**Two-Wi**re serial **I**nterface) entspricht der bekannten I²C-Schnittstelle (**IIC** = **I**nter **IC**-Bus), mit der über 100 IC-Bausteine über einen Bus miteinander verbunden werden können. Sie wurde ursprünglich von Philips für die Kommunikation innerhalb von Geräten der Unterhaltungsindustrie entwickelt. Sie ist nicht für größere Kabellängen oder stark gestörte Umgebungen geeignet. Beispiele für I²C-Bausteine:

– Buscontroller (PCD8584) als Mastereinheit
– Treiber für LCD-Anzeigen (PCF6566 und PCF8576)
– Echtzeituhr mit Kalender (PCF8573)
– digitale Ein-/Ausgabeeinheit (PCF8575) für 8-Bit parallele Daten
– analoge Ein-/Ausgabeeinheit (PCF8591) mit 8-Bit A/D- und D/A-Wandlern
– RAM-Speicher (PCF8570) und EEPROM-Bausteine (ST24C08)

Alle Komponenten liegen parallel an den bidirektionalen Busleitungen SCL (**S**erial **CL**ock line) für den Takt und SDA (**S**erial **DA**ta line) für Daten und Adressen (Abbildung 4-50). Der Ruhezustand der Busleitungen ist High, die maximale Taktfrequenz beträgt 100 kHz.

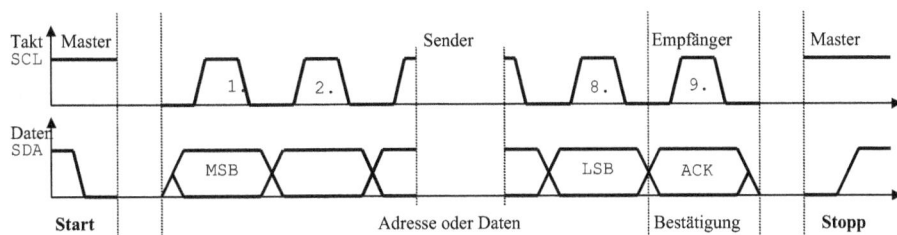

Abbildung 4-50: Übertragung von Daten bzw. Adressen über den I²C-Bus.

Der *Master* liefert die Startbedingung (SCL = High, SDA fallende Flanke), den Übertragungstakt SCL und die Stoppbedingung (SCL = High, SDA steigende Flanke). Ein *Slave* wird durch den Master über eine Adresse freigegeben; er kann, getaktet durch SCL, Daten auf die Datenleitung SDA legen und das Bestätigungssignal ACK (**ACK**nowledge) liefern. Ein *Sender* legt Daten, im Falle eines Masters auch Adressen, auf die Datenleitung SDA. Ein *Empfänger* übernimmt die Daten und bestätigt den Empfang mit dem Signal ACK = Low. Änderungen von Daten- bzw. Adressbits sind nur während des Low-Zustandes von SCL zulässig; während SCL = High muss die Datenleitung SDA stabil sein. Nach der Startbedingung sendet der Master eine 7 Bit Slave-Adresse gefolgt von einem Richtungsbit R/W (**R**ead = High, **W**rite = Low); dies muss vom adressierten Slave mit ACK = Low bestätigt werden. Dann folgen die Daten, die entweder der Master sendet und der Slave bestätigt oder der Slave sendet und der Master bestätigt. Im Multi-Master-Betrieb können mehrere Masterkomponenten abwechselnd die Kontrolle über den Bus übernehmen.

Die TWI-Schnittstelle der ATmega-Familie kann sowohl als Master als auch als Slave senden und empfangen. Bausteine ohne diese Schnittstelle müssen die entsprechenden Zustände bzw. Flanken mit Befehlen ausgeben bzw. kontrollieren.

Der Schiebetakt SCL wird durch einen Vorteiler aus dem Systemtakt abgeleitet. Der Teilerfaktor TWPS mit den Werten 0, 1, 2 und 3 ist in das Statusregister TWSR einzutragen. Schiebetakt und Bitratenfaktor ergeben sich zu:

$$SCL = \frac{Systemtakt}{16 + 2(Faktor)4^{TWPS}} \qquad Faktor = \frac{Systemtakt/SCL - 16}{2 * 4^{TWPS}}$$

Nach Angaben des Herstellers soll im Masterbetrieb der Wert des Bitratenfaktors nicht unter 10 liegen. Bei einem Systemtakt von 1 MHz, einem gewählten Schiebetakt SCL von ca. 10 kHz und dem Vorteiler TWPS = 1 ist der Bitratenfaktor von 10 in das Bitratenregister **TWBR** zu laden. Nach einem Reset ist der Anfangswert dieses Registers 0.

TWBR = **TWI B**it **R**ate Register   bitadressierbar

Bitratenfaktor

Mit dem Steuerregister TWCR werden Übertragungsparameter eingestellt und angezeigt sowie die auszuführende Operation (Start, Stopp, Bestätigung) gestartet. Nach einem Reset ist der Anfangswert dieses Registers 0.

TWCR = **TWI C**ontrol **R**egister

Bit 7	Bit 6	Bit 5	Bit 4	Bit 3	Bit 2	Bit 1	Bit 0
TWINT	TWEA	TWSTA	TWSTO	TWWC	TWEN	–	TWIE
1 setzen: starten 1 anzeigen: fertig	*ACK ausführen*	*Start ausführen*	*Stopp ausführen*	*Anzeige Schreib- kollision aufgetreten*	1: TWI freigeben		1: TWI- Interrupt freigeben

Das Bit TWINT (**TWI INT**errupt Flag) dient sowohl zum Starten einer Operation als auch zur Anzeige, dass diese ausgeführt wurde.

Durch Einschreiben von TWINT = 1 wird eine Operation gestartet, die in den anderen Bitpositionen angegeben wird und die in den anderen Registern bereits vorbereitet worden sein muss (z. B. Sendedaten in TWDR). Die Steuerung setzt daraufhin TWINT = 0 und führt die Operation aus.

Als Anzeigebit wird TWINT von der Steuerung wieder von 0 auf 1 gesetzt, wenn die angeforderte Operation ausgeführt wurde. Ist der TWI-Interrupt mit TWIE = 1 und I = 1 freigegeben, so wird ein entsprechendes Serviceprogramm gestartet; die Einsprungadresse ist in den Definitionsdateien enthalten. Das Anzeigebit wird *nicht* automatisch beim Start des Serviceprogramms zurückgesetzt, sondern muss mit einem Befehl durch Einschreiben einer **1** gelöscht werden. Da damit die nächste Operation gestartet wird, muss sie in den Registern TWAR, TWSR und TWDR vorbereitet sein. Das Beispiel gibt eine Startbedingung aus und wartet auf ihre Ausführung:

```
; Assemblerbeispiel
        ldi     r18,(1<<TWINT) | (1<<TWSTA) | (1<<TWEN);
        out     TWCR,r18        ; Startbedingung ausgeben
send1:  in      r18,TWCR        ; Steuerregister lesen
        sbrs    r18,TWINT       ; überspringe wenn fertig
        rjmp    send1           ; warte solange TWINT = 0

// C-Beispiel
TWCR = (1 << TWINT) | (1 << TWSTA) | (1 << TWEN); // Start
loop_until_bit_is_set(TWCR, TWINT);    // warte bis fertig
```

Das Bit TWEA (**TWI E**nable **A**cknowledge) erzeugt mit einer **1** den Bestätigungsimpuls ACK, wenn die Slave-Adresse empfangen wurde oder wenn für TWGCE = 1 ein allgemeiner Anruf erfolgte oder wenn ein Datenbyte empfangen wurde.

Das Bit TWSTA (**TWI STA**rt Condition) erzeugt mit einer **1** den Startzustand auf dem Bus, wenn dieser frei ist. Im Belegtzustand wird nach Erkennen des Stoppzustandes erneut versucht, den Bus zu belegen. Nach der Übertragung des Startzustandes muss das Bit durch einen Befehl zurückgesetzt werden.

Das Bit TWSTO (**TWI STO**p Condition) erzeugt mit einer **1** den Stoppzustand auf dem Bus, nach dessen Ausführung das Bit automatisch zurückgesetzt wird.

Das Bit TWWC (**TWI W**rite **C**ollision Flag) wird von der Steuerung auf 1 gesetzt, wenn versucht wird, während einer laufenden Operation (TWINT = 0) Daten in das Datenregister TWDR zu schreiben. Das Bit wird durch einen Schreibbefehl bei TWINT = 1 zurückgesetzt.

Das Einschreiben einer 1 in das Bit TWEN (**TWI EN**able) gibt den TWI-Betrieb frei; mit einer 0 wird er gesperrt.

Mit einer **1** im Bit TWIE (**TWI** Interrupt Enable) zusammen mit dem globalen Freigabebit I = 1 im Statusregister SREG wird der Interrupt am Ende einer Operation (TWINT = 1) freigegeben. Die Einsprungadresse ist meist in den Definitionsdateien vorgegeben.

```
; Assemblerbeispiel für einen TWI-Interrupt
    .ORG   TWIaddr    ; symbolische Einsprungadresse
    rjmp   fertig     ; Sprung zum Serviceprogramm

// C-Servicefunktion für einen TWI-Interrupt
SIGNAL(SIG_2WIRE_SERIAL) {  /* Zeichen abholen */  }
```

Das Statusregister TWSR zeigt den Zustand der Übertragung auf dem Bus an. Nach einem Reset ist der Anfangswert dieses Registers $F8 bzw. 0b11111000.

TWSR = **TWI S**tatus **R**egister   bitadressierbar

Bit 7	Bit 6	Bit 5	Bit 4	Bit 3	Bit 2	Bit 1	Bit 0
TWS7	TWS6	TWS5	TWS4	TWS3	–	TWPS1	TWPS0
Status	Status	Status	Status	Status		0 0: Vorteiler 1	
						0 1: Vorteiler 4	
						1 0: Vorteiler 16	
						1 1: Vorteiler 64	

Die Bitpositionen TWS7 bis TWS3 (**TWI S**tatus) geben je nach Betriebsart den Zustand der Übertragung an. Die Codes können den Unterlagen des Herstellers entnommen werden.

Die Vorteilerwerte TWPS1 und TWPS0 (**TWI PreS**caler) sind dezimal mit 0, 1, 2 und 3 in die Formeln des Schiebetaktes bzw. Bitratenfaktors einzutragen. Sie sind so zu wählen, dass der Bitratenfaktor nicht unter 10 liegt.

Die Sende- und Empfangsdaten werden in das Datenregister TWDR geschrieben bzw. aus dem Register gelesen. Der Vorgabewert nach einem Reset ist $FF (0b11111111).

TWDR = **TWI D**ata **R**egister   bitadressierbar

schreiben:	Sendedaten
lesen:	Empfangsdaten

Das Adressregister TWAR enthält eine 7 Bit Adresse für den Slave-Betrieb bzw. für den Multi-Master-Betrieb. Der Vorgabewert nach einem Reset ist $FE (0b11111110).

TWAR = **TWI** S**l**ave **A**ddress **R**egister   bitadressierbar

Bit 7	Bit 6	Bit 5	Bit 4	Bit 3	Bit 2	Bit 1	Bit 0
TWA6	TWA5	TWA4	TWA3	TWA2	TWA1	TWA0	TWGCE
Adressbit	*Adressbit*	*Adressbit*	*Adressbit*	*Adressbit*	*Adressbit*	*Adressbit*	1: Anruf frei

Das Bit **TWGCE** (**TWI G**eneral **C**all Recognition **E**nable) gibt mit einer 1 die Erkennung eines allgemeinen Anrufs über den Bus frei.

Das Beispiel Abbildung 4-51 benutzt einen I²C-Baustein zur Eingabe und Ausgabe von 8-Bit parallelen Daten. Die oberen vier Bitpositionen der Adresse sind intern mit 0 1 1 1 festgelegt, die folgenden drei Bitpositionen werden durch Beschaltung der Anschlüsse A0, A1 und A2 eingestellt. Das letzte Adressbit R/W ist 0, wenn in den Baustein geschrieben wird, und 1, wenn der Baustein gelesen wird. Die acht Leuchtdioden wurden direkt an die Ausgänge angeschlossen. Dadurch schaltet ein Low die Leuchtdiode an und ein High schaltet sie aus. Für die Eingabe von Daten müssen die Ausgänge auf High liegen.

Die Programme *k4p19* senden die am Port D eingestellten Daten komplementiert an den I²C-Baustein und geben die von ihm empfangenen Daten auf dem Port B aus.

```
; k4p19.asm  ATmega8 TWI-Schnittstelle (I2C)
; Port B: Ausgabe der empfangenen Daten
; Port C: PC4=SDA PC5=SCL an PCF8574A 8-Bit I/O
; Port D: Eingabe senden nach 8-Bit I/O Ausgabeeinheit
        .INCLUDE "m8def.inc"    ; Deklarationen
        .EQU     TAKT = 1000000 ; Systemtakt 1 MHz
        .EQU     ausad = $70    ; Adresse Ausgabeeinheit
        .EQU     einad = $71    ; Adresse Eingabeeinheit
        .DEF     akku = r16     ; für Daten
        .DEF     addr = r17     ; für Adressen
        .CSEG                   ; Programmsegment
```

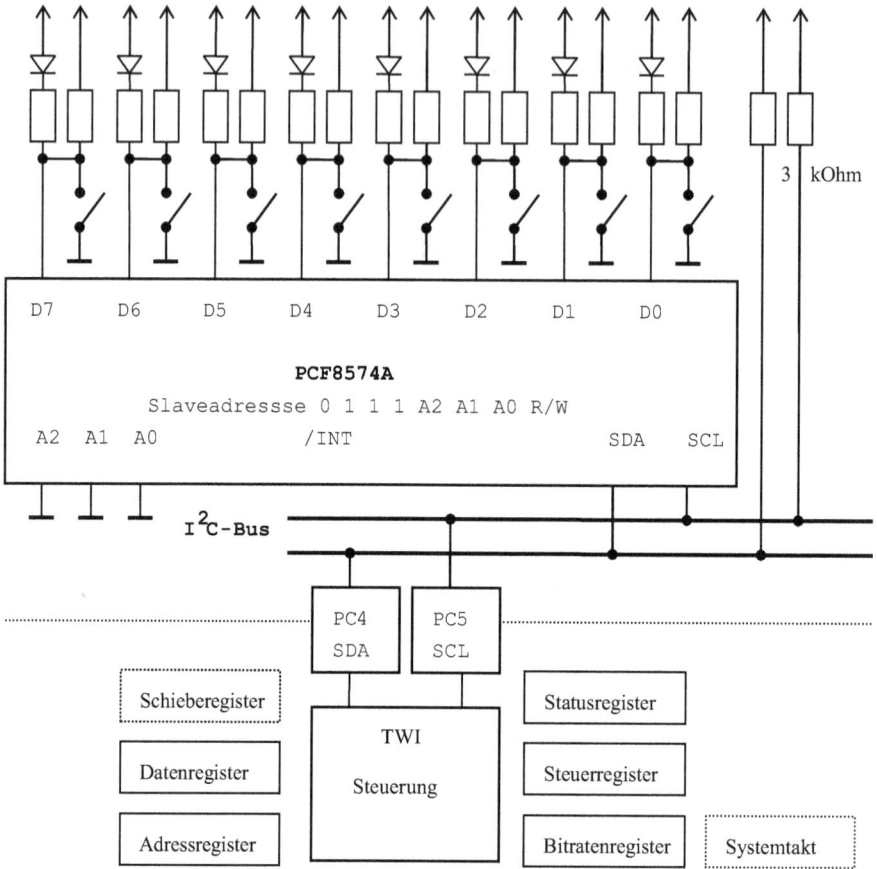

Abbildung 4-51: ATmega8 mit I²C-Ein-/Ausgabebaustein PCF8574A.

```
        rjmp    start           ; Einsprung nach Reset
        .ORG    $2A             ; keine Interrupts
start:  ldi     akku,LOW(RAMEND); Stapel anlegen
        out     SPL,akku
        ldi     akku,HIGH(RAMEND)
        out     SPH,akku
        ldi     akku,$ff
        out     DDRB,akku       ; Port B ist Ausgabe
        ldi     akku,10         ; Bitrate für Bustakt SCL=10kHz
        ldi     addr,$1         ; Vorteiler TWPS = 1
        rcall   init            ; TWI initialisieren
schlei: ldi     addr,ausad      ; R17 = Adresse Ausgaberegister
        in      akku,PIND       ; R16 = Ausgabedaten
```

```
            com        akku              ; Komplement
            rcall      send              ; TWI senden
            ldi        addr,einad        ; R17 = Adresse Eingaberegister
            rcall      empf              ; TWI empfangen
            out        PORTB,akku        ; Kontrollausgabe PORT B
            rjmp       schlei            ; Arbeitsschleife
; init R16 = Bitratenfaktor r17 = Vorteiler
init:       out        TWBR,r16          ; Bitrate
            out        TWSR,r17          ; Vorteiler
            ret                          ; Rücksprung
; send R17 = Slaveadresse   R16 = Ausgabedaten
send:       push       r18               ; Register retten
; Startbedingung ausgeben ohne Statuskontrolle
            ldi        r18,(1<<TWINT) | (1<<TWSTA) | (1<<TWEN) ;
            out        TWCR,r18          ; Startbedingung ausgeben
send1:      in         r18,TWCR          ; Steuerregister lesen
            sbrs       r18,TWINT         ; überspringe wenn fertig
            rjmp       send1             ; warte solange TWINT = 0
; Slaveadresse R17 ausgeben ohne Statuskontrolle
            out        TWDR,r17          ; R17 = Slaveadresse
            ldi        r18,(1<<TWINT) | (1<<TWEN) ;
            out        TWCR,r18          ; Slaveadresse ausgeben
send2:      in         r18,TWCR          ; Steuerregister lesen
            sbrs       r18,TWINT         ; überspringe wenn fertig
            rjmp       send2             ; warte solange TWINT = 0
; Daten R16 senden ohne Statuskontrolle
            out        TWDR,r16          ; R16 = Daten an Slave
            ldi        r18,(1<<TWINT) | (1<<TWEN) ;
            out        TWCR,r18
send3:      in         r18,TWCR          ; Steuerregister lesen
            sbrs       r18,TWINT         ; überspringe wenn fertig
            rjmp       send3             ; warte solange TWINT = 0
; Stoppbedingung ausgeben
            ldi        r18,(1<<TWINT) | (1<<TWSTO) | (1<<TWEN) ;
            out        TWCR,r18          ; Stoppbedingung ausgeben
            pop        r18               ; Register zurück
            ret                          ; Rücksprung
; empf R17 = Slaveadresse Rückgabe R16 <= empfangene Daten
empf:       push       r18               ; Register retten
; Startbedingung ausgeben ohne Statuskontrolle
            ldi        r18,(1<<TWINT) | (1<<TWSTA) | (1<<TWEN) ;
            out        TWCR,r18          ; Startbedingung ausgeben
```

```
empf1:  in      r18,TWCR        ; Steuerregister lesen
        sbrs    r18,TWINT       ; überspringe wenn fertig
        rjmp    empf1           ; warte solange TWINT = 0
; Slaveadresse R17 ausgeben ohne Statuskontrolle
        out     TWDR,r17        ; R17 = Slaveadresse
        ldi     r18,(1<<TWINT) | (1<<TWEN) ;
        out     TWCR,r18        ; Slaveadresse ausgeben
empf2:  in      r18,TWCR        ; Steuerregister lesen
        sbrs    r18,TWINT       ; überspringe wenn fertig
        rjmp    empf2           ; warte solange TWINT = 0
; Daten nach R16 empfangen ohne Statuskontrolle
        ldi     r18,(1<<TWINT) | (1<<TWEN) ;
        out     TWCR,r18
empf3:  in      r18,TWCR        ; Steuerregister lesen
        sbrs    r18,TWINT       ; überspringe wenn fertig
        rjmp    empf3           ; warte solange TWINT = 0
        in      r16,TWDR        ; R16 <= Daten
; Bestätigungsimpuls an Sender ohne Statuskontrolle
        ldi     r18,(1<<TWINT) | (1<<TWEA) | (1<<TWEN);
        out     TWCR,r18
empf4:  in      r18,TWCR        ; Steuerregister lesen
        sbrs    r18,TWINT       ; überspringe wenn fertig
        rjmp    empf4           ; warte solange TWINT = 0
; Stoppbedingung ausgeben
        ldi     r18,(1<<TWINT) | (1<<TWSTO) | (1<<TWEN)
        out     TWCR,r18        ; Stoppbedingung ausgeben
        pop     r18             ; Register zurück
        ret                     ; Rücksprung
        .EXIT                   ; Ende des Quelltextes
```

k4p19.asm: Assemblerprogramm testet TWI-Schnittstelle.

```
// k4p19.c  ATmega8  TWI-Schnittstelle PCF8574A
// Port B: Ausgabe der Empfangsdaten
// Port C: PC4 = SDA -> Stift 15  PC5=SCL -> Stift 14 PCF8574A
// PORT D: Eingabe der Sendedaten
#include <avr/io.h>          // Deklarationen
#define TAKT 1000000UL       // Systemtakt 1 MHz
#define AUSAD 0x70           // Adresse Ausgabeeinheit PCF8574A
#define EINAD 0x71           // Adresse Eingabeeinheit PCF8574A
#define FAKTOR 10            // Teilerfaktor für 10 kHz Bustakt
#define TEILER 1             // Vorteiler TWPS = 1
```

```
void init(unsigned char faktor, unsigned char teiler) // TWI initialisieren
{
 TWBR = faktor;                  // Bitrate
 TWSR = teiler;                  // Vorteiler
} // Ende init
void send(unsigned char adres, unsigned char daten)  // Zeichen senden
{
 TWCR = (1 << TWINT) | (1 << TWSTA) | (1 << TWEN);    // Startbedingung
 loop_until_bit_is_set(TWCR, TWINT);                  // warte bis fertig
 TWDR = adres;                                        // Adresse
 TWCR = (1 << TWINT) | (1 << TWEN);                   // senden
 loop_until_bit_is_set(TWCR, TWINT);                  // warte bis fertig
 TWDR = daten;                                        // Daten
 TWCR = (1 << TWINT) | (1 << TWEN);                   // senden
 loop_until_bit_is_set(TWCR, TWINT);                  // warte bis fertig
 TWCR = (1 << TWINT) | (1 << TWSTO) | (1 << TWEN);    // Stoppbedingung
} // Ende send
unsigned char empf(unsigned char adres)              // Zeichen empfangen
{
 unsigned char daten;                                 // Hilfsvariable
 TWCR =  (1 << TWINT) | (1 << TWSTA) | (1 << TWEN);   // Startbedingung
 loop_until_bit_is_set(TWCR, TWINT);                  // warte bis fertig
 TWDR = adres;                                        // Adresse
 TWCR = (1 << TWINT) | (1 << TWEN);                   // senden
 loop_until_bit_is_set(TWCR, TWINT);                  // warte bis fertig
 TWCR = (1 << TWINT) | (1 << TWEN);                   // Empfang starten
 loop_until_bit_is_set(TWCR, TWINT);                  // warte bis fertig
 daten = TWDR;                                        // Daten abholen
 TWCR = (1 << TWINT) | (1 << TWEA) | (1 << TWEN);     // ACK-Impuls senden
 loop_until_bit_is_set(TWCR, TWINT);                  // warte bis fertig
 TWCR = (1 << TWINT) | (1 << TWSTO) | (1 << TWEN);    // Stoppbedingung
 return daten;
} // Ende empf
void main (void)                // Hauptfunktion
{
 unsigned char awert, ewert;  // Zwischenwerte für Test
 DDRB = 0xff;                  // Port B gibt Testdaten aus
 init(FAKTOR, TEILER);         // TWI Bustakt Initialisierung
 while (1)                     // Arbeitsschleife
 {
  awert = PIND;                // Testwerte vom Port D eingeben
  send(AUSAD, ~awert);         // Komplement senden
```

```
    ewert = empf(EINAD);        // Empfangsdaten
    PORTB = ewert;              // auf Port B ausgeben
  } // Ende while
} // Ende main
```

C-Programm testet TWI-Schnittstelle.

Das einfache Testbeispiel der TWI-Schnittstelle steuert nur einen Slave-Baustein an, der allerdings aus zwei Einheiten mit zwei Adressen besteht. Durch die Übertragung von Daten *und* Adressen lässt sich an einem aus zwei Leitungen und dem Bezugs- potential Ground bestehenden seriellen Bus nach Abbildung 4-52 eine Vielzahl von Einheiten betreiben. Dabei ist es oft eine Frage der Kosten, ob man die Einheiten günstiger direkt ansteuert oder I^2C-Bausteine einsetzt.

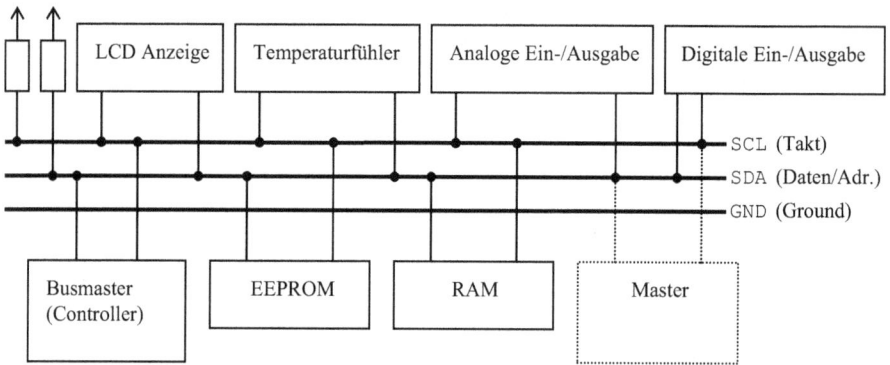

Abbildung 4-52: Serielles Bussystem.

In einem Multi-Master-System können mehrere Mastereinheiten abwechselnd die Kontrolle über den Bus übernehmen. Einzelheiten dieser Betriebsart können den Unterlagen des Herstellers Atmel entnommen werden.

4.6 Die serielle USI-Schnittstelle

Die USI-Schnittstelle (**U**niversal **S**erial **I**nterface) findet sich z. B. in den Bausteinen ATtiny2313, ATtiny26 und ATmega169. Sie kann mit geringem Aufwand an Software die seriellen Schnittstellen UART, SPI und TWI (I^2C) ersetzen. In den Anwendungs- hinweisen (Application Notes, AppNotes) des Herstellers Atmel finden sich Beispiele für die Betriebsarten:
- AppNote AVR307: Half Duplex UART Using USI Module
- AppNote AVR319: Using the USI module for SPI communication
- AppNote AVR310: Using the USI module as I^2C master
- AppNote AVR312: Using the USI module as I^2C slave

Der Kern der USI-Schnittstelle ist wie bei den anderen seriellen Schnittstellen ein 8-Bit Schieberegister, mit dem ein Byte seriell herausgeschoben und gleichzeitig auch hineingeschoben wird. Dazu kommt eine synchrone Taktsteuerung. Die drei Anschlüsse am Port B haben je nach Betriebsart unterschiedliche Funktionen. Der Schiebetakt wird entweder von einem Überlauf des Timer0, extern vom Takteingang oder von der Software durch Schreiben einer 1 in das Bit USICLK des Steuerregisters abgeleitet (Abbildung 4-53).

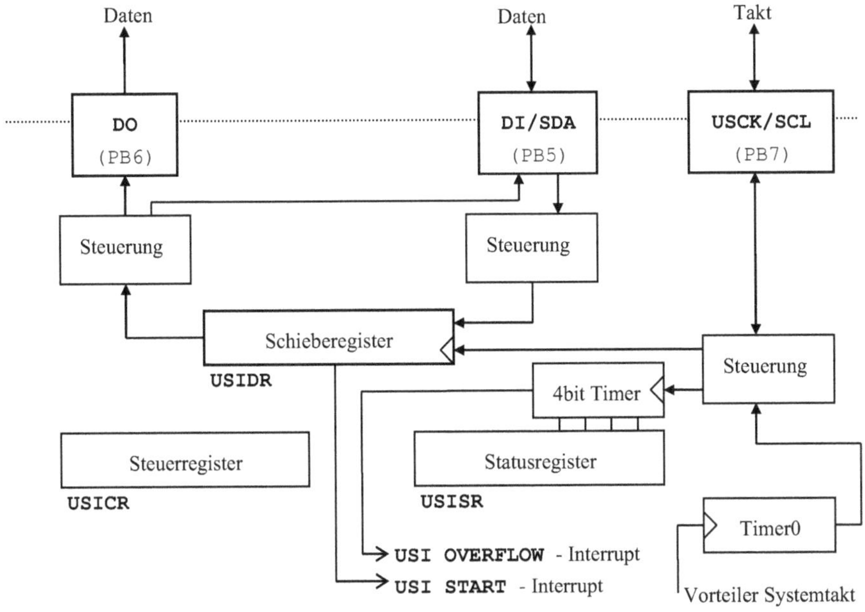

Abbildung 4-53: Modell der USI-Schnittstelle (ATtiny2313).

Beim Schreiben des USI-Datenregisters gelangt das auszugebende Byte direkt in das Schieberegister. Beim Lesen des USI-Datenregisters werden die empfangenen Daten direkt aus dem Schieberegister gelesen.

USIDR = **USI D**ata **R**egister   bitadressierbar

schreiben:	Sendedaten
lesen:	Empfangsdaten

Nach einem Reset ist die USI-Schnittstelle zunächst gesperrt. Sie muss durch Programmieren des Steuerregisters **USICR** freigegeben werden.

USICR = USI Control Register bitadressierbar

Bit 7	Bit 6	Bit 5	Bit 4	Bit 3	Bit 2	Bit 1	Bit 0
USISIE	USIOIE	USIWM1	USIWM0	USICS1	USICS0	USICLK	USITC

Startbe- dingung	Timer- Überlauf	0 0: normale Portoperat. 0 1: SPI-Betrieb mit DO, DI und USCK	0 0 0: kein Takt 0 0 1: Softwaretakt für USICLK=1 0 1 x: Takt durch Timer0-Überlauf	1 schreiben: Ausgang USICK

Interrupt
0: gesperrt
1: frei
	Interrupt
	0: gesperrt
	1: frei
		1 0: TWI-Betrieb mit
		  SDA und SCL
		1 1: TWI-Betrieb mit
		  SDA und SCL
			1 0 0: externer Takt
			1 1 0: externer Takt
			1 0 1: externer und Software-Takt
			1 1 1: externer und Software-Takt
				umschalten
				bzw.
				Timer-Takt

Bit **USISIE** (USI Start Condition Interrupt Enable) gibt mit einer 1 den Interrupt der USI-Schnittstelle frei, wenn abhängig von der Betriebsart, die Startbedingung aufgetreten ist.

Bit **USIOIE** (USI Counter Overflow Interrupt Enable) gibt mit einer 1 den Interrupt bei einem Überlauf des 4 Bit Timers der USI-Schnittstelle frei.

Die Bits **USIWM1** und **USIWM0** (USI Wire Mode) bestimmen die Betriebsart der Ausgänge.

Die Bits **USICS1** und **USICS0** (USI Clock Source Select) bestimmen die Taktquelle für das Schieberegister und den 4 Bit Timer. Einzelheiten siehe Datenbuch des Herstellers.

Bit **USICLK** (USI Clock Strobe): für USICS1=USICS0=0 liefert das Einschreiben einer **1** nach USICLK den Taktimpuls für das Schieberegister und den 4 Bit Timer.

Bit **USITC** (USI Toggle Clock Port Pin) schaltet in Abhängigkeit von der Betriebsart und der Taktquelle den Takt für den Ausgang USCK/SCL bzw. für den 4 Bit Timer.

Die Übertragung kann vom Programm durch Auswerten des Statusregisters USISR kontrolliert werden. Die Bitpositionen werden von der Steuerung gesetzt und müssen vom Programm zurückgesetzt (gelöscht) werden.

USISR = USI Status Register bitadressierbar

Bit 7	Bit 6	Bit 5	Bit 4	Bit 3	Bit 2	Bit 1	Bit 0
USISIF	USIOIF	USIPF	USIDC	USICNT3	USICNT2	USICNT1	USICNT0

Startbed. 1: aufgetreten	Timerüberlauf 1: aufgetreten	Stoppbed. 1: aufgetr.	Kollision 1: aufgetr.	laufender Wert des 4 Bit Timers von 0000 bis 1111	

Bit **USISIF** (USI Start Condition Interrupt Flag) wird von der Steuerung auf 1 gesetzt, wenn je nach Betriebsart die Startbedingung aufgetreten ist und wird durch Einschreiben einer 1 wieder zurückgesetzt.

Bit **USIOIF** (USI Counter Overflow Interrupt Flag) wird von der Steuerung bei einem Überlauf des 4 Bit Timers von 1111 nach 0000 auf 1 gesetzt und wird durch Einschreiben einer 1 wieder zurückgesetzt.

Bit **USIPF** (USI Stop Condition Flag) wird von der Steuerung auf 1 gesetzt, wenn je nach Betriebsart eine Stoppbedingung aufgetreten ist und wird durch Einschreiben einer 1 wieder zurückgesetzt.

Bit **USIDC** (USI Data Output Collision) wird von der Steuerung auf 1 gesetzt, wenn in den beiden TWI-Betriebsarten die Bitposition 7 des Schieberegisters nicht mit dem Ausgang übereinstimmt.

Die Bitpositionen **USICNT3** bis **USICNT0** (USI Counter Value) enthalten den laufenden Wert des 4 Bit Timers, der jederzeit gelesen und beschrieben werden kann. Die Taktquelle wird durch die Bits USICS1 und USICS0 des Steuerregisters bestimmt.

```
; Beispiel für den SPI Betrieb als Master aus dem Datenbuch des Herstellers
      out   USIDR,r16          ; Sendedaten nach Schieberegister
      ldi   r16,(1 << USIOIF)  ; Timerüberlaufanzeige und Timer zurücksetzen
      out   USISR,r16          ;
      ldi   r16,(1<<USIWM0)|(1<<USICS1)|(1<<USICLK)|(1<<USITC) ; SPI Takt
loop: out   USICR,r16          ; Softwaretakt
      sbis  USISR,USIOIF       ; Ende der Übertragung ?
      rjmp  loop               ; nein:
      in    r16,USIDR          ;   ja: Empfangsdaten abholen
```

4.7 Analoge Schnittstellen

Ein **Digital/Analogwandler** setzt einen binären Eingangswert in eine analoge Ausgangsspannung um, die auf einen Referenzwert bezogen ist (Abbildung 4-54 links). Bei einer Referenzspannung von 2.55 Volt liefert der Wert 0 eine Spannung von 0 Volt am Ausgang, der Wert 255 eine Spannung von +2.55 Volt. Dazwischen liegen bei einem 8-Bit Wandler noch 253 weitere Spannungsstufen. Die Umsetzzeit vom Einschreiben des digitalen Wertes bis zur analogen Ausgabe hängt nur ab von der Schaltzeit der Analogschalter und des Bewertungsnetzwerkes und liegt unter 1 µs. Nur wenige AVR-Controller besitzen Digital/Analogwandler.

Ein **Analog/Digitalwandler** setzt eine analoge Eingangsspannung in einen digitalen Ausgabewert um (Abbildung 4-54 rechts). Auch der AD-Wandler bezieht sich auf eine Referenzspannung. Umsetzer nach dem Verfahren der **schrittweisen Näherung (sukzessive Approximation, Wägeverfahren)** vergleichen die Eingangsspannung mit dem Ausgang eines Digital/Analogwandlers. Beginnend mit der werthöchsten Bitposition wird die D/A-Spannung probeweise um den Wert einer Bitposition erhöht. Ist die resultierende Spannung größer als die zu messende, so wird das Bit wieder entfernt. Ein N Bit Wandler benötigt also N Wandlungsschritte. Die Umsetzzeit liegt je

Analoger Ausgang

Analoger Eingang

Komparator

Uref	Bewertungsnetzwerk
	Analogschalter
	Digitalregister

Digital/Analogwandler

| Steu. | Digitalregister |

Uref   Freigabe   Digitale Eingänge

Uref   Steuersignale   Digitale Ausgänge

Digital/Analogwandler

Analog/Digitalwandler

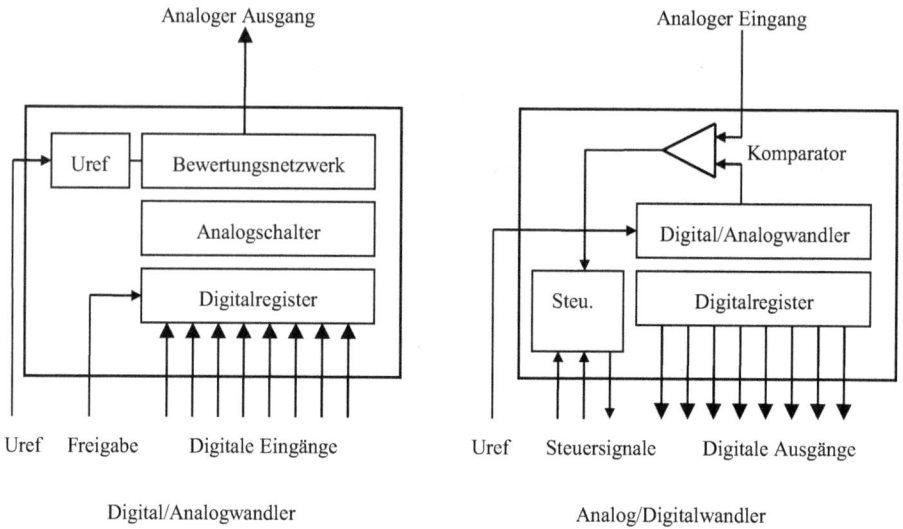

Abbildung 4-54: Analoge Schnittstellen.

nach Takt und Bitbreite zwischen 1 und 100 µs. Einige wenige AVR-Controller z. B. der ATtiny-Familie haben keine A/D-Wandler, während die meisten über 10-Bit Wandler, Xmegas sogar über 12-Bit Wandler verfügen.

4.7.1 Der Analog/Digitalwandler

Die Analog/Digitalwandler-Einheit Abbildung 4-55 besitzt eine eigene Stromversorgung; AVcc kann nach einer Empfehlung des Herstellers über ein LC-Glied mit der Stromversorgung Vcc des Bausteins verbunden werden. AGND und die Massefläche der analogen Eingangskomponenten sollten nur an einem Punkt mit dem GND-Anschluss des Bausteins verbunden werden. Die Referenspannung AREF bestimmt den Messbereich. Sie darf nicht größer sein als die Versorgungsspannung und wurde in dem Beispiel mit AVcc verbunden. Der Innenwiderstand der analogen Signalquellen sollte nicht größer als 10 kΩ sein. Der Kanalmultiplexer wählt einen der sechs Eingänge für die Messung aus, wahlweise kann eine interne Referenspannung angelegt werden. Eine Sample&Hold-Schaltung (Abtast- und Halteglied) sorgt dafür, dass sich Änderungen der zu messenden Spannung während der Umwandlungszeit nicht auswirken, da der Eingangskanal abgetrennt wird. Die Umsetzzeit beträgt bei einem Wandlungstakt von 50 kHz ca. 260 µs und bei 200 kHz ca. 65 µs. Der Wandlungstakt wird über einen programmierbaren Teiler vom Systemtakt abgeleitet und soll zwischen 50 und 200 kHz liegen.

Mit dem Register **ADMUX** werden die Referenspannung, die Ausrichtung der Daten und der umzuwandelnde Kanal ausgewählt. Nach einem Reset sind alle Bitpositionen gelöscht.

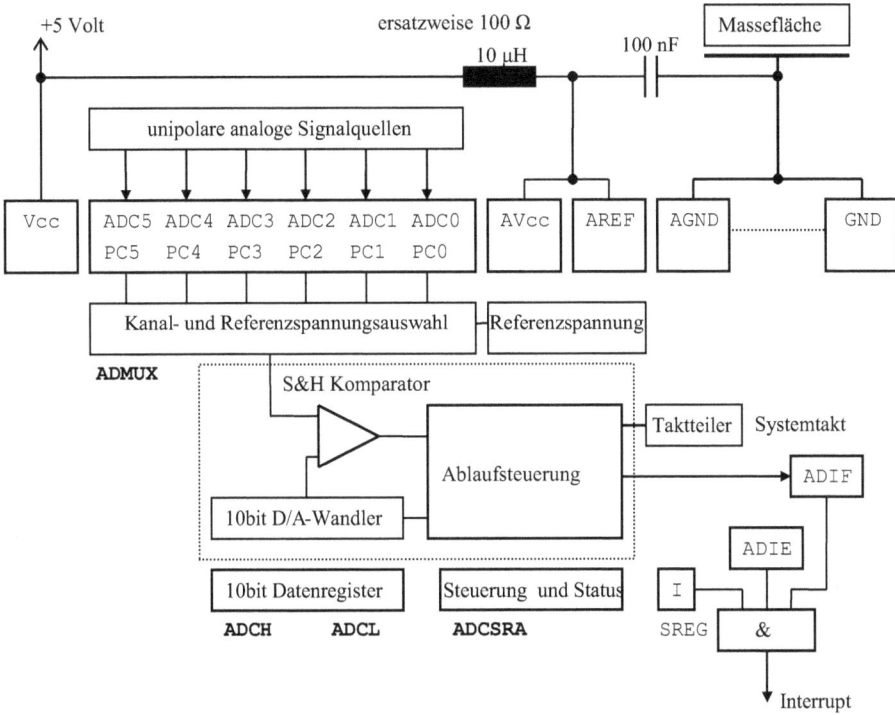

Abbildung 4-55: Modell des Analog/Digitalwandlers (ATmega8).

ADMUX = **AD**C **Mu**ltiplexer Select Register   bitadressierbar

Bit 7	Bit 6	Bit 5	Bit 4	Bit 3	Bit 2	Bit 1	Bit 0
REFS1	REFS0	ADLAR	–	MUX3	MUX2	MUX1	MUX0

Referenzspannung	*Ausrichtung*	*Kanalauswahl*
0 0 : Pin AREF	0: rechts	0 0 0 0 : Kanal ADC0 (PC0)
0 1 : von AVcc	1: links	0 0 0 1 : Kanal ADC1 (PC1)
1 0 : –		0 0 1 0 : Kanal ADC2 (PC2)
1 1 : 2.56 V		0 0 1 1 : Kanal ADC3 (PC3)
bei internen Refe-		0 1 0 0 : Kanal ADC4 (PC4)
renzen den offenen		0 1 0 1 : Kanal ADC5 (PC5)
Eingang Pin AREF		0 1 1 0 : Kanal ADC6 (nur in TQFP und MLF-Version)
mit Kondensator		0 1 1 1 : Kanal ADC7 (nur in TQFP und MLF-Version)
beschalten!		1 1 1 0 : 1.23V (V_{BG})
		1 1 1 1 : 0V (GND)

Die Bits **REFS1** und **REFS0** (**REF**erence **S**election Bits) legen die Referenzspannung fest.

Bit **ADLAR** (**ADC L**eft **A**djust **R**esult) bestimmt die Ausrichtung des 10-Bit Ergebnisses in den Ergebnisregistern ADCH und ADCL.

Die Bits MUX3 bis MUX0 wählen den Eingangskanal sowie die Eingangsspannung für den Komparator.

Das Register ADCSR enthält die Steuer- und Statusbits für den Betrieb des Wandlers. Die Ablaufsteuerung benötigt einen Takt im Bereich von 50 bis 200 kHz, der über einen programmierbaren Taktteiler vom Systemtakt des Controllers abgeleitet wird.

ADCSR = **A**D**C** **C**ontrol and **S**tatus **R**egister   bitadressierbar

Bit 7	Bit 6	Bit 5	Bit 4	Bit 3	Bit 2	Bit 1	Bit 0
ADEN	ADSC	ADFR	ADIF	ADIE	ADPS2	ADPS1	ADPS0
Wandler **1:** ein **0:** aus	**1** : *Start* **0** : Ende der Wandl.	**0** : Einzel **1** : Dauer Wandl.	**1**: *Interrupt* Daten bereit	**1**: *Interrupt* frei	Wandlungstaktteiler 0 0 0 Teiler : 2 0 0 1 Teiler : 2 0 1 0 Teiler : 4 0 1 1 Teiler : 8 1 0 0 Teiler : 16 1 0 1 Teiler : 32 1 1 0 Teiler : 64 1 1 1 Teiler : 128		

Bit **ADEN** (**A**D**C** **En**able) ist nach einem Reset gelöscht (**0**) und der Wandler ist abgeschaltet. Das Schreiben einer 1 schaltet den Wandler ein.

Bit **ADSC** (**A**D**C** **S**tart **C**onversion) startet durch Einschreiben einer 1 die Umwandlung. Beim ersten Start nach der Freigabe mit ADEN wird ein zusätzlicher Umwandlungszyklus vorangestellt, der die erste Umwandlungszeit verlängert.

In der Betriebsart *Einzelwandlung* wird das Bit ADSC am Ende der Umwandlung von der Steuerung wieder zurückgesetzt (**0**); jede Wandlung muss in dieser Betriebsart neu gestartet werden.

In der Betriebsart freilaufende *Dauerwandlung* wird automatisch am Ende einer Wandlung sofort die nächste gestartet und ADSC bleibt 1; Kontrolle auf neue Daten durch ADIF.

Bit **ADFR** (**A**D**C** **F**ree **R**un Select) schaltet mit einer 1 den freilaufenden Wandlungsbetrieb ein, in dem am Ende einer Wandlung automatisch die nächste gestartet wird. Durch Einschreiben einer 0 wird die Betriebsart Freilaufwandlung wieder abgeschaltet.

Bit **ADIF** (**A**D**C** **I**nterrupt **F**lag) wird von der Steuerung auf 1 gesetzt, wenn eine Wandlung beendet ist und die gewandelten Daten im Datenregister zur Verfügung stehen. Das Bit wird bei der Annahme des Interrupts automatisch wieder zurückgesetzt. Dies kann auch durch Einschreiben einer 1 mit einem Befehl erfolgen. Das Bit wird auch zurückgesetzt, wenn andere Bitpositionen des Registers mit den Befehlen SBI oder CBI angesprochen werden.

Bit **ADIE** (**A**D**C** **I**nterrupt **E**nable) sperrt (0) oder gibt den Interrupt frei (1).

Mit den Bits **ADPS2** bis **ADPS0** (**ADC P**rescaler **S**elect) wird der Vorteiler so programmiert, dass der Umwandlungstakt zwischen 50 und 200 kHz liegt. Beispiel:

Systemtakt 1 MHz, Teiler 8, Wandlungstakt 125 kHz für Teiler 0 1 1

Die Datenregister **ADC** enthalten die gewandelten Daten am Ende einer Wandlung. Die Register müssen in der Reihenfolge erst **ADCL** (Low) dann **ADCH** (High) gelesen werden. Die Ausrichtung wird bestimmt vom Bit ADLAR im Register ADMUX.

ADCH = **ADC** Data Register **High**

ADLAR = 0:	*Bit_9 und Bit_8 des 10-Bit Digitalwertes*
ADLAR = 1:	*Bit _9 bis Bit_2 des 10-Bit Digitalwertes*

ADCL = **ADC** Data **R**egister **Low**

ADLAR = 0:	*Bit_7 bis Bit_0 des 10-Bit Digitalwertes*
ADLAR = 1:	*Bit_1 und Bit_0 des 10-Bit Digitalwertes*

Die folgenden Testprogramme zeigen den Analog/Digitalwandler des ATmega8 in beiden Betriebsarten. Als analoge Signalquelle dient ein Potentiometer von 10 kΩ, an dem eine Spannung zwischen 0 und Vcc = 5 Volt abgegriffen werden kann. Die Programme *k4p22* arbeiten in der Betriebsart Einzelwandlung. Nach dem Start des Wandlers kontrolliert eine Schleife das Bit ADSC, das von der Ablaufsteuerung am Ende der Wandlung gelöscht wird. In der Testschleife wird der gewandelte Wert auf dem Port B und dem Port D dual ausgegeben, und der Wandler wird jedesmal durch Setzen von Bit ADSC erneut gestartet.

```
; k4p22.asm  ATmega8  Test des Analog/Digitalwandlers
; Port B: High-Teil des 10-Bit Analogwertes
; Port C: PC0 ADC0 10 kOhm Potentiometer
; Port D: Low-Teil des 10-Bit Analogwertes
; Konfiguration: interner Oszillator; externes Reset-Signal
        .INCLUDE "m8def.inc"    ; Deklarationen
        .DEF    akku = r16      ; Arbeitsregister
        .CSEG                   ; Programmsegment
        rjmp    start
        .ORG    $13             ; keine Interrupts
start:  ldi     akku,LOW(RAMEND) ; Stapel anlegen
        out     SPL,akku
        ldi     akku,HIGH(RAMEND)
        out     SPH,akku
        ldi     akku,$ff
```

```
           out     DDRB,akku          ; Port B ist Ausgang
           out     DDRD,akku          ; Port D ist Ausgang
           ldi     akku,(0 << REFS1) | (0 << REFS0) | (0 << ADLAR) | 0
           out     ADMUX,akku         ; Referenz, rechtsbündig, Kanal 0
           ldi     akku,(1 << ADEN) | (1 << ADSC) | (1 << ADPS1) | (1 << ADPS0)
           out     ADCSRA,akku        ; Wandler ein und starten, Einzel, Teiler 8
loop:      sbic    ADCSRA,ADSC        ; überspringe wenn Wandlung beendet
           rjmp    loop               ; warte auf Ende der Wandlung
           in      akku,ADCL          ; erst Low-Byte
           out     PORTD,akku         ; nach Port D
           in      akku,ADCH          ; dann High-Bits
           out     PORTB,akku         ; nach Port B
           sbi     ADCSRA,ADSC        ; Wandler neu starten
           rjmp    loop               ; Schleife
           .EXIT                      ; Ende des Quelltextes
```

k4p22.asm: Assemblerprogramm Betriebsart Einzelwandlung.

```c
// k4p22.c ATmega8 A/D-Wandler Betriebsart Einzelwandlung
// Port B: Ausgabe dual Low-Byte
// Port D: Ausgabe dual D3 - D0 High-Bits
// Port C: Eingabe PC0 10 kOhm Potentiometer
// Konfiguration: interner Oszillator 1 MHz, externes Reset-Signal
#include  <avr/io.h>          // Deklarationen
int main (void)
{
 DDRB = 0xff;                 // 1111 1111 Port B ist Ausgang
 DDRD = 0x0f;                 // 0000 1111 Port D3-D0 Ausgänge
 ADMUX = 0x00;                // Ref Pin Aref, rechtsbündig, Kanal PC0
 ADCSR = (1 << ADEN) | (1 << ADSC) | (1 << ADPS1) | (1 << ADPS0);
 while (1)                    // Wandlungtakt 1 MHZ : 8 = 125 kHz
 {
  while(ADCSRA & (1 << ADSC)); // Warte auf Ende der Wandlung
  PORTB = ADCL;               // Low-Byte nach Port B
  PORTD = ADCH;               // High-Byte nach Port D
//sbi(ADCSRA,ADSC);           // Wandler neu starten (alt)
ADCSRA |= (1 << ADSC);        // Wandler neu starten (neu)
 } // Ende While
} // Ende main
```

k4p22.c: C-Programm Betriebsart Einzelwandlung.

In der Betriebsart freilaufende Dauerwandlung wird der Wandler nur einmal gestartet und löst am Ende jeder Wandlung einen Interrupt aus, der den gewandelten Wert abholt und auf den beiden Ports dual ausgibt.

```
; k4p23.asm  ATmega8  A/D-Wandler freilaufend Interrupt
; Port B: High-Teil des 10-Bit Analogwertes
; Port C: PC0 ADC0 10 kOhm Potentiometer
; Port D: Low-Teil des 10-Bit Analogwertes
; Konfiguration: interner Oszillator; externes Reset-Signal
          .INCLUDE "m8def.inc"    ; Deklarationen
          .DEF     akku = r16     ; Arbeitsregister
          .CSEG                   ; Programmsegment
          rjmp     start
          .ORG     ADCCaddr       ; Einsprung ADC fertig
          rjmp     holen          ; Service-Programm
          .ORG     $13            ; Interrupteinsprünge übergehen
start:    ldi      akku,LOW(RAMEND) ; Stapel anlegen
          out      SPL,akku
          ldi      akku,HIGH(RAMEND)
          out      SPH,akku
          ldi      akku,$ff
          out      DDRB,akku      ; Port B ist Ausgang
          out      DDRD,akku      ; Port D ist Ausgang
          ldi      akku,(0 << REFS1) | (0 << REFS0) | (0 << ADLAR) | 0
          out      ADMUX,akku     ; Referenz, rechtsbündig, Kanal 0
          ldi      akku,(1<<ADEN)|(1<< ADSC)|(1<<ADFR)|(1<<ADPS1)|(1<<ADPS0)
          out      ADCSRA,akku    ; Wandler ein,starten,freilauf,Teiler 8
          sbi      ADCSRA,ADIE    ; Wandlerinterrupt frei
          sei                     ; Interrupts global frei
loop:     nop                     ; tu nix
          rjmp     loop
; Interrupt-Serviceprogramm
holen:    push     akku           ; Register retten
          in       akku,ADCL      ; erst Low-Byte
          out      PORTD,akku     ; nach Port D
          in       akku,ADCH      ; dann High-Bits
          out      PORTB,akku     ; nach Port B
          pop      akku           ; Register zurück
          reti
          .EXIT                   ; Ende des Quelltextes
```

k4p23.asm: Assemblerprogramm freilaufende Dauerwandlung mit Interrupt.

```
// k4p23.c  ATmega8 AD-Wandler Dauerbetrieb Interrupt
// Port B: Ausgabe dual Bit_9 Bit_8
// Port D: Ausgabe dual Bit_7..Bit_0
// Port C: Eingabe ADC0 Potentiometer 10 kOhm
// Konfiguration: interner Oszillator 1 MHz, externes Reset-Signal
#include <avr/io.h>            // Deklarationen
// #include <avr/signal.h>  // Interrupt-Deklarationen (alt)
#include <avr/interrupt.h>  // Interrupt-Deklarationen (neu)
// SIGNAL(SIG_ADC)              // Interrupt-Service ADC(alt)
ISR (ADC_vect)                  // Interrupt-Service ADC(neu)
{
 PORTD = ADCL;      // Low-Teil ausgeben
 PORTB = ADCH;      // High-Teil ausgeben
}
int main(void)      // Hauptfunktion
{
 DDRB = 0xff;       // Port B ist Ausgang
 DDRD = 0xff;       // Port D ist Ausgang
 ADMUX = (0<<REFS1)|(0<<REFS0)|(0<<ADLAR)|(0<<MUX1)|(0<<MUX0);
 ADCSRA = (1<<ADEN)|(1<<ADSC)|(1<<ADFR)|1<<ADIE)|(1<<ADPS1)|(1<<ADPS0);
 sei();             // Interrupts global frei
 while(1){ }        // Die Arbeitsschleife ist leer
} // Ende main
```

k4p23.c: C-Programm freilaufende Dauerwandlung mit Interrupt.

In den Testläufen ergaben sich starke Schwankungen besonders in den beiden letzten Bitpositionen des gewandelten Wertes. Die folgenden Beispiele bilden den Mittelwert aus 64 Messwerten und schneiden die wertniederen Stellen ab. Die Ausgabe erfolgt dezimal im Bereich von 0 bis 255.

```
        clr    r15          ; R15 = Summe_High
        clr    r14          ; R14 = Summe_Low
        ldi    r18,64       ; R18 = Summenzähler
loop:   sbic   ADCSRA,ADSC  ; überspringe wenn Wandlung beendet
        rjmp   loop         ; warte auf Ende der Wandlung
        in     akku,ADCL    ; erst Low-Byte
        add    r14,akku     ; summieren
        in     akku,ADCH    ; dann High-Byte
        adc    r15,akku     ; mit Übertrag summieren
        dec    r18          ; Summenzähler vermindern
        brne   loop1        ; bis 64 Messwerte summiert
```

```
        mov     akku,r15        ; nur High-Byte der Summe
        rcall   dual2bcd        ; R16 dual nach R17:R16 BCD
        out     PORTD,r17       ; Hunderter nach Port D D3-D0
        out     PORTB,akku      ; Zehner und Einer nach Port B
        clr     r15             ; R15 = Summe_High löschen
        clr     r14             ; R14 = Summe_Low löschen
        ldi     r18,64          ; R18 = Summenzähler löschen
loop1:  sbi     ADCSRA,ADSC     ; Wandler neu starten
        rjmp    loop            ; Schleife
```

```
summe = 0; zaehl = 0;                  // Summe und Zähler löschen
 while(1)                              // Arbeitsschleife
 {
  while( ADCSRA & (1 << ADSC));        // warte auf Ende der Wandlung
  summe = summe + (unsigned int) ADCL + ((unsigned int) ADCH << 8);
  zaehl++; if (zaehl >= 64)            // 64 Werte zählen
  {
   summe = summe >> 8;                 // nur High-Byte der Summe
   PORTB = ((( summe % 100) / 10) << 4) | ((summe % 100) % 10); //
   PORTD = summe / 100;                // Hunderter
   zaehl = 0; summe = 0;               // Zähler und Summe löschen
  } //Ende if
  sbi(ADCSRA,ADSC);                    // Wandler neu starten
 } // Ende while
```

Anwendungsbeispiele für den Analog/Digitalwandler finden sich im Abschnitt 6.5 Sensoren zur Messung von Temperaturen.

4.7.2 Der Analogkomparator

Ein Analogkomparator vergleicht zwei analoge Spannungen miteinander. Dazu verfügt er über einen invertierenden (-) und einen nicht-invertierenden (+) Eingang. Ist die Spannung am (+) Eingang höher als diejenige am (-) Eingang, schaltet der Ausgang des Komparators auf High, im umgekehrten Fall auf Low. Um bei annähernder Potentialgleichheit das Hin- und Herzittern des Ausgangssignals aufgrund stes vorhandenen Rauschens zu vermeiden, ist bei neueren AVRs eine Hysterese einstellbar, beim ATtiny817 z. B. sind dies 0, 10, 25 oder 50 mV. Um diesen Betrag muss sich die Spannungsdifferenz in Gegenrichtung mindestens ändern, um das Umschalten des Ausgangs auszulösen.

Der folgende Abschnitt behandelt den Analogkomparator des ATmega8 Abbildung 4-56.

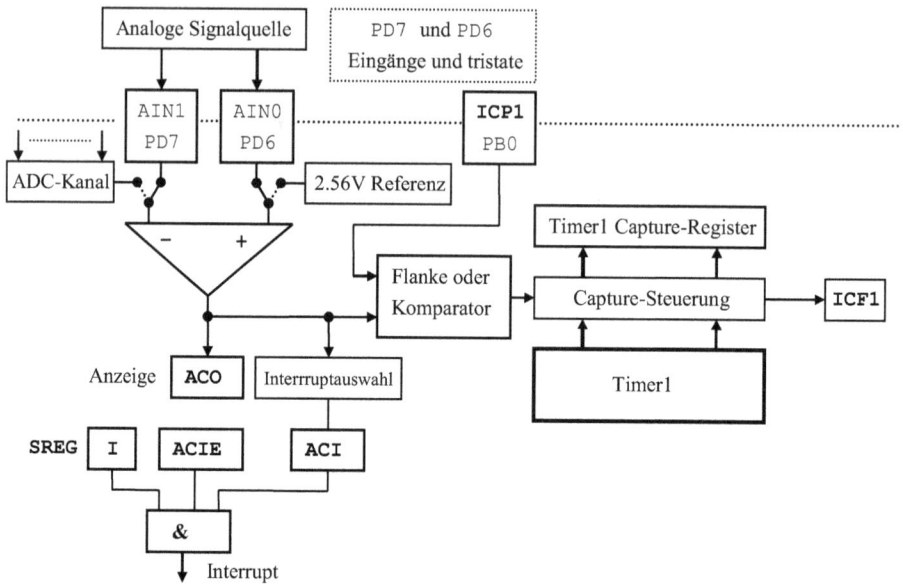

Abbildung 4-56: Der Analogkomparator (ATmega8).

Die Anschlüsse **AIN0** und **AIN1** können direkt mit den Eingängen des Analogkomparators verbunden werden. Sie müssen als Eingänge programmiert und tristate sein. Der interne Ausgang des Komparators **ACO** kann beim ATmega8 nicht direkt mit einem Ausgangspin verbunden werden, wie es bei Xmegas und AVRs der neusten Generation möglich ist.

Das Steuer- und Anzeigeregister ACSR des Analogkomparators enthält Betriebsbedingungen und Statusanzeigen.

ACSR = **A**nalogcomp. **C**ontrol **S**tatus **R**eg.   bitadressierbar

Bit 7	Bit 6	Bit 5	Bit 4	Bit 3	Bit 2	Bit 1	Bit 0
ACD	ACBG	ACO	ACI	ACIE	ACIC	ACIS1	ACIS0
Komparator	+ Eingang	*Anzeige*	1: *Anzeige*	1: *Interrupt*	*Capture-*	*Interruptbedingung*	
0: ein	0: AIN0	0: AIN0 <	Interrupt	frei	*bedingung*	0 0: umschalten	
1: aus	1: Referenz	AIN1			0: ICP	0 1: -	
		1: AIN0 >			1: Analog-	1 0: fallende Flanke	
		AIN1			komparator	1 1: steigende Flanke	

Bit **ACD** (**A**nalog **C**omparator **D**isable) ist nach einem Reset gelöscht (**0**) und der Komparator ist eingeschaltet. Er kann durch Setzen (1) von ACD zur Verringerung der Stromaufnahme abgeschaltet werden.

Bit **ACBG** (**A**nalog **C**omparator **B**and**G**ap Select) legt mit einer 1 eine interne Vergleichsspannung an den positiven Eingang AIN0.

Bit **ACO** (**A**nalog **C**omparator **O**utput) zeigt den Ausgang des Komparators an.

Bit **ACI** (**A**nalog **C**omparator **I**nterrupt Flag) wird von der Steuerung auf 1 gesetzt, wenn die ausgewählte Interruptbedingung aufgetreten ist. Das Bit wird bei der Annahme des Interrupts automatisch wieder zurückgesetzt. Dies kann auch durch Einschreiben einer 1 durch einen Befehl erfolgen. Das Bit wird auch zurückgesetzt, wenn andere Bits des Registers mit SBI oder CBI angesprochen werden!

Bit **ACIE** (**A**nalog **C**omparator **I**nterrupt **E**nable) sperrt den Interrupt mit einer 0 oder gibt ihn mit einer 1 frei.

Bit **ACIC** (**A**nalog **C**omparator **I**nput **C**apture) schaltet mit einer 1 den Ausgang ACO des Komparators auf den Eingang „Störunterdrückung und Flankenauswahl" der Capture-Steuerung. Mit einer **0** (nach Reset) ist der Capture-Eingang ICP (PD6) mit der Capture-Steuerung verbunden.

Die Bits **ACIS1** und **ACIS0** (**A**nalog **C**omparator **I**nterrupt **S**elect) legen die Interruptbedingung bei einer Änderung des Komparatorausgangs ACO fest. Vor einer Änderung dieser Bitpositionen sollte der Interrupt des Analogkomparators gesperrt werden, um Fehlauslösungen zu vermeiden.

Das Bit **ACME** (**A**nalog **C**omparator **M**ultiplexer **E**nable) des Steuerregisters **SFIOR** schaltet mit einer 1 bei ausgeschaltetem Analog/Digitalwandler (ADEN in ADCSR = 0) einen der analogen Eingänge ADC0 bis ADC5 auf den negativen Eingang des Komparators und schaltet den externen Eingang AIN1 ab. Die Steuerbits MUX2 bis MUX0 des Kanalauswahlregisters ADMUX wählen den Kanal aus.

SFIOR = **S**pecial **F**unction **I/O R**egister

Bit 7	Bit 6	Bit 5	Bit 4	Bit 3	Bit 2	Bit 1	Bit 0
–	–	–	–	ACME	PUD	PSR2	PSR10
				– Eingang	0: Pull-Up frei		
				0: AIN1	1: Pull-Up aus		
				1: für ADEN = 0: Analogkanal			

Die Testprogramme des Analogkomparators vergleichen die beiden an den Eingängen AIN1 und AIN0 anliegenden Spannungen und geben das Anzeigebit ACO auf PD5 aus. Stellt man am Potentiometer eine Spannung kleiner als die Teilerspannung ein, so geht die LED aus (Abbildung 4-57).

```
; k4p21.asm  ATmega8  Test des Analogkomparators
; Port B: -
; Port C: -
; Port D: PD7: AIN1  PD6: AIN0  PD5: Ausgabe ACO
```

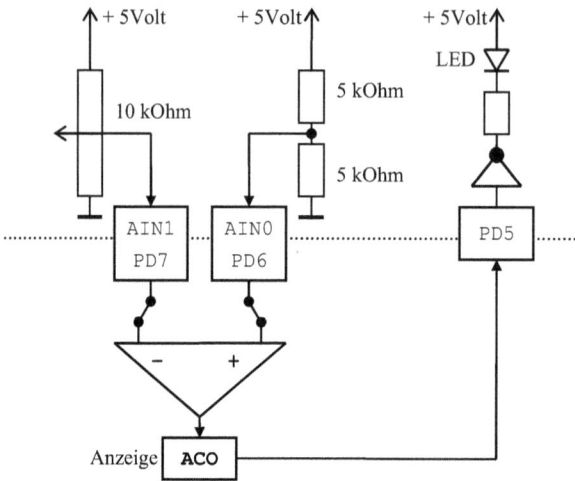

Abbildung 4-57: Testschaltung für den Analogkomparator (ATmega8).

```
; Konfiguration: interner Oszillator; externes Reset-Signal
        .INCLUDE "m8def.inc"      ; Deklarationen
        .DEF     akku = r16       ; Arbeitsregister
        .CSEG                     ; Programmsegment
        rjmp    start
        .ORG    $13               ; keine Interrupts
start:  ldi     akku,LOW(RAMEND)  ; Stapel anlegen
        out     SPL,akku
        ldi     akku,HIGH(RAMEND)
        out     SPH,akku
        sbi     DDRD,DDD5         ; PD5 ist Ausgang
        cbi     ACSR,ACD          ; Komparator ein
loop:   in      akku,ACSR         ; Anzeige ACO laden
        out     PORTD,akku        ; und ausgeben PD5
        rjmp    loop              ; Schleife
        .EXIT                     ; Ende des Quelltextes
```

```c
// k4p21.c  ATmega8  Test des Analogkomparators
// Port B: -
// Port C: -
// Port D: PD7: AIN1  PD6: AIN0  PD5: Ausgabe für ACO
// Konfiguration: interner Oszillator 1 MHz, externes Reset-Signal
#include <avr/io.h>    // Deklarationen
int main(void)         // Hauptfunktion
```

```
{
 // sbi(DDRD, DDD5);   // PD5 ist Ausgang (alt)
 DDRD |= (1<<DDD5);    // PD5 ist Ausgang (neu)
 // cbi(ACSR, ACD);    // Analogkomparator ein (alt)
 ACSR &= ~(1<<ACD);    // Analogkomparator ein (neu)
 while(1)              // Arbeitsschleife
 {
  PORTD = ACSR;        // Status nach Anzeige
 } // Ende while
} // Ende main
```

k4p21.c: Testprogramme für den Analogkomparator.

Abbildung 4-58 zeigt den Aufbau eines einfachen Analog/Digitalwandlers mit dem Komparator. Ein PWM-Aufwärtszähler erzeugt am Eingang `AIN0` die durch ein RC-Glied geglättete steigende Rampe einer Vergleichsspannung. Diese wird verglichen mit der zu messenden Spannung am Eingang `AIN1`. Bei Gleichheit wird der Zähler angehalten, der Zählerstand entspricht dann dem digitalisierten Messwert.

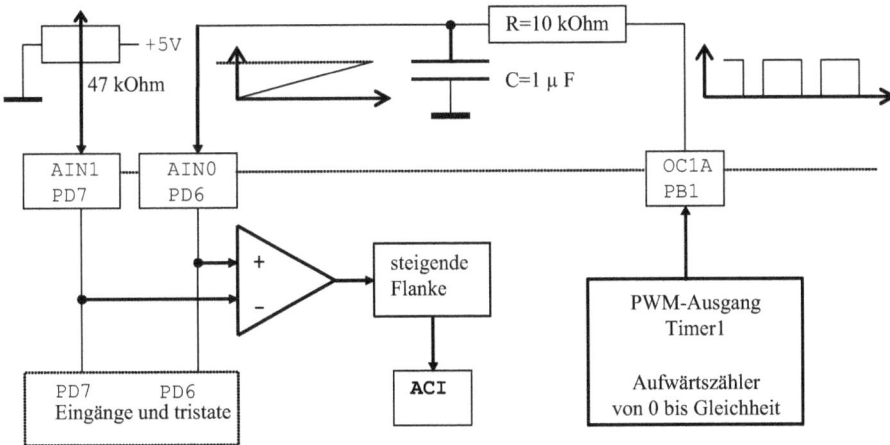

Abbildung 4-58: Analog/Digitalwandler mit Analogkomparator und PWM-Ausgang.

5 Der Boot-Programmspeicher

AVRs werden üblicherweise durch externe Geräte wie STK 600 oder ATMELICE programmiert. Viele Typen haben im Flash einen separaten Bootbereich. Ein dort eingelagertes Boot-Ladeprogramm kann den Anwendungsbereich durch den Befehl SPM (**S**tore **P**rogram **M**emory) beschreiben und damit Anwender-Programme laden bzw. modifizieren (Abbildung 5-1).

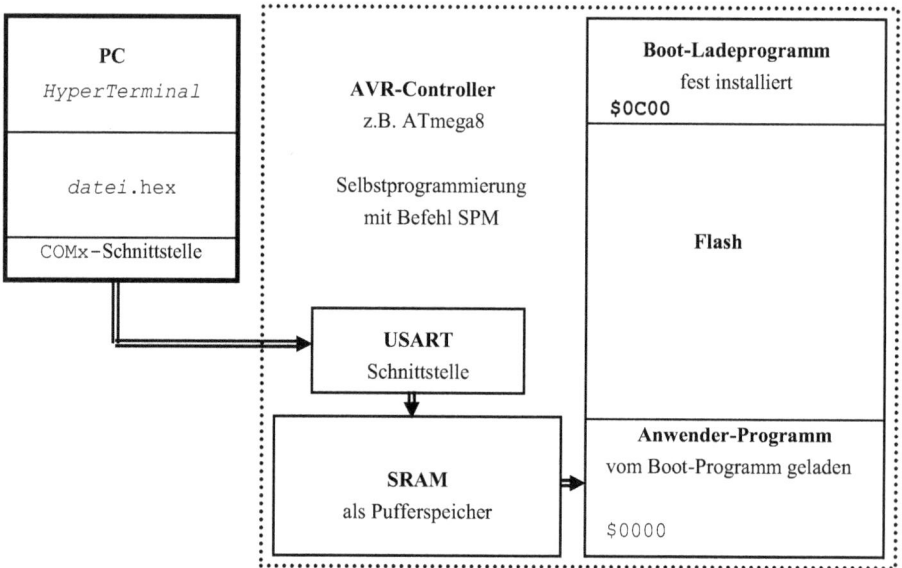

Abbildung 5-1: Selbstprogrammierung mit einem Boot-Ladeprogramm (Beispiel ATmega8).

Der Boot-Sektor befindet sich im oberen Flash-Adressbereich. Von hier aus kann per Bootloader das Anwender-Programm im unteren Adressbereich ausgetauscht oder verändert werden. Das Anwender-Programm wird wie üblich übersetzt und steht im PC als Ladedatei vom Typ .hex zur Verfügung. Diese wird z. B. mit einem Terminalprogramm wie *HyperTerminal* an den Bootloader gesendet, der den Code zunächst in einem SRAM-Pufferspeicher ablegt und dann in den unteren Flash-Bereich programmiert.

5.1 Boot-Bereich und SPM-Befehl

Das Datenbuch und die AppNote „AVR109: Self-Programming" des Herstellers Atmel beschreiben den Aufbau des Flash-Speichers für ATmega-Controller mit Selbstprogrammierung. Die folgenden Beispiele beziehen sich auf den ATmega8, für den im Abschnitt 5.2 ein einfaches Boot-Ladeprogramm vorgestellt wird.

https://doi.org/10.1515/9783110403886-005

Größe und Lage des Boot-Bereiches werden beim Laden des Boot-Programms in den Menüs *Fuses* und *Lock Bits* eingestellt.

Das Beispiel Abbildung 5-2 legt den Boot-Bereich der Größe 1024 Wörter (2048 Bytes) in den Flash-Programmspeicher ab Adresse $0C00. Die Reset-Startadresse liegt am Anfang des Boot-Bereiches bei $0C00 und nicht mehr wie voreingestellt bei $0000. Die Speicherschutzeinrichtungen sowohl für den Boot- als auch für den Anwenderbereich (*Application*) sind ausgeschaltet. Mit Hilfe der Boot-Programmiereinrichtung ist es möglich, auf die normalerweise nicht zugänglichen Flash-Speicherwörter mit den

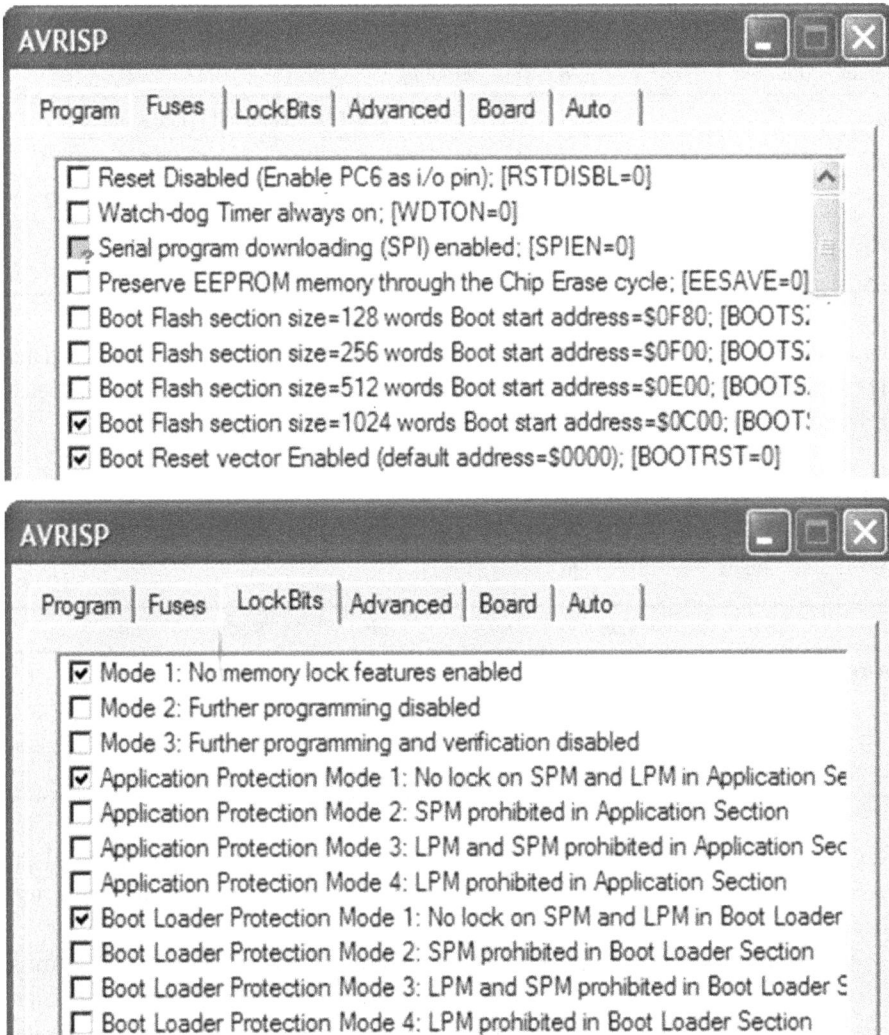

Abbildung 5-2: Selbstprogrammierung mit einem Boot-Ladeprogramm (Beispiel ATmega8).

Fuse- und Lock-Bits sowohl lesend als auch schreibend zuzugreifen und diese daher vom Boot-Programm aus zu verändern.

Während des Zugriffs auf den Anwender-Programmbereich (RWW = Read While Write) durch die Operationen *Löschen* oder *Programmieren* ist dieser für Anwendungsprogramme gesperrt. Benutzerprogramme müssen daher während dieser Zeit im Boot-Bereich (NRWW = No Read While Write) ablaufen. Während des Zugriffs auf den Boot-Bereich z. B. durch Selbstprogrammierung des Bootloaders wird die CPU angehalten. Tabelle 5-1 zeigt die Befehle, die auf den Flash-Bereich zugreifen können.

Tabelle 5-1: Befehle für den Zugriff auf den Flash-Programmspeicher.

Befehl	Operand	ITHSVNZC	W	T	Wirkung
lpm			1	3	R0 <= (Z) lade Register R0 mit Flash, Adresse in Z
lpm	Rd,Z		1	3	Rd <= (Z) lade Register Rd mit Flash, Adresse in Z
lpm	Rd,Z+		1	3	Rd <= (Z) lade Register Rd mit Flash, Adresse in Z + 1
spm			1	–	(Z) <= führe Operation in SPMCR aus Daten in R1:R0 Adresse in Z

Der Befehl SPM (**S**tore **P**rogram **M**emory) arbeitet nur in Verbindung mit dem Register **SPMCR**, das die Operationen des SPM-Befehls kontrolliert und kann nur im Boot-Bereich verwendet werden (Tabelle 5-2).

SPMCR = **SPM C**ontrol **R**egister

Tabelle 5-2: Wirkung der SPMCR-Bits.

Bit 7	Bit 6	Bit 5 Bit 4		Bit 3	Bit 2	Bit 1	Bit 0
SPMIE	RWWSB	–	RWWSRE	BLBSET	PGWRT	PGERS	SPMEM
1: *Freigabe* SPM-Interrupt	1: *Anzeige* Operation läuft		1: *Freigabe* RWW-Bereich	1: *Operation* Fuse- und Lockbits	1: *Operation* Seite schreiben	1: *Operation* Seite löschen	1: *Operation* Puffer schreiben

Eine 1 im Bit **SPMIE** (**SPM I**nterrupt **E**nable) gibt den SPM-Interrupt frei. Ist das I-Bit im Statusregister gesetzt, so wird am Ende einer SPM-Operation der SPM-Interrupt ausgelöst.

Das Anzeigebit **RWWSB** (**R**ead-**W**hile-**W**rite **S**ection **B**usy) wird von der Steuerung auf 1 gesetzt, wenn gerade eine SPM-Operation auf den RWW-Bereich, normalerweise auf den Bereich des zu programmierenden Anwendungsprogramms, ausgeführt wird.

Durch Einschreiben einer 1 in das Bit RWWSRE (**R**ead-**W**hile-**W**rite **S**ection **R**ead Enable) nach Beendigung einer SPM-Operation wird der RWW-Bereich, der während der Ausführung blockiert war, wieder zum Lesen freigegeben. Die Programmierung von RWWSRE=1 muss zusammen mit SPMEM=1 unmittelbar vor dem SPM-Befehl erfolgen.

Durch Einschreiben einer 1 in das Bit BLBSET (**B**oot **L**ock **B**it **SET**) wird mit SPM der Inhalt des Registers R0 in die Boot-Lockbits geschrieben, mit denen ein Zugriff sowohl auf den Boot-Bereich als auch auf den Bereich des Anwendungsprogramms gesperrt werden kann. Dabei soll das Z-Register den Inhalt $0001 haben. Die Programmierung von BLBSET=1 muss zusammen mit SPMEM=1 unmittelbar vor dem SPM-Befehl erfolgen.

Wird unmittelbar nach der Programmierung von BLBSET=1 zusammen mit SPMEM=1 einer der LPM-Befehle ausgeführt (**L**oad **P**rogram **M**emory), so werden in Abhängigkeit vom Z-Register Lock- bzw. Fusebits in das Zielregister geladen.

Z = $0000: lade die höherwertigen Fusebits (Sicherungen)
Z = $0001: lade die Boot- und Speicher-Lockbits (Verriegelungen)
Z = $0003: lade die niederwertigen Fusebits (Sicherungen)

Durch Einschreiben einer 1 in das Bit PGWRT (**P**a**G**e **WR**i**T**e) wird der Inhalt des internen temporären Pufferspeichers in die Zielseite geschrieben, deren Adresse in höheren Bitpositionen von Z enthalten ist. Die Programmierung von PGWRT=1 muss zusammen mit SPMEM=1 unmittelbar vor dem SPM-Befehl erfolgen.

Durch Einschreiben einer 1 in das Bit PGERS (**P**a**G**e **E**Ra**S**e) wird der Inhalt der Speicherseite, deren Adresse in höheren Bitpositionen des Z-Registers enthalten ist, mit dem Wert $FF gelöscht. Die Programmierung von PGERS=1 muss zusammen mit SPMEM=1 unmittelbar vor dem SPM-Befehl erfolgen.

Durch Einschreiben einer 1 in das Bit SPMEN (**S**tore **P**rogram **M**emory **EN**able) allein ohne die anderen Operationsbits schreibt der unmittelbar folgende SPM-Befehl ein Wort bestehend aus zwei Bytes in R1 und R0 in einen internen temporären Pufferspeicher. Die Adresse des Pufferwortes steht in den niederen Bitpositionen des Z-Registers. Das niederwertigste Bit LSB des Z-Registers wird nicht ausgewertet, sollte aber 0 sein.

Die Ausführung der SPM-Operationen *Seite löschen*, *Seite schreiben* und *Lock-Bits setzen* dauert zwischen 3.7 und 4.5 ms. Da währenddessen das SPMEN-Bit auf 1 gesetzt ist, kann das Ende der Operation durch Abfrage von SPEM auf 0 in einer Schleife geprüft werden.

Das Löschen sowie das Programmieren des Flash-Programmspeichers aus dem internen temporären Pufferspeicher erfolgt seitenweise. Beim ATmega8 umfasst eine Seite 32 Wörter (64 Bytes). Die Deklarationsdatei m8def.inc definiert für das Symbol PAGESIZE den Wert 32. Die 128 Seiten des Flash-Programmspeichers ergeben 4096 Wörter oder 8192 kB Speicherkapazität. Zur Adressierung für den SPM-Befehl hat das Z-Register den Aufbau gemäß Tabelle 5-3:

Tabelle 5-3: Z-Register.

Z15	Z14	Z13	Z12	Z11	Z10	Z9	Z8	Z7	Z6	Z5	Z4	Z3	Z2	Z1	Z0
7 bit Seitenadresse (128 Seiten)									5 bit Wortadresse (32 Wörter)						0

Das Beispiel löscht die im Z-Register eingestellte Seite durch Einschreiben des Wertes $FF und wartet, bis die Operation ausgeführt wurde.

```
; Seite löschen: Seitenadresse in Z
moni22: ldi     r16,(1<<PGERS) | (1<<SPMEN) ; Seite löschen
        out     SPMCR,r16       ; ausführen
        spm
moni23: in      r16,SPMCR       ; Status lesen
        sbrc    r16,SPMEN       ; überspringe wenn fertig
        rjmp    moni23          ; warte solange Funktion ausgeführt
```

Das Beispiel kopiert eine Seite aus dem durch das X-Register adressierten SRAM-Bereich in den durch Z adressierten internen Pufferspeicher.

```
; 64 Bytes = 32 Wörter von SRAM nach Seiten-Puffer übertragen
        ldi     r20,PAGESIZE    ; Seitenlänge in der Einheit Wort
moni25: ld      r1,X+           ; Low-Byte
        ld      r0,X+           ; High-Byte
        ldi     r16,(1<<SPMEN)  ; Puffer schreiben
        out     SPMCR,r16       ; ausführen
        spm
moni26: in      r16,SPMCR       ; Status lesen
        sbrc    r16,SPMEN       ; überspringe wenn fertig
        rjmp    moni26          ; warte solange Funktion ausgeführt
        adiw    ZL,2            ; Flash-Adresse + 2
        dec     r20             ; Zähler - 1
        brne    moni25
```

Das Beispiel überträgt den Pufferspeicher in die durch Z adressierte Seite des Flash-Programmspeichers und wartet auf das Ende der Operation.

```
; Puffer nach Flash schreiben: Seitenadresse in Z
        subi    ZL,LOW(PAGESIZE*2) ; alte Flash-Adresse
        sbci    ZH,HIGH(PAGESIZE*2); wiederherstellen
        ldi     r16,(1<<PGWRT) | (1<<SPMEN)  ; Puffer nach Flash
        out     SPMCR,r16       ; ausführen
        spm
```

```
moni27: in      r16,SPMCR       ; Status lesen
        sbrc    r16,SPMEN       ; überspringe wenn fertig
        rjmp    moni27          ; warte solange Funktion ausgeführt
```

Das Beispiel gibt anschließend den Read-While-Write-Bereich wieder frei und wartet, bis die Operation ausgeführt wurde.

```
; RWW freigeben
        ldi     r16,(1<<RWWSRE) | (1<<SPMEN) ; RWWSRE-Bit setzen
        out     SPMCR,r16       ; ausführen
        spm
moni28: in      r16,SPMCR       ; Status lesen
        sbrc    r16,SPMEN       ; überspringe wenn fertig
        rjmp    moni28          ; warte solange Funktion ausgeführt
```

Die in Abbildung 5-3 dargestellte Adressierung der Seite im Flash und des Wortes im internen Pufferspeicher durch das Z-Register gilt nur für den ATmega8.

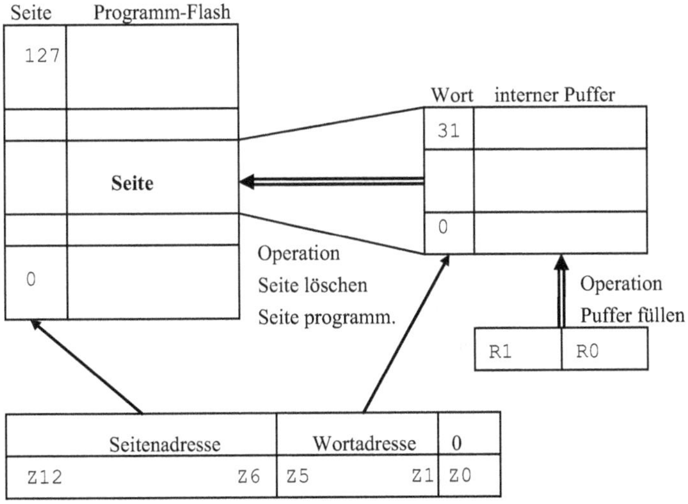

Abbildung 5-3: Adressierung der Seite im Flash und des Wortes im Pufferspeicher (ATmega8).

Die Fuse-Bits legen die Größe und Lage des Boot-Bereiches fest. Für den ATmega8 gilt:

- 1024 Wörter ab \$C00 bis \$FFF oder
- 512 Wörter ab \$E00 bis \$FFF oder
- 256 Wörter ab \$F00 bis \$FFF oder
- 128 Wörter ab \$F80 bis \$FFF
- Reset-Startadresse ab \$000 (Standard) oder Anfang des Boot-Bereiches

Der NRWW-Bereich umfasst den größten Boot-Bereich ohne Rücksicht auf den tatsächlich eingestellten Wert.

5.2 Ein einfaches Boot-Ladeprogramm

Ein *bootstrap loader (Urladeprogramm, Bootloader)* ist ein Systemprogramm, das fest im Speicherbereich des Rechners installiert ist, und mit dessen Hilfe Anwenderprogramme geladen und gestartet werden können. Ein Beispiel ist der Bootloader des ARDUINO, mit dem AVRs versehen sein müssen, um aus der ARDUINO-Umgebung heraus programmiert werden zu können. Beispiel *k5p1.asm* zeigt die Assemblerversion eines Bootloaders für den ATmega8. Das Anwenderprogramm wird über die serielle USART-Schnittstelle von einem PC in in den Controller übertragen.

```
; k5p1.asm   ATmega8   Bootloader One-Task-Version
; Port B: -
; Port C: -
; Port D: PD0 -> RXD   PD1 -> TXD   COM1 9600 Bd
; Konfiguration: interner Oszillator 1 MHz, externes RESET-Signal
        .INCLUDE  "m8def.inc"  ; Deklarationen für ATmega8
        .EQU    takt = 1000000  ; Systemtakt 1 MHz intern
        .EQU    baud = 9600   ; Baudrate
        .EQU    LAENG = 1000  ; Länge des SRAM-Puffers
        .DEF    akku = r16    ; Arbeitsregister
        .CSEG                 ; Programm-Flash
        .ORG    LARGEBOOTSTART ; Startvektor nach $0C00 verlegt
        rjmp    start         ; Reset-Einsprung
        rjmp    $001          ; INT0
        rjmp    $002          ; INT1
        rjmp    $003          ; OCR2
        rjmp    $004          ; OVF2
        rjmp    $005          ; ICP1
        rjmp    $006          ; OCP1A
        rjmp    $007          ; OCP1B
        rjmp    $008          ; OVF1
        rjmp    $009          ; OVF0
        rjmp    $00A          ; SPI
        rjmp    $00B          ; URXC
        rjmp    $00C          ; UDRE
        rjmp    $00D          ; UTXC
        rjmp    $00E          ; ADC
        rjmp    $00F          ; ERDY
```

```
        rjmp    $010            ; ACI
        rjmp    $011            ; TWI
        rjmp    $012            ; SPM
start:  cli                     ; alle Interrupts gesperrt
        ldi     akku,LOW(RAMEND); Stapel anlegen am SRAM-Ende
        out     SPL,akku
        ldi     akku,HIGH(RAMEND)
        out     SPH,akku
        rcall   initusart2      ; USART initialisieren doppelte Baudrate
neu:    ldi     ZL,LOW(meldung*2) ; Prompt und
        ldi     ZH,HIGH(meldung*2); Funktion
        rcall   puts            ;    anfordern
loop:   rcall   getch           ; R16 = Kennbuchstabe
        andi    r16,~$20        ; klein -> Gross
        cpi     r16,'S'         ; S für Start ?
        brne    loop1
        rjmp    sfunc
loop1:  cpi     r16,'L'         ; L für Laden ?
        brne    loop2
        rjmp    lfunc
loop2:  cpi     r16,'R'         ; TEST R für SRAM-Ausgabe
        brne    loop3
        rjmp    rfunc
loop3:  cpi     r16,'F'         ; TEST F für Flash-Ausgabe
        brne    loop4
        rjmp    ffunc
loop4:  rjmp    loop            ; kein Kennbuchstabe: neue Eingabe
;
; Startfunktion immer ab $000 Benutzer-Flash
sfunc:  rcall   putch           ; Echo
        ldi     akku,10         ; 10 * 10 = 100 ms warten
        rcall   wartex10ms
        ldi     ZL,0            ; Z <- Startadresse $000
        ldi     ZH,0
        ijmp                    ; indirekter Sprung
;
; Ladefunktion immer nach $000 mit $FF vorbesetzen
lfunc:  rcall   putch           ; Echo
        ldi     XL,LOW(puff)    ; X = Eingabepuffer im SRAM
        ldi     XH,HIGH(puff)
        ldi     YL,LOW(LAENG)   ; Y = Bytezähler
        ldi     YH,HIGH(LAENG)
```

```
          ldi      r16,$FF
lfunc0:   st       X+,r16            ; Puffer mit $FF vorbesetzen
          sbiw     YL,1
          brne     lfunc0
          ldi      XL,LOW(puff)      ; X = Eingabepuffer im SRAM
          ldi      XH,HIGH(puff)
          clr      r24               ; R25:R24 = höchste Ladeadresse
          clr      r25               ; im Flash
          clr      r23               ; R23 = Länge des Datensatzes
          ldi      ZL,LOW(meldung1*2)  ; Z = Ladedatei anfordern
          ldi      ZH,HIGH(meldung1*2)
          rcall    puts
; warte auf Satzanfangsmarke :
lfunc1:   rcall    getche            ; R16 = Zeichen
          cpi      r16,':'           ; Satzanfangsmarke ?
          brne     lfunc1            ; nein
; Zähler, Adresse und Satztyp lesen
          rcall    getbyte           ; R16 <- Zählerbyte
          brcc     PC+2
          rjmp     lfuncerr          ; Eingabefehler
          mov      r17,r16           ; R17 <- Bytezähler
          rcall    getbyte           ; R16 <- Adresse High
          brcc     PC+2
          rjmp     lfuncerr          ; Eingabefehler
          mov      XH,r16            ; XH  <- Adresse High
          rcall    getbyte           ; R16 <- Adresse Low
          brcc     PC+2
          rjmp     lfuncerr          ; Eingabefehler
          mov      XL,r16            ; XL  <- Adresse Low
          cp       XL,r24            ; höchste Ladeadresse merken
          cpc      XH,r25            ; aktuelle - max. Adresse
          brlo     lfunc1a           ;         kleiner: weiter
          mov      r24,XL            ; größer/gleich: merken
          mov      r25,XH
          mov      r21,r17           ; R21 = Länge des Satzes
lfunc1a:  subi     XL,LOW(-puff)     ; + Anfangsadresse SRAM
          sbci     XH,HIGH(-puff)
          rcall    getbyte           ; R16 <- Typ
          brcc     PC+2
          rjmp     lfuncerr          ; Eingabefehler
          mov      r18,r16           ; R18 <- Satztyp
```

```
        cpi     r18,0           ; Datensatz ?
        breq    lfunc4          ; ja:
        cpi     r18,1           ; Endesatz ?
        breq    lfunc3          ; ja:
        cpi     r18,2           ; Segmentsatz ?
        breq    lfunc2          ; ja:
        rjmp    lfuncerr        ; kein Satztyp
;
; Typ 2 Segmentsatz ignorieren
lfunc2: rcall   getbyte         ; Segment Low
        rcall   getbyte         ; Segment High
        rcall   getbyte         ; Prüfsumme
        rjmp    lfunc1          ; neuer Satz
;
; Typ 1 Endesatz
lfunc3: rcall   getbyte         ; Prüfsumme
        rjmp    lfunc7          ; nun geht es zum Brennen
;
; Typ 0 Datensatz lesen und nach SRAM speichern
lfunc4: ldi     r22,LOW(RAMEND-$30)   ; Kontrolle SRAM-Überlauf
        ldi     r23,HIGH(RAMEND-$30)  ; Stapel = $30 Bytes
        cp      XL,r22
        cpc     XH,r23
        brlo    lfunc5          ; Adresse < Endadresse
        rjmp    lfuncerr        ; Adresse >= Endadresse: Fehler
lfunc5: tst     r17             ; R17 = Bytezähler ?
        breq    lfunc6          ; Ende des Datensatzes
        rcall   getbyte         ; R16 <- Datenbyte
        brcc    PC+2
        rjmp    lfuncerr        ; Eingabefehler
        st      X+,r16          ; nach Puffer SRAM
        dec     r17             ; Zähler - 1
        rjmp    lfunc5
lfunc6: rcall   getbyte         ; Prüfsumme ignorieren
        rjmp    lfunc1          ; neuen Satz lesen
;
; von Eingabepuffer SRAM nach Flash brennen
lfunc7: add     r24,r21         ; höchste Ladeadresse + Satzlänge
        clr     r21
        adc     r25,r21         ; R25:R24 höchste Ladeadresse
; TEST höchste Ladeadresse R25:R24 ausgeben
        ldi     r16,10          ; cr
```

```
        rcall   putch
        ldi     r16,13          ; lf
        rcall   putch
        mov     r16,r25         ; High-Byte
        rcall   putbyte
        mov     r16,r24         ; Low-Byte
        rcall   putbyte
        ldi     r16,' '         ; Leerzeichen
        rcall   putch           ; ausgeben
; Anzahl der Seiten berechnen
        lsl     r24             ; höchste Ladeadresse
        rol     r25
        lsl     r24             ; Seiten berechnen
        rol     r25
        mov     r19,r25
        inc     r19             ; R19 = Seitenzähler 64 Bytes/Seite
        clr     ZL              ; Z = Flash-Byte-Adresse ab $000
        clr     ZH
        ldi     XL,LOW(puff)    ; X = SRAM-Pufferadresse
        ldi     XH,HIGH(puff)
        ldi     YL,LOW(PAGESIZE*2) ; Y = Bytes/Seite
        ldi     YH,HIGH(PAGESIZE*2)
;
; Seitenschleife: Seite löschen Adresse in Z
lfunc8: ldi     r16,(1<<PGERS) | (1<<SPMEN) ; Seite löschen
        rcall   spmexe          ; ausführen und warten
;64 Bytes vom SRAM-Puffer nach Seiten-Puffer
        ldi     r20,PAGESIZE    ; 32 Wörter
lfunc10:ld      r0,X+           ; R0 <- Low-Byte
        ld      r1,X+           ; R1 <- High-Byte
        ldi     r16,(1 << SPMEN); Puffer schreiben
        rcall   spmexe          ; ausführen und warten
        adiw    ZL,2            ; Flash-Adresse + 2
        dec     r20             ; Bytezähler - 1
        brne    lfunc10         ; bis Seiten-Puffer gefüllt
; Puffer nach Flash schreiben
        sub     ZL,YL           ; alte Flash-Adresse
        sbc     ZH,YH
        ldi     r16,(1 << PGWRT) | (1 << SPMEN) ; Puffer -> Flash
        rcall   spmexe          ; ausführen und warten
        add     ZL,YL           ; neue Seite
        adc     ZH,YH
```

```
; Schleifenkontrolle für alle Seiten
        ldi     r16,'*'             ; * für Seite
        rcall   putch               ; ausgeben
        dec     r19                 ; Seitenzähler - 1
        brne    lfunc8              ; nächste Seite
; RWW freigeben
        ldi     r16,(1 << RWWSRE) | (1 << SPMEN) ; Freigabe
        rcall   spmexe              ; ausführen und warten
        rjmp    neu                 ; neue Funktion anfordern
; Unterprogramm SPM-Funktion ausführen R16 = Code
spmexe: out     SPMCR,r16
        spm
spmexe1:in      r16,SPMCR
        sbrc    r16,SPMEN           ; warte solange Funktion ausgeführt
        rjmp    spmexe1
        ret
;
; Eingabefehler
lfuncerr:
        ldi     r16,100             ; 1 sek warten
        rcall   wartex10ms
        ldi     ZL,LOW(fehler*2)    ; Fehlermeldung
        ldi     ZH,HIGH(fehler*2)
        rcall   puts
        rjmp    start               ; neue Grundstellung
; Hilfsfunktionen für Speicherkontrolle
; >R   SRAM-Ausgabe 16 * 16 = 256 Bytes
rfunc:  rcall   putch               ; Echo
        ldi     ZL,LOW(puff)        ; Z = Speicheradresse
        ldi     ZH,HIGH(puff)
rfunc1: ldi     r19,16              ; R19 = Zeilenzähler
rfunc2: ldi     r18,16              ; R18 = Bytezähler / Zeile
        ldi     r16,10              ; cr
        rcall   putch
        ldi     r16,13              ; lf
        rcall   putch
        mov     r16,ZH              ; laufende Adresse
        rcall   putbyte
        mov     r16,ZL
        rcall   putbytb
rfunc3: ld      r16,Z+              ; Byte
        rcall   putbyte
```

```
            dec      r18              ; Bytezähler
            brne     rfunc3
            dec      r19              ; Zeilenzähler
            brne     rfunc2
            ldi      r16,' '
            rcall    putch
            ldi      r16,'>'
            rcall    putch
            rcall    getch
            cpi      r16,13           ; cr = Abbruch?
            brne     rfunc1           ; nein: weiter
rfunc4:     rjmp     neu              ;   ja: Abbruch
; >F   Flash-Ausgabe 16 * 16 = 256 Bytes
ffunc:      rcall    putch            ; Echo
            ldi      ZL,0             ; Z = Flash ab $000
            ldi      ZH,0
ffunc1:     ldi      r19,16           ; R19 = Zeilenzähler
ffunc2:     ldi      r18,16           ; R18 = Bytezähler / Zeile
            ldi      r16,10           ; cr
            rcall    putch
            ldi      r16,13           ; lf
            rcall    putch
            mov      r16,ZH           ; laufende Adresse
            rcall    putbyte          ; Leerzeichen und Byte
            mov      r16,ZL
            rcall    putbytb          ; nur Byte
ffunc3:     lpm      r16,Z+           ; R16 = Byte Z = Z + 1
            rcall    putbyte          ; ausgeben
            dec      r18              ; Bytezähler
            brne     ffunc3
            dec      r19              ; Zeilenzähler
            brne     ffunc2
            ldi      r16,' '
            rcall    putch
            ldi      r16,'>'
            rcall    putch
            rcall    getch
            cpi      r16,13           ; cr = Abbruch?
            brne     ffunc1           ; nein: weiter
ffunc4:     rjmp     neu              ;   ja: Abbruch ;
; interne Unterprogramme
; getbyte = zwei HEX-Zeichen lesen Carry = 1: Nicht-HEX-Zeichen
```

```
getbyte:push      r19             ; Register retten
        rcall     getnib          ; R16 = 0000 Halbbyte rechts
        mov       r19,r16
        swap      r19             ; R19 = Halbbyte 0000
        rcall     getnib          ; R16 = 0000 Halbbyte rechts
        or        r16,r19         ; R16 = Byte
        pop       r19             ; Register zurück
        ret
; getnib = ein HEX-Zeichen lesen und decodieren C = 1: Nicht-HEX-Zeichen
getnib: rcall     getche          ; Zeichen mit Echo lesen
        cpi       r16,'0'
        brlo      getnib3         ; Fehlerausgang
        cpi       r16,'9'+1
        brsh      getnib1
        subi      r16,'0'         ; 0 - 9 decodieren
        rjmp      getnib2
getnib1:andi      r16,~$20        ; klein -> gross
        cpi       r16,'A'
        brlo      getnib3         ; Fehlerausgang
        cpi       r16,'F'+1
        brsh      getnib3         ; Fehlerausgang
        subi      r16,'A'-10      ; A - F decodieren
getnib2:clc                       ; C = 0: Gut-Marke
        ret
getnib3:clr       r16             ; Ergebnis löschen
        sec                       ; C = 1: Fehlermarke
        ret
; putbyte Byte und Leerzeichen ausgeben für R- und F-Funktionen
putbyte:push      r16
        ldi       r16,' '         ; Leerzeichen
        rcall     putch           ; ausgeben
        pop       r16
putbytb:push      r16             ; Einsprung ohne Leerzeichen
        swap      r16             ; High-Nibble zuerst
        andi      r16,$0F
        rcall     putnib
        pop       r16             ; dann Low-Nibble
        andi      r16,$0F
        rcall     putnib
        ret
putnib: subi      r16,-$30        ; addi R16,$30 nach ASCII
        cpi       r16,'9'+1
```

```
        brlo    putnib1     ; war 0-9
        subi    r16,-7      ; addi R16,7 nach ASCII
putnib1:rcall   putch       ; Zeichen ausgeben
        ret
;
; externe Konsolunterprogramme einfügen
        .INCLUDE "initusart2.asm" ; USART initialisieren doppelte Baudrate
        .INCLUDE "putch.asm"     ; Zeichen aus R16 senden
        .INCLUDE "puts.asm"      ; String aus (Z) senden
        .INCLUDE "getch.asm"     ; Zeichen nach R16 ohne Echo
        .INCLUDE "getche.asm"    ; Zeichen nach R16 mit Echo
        .INCLUDE "wartex10ms.asm"
;
; Ausgabetexte
meldung: .DB 10,13,"Bootloader 1.0"
         .DB 10,13,"Funktion L=Laden S=Starten L/S >",0,0
meldung1:.DB 10,13,"     Ladedatei xxxx.HEX senden!",10,13,0,0
fehler:  .DB 10,13,"Abbruch wegen Eingabefehler!!!!!",10,13,0,0
;
; Datenbereich im SRAM als Eingabepuffer
        .DSEG
puff:   .BYTE   LAENG       ; LAENG als Symbol vereinbart
        .EXIT               ; Ende des Quelltextes
```

k5p1.asm: Bootloader für den ATmega8 (Assemblerversion).

Das Boot-Ladeprogramm belegt ca. 400 Wörter. Die Reset-Startadresse und damit auch die Interrupt-Einsprünge wurden im Menü *Fuses* auf die Boot-Anfangsadresse \$0C00 verlegt.

■ Boot Reset vector .... Die unbedingten Sprungbefehle an den Interrupt-Einsprungadressen führen in den Benutzerbereich. Da während der Flash-Programmierung keine Interrupts auftreten dürfen, werden diese für den Fall, dass ein Benutzerprogramm zurück in den Bootloader springt, durch den Befehl cli gesperrt. Nach der Initialisierung der seriellen USART-Schnittstelle fordert das Boot-Ladeprogramm den Benutzer zur Auswahl einer Funktion auf.

– Kennbuchstabe >L für **L**aden eines Anwenderprogramms
– Kennbuchstabe >S für **S**tarten eines Anwenderprogramms
– Kennbuchstabe >R für **S**RAM-Puffer-Ausgabe des geladenen Programms (Testphase)
– Kennbuchstabe >F für **F**lash-Ausgabe des geladenen Programms (Testphase)

Die *Ladefunktion* übernimmt das Anwenderprogramm in Intel-Hex-Format aus einer Datei mit der Erweiterung .**hex** und bringt die decodierten Programmbytes zunächst in den SRAM-Bereich ab Anfangsadresse $060. Nach dem Erkennen des Endesatzes beginnt die Übertragung in den Flash-Programmspeicher ab der festen Adresse $000. In einer Schleife werden für alle Seiten folgende Operationen ausgeführt:

- Seite löschen
- internen Pufferspeicher aus dem SRAM laden
- Seite aus dem internen Pufferspeicher in den Flash programmieren

Der Lösch- und Programmiervorgang einer Seite dauert nach Angaben des Herstellers zwischen 3.7 und 4.5 ms. Nach der Programmierung aller Seiten wird der RWW-Benutzer-Bereich wieder freigegeben.

Die *Startfunktion* startet mit einem unbedingten Sprungbefehl das Anwenderprogramm ab Adresse $000, das ebenfalls mit einem unbedingten Sprung `rjmp $C00` wieder in den Bootloader zurückkehren kann.

Die *Testfunktionen* dienten in der Entwicklungsphase zur Kontrolle des zunächst im SRAM-Puffer abgelegten und dann in den Flash programmierten Anwenderprogramms.

Das Testprogramm *k5p2.asm* wurde mit dem Bootloader in den Anwenderprogrammspeicher geladen und gestartet. Es entspricht dem einführenden Beispiel mit der Erweiterung, dass es mit der Taste PD7 wieder in den Bootloader zurückkehrt. Abbildung 5-4 zeigt, wie das Programm im Flash abgelegt wird.

Assembler-Quellprogramm k5p2.asm

```
; k5p2.asm ATmega8 Testprogramm für One-Task-Boot Loader
; Port B: Ausgabe PB7 .. PB0 acht  Leuchtdioden von PIND
; Port C: Ausgabe PC5 .. PC0 sechs Leuchtdioden Dualzähler
; Port D: Eingabe PD7 .. PD0 acht  Schalter  Taste PD7: nach Bootloader
; Konfiguration: interner Oszillator 1 MHz, externes RESET-Signal
         .INCLUDE "m8def.inc"  ; Deklarationen für ATmega8
         .EQU    takt = 1000000  ; Systemtakt 1 MHz intern
         .DEF    akku = r16      ; Arbeitsregister
         .CSEG                   ; Programm-Flash
         rjmp    start           ; Reset-Einsprung
         .ORG    $13             ; Interrupt-Einsprünge übergehen
start:   ldi     akku,LOW(RAMEND); Stapel anlegen
         out     SPL,akku
         ldi     akku,HIGH(RAMEND)
         out     SPH,akku
         ldi     akku,$ff        ; Bitmuster 1111 1111
         out     PORTD,akku      ; Port D PullUps ein
         out     DDRB,akku       ; Port B ist Ausgang
         out     DDRC,akku       ; Port C ist Ausgang
; Testschleife Abbruch mit Taste PD7
loop:    sbis    PIND,PIND7      ; überspringe wenn PD7 High
```

```
        rjmp    ende            ; Abbruch für PD7 Low
        in      akku,PIND       ; Eingabe Anschlüsse Pin D
        out     PORTB,akku      ; Ausgabe Anschlüsse Port B
        in      akku,PORTC      ; Eingabe alter Zähler
        inc     akku            ; Zähler erhöhen
        out     PORTC,akku      ; neuen Zähler ausgeben
        rjmp    loop            ; Sprung zum Schleifenanfang
ende:   rjmp    LARGEBOOTSTART  ; nach Boot Loader
        .EXIT                   ; Ende des Quelltextes
```

Übersetzungsliste k5p2.1st (Befehlswörter fett markiert)

```
000000 c012            rjmp    start   ; Reset-Einsprung
              .ORG      $13             ; Interrupt-Einsprünge übergehen
000013 e50f   start:   ldi     akku,LOW(RAMEND); Stapel anlegen
000014 bf0d            out     SPL,akku
000015 e004            ldi     akku,HIGH(RAMEND)
000016 bf0e            out     SPH,akku
000017 ef0f            ldi     akku,$ff        ; Bitmuster 1111 1111
000018 bb02            out     PORTD,akku      ; Port D PullUps ein
000019 bb07            out     DDRB,akku       ; Port B ist Ausgang
00001a bb04            out     DDRC,akku       ; Port C ist Ausgang
00001b 9b87   loop:    sbis    PIND,PIND7      ; überspringe wenn PD7 High
00001c c006            rjmp    ende            ; Abbruch für PD7 Low
00001d b300            in      akku,PIND       ; Eingabe Anschlüsse Pin D
00001e bb08            out     PORTB,akku      ; Ausgabe Anschlüsse Port B
00001f b305            in      akku,PORTC      ; Eingabe alter Zähler
000020 9503            inc     akku            ; Zähler erhöhen
000021 bb05            out     PORTC,akku      ; neuen Zähler ausgeben
000022 cff8            rjmp    loop            ; Sprung zum Schleifenanfang
000023 cbdc   ende:    rjmp    LARGEBOOTSTART  ; nach Boot Loader
```

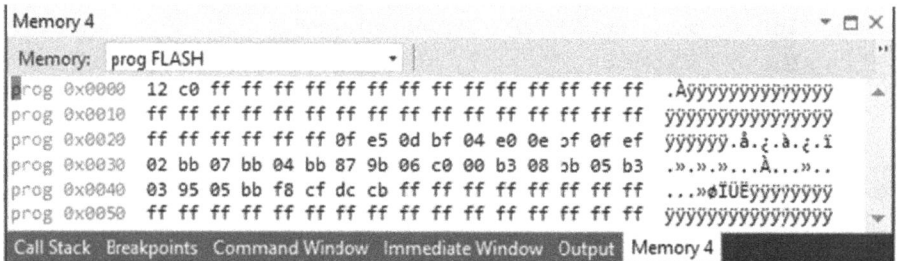

```
Memory 4                                                            ▾ □ ×
Memory:  prog FLASH                          ▾
prog 0x0000   12 c0 ff ff ff ff ff ff ff ff ff ff ff ff ff ff   .Àÿÿÿÿÿÿÿÿÿÿÿÿÿÿÿ
prog 0x0010   ff ff ff ff ff ff ff ff ff ff ff ff ff ff ff ff   ÿÿÿÿÿÿÿÿÿÿÿÿÿÿÿÿ
prog 0x0020   ff ff ff ff ff ff 0f e5 0d bf 04 e0 0e ɔf 0f ef   ÿÿÿÿÿÿ.å.¿.à.ɔ.ï
prog 0x0030   02 bb 07 bb 04 bb 87 9b 06 c0 00 b3 08 ɔb 05 b3   .».».»...À..»..
prog 0x0040   03 95 05 bb f8 cf dc cb ff ff ff ff ff ff ff ff   ...»øÏÜËÿÿÿÿÿÿÿ
prog 0x0050   ff ff ff ff ff ff ff ff ff ff ff ff ff ff ff ff   ÿÿÿÿÿÿÿÿÿÿÿÿÿÿÿÿ
Call Stack  Breakpoints  Command Window  Immediate Window  Output  Memory 4
```

Abbildung 5-4: Programmbereich des Simulators (mit hexadezimalen Byte-Adressen).

Ladedatei k5p2.hex (Adressen sind hexadezimale Byteadressen)

```
:020000002  0000FC
:02000000  12C02C
:10026000  FE50DBF04E00EBF0FEF02BB07BB04BB1D
:10036000  879B06C000B308BB05B3039505BBF8CF85
:02004600  DCCB11
:00000001  FF
```

Die Ladedatei im Intel-Hex-Format .hex kennt drei Typen von Datensätzen, die alle mit einem Doppelpunkt eingeleitet werden (Abbildung 5-5). Alle folgenden Daten sind ASCII-codierte Bytes. Am Ende eines Datensatzes steht eine Prüfsumme. Dies ist das Zweierkomplement aus der Summe aller Bytes des Datensatzes. Die allgemeine Form eines Datensatzes lautet:

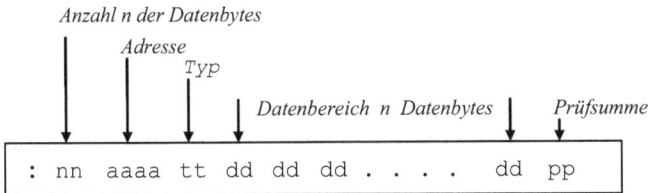

Abbildung 5-5: Intel-Hex-FormatDatensatz, allgemeine Form.

Bei einem *Segmentsatz* folgen auf den Doppelpunkt: die Anzahl der Datenbytes, eine Adresse, die Typenbezeichnung 02 und zwei Datenbytes mit einem 16-Bit Abstand, der zu allen folgenden Adressen um vier Bit verschoben zu addieren ist. Dieser Segmentsatz wird üblicherweise nicht verwendet.

Bei einem *Datensatz* folgen auf den Doppelpunkt ein Byte mit der Anzahl Datenbytes, die 16-Bit Ladeadresse, der Typ 00 und die zu ladenden Datenbytes.

Der *Endesatz* ist vom Typ 01.

Die Ladedatei .hex wurde mit dem Windows-Systemprogramm **HyperTerminal** an den Bootloader gesendet. Die Verbindungsdatei boot wurde im Menü *Datei/Neue Verbindung* entsprechend der USART-Initialisierung eingerichtet:

Die Eigenschaften der Verbindung wurden gemäß Abbildungen 5-6 und 5-7 im Menü *Datei/Eigenschaften* festgelegt.

Nach einem Reset meldete sich der Bootloader zur Auswahl der Funktionen (Abbildung 5.8). Nach der Eingabe von **L** für Laden wurde die zu übertragende Ladedatei .hex mit dem Menü *Übertragung/Textdatei senden …* ausgewählt und gesendet. Das mit der Funktion **S** gestartete Anwenderprogramm *k5p2.asm* kehrte nach Betätigung der Taste PD7 wieder in den Bootloader zurück, der nun weitere Anwenderprogramme laden und starten konnte.

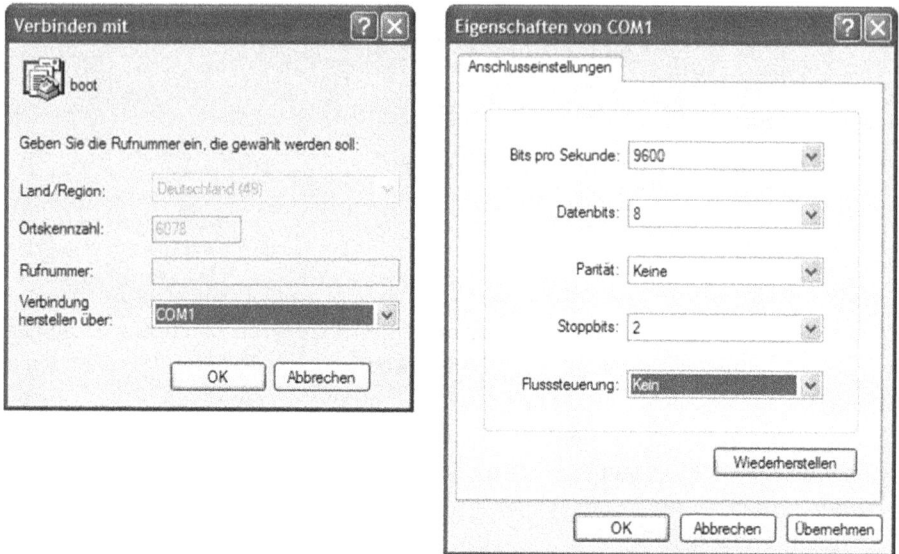

Abbildung 5-6: Hyper Terminal Verbindung einrichten.

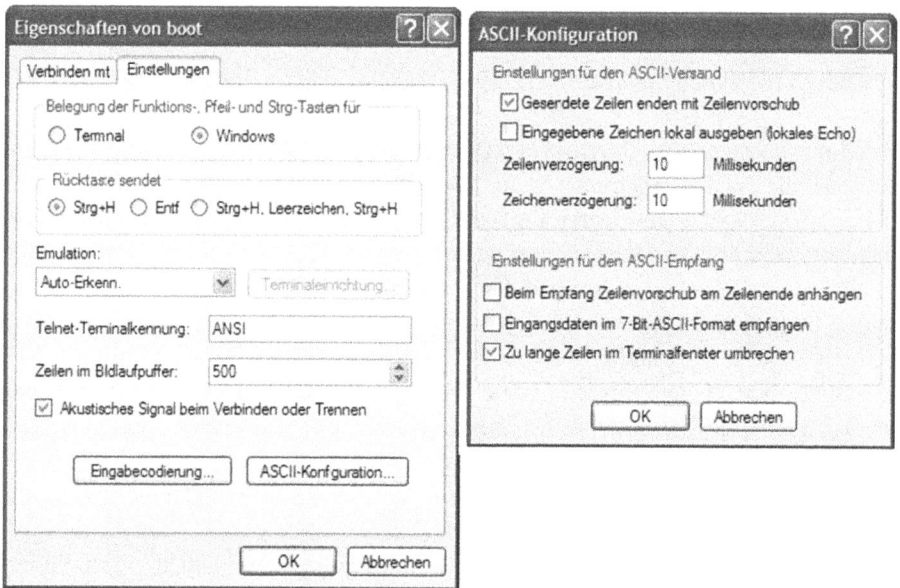

Abbildung 5-7: Konfiguration der Verbindung.

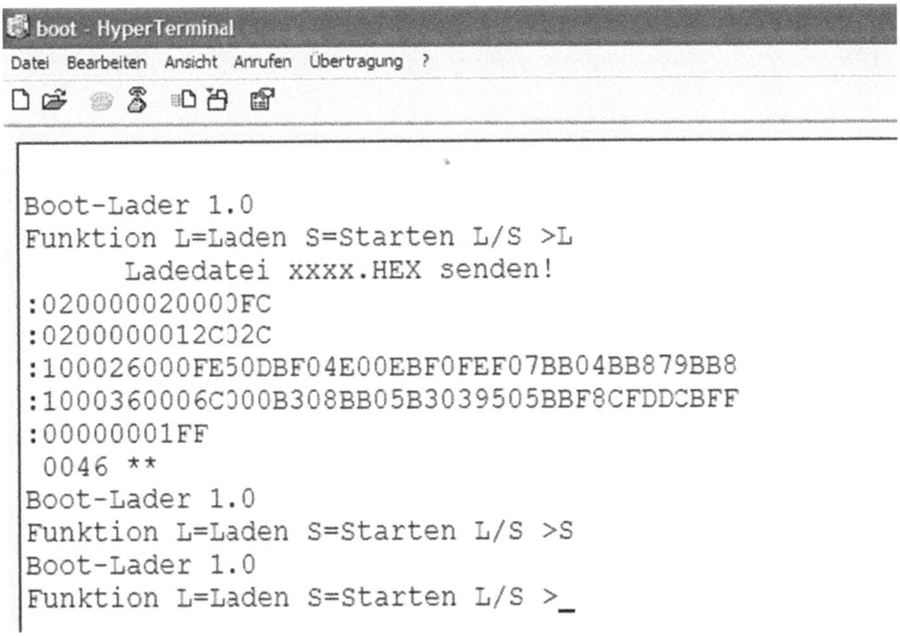

```
boot - HyperTerminal
Datei  Bearbeiten  Ansicht  Anrufen  Übertragung  ?

Boot-Lader 1.0
Funktion L=Laden S=Starten L/S >L
       Ladedatei xxxx.HEX senden!
:020000020000FC
:0200000012C02C
:100026000FE50DBF04E00EBF0FEF07BB04BB879BB8
:1000360006C000B308BB05B3039505BBF8CFDDCBFF
:00000001FF
  0046 **
Boot-Lader 1.0
Funktion L=Laden S=Starten L/S >S
Boot-Lader 1.0
Funktion L=Laden S=Starten L/S >_
```

Abbildung 5-8: Einstellungen und Arbeitsfenster von HyperTerminal.

In der vorliegenden Version des Bootloaders ist die Größe des Anwenderprogramms auf 1000 Bytes beschränkt, da das vollständige Programm in einem Zug gesendet und im SRAM zwischengelagert wird. Verbesserungsvorschläge:

- Im Handshake-Betrieb mit Flusssteuerung *Hardware* oder *Xon / Xoff* die Ladedatei in Teilen übertragen und programmieren
- Weitere Funktionen zum direkten Laden von Programmwörtern ähnlich dem in der ersten Auflage veröffentlichten Beispiel
- Ausbau zu einem Betriebssystem durch eine Speicherverwaltung mehrerer gleichzeitig geladenere Anwenderprogramme entsprechend dem nächsten Abschnitt
- Einbau von Testfunktionen für die Anwenderprogramme

Die vom GNU-Compiler erzeugten Ladedateien haben den gleichen Aufbau wie die Assemblerdateien und können daher ebenfalls mit der vorliegenden Assemblerversion des Bootloaders geladen und gestartet werden.

Für eine C-Version des Bootloaders stellt der GNU-Compiler in der Headerdatei <avr/boot.h> eine Reihe von Funktionen zur Verfügung, da der Befehl SPM an bestimmte Register gebunden ist. Eine weitere Schwierigkeit der C-Programmierung besteht darin, den Bootloader auf eine bestimmte Adresse im Boot-Bereich zu laden.

6 Schaltungstechnik

6.1 Die Beispielschaltungen

Die Programmbeispiele wurden ursprünglich mit einem inzwischen nicht mehr erhältlichen Universalsystem unter Verwendung selbst angefertigter Lochrasterschaltungen und Ergänzungen auf einem kleinen Steckbrett getestet. Als Alternative bietet sich das STK600 Board mit passenden Stecksockeln und Adapterplatinen an, ebenfalls erweitert um ein Steckbrett, beispielsweise für die Siebensegmentdecoder 74LS47. Weniger universell, dafür aber erheblich kostengünstiger ist der Einsatz kleiner Xplained-Boards, die nicht nur, wie das STK600, Programmier-Hardware enthalten, sondern auch einen In Circuit Emulator (ICE). Auch ARDUINO-Boards können verwendet werden, ergänzt durch sehr preiswerte selbstbestückte Prototypen-Shields (Aufsteckplatinen im passenden Format).

Sowohl bei Xplained-Boards als auch beim ARDUINO müssen die Programme an den jeweils bestückten AVR und seine Pinbelegung angepasst werden, was eine sehr gute Übung darstellt! Bei C-Programmen fällt diese wesentlich leichter als bei Assemblerprogrammen.

Ein kompletter Kurs zum Umstieg von der ARDUINO-Programmierumgebung auf das Atmel Studio7 steht kostenlos zur Verfügung und kann beim Co-Autor angefordert werden. Gerade für den weit verbreiteten ARDUINO existiert eine Fülle fertiger und preiswerter Shields im Internethandel. Allerdings sind hier auch erhebliche Qualitätsunterschiede festzustellen. Für die Xplained Kits des Herstellers Microchip gibt es ebenfalls viele passende Zusatzplatinen. Die Xplained Mini Boards von Microchip sind mit Anschlüssen für Stiftleisten im ARDUINO-kompatiblen Format versehen, so dass auch hier ARDUINO-Shields eingesetzt werden können.

Abbildung 6-1 zeigt eine mögliche Port-Beschaltung für Experimente. Die beiden Decoderbausteine 74LS47 wurden hier durch einen ATmega88 ersetzt.

Die *Ausgabeschaltung* besteht aus dem integrierten Darlingtontreiber ULN2804 und dem 7-Segmentdecoder 74LS47. Am als Ausgang konfigurierten Anschluss PC0 wurden gemessen:
- PC0 = 0: Ausgangsspannung 0.02 V, Eingangsstrom 0.65 mA
- PC0 = 1: Ausgangsspannung 4.92 V, Ausgangsstrom 0.38 mA

Die *Eingabeschaltung* besteht aus einem externen Pull-Up-Widerstand von 10 kΩ und einem Schalter mit einem Schutzwiderstand von 220 Ω nach Ground. An dem als Eingang programmierten Anschluss PD7 mit Entprell-Flipflop wurden gemessen:
- PIND7 = 1: Schalter und Taster oben: High-Spannung 3.28 V
- PIND7 = 0: Schalter nach Ground geschaltet: Low-Spannung 0.34 V
- PIND7 = 0: Entprellter Taster betätigt: Low-Spannung 0.01 V

https://doi.org/10.1515/9783110403886-006

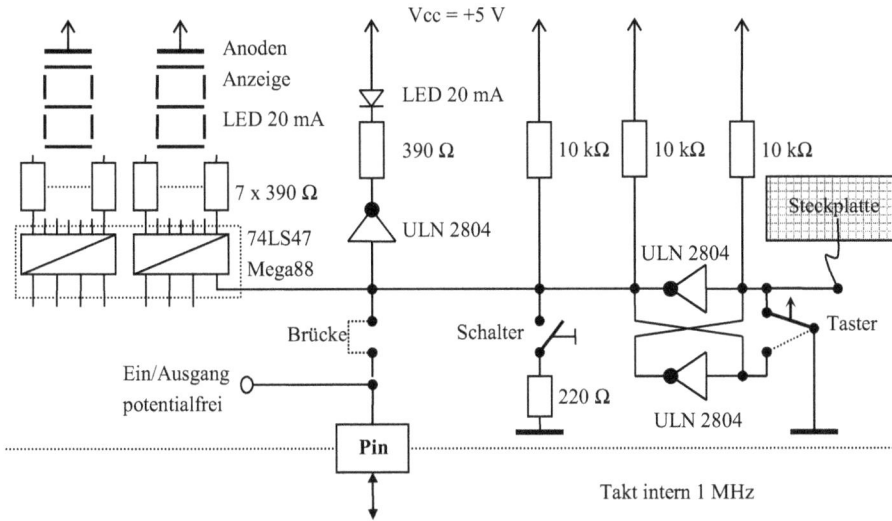

Abbildung 6-1: Portbeschaltung für die Eingabe und Ausgabe von Testdaten.

Der Schutzwiderstand begrenzt den Strom, wenn bei einem als Ausgang programmierten Portanschluss *High* ausgegeben und der Schalter betätigt wird. In diesem Fehlerfall wurden 20 mA bei einer Ausgangsspannung von 4.38 V gemessen.

Ein *potientialfrei* geschalteter, als Eingang programmierter Anschluss kann durch das PUD-Bit im SFIOR mit dem internen Pull-Up auf High gelegt werden. An PB0 wurden gemessen:

– PUD = 0, DDB0 = 0, PB0 = 1: Ausgang 4.92 V durch internen Pull-Up-Widerstand
– PUD = 1, DDB0 = 0, PB0 = 1: Ausgang 0.001 V ist tristate

6.2 Anzeigeeinheiten

Eine **Leuchtdiode** (LED = **L**icht **E**mittierende **D**iode, Lumineszenzdiode) ist ein Halbleiter-Bauelement, das beim Betrieb in Durchlassrichtung Licht abstrahlt (Abbildung 6-2). Die Farbe ist abhängig von der Dotierung. Bei Überstrom in Durchlassrichtung und beim Betrieb in Sperrrichtung für Spannungen über 3 bis 5 Volt kann die Diode zerstört werden.

Die Stärke des abgegebenen Lichts in der Einheit *Candela* (*cd*) ist abhängig vom Strom in Durchlassrichtung I_F (*forward*). Für einen Nennstrom von 20 mA geben die Hersteller bei einer gelben LED einen Spannungsabfall U_F von 2.0 V an, aus dem der erforderliche Vorwiderstand berechnet werden kann. Die Helligkeit nimmt mit der Zeit ab, Dauerbetrieb über dem angegebenen Nennstrom beschleunigt die Alterung deutlich. Bei Impulsbetrieb durch eine Multiplexansteuerung ist nicht der Spitzenstrom, sondern der die Erwärmung verursachende Mittelwert des Stroms maßgeblich. Bei

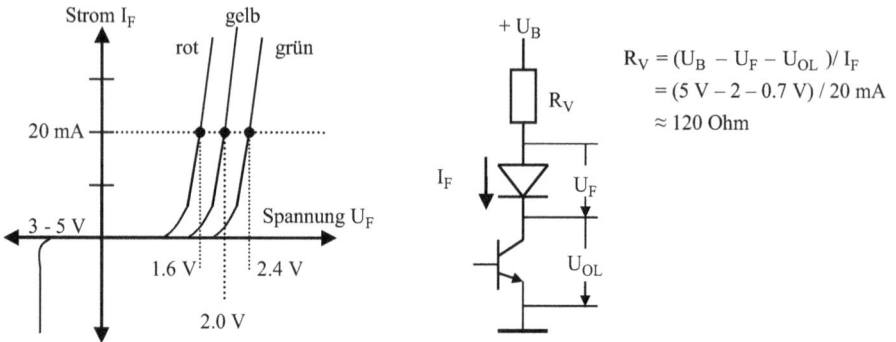

$$R_V = (U_B - U_F - U_{OL})/I_F$$
$$= (5\,V - 2 - 0.7\,V)/20\,mA$$
$$\approx 120\,Ohm$$

Abbildung 6-2: Kennlinien (nicht maßstäblich) und Schaltung von Leuchtdioden.

Parallelschaltung benötigt jede LED einen eigenen Vorwiderstand. Bei Reihenschaltung ist der gemeinsame Widerstand aus der Summe der Teilspannungen zu berechnen, gegebenenfalls ist die Betriebsspannung zu erhöhen.

Die strahlende aktive Fläche von ca. 1 bis 5 mm² wird in eine farblose oder eingefärbte Kunststoffhülle eingegossen, deren Form die Strahlungscharakteristik bestimmt. Als *Abstrahlwinkel* bezeichnet man den Winkel, um den die LED in der Strahlachse geschwenkt werden kann, bis die Lichtstärke auf die Hälfte des maximalen Wertes abgesunken ist. Für den Spektralbereich des emittierten Lichts wird meist eine mittlere Wellenlänge λ in Nanometern (nm) angegeben. Die Kenndaten in Tabelle 6-1 sind Richtwerte.

Tabelle 6-1: Kenndaten von Leuchtdioden aus dem Katalog eines Elektronikversands.

Bauform	Farbe	λ	Lichtstärke	Winkel	U_F	I_F	Bemerkung
Standard	rot	660 nm	5 mcd	30 Grad	1.6 V	20 mA	allgemeine Anzeige
	gelb	585 nm	5 mcd	30 Grad	2.0 V	20 mA	
	grün	565 nm	5 mcd	30 Grad	2.4 V	20 mA	
Low-Current	rot	660 nm	5 mcd	30 Grad	1.6 V	2 mA	niedrige Stromaufnahme
	gelb	585 nm	5 mcd	30 Grad	2.0 V	2 mA	
	grün	565 nm	5 mcd	30 Grad	2.4 V	4 mA	
hell	rot	643 nm	320 mcd	9 Grad	1.9 V	30 mA	hohe Leuchtkraft
	gelb	590 nm	750 mcd	9 Grad	2.0 V	30 mA	
	grün	565 nm	240 mcd	9 Grad	2.4 V	30 mA	
	blau	466 nm	210 mcd	9 Grad	3.9 V	20 mA	
superhell	rot	625 nm	5000 mcd	30 Grad	2.0 V	20 mA	Beleuchtungszwecke
	gelb	590 nm	5000 mcd	30 Grad	2.6 V	20 mA	
	grün	520 nm	7200 mcd	30 Grad	4.0 V	30 mA	
	blau	470 nm	2100 mcd	30 Grad	4.0 V	20 mA	
	weiß		9200 mcd	20 Grad	4.0 V	20 mA	

Sonderbauformen:

- Leistungs-LEDs für Beleuchtungszwecke (Power-LED) liefern Lichtstärken von einigen Tausend Candela und Lichtströme von einigen Hundert Lumen bei Strömen bis zu 1 A.
- Flächen-LEDs enthalten mehrere gleichfarbige Elemente in einem gemeinsamen Gehäuse von z. B. 10x 20 mm.
- LED-Arrays enthalten mehrere LEDs als Reihe (Bargraph), als Punktmatrix oder als Siebensegmentanzeige.
- SMD-LEDs werden meist ohne Linse in flacher Bauform ausgeführt.
- LED-Streifen enthalten miteinander verbundene SMD-LEDs auf flexiblen Leiterbahnen für Dekorationszwecke.
- LED-Leuchten mit Lampenfassungen für Klein- und Netzspannung ersetzen in zunehmenden Maße Glühlampen.
- Blink-LEDs enthalten Schaltungen für eine Blinkfrequenz von 1 bis 3 Hz und können ohne Vorwiderstand betrieben werden.
- LEDs mit integriertem Vorwiderstand werden für verschiedene Betriebsspannungen geliefert.
- Mehrfarben-LEDs enthalten Leuchtdioden für zwei (Duo-LED) oder drei (RGB-LED) Farben in einem farblosen Gehäuse.
- Die von LEDs ausgehende Strahlung liegt in einem engen Bereich des Spektrums, das bei UV-LEDs unterhalb 440 nm und bei IR-LEDs oberhalb 700 nm nicht sichtbar ist (Abschnitt 6.5.3 Lichtsensoren).

Bei der direkten Ansteuerung einzelner Leuchtdioden nach Abbildung 6-3 müssen die maximalen Ausgangsströme beachtet werden, notfalls sind Treiber erforderlich. Mehrere Ausgänge dürfen dabei parallel geschaltet werden, solange die maximale Gesamtbelastung des Ports und des Controllers gemäß Datenblatt nicht überschritten wird.

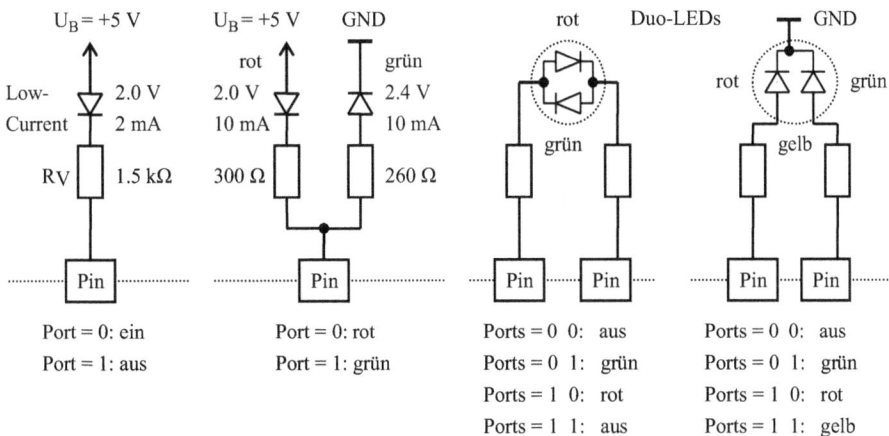

Abbildung 6-3: Direkte Ansteuerung von Einzeldioden.

Low-Current-Leuchtdioden lassen sich problemlos direkt an den Portausgängen sowohl nach High als auch nach Low betreiben. Leuchtdioden der Standardausführung mit 20 mA Strom in Durchlassrichtung können durch entsprechende Vorwiderstände in der Stromaufnahme reduziert werden. Duo-Leuchtdioden in der Antiparallelschaltung mit zwei Anschlüssen werden zwischen zwei Portausgängen betrieben. Die Ausführung mit drei Anschlüssen fasst die beiden Katoden zusammen und kann bei Ansteuerung beider Dioden eine Mischfarbe erzeugen. Bei *RGB-Dioden* (**R**ot **G**rün **B**lau) werden für jede Farbe beide Anschlüsse herausgeführt. Durch eine Steuerung der Helligkeit mit drei Digital/Analogwandlern oder drei PWM-Ausgängen lassen sich alle Mischfarben erzeugen (Full-Color-LED).

Im Beispiel *k6p1* wird eine Duo-Leuchtdiode mit drei Bedingungen angesteuert:
–   Eingangsspannung größer als 4 Volt: grüne LED an
–   Eingangsspannung kleiner als 1 Volt: rote LED an
–   Eingangsspannung zwischen 1 und 4 Volt: grüne und rote LED an gibt gelb

Der 10 bit Analogwert wird auf 8 bit reduziert und zur Kontrolle dual auf dem Port D ausgegeben. Auf dem Port B erfolgt die Ausgabe auf einer Bargraf-Anzeige nach Abbildung 6-4. Sie besteht aus acht Leuchtdioden, die als Balken in einem Gehäuse zusammengefasst sind. Der Zahlenbereich von 0 bis 255 ist linear in acht Bereiche mit dem Wert 32 eingeteilt. Für den Wertebereich von 0 bis 31 leuchtet eine LED, für 32 bis 63 leuchten zwei LEDs und für den Bereich von 244 bis 255 sind alle acht LEDs eingeschaltet.

Die Vorwiderstände (Normwerte!) der Leuchtdioden wurden durch Versuche so bemessen, dass sich unter Berücksichtigung der Umgebungsbeleuchtung eine ausreichende Helligkeit der Anzeige bei zulässiger Strombelastung der direkt steuernden Portausgänge ergab.

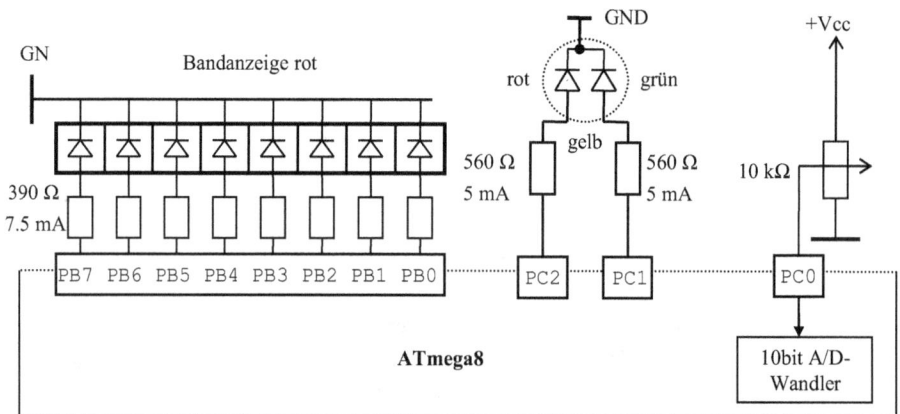

Abbildung 6-4: LED-Balkenanzeige.

```
; k6p1.asm ATmega8 Duo-LED und Bandanzeige
; Port B: 8-Bit Bandanzeige
; Port C: PC0=ADC0 10 kOhm Poti PC1:LED grün PC2: LED rot
; Port D: 8-Bit analoger Messwert
; Konfiguration: interner Oszillator; externes Reset-Signal
        .INCLUDE "m8def.inc"     ; Deklarationen
        .DEF     akku = r16      ; Arbeitsregister
        .CSEG                    ; Programmsegment
        rjmp     start
        .ORG     $13             ; keine Interrupts
start:  ldi      akku,LOW(RAMEND) ; Stapel anlegen
        out      SPL,akku
        ldi      akku,HIGH(RAMEND)
        out      SPH,akku
        ldi      akku,$ff
        out      DDRB,akku       ; Port B ist Ausgang
        out      DDRD,akku       ; Port D ist Ausgang
        ldi      akku,0b00000110 ; PC2 aus PC1 aus PC0=ADC0 ein
        out      DDRC,akku       ; Port D ist Ausgang
        ldi      akku,(0 << REFS1) | (0 << REFS0) | (0 << ADLAR) | 0
        out      ADMUX,akku      ; Referenz, rechtsbündig, Kanal 0
        ldi      akku,(1 << ADEN) | (1 << ADSC) | (1 << ADPS1) | (1 << ADPS0)
        out      ADCSRA,akku     ; Wandler ein und starten, Einzel, Teiler 8
loop:   sbic     ADCSRA,ADSC     ; überspringe wenn Wandlung beendet
        rjmp     loop            ; warte auf Ende der Wandlung
        in       r17,ADCL        ; R17 = Low-Byte
        in       r18,ADCH        ; R18 = High-Byte
        lsr      r18             ; High 1 bit rechts
        ror      r17             ; Low  1 bit rechts
        lsr      r18             ; High 1 bit rechts
        ror      r17             ; Low  1 bit rechts
        out      PORTD,r17       ; 8-Bit Dualzahl ausgeben
; R17 = 8-Bit Dualzahl auf die drei Bereiche untersuchen
        cpi      r17,204         ; obere Grenze ca. 4 Volt
        brsh     gruen           ; größer: im grünen Bereich
        cpi      r17,51          ; untere Grenze ca. 1 Volt
        brlo     rot             ; kleiner: im roten Bereich
gelb:   sbi      PORTC,PC1       ; grün an
        sbi      PORTC,PC2       ; rot  an
        rjmp     next            ; weiter
gruen:  sbi      PORTC,PC1       ; grün an
        cbi      PORTC,PC2       ; rot  aus
```

```
        rjmp    next            ; weiter
rot:    cbi     PORTC,PC1       ; grün aus
        sbi     PORTC,PC2       ; rot  an
; R17 = 8-Bit Dualzahl nach Bandanzeige umwandeln
next:   ldi     r18,8           ; R18 = Zähler für 8 Schritte
        ldi     r19,0b11111111  ; R19 = Bandausgabe
        ldi     r20,224         ; R20 = Vergleichswert
next1:  cp      r17,r20         ; Dualzahl - Vergleichswert
        brsh    fertig          ; Dual >=: Vergleichswert
        lsr     r19             ; Bandausgabe verkleinern
        subi    r20,32          ; Vergleichswert schrittweise vermindern
        dec     r18             ; Durchlaufzähler vermindern
        brne    next1           ; neuer Vergleich
fertig: out     PORTB,r19       ; Band auf Port B ausgeben
        sbi     ADCSRA,ADSC     ; Wandler neu starten
        rjmp    loop            ; Schleife
        .EXIT                   ; Ende des Quelltextes
```

k6p1.asm: Assemblerprogramm steuert Duo-LED und Bandanzeige (ATmega8).

```c
// k6p1.c  ATmega8  Duo-LED-Ansteuerung und Bandanzeige
// Port B: 8-Bit Bandanzeige
// Port C: PC0=ADC0 10 kOhm Poti PC1:LED grün PC2: LED rot
// Port D: Duale Ausgabe
// Konfiguration: interner Oszillator 1 MHz, externes Reset-Signal
#include <avr/io.h>     // Deklarationen
void main(void)         // Hauptfunktion
{
 unsigned int ein10;    // Hilfsvariable 10-Bit Eingabewert
 unsigned char aus8,i,band,bereich; // Hilfsvariable
 DDRB = 0xff;           // Port B ist Ausgang
 DDRD = 0xff;           // Port D ist Ausgang
 DDRC = 0x06;           // 0b00000110  PC2:aus PC1:aus PC0=ADC0: ein
 ADMUX = (0 << REFS1) | (0 << REFS0) | (0 << MUX1) | (0 << MUX0);
 ADCSRA = (1 << ADEN)|(1 << ADSC)|(0 << ADFR)|(1<< ADPS1)|(1 << ADPS0);
 while(1)                       // Arbeitsschleife
 {
  while( ADCSRA & (1 << ADSC)); // warte auf Ende der Wandlung
  ein10 = (unsigned int) ADCL | ((unsigned int) ADCH << 8); // Reihenfolge!
  aus8 = ein10 >> 2;            // 10-Bit reduziert auf 8-Bit
  PORTD = aus8;                 // Dualwert ausgeben
  // Ansteuerung Duo-LED in den drei Farben
```

```
//  if (aus8 >= 204)     {sbi(PORTC,PC1); cbi(PORTC,PC2); } // grün
//  else if (aus8 < 51) {cbi(PORTC,PC1); sbi(PORTC,PC2); } // rot
//  else                 {sbi(PORTC,PC1); sbi(PORTC,PC2); } // rt+gn = gb

if (aus8 >= 204)     {PORTC |= (1<<PC1); (PORTC &= ~(1<<PC2)); } // grün
else if (aus8 < 51)  {PORTC &= ~(1<<PC1); (PORTC |= (1<<PC2)); } // rot
else                 {PORTC |= (1<<PC1); (PORTC |= (1<<PC2)); } // rt+gn


// Dualzahl nach Bandanzeige
band = 0xff;                    // Bandanzeige Anfangswert 11111111
bereich = 224;                  // Anfangswert für Bereichsprüfung
for (i=1; i<= 8; i++)           // Schrittzähler
{
  if (aus8 >= bereich) break;        // Bereich für Band erfasst
  else { band >>= 1; bereich -= 32;} // neues Band neuer Bereich
}
PORTB = band;                   // Bandanzeige ausgeben
// sbi(ADCSRA,ADSC);            // Wandler neu starten (alt)
   ADCSRA |= (1 << ADSC);       // Wandler neu starten

} // Ende while
} // Ende main
```

k6p1.c: C-Programm steuert Duo-LED und Bandanzeige (ATmega8).

Dies ist ein Beispiel für ein Programm, das in der ursprünglichen Fassung aus früheren Auflagen dieses Buches mit der aktuellen Version des GCC nicht mehr fehlerfrei kompiliert werden kann. Grund sind die Anweisungen der Form sbi() und cbi() wie zum Beispiel *sbi(ADCSRA,ADSC)*. Hier soll das Bit namens ADSC im Register ADCSRA gesetzt werden. Diese einfache Schreibweise ist zu ersetzen durch die auf Seite 200 bereits dargestellte Schreibweise mit Verschiebeoperatoren, hier *ADCSRA |= (1 << ADSC)*.

Siebensegmentanzeigen mit gemeinsamer Katode nach Abbildung 6-5 links werden anodenseitig nach High geschaltet. Bei Ausführungen mit gemeinsamer Anode nach Abbildung 6-5 rechts sind die Katoden nach Low zu schalten.

Bei direkter Ansteuerung über einen Port ist eine Codetabelle erforderlich, mit der sich außer Dezimalziffern auch Buchstaben (Hex A...F) und weitere Sonderzeichen anzeigen lassen.

BCD-zu-Siebensegment-Decoder reduzieren die Zahl benötigter Port-Pins auf 4 gegenüber 7 bei direkter Ansteuerung der Segmente. Decoder, die anstelle des 74LS47 für die Codierungen von 1010 bis 1111 die Hex-Ziffern A bis F liefern, sind die schwer erhältlichen TIL311 (TI), NE589 (Philips) und 9386. Eine Alternative ist ein entsprechend programmierter Controller, der die 4 Bit Eingabe in eine 7 Bit Ausgabe umsetzt.

Der Decoder CD 4511 mit nach High schaltenden Ausgängen liefert für die Pseudotetraden von 1010 bis 1111 Leerstellen.

Weitere Einsparungen an Leitungen liefern Schieberegister mit serieller Eingabe und paralleler Ausgabe, die sich fast beliebig kaskadieren lassen und die gleichzeitig als Treiber dienen. Dabei steigt jedoch der Programmieraufwand erheblich an.

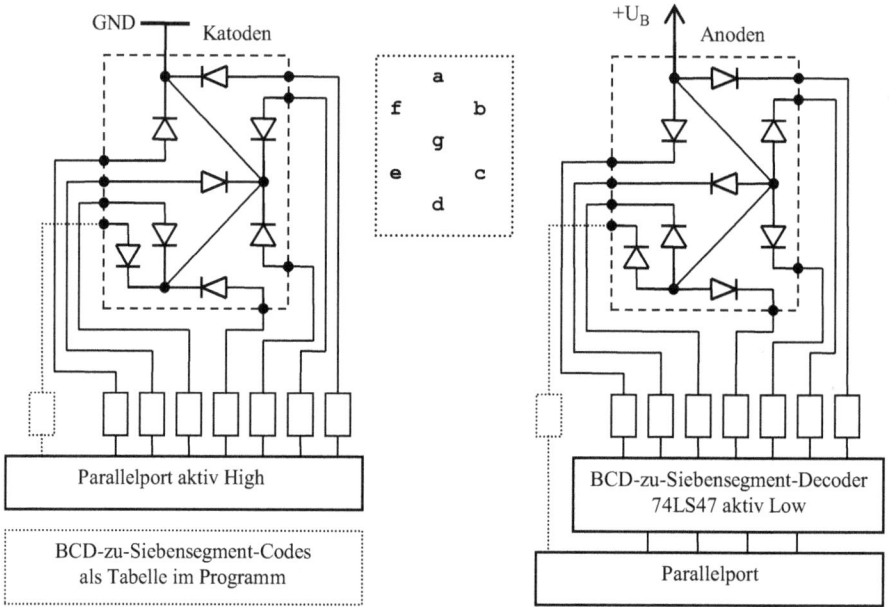

Abbildung 6-5: Siebensegmentanzeigen mit gemeinsamer Katode bzw. gemeinsamer Anode.

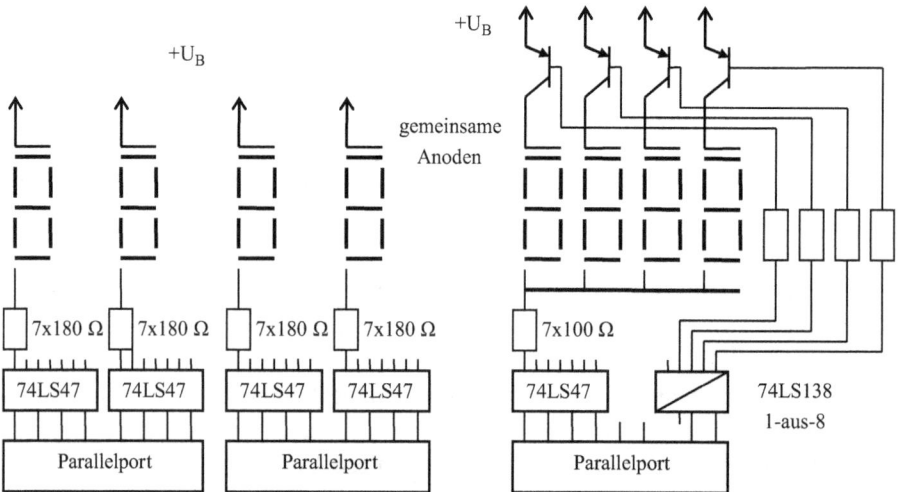

Abbildung 6-6: Statische und dynamische Ansteuerung mehrstelliger Siebensegmentanzeigen.

Die **statische** Ausgabe Abbildung 6-6 links ist programmtechnisch einfach. Die Daten werden als BCD-codierte Dezimalzahlen in den Ausgabeport geschrieben und bleiben dort bis zu einer neuen Ausgabe gespeichert.

Die **dynamische** Multiplexsteuerung Abbildung 6-6 rechts und Abbildung 6-8 bedeutet für das Programm, dass durch einen interruptgesteuerten Timer im Takt von einigen Millisekunden eine neue Stelle eingeschaltet werden muss. Die Flimmergrenze liegt bei etwa 15 Hz, für die Dimensionierung der Vorwiderstände und Treiber sowie für die Dauer einer Stellenanzeige sind Versuche erforderlich. Das Beispiel Abbildung 6-7 und Abbildung 6-8 zeigt eine neunstellige Siebensegmentanzeige, die im Multiplexverfahren betrieben wird. Ein 1-aus-16-Decoder 74154 steuert über Treibertransistoren die gemeinsamen Anoden einzeln an. Die Katoden der entsprechenden Segmente aller Einheiten sind miteinander verbunden und werden über invertierende Treiber nach Low geschaltet. Durch die direkte Ansteuerung über eine Tabelle sind auch Buchstaben und Sonderzeichen möglich. Auf der Ausgabe des Beispiels läuft ein dezimaler Millisekundenzähler.

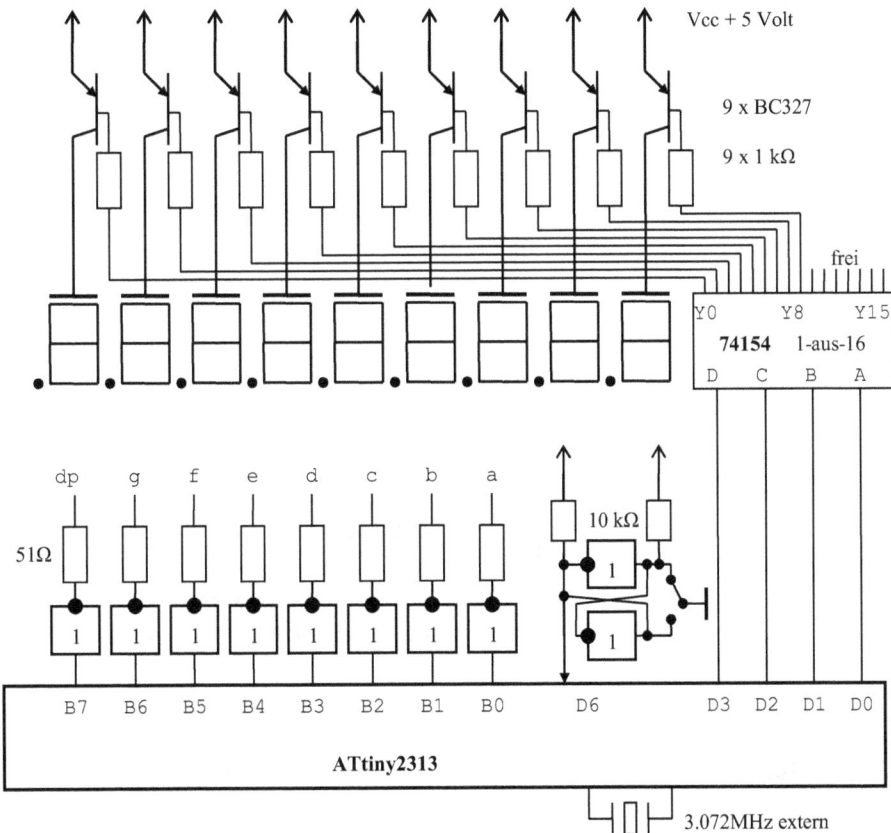

Abbildung 6-7: Neunstellige Multiplexanzeige mit direkter Segmentansteuerung (ATtiny2313).

Interruptzähler verändern (+1 oder -1)		
	Zähler gleich Endwert ?	
nein	ja	
	Zähler = Anfangswert	
	Segmente der Stelle anzeigen	
	Anode bzw. Katode der Stelle anzeigen	
	Stellenzähler verändern (+1 oder -1)	
	Zähler gleich Endwert ?	
	nein | ja	
↓	↓ | Stelle = Anfangswert	

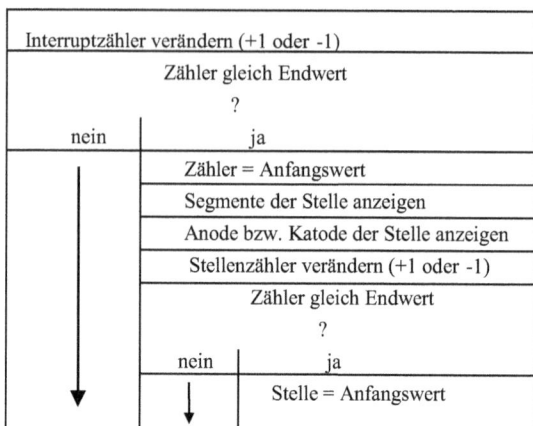

Abbildung 6-8: Das Multiplexverfahren mit Timer-Interrupt.

```
; k6p2.asm ATtiny2313  9stellige Multiplexanzeige
; Port B: PB7 - PB0 Ausgabe aller Segment-Katoden
; Port D: PD3 - PD0 Ausgabe Auswahl Anoden  PD6: Eingang Taster
; Konfiguration: externer Quarz 3-8 MHz  externes Reset-Signal frei
; externer Quarz 3.072 MHz : 256 = 12000 = Zähler 12 für 1 kHz 1 ms
        .INCLUDE    "tn2313def.inc" ; Deklarationen für ATtiny2313
        .DEF        akku = r16    ; R16 = Arbeitsregister
        .DEF        zael = r17    ; R17 = Interrupt-Durchlaufzähler
        .DEF        durch = r18   ; R18 = Ziffernzähler
        .DEF        ziff = r19    ; R19 = Stellenzähler
        .CSEG                     ; Programm-Flash
        rjmp        start         ; Reset-Einsprung
        .ORG        OVF0addr      ; Einsprung Timer0 Überlauf
        rjmp        muxen
        .ORG        $13
start:  ldi         akku,LOW(RAMEND); Stapel anlegen
        out         SPL,akku      ; kein SPH !
        ldi         akku,$ff
        out         DDRB,akku     ; Port B ist Ausgang
        ldi         akku,0b00001111 ; PD6 Eingang PD3-PD0 Ausgang
        out         DDRD,akku
        rcall       loesch        ; alle Stellen   löschen
; Multiplex-Ausgabezeiger YH:YL vorbereiten
        ldi         YL,LOW(aus)   ; Y = Anfangsadresse R0
        ldi         YH,HIGH(aus)
        ldi         durch,9       ; 9 Stellen
        ldi         zael,12       ; Interrupt-Durchlaufzähler
```

```
; Timer0 und Interrupt vorbereiten
        ldi         akku, (1 << CS00); 001 Systemtakt / 1
        out         TCCR0,akku      ; Teilerfaktor 1
        ldi         akku, (1 << TOIE0); Timer0 Interrupt frei
        out         TIMSK,akku
        sei                         ; globale Interruptfreigabe
; Arbeitsschleife fallende Flanke PD6 löscht Zähler
loop:   sbic        PIND,PIND6      ; warte auf fallende Flanke
        rjmp        loop
        cli                         ; Interrupt gesperrt
        rcall       loesch          ; keine Anzeige
        sei                         ; Interrupt frei
loop1:  sbis        PIND,PIND6      ; warte auf steigende Flanke
        rjmp        loop1
        rjmp        loop            ; Schleife
;Interrupt-Einsprung durch Timer0 Überlauf
muxen:  push        r16             ; R16 nach Stapel
        in          r16,SREG        ; Statusregister
        push        r16             ; nach Stapel
        dec         zael            ; Interruptzähler - 1
        brne        muxenex         ; noch keine Millisekunde
        ldi         zael,12         ; nach einer Millisekunde
; neue Ausgabe laufender Zeiger in YH:YL
        ld          akku,Y+         ; R16 = laufende Dezimalstelle
        dec         durch           ; 9 Durchläufe Beginn mit Stelle 8!
        rcall       coden           ; R16 Dezimal nach Siebensegmentcode
        out         PORTB,akku      ; nach Katoden
        out         PORTD,durch     ; nach Anodenauswahl
        rcall       zaehler         ; Ausgabe-Zähler erhöhen
        tst         durch           ; Zähler auf 0 testen
        brne        muxenex         ; noch nicht Stelle 0 ausgegeben
        ldi         YL,LOW(aus)     ; neue Anfangswerte
        ldi         YH,HIGH(aus)    ; für Multiplexanzeige
        ldi         durch,9         ; für Stellenzähler
muxenex:pop         r16             ; Statusregister
        out         SREG,r16        ; vom Stapel
        pop         r16             ; R16 vom Stapel
        reti                        ; Rückkehr aus Service
; Unterprogramm alle Stellen löschen
loesch: ldi         XL,LOW(aus)     ; keine Register gerettet!
        ldi         XH,HIGH(aus)
        ldi         ziff,9
```

```
        clr        r16
loesch1:st         X+,r16
        dec        ziff
        brne       loesch1
        ret
; Unterprogramm Zähler +1 Zeiger XH:XL
zaehler:ldi        XL,LOW(aus)      ; keine Register gerettet!
        ldi        XH,HIGH(aus)
        ldi        ziff,9           ; Zähler 9 Dezimalstellen
zaehle1:ld         akku,X           ; Dezimalstelle laden
        inc        akku             ; Stelle + 1
        cpi        akku,10          ; Übertrag ?
        breq       zaehle2          ;  ja:
        st         X+,akku          ; nein: speichern
        rjmp       zaehle3          ; fertig
zaehle2:clr        akku             ; Stelle Null
        st         X+,akku
        dec        ziff             ; höchste Stelle ?
        brne       zaehle1          ; nein
zaehle3:ret
; Unterprogramm R16= Dezimalstelle nach R16 = Siebensegmentcode
coden:  ldi        ZL,LOW(ctab*2)   ; keine Register gerettet!
        ldi        ZH,HIGH(ctab*2)  ; Z = Zeiger auf Tabelle
        add        ZL,r16           ; + Dezimalstelle
        clr        r16              ; Carry unverändert
        adc        ZH,r16
        lpm        r16,Z            ; R16 = Tabellenwert
        ret                         ; Rückkehr
ctab:   .DB $3f,$06,$5b,$4f,$66,$6d,$7d,$07,$7f,$6f ; Ziffern 0-9
; Zähler und Ausgabespeicher im SRAM angelegt
        .DSEG                       ; SRAM-Bereich
aus:    .BYTE      9                ; 9 Dezimalstellen
        .EXIT
```

k6p2.asm: Assemblerprogramm für neunstellige Siebensegmentanzeige (ATtiny2313).

```
// k6p2.c ATtiny2313  9stellige Multiplexanzeige
// Port B: PB7 - PB0 Ausgabe aller Segment-Katoden
// Port D: PD3 - PD0 Ausgabe Auswahl Anoden  PD6: Eingang Taster
// Konfiguration: externer Quarz 3-8 MHz  externes Reset-Signal frei
// externer Quarz 3.072 MHz : 256 = 12000 = Zähler 12 für 1 kHz 1 ms
#include <avr/io.h>              // Deklarationen einfügen
```

```
#include <avr/interrupt.h>      // Interrupt-Funktionen
// #include <avr/signal.h>      // Interrupt-Funktionen(alt)
unsigned char aus[9],durch,zael; // globale Variablen
unsigned char ctab[10] = {0x3f,0x06,0x5b,0x4f,0x66,0x6d,
0x7d,0x07,0x7f,0x6f};
void loesch (void)              // alle Stellen löschen
{
 unsigned char i;
 for (i=0; i< 9; i++) aus[i] = 0; // alle Stellen Null
}
void zaehler(void)              // neunstelligen Dezimalzähler erhöhen
{
 unsigned char i;
 for (i = 0; i < 9; i++)        // für alle Stellen
 {
  aus[8-i]++;                   // Stelle erhöhen
  if (aus[8-i] < 10) break;     // kein Übertrag
  else aus[8-i] = 0;            // Übertrag: Stelle 0 und weiter
 }
}
// SIGNAL(SIG_TIMER0_OVF)       // Timer0 Überlauf
ISR(TIMER0_OVF_vect)            // Timer0 Überlauf
{
  if (zael-- == 0)              // 12 Durchläufe = 1 ms erreicht
  {                             // neue Stelle ausgeben
   zael = 12;                   // neuer Anfangswert
   PORTB = ctab[aus[durch-1]]; // Segmente umcodieren und ausgeben
   PORTD = durch-1;             // Anode ansteuern
   zaehler();                   // Ausgabezähler erhöhen
   durch--;
   if(durch == 0) durch = 9;    // Ausgabe wieder von vorn beginnen
  }
}
int main(void)                  // Hauptfunktion
{
 DDRB = 0xff;                   // Port B ist Ausgang
 DDRD = 0x0f;                   // 0000 1111 PD6 Eingang PD3-PD0 Ausgang
 loesch();                      // alle Stellen löschen (mit 0 besetzt)
 zael = 12;                     // Anfangswert Interrupt-Durchlaufzähler
 durch = 9;                     // Anfangswert Stellenindex und Zähler
 TCCR0B = (1 << CS00);          // für TCCR0 Taktteiler Faktor /1
 TIMSK = (1 << TOIE0);          // Timer0 Interrupt frei
```

```
sei();                          // globale Interruptfreigabe
while(1)
{
  while( PIND & (1 << PD6));     // warte solange High
  cli(); loesch(); sei();        // fallende Flanke: Ausgabezähler löschen
  while (!(PIND & (1 << PD6)));// warte solange Low
}
}
```

k6p2.c: C-Programm für neunstellige Siebensegmentanzeige (ATtiny2313).

Leuchtdiodenfelder z. B. für Anzeigetafeln werden als Diodenmatrix ausgeführt und im Multiplexverfahren betrieben. Dabei werden die Elemente matrixförmig angeordnet und dynamisch so angesteuert, dass ein flimmerfreies Bild entsteht. Abbildung 6-9 zeigt eine Matrix aus 5x4 = 20 Leuchtdioden, die mit neun Ausgängen betrieben wird.

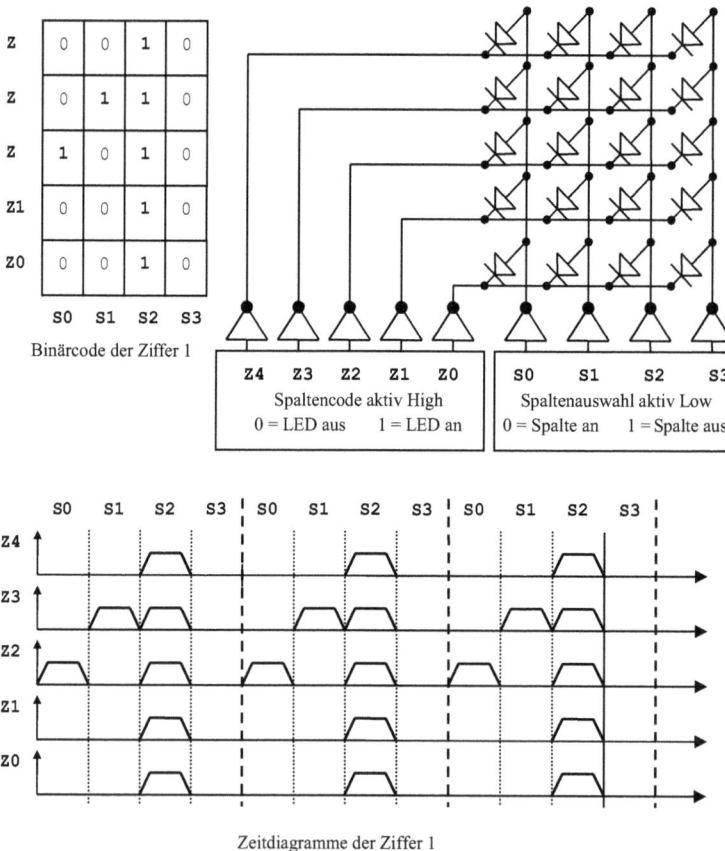

Abbildung 6-9: 5×4-Leuchtdiodenmatrix nach dem Multiplexverfahren.

Zur Auswahl der Spalten, mit denen die Anoden betrieben werden, ist jeweils ein Ausgang der Spaltenauswahlschaltung Low, die entsprechende Anodenleitung liegt durch den invertierenden Treiber auf High. Die anderen drei Ausgänge sind High, die Anodenleitungen sind Low und damit inaktiv. Zu diesem Zeitpunkt wird der entsprechende Code der Spalte auf die Zeilenleitungen gelegt. Eine 1 erscheint invertiert als Low an der Katode und schaltet die LED ein. Eine 0 wird zu High invertiert und schaltet die Leuchtdiode aus. Die Leuchtdioden der anderen drei Spalten sind ebenfalls ausgeschaltet. Dann wird auf die nächste Spalte umgeschaltet. Bei der direkten Ansteuerung der Spalten wird das Anfangsmuster **0** 1 1 1 zyklisch rotiert. Durch Verwendung eines handelsüblichen 1-aus-4-Decoders erfolgt die zyklische Auswahl durch einen Zähler an den beiden Auswahleingängen des Decoderbausteins und der Aufwand für die Spaltenauswahl reduziert sich von vier auf zwei Controllerausgänge. Die Anzeigedauer einer Spalte und damit die Umschaltfrequenz sind so zu wählen, dass für das menschliche Auge ein flimmerfreies Bild entsteht. Die Zeitdiagramme zeigen drei Anzeigezyklen der Ziffer 1. Da jede Leuchtdiode nur ¼ der gesamten Anzeigedauer eingeschaltet ist, muss ein entsprechend höherer Strom als bei der statischen Anzeige gewählt werden.

Abbildung 6-10 zeigt die Ansteuerung einer aus 105 Leuchtdioden bestehenden Matrixanzeige aus sieben Zeilen und 15 Spalten mit dem ATtiny2313. Die Anzeigeeinheit wird mit 11 Ausgangsleitungen im Multiplexverfahren betrieben. Ein 1-aus-16-Decoder am Port B übernimmt über Treiberstufen die Ansteuerung jeweils einer Spalte, die entsprechenden Zeilen werden über Treibertransistoren am Port D ein- bzw. ausgeschaltet.

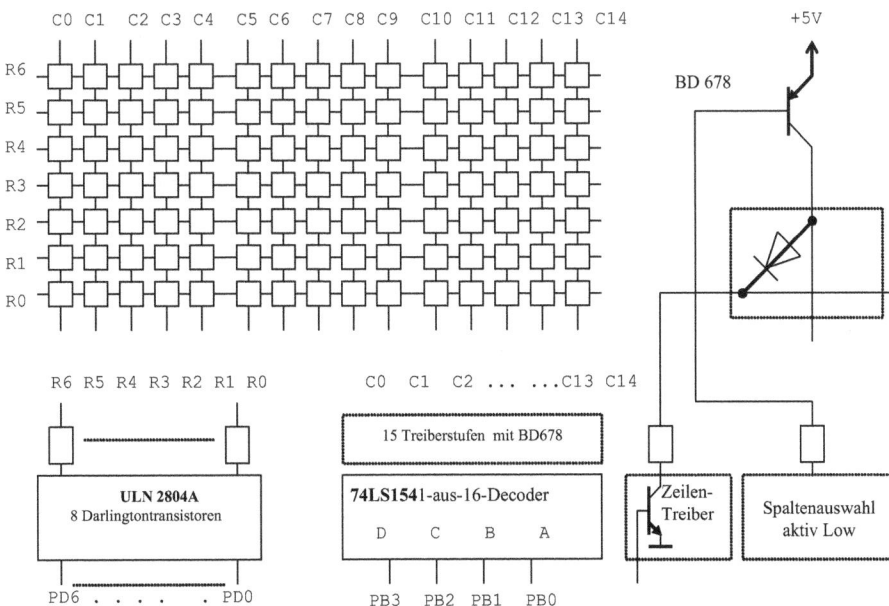

Abbildung 6-10: Leuchtdioden-Matrixanzeige mit den Ports D und B des ATtiny2313.

Das Programm *k6p3* benutzt den Überlauf-Interrupt von Timer0, um eine Sekundenanzeige weiter zu schalten. Der von Timer1 ausgelöste Interrupt schaltet die Matrixanzeige um eine Spalte weiter. Das Programm konfiguriert die Timer und gibt die Interruptmasken frei. Die Schleife checkt die Taste an PB4, deren fallende Flanke den Sekundenzähler löscht.

```
; k6p3.asm  LED-Matrix mit ATtiny2313
; Port B: B0..B3 Ausgänge Spaltenauswahl     B4: Eingang Rücksetzen
; Port D: D0..D6 Ausgänge für Anzeigecode der Zeilen
           .INCLUDE "tn2313def.inc" ; Deklarationen für ATtiny2313
           .EQU    takt = 3686400  ; externer Systemtakt Quarz 3.6864 MHz
           .DEF    akku = r16      ; Arbeitsregister
           .DEF    hilfe = r17     ; Hilfsregister
           .DEF    spalte = r18    ; laufende Ausgabespalte
           .DEF    null = r19      ; Nullregister
           .DEF    sek = r20       ; laufender Sekundenzähler
           .DEF    zaehl = r21     ; Interruptzähler Timer0 Uhr
           .CSEG                   ; Programmsegment
           rjmp    start           ; Reset-Einsprung
           .ORG    OVF1addr        ; Einsprung Timer1 Überlauf
           rjmp    muxen           ; alle 0.556 ms neue Spalte ausgeben
           .ORG    OVF0addr        ; Einsprung Timer0 Überlauf
           rjmp    uhr             ; jede Sekunde Uhr + 1
           .ORG    $13             ; Interrupteinsprünge übergangen
start:     ldi     akku,LOW(RAMEND); Stapel anlegen
           out     SPL,akku
           clr     null            ; Nullregister löschen
           ldi     akku,$0f        ; 0000 1111 PB0..PB3 Ausgänge
           out     DDRB,akku       ; Richtung Port B
           ldi     akku,$ff        ; 1111 1111 PD0..PD7 Ausgänge
           out     DDRD,akku       ; Richtung Port D
           ldi     zaehl,225       ; Anfangswert Uhreninterrupt
           clr     spalte          ; Spalte 0 beginnt
           clr     sek             ; Sekundenzähler löschen
           mov     akku,sek        ; Anfangswert
           rcall   ausgabe         ; nach Ausgabespeicher
; Timer0 und Timer1 programmieren und starten
           ldi     akku,0b011      ; 3.6864 MHz : 64 : 256 = 225 Hz
           out     TCCR0B,akku     ; Timer0 starten
           in      akku,TIMSK      ; alte Interruptmasken
           ori     akku,1 << TOIE0 ; Freigabe Timer0 Interrupt
           out     TIMSK,akku
```

```
        in      akku,TIMSK        ; alte Interruptmasken
        ori     akku,1 << TOIE1   ; Freigabe Timer1 Interrupt
        out     TIMSK,akku
        ldi     akku,HIGH(65536-3686)
        out     TCNT1H,akku
        ldi     akku,LOW(65536-3686)
        out     TCNT1L,akku
        ldi     akku,0b001        ; 3.6864 MHz : 1 : 3686 = 1 kHz
        out     TCCR1B,akku       ; Timer1 starten
        sei                       ; alle Interrupts frei
; Hauptprogrammschleife kontrolliert Löschtaste PB4
haupt:  sbic    PINB,PINB4        ; überspringe wenn Löschtaste Low
        rjmp    haupt             ; bei High weiter
        clr     sek               ; fallende Flanke: Sekunde löschen
        mov     akku,sek
        rcall   ausgabe           ; und ausgeben
haupt1: sbis    PINB,PINB4        ; steigende Flanke: weiter
        rjmp    haupt1
        rjmp    haupt             ; Hauptprogrammschleife
;
; hier liegen die Unterprogramme ausgabe und umcode
; hier liegen die Servicefunktionen muxen und uhr
;
; Konstantenbereich mit Zifferncode
code:   .DB     $3e,$41,$41,$3e,$0, $00,$10,$20,$7f,$0  ; Ziffern 0 und 1
        .DB     $22,$45,$49,$31,$0, $2a,$49,$49,$36,$0  ; Ziffern 2 und 3
        .DB     $78,$08,$1f,$08,$0, $71,$49,$4a,$0c,$0  ; Ziffern 4 und 5
        .DB     $3e,$49,$49,$06,$0, $43,$44,$48,$30,$0  ; Ziffern 6 und 7
        .DB     $3e,$49,$49,$3e,$0, $32,$49,$49,$3e,$0  ; Ziffern 8 und 9
        .DB     $00,$00,$00,$00,$00,$00                 ; Code 10 = Lz
;
; Datenbereich für Anzeige
        .DSEG                     ; Datensegment
aus:    .BYTE   15                ; 15 Bytes für Anzeige
        .EXIT                     ; Ende des Quelltextes
```

k6p3.asm: Assemblerhauptprogramm und Datenbereiche zur LED-Matrixanzeige.

Das Unterprogramm ausgabe übernimmt die Dual/Dezimalumwandlung und übergibt jede Ziffer dem Hilfsunterprogramm umcode zur Codierung und Abspeicherung.

```
; ausgabe: R16 von dual nach dezimal umwandeln und ausgeben
ausgabe:push     r16              ; Register retten
        push     r17
        push     r18
        push     XH               ; Zeiger auf Ausgabespeicher
        push     XL
        push     ZH               ; Zeiger auf Codekonstanten
        push     ZL
        ldi      XH,HIGH(aus)     ; X <= Anfangsadresse Ausgabe
        ldi      XL,LOW(aus)
; Hunderter-Ziffer umwandeln
        clr      r17              ; R17 = Hunderterzähler
ausgab1:cpi      r16,100          ; Hunderterprobe
        brlo     ausgab2          ; < 100: fertig
        subi     r16,100          ; abziehen
        inc      r17              ; Hunderter + 1
        rjmp     ausgab1
ausgab2:mov      r18,r17          ; R18 = Hunderter für führende Nullen
        cpi      r17,0            ; führende Null ?
        brne     ausgab3          ; nein: Ziffer ausgeben
        ldi      r17,10           ; Code für Leerzeichen
ausgab3:rcall    umcode           ; Hunderter R17 umcodieren und ausgeben
        clr      r17
ausgab4:cpi      r16,10           ; Zehnerprobe
        brlo     ausgab5          ; < 10: fertig
        subi     r16,10           ; abziehen
        inc      r17              ; Zehner + 1
        rjmp     ausgab4
ausgab5:or       r18,r17          ; zwei führende Nullen ?
        brne     ausgab6          ; nein:
        ldi      r17,10           ; ja: auch Zehner durch Leerzeichen ersetzen
ausgab6:rcall    umcode           ; Zehner R17 umcodieren und ausgeben
        mov      r17,r16          ; R16 Rest Einer -> R17
        rcall    umcode           ; Einer R17 umcodieren und ausgeben
        pop      ZL               ; Register zurück
        pop      ZH
        pop      XL
        pop      XH
        pop      r18
        pop      r17
```

```
        pop     r16
        ret                     ; Rücksprung
; Hilfsunterprogramm Ziffer aus R17 umcodieren und nach Ausgabe
umcode: push    r17             ; Register retten
        push    r18
        push    ZL
        push    ZH
        mov     r18,r17         ; Ziffer retten
        lsl     r17             ; Ziffer * 2
        lsl     r17             ; Ziffer * 4
        add     r17,r18         ; Ziffer * 5
        ldi     ZH,HIGH(code*2) ; Z <= Anfangsadresse Codetabelle
        ldi     ZL,LOW(code*2)
        add     ZL,r17          ; + Ziffernabstand
        adc     ZH,null
; Ausgabeschleife
        ldi     r18,5           ; 5 Spalten kopieren
umcode1:lpm                     ; R0 <= Tabellenwert
        adiw    ZL,1            ; nächster Tabellenwert
        st      X+,r0           ; nach Ausgabespeicher Adresse + 1
        dec     r18             ; Durchlaufzähler - 1
        brne    umcode1
        pop     ZH              ; Register zurück
        pop     ZL
        pop     r18
        pop     r17
        ret                     ; Rücksprung
```

Das Interruptprogramm muxen schaltet die Anzeige um eine Spalte weiter und gibt die dazugehörenden Zeilenpunkte aus dem Datenbereich auf dem Port D aus.

```
; Interrupteinsprung Timer1 Überlauf Multiplexausgabe
muxen:  push    r16             ; Register retten
        in      r16,SREG
        push    r16
        push    XL
        push    XH
        ldi     XL,LOW(aus)     ; X <= Zeiger auf Ausgabespeicher
        ldi     XH,HIGH(aus)
        add     XL,spalte       ; addiere Spaltenabstand
        adc     XH,null         ; + Null + Carry
```

```
        ld      r16,X            ; lade Ausgabebyte
        out     PORTB,spalte     ; nach Spaltenauswahl
        out     PORTD,akku       ; Spalte ausgeben
        inc     spalte           ; neue Spalte
        cpi     spalte,15        ; Ende erreicht ?
        brlo    muxen1           ; nein: Spalten 0..14
        clr     spalte           ;  ja: wieder links beginnen
muxen1: ldi     r16,HIGH(65536-3686) ; Timer1 neu laden
        out     TCNT1H,r16
        ldi     r16,LOW(65536-3686)
        out     TCNT1L,r16
        pop     XH               ; Register zurück
        pop     XL
        pop     r16
        out     SREG,r16
        pop     r16
        reti                     ; Rücksprung aus Service
```

Das Interruptprogramm uhr wird jede Sekunde vom Timer1 gestartet und schaltet den Sekundenzähler um 1 weiter. Für eine Minutenanzeige müsste der Sekundenzähler beim Stand von 60 gelöscht werden, um den Minutenzähler um 1 zu erhöhen.

```
; Interrupteinsprung Timer0 Überlauf Sekundenzähler alle 225 Interrupts
uhr:    push    r16              ; Register retten
        in      r16,SREG
        push    r16
        dec     zaehl            ; Interruptzähler - 1
        brne    uhr1
        ldi     zaehl,225
        inc     sek              ; Sekundenzähler erhöhen
        mov     r16,sek          ; aus R16
        rcall   ausgabe          ; dezimal ausgeben
uhr1:   pop     r16              ; Register zurück
        out     SREG,r16
        pop     r16
        reti                     ; Rücksprung aus Service
```

Das *C-Programm k6p3.c* legt die Funktion ausgabe und die Interruptprogramme vor der Hauptfunktion main an. Die Zähler und Felder werden global vereinbart, da Interruptfunktionen keine Parameter übergeben können.

```
// k6p3a.c  LED-Matrix mit dem ATtiny2313A
// Port B: B0..B3 Ausgänge Spaltenauswahl B4: Eingang Rücksetzen
// Port D: D0..D6 Ausgänge Spaltencode
#include <avr/io.h>                    // Deklarationen
#include <avr/interrupt.h>             // für Interrupt
unsigned char sek = 0, spalte = 0, zaehl = 0;   // globale Zähler
unsigned char aus[15];                 // globale Variable Ausgabebereich
unsigned char code[56] = {0x3e,0x41,0x41,0x3e,0, 0x00,0x10,0x20,0x7f,0, \
                  0x22,0x45,0x49,0x31,0, 0x2a,0x49,0x49,0x36,0, \
                  0x78,0x08,0x1f,0x08,0, 0x71,0x49,0x4a,0x0c,0, \
                  0x3e,0x49,0x49,0x06,0, 0x43,0x44,0x48,0x30,0, \
                  0x3e,0x49,0x49,0x3e,0, 0x32,0x49,0x49,0x3e,0, \
                  0,0,0,0,0,0 };   // Ziffern 0..9 und Leerzeichen
void ausgabe(unsigned char x)     // Zahl umcodieren und nach Ausgabespeicher
{
 unsigned char i, j=0, z;         // lokale Zähler
 z = x/100; if (z == 0) z = 10;   // Hunderter-Null unterdrücken
 for (i=0; i<5; i++) aus[j++] = code[z*5 + i];
 x = x % 100;                     // Divisionsrest
 if ( ( (x/10) == 0) && (z == 10)) z = 10; else z = x/10; // Zehner-Null
 for (i=0; i<5; i++) aus[j++] = code[z*5 + i];
 for (i=0; i<5; i++) aus[j++] = code[(x%10)*5 + i];
} // Ende ausgabe

ISR(TIMER1_OVF_vect)             // Einsprung Timer1 Überlauf MUX Spalte
{
 PORTD = aus[spalte];            // Spaltenbyte
 PORTB = spalte++;               // Spalte ansteuern
 if (spalte == 15) spalte = 0;// Spalten 0..14
 TCNT1 = 65536ul - 3686ul;       // Wartezeit für 1 kHz Muxfrequenz
}

ISR(TIMER0_OVF_vect)             // Einsprung Timer0 Überlauf
{
 zaehl++;                        // Interruptzähler
 if (zaehl == 225) { zaehl = 0; sek++; ausgabe(sek); }  // Sekunden
}

int main(void)                   // Hauptfunktion
{
 DDRB=0x0f;                      // 0000 1111 B0..B3 Ausgänge
 DDRD=0x7f;                      // 0111 1111 D0..D6 Ausgänge
```

```
ausgabe(sek);                      // Anfangswert nach Ausgabespeicher
TCCR0B = 0x03;                     // 3.6864 MHz : 64 : 256 = 225 Durchläufe 1 sek
TIMSK |= (1<<TOIE0);              // Timer0 Interrupt frei
TCCR1B = 0x01;                    // Timer1 MUX 3.6864 MHz : 1 : 3686 = 1 kHz
TCNT1 = 65536ul - 3686ul;        // Wartezeit für 1 kHz Muxfrequenz
TIMSK |= (1<<TOIE1);             // Timer1 Interrupt frei
sei();                           // alle Interrupts frei
while(1)                         // Arbeitsschleife
{
  while(PINB & (1 << PB4));       // warte auf Tastenbetätigung
  sek = 0; ausgabe(sek);          // Sekundenzähler löschen
  while(!(PINB & (1 <<PB4)));     // warte auf Lösen der Taste
} // Ende while
} // Ende main
```

k6p3a.c: C-Programm zur LED-Matrixanzeige.

LCDs (**L**iquid **C**rystal **D**isplay, Flüssigkristall-Anzeige) bestehen aus zwei Glasscheiben, die mit durchsichtigen Elektroden beschichtet sind. Der vollflächigen Rückseite (Backplane) stehen auf der Vorderseite die anzuzeigenden Elemente wie z. B. die Segmente einer Dezimalanzeige gegenüber. Beim Anlegen einer elektrischen Spannung drehen sich die Flüssigkristalle zwischen den Scheiben so, dass der Bereich zwischen den Elektroden dunkel erscheint; im spannungslosen Zustand ist der Bereich hell. Reflexive LCD-Anzeigen sind nur für Auflicht geeignet, da das von vorn einfallende Licht an der Rückseite reflektiert wird. Transflexive LCD-Anzeigen können zusätzlich von hinten beleuchtet werden. Transmissive Systeme werden nur von hinten beleuchtet.

LCD-Anzeigen dürfen nur mit Wechselspannungen von ca. 30 bis einigen Hundert Hertz und von etwa 3 bis 6 Volt betrieben werden. Beim Anlegen einer Gleichspannung können sich die Elektroden zersetzen. In der Modellschaltung Abbildung 6-11

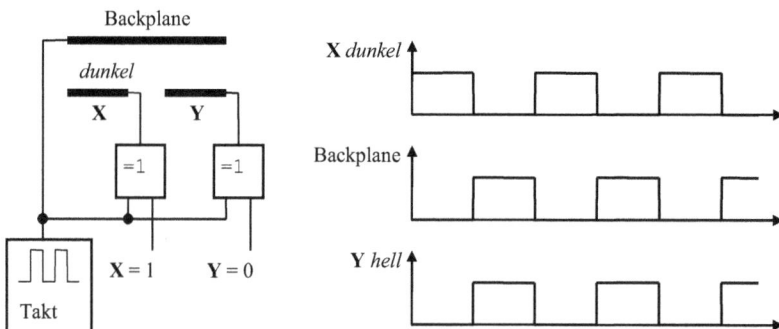

Abbildung 6-11: Modellschaltung zur Ansteuerung einer LCD-Anzeige.

erscheint das mit **X** bezeichnete Element *dunkel*, da beide Elektroden immer auf entgegengesetztem Potential liegen. Das mit **Y** bezeichnete Element wird gleichphasig angesteuert und bleibt *hell*. Im Gegensatz zu stromgesteuerten Leuchtdioden nehmen Flüssigkristall-Anzeigen wegen der Spannungssteuerung nur geringe Ströme im Bereich von einigen μA auf und eignen sich daher vorzugsweise für den Batteriebetrieb.

In der Bauform mit herausgeführten Segmenten Abbildung 6-12 für zwei, dreieinhalb oder vier Stellen ist zur Erzeugung der Wechselspannungen eine Taktsteuerung erforderlich, die vom Controller durch einen Timer oder von einer externen Schaltung geliefert werden muss. Der TTL-Decoder 74LS47 der links dargestellten Schaltung arbeitet invertiert aktiv Low, daher wird auch das Backplane-Signal durch die XOR-Schaltung mit einem fest auf High liegenden Eingang invertiert. Wesentlich stromsparender arbeiten die BCD-zu-Siebensegment-Decoder in CMOS-Technik, die in der Mitte des Bildes dargestellt sind.

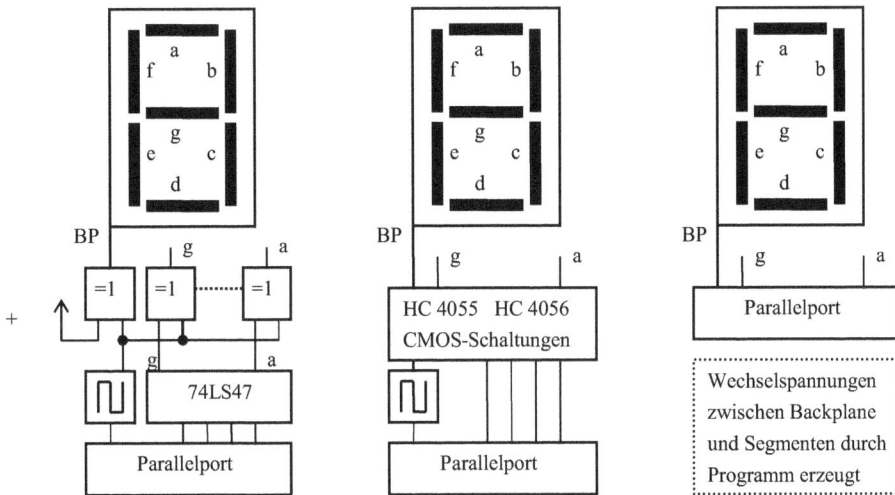

Abbildung 6-12: Verfahren zur Segmentansteuerung von LCD-Anzeigen.

Bei der direkten Segmentansteuerung durch einen Controller müssen die Wechselspannungen (Abbildung 6-13) vom Programm erzeugt werden. Ein Datenbit (**0**), das phasengleich mit dem BP-Signal komplementiert wird, ergibt eine Differenzspannung Null und bleibt hell. Ein Datenbit (**1**) entgegengesetzter Phase wird durch die Wechselspannung dunkel geschaltet. Im Beispiel Abschnitt 7.6 steuert ein ATmega16 eine vierstellige LCD-Anzeige.

Alphanumerische LCD-Module für die Anzeige von Buchstaben, Ziffern und Sonderzeichen ähnlich einem PC-Bildschirm gibt es in Ausführungen von ein bis vier Zeilen und bis zu 40 Zeichen pro Zeile. Die Ansteuerung (Abbildung 6-14) erfolgt über ein paralleles Businterface mit vier bzw. acht Datenleitungen D0 bis D7 und drei Steuerleitungen R/W, E und RS.

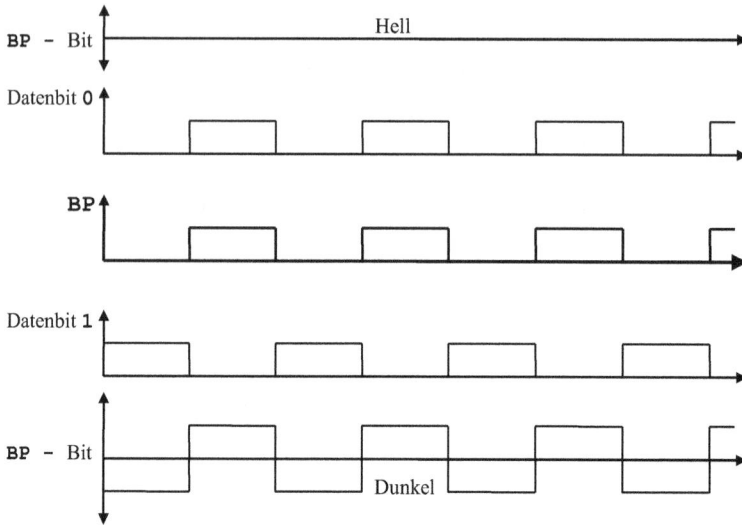

Abbildung 6-13: Erzeugung der Segmentwechselspannungen im Programm.

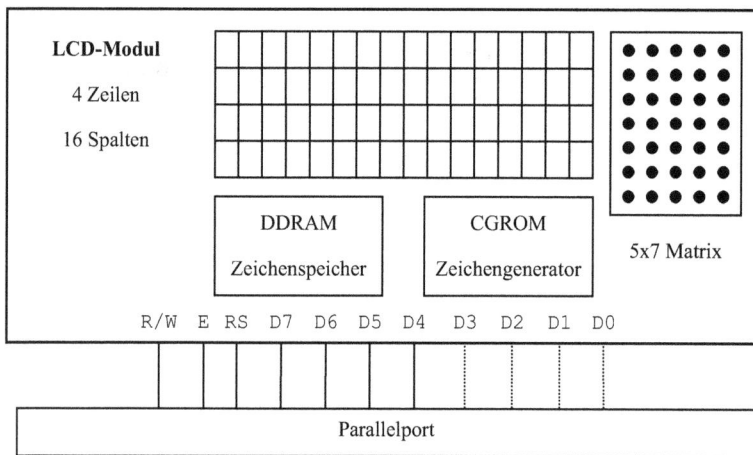

Abbildung 6-14: Alphanumerische LCD-Anzeige für 64 Zeichen am Parallelport.

Ein alphanumerisches LC-Display besteht aus einer Pixelmatrix, die von einem speziellen Mikrocontroller ähnlich dem Atmel ATmega169 über Zeilen- und Spaltentreiber angesteuert wird. Die darzustellenden ASCII-Zeichen gelangen über eine Busschnittstelle in einen internen DDRAM (Display Data RAM) und werden über einen Festwertspeicher CGROM (Character Generator ROM) in die entsprechenden Pixelpunkte umgesetzt. In einem CGRAM (Character Generator RAM) kann der Benutzer eigene Zeichen definieren. Neben den anzuzeigenden Daten werden dem Controller Steuerkommandos übergeben, für deren Ausführung jedoch einige Zeit erforderlich sein kann. LCD-Module werden von mehreren Herstellern in unterschiedlichen Versionen angeboten, so dass in jedem Anwendungsfall das entsprechende Datenblatt heranzuziehen ist. Das folgende Beispiel beschreibt das LCD-Modul 164A des Herstellers Displaytech, das mit dem weit verbreiteten Display-Controller HD44780 / KS0073 ausgerüstet ist.

Die auszugebenden Daten (ASCII-Zeichen) und Steuerkommandos werden der LCD-Einheit über eine Busschnittstelle übergeben. Im 8-Bit Betrieb werden Daten und Kommandos in einem Zugriffszyklus über D7 bis D0 übertragen. Im 4 Bit Betrieb sind zwei Zugriffe über D7 bis D4 erforderlich, D3 bis D0 bleiben frei. Der erste Zyklus überträgt die höherwertigen Bitpositionen Bit 7 bis Bit 4, der zweite Zyklus die niederwertigen Bitpositionen Bit 3 bis Bit 0. Die in Tabelle 6-2 genannten Kommandos und Ausführungszeiten sind Richtwerte für den 4 Bit Betrieb.

Tabelle 6-2: Kommandos und Ausführungszeiten für LCD-Anzeigeeinheiten (Richtwerte).

warten	Kommando	Code	D7	D6	D5	D4	D3	D2	D1	D0
5 ms	Initialisierung (ein Zugriff) 3 mal	$30	0	0	1	1	x	x	x	x
5 ms	4 Bit Bus einstellen (ein Zugriff)	$20	0	0	1	0	x	x	x	x
50 µs	4 Bit Bus, Zeilen und Matrix Zeilen: N=0: 2 (1) N=1: 4 (2) Matrix: F=0: 5x7 F=1: 5x10		0	0	1	0	N	F	x	x
50 µs	4 Bit Bus 4 Zeilen 5x7 Matrix	$28	0	0	1	0	1	0	0	0
50 µs	Display und Cursor einstellen Display: D=0: ein D=1: aus Cursor : C=0: ein C=1: aus Blinken: B=1: ja B=0: nein		0	0	0	0	1	D	C	B
50 µs	Display Cursor ein, nicht blinken	$0E	0	0	0	0	1	1	1	0
5 ms	Display löschen	$01	0	0	0	0	0	0	0	1
5 ms	Cursor home (links oben)	$02	0	0	0	0	0	0	1	x
50 µs	Display oder Cursor schieben S=0: Cursor S=1: Display R=0: links R=1: rechts		0	0	0	1	S	R	x	x
50 µs	Cursor nach links schieben	$10	0	0	0	1	0	0	0	0
50 µs	Cursor nach rechts schieben	$14	0	0	0	1	0	1	0	0
50 µs	Cursor auf Adresse positionieren	$xx	1	a	a	a	a	a	a	a
50 µs	Daten vom Bus lesen R/W = 0									

Die Initialisierung der Anzeige nach dem Einschalten der Versorgungsspannung bzw. nach einem Reset kann für den *4 Bit Bus* (D7 bis D4) in folgenden Schritten erfolgen:
– Nach dem Einschalten mindestens 50 ms warten
– Steuerbyte $30 mit einem Zugriff übertragen und mindestens 5 ms warten

- Steuerbyte $30 mit einem Zugriff übertragen und warten
- Steuerbyte $30 mit einem Zugriff übertragen und warten
- Steuerbyte $20 für 4 Bit Bus mit einem Zugriff übertragen und warten
- Zwei Zugriffe: 4 Bit Bus, Displayzeilen und Matrix einstellen und warten
- Zwei Zugriffe: Display und Cursor einstellen und warten

Nach der Initialisierung sind weitere Kommandos zum Löschen der Anzeige und zur Positionierung des Cursors erforderlich. Die Daten werden in den internen Zeichenspeicher übertragen und an der augenblicklichen Cursorposition angezeigt. Die Übertragung der Kommandos und Daten wird von Signalen zeitlich gesteuert, die von außen anzulegen sind.
- Signal **R/W** (Read/Write): R/W = 0: LCD liest vom Bus R/W = 1: LCD gibt auf Bus aus
- Signal **RS** (Register Select): RS = 0: Kommando übertragen RS = 1: Daten übertragen
- Signal **E** (Enable): Übernahme der Buszustände mit fallender Flanke

Der zeitliche Verlauf der Bussignale (Abbildung 6-15) gilt nur für den 4 Bit Busbetrieb. Die Zykluszeit soll ca. 1 μs betragen. Das Übernahmesignal E soll ca. 500 ns lang High sein, bevor es mit fallender Flanke die Buszustände übernimmt. Die Signale RS und R/W sowie die Daten bzw. Kommandos sollen ca. 200 ns lang vor der Übernahme stabil anliegen. In den meisten Anwendungen wird durch R/W = Low auf die Übergabe der intern im DDRAM gespeicherten Daten und eines Busyflags verzichtet, mit dem die Ausführung eines Kommandos erkannt werden könnte. Abbildung 6-16 zeigt die Ansteuerung durch einen ATmega8.

Die Anschlüsse wurden so gewählt, dass USART, TWI und SPI frei bleiben, damit die Schaltung z. B. als Ein/Ausgabegerät einer größeren Anwendung zur Verfügung steht. Die Software wurde so strukturiert, dass sie leicht an andere Projekte angepasst

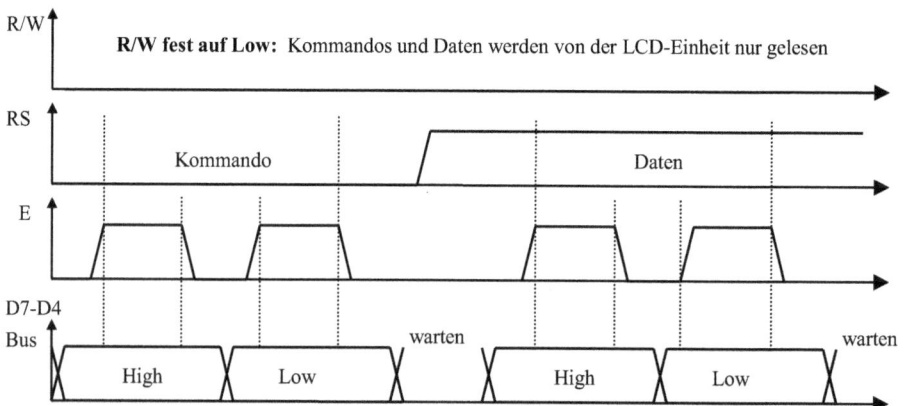

Abbildung 6-15: Timing der Busschnittstelle für R/W = 0 (nur lesen) im 4 Bit Betrieb.

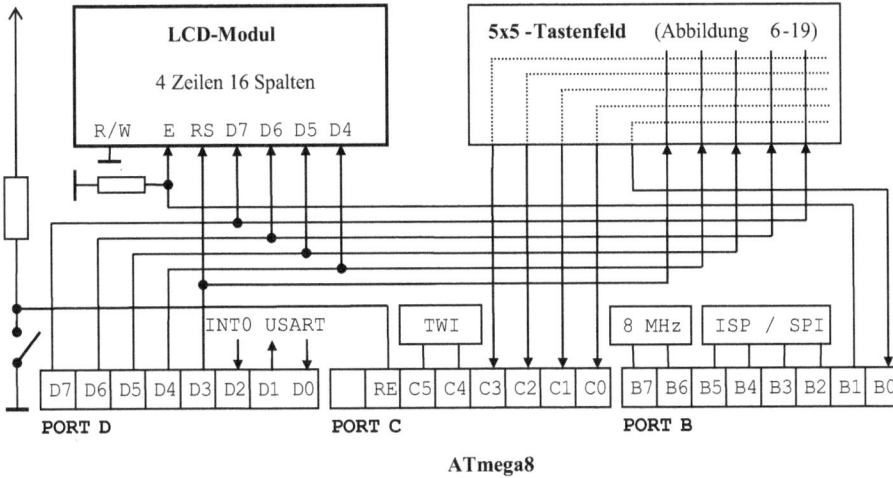

Abbildung 6-16: Ansteuerung einer LCD-Anzeige mit Tastenfeld (ATmega8).

werden kann. In den Unterprogrammen/Funktionen erscheinen die zur Steuerung des LCD-Moduls verwendeten Ports, Pins und Register mit Symbolen, die im Hauptprogramm definiert werden müssen. Für den Anschluss der LCD-Eingänge D7 bis D4 an den High-Teil des Ports ist das Symbol lcdbus = 'h', für den Low-Teil ist lcdbus = 'l' zu setzen.

```
; Symboldefinitionen für LCD-Schnittstelle 4 Bit Bus am High-Port
        .EQU    takt = 8000000   ; Systemtakt Quarz 8 MHz
        .EQU    lcdpen = PORTB   ; Port des E Signals
        .EQU    lcden = PB1      ; Bit E Freigabesignal
        .EQU    lcdprs = PORTD   ; Port des RS Signals
        .EQU    lcdrs = PD3      ; Bit RS Registerauswahlsignal
        .EQU    lcdpdat = PORTD  ; Port des 4 Bit-Datenbus
        .EQU    lcdbus = 'h'     ; Anschluss an High-Port PB7..PB4
        .DEF    curpos = r23     ; R23 = laufende Cursorposition
```

```
// Symboldefinitionen für LCD-Schnittstelle 4 Bit Bus am High-Port
#define TAKT 8000000ul          // Systemtakt Quarz 8 MHz
#define LCDPEN PORTB            // Port des E Signals
#define LCDEN  PB1              // Bit E Freigabesignal
#define LCDPRS PORTD            // Port des RS Signals
#define LCDRS  PD3              // Bit RS Registerauswahlsignal
#define LCDPDAT PORTD           // Port des 4 Bit Datenbus
#define LCDBUS 'h'             // Anschluss an High-Port PB7..PB4
unsigned char curpos = 0;       // globale Cursorposition
```

Das Unterprogramm warte1ms bildet die Basis für die Verzögerungen bei der Initialisierung und der Übertragung der Bussignale.

```
; warte1ms.asm wartet 1 ms + 14 Zusatztakte / Systemtakt
warte1ms: push    r24                 ; Register retten
          push    r25
          ldi     r24,LOW(takt/4000)  ; Takt 8 MHz gibt
          ldi     r25,HIGH(takt/4000); Ladewert 2000
warte1msa:sbiw    r24,1               ; 2 Takte
          brne    warte1msa           ; 2 Takte
          nop                         ; Zeitausgleich
          pop     r25                 ; Register zurück
          pop     r24
          ret
```

```
// warte1ms.c  Funktion Zeitverzögerung ca. 1 ms bei TAKT
// Takt 8 MHz gibt Ladewert 8000000/4000 = 2000
void warte1ms(void)
{
 for (unsigned int i = TAKT/4000ul; i > 0; i--); // 4 Takte
}
```

Das Unterprogramm lcd4com übergibt dem LCD-Modul ein Kommando. Die bedingte Assemblierung bzw. Compilierung unterscheidet zwischen dem Anschluss des Moduls an die obere oder an die untere Hälfte des Ausgabeports. Die Wartezeiten wurden großzügig bemessen, um auch andere Ausführungen des LCD-Moduls zu berücksichtigen.

```
; lcd4com.asm R16 = 8-Bit Kommando nach 4 Bit Bus
lcd4com:push    r16              ; Register mit Zeichen retten
        .IF     lcdbus =='1'     ; wenn 4 Bit LCD am Low-Port
        swap    r16              ; R16 <= High | Low
        .ENDIF
        out     lcdpdat,r16      ; High-Nibble ausgeben
        cbi     lcdprs,lcdrs     ; RS = Low: Kommandoausgabe
        sbi     lcdpen,lcden     ; E High
        rcall   warte1ms         ; 1 ms warten
        cbi     lcdpen,lcden     ; E Low: fallende Flanke
        swap    r16              ; Nibbles vertauschen
        out     lcdpdat,r16      ; Low-Nibble
        cbi     lcdprs,lcdrs     ; RS = Low: Kommandoausgabe
        sbi     lcdpen,lcden     ; E High
```

```
        rcall   warte1ms       ; 1 ms warten
        cbi     lcdpen,lcden   ; E Low: fallende Flanke
        clr     r16            ; alle Ausgänge
        out     lcdpdat,r16    ; auf Low
        ldi     r16,10
lcd4com1:rcall  warte1ms       ; 10 ms warten
        dec     r16
        brne    lcd4com1
        pop     r16            ; Register zurück
        ret
```

```
// lcd4com.c  8-Bit Kommando nach 4 Bit Bus
void lcd4com(unsigned char x)
{
 #if LCDBUS == '1'
  x = (x << 4) | (x >> 4);   // swap bei Anschluss Low-Hälfte
 #endif
 LCDPDAT = x;               // High-Nibble ausgeben
 LCDPRS &= ~(1 << LCDRS);   // cbi RS = Low Kommandoausgabe
 LCDPEN |=  (1 << LCDEN);   // sbi E = High
 warte1ms();               //  ms warten Impulslänge
 LCDPEN &= ~(1 << LCDEN);   // cbi E = Low: fallende Flanke
 x = (x << 4) | (x >> 4);   // swap Hälften
 LCDPDAT = x;               // Low-Nibble ausgeben
 LCDPRS &= ~(1 << LCDRS);   // cbi RS = Low Kommandoausgabe
 LCDPEN |=  (1 << LCDEN);   // sbi E = High
 warte1ms();               // 1 ms warten Impulslänge
 LCDPEN &= ~(1 << LCDEN);   // cbi E = Low: fallende Flanke
 LCDPDAT = 0;               // alle Ausgänge Low
 for(unsigned char i=1; i<= 10; i++) warte1ms(); // 10 ms warten
} // Ende lcd4com
```

Das Unterprogramm lcd4ini initialisiert die LCD-Anzeige auf die Parameter 4 Bit Modus, vier Zeilen, 5x7 Pixelmatrix sowie die Cursorfunktionen. Die Anzeige wird gelöscht und der Cursor steht am Anfang der obersten Zeile.

```
; lcd4ini.asm LCD-Anzeige 4 Bit-Modus initialisieren nach dem Einschalten
lcd4ini:  push   r16            ; Register retten
          ldi    r16,250        ; nach dem Einschalten
lcd4ini1: rcall  warte1ms       ; 250 ms warten
          dec    r16
          brne   lcd4ini1
```

```
; Funktionen Modus Zeilen Matrix Display Cursor Entry
        ldi     r16,0b00110011 ; Startcode 3 | Startcode 3
        rcall   lcd4com
        ldi     r16,0b00110010 ; Startcode 3 | 4 Bit-Code 2
        rcall   lcd4com
        ldi     r16,0b00101000 ; 4 Bit|2/4 Zeilen|5x7 Matrix
        rcall   lcd4com
        ldi     r16,0b00001110 ; Display on|Cursor on|Blink off
        rcall   lcd4com
        ldi     r16,0b00000110 ; Cursor inc|Display not shift
        rcall   lcd4com
        ldi     r16,0b00000010 ; Cursor home
        rcall   lcd4com
        ldi     r16,0b00000001 ; Display clear
        rcall   lcd4com
        pop     r16            ; Register zurück
        ret
```

```
// lcdi4ini.c LCD initialisieren für 4 Bit Bus 4 Zeilen
void lcd4ini (void)
{
 for (unsigned char i=1; i<=250; i++) warte1ms(); // warte 250 ms
 lcd4com(0x33); // 00110011  Startcode 3 | Startcode 3
 lcd4com(0x32); // 00110010  Startcode 3 | 4 Bit-Code 2
 lcd4com(0x28); // 00101000  4 Bit | 2/4 Zeilen | 5x7 Matrix
 lcd4com(0x0e); // 00001110  Display on | Cursor on | Blink off
 lcd4com(0x06); // 00000110  Cursor inc | Display not shift
 lcd4com(0x02); // 00000010  Cursor home
 lcd4com(0x01); // 00000001  Display clear
} // Ende lcd4ini
```

Das Unterprogramm lcd4put übernimmt die Ausgabe eines ASCII-Zeichens. Es unterscheidet sich von der Kommandoausgabe nur durch das RS-Signal und durch den Aufruf des Unterprogramms lcd4cur zu Cursorkontrolle. Das Unterprogramm lcd4puts gibt einen nullterminierten String aus.

```
; lcd4put.asm R16 = 8-Bit Daten nach 4 Bit Bus
lcd4put:push    r16            ; Register mit Zeichen retten
        .IF     lcdbus =='l'   ; wenn 4 Bit LCD am Low-Port
        swap    r16            ; R16 <= High | Low
        .ENDIF
        out     lcdpdat,r16    ; High-Nibble ausgeben
```

```
        sbi     lcdprs,lcdrs    ; RS = High: Datenausgabe
        sbi     lcdpen,lcden    ; E = High
        rcall   warte1ms        ; 1 ms warten
        cbi     lcdpen,lcden    ; E Low: fallende Flanke
        swap    r16             ; Nibbles vertauschen
        out     lcdpdat,r16     ; Low-Nibble
        sbi     lcdprs,lcdrs    ; RS = High: Daten
        sbi     lcdpen,lcden    ; E High
        rcall   warte1ms        ; 1 ms warten
        cbi     lcdpen,lcden    ; E Low: fallende Flanke
        clr     r16             ; alle Ausgänge
        out     lcdpdat,r16     ; auf Low
        rcall   warte1ms        ; 1 ms warten
        rcall   lcd4cur         ; Cursorkontrolle
        pop     r16             ; Register zurück
        ret

; lcd4puts.asm  Z = Stringadresse
lcd4puts:push   r0              ; Register retten
        push    r16
        push    ZL
        push    ZH
lcd4puts1:lpm                   ; R0 <- Zeichen
        adiw    ZL,1            ; Adresse + 1
        tst     r0              ; Endemarke Null ?
        breq    lcd4puts2       ; ja: fertig
        mov     r16,r0          ; R16 <- Zeichen
        rcall   lcd4put         ; ausgeben
        rjmp    lcd4puts1
lcd4puts2:pop   ZH              ; Register zurück
        pop     ZL
        pop     r16
        pop     r0
        ret
```

```c
// lcd4put.c  8-Bit Daten nach 4 Bit Bus
void lcd4put(unsigned char x)
{
 #if LCDBUS == '1'
  x = (x << 4) | (x >> 4);  // swap bei Anschluss Low-Hälfte
 #endif
 LCDPDAT = x;               // High-Nibble ausgeben
```

```
LCDPRS |= (1 << LCDRS);      // sbi RS = High Datenausgabe
LCDPEN |= (1 << LCDEN);      // sbi E = High
warte1ms();                  // 1 ms warten Impulslänge
LCDPEN &= ~(1 << LCDEN);     // cbi E = Low: fallende Flanke
x = (x << 4) | (x >> 4);     // swap Hälften
LCDPDAT = x;                 // Low-Nibble ausgeben
LCDPRS |= (1 << LCDRS);      // sbi RS = High Datenausgabe
LCDPEN |= (1 << LCDEN);      // sbi E = High
warte1ms();                  // 1 ms warten Impulslänge
LCDPEN &= ~(1 << LCDEN);     // cbi E = Low: fallende Flanke
LCDPDAT = 0;                 // alle Ausgänge Low
warte1ms();                  // 1 ms warten
lcd4cur();                   // Cursorkontrolle
} // Ende lcd4put
```

```
// lcd4puts.c Nullterminierten String nach LCD-Anzeige
void lcd4puts(unsigned char *zeiger)         // String ausgeben
{
 while(*zeiger != 0) {lcd4put(*zeiger++); }   // bis Endemarke Null
} // Ende lcd4puts
```

Das Unterprogramm lcd4cur kontrolliert den Cursor in der globalen Variablen curpos, da am Ende einer Zeile ein nicht sichtbarer Bereich oder eine nicht anschließende Zeile liegt.

0x00 **1. Zeile** 0x0F	0x10 Es folgt Zeile 3
0x40 **2. Zeile** 0x4F	0x50 Es folgt Zeile 4
0x10 **3. Zeile** 0x1F	0x20 Nicht sichtbar
0x50 **4. Zeile** 0x5F	0x60 Nicht sichtbar

Am Ende der untersten Zeile wird das Display gelöscht und der Cursor auf den Anfang der obersten Zeile positioniert.

```
; lcd4cur.asm Cursorkontrolle für LCD-Anzeige mit 4 Zeilen
lcd4cur:push    r16              ; Register retten
        inc     curpos           ; Cursor weiter zählen
        cpi     curpos,$10       ; Ende 1. Zeile ?
        brne    lcd4cur1
        ldi     curpos,$40       ; Anfang 2. Zeile
        ldi     r16,$80 | $40    ; ja:
```

```
        rcall   lcd4com      ; auf 2. Zeile
        rjmp    lcd4cur4
lcd4cur1:cpi    curpos,$50   ; Ende 2. Zeile ?
        brne    lcd4cur2
        ldi     curpos,$10   ; Anfang 3. Zeile
        ldi     r16,$80 | $10 ; ja:
        rcall   lcd4com      ; auf 3. Zeile
        rjmp    lcd4cur4
lcd4cur2:cpi    curpos,$20   ; Ende 3. Zeile ?
        brne    lcd4cur3
        ldi     curpos,$50   ; Anfang 4. Zeile
        ldi     r16,$80 | $50 ; ja:
        rcall   lcd4com      ; auf 4. Zeile
        rjmp    lcd4cur4
lcd4cur3:cpi    curpos,$60   ; Ende 4. Zeile ?
        brne    lcd4cur4
        clr     curpos       ; Cursor wieder auf 0 zurücksetzen
        ldi     r16,$01      ; Kommando Display löschen
        rcall   lcd4com
        ldi     r16,$02      ; Kommando Cursor home links oben
        rcall   lcd4com
lcd4cur4:pop    r16          ; Register zurück
        ret
```

```c
// lcd4cur.c Cursorkontrolle benötigt globale Variable curpos
void lcd4cur(void)
{
 curpos++;
 if (curpos == 0x10) {curpos = 0x40; lcd4com(0x80 | 0x40); } // 1. -> 2.
 if (curpos == 0x50) {curpos = 0x10; lcd4com(0x80 | 0x10); } // 2. -> 3.
 if (curpos == 0x20) {curpos = 0x50; lcd4com(0x80 | 0x50); } // 3. -> 4.
 if (curpos == 0x60) {curpos = 0x00; lcd4com(0x01); lcd4com(0x02)}; //4. ->1.
} // Ende lcd4cur
```

Die anzuzeigenden Daten liefert in dieser Testversion das aus 25 Tasten bestehende Tastenfeld, das im Abschnitt 6.3 Eingabeeinheiten behandelt wird. Das Unterprogramm eintas wartet auf die Betätigung einer Taste und liefert einen Tastencode zurück. Die ASCII-codierten Hexadezimalziffern von 0 bis 9 und A bis F erscheinen fortlaufend auf der Anzeige, am Ende der letzten Zeile wird die Ausgabe am Anfang der ersten Zeile fortgesetzt. Den neun Funktionstasten sind folgende Steueroperationen zugeordnet:

- Code 1: Leerzeichen ausgeben
- Code 2: nicht belegt

- Code 3: nicht belegt
- Code 4: Cursor eine Zeile abwärts (*lf*)
- Code 5: Cursor eine Zeile aufwärts
- Code 6: Cursor eine Stelle nach rechts
- Code 7: Cursor eine Stelle nach links (*BS*)
- Code 8: Display löschen, Cursor an den Anfang der ersten Zeile (*home*)
- Code 9: Zeile löschen, Cursor an den Zeilenanfang (*cr*)

Das Unterprogramm lcd4func setzt die Codes von 1 bis 9 der Funktionstasten in die entsprechenden Cursorkommandos um.

```
; lcd4func.asm Funktionstasten zur Cursorkontrolle R16 = Code von 1 bis 9
lcd4func:tst    r16             ; Bereichskontrolle
        breq    lcd4funcx       ; 0 nicht im Bereich
        cpi     r16,9+1         ; > 9 ?
        brsh    lcd4funcx       ; ja: nicht im Bereich
        push    r0              ; Register retten für alle Upros
        push    r16
        push    r17
        push    r18
        push    ZL
        push    ZH
        ldi     ZL,LOW(functab*2)   ; Z <- Adresse Sprungtabelle
        ldi     ZH,HIGH(functab*2)
        dec     r16             ; Code 1..9 -> 0..8 für Sprungauswahl
        lsl     r16             ; Abstand = Code * 2
        add     ZL,r16          ; + Abstand
        clr     r16
        adc     ZH,r16          ; + Übertrag
        lpm                     ; R0 <- Low-Byte
        mov     r16,r0          ; R16 <- Low-Byte
        adiw    ZL,1
        lpm                     ; R0 <- High-Byte
        mov     ZL,r16          ; ZL <- Low-Byte
        mov     ZH,r0           ; HH <- High-Byte
        icall                   ; indirekter Unterprogrammaufruf
        pop     ZH              ; Register zurück für alle Upros
        pop     ZL
        pop     r18
        pop     r17
        pop     r16
        pop     r0
```

```
lcd4funcx:ret
;
; Sprungtabelle der Funktionsunterprogramme
functab: .DW    func1,func2,func3,func4,func5,func6,func7,func8,func9
;
func1:  ldi    r16,' '         ; Code 1: Leerzeichen ausgeben
        rcall  lcd4put
        ret
;
func2:  ret                    ; Code 2 nicht belegt
;
func3:  ret                    ; Code 3 nicht belegt
;
func4:  cpi    curpos,$50      ; Code 4: Cursor ab unterste Zeile ?
        brsh   func4d          ; ja: keine Wirkung
        cpi    curpos,$40      ; 2. Zeile ?
        brlo   func4a          ; nein
        subi   curpos,$30      ; ja. nach 3. Zeile $30
        rjmp   func4c
func4a: cpi    curpos,$10      ; 3. Zeile ?
        brlo   func4b          ; nein
        subi   curpos,-$40     ; ja: nach 4. Zeile
        rjmp   func4c
func4b: subi   curpos,-$40     ; 1. Zeile nach 2. Zeile
func4c: mov    r16,curpos      ; neue Cursorposition
        ori    r16,$80         ; Steuerbit dazu
        rcall  lcd4com         ; Cursor positionieren
func4d: ret
;
func5:  cpi    curpos,$10      ; Code 5 Cursor auf oberste Zeile ?
        brlo   func5d          ; ja: keine Wirkung
        cpi    curpos,$20      ; 3. Zeile ?
        brsh   func5a          ; nein
        subi   curpos,-$30     ; ja: nach 2. Zeile
        rjmp   func5c
func5a: cpi    curpos,$50      ; 2. Zeile ?
        brsh   func5b          ; nein
        subi   curpos,$40      ; ja: nach 1. Zeile
        rjmp   func5c
func5b: subi   curpos,$40      ; 4. Zeile nach 3. Zeile
func5c: mov    r16,curpos      ; R16 <- Cursorposition
        ori    r16,$80         ; Steuerbit dazu
        rcall  lcd4com         ; Cursor positionieren
```

```
func5d: ret
;
func6:  mov     r16,curpos      ; Code 6 Cursor links
        andi    r16,0b00001111  ; Maske für Spalte
        cpi     r16,$00         ; am Anfang ?
        breq    func6a          ;   ja: keine Wirkung
        dec     curpos          ; nein: Position rück
        ldi     r16,0b00010000  ;       Cursor links
        rcall   lcd4com
func6a: ret
;
func7:  mov     r16,curpos      ; Code 7 ? Cursor rechts
        andi    r16,0b00001111  ; Maske für Spalte
        cpi     r16,$0F         ; am Ende ?
        breq    func7a          ;   ja: keine Wirkung
        inc     curpos          ; nein: nächste Position
        ldi     r16,0b00010100  ;       Cursor rechts
        rcall   lcd4com         ;       Kommando ausgeben
func7a: ret
;
func8:  ldi     r16,$01         ; Code 8 Display löschen
        rcall   lcd4com
        ldi     r16,$02         ; Cursor home
        rcall   lcd4com
        clr     curpos          ; Cursor 0
        ret
;
func9:  andi    curpos,0b11110000 ; Code 9 return Zeile löschen und Anfang
        mov     r16,curpos      ; R16 <- Cursorposition
        ori     r16,$80         ; Steuerbit dazu
        mov     r17,r16         ; R17 <- Steuercode für Zeilenanfang
        rcall   lcd4com         ; Cursor am Zeilenanfang
        ldi     r18,16          ; R18 = Zähler für 16 Leerzeichen
func9a: ldi     r16,' '         ; R16 <- Leerzeichen
        rcall   lcd4put         ; ausgeben
        dec     r18             ; Zähler - 1
        brne    func9a
        mov     r16,r17         ; R16 <- Steuercode für Zeilenanfang
        rcall   lcd4com
        ret
```

// **lcd4func.c** Funktionstasten für Cursorkontrolle Codes von 1 bis 9
void lcd4func (unsigned char code)

```
{
 switch(code)
 {
  case 1: lcd4put(' '); break;          // Leerzeichen ausgeben
  case 2: break;                        // nicht belegt
  case 3: break;                        // nicht belegt
  case 4: if (curpos >= 0x50) break;    // Cursor abwärts ausser 4.Zeile
          if (curpos < 0x10) { curpos += 0x40; lcd4com(curpos | 0x80);\
          break;}  // 1 -> 2
          if (curpos < 0x20) { curpos += 0x40; lcd4com(curpos | 0x80);\
          break;}  // 3 -> 4
          if (curpos < 0x50) { curpos -= 0x30; lcd4com(curpos | 0x80);\
          break;}  // 2 -> 3
  case 5: if (curpos < 0x10) break;     // Cursor aufwärts ausser 1.Zeile
          if (curpos >= 0x50) { curpos -= 0x40; lcd4com(curpos | 0x80);\
          break;} // 4 -> 3
          if (curpos >= 0x40) { curpos -= 0x40; lcd4com(curpos | 0x80);\
          break;} // 2 -> 1
          if (curpos >= 0x10) { curpos += 0x30; lcd4com(curpos | 0x80);\
          break;} // 3 -> 2
  case 6: if ((curpos & 0x0f) == 0) break; else {curpos--; lcd4com(0x10);\
          break;}    // Cursor <-
  case 7: if ((curpos & 0x0f) == 0x0f) break; else {curpos++; lcd4com(0x14);\
          break;} // Cursor ->
  case 8: lcd4com(0x01); lcd4com(0x02); curpos = 0; break; // Cursor home
  case 9: curpos &= 0xf0; lcd4com(curpos | 0x80); // return Zeile löschen
          for (unsigned char i = 1; i <= 16; i++) lcd4put(' ');\
          lcd4com(curpos | 0x80); break;
 } // Ende switch
} // Ende lcd4func
```

Die INCLUDE-Anweisungen der Unterprogramme zur Initialisierung und Ausgabe von Kommandos und Daten sind in den Headerdateien lcd4.h zusammengefasst. Sie sind mit leichten Anpassungen auch für andere Modulausführungen und Anwendungen verwendbar.

```
; lcd4.h Assembler-Headerdatei für 4 Bit LCD-Anzeige
; Symbole: lcdpen, lcden, lcdprs, lcdrs, lcdpdat, lcdbus  Register: curpos
; Unterprogramm warte1ms benötigt Symbol takt
        .INCLUDE    "warte1ms.asm"  ; warte 1 ms bei takt
        .INCLUDE    "lcd4com.asm"   ; R16 = Kommando ausgeben
        .INCLUDE    "lcd4ini.asm"   ; Initialisierung
```

```
        .INCLUDE    "lcd4put.asm"   ; R16 = Daten ausgeben
        .INCLUDE    "lcd4puts.asm"  ; Z = Stringadresse
        .INCLUDE    "lcd4cur.asm"   ; Cursorkontrolle mit curpos
        .INCLUDE    "lcd4func.asm"  ; Funktionstasten je nach Anwendung
```

```
// lcd4.h C-Headerdatei für 4 Bit LCD-Anzeige
// Symbole: lcdpen, lcden, lcdprs, lcdrs, lcdpdat, lcdbus  global: curpos
// Funktion warte1ms benötigt Symbol TAKT
#include   "warte1ms.c"           // wartet 1 ms bei TAKT
#include   "lcd4com.c"            // Kommandoausgabe
#include   "lcd4ini.c"            // Initialisierung
#include   "lcd4put.c"            // Datenausgabe
#include   "lcd4puts.c"           // Nullterminierten String ausgeben
#include   "cd4cur.c"             // Cursorkontrolle in curpos
```

Das **Assemblerhauptprogramm** *k6p4* definiert die Symbole, mit denen die Ports und Bits in den Unterprogrammen angesprochen werden. Das eingefügte Unterprogramm tastatur liefert den Tastencode. Es wird mit den Hilfs-Unterprogrammen taste und eintas im Abschnitt 6.3 Eingabeeinheiten erklärt.

```
; k6p4.asm ATmega8 Test der LCD-Anzeige und 5x5-Tastatur
; Port B: LCD-Anzeige: PB1: E-Signal
; Port D: LCD-Anzeige: PD7 PD6 PD5 PD4 (4 Bit)   PD3: RS-Signal
        .INCLUDE "m8def.inc"       ; Deklarationen für ATmega8
        .EQU    takt = 8000000     ; Systemtakt Quarz 8 MHz
; Symboldefinitionen für LCD-Schnittstelle 4 Bit Bus an High-Port
        .EQU    lcdpen = PORTB     ; Port des E Signals
        .EQU    lcden = PB1        ; Bit E Freigabesignal
        .EQU    lcdprs = PORTD     ; Port des RS Signals
        .EQU    lcdrs = PD3        ; Bit RS Registerauswahlsignal
        .EQU    lcdpdat = PORTD    ; Port des 4 Bit-Datenbus
        .EQU    lcdbus = 'h'       ; Anschluss an High-Port PB7..PB4
; Registerdefinitionen
        .DEF    akku = r16         ; Arbeitsregister
        .DEF    curpos = r23       ; R23 = laufende Cursorposition
        .CSEG                      ; Programm-Flash
        rjmp    start              ; Reset-Einsprung
        .ORG    $13                ; Interrupteinsprünge übergehen
start:  ldi     akku,LOW(RAMEND);  Stapelzeiger
        out     SPL,akku           ; anlegen
        ldi     akku,HIGH(RAMEND)
        out     SPH,akku
```

```
        ldi     akku,0b11111000 ; PD7-PD3 sind Ausgänge
        out     DDRD,akku       ; für LCD und Tastaturspalten
        cbi     PORTB,lcden     ; PB1 Ausgang low
        sbi     DDRB,lcden      ; PB1 ist Ausgang für LCD-/E-Signal
        rcall   lcd4ini         ; LCD initialisieren
        clr     curpos          ; Cursor links oben
        ldi     ZL,LOW(text1*2) ; String "Willkommen
        ldi     ZH,HIGH(text1*2);        >        "
        rcall   lcd4puts
; Testschleife für Tasten
loop:   rcall   eintas          ; R16 <- Tastencode
        cpi     r16,' '         ; Steuercode < lz (Funktionscode 1..9) ?
        brlo    loop1           ;   ja:
        rcall   lcd4put         ; nein: Ziffer 0..9 A..F ausgeben
        rjmp    loop            ; neue Eingabe
; 9 Funktionstasten auswerten
loop1:  rcall   lcd4func        ; Funktionstasten je nach Anwendung
        rjmp    loop
;
; Konstantenbereich
text1: .DB    "   Willkommen   >",0
;
; Externe LCD- und Tastatur-Unterprogramme einfügen
        .INCLUDE "lcd4.h"       ; enthält warte1ms und LCD-Unterprogramme
        .INCLUDE "tastatur.asm" ; enthält Upros taste und eintas
        .EXIT                   ; Ende des Quelltextes
```

k6p4: Assemblerprogramm für LCD-Anzeige und Tastatur.

Die **C-Hauptfunktion** *k6p4.c* definiert die Symbole für den Anschluss des LCD-Moduls und fügt alle Funktionen der LCD-Anzeige und der Tastatureingabe ein. Die dezimalen Tasten von 0 bis 9 und die hexadezimalen Ziffern von A bis F werden als ASCII-Zeichen auf der LCD-Anzeige ausgegeben. Sieben der neun Funktionstasten dienen der Cursorsteuerung.

```
// k6p4.c ATmega8 Test der LCD-Anzeige und 5x5-Tastatur
// Port B: LCD-Anzeige: PB1: E-Signal
// Port D: LCD-Anzeige: PD7 PD6 PD5 PD4 (4 Bit)   PD3: RS-Signal
#include <avr/io.h>             // Deklarationen
#define TAKT 8000000ul          // Systemtakt Quarz 8 MHz
// Symboldefinitionen für LCD-Schnittstelle 4 Bit Bus an High-Port
#define LCDPEN PORTB            // Port des E Signals
```

```
#define LCDEN   PB1              // Bit E Freigabesignal
#define LCDPRS PORTD             // Port des RS Signals
#define LCDRS  PD3               // Bit RS Registerauswahlsignal
#define LCDPDAT PORTD            // Port des 4 Bit Datenbus
#define LCDBUS 'h'               // Anschluss an High-Port PB7..PB4
unsigned char curpos = 0;        // globale Cursorposition
// externe LCD- und Tastaturfunktionen
#include   "lcd4.h"              // enthält warte1ms und LCD-Funktionen
#include "tastatur.c"            // enthält Funktionen taste und eintas
;
void main(void)                  // Hauptfunktion
{
 unsigned char meldung [] = "  Willkommen   >";   // Prompt Meldung
 DDRD = 0xf8;                    // 1111 1000 PD7 - PD3 sind Ausgänge
 LCDPEN &= ~(1 << LCDEN);        // PB1 Datenausgang LOW
 DDRB  |= (1 << LCDEN);          // PB1 ist Ausgang für LCD-/E-Signal
 lcd4ini();                      // LCD-Anzeige initialisieren
 lcd4puts(meldung);              // Meldung: Willkommen   >
 while(1)                        // Arbeitsschleife
 {
  unsigned char code;
  code = eintas();               // warte bis Taste gelöst
  if (code >= 0x20) lcd4put(code);  else lcd4func(code);
 } // Ende while
} // Ende main
```

k6p4.c: C-Hauptfunktion zur LCD-Anzeige und Tastatureingabe.

6.3 Eingabeeinheiten

Zum Entprellen mechanischer Kontakte von Tastern, Schaltern und Relais dienen hardwaremäßig Flipflops oder softwaremäßig Warteschleifen. Für die Flipflop-Schaltungen nach Abbildung 6-17 sind Umschaltkontakte erforderlich. Abbildung 6-18 zeigt weitere Eingabemöglichkeiten mit Potentiometern, Codierschaltern und Impulsgebern.

Tastaturen werden als Matrix angeordnet und können, oft zusammen mit einer Anzeige-Einheit, direkt an einem Parallelport betrieben werden. Die in Abbildung 6-19 dargestellte Tastatur besteht aus fünf Zeilen und fünf Spalten. Das Programmbeispiel fragt durch den Aufruf eines Unterprogramms die Tastatur ab. Die Spaltenausgänge der Tastatur werden zu einem anderen Zeitpunkt auch für den Betrieb der LCD-Anzeige verwendet. Während der Tastaturabfrage muss dafür gesorgt werden,

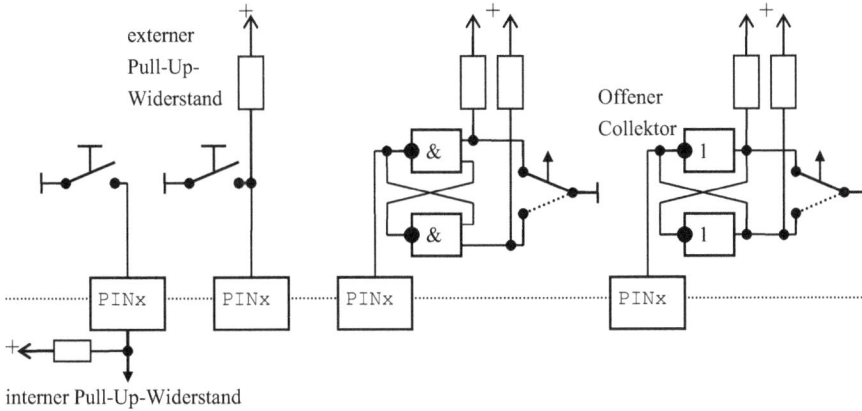

Abbildung 6-17: Eingabeschalter mit Pull-Up-Widerständen und mit Flipflops entprellte Taster.

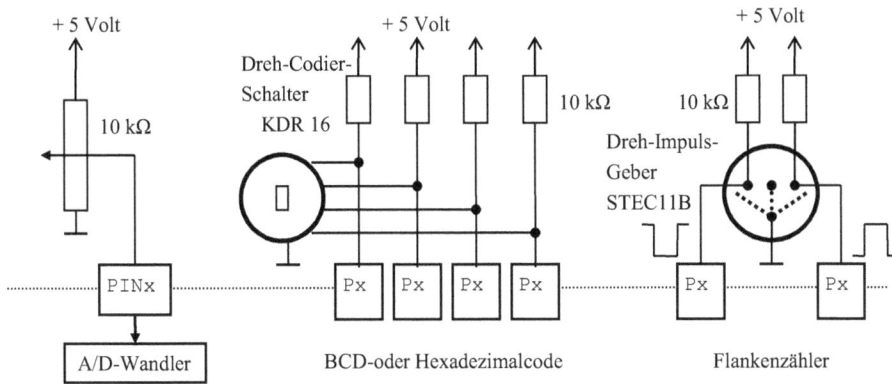

Abbildung 6-18: Eingabe mit Potentiometer, Codierschalter und Impulsgeber.

dass die LCD-Anzeige durch E = Low nicht aktiviert wird. Umgekehrt kann während eines LCD-Zugriffs keine Tastaturabfrage erfolgen.

Das Unterprogramm `taste` liefert eine 0 zurück, wenn keine Taste gedrückt ist; sonst den ASCII-Code der Ziffern- und Buchstabentasten. Es entspricht dem Unterprogramm `kbhit` der Konsolfunktionen. Den Funktionstasten sind die Werte von 1 bis 9 zugeordnet. Abbildung 6-20 zeigt das vereinfachte Struktogramm des Abtastverfahrens, das vorwiegend mit Schiebebefehlen arbeitet. Die fünf Zeileneingänge werden durch interne oder externe Pull-Up-Widerstände auf High gehalten. Dann legt man nacheinander einen der fünf Spaltenausgänge auf Low-Potential. Durch Rücklesen der Zeilenpotentiale kann man erkennen, ob die Taste im Kreuzungspunkt von Zeile und Spalte betätigt wurde und die Zeilenleitung auf Low gelegt hat. Der mitlaufende Codezähler dient dazu, den Tastencode einer Tabelle zu entnehmen. Eine zyklische Abfrage der Tastatur im Millisekundenbereich löst das Problem des Tastenprellens.

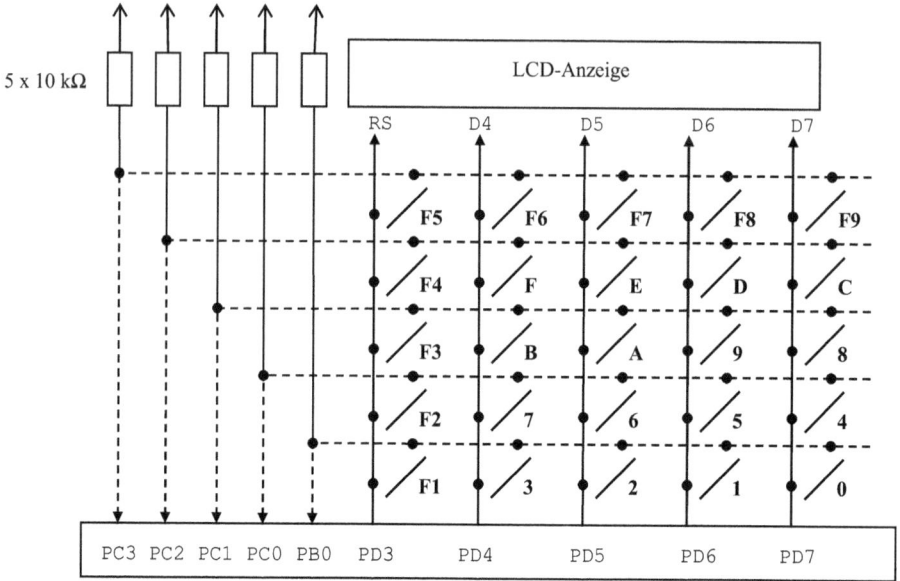

Abbildung 6-19: Tastaturmatrix aus 5 x 5 Tasten.

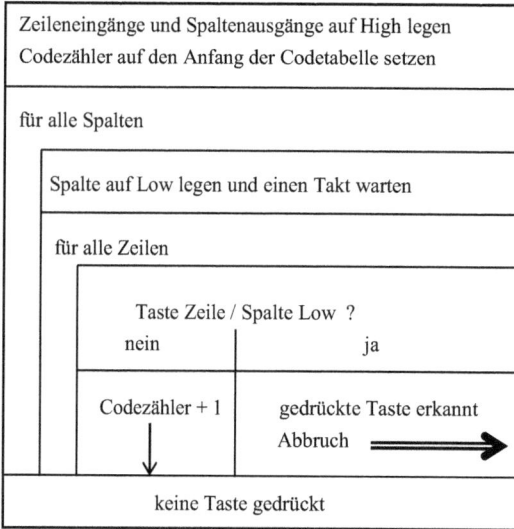

Abbildung 6-20: Tastaturabfrage durch das Unterprogramm taste.

Das Unterprogramm eintas wartet dagegen, bis eine Taste gedrückt und wieder gelöst wurde und kehrt dann mit dem ASCII-Code bzw. mit dem Code der Funktionstaste zurück. Es entspricht damit dem Unterprogramm get der Konsolfunktionen.

```
; tastatur.asm enthält Upros taste und eintas
; Interne Tastaturunterprogramme benötigen Unterprogramm warte1ms
; Zeileneingänge: PC3 PC2 PC1 PC0 PB0
; Spaltenausgänge: PD3 PD4 PD5 PD6 PD7
; taste: R16 <- Tastencode nach Drücken   R16 <- Null: keine Taste
taste:  push    r0              ; Register retten
        push    r17
        push    r18
        push    r19             ; Spaltenzähler
        push    r20             ; Zeilenzähler
        push    ZH
        push    ZL
        ldi     ZL,LOW(tastab*2); Z <- Anfangsadresse Codetabelle
        ldi     ZH,HIGH(tastab*2)
        ldi     r16,0b00001111  ; Zeileneingänge PC3 PC2 PC1 PC0
        out     PORTC,r16       ; auf High legen
        sbi     PORTB,PB0       ; Zeileneingang PB0 auf High legen
; Spaltenschleife
        ldi     r19,5           ; R19 = Spaltenzähler Anfangswert
        ldi     r16,0b01111000  ; R16 = Ausgangsmuster für Spalten
taste1: mov     r17,r16         ; R17 = Ausgabemuster für Spalten
        andi    r17,0b11111000  ; Maske PD2 PD1 PD0 löschen
        out     PORTD,r17       ; Spalte auf Low
        nop                     ; Pause der Ergriffenheit
        nop
        in      r18,PINC        ; R18 = Zeilen PC3 - PC0 rücklesen
        andi    r18,0b00001111  ; Bit_7 - Bit_4 löschen
        lsl     r18             ; B1 <- B0   B4 <- B3
        sbic    PINB,PB0        ; überspringe wenn PB0 = Low
        ori     r18,0b00000001  ; PB0 = High: Bit_0 = 1
; Zeilenschleife
        ldi     r20,5           ; R20 = Zeilenzähler Anfangswert
taste2: lsr     r18             ; Testbit -> Carry
        brcc    taste3          ; Bit = 0: Taste gedrückt
        adiw    ZL,1            ; Bit = 1: Codeadresse + 1
        dec     r20             ; Zeilenzähler - 1
        brne    taste2          ; bis alle Zeilen durch
        asr     r16             ; Spaltencode nach rechts
        ori     r16,0b10000000  ; Bit_7 <- 1
        dec     r19             ; Spaltenzähler - 1
        brne    taste1          ; bis alle Spalten durch
```

```
        ; keine Taste erkannt
                ldi     r16,20          ; 20 ms warten
        taste2a:rcall   warte1ms        ; zum Entprellen
                dec     r16
                brne    taste2a
                clr     r16             ; R16 = Null: keine Taste
                rjmp    taste4
        ; Taste erkannt Code nach R16
        taste3: ldi     r16,20          ; 20 ms warten
        taste3a:rcall   warte1ms        ; zum Entprellen
                dec     r16
                brne    taste3a
                lpm                     ; R0 <- Code aus Tabelle (Z)
                mov     r16,r0          ; R16 = Rückgabecode
        taste4: pop     ZL              ; Register zurück
                pop     ZH
                pop     r20
                pop     r19
                pop     r18
                pop     r17
                pop     r0
                ret                     ; R16 = Rückgabe
        tastab: .DB "048C",9,"159D",8,"26AE",7,"37BF",6,1,2,3,4,5,10,0,0 ; Tabelle
        ;
        ; eintas R16 <- Tastencode nach Lösen der Taste
        eintas: push    r17             ; Register retten
        eintas1:rcall   taste           ; R16 <- Taste
                tst     r16             ; Null ?
                breq    eintas1         ; keine Taste
                mov     r17,r16         ; R17 rettet Code
        eintas2:rcall   taste           ; R16 <- Taste
                tst     r16
                brne    eintas2         ; warte bis gelöst
                mov     r16,r17         ; R16 <- Tastencode
                clr     r17             ; alle Spalten
                out     PORTD,r17       ; auf Low
                pop     r17             ; Register zurück
                ret
```

Die C-Funktionen zur Ansteuerung der LCD-Anzeige und zur Auswertung der Tastatur entsprechen den Assemblerunterprogrammen. Ohne forward-Referenzen ist darauf zu achten, dass nur auf Funktionen zugegriffen wird, die bereits vorher definiert wurden.

```
// tastatur.c enthält taste und eintas
// Tastaturfunktionen benötigen Funktion warte1ms
// Zeileneingänge: PC3 PC2 PC1 PC0 PB0    auf High legen und zurücklesen
// Spaltenausgänge: PD7 PD6 PD5 PD4 PD3   laufendes Low ausgeben
// Rückgabe = 0: keine Taste sonst Tastencode nach Drücken


unsigned char taste (void)
{
 unsigned char tastab[25] =\
       {0x30,0x34,0x38,0x43,9,0x31,0x35,0x39,0x44,8,0x32, \
        0x36,0x41,0x45,7,0x33,0x37,0x42,0x46,6,1,2,3,4,5 }; // Codetabelle
 unsigned char tindex = 0, maus = 0x78, mein = 0; // maus = 0111 1000 Ausgabe
 PORTC = 0x0f;                  // Zeileneingänge PC3 PC2 PC1 PC0 High
 PORTB |= (1 << PB0);       // Zeileneingang PB0 High
 for (unsigned char i = 1; i <=5; i++)        // Spaltenschleife
 {
  PORTD = maus & 0xf8;                        // Spalten ausgeben
  asm volatile ("nop");                       // Pause der Ergriffenheit
  mein = ((PINC & 0x0f) << 1) | (PINB & 0x01);  // Rücklesen
  for (unsigned char j = 1; j <= 5; j++)      // Zeilenschleife mein auswerten
  {
   if ( (mein & 0x01) == 0)                   // Taste erkannt entprellen
   { for (unsigned char k = 1; k <= 20; k++) warte1ms();
     return tastab[tindex]; }
   tindex++;                                  // Tabellenindex erhöhen
    mein >>= 1;                               // nächste Zeile
  } // Ende for Zeilenschleife
  maus >>= 1; maus |= 0x80;                   // nächste Spalte Low
 } // Ende for Spaltenschleife
 for (unsigned char l = 1; l <= 20; l++) warte1ms(); // entprellen
 return 0;                                    // keine Taste gedrückt
} // Ende Funktion taste


unsigned char eintas(void)                    // warte bis Taste gelöst
{
 unsigned char code;
 while (taste() == 0);                        // warte solange keine Taste
 code = taste();                              // Taste gedrückt
 while (taste() != 0);                        // warte solange Taste gedrückt
 return code;                                 // bei Taste gelöst Code zurück
} // Ende Funktion eintas
```

Da immer nur eine Spalte ausgewählt und eine Zeile ausgewertet wird, liegt es nahe, den Aufwand an Portleitungen durch externe Auswahlschaltungen zu verringern. Die Schaltung in Abbildung 6-21 wählt die auf Low zu legende Spalte mit einem 1-aus-8-Decoder und die abzufragende Zeile mit einem 8-zu-1-Datenselektor aus. Damit lassen sich 64 Tasten mit nur sieben Portleitungen auswerten.

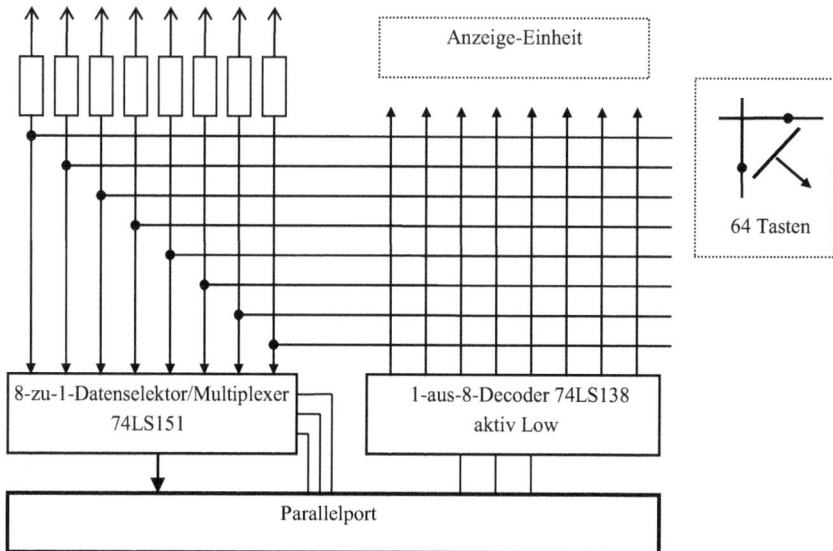

Abbildung 6-21: Tastaturmatrix mit 64 Tasten.

Ältere **PC-Tastaturen** eignen sich noch gut für eigene Projekte, da sie weder eine USB-Host Schnittstelle noch komplexe Programmierung erfordern. Sie enthalten einen Spezielbaustein, der die Tastenmatrix auswertet und einen Tastencode ausgibt. Abbildung 6-22 zeigt Anschlussbelegungen und Zeitdiagramme zweier verbreiteter synchroner serieller Schnittstellen.

Im Ruhezustand sind die von der Tastatur ausgehenden Takt- und Datenleitungen High. Die Übertragung eines Datenbytes beginnt mit der fallenden Taktflanke; die Datenbits sind im Low-Zustand des Taktes gültig und können mit steigender Flanke abgetastet werden. Das Startbit ist immer Low, dann folgen 8 Datenbits, das Paritätsbit und das Stoppbit, das immer High ist. Wenn keine neuen Daten übertragen werden, gehen Takt- und Datenleitung in den Ruhezustand High über. Die Low- und High-Zeiten des Taktes liegen im Bereich von 20 bis 80 μs. Die TTL-Signale können von den AVR-Controllern ausgewertet werden.

Bei Betätigung einer Taste (*make*) sendet der Tastaturcontroller den Scancode der Taste, der beim Festhalten der Taste (*auto-repeat*) in Abständen von ca. 100 ms wiederholt wird. Beim Lösen der Taste (*break*) sendet der Tastaturcontroller das Break-Zeichen $F0 gefolgt vom Scancode der Taste. Der Scancode der Standardtasten

DIN-Steckverbindung 5 Stifte   PS/2-Steckverbindung 6 Stifte Farbe lila

Tastaturkabel-Stecker   PC-Buchse   Tastaturkabel-Stecker   PC-Buchse

Stift 1: Takt von Tastatur   Stift 1: Daten von Tastatur
Stift 2: Daten von Tastatur   Stift 2: nicht verwendet
Stift 3: nicht verwendet   Stift 3: Ground
Stift 4: Ground   Stift 4: +5 V vom PC
Stift 5: +5 V vom PC   Stift 5: Takt von Tastatur
          Stift 6: nicht verwendet

Takt   Ruhezustand

Daten

0   D0 D1 D2 D3 D4 D5 D6 D7 P   1

Start   Stopp

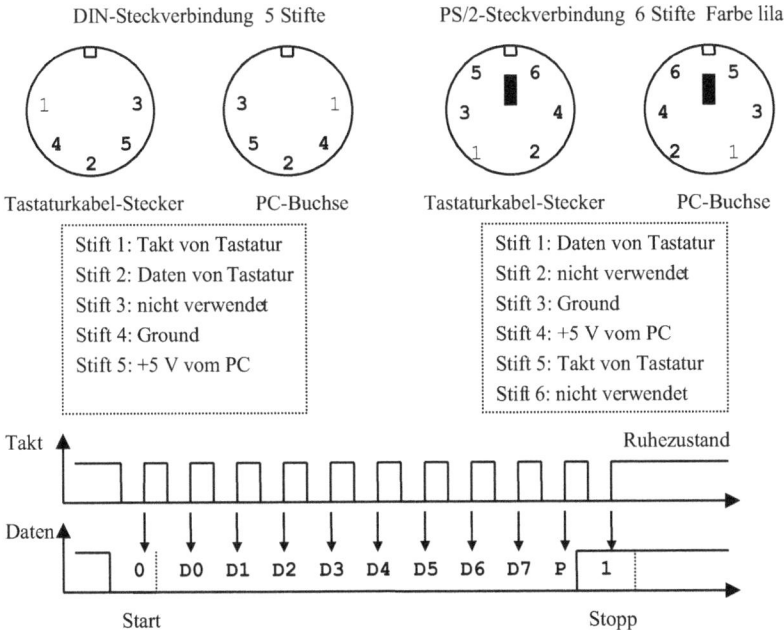

Abbildung 6-22: Anschlussbelegung der AT-Tastaturverbindungen und Zeitdiagramm eines Datenbytes.

besteht aus einem Byte; der Scancode von Funktionstasten beginnt mit dem Steuerzeichen $E0 gefolgt von weiteren Bytes. Durch Schalter oder durch Programmierung lassen sich mehrere Scancode-Zeichensätze und Betriebsarten einstellen. Abbildung 6-23 zeigt Beispiele eines Standardzeichensatzes (Code 2).

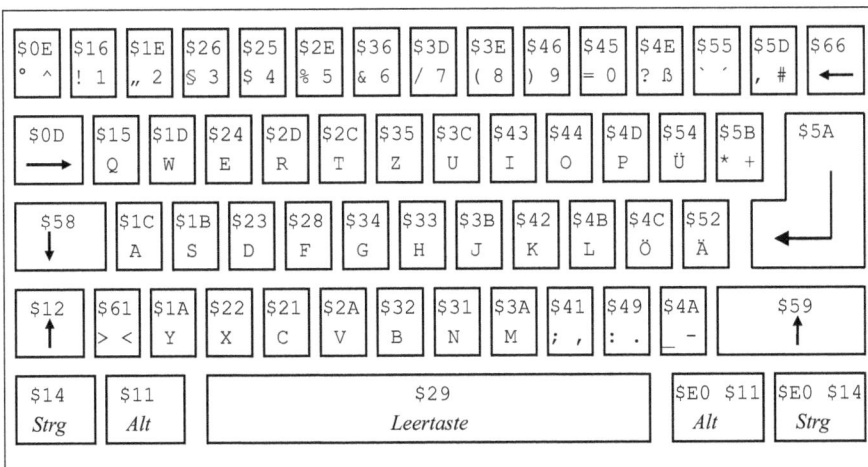

$0E ° ^	$16 ! 1	$1E „ 2	$26 § 3	$25 $ 4	$2E % 5	$36 & 6	$3D / 7	$3E (8	$46) 9	$45 = 0	$4E ? ß	$55 ` ´	$5D , #	$66 ←
$0D →	$15 Q	$1D W	$24 E	$2D R	$2C T	$35 Z	$3C U	$43 I	$44 O	$4D P	$54 Ü	$5B * +		$5A
$58 ↓	$1C A	$1B S	$23 D	$28 F	$34 G	$33 H	$3B J	$42 K	$4B L	$4C Ö	$52 Ä			
$12 ↑	$61 > <	$1A Y	$22 X	$21 C	$2A V	$32 B	$31 N	$3A M	$41 ; ,	$49 : .	$4A _ -		$59 ↑	
$14 Strg	$11 Alt				$29 Leertaste						$E0 $11 Alt		$E0 $14 Strg	

Abbildung 6-23: Beispiele für die Scancodes einer PC-Tastatur.

Der Tastaturcontroller liefert nur den Scancode der betätigten Taste ohne Berücksichtigung der Zustandstasten Umschalten (*Shift*), Steuerung (*Strg*) und Alternativzeichen (*Alt*). Die Umsetzung des Scancodes in den ASCII-Code erfolgt mit Tabellen unter Berücksichtigung der Zustandstasten. Die AppNote AVR313 „Interfacing the PC AT Keyboard" von Atmel beschreibt ein entsprechendes C-Programm. Abbildung 6-24 zeigt den Anschluss einer handelsüblichen PC-Tastatur an die ISP-Schnittstelle eines ATmega8.

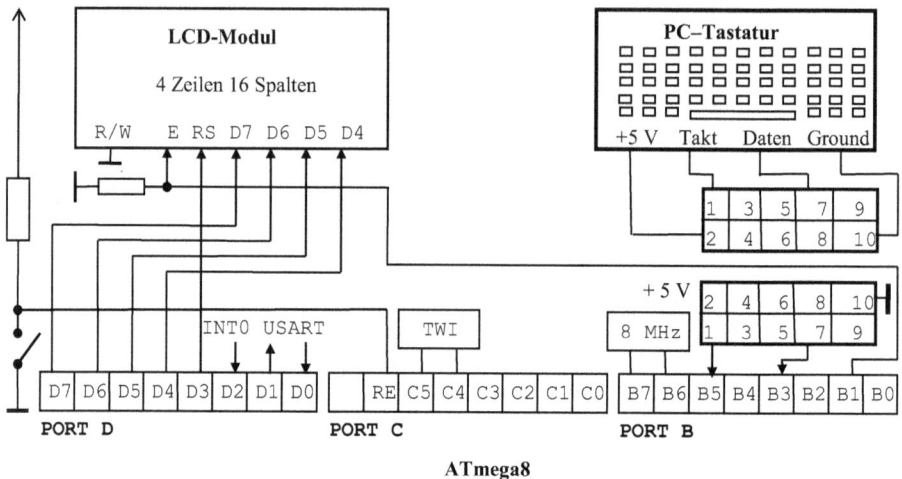

Abbildung 6-24: Anschluss einer PC-Tastatur mit Ausgabe auf einer LCD-Anzeige (ATmega8).

Die Verbindung erfolgt über den ISP-Stecker, an dem bereits die Anschlüsse Ground und +5 Volt sowie PB5 (SCK) für den Takt und PB3 (MOSI) für die Daten zur Verfügung stehen. Die Signale werden durch Software ausgewertet, da weder die USART- noch die SPI-Schnittstelle für das Übertragungsprotokoll (11 bit synchron) geeignet ist. Das Unterprogramm pctast liefert den von der PC-Tastatur gesendeten Scancode und den übersetzten ASCII-Code. Die vorliegende Testversion wertet nur die Zustandstaste *Shift links* aus und liefert die Codes von ASCII-Zeichen, die mit direktem Tabellenzugriff aus dem Scancode gewonnen werden. Das Hilfsprogramm pcscan tastet die Takt- und Datensignale ab. Es geht vom Ruhezustand High aus, wartet auf die fallende Startflanke, übergeht das Startbit Low und beginnt die Abtastung der Datenleitung mit der steigenden Taktflanke des ersten Datenbits. Nach dem Zusammenschieben der acht Datenbits werden das Paritätsbit und das Stoppbit übergangen.

```
; pctast.asm PC-Tastatur R16 <- ASCII-Code  R17 <- Scancode
; Testversion nur Zustandstaste Shift-links
        .EQU    pcport = PINB   ; Port des PC-Anschlusses
        .EQU    pctakt = PB5    ; Takteingang
        .EQU    pcdat  = PB3    ; Dateneingang
```

```
pctast:  push   r0              ; Register retten
         push   ZL
         push   ZH
; warte auf Taste Rückgabe: R17 = Scancode R16 = ASCII-Code oder $00
pctast1: rcall  pcscan          ; R16 <- Scancode
         cpi    r16,$12         ; Shift-links ?
         brne   pctast2         ; nein
         ldi    zustand,$80     ;  ja: Zustand ein
         rjmp   pctast1         ; Eingabe bis Break
pctast2: cpi    r16,$F0         ; Break-Code ?
         brne   pctast1         ; nein: warten
         rcall  pcscan          ;  ja: Folgezeichen
         cpi    r16,$12         ; Shift-links ?
         brne   pctast3         ; nein:
         ldi    zustand,$00     ;  ja: Zustand aus
         rjmp   pctast1         ; Eingabe bis Break
pctast3: mov    r17,r16         ; R17 <- Scancode
         or     r16,zustand     ; Zustandscode einbauen
         ldi    ZL,LOW(pctab*2) ; Z <- Anfangsadresse Codetabelle
         ldi    ZH,HIGH(pctab*2)
         add    ZL,r16          ; + Abstand Scancode
         clr    r16             ; R16 <- 0 Carry bleibt
         adc    ZH,r16          ;       + 0 + Carry
         lpm                    ; R0 <- Tabellenwert
         mov    r16,r0          ; R16 <- ASCII-Code
         pop    ZH              ; Register zurück
         pop    ZL
         pop    r0
         ret                    ; R16 = ASCII-Code R17 = Scancode
;
; Codetabelle ASCII-Codes oder 0x00
pctab: .DB 0x0,0x0,0x0,0x0,0x0,0x0,0x0,0x0,0x0,0x0,0x0,0x0,0x0,0x0,0x5e,0x0 ;
       .DB 0x0,0x0,0x0,0x0,0x0,'Q', '1', 0x0,0x0,0x0,'Y', 'S', 'A', 'W', '2', 0x0 ;
       .DB 0x0,'C', 'X', 'D', 'E', '4', '3', 0x0,'F', ' ', 'V', 0x0,'T', 'R', '5', 0x0 ;
       .DB 0x0,'N', 'B', 'H', 'G', 'Z', '6', 0x0,0x0,0x0,'M', 'J', 'U', '7', '8', 0x0 ;
       .DB 0x0,',', 'K', 'I', 'O', '0', '9', 0x0,0x0,'.', '-', 'L', 'Ö', 'P', 'ß', 0x0 ;
       .DB 0x0,0x0,'Ä', 0x0,'Ü', ''', 0x0,0x0,0x0,0x0,0x0,'+', 0x0,'#', 0x0, 0x0 ;
       .DB 0x0,'<', 0x0,0x0,0x0,0x0,0x0,0x0,0x0,0x0,0x0,0x0,0x0,0x0,0x0, 0x0 ;
       .DB 0x0,0x0,0x0,0x0,0x0,0x0,0x0,0x0,0x0,0x0,0x0,0x0,0x0,0x0,0x0, 0x0 ;
; Codetabelle $80 bis $ff
       .DB 0x0,0x0,0x0,0x0,0x0,0x0,0x0,0x0,0x0,0x0,0x0,0x0,0x0,0x0,0x5e,0x0 ;
       .DB 0x0,0x0,0x0,0x0,0x0,'q', '1', 0x0,0x0,0x0,'y', 's', 'a', 'w', '"', 0x0 ;
```

```
        .DB 0x0,'c', 'x', 'd', 'e', '$', '§', 0x0,'f', ' ', 'v', 0x0,'t', 'r', '&',  0x0 ;
        .DB 0x0,'n', 'b', 'h', 'g', 'z', '&', 0x0,0x0,0x0,'m', 'j', 'u', '7', '(',  0x0 ;
        .DB 0x0,',', 'k', 'i', 'o', '=', ')', 0x0,0x0,':', '-', 'l', 'ö', 'p', '?',  0x0 ;
        .DB 0x0,0x0,'ä', 0x0,'ü', ''', 0x0,0x0,0x0,0x0,0x0,'*', 0x0,''', 0x0, 0x0 ;
        .DB 0x0,'>', 0x0,0x0,0x0,0x0,0x0,0x0,0x0,0x0,0x0,0x0,0x0,0x0,0x0, 0x0 ;
        .DB 0x0,0x0,0x0,0x0,0x0,0x0,0x0,0x0,0x0,0x0,0x0,0x0,0x0,0x0,0x0, 0x0 ;
;
; pcscan: R16 <- Datenbyte bei steigender Taktflanke abtasten
pcscan:   push    r17               ; Register retten
          clr     r16               ; Empfangsbyte löschen
          ldi     r17,8             ; R17 = Schiebezähler für 8 Datenbits
; warte auf fallende Start-Taktflanke und Startbit
pcscan1:  sbic    pcport,pctakt     ; überspringe wenn Takt Low
          rjmp    pcscan1           ; warte bei Takt High Ruhezustand
pcscan2:  sbis    pcport,pctakt     ; überspringe wenn Takt wieder High
          rjmp    pcscan2           ; warte bei Takt Low Startbit
pcscan3:  sbic    pcport,pctakt     ; überspringe wenn Takt Low
          rjmp    pcscan3           ; warte solange Takt High
pcscan4:  sbis    pcport,pctakt     ; überspringe wenn Takt High
          rjmp    pcscan4           ; warte solange Takt Low Datenbit
; steigende Taktflanke erkannt Datenleitung abtasten
          lsr     r16               ; altes Byte rechts Bit_7 = 0
          sbic    pcport,pcdat      ; überspringe wenn Datenbit Low
          ori     r16,$80           ; setze Bit_7 = 1 wenn Datenbit High
pcscan5:  sbic    pcport,pctakt     ; überspringe wenn Takt Low
          rjmp    pcscan5           ; warte solange Takt High
          dec     r17               ; Bitzähler - 1
          brne    pcscan4           ; bis 8 Datenbits zusammengeschoben
; Paritätsbit und Stoppbit abwarten
          ldi     r17,2             ; Zähler für Paritätsbit und Stoppbit
pcscan6:  sbic    pcport,pctakt     ; überspringe wenn Takt Low
          rjmp    pcscan6           ; warte bei Takt High
pcscan7:  sbis    pcport,pctakt     ; überspringe wenn Takt wieder High
          rjmp    pcscan7           ; warte bei Takt Low
          dec     r17               ; Bitzähler - 1
          brne    pcscan6           ; bis beide Bits abgetastet
          pop     r17               ; Register zurück
          ret                       ; Rücksprung R16 = Datenbyte
```

// pctast.c Auswertung einer PC-Tastatur
// Port B: PC-Tastatur: PB5: Takt PB3: Daten
// Hilfsfunktion tastet Daten- und Taktleitung ab liefert Scancode

```
unsigned char pcscan(void)
{
 unsigned char i, daten = 0;
 while ( (PCPORT & (1 << PCTAKT)));          // warte auf fallende Flanke
Startbit
 while ( !(PCPORT & (1 << PCTAKT)));         // warte solange Startbit Low
 for (i = 1; i <= 8; i++)                    // 8 Datenbits abtasten
 {
  while ( (PCPORT & (1 << PCTAKT)));         // warte solange Takt High
  while ( !(PCPORT & (1 << PCTAKT)));        // warte solange Takt Low
  daten >>= 1;                              // Byte logisch rechts Bit_7 = 0
  if (PCPORT & (1 << PCDAT)) daten |= 0x80; // Bit_7 = 1
 }
 for (i = 1; i <= 2; i++)                    // Paritätsbit Stoppbit abwarten
 {
  while ( (PCPORT & (1 << PCTAKT)));         // warte solange Takt High
  while ( !(PCPORT & (1 << PCTAKT)));        // warte solange Takt Low
 }
 return daten;                              // Scancode zurück
} // Ende pcscan
// Funktion liefert Scan-Code und ASCII-Code oder 0x00 an main
void pctast (unsigned char *ascii, unsigned char *scan)
{
 // ASCII-Tabelle statisch angelegt
 const static unsigned char pctab [] = \
 { 0x0,0x0,0x0,0x0,0x0,0x0,0x0,0x0,0x0,0x0,0x0,0x0,0x0,0x0,0x5e,0x0, \
   0x0,0x0,0x0,0x0,0x0,'Q', '1', 0x0,0x0,0x0,'Y', 'S', 'A', 'W', '2',  0x0, \
   0x0,'C', 'X', 'D', 'E', '4', '3', 0x0,'F', '.', 'V', 0x0,'T', 'R', '5',  0x0, \
   0x0,'N', 'B', 'H', 'G', 'Z', '6', 0x0,0x0,0x0,'M', 'J', 'U', '7', '8',  0x0, \
   0x0,',', 'K', 'I', 'O', '0', '9', 0x0,0x0,'.', '-', 'L', 'Ö', 'P', 'ß',  0x0, \
   0x0,0x0,'Ä', 0x0,'Ü', 0x27,0x0,0x0,0x0,0x0,0x0,'+', 0x0,'#', 0x0,  0x0, \
   0x0,'<', 0x0,0x0,0x0,0x0,0x0,0x0,0x0,0x0,0x0,0x0,0x0,0x0,0x0,  0x0, \
   0x0,0x0,0x0,0x0,0x0,0x0,0x0,0x0,0x0,0x0,0x0,0x0,0x0,0x0,0x0,  0x0, \
   0x0,0x0,0x0,0x0,0x0,0x0,0x0,0x0,0x0,0x0,0x0,0x0,0x0,0x0,0x5e,0x0, \
   0x0,0x0,0x0,0x0,0x0,'q', '1', 0x0,0x0,0x0,'y', 's', 'a', 'w', 0x23,0x0, \
   0x0,'c', 'x', 'd', 'e', '$', '§', 0x0,'f', ' ', 'v', 0x0,'t', 'r', '&',  0x0, \
   0x0,'n', 'b', 'h', 'g', 'z', '&', 0x0,0x0,0x0,'m', 'j', 'u', '7', '(',  0x0, \
   0x0,',', 'k', 'i' 'o', '=', ')', 0x0,0x0,':', '-', 'l', 'ö', 'p', '?',  0x0, \
   0x0,0x0,'ä', 0x0,'ü', 0x27,0x0,0x0,0x0,0x0,0x0,'*',0x0,0x27,0x0,0x0, \
   0x0,'>', 0x0,0x0,0x0,0x0,0x0,0x0,0x0,0x0,0x0,0x0,0x0,0x0,0x0,  0x0, \
   0x0,0x0,0x0,0x0,0x0,0x0,0x0,0x0,0x0,0x0,0x0,0x0,0x0,0x0,0x0,  0x0 };
```

```
unsigned char code;
weiter:                          // unfeines Sprungziel
do                               // bis Break-Code
{
  code = pcscan();               // liefert Scan-Code
  if (code == 0x12) zustand = 0x80;  // Shift-links
}
while (code != 0xF0);            // warte auf Break-Code
code = pcscan();                 // Make-Folgecode
if (code == 0x12) { zustand = 0x00; goto weiter; } // unfeiner Sprung
*scan = code;                    // Rückgabe Scan-Code
code |= zustand;                 // Zustandsbit gross/klein einbauen
*ascii = pctab[code];            // Rückgabe ASCII-Code oder 0x00
} // Ende pctast
```

pctast.c: Programme zur Auswertung der Daten einer PC-Tastatur.

Die Hauptprogramme *k6p5* geben die von der PC-Tastatur eingegebenen Zeichen sowohl als Scancode als auch als ASCII-Code auf einem LC-Display aus.

```
; k6p5.asm  ATmega8 LCD-Anzeige und Test der PC-Tastatur
; Port B: LCD-Anzeige: PB1: E-Signal
; Port B: PC-Tastatur: PB5: Takt  PB3: Daten
; Port D: LCD-Anzeige: PD7 PD6 PD5 PD4 (4 Bit)  PD3: RS-Signal
        .INCLUDE "m8def.inc"     ; Deklarationen für ATmega8
        .EQU    takt = 8000000   ; Systemtakt Quarz 8 MHz
; Symboldefinitionen für LCD-Schnittstelle 4 Bit Bus an High-Port
        .EQU    lcdpen = PORTB   ; Port des E-Signals
        .EQU    lcden = PB1      ; Bit E Freigabesignal
        .EQU    lcdprs = PORTD   ; Port des RS-Signals
        .EQU    lcdrs = PD3      ; Bit RS Registerauswahlsignal
        .EQU    lcdpdat = PORTD  ; Port des 4 Bit-Datenbus
        .EQU    lcdbus = 'h'     ; Anschluss an High-Port PB7..PB4
; Registerdefinitionen
        .DEF    akku = r16       ; Arbeitsregister
        .DEF    curpos = r23     ; R23 = laufende Cursorposition
        .DEF    zustand = r24    ; R24 = Tastaturzustand
        .CSEG                    ; Programm-Flash
        rjmp    start            ; Reset-Einsprung
        .ORG    $13              ; Interrupteinsprünge übergehen
start:  ldi     akku,LOW(RAMEND) ; Stapelzeiger
```

```
        out     SPL,akku        ; anlegen
        ldi     akku,HIGH(RAMEND)
        out     SPH,akku
        ldi     akku,0b11111000 ; PD7-PD3 sind Ausgänge
        out     DDRD,akku       ; für LCD und Tastaturspalten
        cbi     PORTB,lcden     ; PB1 Ausgang low
        sbi     DDRB,lcden      ; PB1 ist Ausgang für LCD-/E-Signal
        rcall   lcd4ini         ; LCD initialisieren
        clr     curpos          ; Cursor links oben
        clr     zustand         ; Tastaturzustand gross
; Testschleife für Tasten
loop:   rcall   pctast          ; R16 <- ASCII-Code  R17 <- Scancode
        mov     r18,r16         ; R18 <- ASCII-Code retten
        mov     r16,r17         ; R16 <- Scancode
        rcall   aushex8         ; lz $ und Scancode hexadezimal
        ldi     r16,' '         ; lz
        rcall   lcd4put         ; ausgeben
        mov     r16,r18         ; R16 <- ASCII-Code
        tst     r16             ; R16 = $00 ?
        breq    loop1           ; ja. Code nicht belegt
        rcall   lcd4put         ; nein: ASCII-Code ausgeben
        ldi     r16,' '         ; lz
        rcall   lcd4put         ; ausgeben
        rcall   lcd4put
        rjmp    loop            ; neue Eingabe
; ASCII-Code nicht belegt
loop1:  ldi     r16,$40         ; @ ausgeben
        rcall   lcd4put
        ldi     r16,' '         ; Leerzeichen
        rcall   lcd4put
        rcall   lcd4put
        rjmp    loop
;
; Externe LCD- und Tastatur-Unterprogramme
        .INCLUDE "lcd4.h"       ; warte1ms und lcd4-Unterprogramme
        .INCLUDE "pctast.asm"   ; R16 <- Tastencode PC-Tastatur
        .INCLUDE "aushex8.asm"  ; R16 HEX ausgeben  ruft putch
putch:  rcall   lcd4put         ; Umleitung nach LCD-Ausgabe
        ret
        .EXIT                   ; Ende des Quelltextes
// k6p5.c ATmega8 Test PC-Tastatur und LCD-Anzeige
// Port B: LCD-Anzeige: PB1: E-Signal
```

```
// Port B: PC-Tastatur: PB5: Takt  PB3: Daten
// Port D: LCD-Anzeige: PD7 PD6 PD5 PD4 (4 Bit)   PD3: RS-Signal
#include <avr/io.h>                  // Deklarationen
#define TAKT 8000000ul               // Systemtakt Quarz 8 MHz
// LCD-Schnittstelle 4 Bit Bus an High-Port und PC-Tastatur
#define LCDPEN  PORTB                 // Port des E-Signals
#define LCDEN   PB1                   // Bit E Freigabesignal
#define LCDPRS  PORTD                 // Port des RS-Signals
#define LCDRS   PD3                   // Bit RS Registerauswahlsignal
#define LCDPDAT PORTD                 // Port des 4 Bit-Datenbus
#define LCDBUS 'h'                    // Anschluss an High-Port PB7..PB4
#define PCPORT  PINB                  // Port des PC-Anschlusses
#define PCTAKT  PB5                   // Bit PC-Takteingang
#define PCDAT   PB3                   // Bit PC-Dateneingang
unsigned char curpos = 0, zustand = 0; // Cursorposition und Tastaturzustand
// externe LCD- und Tastaturfunktionen
#include  "lcd4.h"                    // fügt warte1ms und LCD-Funktionen ein
#include  "pctast.c"                  // pctast liefert ASCII- und Scan-Code
void ausz(unsigned char zeichen)      // Hilfsfunktion für aushex8
{
 lcd4put(zeichen);                    // Umleitung von aushex8 nach LCD-Anzeige
}
#include  "aushex8.c"                 // HEX-Ausgabe ruft ausz(Zeichen) auf
void main(void)                       // Hauptfunktion
{
 unsigned char ascii, scan;           // Variable ASCII-Code und Scan-Code
 DDRD = 0xf8;                         // 1111 1000 PD7 - PD3 sind Ausgänge
 LCDPEN &= ~(1 << LCDEN);             // PB1 Datenausgang LOW
 DDRB   |= (1 << LCDEN);              // PB1: Ausg LCD-/E-Signal PB3 PB5 Eing Tast
 lcd4ini();                           // LCD-Anzeige initialisieren
 while(1)                             // Arbeitsschleife
 {
 pctast(&ascii, &scan);               // warte bis Taste gelöst liefert Codes
 aushex8(scan);                       // 1z 0xss Scan-Code hexadezimal
 lcd4put(' ');                        // 1z ausgeben
 if (ascii != 0) lcd4put(ascii); else lcd4put(0x40); // ASCII-Zeichen oder @
 lcd4put(' ');                        // 1z ausgeben
 } // Ende while
} // Ende main
```

k6p5: PC-Tastatur und LCD-Ausgabe.

6.4 Analoge Schnittstellen

Analoge Schnittstellen verbinden den digital arbeitenden Controller mit seiner analogen Umwelt. Dazu sind fast alle AVR-Bausteine mit einem Analogkomparator und die meisten mit einem AD-Wandler ausgestattet, siehe Kapitel 4.7.

Die bei den meisten AVRs fehlenden **Digital/Analogwandler** lassen sich durch die Ausgabe eines PWM-Signals ersetzen, das gegebenenfalls durch ein RC-Glied geglättet werden muss. Abbildung 6-25 zeigt eine andere Lösung mit einem **R2R-Netzwerk**, das an einen parallelen Port angeschlossen wird. Als Bauelemente sollte man möglichst Präzisionswiderstände mit gleichem Widerstandswert zwischen 10 und 100 kΩ verwenden, am besten aus demselben Fertigungslos (Gurt). Das Beispiel bildet den Wert R von 5 kΩ aus einer Parallelschaltung des Wertes von 2R = 10 kΩ.

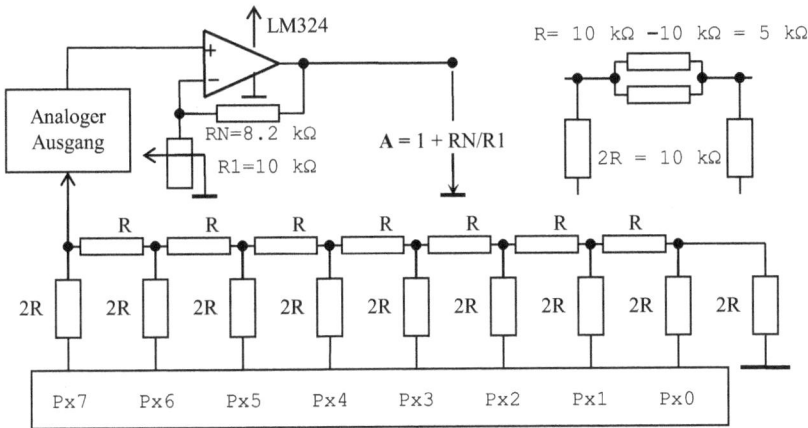

Abbildung 6-25: Digital/Analogwandler mit einem R2R-Netzwerk am Parallelport.

Liegen alle Portausgänge auf Low, beträgt die Spannung am Analogausgang 0 Volt. Liegen alle Portausgänge auf High, ist die Ausgangsspannung im unbelasteten Zustand gleich der Versorgungsspannung V_{cc} des Controllers. Die Auflösung beträgt bei einer Versorgungsspannung von 5 Volt und acht Bit etwa 19.6 mV. Mit einem nachgeschalteten Operationsverstärker wird die Ausgangsspannung angehoben oder in den bipolaren Bereich verschoben sowie der Ausgangsstrom erhöht. Für höhere Ansprüche sollten analoge Schnittstellenbausteine verwendet werden, die meist mit integrierten Operationsverstärkern ausgerüstet sind.

Für besondere Anwendungen müssen Schnittstellenbausteine, die für einen parallelen Peripheriebus bestimmt sind, mit den Parallelschnittstellen eines Controllers betrieben werden. Die Bausteine enthalten auf der Busseite:

- parallele Datenbusanschlüsse zur Ein- und Ausgabe der Daten, z. B. D0 bis D7 bei 8 Bits

- parallele Adressbusanschlüsse zur Auswahl von mehreren Registern, z. B. A0 für die Auswahl eines Lese- und eines Schreibregisters
- Freigabeanschlüsse für die Lese- und Schreibimpulse, die meist aktiv Low sind

Beispiele sind der in Abbildung 6-26 gezeigte 8-Bit ADC AD 670 und der 8-Bit DAC ZN 428, der bereits für die Ausgabe einer Sinusfunktion verwendet wurde.

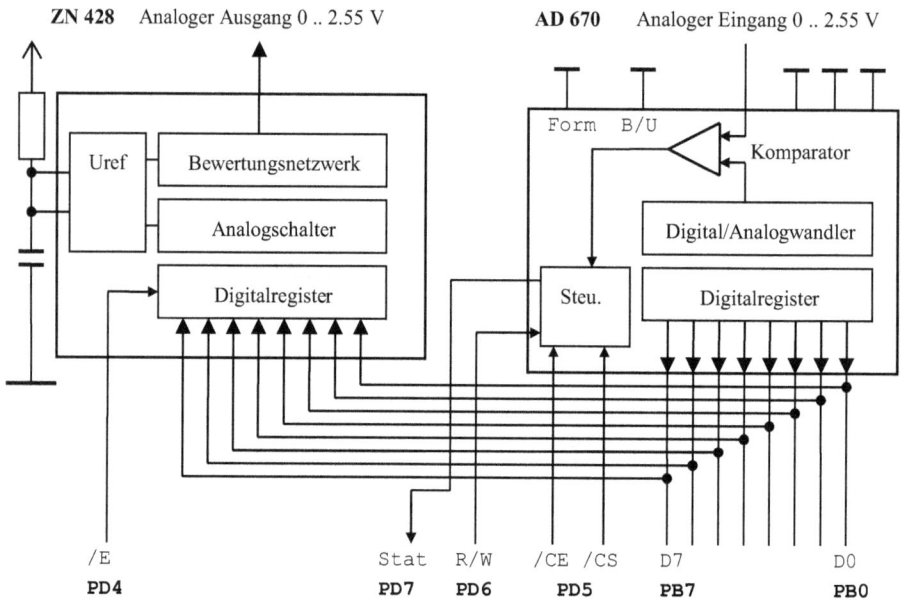

Abbildung 6-26: Parallele analoge Schnittstellenbausteine an einem Parallelport.

Die Datenbusanschlüsse beider Bausteine werden parallel geschaltet und an den Port B des Controllers angeschlossen. Im Schreibzyklus ist der Port als Ausgang zu betreiben, im Lesezyklus als Eingang. Der Steuerausgang PD4 wählt mit einem Low-Signal den D/A-Wandler aus, der Steuerausgang PD5 gibt mit einem Low-Signal den A/D-Wandler frei.

An Controller mit nur wenigen freien Portleitungen können externe Schnittstellenbausteine auch seriell angeschlossen werden. Der als Beispiel dienende 12 Bit Digital/Analogwandler LTC 1257 in Abbildung 6-27 wird mit drei Anschlussleitungen betrieben.

Die Daten werden im seriellen Format mit dem werthöchsten Bit zuerst dem Eingang Din zugeführt und mit der steigenden Taktflanke in einem Schieberegister gespeichert. Ein Ladeimpuls überträgt den digitalen Wert in den internen parallelen Digital/Analogwandler. Die dargestellte Schaltung arbeitet mit einer internen

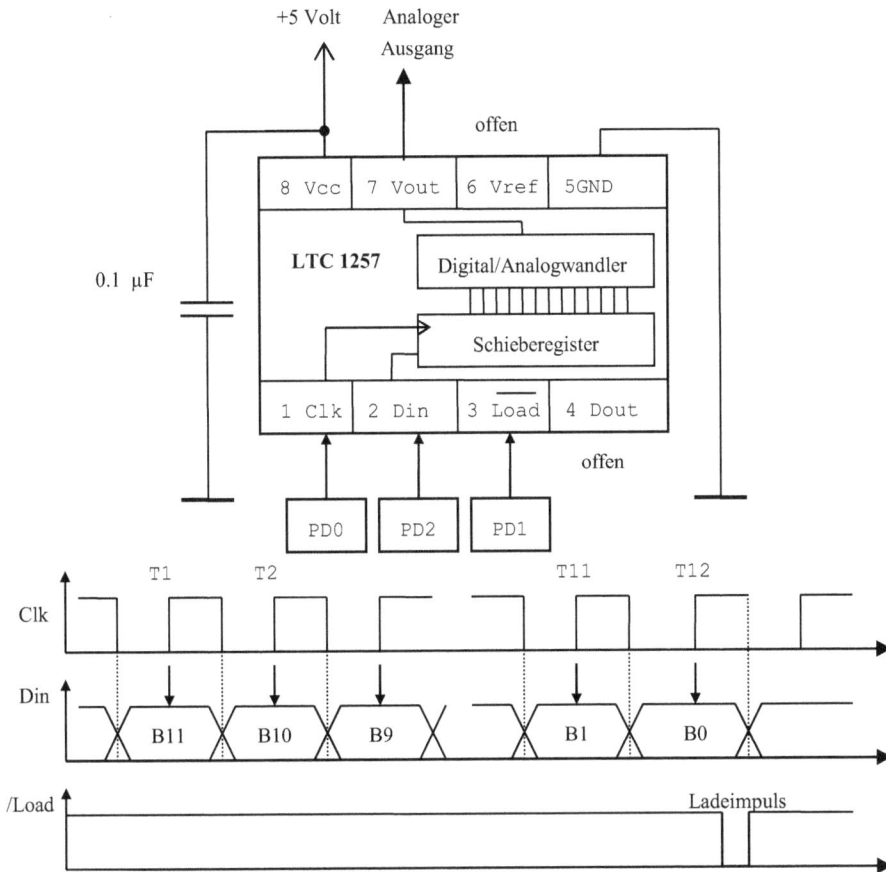

Abbildung 6-27: Anschluss des seriellen Digital/Analogwandlers LTC 1257.

Referenzspannung, die von der Versorgungsspannung abgeleitet wird. Der größte 12 Bit Eingangswert $FFF = 4095 ergibt eine Ausgangsspannung von ca. 2.05 Volt.

Der als Beispiel dienende 12 Bit Analog/Digitalwandler LTC 1286 in Abbildung 6-28 arbeitet nach dem Verfahren der schrittweisen Näherung und wird mit drei Anschlussleitungen betrieben.

Die Wandlung beginnt mit einem Low-Signal am Auswahleingang /CS. Die beiden ersten Clk-Takte speichern die analoge Eingangsspannung (*sample*). Während der schrittweisen Näherung (*convert*) wird das sich ergebende Bit seriell herausgeschoben. Der dritte Takt liefert immer eine 0, dann kommen die Datenbits beginnend mit der werthöchsten Bitposition. In der dargestellten Betriebsart wird die Messung mit /CS High beendet. Legt man in der Schaltung den differenziellen –IN-Eingang auf Ground, so ergibt eine Spannung von +5 Volt am +IN-Eingang einen digitalen Wert von $FFF = 4095.

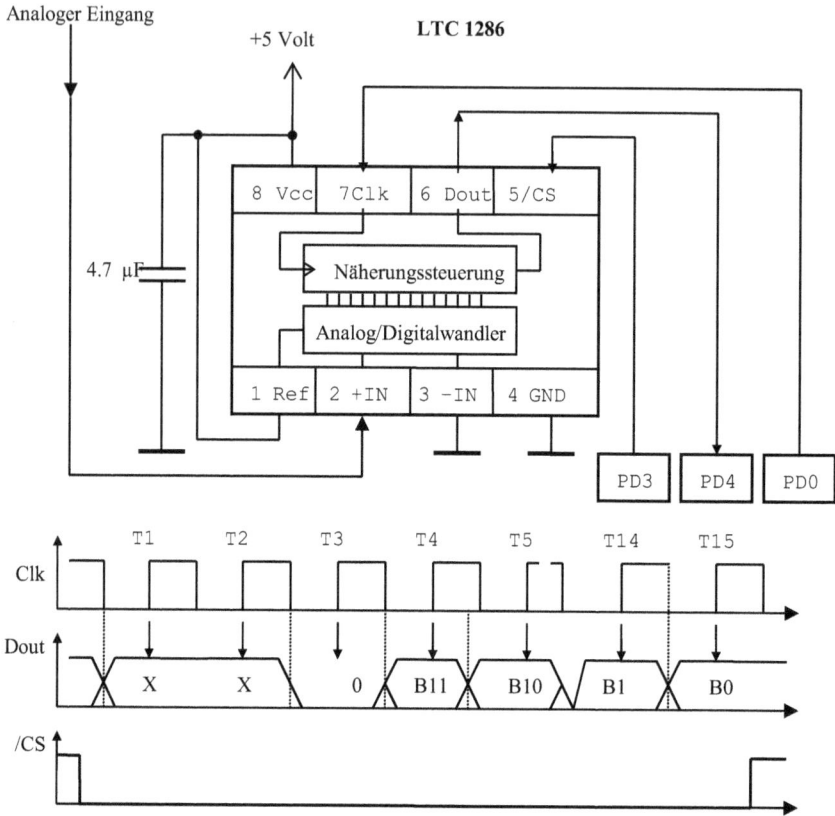

Abbildung 6-28: Anschluss des seriellen Analog/Digitalwandlers LTC 1286.

6.5 Sensoren

Als Sensoren werden Messfühler zur Umwandlung von physikalischen Größen wie Temperatur, Druck, Feuchte, Lichtstärke etc. in elektrische Größen bezeichnet, die mit der Peripherie des Controllers erfassbar sind. Die Ausgangsspannungen analoger Sensoren können mit der Analogperipherie gemessen werden. Digitale Sensoren liefern Impulse oder Frequenzen zur Auswertung durch Timer. Messwertaufnehmer liefern die physikalische Größe bereits als Zahlenwert in dualer oder dezimaler Form (BCD-Code). Sie lassen sich in auch an einem seriellen Bussystem wie dem I^2C-Bus betreiben.

6.5.1 Messungen mit dem Analog/Digitalwandler

Abschnitt 4.7 behandelt die grundlegenden Eigenschaften der beiden Peripherieeinheiten Analog/Digitalwandler und Analogkomparator. Die Applikationsschriften

„AVR120: Characterization and Calibration of the ADC on an AVR" und „AVR121: Enhancing ADC resolution by oversampling" sowie „AVR335: Digital Sound Recorder with AVR and DataFlash" ergänzen das Datenbuch des Herstellers. Abbildung 6-29 zeigt die elektrischen Anschlüsse des Analog/Digitalwandlers im Controller ATmega8.

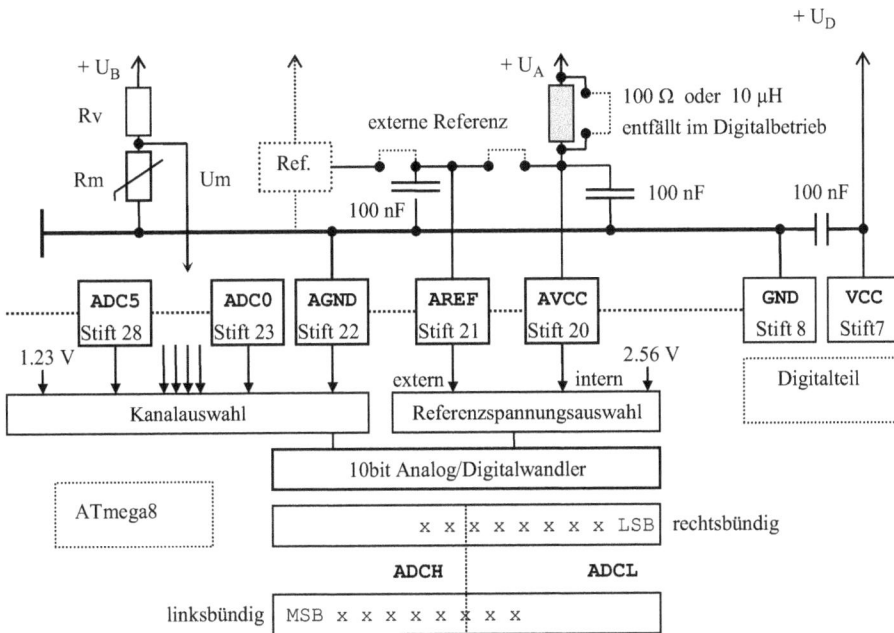

Abbildung 6-29: Die Anschlüsse des A/D-Wandlerteils (ATmega8 PDIP28-Gehäuse).

Die *Masseanschlüsse* (Ground) aller Schaltungen des Analogteils werden mit dem analogen Masseanschluss AGND (Stift 21) des Controllers verbunden. Dieser sollte nur an einem Punkt mit dem digitalen Masseanschluss GND (Stift 8) zusammengeführt werden.

Die Versorgungsspannung des Analogteils U_A am Anschluss AVCC (Stift 20) darf von der *Versorgungsspannung* U_D des Digitalteils am Anschluss VCC (Stift 7) nur um ± 300 mV abweichen und muss mindestens 2.7 V betragen. Werden alle sechs Anschlüsse ADC0 bis ADC5 als analoge Eingänge verwendet, kann U_A mit einem RC- oder besser LC-Glied entstört werden. R bzw. L entfallen bei digitaler Verwendung einzelner Anschlüsse des Ports C.

Die *Referenzspannung* bestimmt die Höhe *ADC* des digitalen Messwerts.

$$ADC = 1024 * \frac{\text{Eingangsspannung Um}}{\text{Referenzspannung Uref}}$$

Uref darf höchstens gleich der analogen Versorgungsspannung U_A sein und muss mindestens 2 V betragen. Die Referenzspannungsquelle wird im Register ADMUX aktiviert.

ADMUX

Bit 7	Bit 6	
REFS1	REFS0	
0	0	: Externe Referenzspannung am Eingang AREF
0	1	: Interne Referenzspannung von AVcc abgeleitet; **Eingang** AREF **offen** mit C = 100 nF
1	0	: –
1	1	: Interne Referenzspannung 2.56 V, **Eingang** AREF **offen** mit C = 100 nF

Die positiven *Eingangsspannungen* gegen AGND liegen an den Eingängen ADC5 (Stift 28) bis ADC0 (Stift 23). Sie dürfen nicht größer sein als die Referenzspannung Uref. Sind beide gleich, so ergibt sich der maximale Messwert $\$3FF$ = 0x3FF = 1023_{10}. Der Innenwiderstand der analogen Spannungsquelle sollte 10 kΩ nicht überschreiten. Für Abgleichzwecke können auch die internen Vergleichsspannungen 1.23 V und 0 V (AGND) angelegt werden.

Der Wandlungstakt wird über einen programmierbaren Teiler vom Systemtakt abgeleitet und sollte zwischen 50 kHz und 200 kHz liegen. Die Wandlungszeit liegt zwischen 65 µs und 260 µs. Damit lassen sich etwa 5000 Messungen in der Sekunde durchführen. Die Genauigkeit wird vom Hersteller mit ± 2 LSB für den ungünstigsten Fall angegeben, so dass unter Berücksichtigung äußerer Störeinflüsse der Messwert in den niedrigsten Stellen stark schwankt. Als Abhilfe kann man entweder den Mittelwert aus mehreren Messungen bilden oder nur die oberen acht Bits des 10-Bit Ergebnisses auswerten. Dann genügt es, nur das High-Byte des linksbündig ausgerichteten Wertes aus dem Register ADCH auszulesen.

Der ATmega16 und andere AVRs erlauben auch Differenzmessungen zwischen zwei Anschlüssen, ergänzt durch eine Verstärkerstufe (*gain stage*) mit einer Auswahl fester Verstärkungsfaktoren.

Im Beispiel Abbildung 6-30 sind die Versorgungsspannung U_A des Analogteils und die Betriebsspannung U_B des Sensors gleich der digitalen Versorgungsspannung U_D von +5 Volt. Für **passive Sensoren**, die keine Eigenspannung abgeben, sind Spannungsteiler an U_B erforderlich. Der Vorwiderstand Rv dient gleichzeitig der Strombegrenzung.

Hier wurde ein Silizium-Temperatursensor KTY10 mit 2 kΩ Nennwiderstand bei 25 °C gewählt. Bei dieser Temperatur und einem Sensorstrom von 1mA beträgt der positive Temperaturkoeffizient Tk = 0.79 % / K. Er ist nichtlinear temperaturabhängig. Für die weiteren Berechnungen wird ein konstanter Wert von 1 % / K angenommen. Damit liegt der Sensorwiderstand zwischen 2.5 kΩ bei 50 °C und 1.5 kΩ bei 0 °C mit

$U_B = +5\ V$

$R_v = 3.5\ k\Omega$

$R50 = 2.5\ k\Omega$	$U50 = 2.1\ V$
$R25 = 2.0\ k\Omega$	**$U25 = 1.8\ V$**
$R0\ \ = 1.5\ k\Omega$	$U0\ \ = 1.5\ V$

$T+$

$Imax = 1\ mA$

AGND   **ADCx**

Uref

Analog/Digitalwandler

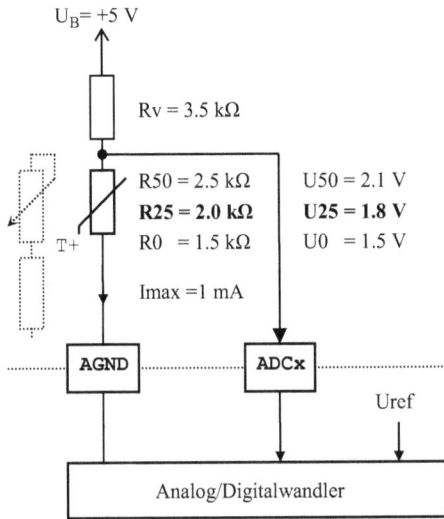

Spannungsteiler

$$Ux = U_B * \frac{Rx}{Rv + Rx}$$

Ux = Spannung am Sensor [V]

U_B = Betriebsspannung [V]

Rv = Vorwiderstand [Ω]

Rx = Widerstand des Sensors [Ω]

Widerstand als Funktion der Tempratur

$$R_T = R_N[1 + Tk\ (T - T_N)]$$

R_T = Widerstand bei Temperatur T [Ω]

T = Temperatur [°C]

R_N = Nennwiderstand [Ω] z.B. 2 kΩ bei 25 °C

T_N = Nenntemperatur [°C] z.B. 25 °C

Tk = Temperaturkoeffizient[1/K] z.B. 1%

Sensorstrom

I = U_B/ (Rv + Rx) [A] z.B. 5 V / (3.5 + 1.5) kΩ

Abbildung 6-30: Dimensionierung einer Messschaltung mit dem Temperatursensor KTY10.

einer Differenz von 1 kΩ. Die 3.5 kΩ für Rv ergeben sich aus 1 mA Sensorstrom, 5 Volt U_B und dem kleinsten Widerstandswert von 1.5 kΩ. Damit liegt die zu messende Spannung zwischen 2.1 Volt und 1.5 Volt. Die Differenz beträgt 600 mV bei einer Temperaturdifferenz von 50 °C.

Die Auflösung des A/D-Wandlers beträgt bei einer internen Referenzspannung von 2.56 Volt und einer 10-Bit Wandlung 2.56 Volt / 1024 Schritte = 2.5 mV. Für eine 8-Bit Wandlung sind es 2.56 Volt / 256 Schritte = 10 mV. Damit sind folgende Auflösungen zu erwarten:

600 mV / (2.5 mV / Schritt) = 240 Schritte oder 50 °C / 240 = 0.2 °C für eine 10-Bit Wandlung

600 mV / (10 mV / Schritt) = 60 Schritte oder 50 °C / 60 = 0.8 °C für eine 8-Bit Wandlung

Für die Programme *k6p6* wurde der Sensor durch einen 1.5 kΩ Festwiderstand gegen AGND und ein 1.0 kΩ Poti ersetzt, da es mühsam ist, entsprechende Temperaturen stabil zu erzeugen.

```
; k6p6.asm ATmega8 Ref 2.56 V intern  8-Bit Mittel aus 256 Messungen
; Port B: Ausgabe Zehner und Einer
; Port C: Analoge Eingabe +5V-3.5k- ADC0 -1kPoti-1.5k-AGND
; Port D: Ausgabe Hunderter
; Konfiguration: interner Oszillator 1 MHz externes Reset-Signal
        .INCLUDE "m8def.inc"    ; Deklarationen
        .DEF     akku = r16     ; Arbeitsregister
```

```
          .CSEG                   ; Programmsegment
          rjmp    start
          .ORG    $13             ; keine Interrupts
start:    ldi     akku,LOW(RAMEND) ; Stapel anlegen
          out     SPL,akku
          ldi     akku,HIGH(RAMEND)
          out     SPH,akku
          ldi     akku,$ff
          out     DDRB,akku       ; Port B ist Ausgang
          ldi     akku,$0f        ; 0000 1111
          out     DDRD,akku       ; Port D3-D0 ist Ausgang
          ldi     akku,(1 << REFS1) | (1 << REFS0) | (0 << ADLAR)
          out     ADMUX,akku      ; Referenz 2.56V, rechtsbündig, Kanal PC0
          ldi     akku,(1 << ADEN) | (1 << ADSC) | (1 << ADPS1) | (1 << ADPS0)
          out     ADCSRA,akku     ; Wandler ein und starten, Einzel, Teiler 8
          clr     r15             ; R15 = Summe_High
          clr     r14             ; R14 = Summe_Middle
          clr     r13             ; R13 = Summe_Low
          ldi     r18,0           ; R18 = Zähler = 256
loop:     sbic    ADCSRA,ADSC     ; überspringe wenn Wandlung beendet
          rjmp    loop            ; warte auf Ende der Wandlung
          in      akku,ADCL       ; erst Low-Byte
          add     r13,akku
          in      akku,ADCH       ; dann High-Byte
          adc     r14,akku
          clr     akku
          adc     r15,akku        ; Null + Übertrag
          dec     r18
          brne    loop1
          lsr     r15             ; auf 9 bit reduzieren
          ror     r14
          lsr     r15             ; auf 8 bit reduzieren
          ror     r14
          mov     akku,r14        ; 8-Bit der Summe
          rcall   dual2bcd        ; R16 dual nach R17:R16 BCD dreistellig
          out     PORTD,r17       ; Hunderter nach Port D D3-D0
          out     PORTB,akku      ; Zehner und Einer nach Port B
          clr     r13             ; R13 = Summe Low
          clr     r14             ; R14 = Summe_Middle
          clr     r15             ; R15 = Summe_High
          ldi     r18,0           ; R18 = Zähler = 256
```

```
loop1:  sbi     ADCSRA,ADSC     ; Wandler neu starten
        rjmp    loop            ; Schleife
        .INCLUDE "dual2bcd.asm"  ; R16 dual nach R17:R16 BCD dreistellig
        .EXIT                   ; Ende des Quelltextes
```

k6p6.asm: Assemblerprogramm zur Messschaltung Abbildung 6-30.

```
// k6p6.c  ATmega8  Ref 2.56 V intern  8-Bit Mittel aus 256 Messungen
// Port B: Ausgabe Zehner und Einer
// Port C: Analoge Eingabe +5V-3.5k- ADC0 -1kPoti-1.5k-AGND
// Port D: Ausgabe Hunderter
// Konfiguration: interner Oszillator 1 MHz, externes Reset-Signal
#include <avr/io.h>      // Deklarationen
void main(void)          // Hauptfunktion
{
 long int summe;
 unsigned int zaehl;
 DDRB = 0xff;            // 1111 1111 Port B ist Ausgang
 DDRD = 0x0f;            // 0000 1111 Port D3-D0 ist Ausgang
 ADMUX = (1 << REFS1) | (1 << REFS0); // 1100 0000 2.56 V Ref. rechts PC0
 ADCSRA = (1 << ADEN) | (1 << ADSC) | (1<< ADPS1) | (1 << ADPS0);
 summe = 0; zaehl = 0;                // Summe und Zähler löschen
 while(1)                             // Arbeitsschleife
 {
  while( ADCSRA & (1 << ADSC));       // warte auf Ende der Wandlung
  summe = summe + (long int) ADCL + ((long int) ADCH << 8);
  zaehl++; if (zaehl >= 256)          // 256 Werte zählen
  {
   summe = summe >> 10;               // nur 8 Bit der Summe dezimal ausgeben
   PORTB = ((( summe % 100) / 10) << 4) | ((summe % 100) % 10);//Zehner Einer
   PORTD = summe / 100;               // Hunderter
   zaehl = 0; summe = 0;              // Zähler und Summe löschen
  }
  //sbi(ADCSRA,ADSC);                 // Wandler neu starten (alt)
  ADCSRA |= (1<<ADSC);                // Wandler neu starten
 } // Ende while
} // Ende main
```

k6p6.c: C-Programm zur Messschaltung Abbildung 6-30.

Durch die Bildung des Mittelwertes aus 256 Messungen und die Reduzierung auf ein 8-Bit Ergebnis war die Anzeige stabil. Aus der Referenzspannung von 2.56 Volt und einer Auflösung von 256 Schritten für die 8-Bit Wandlung entsteht ein Voltmeter für den Messbereich von 0 bis 2.56 Volt bei einer Auflösung von 10 mV. Der angezeigte Wert ist für eine Millivoltausgabe mit dem Faktor 10 zu multiplizieren. Die Ergebnisse stimmten mit genügender Genauigkeit mit den berechneten Werten überein.

Der einfache Spannungsteiler liefert wie in dem Beispiel nur kleine Auflösungen, die sich durch Einsatz von Messverstärkern erheblich verbessern lassen.

Der Gleichspannungsverstärker Abbildung 6-31 verschiebt den Bereich der Sensor-Ausgangs-Spannungen von z. B. 1.5...2.1 Volt in den Messbereich des Analog/Digitalwandlers von 0...5 Volt. Mit R4 wird der Nullpunkt eingestellt, R5 bestimmt die Verstärkung.

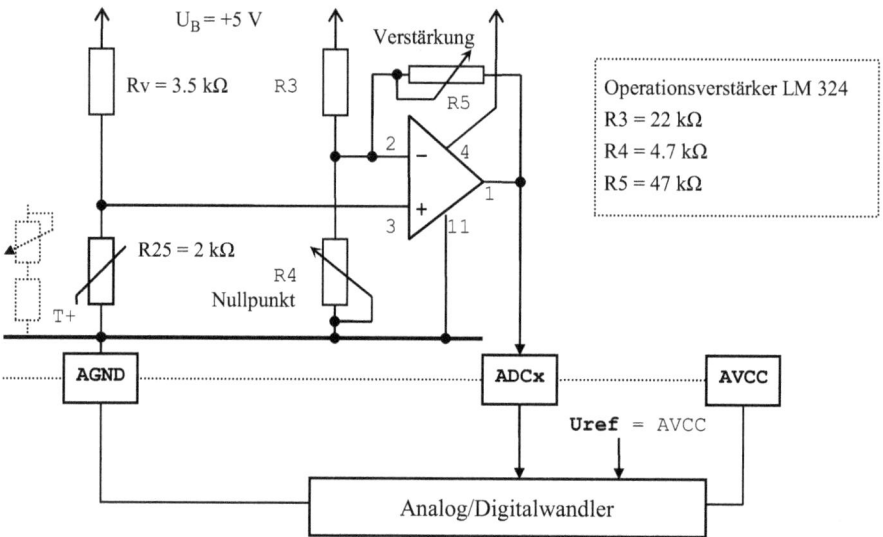

Abbildung 6-31: Sensor mit Messverstärker.

Für Versuche ist es zweckmäßig, den Sensor durch einen Festwiderstand und ein Potentiometer zu ersetzen sowie die Widerstandwerte mit Hilfe von Potentiometern zu ermitteln. Für Eingangsspannungen über 2.56 Volt muss in den Beispielen als Referenz die analoge Versorgungsspannung AVCC ausgewählt werden.

6.5.2 Temperatursensoren

Thermoelemente sind zwei an den Endpunkten verschweißte Drähte, die aus unterschiedlichen Metallen bestehen. Bei einer Temperaturdifferenz zwischen den Kontaktstellen tritt eine Thermospannung auf, die für das Paar Eisen/Konstantan im Bereich von 0.052 mV/K liegt und den Einsatz von speziellen Messverstärkern erforderlich macht.

Temperaturabhängige Widerstände ändern ihren Widerstandswert mit steigender bzw. fallenden Temperatur. Für eine lineare Kennlinie gilt:

Widerstand als Funktion der Temperatur (linear)

$R_T = R_N[1 + Tk\,(T - T_N)]$ *linear*

R_T = Widerstand bei Temperatur T $[\Omega]$

T = Temperatur $[^\circ C]$

R_N = Nennwiderstand $[\Omega]$ z.B. 2 kΩ bei 25 $^\circ$C

T_N = Nenntemperatur $[^\circ C]$ z.B. 25 $^\circ$C

Tk = Temperaturkoeffizient $[1/K]$ z.B. 1%

Bei einem **Kaltleiter** (PTC = **P**ositiver **T**emperatur **C**oeffizient) nimmt der Widerstand mit steigender Temperatur zu. Bei einem **Heißleiter** (NTC = **N**egativer **T**emperatur **C**oeffizient) nimmt er mit steigender Temperatur ab. Für nichtlineare Kennlinien geben die Hersteller den Verlauf des Widerstands als Funktion der Temperatur in einer Tabelle oder als Formel an.

T[°C]	R[Ω]
50	2403
40	2237
30	2077
25	**2000**
20	1924
10	1778
0	1639

Widerstand als Funktion der Temperatur (nichtlinear)

$R_T = R_N\,[1 + \alpha\,(T - T_N) + \beta\,(T - T_N)^2]$ *nichtlinear*

R_T = Widerstand bei Temperatur T $[\Omega]$

T = Temperatur $[^\circ C]$

R_N = Nennwiderstand $[\Omega]$ z.B. 2 kΩ bei 25 $^\circ$C

T_N = Nenntemperatur $[^\circ C]$ z.B. 25 $^\circ$C

α = Tk = linearer Temperaturkoeffizient $[1/K]$ z.B. $7.64 \cdot 10^{-3}$

β = nichtlinearer Temperaturkoeffizient $[1/K]$ z.B. $1.66 \cdot 10^{-5}$

Die Differenz zwischen 0 und 25 °C beträgt bei PTC-Verhalten z. B. 361 Ω, die Differenz zwischen 25 und 50 °C jedoch 403 Ω. Diese Nichtlinearität kann durch einen Parallelwiderstand etwa vom 10fachen des Sensorwiderstands kompensiert oder im Programm bei der Berechnung der Temperatur durch Tabellen berücksichtigt werden. Temperatursensoren aus metallischen Materialien zeigen ein fast lineares PTC-Verhalten. Ein *PT1000 **Messwiderstand*** aus Platin hat einen Nennwiderstand von 1000 Ω bei 0 °C. Bei einem fast linearen Temperaturkoeffizienten von $3.850 \cdot 10^{-3}$ / K erhöht sich der Widerstand bei 100 °C auf 1385 Ω. Ein eingeprägter Messstrom von 1 mA liefert bei 100 °C Temperaturdifferenz eine Spannungsdifferenz von 385 mV, die meist einen Messverstärker erforderlich macht.

Halbleitersensoren aus Silizium wie z. B. der KTY10 zeigen ein nichtlineares PTC-Verhalten. Für den Sensor KTY10-6 mit einem Nennwiderstand von R_{25} = 2000 Ω gibt der Hersteller bei 1 mA folgende Kennwerte an:

T [°C]	R [Ω]	Tk [%/K]
100	3392	0.63
50	2417	0.73
25	**2000**	**0.79**
0	1630	0.85

Bei einem eingeprägten Strom von 1 mA und einer Temperaturdifferenz zwischen 0 °C und 100 °C liefert der Sensor eine Spannungsdifferenz von 1.762 Volt. Der Temperaturkoeffizient ist nicht konstant und gilt nur für die angegebene Temperatur. Mit einem Parallelwiderstand lässt sich die Kennlinie teilweise linearisieren. Der Betriebsstrom sollte wegen der Eigenerwärmung nicht größer als 10 mA sein.

Sensoren wie z. B. der Sensor LM335 werden wie eine Diode in Sperrrichtung betrieben (Abbildung 6-32). Sie liefern bei einem Strom von 1 mA eine Spannungsänderung von 10 mV/K; bei 0 °C beträgt die Spannung an der Diode 2.73 Volt; bei 100 °C sind es 3.73 Volt. Mit einem Potentiometer kann der Sensor auf 2.98 Volt bei 25 °C und 1 mA abgeglichen werden. Der Betriebsstrom sollte wegen der Eigenerwärmung nicht größer als 10 mA sein.

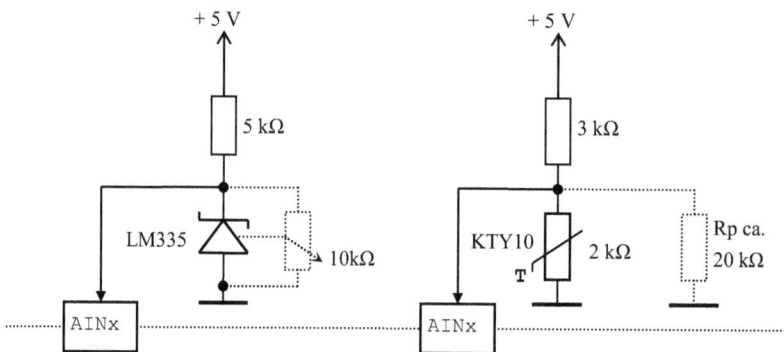

Abbildung 6-32: Temperatursensoren an den analogen Eingängen.

Die Spannung an den analogen Eingängen kann mit den Programmen *k6p6* gemessen werden und lässt sich am besten mit einer Tabelle in eine Temperaturanzeige umsetzen. Für Eingangsspannungen über 2.56 Volt ist als Referenz die analoge Versorgungsspannung AVCC zu verwenden. In Wasser schmelzendes zerstoßenes Eis ergibt eine recht zuverlässige Bezugstemperatur von 0 °C.

Der *Temperatursensor* SMT 160–30 liefert an seinem digitalen TTL-Ausgang ein pulsbreitenmoduliertes Signal im Bereich von 1 bis 4 kHz (Abbildung 6-33). Das *Tastverhältnis*, nicht die Frequenz, ist im Bereich von –45 bis + 130 °C proportional der Temperatur.

Die Testprogramme *k6p7* messen die High-Zeit t_H und die Low-Zeit t_L mit Zählschleifen. Die High-Zeit erscheint dezimal auf dem Port B, die Periodenzeit als Summe von High- und Low-Zeit auf dem Port D. Im ungünstigsten Fall gibt der Fühler das Signal mit einer Frequenz von 1 kHz entsprechend einer Periodendauer von 1 ms aus. Bei einem Prozessortakt von 1 MHz und einer Abtastrate der Zählschleifen von fünf Takten ist ein maximaler Messwert von 200 für die Periode zu erwarten. Die tatsächlich gemessene Frequenz von 2.7 kHz rechtfertigte für orientierende Messungen eine zweistellige dezimale Ausgabe. Bei den ersten Testläufen ergaben sich starke Schwankungen in der letzten Stelle, so dass auf eine Mittelwertbildung aus 256 Messungen zurückgegriffen werden musste.

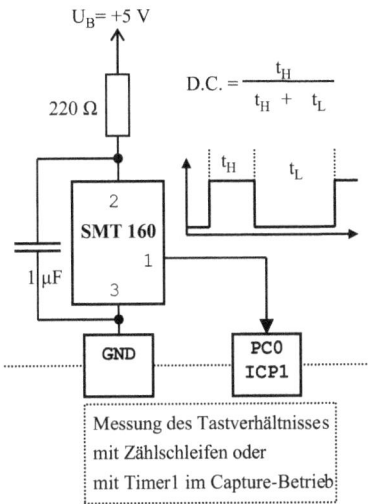

$U_B = +5\ V$

$220\ \Omega$

$D.C. = \dfrac{t_H}{t_H + t_L}$

t_H t_L

2

SMT 160

1

$1\ \mu F$ 3

GND

PC0
ICP1

Messung des Tastverhältnisses
mit Zählschleifen oder
mit Timer1 im Capture-Betrieb

Tastverhältnis als Funktion der Temperatur

D.C. = 0.320 + 0.00470 * T

D.C. = Tastverhältnis z.B. 0.32 oder 32 %
T = Temperatur [°C] z.B. 0 °C

Temperatur als Funktion des Tastverhältnisses

$$T = \frac{D.C. - 0.320}{0.00470}$$

$$T = \frac{D.C.*10^4 - 3200}{47}$$

$T[°C]$	$D.C.[\%]$
100	79.0
50	55.5
25	43.75
0	32.0

Abbildung 6-33: Temperatursensor SMT 160–30.

```
; k6p7.asm  ATmega8  Temperatursensor SMT 160-30 Tastzeiten ausgeben
; Port B: B7-B0: Ausgang High-Zeit
; Port C: C5-C0: Eingang PC0 = Fühler
; Port D: D7-D0: Ausgang Periodenzeit
; Konfiguration: interner Oszillator 1 MHz externes Reset-Signal
          .INCLUDE "m8def.inc"     ; Deklarationen
          .DEF     akku = r16      ; Arbeitsregister
          .DEF     durch = r18     ; R18 = Zähler
          .EQU     fuehl = PINC    ; Fühlerport
          .EQU     pin = PC0       ; Fühleranschluss
          .CSEG                    ; Programmsegment
          rjmp     start
          .ORG     $13             ; keine Interrupts
start:    ldi      akku,LOW(RAMEND) ; Stapel anlegen
          out      SPL,akku
          ldi      akku,HIGH(RAMEND)
          out      SPH,akku
          ldi      akku,$ff
          out      DDRB,akku       ; Port B ist Ausgang
          out      DDRD,akku       ; Port D ist Ausgang
loop:     clr      XL              ; Low-Zähler
          clr      XH
          clr      YL              ; High-Zähler
          clr      YH
          clr      durch           ; Durchlaufzähler
```

```
loop1:  sbis    fuehl,pin       ; überspringe bei High
        rjmp    loop1           ; warte solange Low
; High-Ausgangs-Zustand
loop2:  sbic    fuehl,pin       ; überspringe bei Low
        rjmp    loop2           ; warte solange High
loop3:  adiw    XL,1            ; 2 Takte Low-Zähler
        sbis    fuehl,pin       ; 1 Takt überspringe bei High
        rjmp    loop3           ; 2 Takte zähle solange Low
loop4:  adiw    YL,1            ; 2 Takte High-Zähler
        sbic    fuehl,pin       ; 1 Takt überspringe bei Low
        rjmp    loop4           ; 2 Takte zähle bei High
        dec     durch           ; Durchlaufzähler
        brne    loop1
; Messungen auswerten nur High-Byte
        mov     akku,YH         ; High-Zeit
        rcall   dual2bcd        ; R16 dezimal umwandeln
        out     PORTB,akku      ; nach Port B
        mov     akku,XH         ; Low-Zeit
        add     akku,YH         ; High-Zeit + Low-Zeit
        rcall   dual2bcd        ; R16 dezimal umwandeln
        out     PORTD,akku      ; Perioden-Zeit
        rjmp    loop
        .INCLUDE "dual2bcd.asm" ; R16 dual nach R17:R16 BCD dreistellig
        .EXIT                   ; Ende des Quelltextes
```

k6p7.asm: Assemblertestprogramm für SMT 160-30.

```
// k6p7.c ATmega8  Temperatursensor SMT 160-30 Tastzeiten ausgeben
// Port B: B7-B0: Ausgang High-Zeit
// Port C: C5-C0: Eingang PC0 = Fühler
// Port D: D7-D0: Ausgang Periodenzeit
// Konfiguration: interner Oszillator 1 MHz, externes Reset-Signal
#include <avr/io.h>             // Deklarationen
#define fuehl PINC              // Fühlerport
#define pin  PC0                // Fühleranschluss
void main(void)                 // Hauptfunktion
{
 long int summhi, summlo;       // Zähler High-Zeit und Low-Zeit
 unsigned int i;                // Zähler für Mittelwertbildung
 unsigned char werthi, wertlo;  // für 8-Bit Ausgabe
 DDRB = 0xff;                   // 1111 1111 Port B ist Ausgang
 DDRD = 0xDf;                   // 1111 1111 Port D ist Ausgang
```

```
while(1)                        // Arbeitsschleife
{
 summhi = summlo = 0;                        // Zähler löschen
 for (i = 1; i <= 256; i++)                  // summiert 256 Messwerte
 {
  while ( !(fuehl & (1 << pin)));            // warte solange Low
  while (  (fuehl & (1 << pin)));            // warte solange High
  while ( !(fuehl & (1 << pin))) summlo++;   // zähle solange Low
  while (  (fuehl & (1 << pin))) summhi++;   // zähle solange High
 } // Ende for
 werthi = summhi >> 8;                       // Mittel = Summe / 256
 wertlo = werthi + (summlo >> 8);            // Mittel = Summe / 256
 PORTB = ((werthi / 10) << 4) | (werthi % 10); // High-Zeit dual nach BCD
 PORTD = ((wertlo / 10) << 4) | (wertlo % 10); // Periodenzeit dual nach BCD
 } // Ende while
} // Ende main
```

k6p7.c: C-Testprogramm für SMT 160-30.

Der Einsatz eines Timers im Capture-Betrieb ergibt eine wesentlich höhere Auflösung als die Testversion mit Zählschleifen.

Temperatursensoren z. B. des Herstellers Dallas liefern die gemessene Temperatur bereits digital als Messwert und können an Bussystemen wie dem I^{2}C-Bus betrieben werden.

6.5.3 Lichtsensoren

Die Empfindlichkeit des menschlichen Auges für elektromagnetische Strahlung reicht von etwa 440 nm bis etwa 700 nm und hat ihr Maximum bei ca. 550 nm. Die von den breitbandigen Lichtquellen Sonnenlicht und Glühlampe ausgehende Strahlung im Ultraviolettbereich (UV) unterhalb 380 nm bzw. im Infrarotbereich (IR) oberhalb 780 nm ist nicht sichtbar (Abbildung 6-34).

Die Kennwerte lichtempfindlicher Bauelemente ändern sich um mehrere Zehnerpotenzen zwischen Dunkelheit und voller Sonneneinstrahlung. Sie sind ebenfalls abhängig von der Wellenlänge des einfallenden Lichts. Lichtquellen wie z. B. Leuchtdioden und Energiesparleuchten senden Licht in einem schmalbandigen Bereich aus; entsprechend ist die Empfindlichkeit von Lichtsensoren auf einen engen Bereich des Strahlungsspektrums begrenzt.

Fotowiderstände (**LDR** = **L**ight **D**ependent **R**esistor) bestehen aus Halbleitermaterial. Sie haben einen Dunkelwiderstand von ca. 1 MΩ, der sich mit steigender Lichteinwirkung bis zu einem Hellwiderstand von ca. 100 Ω verringert. Die

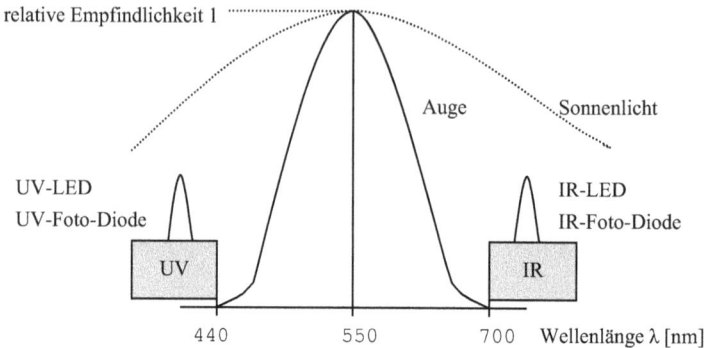

Abbildung 6-34: Relative Empfindlichkeit des Auges im Vergleich zu IR- und UV-Fotodioden.

Verzögerungszeit bei einem schnellen Wechsel der Beleuchtungsstärke kann in der Größenordnung von Sekunden liegen.

Fotodioden sind Dioden mit einem zusätzlichen Lichtfenster und werden in Sperrrichtung betrieben. Ohne Lichteinfall fließt nur ein geringer Dunkelstrom; der Fotostrom steigt proportional mit dem Lichteinfall. Sie haben wesentlich geringere Verzögerungszeiten als Fotowiderstände. Ohne Vorspannung geben Silizium-Fotodioden wie eine Solarzelle bei Beleuchtung eine Leerlaufspannung von ca. 500 mV ab.

Fototransistoren wirken wie Fotodioden an der Basis-Collector-Strecke eines npn-Transistors. Der Collectorstrom ist proportional dem Lichteinfall. Durch die Verstärkungs-wirkung des Transistors ist ihre Empfindlichkeit höher als die einer Fotodiode. Der Basis-anschluss kann offen bleiben oder wird bei vielen Bauformen nicht herausgeführt.

Für erste orientierende Versuche können die in Abbildung 6-35 dargestellten Grund-schaltungen verwendet werden. Als Lichtquelle eignet sich breitbandiges Tages- oder Glühlampen-Licht; die Bestrahlung einer IR-Fotodiode mit einer LED-Taschenleuchte erweist sich als recht wirkungslos! Die Programme *k6p6* messen den Fotostrom als Spannungsabfall an einem Arbeitswiderstand, dessen Dimensionierung am besten mit einem Potentiometer und einem Voltmeter durchgeführt werden sollte. Die Pro-gramme müssen z. B. für einen Belichtungsmesser die gemessene Spannung in die Beleuchtungsstärke der Einheit Lux umrechnen.

Lichtschranken bestehen aus einer IR-LED als Sender und einer IR-Fotodiode oder einem IR-Fototransistor im Infrarotbereich. Die häufigsten Anwendungen benö-tigen nur eine Ja-Nein-Aussage, ob sich ein Objekt im Lichtstrahl befindet oder nicht. Ist der Lichtstrahl auf den Sensor gerichtet, so ist der Transistor niederohmig und die Spannung am Emitterwiderstand liegt in der Nähe der Betriebsspannung. Tritt ein Objekt in den Lichtstrahl ein, so wird der Transistor hochohmig und der Ausgang geht gegen Ground. Die Schaltung wird üblicherweise so dimensioniert, dass sie direkt an einen digitalen Eingang des Controllers angeschlossen werden kann. Für besondere Anwendungen steht der Analogkomparator zur Verfügung. Der Einsatz als

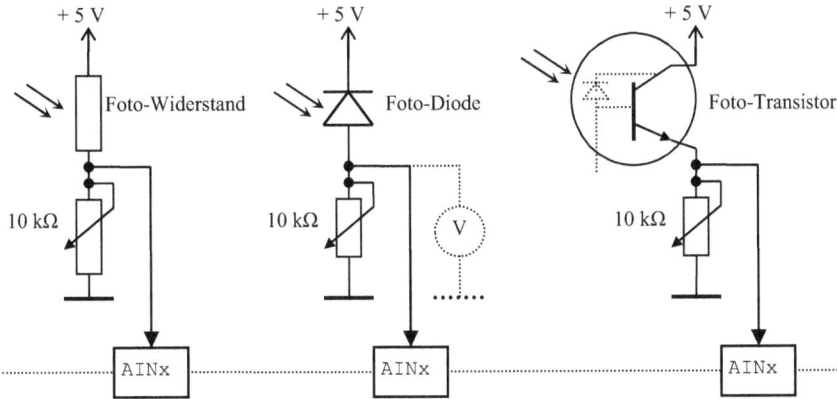

Abbildung 6-35: Grundschaltungen von Lichtsensoren.

Durchgangsmelder für Entfernungen von 1 bis 10 m erfordert besondere Optiken und Schaltungen zur Auswertung des Signals.

Bei *Gabellichtschranken* (Abbildung 6-36) stehen sich IR-Sender und IR-Empfänger im Abstand von 3 bis 10 mm gegenüber. Sie werden für die Erkennung von Farbmarken, die Abtastung von Codierscheiben zur Drehzahlmessung und als kontaktloser Schalter verwendet. Die Programme *k6p8* zählen die steigenden und die fallenden Flanken beim Durchgang eines Objekts durch den Lichtstrahl einer Gabellichtschranke CNY37.

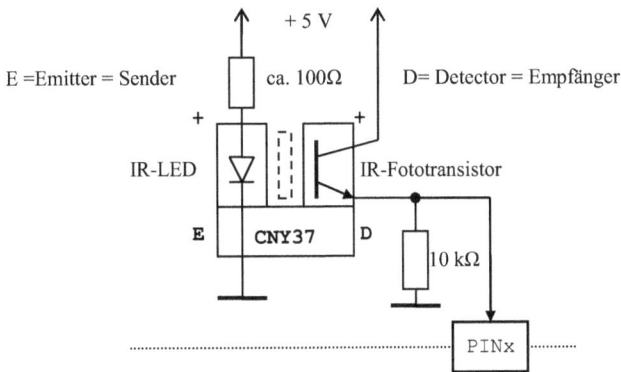

Abbildung 6-36: Gabellichtschranke CNY37 als digitaler Sensor.

```
; k6p8.asm  ATmega8  Gabellichtschranke Impulsmessung
; Port B: B7-B0: Ausgang Zähler für fallende Flanken
; Port C: C5-C0: Eingang PC0 = Detektor
; Port D: D7-D0: Ausgang Zähler für steigende Flanken
; Konfiguration: interner Oszillator 1 MHz externes Reset-Signal
        .INCLUDE "m8def.inc"    ; Deklarationen
        .DEF     akku = r16     ; Arbeitsregister
```

```
        .DEF    fall = r17       ; Zähler fallende Flanken
        .DEF    stei = r18       ; Zähler steigende Flanken
        .DEF    eins = r19       ; Zähl-Eins
        .EQU    fuehl = PINC     ; Detektorport
        .EQU    pin = PC0        ; Detektoranschluss
        .CSEG                    ; Programmsegment
        rjmp    start
        .ORG    $13              ; keine Interrupts
start:  ldi     akku,LOW(RAMEND) ; Stapel anlegen
        out     SPL,akku
        ldi     akku,HIGH(RAMEND)
        out     SPH,akku
        ldi     akku,$ff
        out     DDRB,akku        ; Port B ist Ausgang
        out     DDRD,akku        ; Port D ist Ausgang
        clr     fall             ; Zähler fallende Flanken
        clr     stei             ; Zähler steigende Flanken
        ldi     eins,1           ; 1 zum addieren
        out     PORTB,fall       ; Anfangszustand
        out     PORTD,stei
; High-Anfangs-Zustand
loop:   sbic    fuehl,pin        ; überspringe bei Low
        rjmp    loop             ; warte solange High
; fallende Flanke zählen und ausgeben
        mov     akku,fall
        add     akku,eins        ; zählen
        rcall   daa              ; Dezimalkorrektur
        mov     fall,akku
        out     PORTB,fall       ; ausgeben
loop1:  sbis    fuehl,pin        ; überspringe bei High
        rjmp    loop1            ; warte solange Low
; steigende Flanke zählen und ausgeben
        mov     akku,stei
        add     akku,eins        ; zählen
        rcall   daa              ; Dezimalkorrektur
        mov     stei,akku
        out     PORTD,stei       ; ausgeben
        rjmp    loop
        .INCLUDE "daa.asm"       ; R16 Dezimalkorrektur
        .EXIT                    ; Ende des Quelltextes
```

k6p8.asm: Assemblerprogramm Gabellichtschranke.

```
// k6p8.c  ATmega8  Gabellichtschranke Impulszählung
// Port B: B7-B0: Ausgang Zähler für fallende Flanken
// Port C: C5-C0: Eingang PC0 = Detektor
// Port D: D7-D0: Ausgang Zähler für steigende Flanken
// Konfiguration: interner Oszillator 1 MHz externes Reset-Signal
#include <avr/io.h>           // Deklarationen
#define fuehl PINC            // Detektorport
#define pin  PC0              // Detektoranschluss
void main(void)               // Hauptfunktion
{
 unsigned char stei, fall;    // Flankenzähler
 DDRB = 0xff;                 // 1111 1111 Port B ist Ausgang
 DDRD = 0xff;                 // 1111 1111 Port D ist Ausgang
 stei = fall = 0;             // Anfangszustand
 PORTB = fall; PORTD = stei;  // Anfangszustand ausgeben
 while(1)                     // Arbeitsschleife
 {
   while ( (fuehl & (1 << pin)));                 // warte solange High
   fall++; PORTB = ((fall / 10) << 4) | (fall % 10); // Zähler fallende Fla.
   while ( !(fuehl & (1 << pin)));                // warte solange Low
   stei++; PORTD = ((stei / 10) << 4) | (stei % 10); // Zähler steigende Fla.
 } // Ende while
} // Ende main
```

k6p8.c: *C-Programm Gabellichtschranke.*

6.6 Aktoren

Aktoren sind Systeme, die von einem Controller angesteuert mechanische Wirkungen auslösen. Beispiele sind Summer für Tonfrequenzen, Relais und Motoren als Antriebe.

Ihre Ansteuerung ist häufig mit dem Schalten induktiver Lasten verbunden. Die dabei entstehenden induzierten Gegenspannungen können zur Zerstörung der Controller führen. Abhilfe schaffen Freilaufdioden, RC-Glieder sowie eine Potentialtrennung mit Optokopplern.

Ein einfaches Beispiel sind Summer oder Lautsprecher, die direkt oder über einen Treiber von einem Port angesteuert werden (Abbildung 6-37).

Schall breitet sich in Luft mit einer Geschwindigkeit von ca. 330 m/s aus. Das menschliche Ohr kann Töne im Bereich von ca. 16 Hz bis 16 kHz wahrnehmen, während Tiere wie z. B. Hunde und Fledermäuse auch im Ultraschallbereich von ca. 40 kHz hören können. Dies sollte man beim Gerätedesign auch dann berücksichtigen, wenn parasitäre Schallabstrahlung entstehen kann, die zwar den Menschen

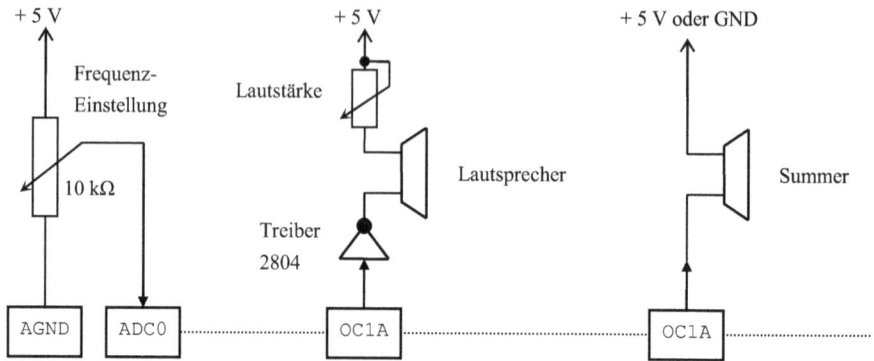

Abbildung 6-37: Ansteuerung von Schallgebern.

nicht stört, für Haustiere aber quälend sein kann (Magnetostriktion bei Spulen und Übertragern!). Bei einer Ansteuerung mit Rechteckfrequenzen entstehen neben dem Grundton (Sinus) auch Obertöne, welche die Klangfarbe bestimmen. Die Schallgeber geben je nach Bauform die elektrischen Signale in einem begrenzten Frequenzbereich und mit unterschiedlichen Klangfarben wieder. Für höhere akustische Anforderungen sind Digital/Analogwandler erforderlich. Piezo-Scheiben können direkt oder über einen Spannungsteiler mit Rechtecksignalen im hörbaren Bereich angesteuert werden. Will man eine möglichst hohe Lautstärke erreichen, schließt man sie an zwei I/O-Pins an und steuert sie mit gegenphasigen Rechtecksignalen bei ihrer Eigenresonanzfrequenz an. Durch geeignete Gehäuseformen kann man die Resonanzeigenschaften und die Impedanzanpassung an die Umgebungsluft optimieren. Reicht auch das nicht, kann ein Pegelwandler eingesetzt werden, der spulenlos das 3 Volt Eingangssignal in ein 18 V Signal wandelt.

Die Programme *k6p9* erzeugen die Rechteckfrequenz im einfachen Comparebetrieb des Timer0 entsprechend den Programmen im Abschnitt 4.2.2.3. Die Frequenz am Ausgang OC1A = PB1 ergibt sich aus dem Ladewert des Compare-Registers nach der Formel *Frequenz = Timertakt / (2 * Ladewert)*. Bei einem Timertakt von 1 MHz und einem Ladewert von 500 wird am Ausgang OC1A eine Rechteckfrequenz von 1 kHz ausgegeben.

Der Ladewert für die Frequenz wird mit einem Potentiometer am Analogeingang ADC0 eingestellt. Wie in den Programmen *k6p6* Abschnitt 6.5.1 wird der Mittelwert aus 256 10-Bit Messungen gebildet, um Störeinflüsse zu unterdrücken. Der Ladewert erscheint dezimal dreistellig auf den Ports B (Hunderter) und D (Zehner und Einer).

```
; k6p9.asm  ATmega8  Tongenerator  Frequenz mit Poti einstellen
; Port B: Ausgang PB1  OC1A Signalausgabe B7-B4 Ladewert Hunderter
; Port C: Eingang ADC0 Poti für Frequenzeinstellung
; Port D: Ausgang Zehner : Einer des Ladewerts
```

```
; Konfiguration: interner Oszillator 1 MHz, externes RESET-Signal
        .INCLUDE  "m8def.inc"    ; Deklarationen für ATmega8
        .EQU    takt = 1000000   ; Systemtakt ca. 1 MHz intern
        .DEF    akku = r16       ; Arbeitsregister R17 R18 frei
        .DEF    zael = r19       ; Zähler für Mittelwert
        .DEF    summlo = r20     ; Summe Low
        .DEF    summi  = r21     ; Summe Middle
        .DEF    summhi = r22     ; Summe High
        .CSEG                    ; Programm-Flash
        rjmp    start            ; Reset-Einsprung
        .ORG    $13              ; Interrupt-Einsprünge übergehen
start:  ldi     akku,LOW(RAMEND) ; Stapel anlegen
        out     SPL,akku
        ldi     akku,HIGH(RAMEND)
        out     SPH,akku
        ldi     akku,$ff
        out     DDRD,akku        ; Port D ist Ausgang
        out     DDRB,akku        ; Port B PB1 ist Ausgang OC1A
; AD-Wandler programmieren
        ldi     akku,(0 << REFS1) | (1 << REFS0) | (0 << ADLAR)
        out     ADMUX,akku       ; Referenz AVCC, rechtsbündig, Kanal PC0
        ldi     akku,(1 << ADEN) | (1 << ADSC) | (1 << ADPS1) | (1 << ADPS0)
        out     ADCSRA,akku      ; Wandler ein und starten, Einzel, Teiler 8
; Timer1: programmieren
        ldi     akku,(1 << COM1A0) ; OC1A umschalten
        out     TCCR1A,akku      ; Steuerregister A Timer1
        ldi     akku,0b001       ; Taktteiler :1
        ori     akku,(1 << WGM12) ; Timer1 nach match löschen
        out     TCCR1B,akku      ; Steuerregister B Timer1 start
neu:    clr     summlo           ; Summe löschen
        clr     summi
        clr     summhi
        clr     zael             ; Zähler für 256 Messwerte
; Arbeitsschleife Compare A Register laden Mittel aus 256 Messwerten
loop:   sbic    ADCSRA,ADSC      ; überspringe wenn Wandlung beendet
        rjmp    loop             ; warte auf Ende der Wandlung
        in      akku,ADCL        ; erst Low laden
        add     summlo,akku
        in      akku,ADCH        ; dann High laden
        adc     summi,akku
        clr     akku
        adc     summhi,akku
```

```
        dec     zael             ; Zähler vermindern
        brne    loop1            ; noch kein Ende
; Mittel aus 256 Messungen ausgeben
        out     OCR1AH,summhi    ; erst High
        out     OCR1AL,summi     ; dann Low     summlo verwerfen
        mov     r17,summhi
        mov     r16,summi        ; R17:R16 = Ladewert dual
        rcall   dual4bcd         ; nach R18:R17:R16 BCD
        out     PORTD,r16        ; Ladewert Zehner | Einer
        swap    r17              ; Hunderter nach vorn
        andi    r17,0b11110000   ; Tausender maskieren
        out     PORTB,r17        ; Ladewert Hunderter
        sbi     ADCSRA,ADSC      ; Wandler neu starten
        rjmp    neu              ; Summe und Zähler löschen
loop1:  sbi     ADCSRA,ADSC      ; Wandler neu starten
        rjmp loop
        .INCLUDE "dual4bcd.asm"  ; R17:R16 dual -> R18:R17:R16 BCD
        .EXIT                    ; Ende des Quelltextes
```

k6p9.asm: Assemblerprogramm zur Ausgabe von Tönen.

```
// k6p9.c  ATmega8  Tongenerator  Frequenz mit Poti einstellen
// Port B: Ausgabe Hunderter PB1=OC1A Signalausgabe
// Port C: Analoge Eingabe PC0 Poti 47 kOhm
// Port D: Ausgabe Zehner Einer des Ladewerts
// Konfiguration: interner Oszillator 1 MHz, externes Reset-Signal
#include <avr/io.h>    // Deklarationen
void main(void)        // Hauptfunktion
{
 long int summe;
 unsigned int zaehl;
 DDRB = 0xff;          // 1111 1111 Port B ist Ausgang
 DDRD = 0xFf;          // 0000 1111 Port D ist Ausgang
 ADMUX = (0 << REFS1) | (1 << REFS0); // 0100 0000 AVCC Ref. rechtsbdg. PC0
 ADCSRA = (1<<ADEN) | (1<<ADSC) | (1<< ADPS1) | (1<< ADPS0); // AD-Wandler
 TCCR1A = (1 << COM1A0);                    // Timer1 OC1A bei match umschalten
 TCCR1B = (1 << WGM12) | (1 << CS10);   // Timer1 löschen Taktteiler:1
 summe = 0; zaehl = 0;                      // Summe und Zähler löschen
 while(1)                                   // Arbeitsschleife
 {
  while( ADCSRA & (1 << ADSC));             // warte auf Ende der Wandlung
  summe = summe + (long int) ADCL + ((long int) ADCH << 8);
  zaehl++; if (zaehl >= 256)                // 256 Werte zählen
```

```
{
  summe = summe >> 8;              // Low-Byte verwerfen Div. durch 256
  OCR1A = summe;                   // Compare-Register laden
  PORTD = ((( summe % 100) / 10) << 4) | ((summe % 100) % 10); // Zehn  Ein
  PORTB = (summe / 100) << 4;      // Hunderter nach links
  zaehl = 0; summe = 0;            // Zähler und Summe löschen
  } // Ende if
  //sbi(ADCSRA,ADSC);             // Wandler neu starten (alt)
  ADCSRA |= (1<<ADSC);            // Wandler neu starten
} // Ende while
} // Ende main
```

k6p9.c: C-Programm zur Ausgabe von Tönen.

Beispiele für motorische Antriebe sind Gleichstrommotoren, Servomotoren und Schrittmotoren. Die Drehzahl einfacher Gleichstrommotoren wird meist mit dem PWM-Ausgang eines Timers eingestellt. Bei einer Auflösung von 8 Bit lassen sich 255 Drehzahlen einstellen.

Abbildung 6-38 zeigt die Ansteuerung eines Kleinmotors mit dem PWM-Ausgang eines Timers über einen integrierten Treiberbaustein.

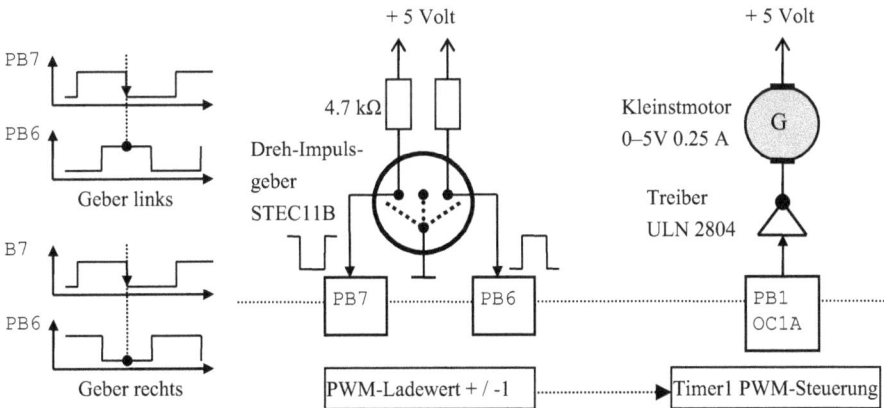

Abbildung 6-38: Ansteuerung eines Kleinmotors mit PWM-Timerausgängen.

Die Programme *k6p10* steuern die Drehzahl eines Kleinmotors im PWM-Betrieb ähnlich dem Beispiel *k4p9*. Das vorgegebene Tastverhältnis wird über einen Dreh-Impulsgeber vermindert bzw. erhöht und zusätzlich dezimal auf den Ports C und D angezeigt.

```
; k6p10.asm  ATmega8  Gleichstrommotor  Steuerung mit 8-Bit PWM
; Port B: Ausgang PB1 OC1A PWM PB7 PB6 Eingabe Impulsgeber
; Port C: Ausgabe Ladewert Hunderter
```

```
; Port D: Ausgabe Ladewert Zehner  Einer
; Konfiguration: interner Oszillator 1 MHz, externes RESET-Signal
        .INCLUDE "m8def.inc"    ; Deklarationen für ATmega8
        .EQU    takt = 1000000  ; Systemtakt ca. 1 MHz intern
        .DEF    akku = r16      ; Arbeitsregister R17 R18 frei
        .CSEG                   ; Programm-Flash
        rjmp    start           ; Reset-Einsprung
        .ORG    $13             ; Interrupt-Einsprünge übergehen
start:  ldi     akku,LOW(RAMEND); Stapel anlegen
        out     SPL,akku
        ldi     akku,HIGH(RAMEND)
        out     SPH,akku
        sbi     DDRB,PB1        ; PB1 ist Ausgang OC1A
        ldi     akku,$ff
        out     DDRC,akku       ; Port C ist Ausgang
        out     DDRD,akku       ; Port D ist Ausgang
; Timer1 PWM programmieren 10 Bit nicht invertiert Ladewert 0-255
        ldi     akku,(1 << COM1A1) | (0 << WGM11) | (1 << WGM10); 8 Bit
        out     TCCR1A,akku     ; Steuerregister A Timer1
        ldi     akku,0b001      ; Taktteiler :1
        out     TCCR1B,akku     ; Steuerregister B Timer1 start
        ldi     XL,0            ; Startwert
        ldi     XH,0
; Arbeitsschleife
loop:   sbic    PINB,PB7        ; überspringe bei Low
        rjmp    loop            ; warte solange High
; fallende Flanke Richtung bestimmen
        sbic    PINB,PB6        ; überspringe bei Low
        rjmp    loop1           ; springe bei High
        cpi     XL,255          ; aufwärts
        breq    loop2           ; Maximum 255 erreicht
        inc     XL              ; Drehzahl erhöhen
        rjmp    loop2
loop1:  tst     XL              ; abwärts
        breq    loop2           ; Minimum 0 erreicht
        dec     XL              ; Drehzahl vermindern
loop2:  rcall   warte20ms       ; entprellen
        out     OCR1AH,XH       ; Ladewert nach Komparator
        out     OCR1AL,XL
        mov     r17,XH          ; Ladewert dual
        mov     r16,XL
        rcall   dual4bcd        ; R17:R16 dual -> R18:R17:R16 BCD
```

```
        out     PORTC,r17       ; Hunderter
        out     PORTD,r16       ; Zehner    Einer
loop3:  sbis    PINB,PB7        ; überspringe bei High
        rjmp    loop3           ; warte solange Low
        rcall   warte20ms       ; entprellen
        rjmp    loop
        .INCLUDE "dual4bcd.asm" ; R17:R16 dual -> R18:R17:R16 BCD
        .INCLUDE "warte20ms.asm"
        .EXIT                   ; Ende des Quelltextes
```

k6p10.asm: Assemblerprogramm steuert Gleichstrommotor.

```
// k6p10.c  ATmega8  Gleichstrommotor  Steuerung mit 8-Bit PWM
// Port B: Ausgang PB1 OC1A PWM PB7 PB6 Eingabe Impulsgeber
// Port C: Ausgabe Ladewert Hunderter
// Port D: Ausgabe Ladewert Zehner  Einer
// Konfiguration: interner Oszillator 1 MHz, externes RESET-Signal
#include <avr/io.h>                 // Deklarationen
#define TAKT 1000000UL              // Systemtakt intern ca. 1 MHz
void main(void)                     // Hauptfunktion
{
 unsigned int dreh = 123;           // Drehzahl
 DDRB = (1 << PB1);                 // PB1 OC1A ist Ausgang
 DDRC = DDRD= 0xff;                 // Port C und D sind Ausgänge
 TCCR1A = (1 << COM1A1) | (0 << WGM11) | (1 << WGM10); // 8-Bit PWM
 TCCR1B = 0x01;                     // Timer1 Taktteiler :1
 while(1)                           // Arbeitsschleife Eingabe Drehzahl
 {
  OCR1AH = 0;                       // PWM
  OCR1AL = dreh;                    // einstellen
  PORTC = dreh / 100;              // Hunderter anzeigen
  PORTD = (((dreh % 100) / 10) << 4) | (dreh % 10); // Zehner Einer
  while ( PINB & (1 << PB7));       // warte solange High
  if ( (PINB & (1 << PB6))) dreh--; // langsamer
  if (!(PINB & (1 << PB6))) dreh++; // schneller
  while ( !(PINB & (1 << PB7)));    // warte solange Low
 } // Ende while
} // Ende main
```

k6p10.c: C-Programm steuert Gleichstrommotor.

Servos sind Stellmotoren, die nicht rotieren, sondern ihre Achse in einem Winkelbereich von ca. 60 bis 90° verstellen. Sie bestehen aus einem Gleichstrommotor mit

Getriebe und einer Steuerelektronik zur Erfassung der augenblicklichen Position und werden häufig mit Impulsen einer Periodendauer von 20 ms entsprechend 50 Hz angesteuert (Abbildung 6-39). Nur die *Dauer der High-Zeit* bestimmt die Verstellung der Position:

– Eine High-Zeit von ca. 1.5 ms entspricht der Nullstellung des Servos.
– Eine Verlängerung der High-Zeit bis auf ca. 2 ms bedeutet Rechtsausschlag.
– Eine Verminderung der High-Zeit bis auf ca. 1 ms bedeutet Linksausschlag.
– Eine gleich bleibende High-Zeit bedeutet, dass sich die Position nicht ändert.
– Die Impulse müssen dauernd gesendet werden.

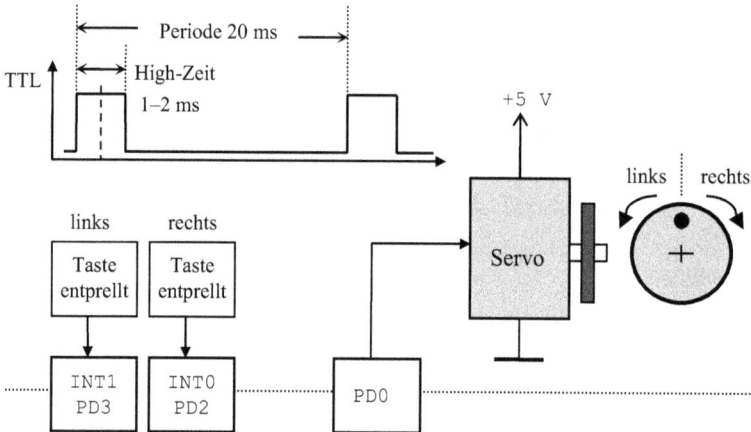

Abbildung 6-39: Ansteuerung eines Servos durch Impulse.

Die Testprogramme *k6p11* erzeugen das Steuersignal mit Warteschleifen im Programm mit einem Startwert, der etwa der Nullstellung entspricht. Eine bessere Lösung würde den PWM-Betrieb verwenden. Mit zwei Interrupt auslösenden Tastern kann die High-Zeit vermindert bzw. erhöht werden. Die Achse dreht sich entsprechend um einen Schritt nach links oder nach rechts.

```
; k6p11.asm  ATmega8  Servomotor  Steuerung
; Port B: Ausgabe Pulsdauer dual Low-Byte
; Port C: Ausgabe Pulsdauer dual High-Byte
; Port D: PD2=INT0  PD3=INT1   PD0 = Ausgang Steuersignal
; Konfiguration: interner Takt 1 MHz, externes RESET-Signal
        .INCLUDE  "m8def.inc"   ; Deklarationen für ATmega8
        .EQU      takt = 1000000 ; Systemtakt 1 MHz intern
        .EQU      schritt = 1   ; Schrittweite
        .DEF      akku = r16    ; Arbeitsregister
        rjmp      start         ; Reset-Einsprung
        .CSEG                   ; Programm-Flash
```

```
        .ORG    INT0addr        ; fallende Flanke INT0
        rjmp    plus
        .ORG    INT1addr        ; fallende Flanke INT1
        rjmp    minus
        .ORG    $13             ; Interrupt-Einsprünge übergehen
start:  ldi     akku,LOW(RAMEND); Stapel anlegen
        out     SPL,akku
        ldi     akku,HIGH(RAMEND)
        out     SPH,akku
        sbi     DDRD,PD0        ; PD0 ist Ausgang
        ldi     akku,$ff
        out     DDRB,akku       ; Port B ist Ausgang
        out     DDRC,akku       ; Port C ist Ausgang
; Interrupts freigeben
        ldi     akku,0b00001010
        out     MCUCR,akku
        ldi     akku,0b11000000
        out     GICR,akku
        sei
        ldi     r24,LOW(200)    ; High-Zeit vorladen
        ldi     r25,HIGH(200)
        ldi     YL,LOW(3800)    ; Low-Zeit vorladen
        ldi     YH,HIGH(3800)
; Arbeitsschleife 20ms/1us = 20000/5 = 4000 = 3800 + 200) Durchläufe
loop:   movw    XL,r24          ; High-Zeit laden
        sbi     PORTD,PD0       ; Ausgang High
        cli                     ; Interrupts sperren
loop1:  nop                     ; 1 Takt
        sbiw    XL,1            ; 2 Takte
        brne    loop1           ; 2 Takte
        sei                     ; Interrupts frei
        out     PORTC,r25       ; High-Zeit
        out     PORTB,r24       ; dual ausgeben
        movw    ZL,YL           ; Low-Zeit laden
        cbi     PORTD,PD0       ; Ausgang Low
loop2:  nop                     ; 1 Takt
        sbiw    ZL,1            ; 2 Takte
        brne    loop2           ; 2 Takte
        rjmp    loop            ; Schleife
; Interrupt-Service-Routinen
plus:   in      r16,SREG        ; Status retten
        adiw    r24,schritt     ; + Schrittweite
```

```
        sbiw    YL,schritt      ; - Schrittweite
        out     SREG,r16        ; Status zurück
        reti
minus:  in      r16,SREG        ; Status retten
        sbiw    r24,schritt     ; - Schrittweite
        adiw    YL,schritt      ; + Schrittweite
        out     SREG,r16        ; Status zurück
        reti
        .EXIT                   ; Ende des Quelltextes
```

k6p11.asm: Assemblerprogramm steuert Servo.

```c
// k6p11.c  ATmega8   Servomotor   Steuerung
// Port B: Ausgabe Pulsdauer dual Low-Byte
// Port C: Ausgabe Pulsdauer dual High-Byte
// Port D: PD2=INT0  PD3=INT1    PD0 = Ausgang Steuersignal
// Konfiguration: interner Takt 1 MHz, externes RESET-Signal
#include <avr/io.h>                  // Deklarationen
#include <avr/interrupt.h>           // Deklarationen für Interrupt
#define TAKT 1000000UL               // Systemtakt intern ca. 1 MHz
volatile unsigned int puls, pause;   // Impulsdauer Pausendauer global
ISR(INT0_vect)
{
 puls++;                             // Pulsdauer erhöhen
 pause--;                            // Pause vermindern
}
ISR(INT1_vect)
{
 puls--;                             // Pulsdauer vermindern
 pause++;                            // Pause erhöhen
}
 int main(void)                      // Hauptfunktion
{
 volatile unsigned int i;            // Zähler
 puls = 60;                          // Startwert High-Zeit
 pause = 1100;                       // Startwert Low-Zeit
 DDRD = (1 << PD0);                  // PD0 ist Ausgang
 DDRB = 0xff;                        // Port B ist Ausgang
 DDRC = 0xff;                        // Port C ist Ausgang
 MCUCR |= (1 << ISC11) | (1 << ISC01); // Interrupts fallende Flanken
 GICR  |= (1 << INT1)  | (1 << INT0);  // Interrupts frei
 sei();                             // alle Interrupts frei
```

```
while(1) // Arbeitsschleife Wartezeiten durch Versuche ermittelt!
{
 cli();                        // Interrupts sperren
 PORTD |= (1 << PD0);          // Ausgang PD0 High
 for (i = puls; i > 0; i--);   // High-Impuls ausgeben
 PORTD &= ~(1 << PD0);         // Ausgang PD0 Low
 sei();                        // Interrupts freigeben
 PORTB = (unsigned char) puls; // Pulsdauer
 PORTC = puls >> 8;            // dual ausgeben
 for (i = pause; i > 0; i--);  // Low-Zeit ausgeben
 } // Ende while
} // Ende main
```

k6p11.c: C-Programm steuert Servo.

Ein **Schrittmotor** besteht im Prinzip aus einem Rotor mit mehreren am Umfang verteilten Dauermagneten und aus einem Stator mit Magnetpolen, die von stromdurchflossenen Wicklungen erregt werden. Dabei folgen die Dauermagnete des Rotors dem umlaufenden Statorfeld. Bei jeder Ansteuerung der Statorwicklungen bewegt sich der Rotor um genau einen Winkelschritt weiter. Diese schrittgenaue Positionierung wird z. B. für die Steuerung von Druckern, Scannern, Plottern, Robotern und anderen elektromechanischen Antrieben verwendet. Durch Mitzählen der Schritte kann man jederzeit die Position des Antriebs bestimmen. Abbildung 6-40 zeigt das Prinzip eines Zweiphasenschrittmotors mit vier Wicklungssträngen bei einer unipolaren Ansteuerung. Abbildung 6-41 enthält die Zeitdiagramme für den Testbetrieb der Programmbeispiele *k6p12*.

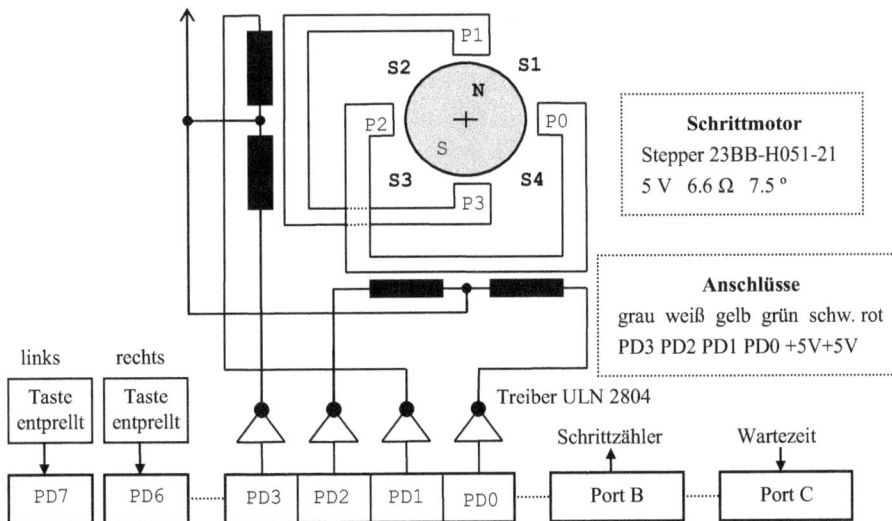

Abbildung 6-40: Ansteuerung eines Schrittmotors im Testbetrieb (Programm k6p12).

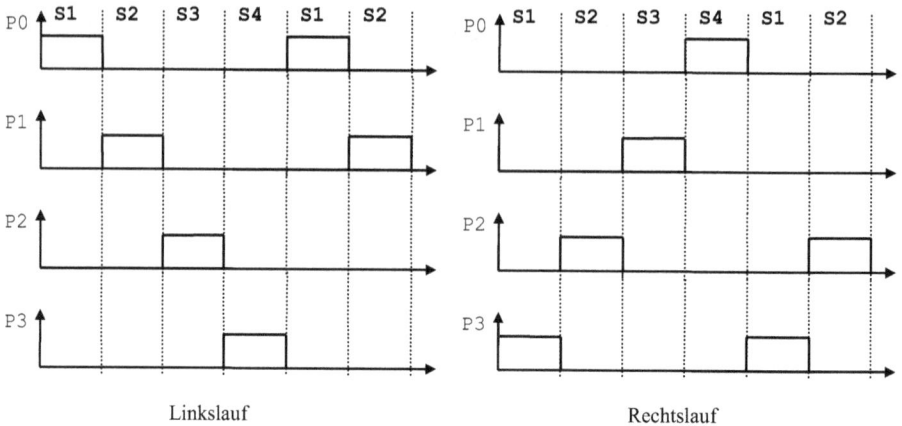

Abbildung 6-41: Zeitdiagramme zur Ansteuerung eines Schrittmotors im Testbetrieb.

Von vier Ausgängen eines Parallelports werden über Motortreiber die Erreger-wicklungen der vier Pole des Stators angesteuert. Bei Umschaltung der Stromrichtung in den Wicklungssträngen kehrt sich auch die Richtung des magnetischen Flusses in den Statorpolen um. Die Reihenfolge, in der die Bitmuster die Statorwicklungen ansteuern, entscheidet über die Drehrichtung (Links- bzw. Rechtslauf). Die Zeit zwi-schen den Ansteuerungen bestimmt die Anzahl der Schritte in der Sekunde, also die Drehzahl bzw. Schrittfrequenz.

```
; k6p12.asm ATmega8 Schrittmotor Steuerung
; Port B: Ausgang Schrittposition dezimal anzeigen
; Port C: Eingang Geschwindigkeit eingeben
; Port D: PD7: PD6: Eingänge Steuerung  PD3-PD0: Ausgänge
; Konfiguration: interner Takt 1 MHz, externes RESET-Signal
         .INCLUDE  "m8def.inc"   ; Deklarationen für ATmega8
         .EQU   takt = 1000000   ; Systemtakt 1 MHz intern
         .DEF   akku = r16       ; Arbeitsregister
         .DEF   schritt = r18    ; Schrittmuster
         .DEF   position = r19   ; Schrittposition
         .CSEG                   ; Programm-Flash
         rjmp   start            ; Reset-Einsprung
         .ORG   $13              ; Interrupt-Einsprünge übergehen
start:   ldi    akku,LOW(RAMEND); Stapel anlegen
         out    SPL,akku
         ldi    akku,HIGH(RAMEND)
         out    SPH,akku
         ldi    akku,0b11110000
         out    PORTD,akku       ; Port D Ausgänge Low
```

```
        ldi     akku,0b00001111
        out     DDRD,akku      ; Port D Richtung
        ldi     akku,$ff
        out     DDRB,akku      ; Port B ist Ausgang
        ldi     schritt,0b00010001 ; Schrittmuster
        clr     position       ; Nullstellung
; Arbeitsschleife
loop:   sbic    PIND,PD7       ; überspringe bei PD7 gedrückt
        rjmp    loop2          ; PD6 testen
; Linkslauf
loop1:  asr     schritt        ; 8-Bit rotieren links
        rol     schritt
        rol     schritt
        out     PORTD,schritt
        in      akku,PINC      ; Wartefaktor zwischen
        rcall   wartex10ms     ; den Schritten
        inc     position       ; Position + 1
        mov     akku,position
        rcall   dual2bcd       ; dezimal
        out     PORTB,akku     ; ausgeben
        sbic    PIND,PD7       ; überspringe bei gedrückt
        rjmp    loop           ; springe bei gelöst
        rjmp    loop1          ; weiter drehen
loop2:  sbic    PIND,PD6       ; überspringe bei gedrückt
        rjmp    loop           ; war nicht gedrückt
; Rechtslauf
loop3:  clc                    ; 8-Bit rotieren rechts
        sbrc    schritt,0
        sec
        ror     schritt
        out     PORTD,schritt
        in      akku,PINC      ; Wartefaktor zwischen
        rcall   wartex10ms     ; den Schritten
        dec     position       ; Position - 1
        mov     akku,position
        rcall   dual2bcd       ; dezimal
        out     PORTB,akku     ; ausgeben
        sbic    PIND,PD6       ; überspringe bei gedrückt
        rjmp    loop           ; springe bei gelöst
        rjmp    loop3          ; weiter drehen
; Unterprogramme einfügen
        .INCLUDE "dual2bcd.asm" ; R16 dual -> R17:R16 BCD
```

```
        .INCLUDE "wartex10ms.asm"
        .EXIT                       ; Ende des Quelltextes
```

k6p12.asm: Assemblerprogramm steuert Schrittmotor.

```c
// k6p12.c  ATmega8  Schrittmotor  Steuerung
// Port B: Ausgabe Schrittposition dezimal anzeigen
// Port C: Eingabe Schrittgeschwindigkeit
// Port D: Eingabe PD7 PD6  Ausgabe PD3-PD0
// Konfiguration: interner Oszillator 1 MHz, externes RESET-Signal
#include <avr/io.h>                 // Deklarationen
#define TAKT 1000000UL              // Systemtakt intern ca. 1 MHz
#include "wartex10ms.c"             // wartet Faktor * 10 ms
int main(void)                      // Hauptfunktion
{
 unsigned char schritt = 0x11;      // 0001 0001 Schrittmuster
 unsigned char pos = 0;             // Position
 PORTD = 0xf0;                      // 1111 0000 PD3-PD0 Daten Low
 DDRD = 0x0f;                       // 0000 1111 PD3-PD0 Richtung Ausgang
 DDRB = 0xff;                       // Port B ist Ausgang
 while(1)                           // Arbeitsschleife Eingabe Drehrichtung
 {
  while ( !(PIND & (1 << PD7)))     // solange PD7 gedrückt Linkslauf
  {
   schritt = (schritt << 1) | (schritt >> 7);  // rotiere 8 Bit links
   PORTD = schritt;                 // Schritt ausgeben
   pos++; PORTB = ((pos / 10) << 4) | (pos % 10);  // neue Position ausgeben
   wartex10ms(PINC);                // variable Geschwindigkeit
  } //Ende while Linkslauf
  while ( !(PIND & (1 << PD6)))     // solange PD6 gedrückt Rechtslauf
  {
   schritt = (schritt >> 1) | (schritt << 7);  // rotiere 8 Bit rechts
   PORTD = schritt;                 // Schritt ausgeben
   pos--; PORTB = ((pos / 10) << 4) | (pos % 10);  // neue Position ausgeben
   wartex10ms(PINC);                // variable Geschwindigkeit
  } // Ende while Rechtslauf
 } // Ende while
} // Ende main
```

k6p12.c: C-Programm steuert Schrittmotor.

7 Projekte

Die Programmierung der Projekte erfolgte in der Anwendungsschaltung mit dem Gerät AVR ISP (In-System-Programmer) über die ISP-Schnittstelle. Die Programmieranschlüsse MISO, SCK, RESET und MOSI des Controllers wurden entweder freigehalten oder so beschaltet, dass ein einwandfreier Programmierbetrieb gewährleistet war. Für die ISP-Programmierung muss der Reset-Eingang als externes Reset konfiguriert werden. Abbildung 7-1 zeigt den 10poligen Pfosten-Stecker der ISP-Schnittstelle, Abbildung 7-2 die Schaltung der Stromversorgung.

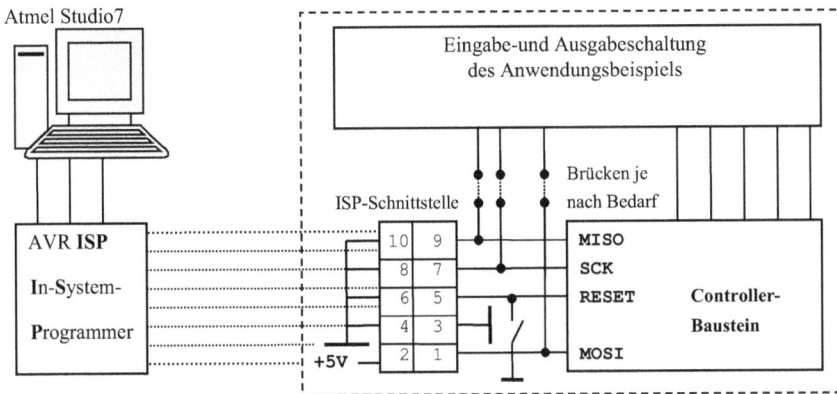

Abbildung 7-1: Die Programmierung der Beispielprogramme über die 10polige ISP-Schnittstelle.

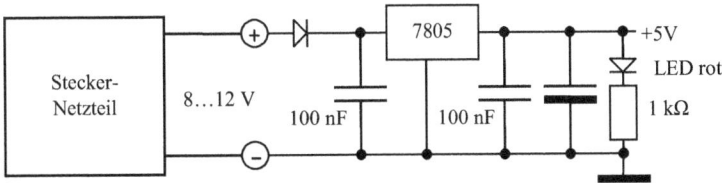

Abbildung 7-2: Die Stromversorgung aus einem Steckernetzteil.

7.1 Die Bausteine der Projekte

Die Peripheriefunktionen sowie die Bezeichnungen der Register und ihrer Steuerbits stimmen für die meisten AVR-Bausteine größtenteils überein. Besonderheiten sind den Unterlagen des Herstellers zu entnehmen. Gleiches gilt für die Assemblerbefehle. In der C-Programmierung sorgt der Compiler für die Anpassung an den verwendeten Baustein.

https://doi.org/10.1515/9783110403886-007

7.1.1 Der ATtiny12

Der Baustein ATtiny12 dient als Beispiel für die ATtiny-Familie, die sich durch geringe Abmessungen und niedrigen Preis auszeichnet. Der Baustein wird auch in einem 8poligen DIL-(Dual In Line)-Gehäuse geliefert und ist pinkompatibel mit dem AT90S2343 der Classic-Familie (Abbildung 7-3). Der Flash-Programmspeicher der pin-kompatiblen Bausteine ATtiny11 kann nicht mit dem ISP-Gerät programmiert werden (siehe auch AppNote AVR092: Replacing ATtiny11/12 by ATtiny13).

```
(/Reset) PB5  |1        8|  Vcc
 (XTAL1) PB3  |2        7|  PB2 (SCK T0)
 (XTAL2) PB4  |3        6|  PB1 (MISO INT0 AIN1)
     GND      |4        5|  PB0 (MOSI AIN0)
```

Abbildung 7-3: Anschlussbelegung ATtiny12.

Der Baustein enthält folgende Speicherkomponenten:
- 1024 Bytes Flash-Programmspeicher für max. 512 Befehle und Konstanten
- 32 Bytes SRAM nur für den Registersatz ohne Softwarestapel und Variablenbereich
- einen Hardwarestapel mit drei Einträgen für Rücksprungadressen von Interrupts und Unterprogrammen
- 64 Bytes EEPROM zur Speicherung nichtflüchtiger Daten

Die Peripherieanschlüsse haben folgende Funktionen:
- PB0 bis PB5 sechs Ein-/Ausgabeleitungen einer Parallelschnittstelle
- INT0 ein externer Interrupteingang
- T0 externer Takteingang für den 8-Bit Timer0
- AIN0 und AIN1 Eingänge des Analogkomparators
- SCK, MISO und MOSI SPI-Schnittstelle **nur** für eine externe Programmiereinrichtung
- XTAL1 und XTAL2 externer Taktanschluss (programmierbar)
- /Reset für eine externe Reset-Schaltung (programmierbar)

Der Baustein verfügt über einen internen Taktgenerator für einen festen Systemtakt von ca. 1 MHz, er kann durch Umprogrammieren von Steuerbits auch mit externem Takt betrieben werden. Die Vektortabelle 7-1 enthält sechs Einträge:

Ein Interrupt durch Potentialänderung (Pin Change) an einem der sechs Portein-gänge wird im Bit PCIE des Maskenregisters GIMSK freigegeben und im Bit PCIF des Anzeigeregisters GIFR mit einer 1 angezeigt. Die Freigabe eines einzelnen Eingangs ist nicht möglich (Abbildung 7-4).

Wegen des fehlenden SRAM lässt sich kein Softwarestapel anlegen. Für Rück-sprungadressen gibt es ersatzweise einen Hardwarestapel für drei Einträge, so dass drei geschachtelte Aufrufe von Unterprogrammen bzw. Interruptroutinen möglich sind.

Tabelle 7-2 zeigt, wie sich die *nicht verfügbaren* Befehle ersetzen lassen.

Tabelle 7-1: Reset- und Interrupt-Vektoren des ATtiny12.

Adresse	Interrupt	Auslösung durch	Beispiel
$000	Reset	Power-on, steigende Flanke, Watchdog Timer	rjmp start
$001	INT0addr	Externer Interrupt an Port PB1	rjmp taste
$002	PCINTaddr	Potentialänderung an einem Portanschluss	rjmp neu
$003	OVF0addr	Timer0 Überlauf	rjmp tictac
$004	ERDYaddr	EEPROM-Programmierung fertig	rjmp nochmal
$005	ACIaddr	Analogkomparator fertig	rjmp fertig
$006		Erster Befehl des Programms start:	; keinen Stapel anlegen !

Tabelle 7-2: Ersatz der beim ATtiny12 nicht verfügbaren Befehle.

Fehlende Befehle	Ersetzbar durch
push und pop	mov mit Registern als Hilfsspeicherstellen
adiw und sbiw	add und adc bzw. subi und sbci
icall und ijmp	rcall und rjmp
lds und sts	mov mit Registern als Hilfsvariablen
ld und st für X Y Z+ -Z	ld Rd,Z und st Z,Rd indirekte Registeradressierung
ldd und std für Y und Z	ld Rd,Z und st Z,Rd indirekte Registeradressierung

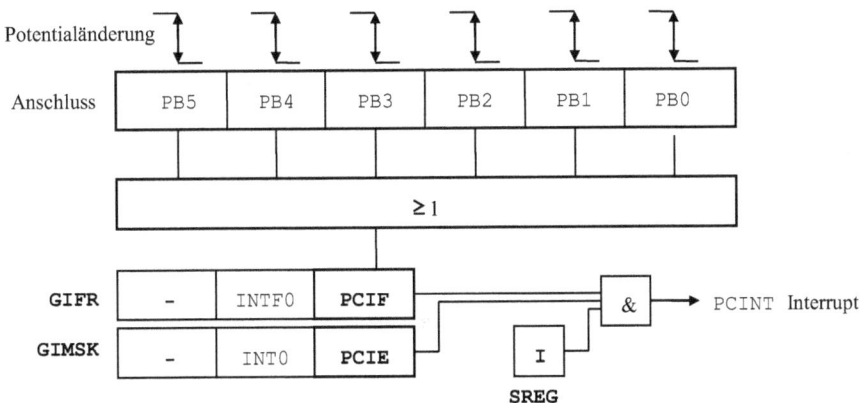

Abbildung 7-4: Logik zur Freigabe und Erkennung von Interrupts durch Potentialänderung an einem Pin beim ATtiny12.

Dafür gibt es eine indirekte Registeradressierung nach Tabelle 7-3 mit den wertniedrigsten fünf Bitpositionen des Registerpaares Z als Zeiger auf ein Arbeitsregister als
Ersatz für die indirekte Speicheradressierung, da kein Arbeitsspeicher vorhanden ist.

Tabelle 7-3: Indirekte Registeradressierung.

Befehl	Operand	ITHSVNZC	W	T	Wirkung	
ld	Rd,Z		1	2	Rd <= (Z)	5-Bit Registeradresse in ZL
st	Z,Rd		1	2	(Z) <= Rd	5-Bit Registeradresse in ZL

Das Testprogramm *k7p1* zeigt am Beispiel eines Unterprogrammaufrufs, wie sich die
fehlenden Befehle push, pop und adiw ersetzen lassen. Die Wartezeit von 10 ms ergibt
am Ausgang PB0 eine Frequenz von ca. 50 Hz:

- ■ Serial program downloading (SPI) enabled
- □ External reset function of PB5 disabled   **nicht** aktiviert: externes Reset
- ■ CKSEL 0010 internal RC oszillator;default value aktiviert: interner Takt
- ■ Mode 1: No memory lock features enabled

```
; k7p1.asm Test ATtiny12 Dualzähler auf Port B mit Hilfsstapel
; Port B: Ausgabe PB4 bis PB0 Dualzähler gemessen ca. 50 Hz an PB0
        .INCLUDE   "tn12def.inc"   ; Deklarationen für ATtiny12 einfügen
; Konfiguration:interner Oszillator ca. 1 MHz, Stift 1 ist RESET
        .DEF       akku = r16      ; Arbeitsregister
        .DEF       stack1 = r15    ; Hilfsstapel für push/pop
        .DEF       stack2 = r14    ; Hilfsstapel für push/pop
        .CSEG                      ; Programm-Flash
        rjmp       start           ; Reset-Einsprung
        .ORG       $6              ; Interrupteinsprünge übergehen
start:  ldi        akku,$ff
        out        DDRB,akku       ; Port B ist Ausgang
loop:   out        PORTB,akku      ; Dualzähler ausgeben
        inc        akku            ; Dualzähler erhöhen
        rcall      warte           ; Unterprogrammaufruf über Hardwarestapel
        rjmp       loop            ; Arbeitsschleife
; Unterprogramm ohne sbiw-Befehl und push/pop
warte:  mov        stack1,r24      ; wie push r24  Register retten
        mov        stack2,r25      ; wie push r25  nach Hilfsregister
        ldi        r24,LOW(2000)
        ldi        r25,HIGH(2000)
; Wartezeit 5 Takte * 2000 Durchläufe * 1 us = 10 ms bei 1 MHz
warte1: nop                        ; 1 Takt
```

```
        subi        r24,1           ; 1 Takt
        sbci        r25,0           ; 1 Takt
        brne        warte1          ; 2 Takte
        mov         r25,stack2      ; wie pop r25   Register zurückladen
        mov         r24,stack1      ; wie pop r24   von Hilfsregistern
        ret                         ; Rücksprung
        .EXIT
```

k7p1.asm: Assembler-Testprogramm für den ATtiny12.

Wegen des fehlenden SRAM-Bereiches war es in der vorliegenden GNU-Version nicht
möglich, den Baustein ATtiny12 in C zu programmieren. Ersatzweise könnte ein
AT90S2343 der Classic-Familie oder ein ATtiny13A für die C-Programmierung herangezogen werden.

```
// k7p1.c  Test AT90S2343 statt ATtiny12   C-Testprogramm
// Port B: Ausgabe PB4 bis PB0 Dualzähler gemessen ca. 52 Hz an PB0
// Konfiguration: interner Oszillator ca. 1 MHz
#include <avr/io.h>            // Deklarationen einfügen
void warte(void)              // 2000 * 5 = 10 000 Takte
{
 unsigned int i, iend=2000;   // Laufvariable und Endwert
 for (i=iend; i>0; i--) asm volatile ("nop"::);   // 5 Takte / Durchlauf
}
void main(void)               // Hauptfunktion
{                             // Anfang Funktionsblock
 DDRB = 0xff;                 // Port B ist Ausgang
// Testschleife gemessen 52 Hz an PB0
 while(1)                     // unendliche Schleife Abbruch durch Reset
 {                            //
  PORTB++;                    // Dualzähler ausgeben
  warte();                    // Verzögerung 10 ms bei 1 MHz
 }                            //
}                             // Ende main
```

k7p1.c: C-Testprogramm für den ATtiny2313.

Eine modernere Alternative ist der Attiny817 aus der Familie der neuesten ATtinys, die
keine prinzipiellen Einschränkungen gegenüber den Atmegas mehr aufweisen. Das
Programm muss allerdings geringfügig modifiziert werden, da bei diesen neuen Bausteinen eine an den ATxmega angelehnte Registerstruktur zum Einsatz kommt. Eine
Folge davon ist, dass die Registerbezeichnungen DDRx und PORTx ersetzt werden
durch PORTB.DIR und PORTB.OUT. Der ATtiny817 wurde hier gewählt, weil er zur

modernsten AVR-Generation gehört und für ihn die beiden sehr preiswerten Xplained Boards ATTINY817-XMINI und ATTINY817-XPRO verfügbar sind, die Programmer und Debugger-Hardware bereits enthalten. Der ATtiny817 verfügt über 24 Pins, der hier verwendete Port B ist als vollständiger 8-Bit Port ausgeführt, das Programm wurde entsprechend angepasst. Auch der interne RC-Oszillator ist wesentlich verbessert gegenüber demjenigen des ATtiny12: Der Hauptoszillator kann wahlweise mit 16 oder 20 MHz schwingen, ein konfigurierbarer Vorteiler stellt 11 Teilerfaktoren (inkl. 1) zur Verfügung. Das gleiche Programm wie oben sieht für den ATtiny817 damit so aus:

```
// k7p1b.c  Test ATtiny817 statt ATtiny12  C-Testprogramm
// Port B: Ausgabe PB7 bis PB0 Dualzähler gemessen ca. 52 Hz an PB0
// Konfiguration: interner Oszillator 16 MHz, Teilerfaktor 16 für 1 MHz
#include <avr/io.h>           // Deklarationen einfügen
void warte(void)              // 2000 * 5 = 10 000 Takte
{
 unsigned int i, iend=2000;   // Laufvariable und Endwert
 for (i=iend; i>0; i--) asm volatile ("nop"::);   // 5 Takte / Durchlauf
}
void main(void)               // Hauptfunktion
{                             // Anfang Funktionsblock
 PORTB.DIR = 0xff;            // Port B ist Ausgang
// Testschleife gemessen 51 Hz an PB0
 while(1)                     // unendliche Schleife Abbruch durch Reset
 {                            //
  PORTB.OUT++;                // Dualzähler ausgeben
  warte();                    // Verzögerung 10 ms bei 1 MHz
 }                            //
}                             // Ende main
```

7.1.2 Der ATtiny2313(A)

Der ATtiny2313 und die neueren, erheblich erweiterten Versionen ATtiny2313A und ATtiny4313 ersetzen den pinkompatiblen AT90S2313 (Abbildung 7-5). Das Dokument **„AVR091** *Replacing AT90S2313 by ATtiny2313*" beschreibt den Übergang vom Classic- zum Tiny-Baustein.

Der ATtiny2313(A) verfügt über:
- 2048 Bytes Flash-Programmspeicher mit Selbstprogrammierung
- 128 Bytes SRAM für Arbeitsspeicher und Softwarestapel
- 128 Bytes EEPROM zur Speicherung nichtflüchtiger Daten
- drei Parallelschnittstellen mit max. 18 Anschlussleitungen

- je einen 8-Bit Timer0 und einen 16-Bit Timer1
- einen Watchdog Timer
- eine USART-Serienschnittstelle
- eine USI-Serienschnittstelle für SPI- und TWI-Betrieb
- einen Analogkomparator

Die Peripherieanschlüsse haben folgende Funktionen:
- PA0 bis PA2, PB0 bis PB7 und PD0 bis PD6 max. 18 Parallelportanschlüsse
- INT0 und INT1 zwei direkte Interrupteingänge
- PCINT0 bis PCINT7 acht Interrupteingänge für Potentialwechsel am Port B
- T0, OC0A und OC0B Anschlüsse für den 8-Bit Timer0
- T1, OC1A, OC1B und ICP Anschlüsse für den 16-Bit Timer1
- RXD, TXD und XCK Anschlüsse der seriellen USART-Schnittstelle
- AIN0 und AIN1 Eingänge des Analogkomparators
- UCSK, SCK, MISO, DO, MOSI, DI und SDA für USI-Schnittstelle SPI und TWI
- XTAL1, XTAL2 und CKOUT Taktgenerator für externen Takt
- /Reset für einen Reset-Taster und dW für den Debugger

```
     (/Reset dW) PA2  | 1  ☐  20 | Vcc
            (RXD) PD0  | 2      19 | PB7 (UCSK SCK PCINT7)
            (TXD) PD1  | 3      18 | PB6 (MISO DO PCINT6)
          (XTAL2) PA1  | 4      17 | PB5 (MOSI DI SDA PCINT5)
          (XTAL1) PA0  | 5      16 | PB4 (OC1B PCINT4)
 (CKOUT XCK INT0) PD2  | 6      15 | PB3 (OC1A PCINT3)
           (INT1) PD3  | 7      14 | PB2 (OC0A PCINT2)
             (T0) PD4  | 8      13 | PB1 (AIN1 PCINT1)
        (OC0B T1) PD5  | 9      12 | PB0 (AIN0 PCINT0)
                  GND  | 10     11 | PD6 (ICP)
```

Abbildung 7-5: Anschlussbelegung des ATtiny2313(A) im 20-poligen DIL-Gehäuse.

Die Anschlüsse RESET, XTAL2 und XTAL1 lassen sich zu Portleitungen A0 bis A2 umprogrammieren. Dies geschieht üblicherweise mit dem Entwicklungssystem vor dem Laden des Flash- und des EEPROM-Bereiches durch Einstellung von Sicherungs-bits (Fuses) für die Konfigurationsparameter. Die Interruptvektoren des ATtiny2313 zeigt Tabelle 7-4.

Die Interruptsteuerung durch Potentialwechsel wurde für den ATtiny2313 auf alle acht Eingänge des Ports B ausgedehnt. Das Haupt-Interrupt-Maskenregister **GIMSK** gibt die externen Interrupts INT0 und INT1 sowie den Interrupt PCIE (**P**in **C**hange **I**nterrupt **E**nable) durch den Potentialwechsel an einem der Eingänge PCINT0 (PB0) bis PCINT7 (PB7) frei.

Tabelle 7-4: Interruptvektortabelle des ATtiny2313.

Adresse	Symbol in tn2313def.inc	Symbol in avr/iotn2313.h	Auslösung durch
$000			Reset
$001	INT0addr	SIG_INT0	externer Interrupt INT0 (PD2)
$002	INT1addr	SIG_INT1	externer Interrupt INT1 (PD3)
$003	ICP1addr	SIG_TIMER1_CAPT	Timer1 Capture Eingang
$004	OC1Aaddr	SIG_TIMER1_COMPA	Timer1 Compare match A
$005	OVF1addr	SIG_TIMER1_OVF	Timer1 Überlauf
$006	OVF0addr	SIG_TIMER0_OVF	Timer0 Überlauf
$007	URXC0addr	SIG_USART0_RX	USART Zeichen empfangen
$008	UDRE0addr	SIG_USART0_UDRE	USART Datenregister leer
$009	UTXC0addr	SIG_USART0_TX	USART Zeichen gesendet
$00A	ACIaddr	SIG_ANALOG_COMP	Analogkomparator
$00B	PCINTaddr	SIG_PCINT	Potentialänderung am Port B
$00C	OCI1Baddr	SIG_TIMER1_COMPB	Timer1 Compare match B
$00D	OCI0Aaddr	SIG_TIMER0_COMPA	Timer0 Compare match A
$00E	OCI0Baddr	SIG_TIMER0_COMPB	Timer0 Compare match B
$00F	USI_STARTaddr	SIG_USI_START	USI Schnittstelle startet
$010	USI_OVaddr	SIG_USI_OVERFLOW	USI Schnittstelle Überlauf
$011	ERDYaddr	SIG_EE_READY	EEPROM Schreibop. fertig
$012	WDTaddr	SIG_WDT_OVERFLOW	Watchdog Timer
$013	Erster Befehl des Programms start: ldi		; Stapel anlegen

GIMSK = General Interrupt MaSK Register

Bit 7	Bit 6	Bit 5		Bit 4	Bit 3	Bit 2	Bit 1	Bit 0
INT1	INT0	PCIE		–	–	–	–	–
INT1 0: gesperrt 1: frei	INT0 0: gesperrt 1: frei	Potentialwechsel 0: gesperrt 1: frei						

Das Anzeigeregister für externe Interrupts **EIFR** enthält neben den beiden Anzeigebits der externen Interrupts auch das Anzeigebit für einen Interrupt durch einen Potentialwechsel an einem der acht Eingänge PCINT0 (PB0) bis PCINT7 (PB7).

EIFR = External Interrupt Flag Register

Bit 7	Bit 6	Bit 5	Bit 4	Bit 3	Bit 2	Bit 1	Bit 0
INTF1	INTF0	PCIF	-	-	-	-	-
0: nicht anstehend 1: anstehend	0: nicht anstehend 1: anstehend	0: nicht anstehend 1: anstehend					

Jeder der acht Potentialwechsel-Interrupts am Port B kann einzeln im Maskenregister **PCMSK** freigegeben bzw. gesperrt werden.

PCMSK = Pin Change MaSK Register

Bit 7	Bit 6	Bit 5	Bit 4	Bit 3	Bit 2	Bit 1	Bit 0
PCINT7	PCINT6	PCINT5	PCINT4	PCINT3	PCINT2	PCINT1	PCINT0
0: gesperrt 1: frei	0: gesperrt 1: frei	0: gesperrt 1: frei	0: gesperrt 1: frei	0: gesperrt 1: frei	0: gesperrt 1: frei	0: gesperrt 1: frei	0: gesperrt 1: frei

Folgende Parameter konfigurieren die Anschlüsse 4 und 5 als externe Takteingänge XTAL2 und XTAL1 sowie Anschluss 1 als externen Reset-Eingang, der für die SPI-Programmierung erforderlich ist. Damit sind die drei Anschlüsse nicht als Portpins PA0 bis PA2 verfügbar.

- ■ Serial program downloading (SPI) enabled
- □ Reset Disabled (PA2 as i/0)   **nicht** aktiviert externes Reset!
- ■ Ext. Crystal Osc.: Frequency 3.0-8.0 MHz aktiviert externer Quarz
- ■ Further programming enabled

Die Programme *k7p2* testen den Potentialwechsel-Interrupt eines ATtiny2313. Bei jedem Potentialwechsel an einem der acht Eingänge des Ports B wird ein Serviceprogramm gestartet, das einen Dualzähler auf dem Port D um 1 erhöht (Abbildung 7-6).

```
; k7p2.asm Test ATtiny2313  Potentialwechsel-Interrupt
; Port B: PB7 - PB0 Eingabe für Potentialwechsel
; Port D: PD6 - PD0 Ausgabe für Dualzähler bei jedem Interrupt
; Konfiguration: externer Quarz 3-8 MHz  externes Reset-Signal frei
        .INCLUDE   "tn2313def.inc" ; Deklarationen für ATtiny2313
        .DEF       akku = r16    ; Arbeitsregister
        .CSEG                    ; Programm-Flash
        rjmp       start         ; Reset-Einsprung
        .ORG       PCINTaddr     ; Einsprung Pin Change Interrupt
```

```
            rjmp        aufwachen
            .ORG        $13
start:  ldi         akku,LOW(RAMEND); Stapel anlegen
        out         SPL,akku       ; kein SPH !
        ldi         akku,$ff
        out         DDRD,akku      ; Port D ist Ausgang
; Sleep-Betrieb Mode 0 0 idle und Pin Change Interrupt vorbereiten
        in          akku,MCUCR
        cbr         akku,(1 << SM0) | (1 << SM1) ; 0   0
        sbr         akku,(1 << SE)               ;   1
        out         MCUCR,akku     ; Sleep-Mode frei
        ldi         akku,$ff       ; 1111 1111
        out         PCMSK,akku     ; Pin Change PB7 - PB0 frei
        in          akku,GIMSK     ; Externe Interrupt Freigabe
        sbr         akku,(1 << PCIE) ; PCIE frei
        out         GIMSK,akku
        sei                        ; globale Interruptfreigabe
loop:   sleep                      ; erweckt durch Potentialwechsel
        rjmp        loop           ; Schleife
; Interrupt-Einsprung durch Potentialwechsel
aufwachen: push     r16            ; R16 nach Stapel
        in          r16,SREG       ; Statusregister
        push        r16            ; nach Stapel
        in          r16,PORTD      ; alter Zähler
        inc         r16            ; +1
        out         PORTD,r16      ; neuer Zähler
        pop         r16            ; Statusregister
        out         SREG,r16       ; vom Stapel
        pop         r16            ; R16 vom Stapel
        reti                       ; Rückkehr aus Service
        .EXIT
```

k7p2a: Assemblerprogramm zum Testen des ATtiny2313.

```
// k7p2a.c  ATtiny2313   Test Potentialwechsel-Interrupt
// Angepasst an avr-libc 2.0.0
// Port B: Eingabe PB7 .. PB0  Potentialwechsel
// Port D: Ausgabe PD6 .. PD0  Dualzähler
// Konfiguration: extener Oszillator 3.6864 MHz, externes RESET-Signal
#include <avr/io.h>        // Deklarationen einfügen
#include <avr/sleep.h>     // Sleep-Funktionen
#include <avr/interrupt.h> // Interrupt-Funktionen
```

```
ISR(PCINT_vect)              // durch Potentialwechsel ausgelöst
{
 PORTD++;                    // Dualzähler Port D um 1 erhöhen
}
int main(void)               // Hauptfunktion
{
 DDRD = 0xff;                // Port D ist Ausgang
 set_sleep_mode(SLEEP_MODE_IDLE); // Sleep-Mode 0 0 vorbereiten
 PCMSK = 0xff;               // Pin Change PB7 - PB0 frei
 GIMSK |= (1 << PCIE);       // Pin Change frei
 sei();                      // globale Interruptfreigabe
 while(1)                    // unendliche Schleife Abbruch durch Reset
 {sleep_mode();}            // sleep-Befehl
}                            // Ende main
```

k7p2a.c: C-Programm zum Testen des ATtiny2313.

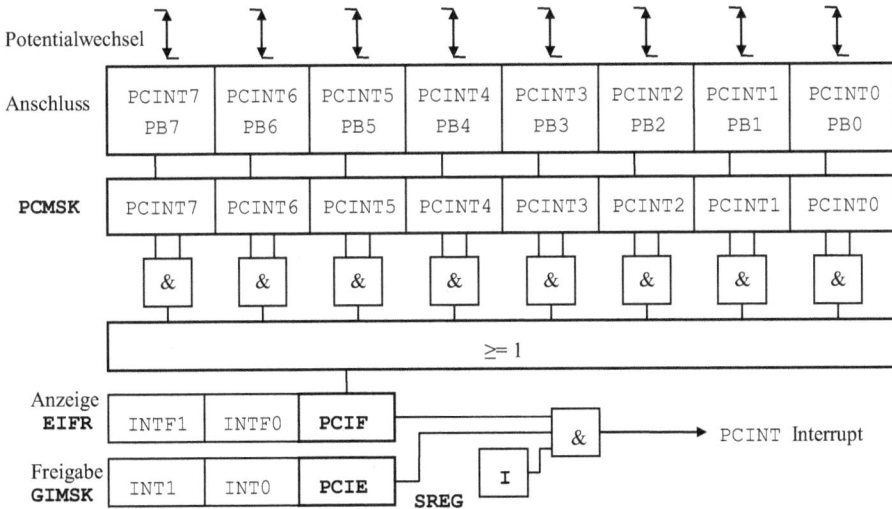

Abbildung 7-6: Logik zur Freigabe und Erkennung von Interrupts durch Potentialänderung an einem Pin beim ATtiny2313.

Aufgabe 15:

Kompilieren Sie das Programm für den ATtiny2313. Es sollte fehlerlos funktionieren. Ändern Sie nun den Controller auf ATtiny2313A. Bei der aktuellen Atmel Studio7 Version erscheint folgende Meldung (Abbildung 7-7):

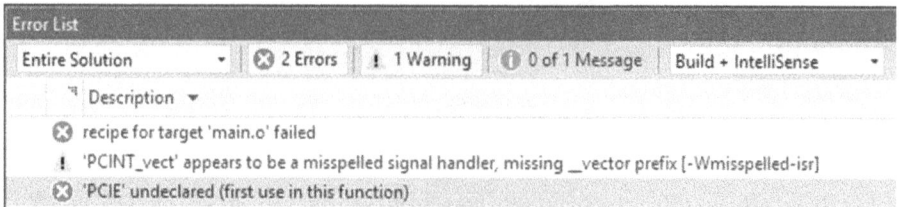

Abbildung 7-7: Studio7 Fehlermeldung des Compilers.

Haben Sie eine Idee, was zu tun ist?

Lösungshinweis zu Aufgabe 15:
Suchen Sie nach Application Note *AVR533: Migrating from ATtiny2313 to ATtiny2313A*. Vergleichen Sie auch mittels Suchfunktion die Datenblätter beider Typen im Hinblick auf *Pin Change Interrupt* bzw. *PCINT* und *PCIE*. Checken Sie die Tabelle der Interrupt-vektoren auf der *AVR Libc Homepage* (siehe Literaturverzeichnis).

Lösung zu Aufgabe 15:
Die AppNote AVR533 gibt u. a. Hinweise zu den Änderungen und Ergänzungen bei Bit- und Registerbezeichnungen. Leider ist hier kein direkter Vergleich einander entspre-chender Bits und Register enthalten; immerhin weiß man aber, wonach im Datenblatt zu suchen ist. Aus dem Interruptvektor PCINT wird PCINT0 beim ATtiny2313A, wie der Interupt-Vektor-Tabelle zu entnehmen ist. Die Adresse 0x00B (dezimal 12) ist gleich geblieben.

Zum Bit PCIE steht in o. g. AppNote leider kein Hinweis (Stand 2/2018). Dies demonstriert, dass man sich nicht darauf verlassen kann, in solchen „Migration-AppNotes" alle zu beachtenden Punkte vorzufinden! Die Suche in den Datenblättern zeigt, dass der ATtiny2313 nur ein solches Bit im GIMSK Register enthält (an Bitpo-sition 5) und dieses, wie im Falle des Interruptvektors, nicht nummeriert ist. Der ATtiny2313A verfügt dagegen über mehrere Pin-Change-Interrupt Freigabebits: PCIE0 (ebenfalls Bit 5), PCIE1 und PCIE2.

Werden im Quelltext PCINT durch PCINT0 und PCIE durch PCIE0 ersetzt, gelingt die Compilierung fehlerfrei.

7.1.3 Der ATmega16(A)

ATmega16(A) und ATmega32(A) sind untereinander Pin- und Software-kompatibel. Die moderneren Typen ATmega164/324/644/1284(P)A sind Pin- aber nicht Software-kompatibel. All diese Bausteine gibt es auch im 40poligen DIL-Gehäuse (Abbildung 7-8).

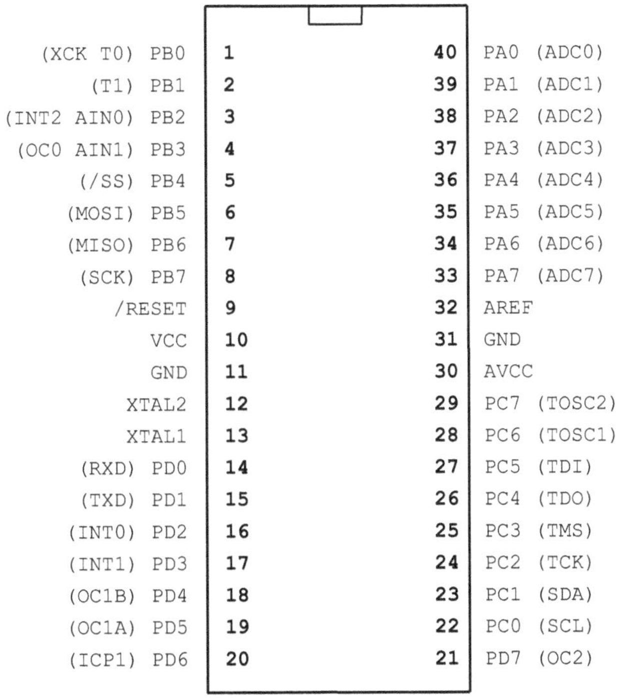

```
   (XCK T0)  PB0 │ 1        40 │ PA0  (ADC0)
       (T1)  PB1 │ 2        39 │ PA1  (ADC1)
(INT2 AIN0)  PB2 │ 3        38 │ PA2  (ADC2)
 (OC0 AIN1)  PB3 │ 4        37 │ PA3  (ADC3)
      (/SS)  PB4 │ 5        36 │ PA4  (ADC4)
     (MOSI)  PB5 │ 6        35 │ PA5  (ADC5)
     (MISO)  PB6 │ 7        34 │ PA6  (ADC6)
      (SCK)  PB7 │ 8        33 │ PA7  (ADC7)
           /RESET │ 9        32 │ AREF
              VCC │ 10       31 │ GND
              GND │ 11       30 │ AVCC
            XTAL2 │ 12       29 │ PC7  (TOSC2)
            XTAL1 │ 13       28 │ PC6  (TOSC1)
      (RXD)  PD0 │ 14       27 │ PC5  (TDI)
      (TXD)  PD1 │ 15       26 │ PC4  (TDO)
     (INT0)  PD2 │ 16       25 │ PC3  (TMS)
     (INT1)  PD3 │ 17       24 │ PC2  (TCK)
     (OC1B)  PD4 │ 18       23 │ PC1  (SDA)
     (OC1A)  PD5 │ 19       22 │ PC0  (SCL)
     (ICP1)  PD6 │ 20       21 │ PD7  (OC2)
```

Abbildung 7-8: ATmega16(A) Anschlussbelegung.

Der ATmega16(A) verfügt über:
- 16384 Bytes selbstprogrammierbarer Flash-Programmspeicher
- 1024 Bytes SRAM für Arbeitsspeicher und Stapel
- 512 Bytes EEPROM zur Speicherung nichtflüchtiger Daten
- vier Parallelschnittstellen mit 32 Anschlussleitungen
- zwei 8-Bit Timer0 und Timer2
- einen 16-Bit Timer1
- einen Watchdog Timer
- eine USART-Serienschnittstelle
- eine SPI-Serienschnittstelle
- eine TWI-Serienschnittstell
- einen 10-Bit Analog/Digitalwandler mit acht Eingangskanälen
- einen Analogkomparator

Die Peripherieanschlüsse haben folgende Funktionen:
- PA0 bis PA7, PB0 bis PB7, PC0 bis PC7 und PD0 bis PD7 32 Parallelportanschlüsse
- INT0 und INT1 zwei direkte Interrupteingänge
- T0 externer Takt für den 8-Bit Timer0
- T1, OC1A, OC1B und ICP1 Anschlüsse für den 16-Bit Timer1

- TOSC1, TOSC2 und OC2 Anschlüsse für den 8-Bit Timer2
- RXD, TXD und XCK Anschlüsse der seriellen USART-Schnittstelle
- AVcc und AREF für die Analog/Digitalwandlung ADC0 bis ADC7
- AIN0 und AIN1 Eingänge des Analogkomparators
- SCK, MISO, MOSI und /SS Anschlüsse der seriellen SPI-Schnittstelle
- SCL und SDA Anschlüsse der seriellen TWI-Schnittstelle
- XTAL1 und XTAL2 Anschlüsse für externen Takt
- /Reset für einen Reset-Taster
- TDI, TDO, TMS und TCK Anschlüsse einer JTAG-Schnittstelle, die im Konfigurations-menü **Fuses** mit ☐ JTAG-Interface disabled (*nicht aktiviert*) als Portanschlüsse eingestellt werden müssen

Tabelle 7-5: Vektortabelle des ATmega16.

Adresse	Symbol in m16def.inc	Symbol in iom16.h	Auslösung durch
$000			Reset
$002	INT0addr	SIG_INTERRUPT0	externer Interrupt INT0
$004	INT1addr	SIG_INTERRUPT1	externer Interrupt INT1
$006	OC2addr	SIG_OUTPUT_COMPARE2	Timer2 Compare-Ausgang
$008	OVF2addr	SIG_OVERFLOW2	Timer2 Überlauf
$00A	ICP1addr	SIG_INPUT_CAPTURE1	Timer1 Capture-Eingang
$00C	OC1Aaddr	SIG_OUTPUT_COMPARE1A	Timer1 Compare-Ausgang A
$00E	OC1Baddr	SIG_OUTPUT_COMPARE1B	Timer1 Compare-Ausgang B
$010	OVF1addr	SIG_OVERFLOW1	Timer1 Überlauf
$012	OVF0addr	SIG_OVERFLOW0	Timer0 Überlauf
$014	SPIaddr	SIG_SPI	SPI-Schnittstelle
$016	URXCaddr	SIG_UART_RECV	USART Zeichen empfangen
$018	UDREaddr	SIG_UART_DATA	USART Datenregister leer
$01A	UTXCaddr	SIG_UART_TRANS	USART Zeichen gesendet
$01C	ADCCaddr	SIG_ADC	A/D-Wandlung fertig
$01E	ERDYaddr	SIG_EEPROM_READY	EEPROM fertig
$020	ACIaddr	SIG_COMPARATOR	Analogkomparator
$022	TWIaddr	SIG_2WIRE_SERIAL	TWI-Schnittstelle
$024	INT2addr	SIG_INTERRUPT2	externer Interrupt INT2
$026	OC0addr	SIG_OUTPUT_COMPARE0	Timer0 Compare-Ausgang
$028	SPMaddr	SIG_SPM_READY	Flash-Programmierung fertig
$02A	Erster Befehl des Programms start: ldi		; Stapel anlegen

7.1.4 Der ATmega8515 mit externem RAM

Der ATmega8515 ist eine Weiterentwicklung des AT90S8515 mit zusätzlichen Funktionen der ATmega-Familie. Er wird auch in einem 40poligen DIL-Gehäuse geliefert.

- Hardware-Multiplikator
- 8192 Bytes selbstprogrammierbarer Flash-Programmspeicher
- 512 Bytes internes SRAM für Arbeitsspeicher und Stapel
- 512 Bytes EEPROM zur Speicherung nichtflüchtiger Daten
- drei externe Interrupteingänge
- 35 Ein-/Ausgabeleitungen mit fünf Parallelschnittstellen
- zwei Timer und ein Watchdog Timer
- eine asynchrone und synchrone serielle Schnittstelle (USART)
- ein Analogkomparator
- eine voll ausgebaute serielle SPI-Schnittstelle
- ein externer paralleler Bus für max. 64 kByte Speicher- und Peripheriebausteine

Die maximale Taktfrequenz beträgt 16 MHz. Für die Versorgungsspannung wird ein Bereich von 4.0 bis 6.0 Volt angegeben. Die Vektoren zeigt Tabelle 7-6.

Tabelle 7-6: Vektortabelle des ATmega8515.

Adresse	Symbol m8515def.inc	Symbol in iom8515.h	Auslösung durch
$000			Reset
$001	INT0addr	SIG_INTERRUPT0	externer Interrupt INT0 (PD2)
$002	INT1addr	SIG_INTERRUPT1	externer Interrupt INT1 (PD3)
$003	ICP1addr	SIG_INPUT_CAPTURE1	Timer1 Capture Eingang
$004	OC1Aaddr	SIG_OUTPUT_COMPARE1A	Timer1 Compare match A
$005	OC1Baddr	SIG_OUTPUT_COMPARE1B	Timer1 Compare match B
$006	OVF1addr	SIG_OVERFLOW1	Timer1 Überlauf
$007	OVF0addr	SIG_OVERFLOW0	Timer0 Überlauf
$008	SPIaddr	SIG_SPI	SPI Schnittstelle
$009	URXCaddr	SIG_UART_RECV	USART Zeichen empfangen
$00A	UDREaddr	SIG_UART_DATA	USART Datenregister leer
$00B	UTXCaddr	SIG_UART_TRANS	USART Zeichen gesendet
$00C	ACIaddr	SIG_COMPARATOR	Analogkomparator
$00D	INT2addr	SIG_INTERRUPT2	externer Interrupt INT2 (PE0)
$00E	OC0addr	SIG_OUTPUT_COMPARE0	Timer0 Compare match
$00F	ERDYaddr	SIG_EEPROM_READY	EEPROM Schreibop. fertig
$010	SPMaddr	SIG_SPM_READY	SPM Selbstprogrammierung
$011	Erster Befehl des Programms start: ldi	; Stapel anlegen	

Die Leitungen der Ports A und C können wahlweise zur digitalen Ein-/Ausgabe *oder* zur Ansteuerung externer SRAM- bzw. Peripheriebausteine verwendet werden. Abbildung 7-9 zeigt die Anschlussbelegung des Bausteins und den Betrieb eines externen SRAM-Bausteins von 32 kByte. Im SRAM-Betrieb (SRE = 1) werden über den Port A im ersten Takt die niederwertigen Adressen A0 bis A7 ausgegeben, die mit dem ALE-Signal (**A**ddress **L**atch **E**nable Stift 30) in einem externen Register festgehalten werden. Im zweiten Takt und gegebenenfalls weiteren Takten werden über den Port A die Daten übertragen. Der Port C gibt im zweiten und gegebenenfalls weiteren Takten die höherwertigen Adressen A8 bis A15 aus. In einem Schreibzyklus ist das Schreibsignal /WR (PD6 Stift 16) aktiv Low, in einem Lesezyklus ist das Lesesignal /RD (PD7 Stift 17) aktiv Low.

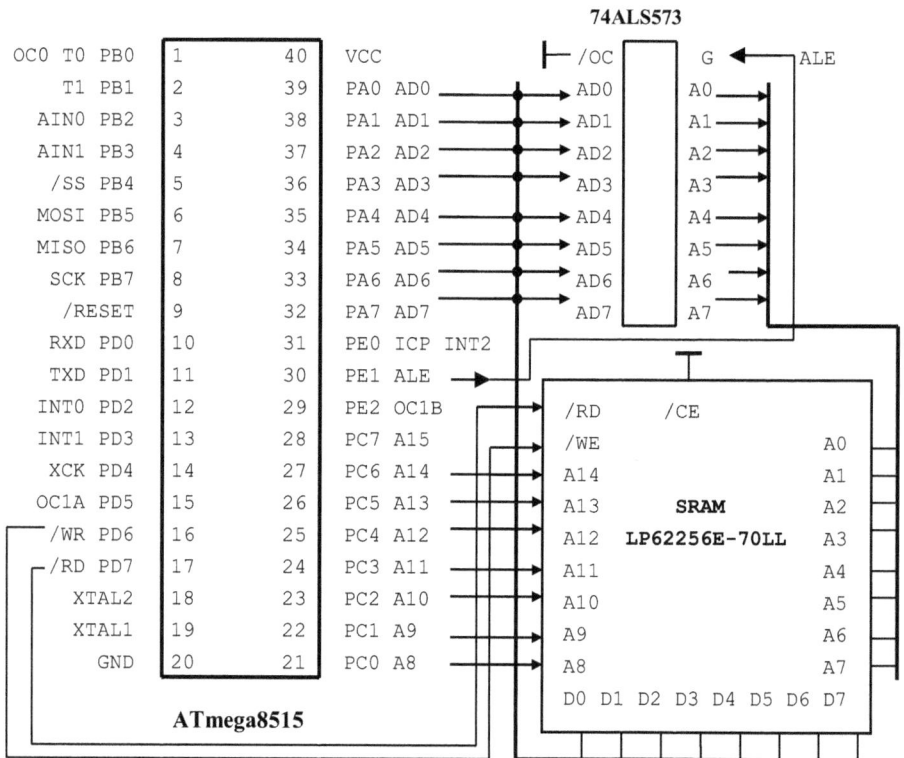

Abbildung 7-9: Anschlussbelegung des ATmega8515 und externer SRAM-Baustein.

Der externe Speicherbereich der Schaltung besteht aus einem 32-kByte SRAM-Baustein im Adressbereich $0260 bis $825F. Die Anschlüsse AD0 bis AD7 des Ports A führen am Anfang eines Speicherzugriffs die Adressen A0 bis A7, die in den acht zustandsgesteuerten D-Flipflops des Adressregisters 74ALS573 – durch das Signal ALE gesteuert – gespeichert werden. Die Anschlüsse AD0 bis AD7 führen anschließend die

Daten D0 bis D7, die in einem Schreibzyklus (/WR aktiv Low) vom Controller in den Speicher geschrieben und in einem Lesezyklus (/RD aktiv Low) aus dem Speicher in den Controller gelesen werden. Die Anschlüsse A8 bis A15 des Ports C geben während der gesamten Zugriffszeit die höherwertigen Adressen aus, von denen A15 frei ist und A14 bis A8 direkt an den Baustein angeschlossen werden. Der Speicherbereich lässt sich durch A15 und Portausgänge zur Auswahl von weiteren Speicherblöcken (Seiten) erweitern.

Der Speicherzugriff erfolgt synchron zum Systemtakt des Controllers und lässt sich von außen durch Steuersignale (z. B. Ready oder Hold) nicht beeinflussen. Für langsame externe Bausteine können zusätzliche Wartetakte eingefügt werden. Der Systemtakt muss der Zugriffszeit der Bausteine angepasst werden. Dazu sind die Datenblätter des Controllers und der Speicher heranzuziehen.

Gegenüber dem AT90S8515 wurde die Steuerung des externen parallelen Busses beim ATmega8515 wesentlich erweitert:
- Unterteilung des Adressbereiches in einen unteren (lower) und einen oberen (upper) Sektor mit programmierbaren Adressen
- programmierbarer Adressbereich mit Freigabe von Leitungen des Ports C
- programmierbare Anzahl von Wartetakten für jeden Sektor
- „Buskeeper"-Funktion zum Halten der Leitungen AD7 bis AD0

Der Betrieb der externen Bausteine muss im Master Control Register MCUCR freigegeben werden.

MCUCR = **MCU C**ontrol **R**egister

Bit 7	Bit 6	Bit 5	Bit 4	Bit 3	Bit 2	Bit 1	Bit 0
SRE	SRW10	SE	SM1	ISC11	ISC10	ISC01	ISC00
SRAM Freigabe 0: Parallelports 1: externer Bus	Wartetakte zusammen mit SRWxx in EMCUCR	Sleep	Sleep	Interrupt INT1		Interrupt INT0	

Bit **SRE** (External **SR**AM **E**nable) ist nach einem Reset gelöscht (0) und der Port A und der Port C sowie PD6 (/WR) und PD7 (/RD) können zur digitalen Ein-/Ausgabe verwendet werden. Für SRE = 1 dienen die Anschlüsse unabhängig von ihrer Programmierung zum Zugriff auf den externen SRAM; auch dann, wenn keine Datenübertragung erfolgt.

Bit **SRW10** (External **SR**AM **W**ait State) ist nach einem Reset gelöscht (0). Es dient zusammen mit den Bitpositionen SRWxx des EMCUCR zum Einfügen von Wartetakten. Das Bit hat beim älteren AT90S8515 die Bezeichnung SRW. Mit SRW = 1 kann bei diesem Baustein nur ein Wartetakt eingefügt werden.

Weitere Funktionen werden mit dem erweiterten Master Control Register EMCUCR des ATmega8515 programmiert.

EMCUCR = Extended **MCU** Control **Register**

Bit 7	Bit 6	Bit 5	Bit 4	Bit 3		Bit 2		Bit 1	Bit 0
SM0	SRL2	SRL1	SRL0	SRW01		SRW00		SRW11	ISC2
Sleep	Sektorgrenzen für Wartetakte			unterer Sektor		oberer Sektor			Interrupt2
				SRW01	SRW00	SRW10	SRW11		
				0	0	0	0	kein Wartetakt	
				0	1	0	1	ein Wartetakt	
				1	0	1	0	zwei Wartetakte	
				1	1	1	1	2 + 1 Wartetakte	

Die Bits **SRL2, SRL1** und **SRL0** bestimmen die Grenzen des oberen und des unteren Sektors für das Einfügen von Wartetakten. Für SRL2=SRL1=SRL0 = 0 gibt es nur einen oberen Sektor im Bereich von 0x0260 bis 0xFFFF. Weitere Angaben finden sich im Datenbuch.

Die Bits **SRW01, SRW00** und **SRW11** legen zusammen mit SRW10 des MCUCR die Anzahl der Wartetakte für die beiden Sektoren fest. Weitere Angaben finden sich im Datenbuch.

Mit dem Steuerregister SFIOR lassen sich je nach Adressbereich der externen Bausteine Adressleitungen des Ports C ausblenden und für die digitale Ein-/Ausgabe freigeben.

SFIOR = **SFR I/O** Register

Bit 7	Bit 6	Bit 5	Bit 4	Bit 3	Bit 2	Bit 1	Bit 0
–	XMBK	XMM2	XMM1	XMM0	PUD	–	PSR10
	Buskeeper	XMM2 XMM1 XMM0		Adressbits	Portfreigabe		
	0 = aus	0 0 0		8	keine		
	1 = ein	0 0 1		7	PC7		
		0 1 0		6	PC7 – PC6		
		0 1 1		5	PC7 – PC5		
		1 0 0		4	PC7 – PC4		
		1 0 1		3	PC7 – PC3		
		1 1 0		2	PC7 – PC2		
		1 1 1		0	gesamter Port		

Mit der Buskeeper-Funktion **XMBK** = 1 werden die zuletzt auf den Leitungen AD7 bis AD0 ausgegebenen Zustände festgehalten, während sonst die Leitungen tristate werden.

Mit den Bits **XMM2, XMM1** und **XMM0** lassen sich nicht benötigte Adressleitungen des Ports C für die digitale Ein-/Ausgabe freigeben.

Bei der Programmierung des externen SRAM-Zugriffs im MCUCR ist darauf zu achten, dass die anderen Bitpositionen des Sleep-Betriebes und der Interruptsteuerung nicht beeinflusst werden. Das Beispiel schaltet den SRAM-Betrieb ohne Wartetakte ein.

```
; Assembler
    in   akku,MCUCR                  ; alter Inhalt
    ori  akku,(1<<SRE)               ; SRE = 1
    out  MCUCR,akku                  ; neuer Wert

// C-Programm
MCUCR |= (1 << SRE);                 // SRE = 1
```

Für die im internen SRAM liegenden Speicheradressen kleiner oder gleich RAMEND wird
der externe SRAM ausgeblendet und Zugriff erfolgt auf den internen SRAM mit der in
den Befehlslisten angegebenen Anzahl von Takten, z. B. zwei Takte für die Befehle
ld und st. Bei allen Speicheradressen größer RAMEND wird der interne SRAM ausgeblendet und auf den externen Speicher zugegriffen. Ohne Wartetakte wird immer ein
zusätzlicher Takt benötigt, also drei Takte für ld und st. Für einen Wartetakt sind
zwei Zusatztakte, also vier Takte für die Befehle ld und st erforderlich.

Das Assemblerprogramm *k7p3.asm* schreibt einen laufenden Testwert in den externen SRAM und vergleicht ihn mit dem rückgelesenen Wert. Bei Abweichungen erscheint
auf dem angeschlossenen Terminal (USART) eine Fehlermeldung mit der Ausgabe von
Adresse und Inhalt des fehlerhaften Bytes. Nach erfolgreichem Test wird der Inhalt des
Speichers hexadezimal mit 16 Bytes auf einer Zeile ausgegeben. Das Symbol RAMEND ist in
der Deklarationsdatei mit $25F vereinbart. Das Symbol XRAMEND mit dem Wert $FFFF wird
in dem Beispiel nicht verwendet. Durch die freie Adressleitung A15 reicht der adressier-
bare Bereich des externen SRAM von $0260 bis $825F, also volle 32 kByte.

```
; k7p3.asm  ATmega8515 mit externem SRAM und PC-Terminal
; Port A: SRAM-Adressen/Daten AD0..AD7
; Port B: frei
; Port C: SRAM-Adressen A8..A15
; Port D: PD0=RxD PD1=TxD PD6=/WR PD7=/RD PD2 bis PD5 frei
; Port E: PE1=ALE  PE0 und PE1 frei
        .INCLUDE "m8515def.inc"   ; Portdeklarationen
        .INCLUDE "Mkonsole.h"
        .EQU    baud = 9600       ; Baudrate
        .EQU    takt = 8000000    ; Controllertakt
        .DEF    akku = r16        ; Arbeitsregister
        .DEF    hilf = r17        ; Hilfsregister zum Rücklesen
        .DEF    wert = r18        ; Testwert
        .CSEG                     ; Programmsegment
        rjmp    start             ; Reset-Einsprung
        .ORG    $11               ; Interrupteinsprünge übergangen
start:  ldi     akku,LOW(RAMEND)  ; Endadresse des internen SRAM
        out     SPL,akku          ; 512  Bytes
```

```
        ldi     akku,HIGH(RAMEND); Stapel anlegen
        out     SPH,akku
        rcall   initusart       ; USART initialisieren
; externen SRAM freigeben ohne Wartetakte
        in      akku,MCUCR
        ori     akku,(1<<SRE)   ; ext. SRAM  kein Wartetakt
        out     MCUCR,akku
; SRAM mit laufenden Zähler testen
test0:  ldi     YL,LOW(RAMEND+1) ; Y <= Anfangsadresse
        ldi     YH,HIGH(RAMEND+1); des externen SRAM
        clr     wert
test1:  st      Y,wert          ; Testwert schreiben
        nop                     ; Pause der Ergriffenheit
        nop
        ld      hilf,Y          ; und rücklesen
        cpse    wert,hilf       ; überspringe wenn beide gleich
        rjmp    fehler          ; ungleich: Fehlermeldung
test2:  inc     wert
        adiw    YL,1            ; Adresse + 1
        cpi     YH,$82          ; Schleifenkontrolle
        brne    test1           ; bis $825F
        cpi     YL,$60
        brne    test1
        ldi     ZL,LOW(gut*2)   ; Z <= Adresse
        ldi     ZH,HIGH(gut*2)  ; Meldung SRAM gut
        rcall   puts            ; nach Terminal
; SRAM hexadezimal ausgeben
        ldi     YL,LOW(RAMEND+1) ; Y <= Anfangsadresse
        ldi     YH,HIGH(RAMEND+1); des externen SRAM
test3:  rcall   aus16           ; Endlosschleife
        adiw    YL,16           ; testet auch
        rcall   getch           ; Adresse > $825F !!!
        rjmp    test3
; Speicherfehler erkannt
fehler: ldi     ZL,LOW(err*2)   ; Z <= Adresse
        ldi     ZH,HIGH(err*2)  ; Fehlermeldung
        rcall   puts            ; ausgeben
        mov     akku,YH
        rcall   aushex8
        mov     akku,YL
        rcall   aushex8a
        mov     akku,hilf       ; Istwert
```

```
        rcall   aushex8         ; hexadezimal ausgeben
        ldi     akku,' '        ; lz
        rcall   putch
        ldi     akku,$23        ; #
        rcall   putch           ; ausgeben
        mov     akku,wert       ; Sollwert
        rcall   aushex8         ; ausgeben
        rcall   getch           ; warte auf Taste
        rjmp    test2           ; dann weiter
; externe Unterprogramme einfügen
        .INCLUDE "konsole.h"    ; enthält Upros
        .INCLUDE "aushex8.asm"  ; R16 HEX ausgeben
        .INCLUDE "puts.asm"
; aus16: Adresse Y und 16 Bytes ausgeben
aus16:  push    r16             ; Register retten
        push    r17
        push    YL
        push    YH
        ldi     r16,10          ; neue Zeile
        rcall   putch
        ldi     r16,13
        rcall   putch
        mov     r16,YH          ; Y ausgeben
        rcall   aushex8         ; lz $ Byte
        mov     r16,YL
        rcall   aushex8a        ; nur Byte
        ldi     r17,16          ; 16 Bytes auf einer Zeile
aus16a: ld      r16,Y+          ; Adresse + 1
        rcall   aushex8         ; lz $ Byte ausgeben
        dec     r17
        brne    aus16a
        pop     YH              ; Register zurück
        pop     YL
        pop     r17
        pop     r16
        ret
; konstante Texte
gut:    .DB     10,13,"SRAM getestet!",0,0
err:    .DB     10,13,"SRAM-Fehler bei:",0,0
        .EXIT                   ; Ende des Quelltextes
```

k7p3.asm: Assemblerprogramm testet externen SRAM.

Das *C-Programm k7p3.c* definiert für das Symbol RAMENDE den Wert 0x0260 als Ende des internen und Anfang des externen SRAM. Die Adressierung erfolgt mit einem Zeiger, der auf den Anfangswert RAMENDE, also die Adresse 0x0260 gesetzt wird. In der for-Schleife, die den Adressbereich von 0x0260 bis 0x825F durchläuft, wird der Zeiger schrittweise um 1 erhöht. Bei Abweichungen des rückgelesenen vom einge-schriebenen Testwert erscheint auf dem Terminal (USART) eine Fehlermeldung mit Adresse und Inhalt des fehlerhaften Bytes. Nach erfolgreichem Test wird der Inhalt des Speichers hexadezimal mit 16 Bytes auf einer Zeile ausgegeben.

```c
// k7p3.c  ATmega8515 am PC-Terminal mit externem  32-kByte Baustein
// Port A: SRAM-Adressen/Daten AD0.. AD7
// Port C: SRAM-Adressen A8..A15
// Port B: Eingabe frei für Testwerte
// Port D: PD0=RxD PD1=TxD PD6=/WR PD7=/RD D2=INT0 D2 D3 D4 D5 frei
// PORT E: E1=ALE  E0 E2 frei
#include <avr/io.h>                      // Deklarationen
#define TAKT 8000000UL                   // Takt
#define BAUD 9600UL                      // Baudrate
#define RAMENDE 0x0260                   // Anfang ext. SRAM
#include "c:\cprog3\konsolfunc.h"        // initusart,putch,getch,get-
                                         // che,kbhit
#include "c:\cprog3\putstring.c"         // USART String senden
#include "c:\cprog3\ahex8.c"             // USART Byte HEX ausgeben
#include "c:\cprog3\ahex16.c"            // USART Wort HEX ausgeben
unsigned char  *zeiger = (unsigned char *) RAMENDE; // Zeiger auf
SRAM-Anfang
void main(void)                          // Hauptfunktion
{
 unsigned int adress;                    // laufende SRAM-Adresse
 unsigned char wert, rueck;              // Hilfsvariablen
 initusart();                            // USART initialisieren
 MCUCR |= (1<<SRE) ;                     // ext. SRAM ein kein Wartetakt
 while(1)                                // Arbeitsschleife
 {
  zeiger = (unsigned char *) RAMENDE;    // Zeiger auf SRAM-Anfang
  wert = 0;                              // Testwert mod 256
  for(adress=RAMENDE; adress <= 0x825F; adress++) // SRAM-Bereich testen
  {
   *zeiger = wert;                       // Testwert einschreiben
   rueck = *zeiger;                      // und rücklesen
   if (rueck != wert)                    // bei ungleich: Fehlermeldung
```

```
  {
    putstring("\n\rSRAM-Fehler: ");
    putch('0'); putch('x'); ahex16(adress); putch(' '); putch('0');
    putch('x'); ahex8(wert); putch('#');putch('0'); putch('x'); ahex8(rueck);
    getch();                              // warte auf Taste
  } // Ende if
    zeiger++; wert++;                     // nächste Adresse nächster Wert
  } // Ende for test
  putstring("\n\rRAM getestet");
  zeiger = (unsigned char *) RAMENDE;    // Zeiger auf SRAM-Anfang
  for(adress=RAMENDE; adress <= 0x825F; adress+=16) // SRAM-Bereich aus-
geben
  {
    putch(10);putch(13);putch('0');putch('x'); ahex16(adress); // Adresse
    for(unsigned char i=1;i<=16;i++)
    { putch(' '); putch('x'); ahex8(*zeiger++); }      // 16 Werte
    getch();                              // warte auf Taste
  } // Ende for Ausgabe
  } // Ende while
} // Ende main
```

k7p3.c: C-Programm testet externen SRAM.

Die Testprogramme zeigen nur den Zugriff auf den externen SRAM. In der praktischen Anwendung lassen sich analoge oder digitale Messwerte speichern und analysieren. Anstelle des beschreibbaren SRAM können auch Festwertspeicher wie EPROM- oder EEPROM-Bausteine mit konstanten Daten wie z. B. Tabellen, Kurven oder Tonaufzeichnungen sowie Peripheriebausteine wie z. B. parallele Wandler angeschlossen werden. Der Speicherbereich der Schaltung Abbildung 7-9 lässt sich durch Bausteine höherer Kapazität wie z. B. dem 628512 mit 512 kByte nach Abbildung 7-10 erweitern. Dazu sind Portleitungen für die Seitenauswahl erforderlich.

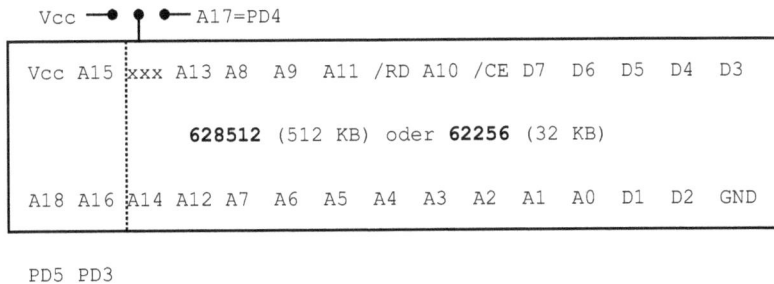

Abbildung 7-10: Speicherbaustein 628512 bzw. 62256.

In Abbildung 7-9 sind Port B, vier Leitungen des Ports D und zwei des Ports E frei für abzutastende Signale und Triggerbedingungen. Das Beispiel speichert 1000 Bytes vom Port B. Bei 8 MHz Systemtakt und 8 Takten pro Schleifendurchlauf beträgt die Abtastrate 1 MHz.

```
        ldi   ZL,LOW(xram)     ; Z = Anfangsadresse
        ldi   ZH,HIGH(xram)
        ldi   XL,LOW(1000)     ; X = Anzahl der Abtastungen
        ldi   XH,HIGH(1000)
loop:   in    akku,PINB        ; 1 Takt  Byte lesen
        st    Z+,akku          ; 3 Takte speichern Adresse + 1
        sbiw  XL,1             ; 2 Takte Zähler - 1
        brne  loop             ; 2 Takte Schleifenkontrolle
for (i=0; i< 1000; i++) xram[i] = PINB;  // ? Takte
```

7.2 Ein Würfel mit dem ATtiny12

In der Schaltung Abbildung 7-11 werden die sieben Leuchtdioden eines Würfels direkt von einem ATtiny12 angesteuert. Da für sieben Leuchtdioden nur vier Leitungen zur Verfügung stehen, die fünfte wird zur Tasteneingabe verwendet, werden mit den Ausgängen PB1, PB2 und PB3 jeweils zwei LEDs (Low Current Version) direkt ohne externe Treiber angesteuert. Bei einem Vorwiderstand von 1 kOhm nimmt eine LED einen Strom von ca. 3 mA auf, mit ca. 6 mA pro Anschluss und ca. 21 mA für den gesamten Port werden die vom Hersteller genannten Grenzwerte eingehalten. Die Anoden der LEDs liegen auf High-Potential, sie werden mit einem Low-Potential (logisch 0) an der Katode eingeschaltet und mit High (logisch 1) ausgeschaltet. Da die Tabelle der Ausgabemuster ursprünglich für die umgekehrte Logik aufgestellt wurde, müssen die Tabellenwerte vor der Ausgabe komplementiert werden.

Ein Würfel muss eine Zufallszahl im Bereich von 1 bis 6 ausgeben. Dies gelingt durch eine Würfelschleife, die *zufällig* durch eine Taste am Eingang PB4 abgebrochen wird. Das Assemblerprogramm *k7p4.asm* erweitert den Würfel für die Ausgabe einer Sieben, wenn beim Einschalten die Taste PB4 gedrückt wurde. Die 16-Bit Zählbefehle adiw und sbiw werden durch Makros ersetzt und für die Befehle push und pop werden Arbeitsregister verwendet.

```
; k7p4.asm  ATtiny12  Würfel mit Sonderfunktion 1..7
; Port B: PB0..PB3: LED-Ausgabe Katoden  PB4: Tasteneingabe
        .INCLUDE "tn12def.inc"  ; Deklarationen für ATtiny12
        .EQU    TAKT = 1000000  ; interner Takt 1 MHz
        .DEF    akku = r16      ; Arbeitsregister
```

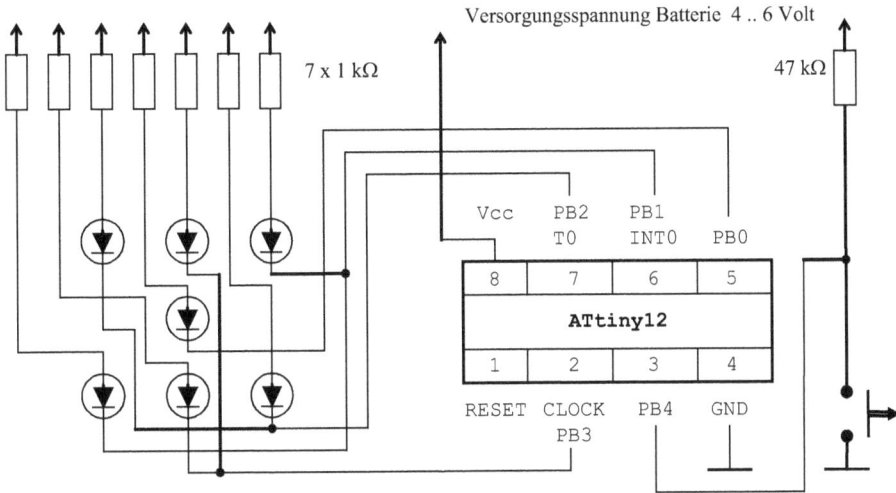

Abbildung 7-11: Schaltplan des Würfels mit direkter Leuchtdiodenansteuerung.

```
        .DEF    zaehl = r17     ; laufender Zähler
        .DEF    anz = r18       ; Zählerendwert 6 oder 7
; Makrodefinitionen ersetzen adiw und sbiw
        .MACRO  Madiw           ; für Befehl adiw Aufruf: RegL,RegH,konst
        subi    @0,-@2          ; addiere Konstante
        sbci    @1,-1           ; addiere Null + Übertrag
        .ENDM                   ; Achtung: Flags invertiert!!!!
        .MACRO  Msbiw           ; für Befehl sbiw Aufruf: RegL,RegH,konst
        subi    @0,@2           ; subtrahiere Konstante
        sbci    @1,0            ; subtrahiere Null und Borgen
        .ENDM                   ; Flags korrekt
        .CSEG                   ; Programmsegment
        rjmp    start           ; Einsprung nach Reset
        .ORG    $10             ; Interrupteinsprünge übergehen
start:  ldi     akku,0b00001111 ; B7..B5 = x  B4 = ein  B3..B0 = aus
        out     DDRB,akku       ; Richtung Port B
 ; Endwert=6  wenn Taste bei Start gedrückt: Endwert=7
        ldi     anz,6           ; Endwert 6 vorgegeben
        sbis    PINB,PB4        ; überspringe wenn Taste PB4 oben
        ldi     anz,7           ; Low: gedrückt: 7er Würfel
; Lampentest: alle Werte 500 ms lang anzeigen
        mov     zaehl,anz       ; laufender Zähler <= Endwert
        ldi     ZL,LOW(tab*2)   ; Z <= Anfangsadresse der Tabelle
        ldi     ZH,HIGH(tab*2)
        ldi     akku,50         ; Faktor für 50*10 = 500 ms warten
```

```
haupt1: lpm                        ; R0 <= Tabellenwert
        Madiw   ZL,ZH,1            ; ATtiny12: Makroaufruf: nächste Adresse
        com     r0                 ; Logik umdrehen wegen Katodenansteuerung
        out     PORTB,r0           ; Wert anzeigen
        rcall   wartex10ms         ; 500 ms warten
        dec     zaehl              ; Durchlaufzähler - 1
        brne    haupt1             ; für alle Werte
        ldi     akku,$ff           ; alle LEDS
        out     PORTB,akku         ; wieder aus
; Anfangswerte der Würfelschleife laden
haupt2: mov     zaehl,anz          ; 1 Takt: laufender Zähler <= Endwert
        ldi     ZL,LOW(tab*2)      ; 1 Takt: Z <= Anfangsadresse der Tabelle
        ldi     ZH,HIGH(tab*2)     ; 1 Takt:
; Würfelschleife mit Tastenkontrolle
haupt3: sbis    PINB,PINB4         ; Taste gedrückt fallende Flanke
        rjmp    haupt4             ;   ja: ausgeben
        Madiw   ZL,ZH,1            ; nein: Makroaufruf: Adresse + 1
        dec     zaehl              ; Zähler - 1
        breq    haupt2             ; 2 Takte bei Sprung  1 Takt bei Nicht-Spr.
        nop                        ; 1 Takt Zeitausgleich
        nop                        ; 1 Takt
        rjmp    haupt3             ; 2 Takte
; fallende Flanke Taste gedrückt: Augen anzeigen
haupt4: lpm                        ; R0 <= Tabelle
        com     r0                 ; Logik umdrehen wegen Katodenansteuerung
        out     PORTB,r0           ; und auf LED ausgeben
        ldi     akku,2             ; Ladefaktor für 2*10 = 20 ms warten
        rcall   wartex10ms         ; Wartefunktion 20 ms entprellen
haupt5: sbis    PINB,PINB4         ; steigende Flanke ?
        rjmp    haupt5             ; nein: warten
        rcall   wartex10ms         ;   ja: 20 ms entprellen
        ldi     akku,$ff           ;   alle LEDs aus
        out     PORTB,akku
        rjmp    haupt2             ; neues Würfeln
; wartex10ms.asm wartet 10 ms * Faktor in R16
wartex10ms:
        tst     r16                ; Null abfangen
        breq    wartex10msc        ; bei Null Rücksprung
        mov     r1,r16             ; push   r16   Register retten
        mov     r2,r24             ; push   r24
        mov     r3,r25             ; push   r25
```

```
wartex10msa:
        ldi     r24,LOW(TAKT/400)   ; 20 MHz gibt
        ldi     r25,HIGH(TAKT/400) ; Ladewert 50 000
wartex10msb:
        Msbiw   r24,r25,1       ; ATtiny12: 2 Takte Makroaufruf für sbiw
        brne    wartex10msb     ; 2 Takte
        dec     r16             ; Zähler vermindern
        brne    wartex10msa
        mov     r25,r3          ; pop    r25 Register zurück
        mov     r24,r2          ; pop    r24
        mov     r16,r1          ; pop    r16
wartex10msc: ret
; Tabelle für Lampentest:  1 2 3 4  5  6  7
tab:    .DB     $01, $02, $03, $06, $07, $0e, $0f, 0 ; Ausgabemuster
        .EXIT                   ; Ende des Quelltextes
```

k7p4.asm: Assemblerprogramm steuert direkt sieben Leuchtdioden eines Würfels (ATtiny12).

Mit dem zur Verfügung stehenden GNU-Compiler konnten keine C-Programme für den ATtiny12 übersetzt werden, ersatzweise kann der pinkompatible ATtiny13A für die Ausgabe der Zufallszahlen herangezogen werden.

Aufgabe 16:
Um das Würfelprogramm an den ATtiny13A anzupassen, ist nur eine Zeile zu ändern (von Kommentaren abgesehen). Welche Zeile ist das und wie sieht die Änderung aus?

Antwort zu Aufgabe 16:
Die Zeile mit der `.INCLUDE` Anweisung muss lauten:

```
.INCLUDE "tn13adef.inc"  ; Deklarationen für ATtiny13A
```

7.3 Zufallszahlen

Das Assemblerprogramm Abbildung 7-12 gibt einen Zählwert von 1 bis zum an PB4 ausgewählten Endwert auf der 2-stelligen Dezimalanzeige unverzögert aus. Wegen der hohen Geschwindigkeit erscheinen die Ziffern 88. Der Zähler wird durch die Taste an PB3 angehalten und der aktuelle Wert erscheint solange als Zufallszahl, bis die Taste wieder freigegeben wird.

Die Schaltung in Abbildung 7-12 steuert mit nur drei Ausgängen 16 Leuchtdioden einer 2-stelligen Dezimalanzeige. Die Schieberegister dienen zugleich als Leuchtdioden-Treiber. Die SPI-Schnittstelle wurde in Software emuliert. PB0 gibt die

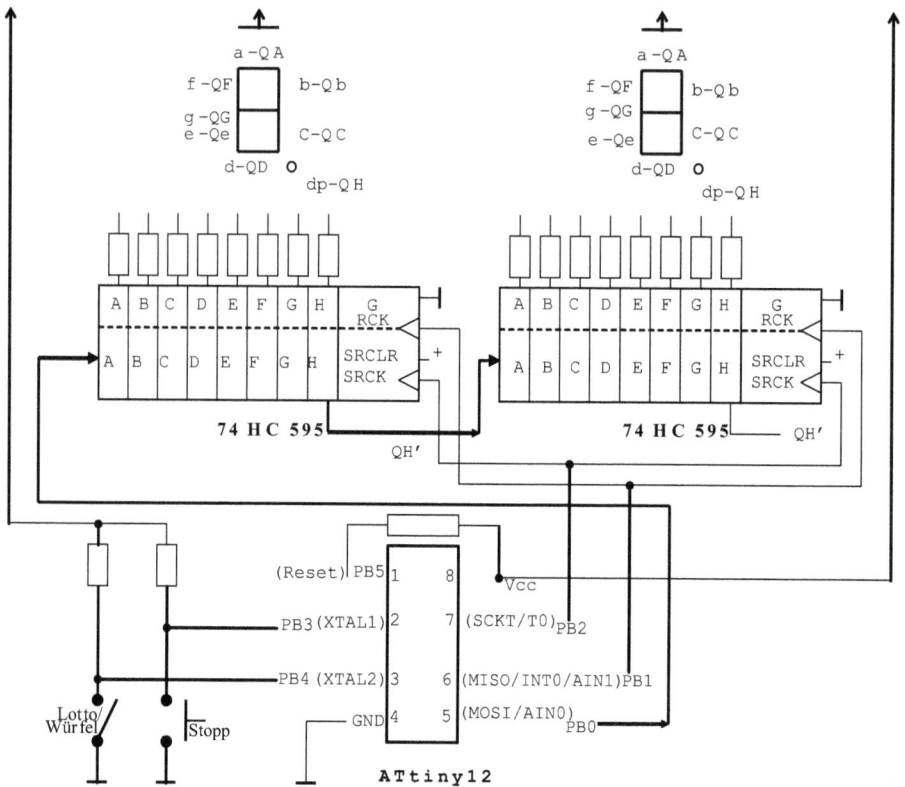

Abbildung 7-12: Serielle Peripheriebausteine zur Ausgabe von Zufallszahlen mit direkter Segmentansteuerung.

Daten seriell aus, PB2 liefert den Schiebetakt und PB1 den Übernahmeimpuls. Der Schalter am Eingang PB4 bestimmt den Endwert eines Dezimalzählers, der mit der Taste an PB3 angehalten werden kann.

```
; k7p5.asm ATtiny12 Gewinnzahlen im Lotto und Würfel
; Port B: B5:frei B4:Taster B3:Schalter B2:SCKL B1:RC B0:SERein
        .INCLUDE "tn12def.inc"   ; Deklarationen
        .DEF      akku = r16     ; Arbeitsregister
        .DEF      hilf = r17     ; Hilfsregister
        .DEF      zaehl = r18    ; laufender Zähler
        .DEF      null = r19     ; Nullregister
        .DEF      endwe = r20    ; variabler Endwert
        .EQU      lotto = 49     ; Lotto
        .EQU      wuerf = 6      ; Würfel
        .CSEG                    ; Programmsegment
        rjmp      start          ; Reset-Einsprung
```

```
        .ORG    $10             ; Interrupteinsprünge übergehen
start:  ldi     akku,0b111      ; PB2 PB1 PB0 sind Ausgänge
        out     DDRB,akku       ; Richtung Port B
        clr     null            ; Nullregister löschen
haupt:  ldi     endwe,lotto+1   ; Vorgabe: Lottozahlen
        sbis    PINB,PB4        ; Schalter High: Lotto
        ldi     endwe,wuerf+1   ; Schalter Low: Würfel
        ldi     zaehl,1         ; Anfangswert Zähler
haupt1: rcall   ausgabe         ; ausgeben
        sbis    PINB,PB3        ; überspringe wenn Taste High
        rjmp    haupt3          ; Low: Taste gedrückt
haupt2: inc     zaehl           ; Zähler erhöhen
        cp      zaehl,endwe     ; Endwert ?
        brlo    haupt1          ; <= weiter
        rjmp    haupt           ; > Anfangswert laden
haupt3: sbis    PINB,PB3        ; überspringe wenn Taste High
        rjmp    haupt3          ; Low: Taste gedrückt warten
        rjmp    haupt2          ; High: weiter
; Unterprogramm Ausgabe R18 zweistellig dezimal seriell
ausgabe:mov     r1,r16          ; Arbeitsregister retten
        mov     r2,r17          ; anstelle von push
        mov     r3,r18          ;
        clr     r16             ; R16 = Zehner
; Dual nach BCD umwandeln
ausgab1:cpi     r18,10          ; Dividend < 10 ?
        brlo    ausgab2         ;   ja: fertig
        subi    r18,10          ; nein: um 10 vermindern
        inc     r16             ;         Zehner + 1
        rjmp    ausgab1         ; bis Dividend < 10 dann R18 = Einer
; umcodieren nach Siebensegmentcode
ausgab2:ldi     ZL,LOW(tab*2)   ; Z <= Anfangsadresse Tabelle
        ldi     ZH,HIGH(tab*2)  ;
        add     ZL,r16          ; Abstand Zehner dazu
        adc     ZH,null         ; + Übertrag 16 Bit-Operation
        lpm                     ; R0 <= Segmentcode Zehner
        mov     r17,r0          ; R17 <= Segmentcode Zehner
        ldi     ZL,LOW(tab*2)   ; Z <= Anfangsadresse Tabelle
        ldi     ZH,HIGH(tab*2)  ;
        add     ZL,r18          ; Abstand Einer dazu
        adc     ZH,null         ; + Übertrag 16 Bit-Operation
        lpm                     ; R0 <= Segmentcode Einer
; 16 Bits seriell ausgeben MSB Einer zuerst LSB Zehner zuletzt
```

```
          cpi    r17,$3F        ; Zehnerziffer Code 0
          brne   ausgab3        ; nein:
          ldi    r17,0          ;   ja: führende 0 unterdrückt
ausgab3:com    r17            ; Zehnerausgabe komplementieren
          com    r0             ; Einerausgabe komplementieren
          ldi    r18,16         ; Bitzähler
          cbi    PORTB,PB1      ; RCK Übernahmetakt Low
ausgab4:cbi    PORTB,PB2      ; SCKL Schiebetakt Low ,
          cbi    PORTB,PB0      ; Datenbit Low
          sbrc   r0,7           ; überspringe wenn B7 = 0
          sbi    PORTB,PB0      ; Datenbit High
          lsl    r17            ; Zehner links B7 -> Carry
          rol    r0             ; Carry -> B0 Einer
          sbi    PORTB,PB2      ; SCKL steigende Flanke
          dec    r18            ; Bitzähler vermindern
          brne   ausgab4        ; bis alle Bits gesendet
          sbi    PORTB,PB1      ; RCK Übernahmetakt steigende Flanke
          mov    r18,r3         ; Arbeitsregister zurück
          mov    r17,r2         ; anstelle von pop
          mov    r16,r1         ;
          ret                   ; Rücksprung
; Codetabelle dezimale Ausgabe für direkte Katodenansteuerung komplementieren
tab:    .DB   $3F,$06,$5b,$4F,$66,$6D,$7D,$07,$7F,$6F ; Ziffern 0..9
        .EXIT
```

k7p5.asm: Assemblerprogramm zur Ausgabe von Zufallszahlen (ATtiny12).

Aufgabe 17:
Ist der Wechsel vom ATtiny12 zum ATtiny13A bei diesem Programm ebenso einfach wie im vorherigen Fall?

„Antwort" zu Aufgabe 17:
Probieren Sie es einfach! (Sie müssen die Schaltung dazu nicht aufbauen.)

Das Würfelprogramm *k7p4.asm* und der Lottozahlen-Generator *k7p5.asm* ermitteln ihre Zufallszahlen aus der Zeit zwischen zwei Tastenbetätigungen des Benutzers. Ein **Pseudo-Zufallszahlen-Generator** berechnet eine neue Zufallszahl aus der vorhergehenden. Ein für Controller brauchbares Verfahren schiebt die alte Zahl logisch nach links und setzt in die rechts frei werdende Bitposition eine EODER-Verknüpfung des werthöchsten und eines der wertniederen Bits ein (Abbildung 7-13). Beispiel für ein 32-Bit Schieberegister:
- Neubit = EODER von B31 und B3
- Register ein Bit nach links schieben
- Neubit rechts einsetzen

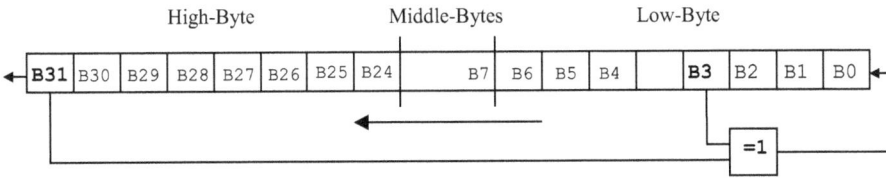

Abbildung 7-13: 32-Bit Schieberegister mit Rückkopplung erzeugt Pseudo-Zufallszahlen.

```
; random.asm   neue Zufallszahl R27:R26:R25:R24 mischen
random: push    r16       ; Register retten
        mov     r16,r27   ; Nulltest
        or      r16,r26
        or      r16,r25
        or      r16,r24
        cpi     r16,$88
        breq    random2   ; Null zu erwarten!
        mov     r16,r24   ; Low-Byte
        swap    r16       ; vertauschen
        eor     r16,r27   ; mit High-Bit eodern
        lsl     r16       ; Neubit nach Carry
random1:rol     r24       ; 32-Bit Schieberegister
        rol     r25
        rol     r26
        rol     r27
        pop     r16       ; Register zurück
        ret
random2:sec               ; Nullbremse Neubit = 1
        rjmp    random1
```

Assembler-Unterprogramm berechnet neue Pseudo-Zufallszahl.

```
// random.c neue Zufallszahl ermitteln
void random (unsigned long int *wert)
{
 unsigned char add,hi,lo;                 // Hilfsvariablen
 hi = (unsigned char) (*wert >> 31) & 0x01;  // High-Byte
 lo = (unsigned char) (*wert >> 3)  & 0x01;  // Low-Byte
 add = hi ^ lo;                           // EODER liefert Neubit
 if (*wert == 0x80000008) add = 1;        // Nullbremse
 *wert = (*wert << 1) + add;              // neue Zufallszahl
}
```

C-Funktion berechnet neue Pseudo-Zufallszahl.

Der Fall, dass die neue Pseudo-Zufallszahl Null wird, muss abgefangen werden, da alle folgenden Zufallszahlen nur noch Null werden könnten. Die Startzahl, von der alle folgenden Zahlen abgeleitet werden, wird in dem Beispiel durch Addition von „zufälligen" Speicherinhalten ermittelt. Andere Verfahren verwenden die Zeit zwischen zwei Tastenbetätigungen oder den Messwert eines offenen Analog/Digitalwandler-Eingangs.

```
; rand.asm  R27,R26,R25,R24 Startzahl
rand:       push    r16       ; Register retten
            push    r17
            push    YL
            push    YH
            ldi     YL,LOW(RAMEND);   // SRAM-
            ldi     YH,HIGH(RAMEND);  // Adresse
            ldi     r17,32    ; Zähler 32 Langwörter
rand1:      ld      r16,-Y    ; Summenschleife
            adc     r24,r16   ; addiere Low
            ld      r16,-Y
            adc     r25,r16
            ld      r16,-Y
            adc     r26,r16
            ld      r16,-Y
            adc     r27,r16
            dec     r17
            brne    rand1     ; Additionsschleife
            pop     YH        ; Register zurück
            pop     YL
            pop     r17
            pop     r16
            ret
```

Assembler-Unterprogramm ermittelt Startzahl.

```
// randomize.c  Zufällige Startzahl
void randomize (unsigned long int *wert)
{
 unsigned long int sram[32];     // Feld im SRAM
 unsigned char i;                // Zählvariable
 for (i = 1; i <= 32; i++) *wert = *wert + sram[i]; // summieren
}
```

C-Funktion ermittelt Startzahl.

Die Testprogramme geben nach den oben beschriebenen Verfahren ermittelte Pseudo-Zufallszahlen fortlaufend auf den vier Ports aus. Pseudo bedeutet, dass es sich um *unechte* Zufallszahlen handelt, die durch ein Rechenverfahren und nicht echt zufällig erzeugt wurden. Dies könnte z. B. durch Messung des Rauschens an einem A/D-Wandler-Eingang erfolgen. Echte, manipulationsresistente (Kältespray, Störsignale, ...) Zufallszahlengeneratoren spielen eine wichtige Rolle bei modernen Verschlüsselungsverfahren.

```
; k7p11.asm ATmega16 Test Pseudo-Zufallszahlen
; Port A: Ausgabe High-Byte
; Port B: Ausgabe Middle-High-Byte
; Port C: Ausgabe Middle-Low-Byte
; Port D: Ausgabe Low-Byte
; Konfiguration Quarz 3.6864 MHz  JTAG Interface disabled!
        .INCLUDE "m16def.inc"  ; Deklarationen für ATmega16
        .EQU    takt = 3686400 ; Takt 3.6864 MHz
        .DEF    akku = r16     ; Arbeitsregister
        .CSEG                  ; Programm-Flash
        rjmp    start          ; Reset-Einsprung
        .ORG    $2A
start:  ldi     akku,LOW(RAMEND); Endadresse_Low SRAM
        out     SPL,akku       ; nach Stapelzeiger_Low
        ldi     akku,HIGH(RAMEND) ; Endadresse_High SRAM
        out     SPH,akku       ; nach Stapelzeiger_High
        ldi     akku,$ff       ; Bitmuster 1111 1111
        out     DDRA,akku      ; A7-A0 Ausgang
        out     DDRB,akku      ; B7-B0 Ausgang
        out     DDRC,akku      ; C7-C0 Ausgang
        out     DDRD,akku      ; D7-D0 Ausgang
        rcall   rand           ; R27:R26:R25:R24 Startzahl
loop:   out     PORTA,r27      ; Ausgabe High-Byte
        out     PORTB,r26      ; Ausgabe Middle-High-Byte
        out     PORTC,r25      ; Ausgabe Middle-Low-Byte
        out     PORTD,r24      ; Ausgabe Low-Byte
        ldi     akku,10
        rcall   wartex10ms     ; 100 ms warten
        rcall   random         ; R27:R26,R25,R24 neu mischen
        rjmp    loop
        .INCLUDE "random.asm"  ; neue Zufallszahl
        .INCLUDE "rand.asm"    ; Startzahl
        .INCLUDE "wartex10ms.asm" ; warte R16*10ms Symbol takt
        .EXIT                  ; Ende des Quelltextes
```

k7p11.asm: Assemblerprogramm testet Pseudo-Zufallszahlen-Generator.

```
// k7p11.c ATmega16 Test Pseudo-Zufallszahlen
// Port A: Ausgabe High-Byte
// Port B: Ausgabe Middle-High-Byte
// Port C: Ausgabe Middle-Low-Byte
// Port D: Ausgabe Low-Byte
// Konfiguration Quarz 3.6864 MHz  JTAG Interface disabled!
#define    TAKT 3686400ul       // Systemtakt 3.6864 MHz
#include   <avr/io.h>           // Deklarationen
#include   "wartex10ms.c"       // wartet faktor*10ms Symbol TAKT
#include   "randomize.c"        // Startzahl
#include   "random.c"           // neue Zufallszahl
unsigned long int zufall = 0x12345678;    // 32-Bit laufende Zufallszahl
void main (void)                          // Hauptfunktion
{
 DDRA = DDRB = DDRC = DDRD = 0xff;        // Ausgabe für Ports A, B, C, D
 randomize(&zufall);
 while (1)                                // Arbeitsschleife tut nix
 {
  PORTA = (unsigned char) (zufall >> 24); // Ausgabe High-Byte
  PORTB = (unsigned char) (zufall >> 16); // Ausgabe Middle-High-Byte
  PORTC = (unsigned char) (zufall >> 8);  // Ausgabe Middle-Low-Byte
  PORTD = (signed char) zufall;           // Ausgabe Low-Byte
  wartex10ms(10);                         // 100 ms warten
  random(&zufall);                        // neue Zufallszahl
 } // Ende while
} //Ende main
```

k7p11.c: C-Programm testet Pseudo-Zufallszahlen-Generator.

Die Testprogramme liefen tagelang mit etwas verlängerter Wartezeit als Weihnachtsbaumschmuck. Ein sich selbst blockierender Endzustand stellte sich nicht ein. Der gefährliche Nullzustand wird im Programm abgefangen. Die Güte des Pseudo-Zufallszahlen-Generators müsste durch Untersuchung der Gleichverteilung und der Periodizität überprüft werden. Dazu wäre der in Abschnitt 7.1.4 beschriebene externe RAM des ATmega8515 geeignet, der ca. 16000 Zufallszahlen zur Auswertung aufnehmen könnte.

7.4 Eine Stoppuhr mit dem ATtiny2313(A)

Die in Abbildung 7-14 dargestellte Schaltung enthält eine dreistellige Dezimalanzeige im Bereich von 000 bis 999, zwei entprellte Schalter zur Eingabe von Steuergrößen sowie einen entprellten Taster für eine Stoppuhr mit einer Anzeige für Sekunden und Millisekunden. Der Systemtakt von 3.072 MHz wurde so gewählt, dass der Teiler 1 zusammen mit 256 Durchläufen periodisch Interrupts des 8-Bit Timer0 von 12 kHz ergibt, der mit einem Softwarezähler von 12 auf 1000 Hz entsprechend 1 ms heruntergeteilt wird.

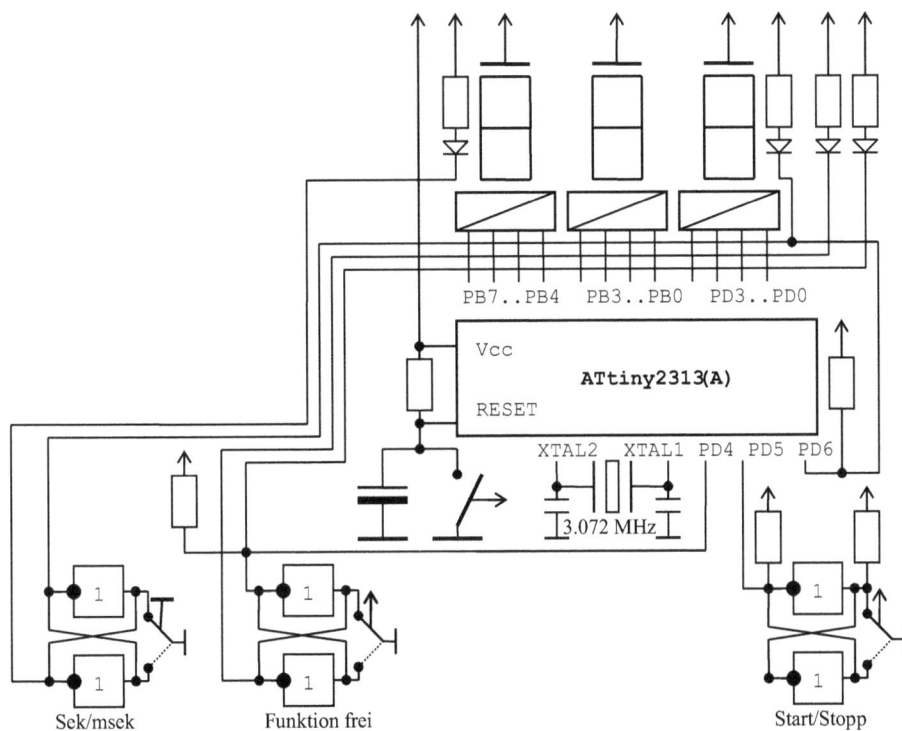

Abbildung 7-14: Statische Ansteuerung einer dreistelligen Siebensegmentanzeige mit Siebensegmentdecodern.

Die Programme *k7p6* erfüllen folgende Funktionen:
- Start mit einer fallenden Flanke am entprellten Taster PD5
- Während der Messzeit (Taste gedrückt) ist die Anzeige dunkel.
- Stopp mit einer steigenden Flanke am entprellten Taster PD5
- Schalter PD4 auf Low: Anzeige der Sekunde mit Punkt hinter der letzten Stelle
- Schalter PD4 auf High: Anzeige der Millisekunde mit Punkt vor der höchsten Stelle
- Schalter PD6 ist frei für weitere Funktionen wie z. B. Frequenzmessung
- Bei einem Überlauf des Sekundenzählers > 999 wird konstant U U U angezeigt.

```
; k7p6.asm  ATtiny2313   Stopp-Uhr mit dreistelliger Dezimalausgabe
; Port B: Ausgabe BCD Hunderter und Zehner
; Port D: PD0..PD3 BCD Einer   PD6:msek/sek  PD5:Start/Stopp  PD4: frei
        .INCLUDE "tn2313def.inc" ; Deklarationen für ATtiny2313
        .EQU    takt = 3072000  ; Systemtakt 3.072 MHz
        .DEF    akku = r16      ; Arbeitsregister
        .DEF    zaehl = r20     ; R20 = Interruptzähler
        .DEF    fehl = r21      ; R21 = Fehlermarke
        .DEF    teil = r22      ; R22 = Taktteiler für Timerstart
        .CSEG                   ; Programmsegment
        rjmp    start           ; Reset-Einsprung
        .ORG    $6              ; Einsprung Timer0 Overflow
        rjmp    tictac          ; jede ms Überlauf
        .ORG    $10             ; weitere Interrupteinsprünge übergehen
start:  ldi     akku,LOW(RAMEND); Stapel anlegen (max. 128 Bytes)
        out     SPL,akku        ;
        ldi     akku,$ff        ; Port B
        out     DDRB,akku       ; ist Ausgang
        ldi     akku,$0f        ; 0000 1111
        out     DDRD,akku       ; D3..D0 sind Ausgänge
        in      akku,TIMSK      ; alte Timer Interruptmasken
        ori     akku,1 << TOIE0 ; Timer0 Overflow Interrupt
        out     TIMSK,akku      ; frei
; alle Zähler löschen
        ldi     zaehl,12        ; 3072000: 256 = 12000:12 = 1000 Hz = 1 ms
        clr     fehl            ; R21 = Fehlermarke löschen
        clr     XL              ; X = ms-Zähler löschen
        clr     XH              ;
        clr     YL              ; Y = sek-Zähler löschen
        clr     YH              ;
        out     TCNT0,YH        ; Timer0 löschen
        ldi     teil,1 << CS00  ; R22 <- Taktteiler 1
; warte auf PD5 fallende Flanke der ersten Messung
haupt:  sbic    PIND,PIND5      ; überspringe bei Low = gedrückt
        rjmp    haupt           ; warte solange High
haupt1: out     TCCR0,teil      ; Timer start
        sei                     ; alle Interrupts frei
        ldi     akku,$ff        ; 1111 1111 Anzeige dunkel
        out     PORTD,akku
        out     PORTB,akku
        clr     teil            ; R22 <- Timer stopp vorbereiten
; warte auf steigende Flanke PD5 = Stopp-Flanke
```

```
haupt2: sbis    PIND,PIND5      ; überspringe bei High = gelöst
        rjmp    haupt2          ; warte solange Low
        out     TCCR0,teil      ; Timer stopp
        cli                     ; Interrupt gesperrt
        ldi     zaehl,12        ; R20 = Interruptzähler
        ldi     teil,1 << CS00  ; R22 <- Takteiler 1 für Start
        clr     akku            ; akku <- 0
        out     TCNT0,akku      ; Timer0 löschen
; Messung auswerten
        tst     fehl            ; Überlauf-Fehlermarke testen
        breq    haupt3          ; kein Fehler
        ldi     akku,$CC        ; Fehler: Marke U U U
        out     PORTB,akku      ; ausgeben
        out     PORTD,akku
        clr     XL              ; Zähler löschen
        clr     XH
        clr     YL
        clr     YH
        clr     fehl
        rjmp    haupt           ; warte auf fallende Flanke
haupt3: mov     r16,XL          ; R17:R16 <- msek dual
        mov     r17,XH
        clr     XL
        clr     XH
        rcall   dual3bcd        ; R17:R16 <- msek BCD
        mov     r18,r16         ; R18 <- msek Einer
        mov     r19,r17         ; R19 <- msek Hunderter | Zehner
        mov     r16,YL          ; R17:R16 <- sek dual
        mov     r17,YH
        clr     YL
        clr     YH
        rcall   dual3bcd        ; R17 <- sek Hundt | Zehner R16 <- sek Einer
; PD6 Auswahl Sekunden / Millisekunden
haupt4: sbis    PIND,PIND6      ; überspringe bei High: sek
        rjmp    haupt5          ; Low: msek
        out     PORTB,r17       ; High: Sekunden Hunderter Zehner
        out     PORTD,r16       ;                          Einer
        rjmp    haupt6
haupt5: out     PORTB,r19       ; Low: Millisekunden Hunderter Zehner
        out     PORTD,r18       ;                              Einer
; warte auf neue fallende Startflanke PD5
haupt6: sbic    PIND,PIND5
```

```
        rjmp    haupt4              ; Taste High: neue Auswahl
        rjmp    haupt1              ; Taste Low:  neue Messung
;
; Timer0 Überlauf-Interrupt 12mal pro Millisekunde
tictac: push    akku                ; Register retten
        in      akku,SREG           ; Status
        push    akku
        dec     zaehl               ; Interruptzähler - 1
        brne    tictac1             ; noch nicht Null
; 1 Millisekunde vergangen X=ms  Y=sek
        ldi     zaehl,12            ; Null: Interruptzähler <- Anfangswert
        adiw    XL,1                ; ms erhöhen
        ldi     akku,HIGH(1000)     ; schon 1 sek erreicht ?
        cpi     XL,LOW(1000)        ; Low-Teil
        cpc     XH,akku             ; High-Teil und Carry
        brlo    tictac1             ;  < 1000: weiter
        clr     XL                  ; >= 1000: ms löschen
        clr     XH
        adiw    YL,1                ; sek erhöhen
        cpi     YL,LOW(1000)        ; Überlauf <= 1000 ?
        cpc     YH,akku             ; High-Teil und Carry
        brlo    tictac1             ; < 1000
        ldi     fehl,1              ; Fehlermarke setzen
tictac1:pop     akku                ; Register zurück
        out     SREG,akku
        pop     akku
        reti
; internes Unterprogramm dual -> BCD dreistellig
; R17:R16 0..999 dual -> R17<=Hunderter | Zehner  R16<=0000 | Einer
dual3bcd:push   r18                 ; Register retten
        push    r19
        clr     r18                 ; R18 = Stellen-Zähler löschen
        ldi     r19,HIGH(100)       ; R19 = Hilfsregister High-Teil
dual3bcd1:cpi   r16,LOW(100)        ; Hunderterprobe
        cpc     r17,r19
        brlo    dual3bcd2           ;  < 100: fertig
        subi    r16,LOW(100)        ; >= 100: abziehen
        sbci    r17,HIGH(100)
        inc     r18                 ; R18 = Hunderter erhöhen
        rjmp    dual3bcd1
dual3bcd2:swap  r18                 ; R18 = Hunderter | 0000
dual3bcd3:cpi   r16,10              ; Zehnerprobe
```

```
        brlo     dual3bcd4      ; < 10: fertig
        subi     r16,10         ; >= 10: abziehen
        inc      r18            ; R18 = Zehner erhöhen
        rjmp     dual3bcd3      ; R16 <= 0000      | Einer
dual3bcd4:mov    r17,r18        ; R17 <= Hunderter | Zehner
        pop      r19            ; Register zurück
        pop      r18
        ret
        .EXIT                   ; Ende des Quelltextes
```

k7p6.asm: Assemblerprogramm der Stoppuhr für den ATtiny2313.

```
// k7p6.c  ATtiny2313 3.072 MHz  Stoppuhr mit Timer0
// Port B: Ausgabe BCD Hunderter und Zehner
// Port D: PD0..PD3 BCD Einer  PD6 msek/sek  PD5:Start/Stopp  PD4: frei
#include <avr/io.h>                     // Deklarationen
#include <avr/interrupt.h>              // für Interrupt
// #include <avr/signal.h>              // für Interrupt (alt)
#define TAKT 3072000        // 3.072 MHz: 256 = 12000:12 = 1000 Hz = 1 ms
unsigned int volatile sek=0, msek=0;    // globale Wort-Variable
unsigned char volatile  izaehl=1, fehl=0;  // globale Byte-Variable
// SIGNAL (SIG_TIMER0_OVF)              // Timer0 Überlauf (alt)
ISR (TIMER0_OVF_vect)                   // Timer0 Überlauf (alt)
{
 izaehl++; if(izaehl > 12)              // Interruptzähler
 {
  izaehl = 1; msek++;
  if(msek >= 1000) { msek=0; sek++; }   // Zähler erhöhen
  if(sek >= 1000) fehl = 1;             // Überlauf-Fehlermarke setzen
 } // Ende if izaehl
} // Ende Interruptfunktion
int main(void)
{
 unsigned char aussekh, aussekl, ausmsekh, ausmsekl;
 DDRB = 0xff;                           // Port B ist Ausgang
 DDRD = 0x0f;                           // Port D PD3..PD0 sind Ausgänge
 TIMSK |= 1 << TOIE0;                   // Timer0 Interrupt frei
 TCNT0 = 0;                             // Timer0 löschen
 while(PIND & (1 << PIND5));            // warte auf erste fallende Flanke PD5
 while(1)                               // Arbeitsschleife
 {
  TCCR0B = 1 << CS00;                   // Timer0 start Teiler=1
```

```
    sei();                              // Interrupt frei
    PORTB = 0xff;                       // Anzeige dunkel
    PORTD = 0x0f;                       // während der Messung
    while(!(PIND & (1 << PIND5)));      // warte auf steigende Flanke PD5
    TCCR0B = 0;                         // Timer0 stopp
    cli();                             // Interrupt sperren
    aussekh =  ((sek/100) << 4) | (sek%100)/10;    // Sekunde Hundt und
Zehner
    aussekl = sek%10;                              // Sekunde Einer
    ausmsekh = ((msek/100) << 4) | (msek%100)/10; // msek Hunderter und Zehner
    ausmsekl = msek%10;                            // Millisekunde Einer
    TCNT0 = 0;                          // Timer löschen
    izaehl = 1;                         //
    msek = 0;                           // Zähler löschen
    sek = 0;                            // Zähler löschen
    while(PIND & (1 << PIND5))          // warte auf fallende
Flanke
    {
      if (fehl == 1) { PORTB = 0xcc; PORTD = 0x0c; } // Fehlermarke U U U
      if (fehl == 0)                                 // kein Fehler: ausgeben
      { if (PIND & (1 << PIND6)) { PORTB = aussekh;   PORTD = aussekl;  }
                          else { PORTB = ausmsekh; PORTD = ausmsekl; }
      } // Ende if
    } // Ende while warte fallende Flanke
    fehl = 0;                            // Fehlermarke löschen
  } // Ende while Arbeitsschleife
} // Ende main
```

k7p6.c: C-Programm der Stoppuhr.

7.5 Ein Hexadezimaldecoder mit dem ATmega88

Für die Ausgabe von Dezimalzahlen verwendet man Siebensegmentanzeigen, die mit Decodern wie z. B. 74LS47 angesteuert werden. Diese bestehen aus einem statischen Logiknetzwerk, das am Eingang den 4 Bit BCD-Code der Ziffer übernimmt und am Ausgang die Signale zur Ansteuerung der sieben Segmente liefert. Das Netzwerk ist so aufgebaut, dass für die Pseudotetraden von 1010 bis 1111 Sonderzeichen auf der Anzeige erscheinen.

In einer bestehenden Schaltung waren beide BCD-zu-Siebensegmentdecoder 74LS47 durch einen Controller zu ersetzen, der für die sechs Pseudotetraden von 1010 bis 1111 anstelle der Sonderzeichen die Hexadezimalziffern von A bis F liefert (Abbildung 7-15). In die Ansteuerung der Dezimalpunkte DP sowie in die Lampentest - und Dunkelsteuerung sollte nicht eingegriffen werden.

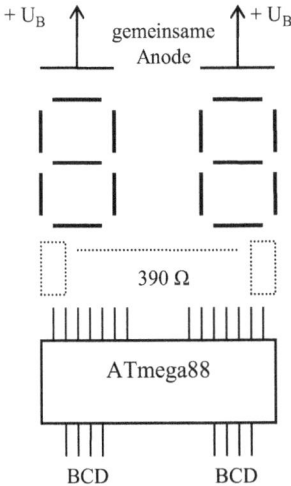

Abbildung 7-15: ATmega88 als 7-Segment-Decoder

Die beiden Decoderbausteine 74LS47 wurden aus den Sockeln entfernt und durch eine Platine in Fädeltechnik ersetzt, auf der sich der Controller befand. Eine logische 1 am Portausgang liefert ein High-Potential, das wegen der gemeinsamen Anode das Segment ausschaltet. Es wird durch eine logische 0 mit einem Low-Potential einge-schaltet. Dabei können durch die in der Schaltung verbliebenen Vorwiderstände max. 5 Volt / 390 Ω gleich 13 mA in den Portanschluss hineinfließen. Für acht Eingänge der beiden BCD-Codes und 14 Ausgänge der beiden Siebensegmentanzeigen wurde ein ATmega88 mit max. 23 Portleitungen gewählt. In der einfachen Anwendung ist der Baustein ATmega88 pinkompatibel mit dem ATmega8 (Abbildung 7-16).

Die Tabelle 7-7 zeigt die darzustellenden Zeichen und die auszugebenden Bitmuster, die wegen der Katodenansteuerung invertiert werden müssen.

Tabelle 7-7: Bitmuster für die Ausgabe von Hexadezimalziffern von 0 bis 9 und von A bis F.

Zeichen	Bitmuster	Zeichen	Bitmuster	Zeichen	Bitmuster	Zeichen	Bitmuster
⎕	x0111111	⎪	x0000110	⎕	x1011011	⎕	x1001111
	invertiert:		invertiert:		invertiert:		invertiert:
	x1000000		x1111001		x0100100		x0110000
	0x40		0x79		0x24		0x30

Tabelle 7-7 (fortgesetzt)

Zeichen	Bitmuster	Zeichen	Bitmuster	Zeichen	Bitmuster	Zeichen	Bitmuster
	x1100110 invertiert: x0011001 0x19		x1101101 invertiert: x0010010 0x12		x1111101 invertiert: x0000010 0x02		x0000111 invertiert: x1111000 0x78
	x1111111 invertiert: x0000000 0x00		x1100111 invertiert: x0011000 0x18		x1110111 invertiert: x0001000 0x08		x1111100 invertiert: x0000011 0x03
	x0111001 invertiert: x1000110 0x46		x1011110 invertiert: x0100001 0x21		x1111001 invertiert: x0000110 0x06		x1110001 invertiert: x0001110 0x0E

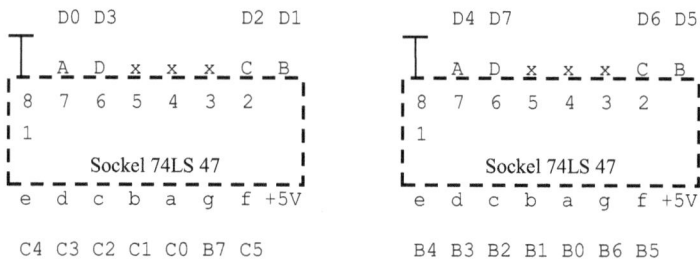

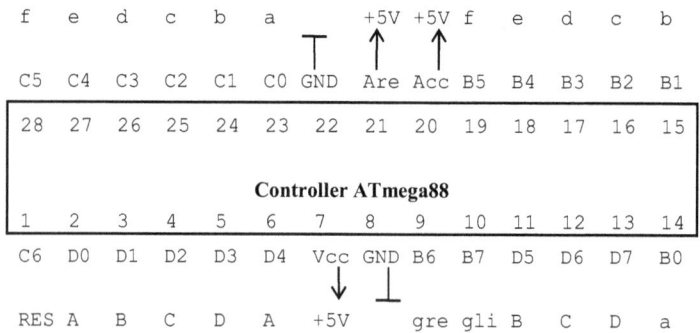

```
        D0  D3            D2  D1              D4  D7            D6  D5
    ┌─ A  D  x  x  x  C  B                ┌─ A  D  x  x  x  C  B
    │  8  7  6  5  4  3  2 │              │  8  7  6  5  4  3  2 │
    │ 1                    │              │ 1                    │
    └─ ─ ─ Sockel 74LS 47 ─┘              └─ ─ ─ Sockel 74LS 47 ─┘
       e  d  c  b  a  g +5V                  e  d  c  b  a  g +5V

      C4 C3 C2 C1 C0 B7 C5                 B4 B3 B2 B1 B0 B6 B5
```

```
    f   e   d   c   b   a       +5V +5V f   e   d   c   b
                             ┬   ↑   ↑
   C5  C4  C3  C2  C1  C0  GND Are Acc B5  B4  B3  B2  B1
  ┌──────────────────────────────────────────────────────┐
   28  27  26  25  24  23  22  21  20  19  18  17  16  15

                    Controller ATmega88

    1   2   3   4   5   6   7   8   9  10  11  12  13  14
  └──────────────────────────────────────────────────────┘
   C6  D0  D1  D2  D3  D4  Vcc GND B6  B7  D5  D6  D7  B0
                             ↓   ⏚
  RES  A   B   C   D   A  +5V         gre gli B   C   D   a
```

Abbildung 7-16: Anschluss des ATmega88 an die Sockel der beiden entfernten 74LS47.

Der Port D dient als Eingang für die beiden anzuzeigenden BCD-Stellen. Diese werden über eine Tabelle in den Siebensegmentcode der Ziffern 0 bis 9 und A bis F umgesetzt. Die sieben Ausgänge PB0 bis PB6 des Ports B steuern die sieben Segmente der rechten Stelle. Da für den Port C nur sechs Anschlüsse zur Verfügung stehen, PC6 bleibt als

RESET frei, wird das g-Segment der linken Stelle über PB7 ausgegeben. Einstellung der Konfigurationsparameter:

Fuses
- □ Boot Reset Vector Enabled (**nicht** aktiviert: Start im Benutzerbereich)
- □ Reset Disabled (Enable PC6 as i/o pin) (**nicht** aktiviert: PC6 als Reset frei)
- □ Debug Wire enable (**nicht** aktiviert: Anschlüsse als Port C)
- □ Watch-dog Timer always on (**nicht** aktiviert: WDT aus)
- ■ Divide clock by 8 internally (aktiviert: interner Takt 8 MHz : 8 = 1 MHz)
- ■ Int. RC Osc. 8 MHz (aktiviert: interner Takt 8 MHz PB6 und PB7 als Port)

```
; k7p7.asm ATmega88 ersetzt zwei 74LS47 mit HEX-Ziffern
; Port B: PB0 - PB6 7Segmentausgänge rechts PB7 g-links
; Port C: PC0 - PC5 7Segmentausgänge links  PC6 Reset frei
; Port D: BCD Eingänge D7-D4 rechts D3-D0 links
; Fuses: Int. RC Osc. 1 MHz PB6 und PB7 als Port  Pin1 (C6) ext. Reset
          .INCLUDE    "m88def.inc"    ; Deklarationen für ATmega8
          .CSEG                       ; Programm-Flash
          rjmp        start           ; Reset-Einsprung
          .ORG        $13             ; Interrupteinsprünge übergehen
start:    ldi         r16,LOW(RAMEND) ; Stapel anlegen
          out         SPL,r16
          ldi         r16,HIGH(RAMEND)
          out         SPH,r16
          ldi         r16,$FF         ; 1111 1111
          out         DDRB,r16        ; PB7 - PB0 sind Ausgänge
          ldi         r16,$7F         ; 0111 1111
          out         DDRC,r16        ; PC6 - PC0 sind Ausgänge
loop:     in          r16,PIND        ; R16 <- zwei BCD-Eingänge
          mov         r17,r16         ; R17 <- retten
          ldi         ZL,LOW(tab*2)   ; Z <- Tabellenadresse
          ldi         ZH,HIGH(tab*2)
          andi        r16,$0F         ; Maske 0000 1111 D3-D0 links
          add         ZL,r16          ; Z <- Z + Abstand
          clr         r16
          adc         ZH,r16
          lpm                         ; R0 <- (Z) Tabellenzugriff
          mov         r16,r0          ; R16 <- Code links
          ldi         ZL,LOW(tab*2)   ; Z <- Tabellenadresse
          ldi         ZH,HIGH(tab*2)
          swap        r17             ; R17 Hälften vertauschen
          andi        r17,$0F         ; Maske 0000 D7-D4 1111 rechts
```

```
        add         ZL,r17              ; Z <- Z + Abstand
        clr         r17
        adc         ZH,r17
        lpm                             ; R0 <- (Z) Tabellenzugriff
        mov         r17,r0              ; R17 <- Code rechts
        mov         r18,r16             ; R18 <- Code links
        lsl         r18                 ; Bit_7 <- Bit_6  g-Segment
        andi        r18,$80             ; Maske 1000 0000 für Bit_7
        or          r17,r18             ; g-Segment links einbauen
        out         PORTB,r17           ; nach Anzeige rechts mit g-links
        out         PORTC,r16           ; nach Anzeige links
        rjmp        loop
; Codetabelle für Ziffern 0 - 9 und A b C d E F für gemeinsame Anode !!!
tab: .DB  $40,$79,$24,$30,$19,$12,$02,$78,$00,$18,$08,$03,$46,$21,$06,$0E
        .EXIT
```

k7p7.asm: Assemblerprogramm des BCD-zu-Siebensegment-Decoders.

```c
// k7p7.c ATmega88(P/A/PA/PB) ersetzt zwei 74LS47 mit HEX-Ziffern
// Port B: PB0 - PB6 7Segmentausgänge rechts PB7 g-links
// Port C: PC0 - PC5 7Segmentausgänge links  PC6 Reset frei
// Port D: BCD Eingänge D7-D4 rechts D3-D0 links
// Fuses: Int. RC Osc. 1 MHz PB6 und PB7 als Port  Pin 1 PC6 als Reset
#include <avr/io.h>        // Deklarationen
// Codetabelle für Ziffern 0 - 9 und A b C d E F für gemeinsame Anode !!!
const unsigned char tab[] = { 0x40,0x79,0x24,0x30,0x19,0x12,0x02,0x78, \
                              0x00,0x18,0x08,0x03,0x46,0x21,0x06,0x0E };
void main (void)
{
 unsigned char links, rechts;
 DDRB = 0xff;                               // PB7 - PB0 sind Ausgänge
 DDRC = 0x7f;                               // PC6 - PC0 sind Ausgänge
 while (1)
 {
  links = tab[PIND & 0x0f];                 // D3-D0
  rechts = tab[ (PIND >> 4) & 0x0f];        // D7-D4
  PORTC = links & 0x3f;                     // Segmente a-f links
  PORTB = rechts | ((links << 1) & 0x80);   // Segment a-g re g-Segment li
 } // Ende while
} // Ende main
```

k7p7.c: C-Programm des BCD-zu-Siebensegment-Decoders.

7.6 LCD-Anzeige mit einem ATmega16(A)

In der Schaltung Abbildung 7-17 steuert ein ATmega16(A) eine vierstellige LCD-Anzeige vom Typ DE 112. Nicht dargestellt sind zwei Taster an den Eingängen PA7 und PD7, mit denen sich eine als Anwendungsbeispiel laufende Uhr stellen lässt. Der externe Quarztakt wurde mit 3.6864 MHz so gewählt, dass bei einem Periodenteiler von 256, einem Taktteiler von 64 und einem Softwareteiler von 225 ein Uhrentakt von genau einer Sekunde entsteht. Die Umschaltfrequenz des Bezugspotentials und der Segmente zur Erzeugung der Wechselspannungen entsprechend Abschnitt 6.2 *Anzeigeeinheiten* beträgt 225 Hz.

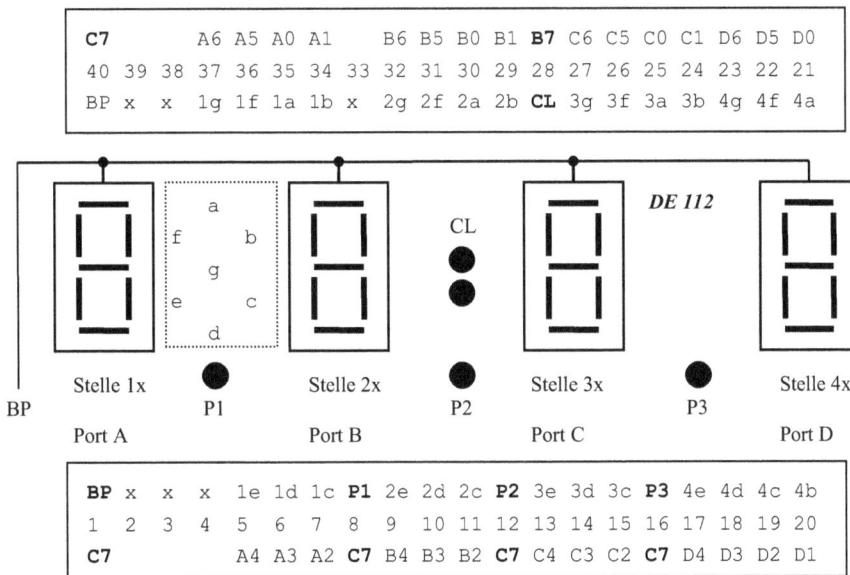

```
C7          A6 A5 A0 A1    B6 B5 B0 B1  B7  C6 C5 C0 C1 D6 D5 D0
40 39 38 37 36 35 34 33 32 31 30 29 28 27 26 25 24 23 22 21
BP  x  x  1g 1f 1a 1b  x  2g 2f 2a 2b  CL  3g 3f 3a 3b 4g 4f 4a
```

Stelle 1x   Stelle 2x   CL   Stelle 3x   *DE 112*   Stelle 4x

a
f   b
g
e   c
d

BP   P1   P2   P3

Port A   Port B   Port C   Port D

```
BP  x  x  x  1e 1d 1c  P1  2e 2d 2c  P2  3e 3d 3c  P3  4e 4d 4c 4b
1  2  3  4  5  6  7  8  9  10 11 12 13 14 15 16 17 18 19 20
C7          A4 A3 A2  C7  B4 B3 B2  C7  C4 C3 C2  C7  D4 D3 D2 D1
```

Abbildung 7-17: Ansteuerung einer vierstelligen LCD-Anzeige mit einem ATmega16(A).

Am Ausgang PC7 liegt das Bezugspotential Backplane BP für die Ansteuerung der Segmente. Die Verbindung der Anschlüsse P1, P2 und P3 der Dezimalpunkte ebenfalls mit PC7 liefert immer eine Potentialdifferenz Null; die Punkte erscheinen daher immer hell und sind nicht sichtbar. Der Doppelpunkt CL zwischen der Stunden- und der Minutenanzeige wird im Sekundentakt umgeschaltet und blinkt. Die Segmente der vier Stellen werden von sieben Ausgängen der Ports A, B, C und D gesteuert und zusammen mit dem BP-Signal komplementiert. Gleichphasige Bits liefern eine Potentialdifferenz Null und bleiben nicht sichtbar hell; gegenphasige Bits erzeugen eine Wechselspannung von 225 Hz und erscheinen dunkel und sind daher sichtbar. Die Stromaufnahme der Schaltung (Controller und LCD-Anzeige) beträgt ca. 6 mA.

```
; k7p8.asm ATmega16 4stellige LCD-Anzeige
; Port A: A7 = Eingang Std+   A6-A0 = Ausgang Stelle links
; Port B: B7 = Ausgang COL    B6-B0 = Ausgang Stelle mitte links
; Port C: C7 = Ausgang BP     C6-C0 = Ausgang Stelle mitte rechts
; Port D: D7 = Eingang Min+   D6-D0 = Ausgang Stelle rechts
; Konfiguration Quarz 3.6864 MHz  JTAG Interface disabled!
        .INCLUDE "m16def.inc"    ; Deklarationen für ATmega16
        .EQU    takt = 3686400   ; Takt 3.6864 MHz
        .DEF    akku = r16       ; Arbeitsregister
        .DEF    combit7 = r18    ; EORI-Maske Komplement Bit_7
        .DEF    zael = r19       ; Interruptzähler
        .DEF    sekunde = r20    ; Sekundenzähler
        .DEF    minute = r21     ; Minute
        .DEF    stunde = r22     ; Stunde
        .DEF    eins = r23       ; Zähl-Eins
        .DEF    s1 = r2          ; Ausgabe niedrigste Stelle rechts
        .DEF    s2 = r3          ; Ausgabe mitte rechts
        .DEF    s3 = r4          ; Ausgabe mitte links
        .DEF    s4 = r5          ; Ausgabe höchste Stelle links
        .CSEG                    ; Programm-Flash
        rjmp    start            ; Reset-Einsprung
        .ORG    OVF0addr         ; Einsprung Timer0 Überlauf
        rjmp    tictac           ; Uhr und Anzeige umschalten
        .ORG    $2A
start:  ldi     akku,LOW(RAMEND) ; Endadresse_Low SRAM
        out     SPL,akku         ; nach Stapelzeiger_Low
        ldi     akku,HIGH(RAMEND) ; Endadresse_High SRAM
        out     SPH,akku         ; nach Stapelzeiger_High
        ldi     akku,$7f         ; Bitmuster 0111 1111
        out     DDRA,akku        ; A7 Eingang  A6-A0 Ausgang
        out     DDRD,akku        ; D7 Eingang  D6-D0 Ausgang
        ldi     akku,$ff         ; Bitmuster 1111 1111
        out     DDRB,akku        ; B7-B0 Ausgang
        out     DDRC,akku        ; C7-C0 Ausgang
        clr     sekunde          ; Sekunde löschen
        clr     minute           ; Minute löschen
        clr     stunde           ; Stunde löschen
        ldi     eins,1           ; Zähl-Eins
        ldi     combit7,$80      ; EORI-Maske 1000 0000
        ldi     zael,225         ; Interruptzähler 225 Hz
        rcall   anzeig           ; Anzeige codieren und ausgeben
; Timer0 vorbereiten
```

```
        in      akku,TCCR0      ; Steuerregister Timer0
        ori     akku,(1 << CS01) | (1 << CS00); Mode 011 Teiler 64
        out     TCCR0,akku      ; 3686400 : 64 : 256 = 225 Hz
        in      akku,TIMSK      ; Steuerregister Timerinterrupt
        ori     akku,(1 << TOIE0); Timer0 Interrupt frei
        out     TIMSK,akku
        sei                     ; I = 1 Interrupts global frei
; Arbeitsschleife kontrolliert Taster PD7 und PA7
loop:   sbic    PIND,PD7        ; überspringe bei PD7 Low
        rjmp    loop2           ; warte solange PD7 High
        rcall   minplus         ; fallende Flanke Minute +1
        rcall   anzeig          ; und anzeigen
        rcall   warte20ms       ; entprellen
loop1:  sbis    PIND,PD7        ; überspringe bei PD7 High
        rjmp    loop1           ; warte solange PD7 Low
        rcall   warte20ms       ; steigende Flanke entprellen
loop2:  sbic    PINA,PA7        ; überspringe bei PA7 Low
        rjmp    loop            ; warte solange PA7 High
        rcall   stuplus         ; fallende Flanke Stunde +1
        rcall   anzeig          ; und anzeigen
        rcall   warte20ms       ; entprellen
loop3:  sbis    PINA,PA7        ; überspringe bei PA7 High
        rjmp    loop3           ; warte solange PA7 Low
        rcall   warte20ms       ; entprellen
        rjmp    loop            ; Kontrollschleife
;
; Interrupt 225 Hz   4.44 ms
tictac: push    r16             ; Register retten
        in      r16,SREG        ; Status
        push    r16
        com     s1              ; Ausgabe
        com     s2              ; komplementieren
        com     s3
        com     s4
        out     PORTA,s4        ; links
        out     PORTB,s3        ; links mitte
        out     PORTC,s2        ; rechts mitte
        out     PORTD,s1        ; rechts
        dec     zael            ; Interruptzähler vermindern
        brne    tictacx         ; ungleich Null:
        ldi     zael,225        ;   gleich Null: Anfangswert
; 1 Sekunde vergangen
```

```
        mov     r16,s3          ; Doppelpunkt
        eor     r16,combit7     ; komplementieren
        mov     s3,r16
        inc     sekunde         ; Sekunde erhöhen dual
        cpi     sekunde,60      ; Minute voll
        brlo    tictacx         ; nein:
        clr     sekunde         ;  ja: Sekunde löschen
        rcall   minplus         ; Minute und Stunde erhöhen
        rcall   anzeig          ; Anzeige codieren und ausgeben
; Rücksprung
tictacx:pop     r16             ; Register zurück
        out     SREG,r16        ; Status
        pop     r16
        reti
;
; Minute erhöhen R16 nicht gerettet
minplus:mov     r16,minute      ; Minute
        add     r16,eins        ; erhöhen
        rcall   daa             ; Dezimalkorrektur
        mov     minute,r16
        cpi     minute,$60      ; Stunde voll ?
        brlo    minplusx        ; nein:
        clr     minute          ; ja: Minute löschen
; Einsprung Stunde erhöhen R16 nicht gerettet
stuplus:mov     r16,stunde      ; Stunde
        add     r16,eins        ; erhöhen
        rcall   daa             ; Dezimalkorrektur
        mov     stunde,r16
        cpi     stunde,$24      ; Tag voll ?
        brlo    minplusx        ; nein:
        clr     stunde          ;  ja: neuer Tag
minplusx:ret                    ; R16 nicht gerettet
;
; Zeit codieren und anzeigen
anzeig: push    r16             ; Register retten
        mov     r16,minute      ; Minute ausgeben
        andi    r16,$0f         ; Maske 0000 1111
        rcall   umcod           ; R16 BCD nach Siebensegment
        mov     s1,r16          ; Einer Minute
        mov     r16,minute
        swap    r16
        andi    r16,$0f         ; Maske 0000 1111
```

```
        rcall   umcod           ; R16 BCD nach Siebensegment
        cpi     r16,$3f         ; führende Null ?
        brne    anzeig1         ; nein:
        clr     r16             ;   ja: Leerzeichen
anzeig1:mov     s2,r16          ; Zehner Minute
        mov     r16,stunde      ; Stunde ausgeben
        andi    r16,$0f         ; Maske 0000 1111
        rcall   umcod           ; R16 BCD nach Siebensegment
        mov     s3,r16          ; Einer Stunde
        mov     r16,stunde
        swap    r16
        andi    r16,$0f         ; Maske 0000 1111
        rcall   umcod           ; R16 BCD nach Siebensegment
        cpi     r16,$3f         ; führende Null ?
        brne    anzeig2         ; nein:
        clr     r16             ;   ja: Leerzeichen
anzeig2:mov     s4,r16          ; Zehner Stunde
        pop     r16             ; Register zurück
        ret
;
; Codieren R16 = BCD nach R16 = Siebensegmentcode
umcod:  push    ZH              ; Register retten
        push    ZL
        ldi     ZL,LOW(ctab*2)  ; Z mit Tabellenadresse laden
        ldi     ZH,HIGH(ctab*2)
        add     ZL,r16          ; Abstand addieren
        clr     r16             ; Carry bleibt
        adc     ZH,r16          ; + Übertrag
        lpm     r16,Z           ; Siebensegmentcode laden
        pop     ZL              ; Register zurück
        pop     ZH
        ret
; Codetabelle
ctab:   .DB $3F,$06,$5B,$4F,$66,$6D,$7D,$07,$7F,$6F ; Ziffern 0 ... 9
        .DB $77,$7C,$39,$5E,$79,$71                 ; A b C d E F
        .INCLUDE "daa.asm"      ; Dezimalkorrektur in R16
        .INCLUDE "warte20ms.asm" ; warte 20 ms Symbol takt
        .EXIT                   ; Ende des Quelltextes
```

k7p8.asm: Assemblerprogramm zur LCD-Steuerung (ATmega16(A)).

```
// k7p8.c ATmega16 4stellige LCD-Anzeige
// Port A: A7 = Eingang Std+   A6-A0 = Ausgang Stelle links
```

```
// Port B: B7 = Ausgang COL    B6-B0 = Ausgang Stelle mitte links
// Port C: C7 = Ausgang BP     C6-C0 = Ausgang Stelle mitte rechts
// Port D: D7 = Eingang Min+    D6-D0 = Ausgang Stelle rechts
// Konfiguration Quarz 3.6864 MHz  JTAG Interface disabled!
#define     TAKT 3686400ul      // Systemtakt 3.6864 MHz
#include    <avr/io.h>          // Deklarationen
#include    <avr/signal.h>      // Deklarationen für Interrupt
#include    <avr/interrupt.h>   // Deklarationen für Interrupt
#include    "wartex10ms.c"      // wartet faktor*10ms Symbol TAKT
#include    "dual3bcd.c"        // dual nach BCD dreistellig
volatile unsigned char \
s1=0,s2=0,s3=0,s4=0,zael=225,sekunde=0,minute=0,stunde=0; // global
unsigned char hun, zeh, ein ;        // Hilfsvariable für dual3bcd
const unsigned char ctab[] = \
{ 0x3F,0x06,0x5B,0x4F,0x66,0x6D,0x7D,0x07,0x7F,0x6F, \
  0x77,0x7C,0x39,0x5E,0x79,0x71 }; // 0-F

void anzeig (void)                   // Zeit umrechnen und ausgeben
{
 dual3bcd(minute, &hun, &zeh, &ein);   // Minute BCD dreistellig
 s1 = ctab[ein]; if (zeh == 0) s2 = 0; else s2 = ctab[zeh];
 dual3bcd(stunde, &hun, &zeh, &ein);   // Stunde BCD dreistellig
 s3 = ctab[ein]; if (zeh == 0) s4 = 0; else s4 = ctab[zeh];
}

SIGNAL (SIG_OVERFLOW0)                // Service Timer0 Überlauf
{
 s1 = ~s1; s2 = ~s2; s3 = ~s3; s4 = ~s4;         // Muster komplementieren
 PORTA = s4; PORTB = s3; PORTC = s2; PORTD = s1; // Muster nach Ausgabeport
 zael--; if (zael == 0)               // Interruptzähler Null ?
 {
  zael = 225; s3 = s3 ^ 0x80;         // Doppelpunkt blinkt
  sekunde++; if (sekunde == 60)       // Sekundenzähler voll ?
  {
   sekunde = 0;
   minute++; if (minute == 60)        // Minutenzähler voll ?
   {
    minute = 0;
    stunde++; if (stunde == 24) stunde = 0; // Stundenzähler
   } // Ende if-minute
   anzeig();                          // Zeit codieren und anzeigen
  } // Ende if-sekunde
 } // Ende if-zael
```

```
} // Ende Service
void main (void)                            // Hauptfunktion
{
 DDRA = DDRD = 0x7f;                         // B7 Eingang  B6-B0 Ausgänge
 DDRB = DDRC = 0xff;                         // B7-B0 Ausgänge
 TCCR0 |= (1 << CS01) | (1 << CS00);         // 3686400 : Teiler 64 : 256 =
225 Hz
 TIMSK |=  (1 << TOIE0);                     // Timer0 Interrupt frei
 sei();                                      // I = 1 Interrupts global frei
 anzeig();                                   // Startwerte codieren und anzeigen
 while (1)                                   // kontrolliert Taster PD7 und PA7
 {
  while ( (PIND & (1 << PD7)) && (PINA & (1 << PA7)) ); // beide Taster
High
  if ( !(PIND & (1 << PD7)))                 // fallende Flanke PD7
  {
   minute++; if (minute == 60) minute = 0;
   anzeig(); wartex10ms(2);                  // anzeigen und entprellen 20 ms
   while( !(PIND & (1 << PD7)));             // warte auf steigende Flanke
   wartex10ms(2);                            // entprellen 20 ms
  } // Ende if-PD7
  if ( !(PINA & (1 << PA7)))                 // fallende Flanke PA7
  {
   stunde++; if (stunde == 24) stunde = 0;
   anzeig(); wartex10ms(2);                  // anzeigen und entprellen 20 ms
   while( !(PINA & (1 << PA7)));             // warte auf steigende Flanke
   wartex10ms(2);                            // entprellen 20 ms
  } // Ende if-PA7
 } // Ende while
} //Ende main
```

k7p8.c: C-Programm zur LCD-Steuerung (ATmega16(A)).

Für eine leitungssparende Multiplexsteuerung von LCD-Anzeigen entsprechend einer LED-Ansteuerung nach Abschnitt 6.2 sind komplexe Signale erforderlich. Die meisten Mikrocontrollerfamilien bieten daher Derivate mit eingebautem LCD-Controller. Bei den AVRs sind dies die ältere „9er" Serie ATmega169/329/649 sowie die modeneren und extrem stromsparenden ATxmegas der „B"-Serie. In der Schaltung Abbildung 7-18 steuern nur drei Portleitungen eine vierstellige LCD-Anzeige mit vier seriellen Schieberegistern. Die Schaltung lässt sich durch Kaskadierung von zusätzlichen Schieberegistern erweitern.

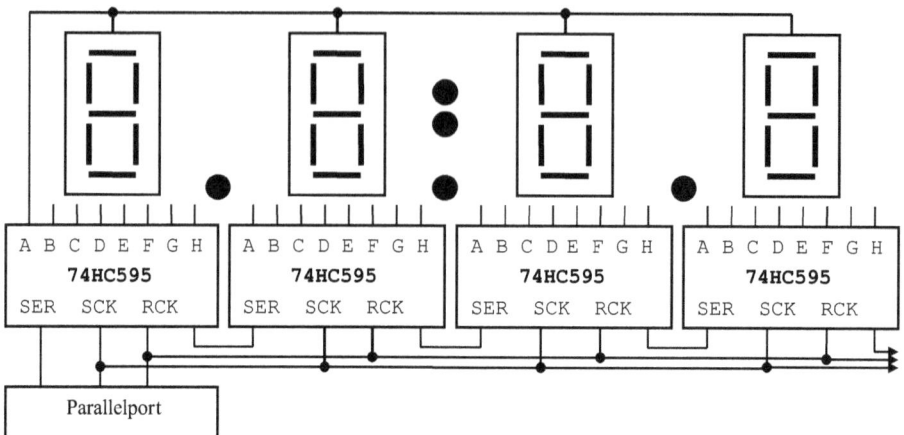

Abbildung 7-18: Serielle Ansteuerung einer vierstelligen LCD-Anzeige mit Erweiterungsmöglichkeit.

7.7 Funkuhr mit einem ATmega16(A)

Der Sender DCF77 bei Frankfurt/Main sendet ein Zeitsignal, das von Funkuhren ausgewertet wird. Abbildung 7-19 zeigt den Anschluss eines vom Versandhandel bezogenen Empfängerbausteins BN 641138 an einen ATmega16(A).

- Stift 1: Ground
- Stift 2: Versorgungsspannung 1.2 bis 15 Volt beschaltet mit Vcc = +5 Volt
- Stift 3: DCF77-Ausgang offener Collector max. 30 V 1 mA beschaltet mit 10 kΩ
- Stift 4: invertierter DCF77-Ausgang offen

Das Zeitsignal aus Stift 3 liegt am Eingang ICP1 (PD6) des ATmega16(A) zur Auswertung durch den Timer1 im Capture-Betrieb. Die Zeitinformation (Abbildung 7-20) besteht aus 59 Impulsen, die innerhalb einer Minute im Sekundentakt gesendet werden.

- Die Periodendauer des Sekundentakts zwischen zwei steigenden Flanken ist 1000 ms.
- Eine logische 0 ist 100 ms lang High und 900 ms lang Low.
- Eine logische 1 ist 200 ms lang High und 800 ms lang Low.
- Der 59. Impuls fällt aus und kennzeichnet den Anfang der nächsten Zeitinformation. Die Low-Zeit ist je nach Länge des letzten Bits >= 1800 ms.

Die Zeitinformation besteht aus Uhrzeit und Datum im gepackten BCD-Code sowie aus Sonderfunktionen. Das wertniedrigste Bit erscheint zuerst. Die Zählung beginnt mit Bit Nr. 0 nach dem Synchronbit:

- Bit Nr. 0 bis 20: Sonderfunktionen
- Bit Nr. 21 bis 27: Minute sieben Bits im BCD-Code Low-Bit zuerst
- Bit Nr. 28: Paritätsbit der Minute

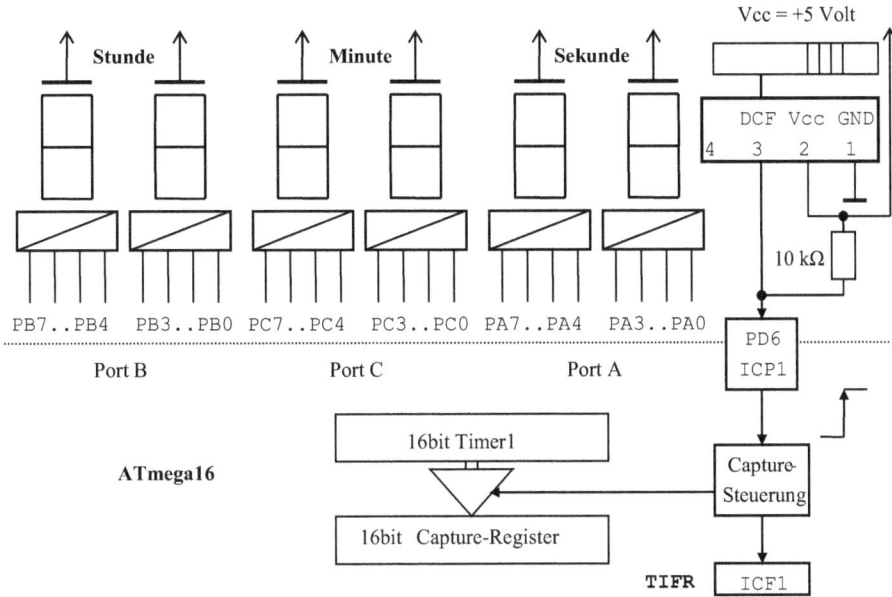

Abbildung 7-19: Funkuhr mit ATmega16(A) und DCF77-Empfängerbaustein.

Alle Zeiten in der Einheit ms

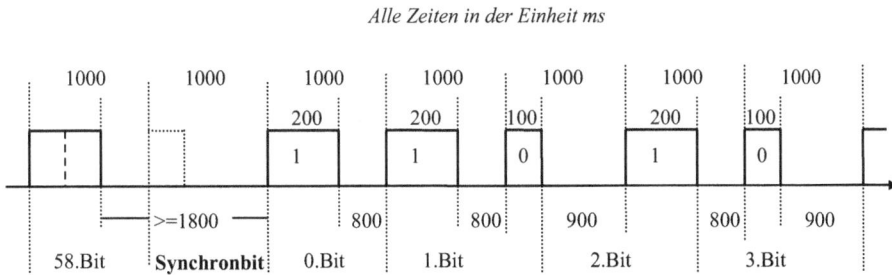

Abbildung 7-20: Impulsdiagramm des DCF77-Signals.

- Bit Nr. 29 bis 34: Stunde sechs Bits im BCD-Code Low-Bit zuerst
- Bit Nr. 35: Paritätsbit der Stunde
- Bit Nr. 36 bis 41: Tagesdatum sechs Bits im BCD-Code Low-Bit zuerst
- Bit Nr. 41 bis 44: Wochentag drei Bits im BCD-Code Low-Bit zuerst (1 = Montag)
- Bit Nr. 45 bis 49: Monat fünf Bits im BCD-Code Low-Bit zuerst
- Bit Nr. 50 bis 57: Jahr zweistellig acht Bits im BCD-Code Low-Bit zuerst
- Bit Nr. 58: Paritätsbit des Datums
- Bit Nr. 59: fällt als Synchronbit aus

Wegen des fehlenden Synchronbits kann der Sekundentakt der Uhr nicht aus den steigenden Flanken des Zeitsignals abgeleitet werden, sondern wird mit dem 8-Bit

Timer0 aus dem Quarztakt von 3.6864 MHz erzeugt. Dieser wurde so gewählt, dass bei einem Periodenteiler von 256, einem Taktteiler von 64 und einem Softwareteiler von 225 ein Uhrentakt von genau einer Sekunde entsteht.

Die Auswertung des DCF77-Signals übernimmt der 16-Bit Timer1 im Capture-Betrieb. Bei einem Taktteiler von 256 beträgt der Timertakt 3.6864 MHz geteilt durch 256 gleich 14.4 kHz oder 69 μs für einen Timerschritt. Für die drei zu unterscheidenden Low-Zeiten ergeben sich folgende Taktwerte:

- Synchronbit >=1800 ms / 69 μs >= 25 920 Takte
- Grenze (Mittelwert) zwischen Synchronbit und **0**-Bit 19 440 Takte
- **0**-Bit 900 ms / 69 μs = 12 960 Takte
- Grenze (Mittelwert) zwischen **0**-Bit und **1**-Bit 12 240 Takte
- **1**-Bit 800 ms / 69 μs = 11 520 Takte

Die Programme *k7p9* stellen die Uhr durch Aufruf des Unterprogramms bzw. der Funktion dcf77 und geben anschließend den Timer0 Interrupt frei, der die Uhr im Sekundentakt weiterzählt. Eine Nachstellung z. B. um drei Uhr nachts findet nicht statt. Die Auswertung des DCF77-Signals beginnt mit einer Synchronisation auf die fallende Flanke des Sekundentaktes. Zuerst wird durch Messung der Low-Zeiten das Synchronbit mit einer Low-Zeit >= 1800 ms gesucht. Dann werden alle folgenden 59 Bits im SRAM abgelegt. Die vorliegende einfache Version schiebt nur die Bits der Minute und der Stunde zu jeweils einem Byte im gepackten BCD-Format zusammen, das in der C-Version in die duale Darstellung überführt werden muss.

```
; k7p9.asm ATmega16 DCF77-Uhr
; Port A: Sekunde dezimal
; Port B: Stunde dezimal
; Port C: Minute dezimal
; Port D: D6: ICP1=DCF77 Eingang D7 und D5-D0 frei für Sonderfunktionen
; Konfiguration Quarz 3.6864 MHz   JTAG Interface disabled!
        .INCLUDE "m16def.inc"   ; Deklarationen für ATmega16
        .EQU    ICP1 = PD6
        .EQU    takt = 3686400  ; Takt 3.6864 MHz
        .DEF    akku = r16      ; Arbeitsregister
        .DEF    zael = r19      ; Interruptzähler
        .DEF    sekunde = r20   ; Sekunde
        .DEF    minute = r21    ; Minute
        .DEF    stunde = r22    ; Stunde
        .DEF    eins = r23      ; Zähl-Eins
        .DEF    null = r24      ; Lösch-Null
        .CSEG                   ; Programm-Flash
        rjmp    start           ; Reset-Einsprung
        .ORG    OVF0addr        ; Einsprung Timer0 Überlauf
```

```
        rjmp    tictac          ; Uhr und Anzeige umschalten
        .ORG    $2A
start:  ldi     akku,LOW(RAMEND); Endadresse_Low SRAM
        out     SPL,akku        ; nach Stapelzeiger_Low
        ldi     akku,HIGH(RAMEND) ; Endadresse_High SRAM
        out     SPH,akku        ; nach Stapelzeiger_High
        ldi     akku,$ff        ; Bitmuster 1111 1111
        out     DDRA,akku       ; A7-A0 Ausgang
        out     DDRB,akku       ; B7-B0 Ausgang
        out     DDRC,akku       ; C7-C0 Ausgang
        ldi     eins,1          ; Zähl-Eins
        clr     null            ; Lösch-Null
        ldi     zael,225        ; Interruptzähler 225 Hz
; Timer0 vorbereiten
        in      akku,TCCR0      ; Steuerregister Timer0
        ori     akku,(1 << CS01) | (1 << CS00); Mode 011 Teiler 64
        out     TCCR0,akku      ; 3686400 : 64 : 256 = 225 Hz
        in      akku,TIMSK      ; Steuerregister Timerinterrupt
        ori     akku,(1 << TOIE0); Timer0 Interrupt frei
        out     TIMSK,akku
        ldi     r16,250         ; R16 = Faktor 250
        rcall   wartex10ms      ; wartet 2500 ms = 2.5 sek
        rcall   dcf77           ; R16 = Stunde  R17 = Minute
        mov     stunde,r16
        mov     minute,r17
        clr     sekunde
        out     PORTA,sekunde   ; Startwerte ausgeben
        out     PORTC,minute
        out     PORTB,stunde
        sei                     ; I = 1 Interrupts global frei
; Arbeitsschleife
loop:   nop
        rjmp    loop            ; Kontrollschleife
; Interrupt 225 Hz   4.44 ms
tictac: push    r16             ; Register retten
        in      r16,SREG        ; Status
        push    r16
        dec     zael            ; Interruptzähler vermindern
        brne    tictacx         ; ungleich Null:
        ldi     zael,225        ;   gleich Null: Anfangswert
; 1 Sekunde vergangen
        mov     r16,sekunde
```

```
            add     r16,eins        ; Sekunde erhöhen
            rcall   daa             ; BCD-Korrektur
            mov     sekunde,r16     ; Sekunde erhöht
            cpi     sekunde,$60     ; Minute voll
            brlo    tictac1         ; nein:
            clr     sekunde         ;   ja: Sekunde löschen
; 1 Minute vergangen
            mov     r16,minute      ; Minute
            add     r16,eins        ; erhöhen
            rcall   daa             ; Dezimalkorrektur
            mov     minute,r16
            cpi     minute,$60      ; Stunde voll ?
            brlo    tictac1         ; nein:
            clr     minute          ;   ja: Minute löschen
; 1 Stunde vergangen
            mov     r16,stunde      ; Stunde
            add     r16,eins        ; erhöhen
            rcall   daa             ; Dezimalkorrektur
            mov     stunde,r16
            cpi     stunde,$24      ; Tag voll ?
            brlo    tictac1         ; nein:
            clr     stunde          ;   ja: ein neuer Tag beginnt
; Zeit ausgeben
tictac1:out     PORTA,sekunde   ; ausgeben
            out     PORTC,minute
            out     PORTB,stunde
; Rücksprung
tictacx:pop     r16             ; Register zurück
            out     SREG,r16        ; Status
            pop     r16
            reti
; dcf77 liefert R16 = Stunde  R17 = Minute
dcf77:  push    r15             ; Register retten
            push    r18
            push    XL
            push    XH
            ldi     XL,LOW(liste)   ; Anfangsadresse
            ldi     XH,HIGH(liste)  ; Bitspeicher
            ldi     r18,59          ; Bit-Zähler
            ldi     r16,0b11000100  ; Stör ein, Flanke stei, Takt/256
            out     TCCR1B,r16      ; Timer1 Capture-Steuerung
            clr     r17             ; R17 = Synchronisationsmarke löschen
```

```
; Synchronisationsbit suchen
dcf77a: sbis    PIND,ICP1       ; überspringe bei High
        rjmp    dcf77a          ; warte bei Low
dcf77b: sbic    PIND,ICP1       ; überspringe bei Low
        rjmp    dcf77b          ; warte bei High
; fallende Flanke erkannt
        in      r16,TIFR        ; Timer-Interrupt Anzeige
        sbr     r16,ICF1        ; Capture-Flag löschen durch 1
        out     TIFR,r16        ; einschreiben
        out     TCNT1H,null     ; Timer1 High löschen
        out     TCNT1L,null     ; dann Low
dcf77c: in      r16,TIFR        ; R16 <- Timer-Interrupt-Anzeige
        sbrs    r16,ICF1        ; überspringe bei gesetzt
        rjmp    dcf77c          ; warte auf steigende Flanke
        in      r16,ICR1L       ; erst Low nicht auswerten
        in      r16,ICR1H       ; dann High
        tst     r17             ; Synchronisation schon gefunden ?
        brne    dcf77d          ; Marke ungleich Null: ja: speichern
        cpi     r16,HIGH(19440) ; nein: Zeit für Startbit ?
        brlo    dcf77b          ; nein: warten
        com     r17             ;   ja: R17=$FF Synchronisation erkannt
        rjmp    dcf77b          ; weiter abtasten
; Startbit gefunden alle Folge-Bits speichern
dcf77d: cpi     r16,HIGH(12240) ; Bit High oder Low ?
        brlo    dcf77e          ; kleiner: High-Bit
        ldi     r16,0           ; grösser: Low-Bit
        rjmp    dcf77f
dcf77e: ldi     r16,1           ; kleiner: High-Bit
dcf77f: st      X+,r16          ; speichern Adresse + 1
        dec     r18             ; Zähler - 1
        brne    dcf77b
; Auswertung R16 = Stunde  R17 = Minute
        ldi     XL,LOW(liste+21)   ; Anfangsadresse Liste
        ldi     XH,HIGH(liste+21)  ; niedrigstes Minutenbit
        ldi     r18,7           ; R18 = Bitzähler
        clr     r17             ; Minute löschen
dcf77g: ld      r15,X+          ; Bit laden
        lsr     r15             ; nach Carry
        ror     r17             ; nach Minute
        dec     r18             ; Zähler - 1
        brne    dcf77g
        lsr     r17             ; R17 = Minute
```

```
        ld      r15,X+          ; Paritätsbit übergehen
        ldi     r18,6           ; R18 = Bitzähler
        clr     r16             ; Stunde löschen
dcf77h: ld      r15,X+          ; Bit laden
        lsr     r15             ; nach Carry
        ror     r16             ; nach Stunde
        dec     r18             ; Zähler - 1
        brne    dcf77h
        lsr     r16             ; R16 = Stunde
        lsr     r16
        pop     XH              ; Register zurück
        pop     XL
        pop     r18
        pop     r15
        ret
        .INCLUDE  "daa.asm"         ; Dezimalkorrektur in R16
        .INCLUDE  "wartex10ms.asm" ; warte R16*10ms Symbol takt
; Speicher für 59 Abtastungen nach Synchronisationsbit
        .DSEG                     ; SRAM
liste:  .BYTE     59              ; 59 Bytes reserviert
        .EXIT                     ; Ende des Quelltextes
```

k7p9.asm: Assemblerprogramm der Funkuhr.

```
// k7p9.c ATmega16 DCF77-Uhr
// Port A: Sekundenanzeige dezimal
// Port B: Stundenanzeige dezimal
// Port C: Minutenanzeige dezimal
// Port D: D6: ICP1=DCF77 Eingang D7 und D5-D0 frei für Sonderfunktionen
// Konfiguration Quarz 3.6864 MHz  JTAG Interface disabled!
#define    TAKT 3686400ul      // Systemtakt 3.6864 MHz
#define    ICP1 PIND6          // Eingang DCF77-Signal
#include   <avr/io.h>          // Deklarationen
// #include    <avr/signal.h>  // Deklarationen für Interrupt (alt)
#include   <avr/interrupt.h>   // Deklarationen für Interrupt
#include   "wartex10ms.c"      // wartet faktor*10ms Symbol TAKT
#include   "dual2bcd.c"        // dual nach BCD
#include   "bcd2dual.c"        // BCD nach dual
volatile unsigned char zael=225,sekunde=0,minute=0,stunde=0; // global
// DCF77-Signal abtasten, Minute und Stunde dual speichern
void dcf77(void)
{
 static unsigned char liste[59], dummy, i;
```

```
TCCR1B = 0xC4; // 0b1100 0100 Timer1: Stör ein, Flanke steigend, Takt/256
while (!(PIND & (1 << ICP1)));      // warte solange Signal Low
do
{
 while (PIND & (1 << ICP1));        // warte solange Signal High
 TIFR |= (1 << ICF1);              // Capture-Flag löschen durch 1
 TCNT1H = 0; TCNT1L = 0;           // Timer1 löschen
 while (! (TIFR & (1 << ICF1)));   // warte auf steigende Capture-Flanke
 dummy = ICR1L;                    // Low-Byte nicht auswerten
} while (ICR1H < (19440/256));     // warte auf Synchronlücke
// Synchronlücke erkannt alle Bits abspeichern
for (i = 0; i < 59; i++)          // Signal abtasten und Bits speichern
{
 while (PIND & (1 << ICP1));        // warte solange Signal High
 TIFR |= (1 << ICF1);              // Capture-Flag löschen durch 1
 TCNT1H = 0; TCNT1L = 0;           // Timer1 löschen
 while (! (TIFR & (1 << ICF1)));   // warte auf steigende Capture-Flanke
 dummy = ICR1L;                    // Low-Byte nicht auswerten
 if (ICR1H < (12240/256)) liste[i] = 1; else liste[i] = 0; // Bit speichern
} // Ende for-i speichern
// Minute und Stunde auswerten
minute = 0;
for (i = 0; i < 7; i++)           // Minute zusammensetzen
{
 minute >>= 1; if (liste[i+21] == 1) minute |= 0x80;
} // Ende for-i Minute
minute = bcd2dual(minute >>= 1);   // BCD nach dual umwandeln
stunde = 0;
for (i = 0; i < 6; i++)           // Stunde zusammensetzen
{
  stunde >>= 1; if (liste[i+29] == 1) stunde |= 0x80;
} // Ende for-i Stunde
stunde = bcd2dual(stunde >>= 2);   // BCD nach dual umwandeln
} // Ende dcf77

// Timer0 Überlauf
ISR (TIMER0_OVF_vect)              // Service Timer0 Überlauf
{
 zael--; if (zael == 0)           // Interruptzähler Null ?
 {
  zael = 225;
  sekunde++; if (sekunde == 60)   // Sekundenzähler voll ?
```

```c
    {
     sekunde = 0;
     minute++; if (minute == 60)          // Minutenzähler voll ?
       {
        minute = 0;
        stunde++; if (stunde == 24) stunde = 0; // Stundenzähler
       } // Ende if-minute
     } // Ende if-sekunde
     PORTA = dual2bcd(sekunde);            // Sekunde dezimal ausgeben
     PORTB = dual2bcd(stunde);             // Stunde dezimal ausgeben
     PORTC = dual2bcd(minute);             // Minute dezimal ausgeben
    } // Ende if-zael
} // Ende Service
int main (void)                           // Hauptfunktion
{
 DDRA = DDRB = DDRC = 0xff;               // Ausgabe Ports A,B,C Port D Eingabe
 TCCR0 |= (1 << CS01) | (1 << CS00);      // 3686400 : Teiler 64 : 256 = 225 Hz
 TIMSK |= (1 << TOIE0);                   // Timer0 Interrupt frei
 wartex10ms(250);                         // 2500 ms = 2.5 sek warten
 dcf77();                                 // Stunde und Minute auswerten
 sei();                                   // I = 1 Interrupts global frei
 while (1)                                // Arbeitsschleife tut nix
 {
 } // Ende while
} //Ende main
```

k7p9.c: *C-Programm der Funkuhr.*

8 Atmel Studio7

Neue und abgeänderte Beispiele wurden in der Entwicklungsumgebung Atmel Studio7 erstellt. Die von früheren Auflagen des Buches übernommenen Programme wurden in dieser IDE (*Integrated Development Environment*) getestet. Gegenüber dem früheren AVR-Studio bietet Atmel Studio7 mehr Möglichkeiten – zum Beispiel einen besseren Editor – und unterstützt neben AVR 8-Bit auch AVR 32-Bit (UC3) und ATSAM Cortex M Controller. So fällt ein späterer Umstieg auf diese 32-Bit-Bausteine leichter. Zu beachten ist auch, dass nur Atmel Studio7 die neuesten AVR-Typen und Hardware-Entwicklungswerkzeuge unterstützt, während für das AVR-Studio keine Aktualisierungen mehr vorgesehen sind.

Atmel Studio7 basiert auf Visual C und ist daher ausschließlich für Microsoft Windows Rechner verfügbar. Der integrierte C-Compiler entstammt der Gnu Compiler Collection (GCC), auf der auch die winAVR Version basiert, mit der die ursprünglichen C-Beispiele entwickelt wurden.

Mit der Übernahme Atmels durch Microchip stellt sich die Frage, wie es um die Zukunft des Studios bestellt ist – schließlich hat Microchip mit MPLAB eine eigene Entwicklungsumgebung. Laut Microchip wird das Studio noch einige Jahre gepflegt werden, parallel werden nacheinander alle Atmel-Bausteine in MPLAB integriert und vorteilhafte Features übernommen. Erst wenn dies alles abgeschlossen ist und sauber läuft wird die Pflege von Atmel Studio7 durch Microchip beendet werden. MPLAB® hat, da es auf Netbeans® basiert, den Vorteil, plattformunabhängig und damit nicht an Windows gebunden zu sein. Bis auf weiteres jedoch bleibt Atmel Studio7 das empfohlene Werkzeug. Ein späterer Umstieg auf MPLAB sollte keine allzu große Herausforderung darstellen.

8.1 Atmel Studio7 installieren

Laden Sie Atmel Studio7 von der Herstellerseite www.microchip.com herunter und folgen Sie den dort angegebenen Installationsanweisungen, nachdem Sie sich davon überzeugt haben, dass Ihr System die erforderlichen Mindestvoraussetzungen erfüllt. Das Gesamtpaket ist recht groß, auch weil es für mehrere Mikrocontrollerfamilien als Entwicklungsgrundlage dient. Ab Studio7 wurde die Möglichkeit geschaffen, nicht benötigte Teile wegzulassen. Für die Übungen dieses Buches reicht der AVR 8-Bit Teil aus. Während der Installation erscheint eine entsprechende Nachfrage. Wichtig ist auch, das USB Treiber-Paket zu installieren, das die für Boards, Programmiergeräte und Debugger des Herstellers benötigten Treiber enthält.

https://doi.org/10.1515/9783110403886-008

8.2 Ein Assembler-Projekt anlegen

Nach dem Öffnen erscheint zunächst der Begrüßungsbildschirm, die *Start Page* (nicht zu verwechseln mit der *QTouch Start Page*, die sich auf Projekte mit kapazitiver Berührungserkennung und die zu deren Entwicklung vorgesehenen Werkzeuge bezieht). Sie haben die Wahl, ob Sie ein vom Hersteller vorgegebenes Beispielprojekt öffnen, ein eigenes bereits bestehendes Projekt öffnen oder ein neues Projekt anlegen möchten.

Von Zeit zu Zeit wird auch ein Fenster mit Hinweisen zu Aktualisierungen und neuen Programmerweiterungen angezeigt. Wenn Sie hier auf *Update* klicken, gelangen Sie zum *Extension Manager*, wo Sie sich die verfügbaren Updates einzeln anzeigen lassen und nach Wunsch auswählen können. Ein fester Bestandteil des Studios ist das *Atmel Software Framework (ASF)*. Die Beispiele dieses Buches greifen nicht darauf zurück, wohl aber viele Beispielprogramme des Herstellers. Bei deren Nutzung ist darauf zu achten, die zum jeweiligen Beispiel passende ASF Version auszuwählen.

Sollten Sie das Startfenster versehentlich geschlossen haben, können Sie es wiederherstellen, indem Sie im Auswahlmenü auf das zugehörige Symbol klicken (Abbildung 8-1).

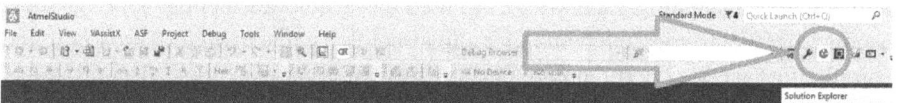

Abbildung 8-1: Wiedereinschalten des Begrüßungsfensters.

Um ein neues Projekt anzulegen, klicken Sie auf den Button *New Project* oder in der Menüleiste auf *File > New Project* (Abbildung 8-2).

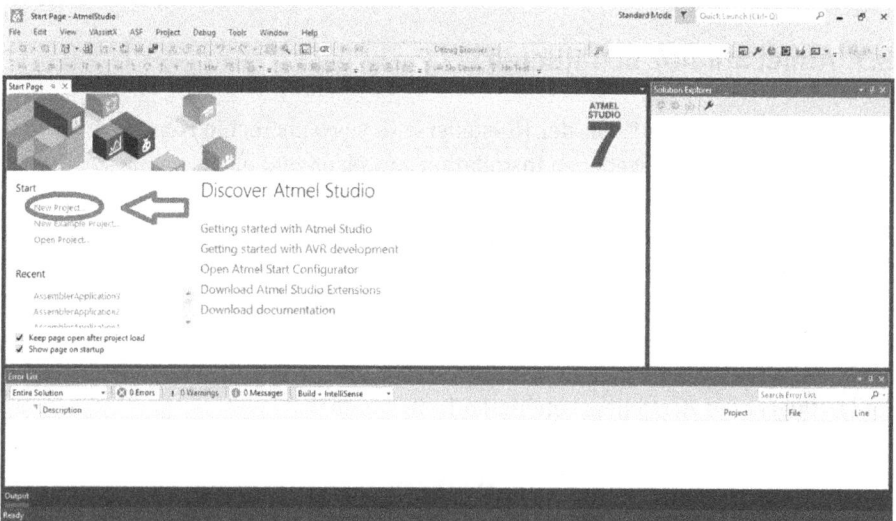

Abbildung 8-2: Neues Projekt anlegen.

Im sich nun öffnenden *New Project* Fester wählen Sie Assembler (1), geben Sie den Programmnamen ohne die Erweiterung .asm ein, z.B. k2p1, (2) und wählen Sie ein Verzeichnis für Ihre Beispielprogramme aus (3) (Abbildung 8-3).

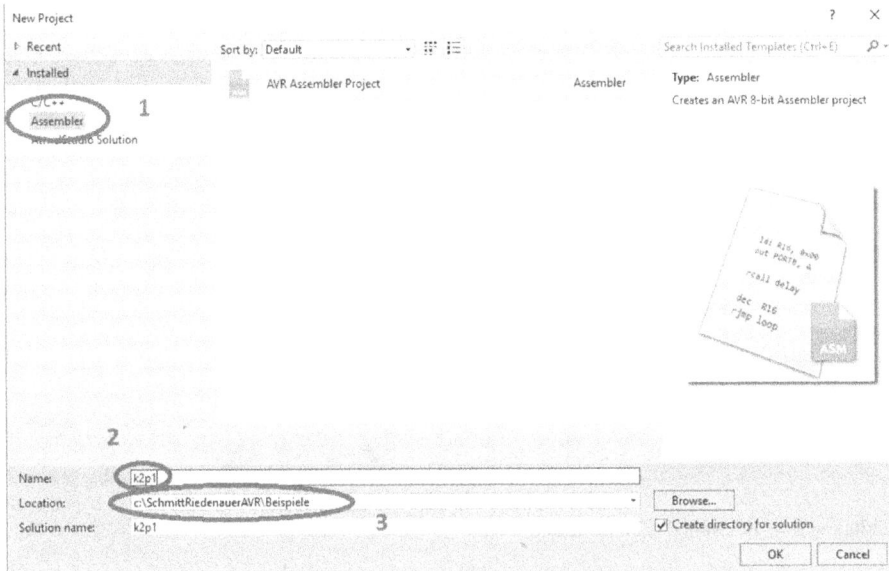

Abbildung 8-3: Programmname angeben und Zielverzeichnis auswählen.

Nach der Bestätigung mit OK öffnet sich das Fenster zur Auswahl des Mikrocontroller-typs (Abbildung 8-4). Diese Auswahl können Sie einschränken, zum Beispiel auf die ATmega Familie (1) und anschließend den genauen Typ auswählen (2). Bestätigen Sie wiederum mit OK.

Nun ist das Editorfenster zur Eingabe des Programmcodes bereit (Abbildung 8-5). Es enthält bereits ein Programmgerüst mit der Aufforderung

```
; Replace with your application code.
```

Nachdem Sie hier Ihren Quellcode eingegeben oder per Copy & Paste aus der Online-Beispielsammlung zum Buch übernommen haben, klicken Sie das *Build Solution* Symbol in der Symbolleiste (Abbildung 8-6) oder drücken Sie Taste F7.

Wenn alles richtig war, enden die Meldungen über den Assembliervorgang im Output-Fenster des unteren Bildschirm-Bereichs mit

```
Build succeeded.
====== Build: 1 succeeded or up-to-date, 0 failed, 0 skipped =========
```

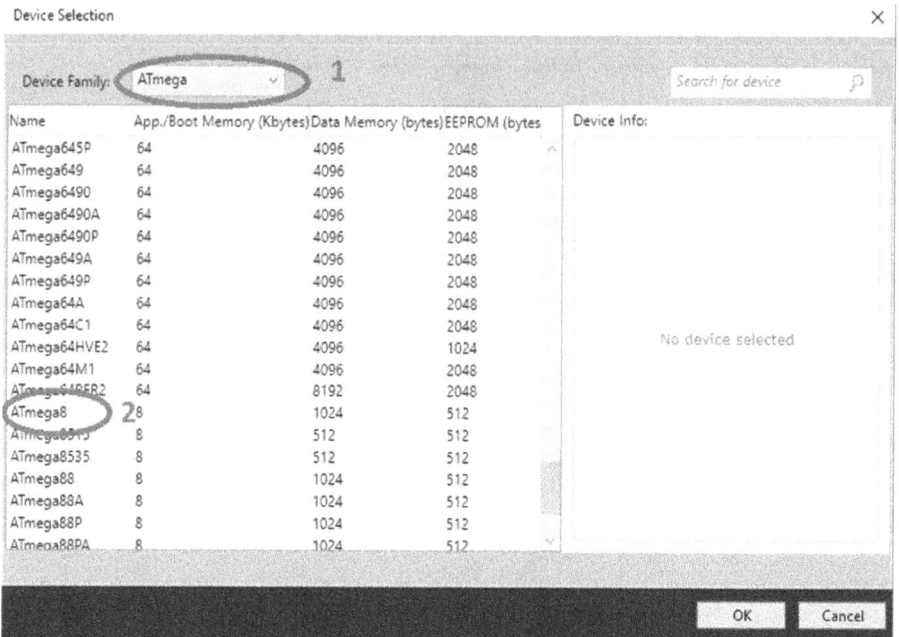

Abbildung 8-4: Auswahl des Zielcontrollers.

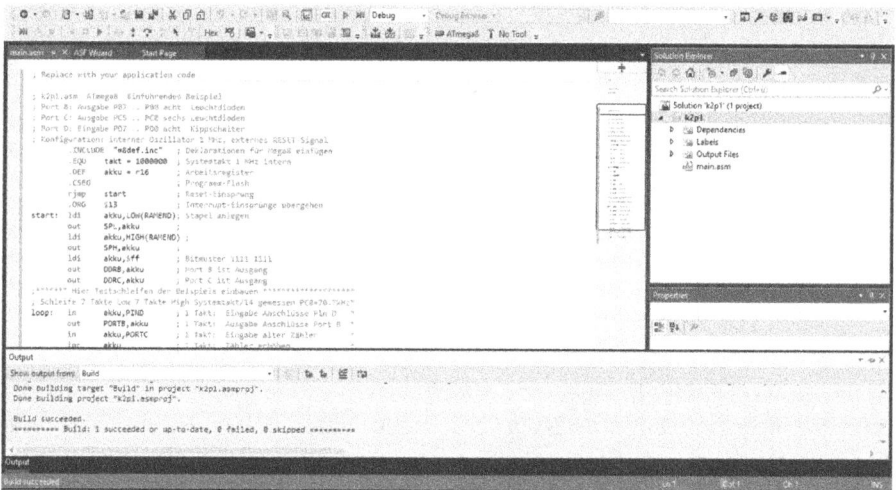

Abbildung 8-5: Editorfenster mit Programmgerüst.

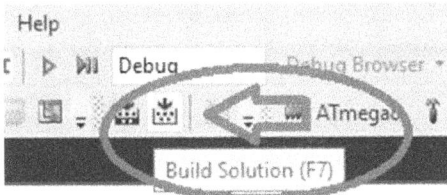

Abbildung 8-6: Das Programm assemblieren.

8.3 Das Programm testen

Nach erfolgreichem Assemblieren kann das Programm nun getestet werden. Klicken Sie dazu auf das grüne Pfeilsymbol *Start Without Debugging* (Abbildung 8-7).

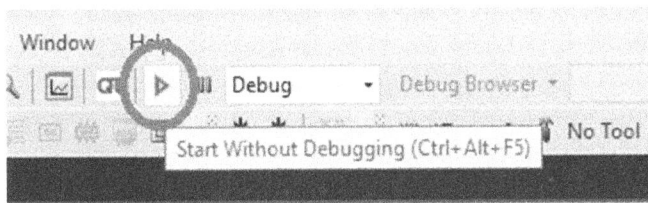

Abbildung 8-7: Das Programm starten.

Daraufhin öffnet sich das Tools-Fenster mit der Aufforderung, ein Tool auszuwählen (Abbildung 8-8).

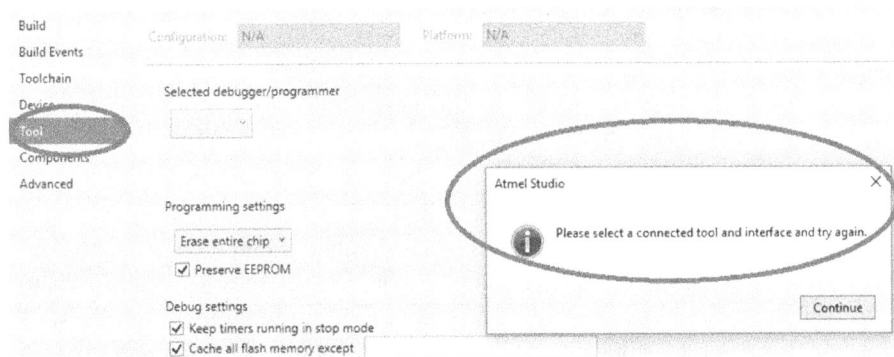

Abbildung 8-8: Auswahl eines *angeschlossenen Tools (oder des Simulators).*

Ist ein Entwicklungsboard am PC angeschlossen, wird es automatisch zur Auswahl vorgeschlagen. Falls nicht, kommt nur der Simulator in Frage (Abbildung 8-9).

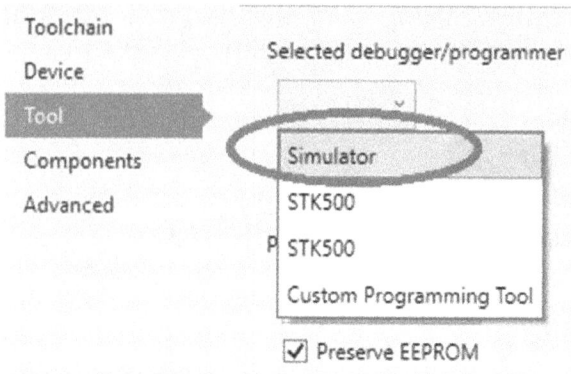

Abbildung 8-9: Simulator aktivieren.

In diesem Fall führt die Auswahl *Start Without Debugging* allerdings zu folgender Meldung (Abbildung 8-10):

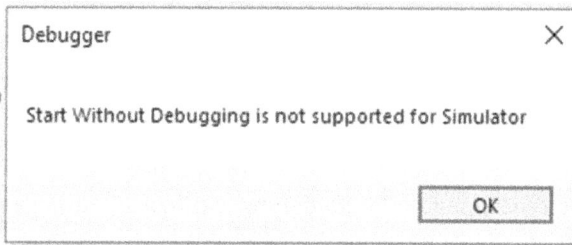

Abbildung 8-10: Simulator nur im Debug-Modus.

Aufgabe 18:
Liegt hier eine unnötige Beschränkung des Entwicklungssystems vor oder gibt es einen vernünftigen Grund für diese Meldung?

Lösung zu Aufgabe 18:
Diese Meldung ist schlüssig, denn ein lediglich simulierter Programmablauf hat nur dann Sinn, wenn man sich das Geschehen im simulierten Controller auch anschaut, also den Debugger benutzt. Bei Anschluss einer Hardware-Schaltung dagegen ist der Programmablauf ohne Debugging schließlich das erstrebte Ziel des Entwicklungsprozesses und kann auf diese Weise getestet werden, bevor die Schaltung vom Entwicklungssystem getrennt wird.

Um das Programm im Simulator zu testen, starten Sie es durch Anklicken des in der Default-Einstellung gleich doppelt vorhandenen Buttons *Start Debugging and Break* (Abbildung 8-11).

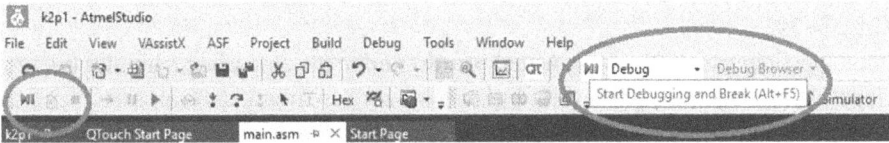

Abbildung 8-11: Start Debugging and Brake.

Damit wird der Simulator gestartet, die *Assembler-Direktiven (Anweisungen an das Assembler-Übersetzungs-Programm)* werden ausgeführt, der simulierte Programmlauf aber bei Erreichen des ersten *Assemblerbefehls (Anweisung an den Mikrocontroller)* angehalten.

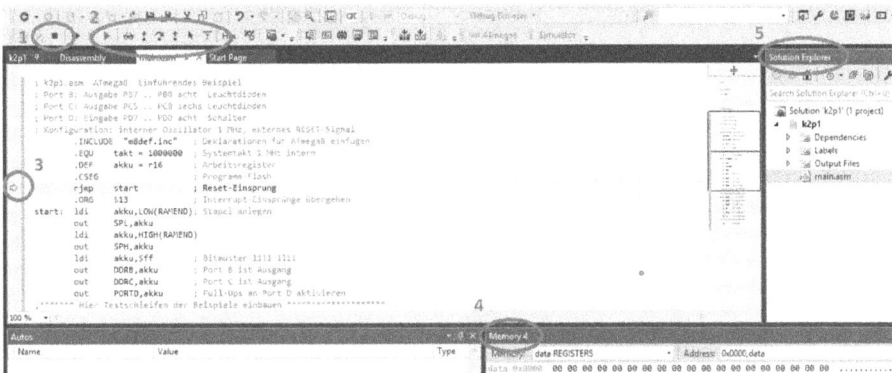

Abbildung 8-12: Breakpoint setzen, wo der Programmlauf angehalten werden soll.

Mit Button (1) in Abbildung 8-12 können Sie das Debugging beenden, die Buttonreihe (2) gestattet das Weiterlaufenlassen des Programms auf unterschiedliche Weise:
- Kontinuierlicher Programmablauf, solange bis das Programm mit Button (1) gestoppt wird oder einen sogenannten *Breakpoint* erreicht – Symbol *grüner Pfeil*.
- Schrittweiser Programmablauf mit der Möglichkeit, alle Veränderungen der Register und Speicherinhalte zu beobachten - Symbole *Step Into (F11)*, *Step over (F10)* und *Step Out (Shift+F11)*.

Der *gelbe Pfeil* (3) links vom Quellcode zeigt auf diejenige Programmzeile, die als nächstes ausgeführt wird.

Im *Memory-Fenster* (4) lassen sich Speicher- und Registerinhalte kontrollieren. Unter data REGISTERS kann man die Änderungen in den Arbeitsregistern beobachten, unter prog FLASH das Programm im Hex-Code. Unter Menüpunkt data MAPPED_IO werden die Spezialregister sichtbar und data IRAM zeigt den internen RAM-Bereich.

Aufgabe 19:

Unter der Überschrift **Discover Atmel Studio** finden Sie eine Übersicht mit Links zu Tipps für Anfänger, beispielsweise in Form kurzer YouTube Videos im Netz. Schmökern Sie hier ein wenig und vollziehen Sie am besten die vorgeführten Abläufe nach, um mit der Handhabung des Studios vertraut zu werden.

8.4 Das Programm mit dem Xplained Board testen

Steht, wie dringend empfohlen, ein ATmega168/328 PB Xplained Mini, ein ATtiny417 Xplained Pro Board o.ä. zur Verfügung, gehen Sie zum Debuggen in gleicher Weise vor, nur dass Sie als Tool das entsprechende Board auswählen, welches beim Anschluss über USB automatisch erkannt und angezeigt wird (Abbildung 8-13).

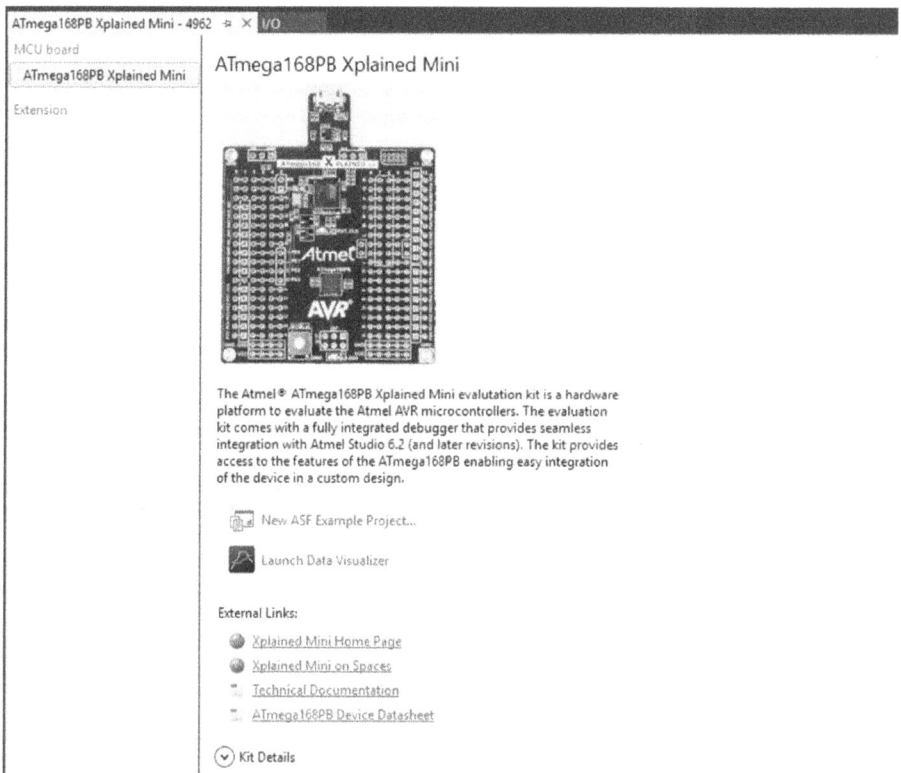

Abbildung 8-13: Das Xplained Mini Kit wird beim Anschließen automatisch erkannt.

Auch hierbei wird evtl. zu einem Update aufgefordert, und zwar der On-Board Programmer/Debugger-Firmware (Abbildung 8-14).

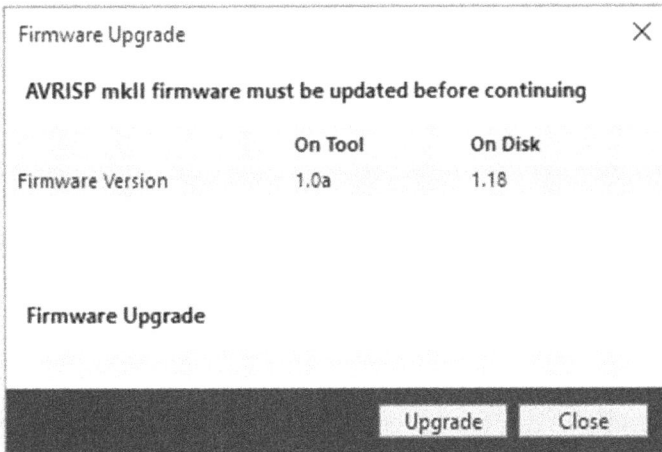

Abbildung 8-14: Aufforderung zur Firmware Aktualisierung eines angeschlossenen Gerätes (hier AVRISPmkII Programmer).

Bei Xplained Mini Boards wird zum Debuggen die debugWire Schnittstelle benutzt, zum bloßen Flashen des Chips dagegen die SPI Schnittstelle. Beim Programmieren über SPI wird der Reset-Pin verwendet und muss auf low gehalten werden, beim Debuggen über debugWire dagegen wird der Rest-Pin zur Übertragung genutzt. Je nach verwendeter Schnittstelle muss die Funktion des Reset-Pins also anders konfiguriert werden. Ist beispielsweise die Funktion „Reset" des Reset-Pins noch deaktiviert, da er zuvor zum Debuggen verwendet wurde, und man versucht nun über SPI Verbindung zum Board aufzunehmen, erscheint diese Fehlermeldung (Abbildung 8-15):

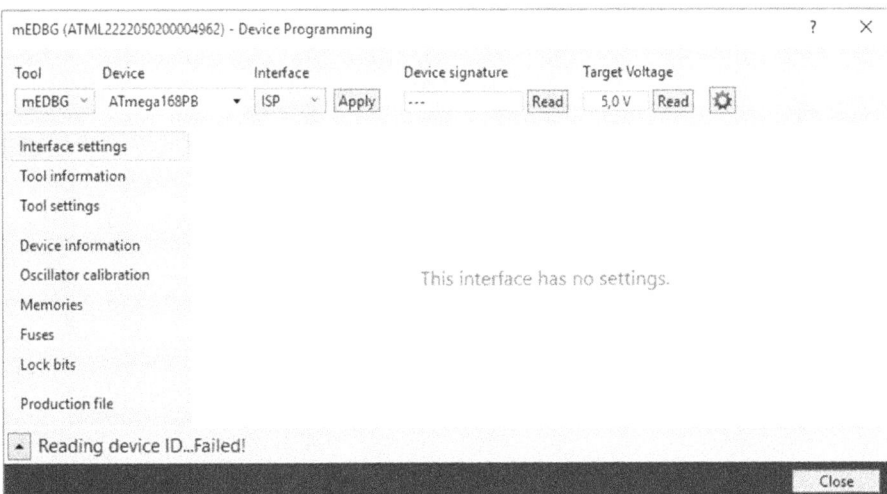

Abbildung 8-15: Fehlermeldung, wenn keine Verbindung mit dem *Gerät (bzw. Controller) besteht*.

In diesem Fall muss zunächst debugWire deaktiviert (disabled) werden, bevor über SPI programmiert werden kann. Dies geschieht über das Debug-Menü (Abbildung 8-16).

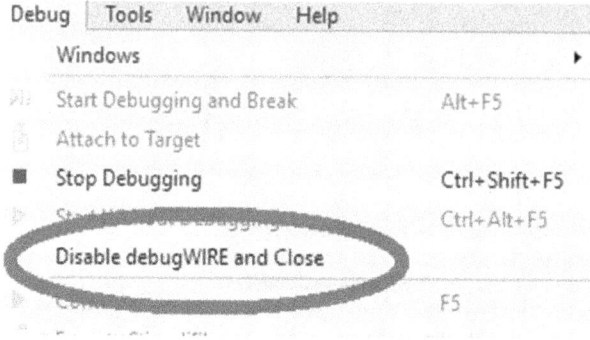

Abbildung 8-16: Deaktivieren der debugWire Schnittstelle, um den Reset-Pin wieder als solchen nutzen zu können.

9 ARDUINO Boards und Atmel Studio7

Falls Sie bereits Erfahrung mit der ARDUINO Hard- und Software-Plattform gemacht haben, soll Ihnen dieses Kapitel den Übergang zum Studio7 und damit zur Programmierung des ARDUINO Boards in Assembler und C erleichtern. Der Umgang mit der ARDUINO Software wird hier nicht behandelt. Auch der Import von ARDUINO Sketches ins Studio sowie deren Erstellung direkt im Studio sind nicht Themen dieses Buches. Wer sich hierfür interessiert, sei auf die AppNote AN-12077 verwiesen – siehe Literaturliste im Anhang.

Ziel des ARDUINO Projekts war es, technisch weniger vorgebildeten Anwendern den Einstieg in die Programmierung von Mikrocontrollern zu erleichtern. Dazu wurde sowohl eine einfache IDE entwickelt – inklusive einer vereinfachten Programmiersprache – als auch ein Minimalsystem mit Mikrocontroller, Programmierschnittstelle und Steckkontakten zur Erweiterung um zusätzliche Hardware. Die passenden Aufsteckplatinen heißen **Shields** und sind in derart vielen Varianten erhältlich, dass Microchip viele der eigenen Eva-Boards mit entsprechenden Steckplätzen ausstattet, einschließlich der Abweichung vom üblichen 2,54 mm Rastermaß auf einer Seite (was auf ein Versehen beim ARDUINO Layoutentwurf zurückzuführen sein soll).

Neben der Kombination aus gut funktionierender, plattformunabhängiger Entwicklungsumgebung, einfacher Programmiersprache mit vielen vorgefertigten Funktionen und preiswerter Hardware war es ein weiterer Punkt, der dem Arduino Projekt zu dem selbst für seine Entwickler überraschenden Erfolg verhalf: Es wird keine zusätzliche Programmierhardware benötigt, um die Firmware in den Controller zu übertragen. Es genügt ein USB-Kabel für die Verbindung mit dem PC, den Rest erledigt ein USB-RS232-Wandler auf dem Board zusammen mit dem im ARDUINO Controller vorinstallierten Bootloader-Programm für die USART.

Aufgabe 20:
Welche Vor- und Nachteile sehen sie darin, dass die vom Chip-Hersteller standardmäßig vorgesehene In-System-Programmierung über die SPI Anschlüsse hier nicht gewählt wurde?

Lösung zu Aufgabe 20:
Vorteil:
- Es werden die Bauteile und Kosten für ein externes serielles Programmiergerät eingespart.

Nachteile:
- Selbst bei Ausführungen mit Stecksockel kann der AVR auf dem ARDUINO Board nicht ohne weiteres gegen ein fabrikneues Exemplar getauscht werden. Der neue Baustein muss erst mit der Bootloader Firmware geladen werden, bevor er aus

https://doi.org/10.1515/9783110403886-009

der ARDUINO Umgebung angesprochen werden kann. Dazu ist dann doch ein SPI-Programmiergerät erforderlich.

– Das Bootloader-Programm belegt Speicherplatz im Flash, der sonst anderweitig genutzt werden könnte.

Falls Sie die Beispiele dieses Buches auf einem ARDUINO Board nachvollziehen möchten, können Sie den Bootloader aus dem Studio heraus ebenso benutzen wie aus der ARDUINO IDE. Oder Sie programmieren das ARDUINO Board über die ISP Schnittstelle, was einen ISP-Programmer voraussetzt. In jedem Fall muss das Beispiel zum verwendeten Controller passen, also gegebenenfalls abgeändert werden. Der Originalcontroller auf dem ARDUINO Board kann aber auch gegen eine der ATmega8 Versionen (z. B. ATmega8A-PU) ausgetauscht werden, falls es sich um ein Board mit DIL-Stecksockel handelt und nicht um eine Sparvariante mit aufgelötetem Chip. Zusätzlich zur ISP-Schnittstelle haben moderne Nachfolger des ATmega8 wie der ATmega328 die interne Debug-Hardware **mEDBG** mit zugehöriger Debug-Schnittstelle **debugWire**. Über diese kann man im Atmel Studio7 auch Sketches debuggen, die ursprünglich in der ARDUINO IDE erstellt wurden.

9.1 ARDUINO aus Studio7 über Bootloader programmieren

Hardware: ARDUINO Board mit vorprogrammiertem Bootloader-Programm, USB-Kabel

Die ARDUINO Oberfläche greift zur Programmierung der Chips auf die Software **avrdude** zurück. Um aus dem Studio heraus direkt via Bootloader zu flashen muss diese Software als externes Tool eingebunden werden. Gehen Sie dazu auf Tools -> External Tools.

In dem sich daraufhin öffnenden Fenster müssen Sie nun einige Eintragungen vornehmen (Abbildung 9-1). Unter *Title* vergeben Sie einen selbstgewählten, aussagekräftigen Namen. In die Zeile *Command* wird der Pfad zum Programm *avrdude.exe* eingetragen, welches Bestandteil der ARDUINO Umgebung und daher im entsprechenden Verzeichnis zu finden ist.

Unter *Arguments* sind mehrere Eintragungen notwendig. Im Internet zu findende Anleitungen funktionieren nicht immer problemlos. Beim Co-Autor haben sich folgende Eingaben bewährt:

-u -v -patmega328p -c arduino -PCOM13 -b115200 -Uflash:w:"$(ProjectDir)
Debug\$(TargetName).hex":i -C"C:\Arduino\arduino-1.8.9\hardware\tools\avr\etc\
avrdude.conf"

Details über die Bedeutung der einzelnen Argumente und über mögliche Optionen finden Sie in der Dokumentation zum Atmel Studio. Klicken Sie dazu auf der Startseite *Getting Started with Atmel Studio* an, dann *Menus and Settings* und schließlich *External Tools*.

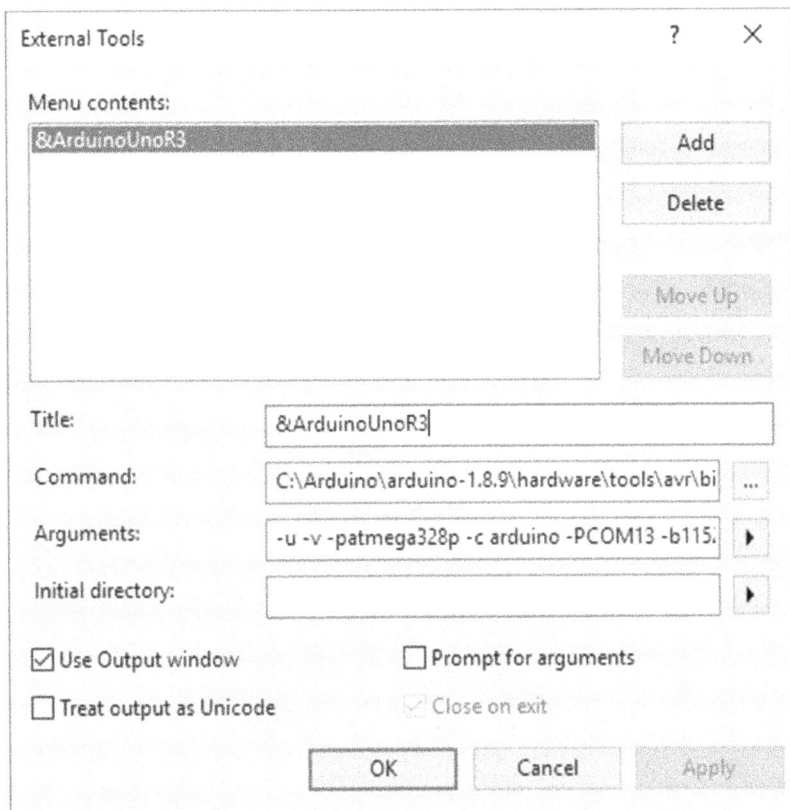

Abbildung 9-1: avrdude als externes Tool im Atmel Studio anlegen und konfigurieren.

Die Pfadangaben sind natürlich an die eigenen Verhältnisse anzupassen. Wird schließlich der Haken bei *Use Output window* gesetzt, erscheint im Ausgabefenster ein Protokoll des Programmiervorgangs, was hilfreich ist, falls etwas nicht wie geplant funktioniert. Das Einfügen eines &-Symbols vor einen beliebigen Buchstaben der Namenseingabe ermöglicht die Einrichtung eines Shortcuts, so dass die Tastenkombination <Strg+*Buchstabe*> bzw. <Ctrl+ *Buchstabe* > den Programmiervorgang auslöst. Im obigen Beispiel lässt sich die Programmierung anstatt über das Menü auch über die Kombination <Strg+A> starten. Gehen Sie folgendermaßen vor (Abbildung 9-2):

- Klicken Sie im Menü *Tools* auf *Options*.
- Wählen Sie im linken *Environment* Fenster *Keyboard* aus.
- Tippen Sie in die Zeile *Show commands containing* das Wort *Tools* ein.
- Suchen Sie in der dann darunter angezeigten Liste, der *Command names list*, den passenden Eintrag *External Command n*. Falls Sie bisher noch keine anderen externen Tools eingebunden haben, ist n = 1.
- Platzieren Sie den Cursor in die Box *Press shortcut keys* und drücken Sie die gewünschten Tasten, hier im Beispiel also die Strg- und gleichzeitig die A-Taste.
- Klicken Sie auf *Assign*.

Atmel Studio 7

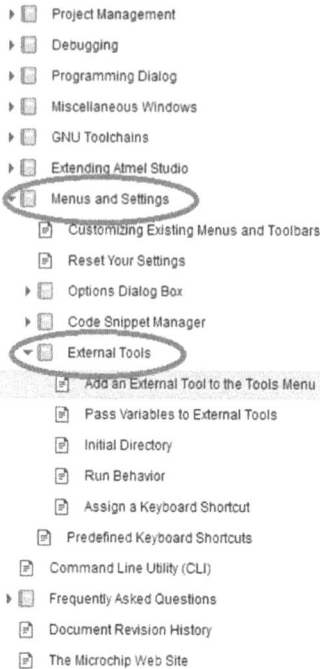

▸ ☐ Project Management
▸ ☐ Debugging
▸ ☐ Programming Dialog
▸ ☐ Miscellaneous Windows
▸ ☐ GNU Toolchains
▸ ☐ Extending Atmel Studio
▾ ☐ Menus and Settings
    ☐ Customizing Existing Menus and Toolbars
    ☐ Reset Your Settings
  ▸ ☐ Options Dialog Box
  ▸ ☐ Code Snippet Manager
▾ ☐ External Tools
    ☐ Add an External Tool to the Tools Menu
    ☐ Pass Variables to External Tools
    ☐ Initial Directory
    ☐ Run Behavior
    ☐ Assign a Keyboard Shortcut
   ☐ Predefined Keyboard Shortcuts
 ☐ Command Line Utility (CLI)
▸ ☐ Frequently Asked Questions
 ☐ Document Revision History
 ☐ The Microchip Web Site

Add an External Tool to the Tools Menu

You can add a command to the Tools menu to start another application,

Figure 1. External Tool Dialog

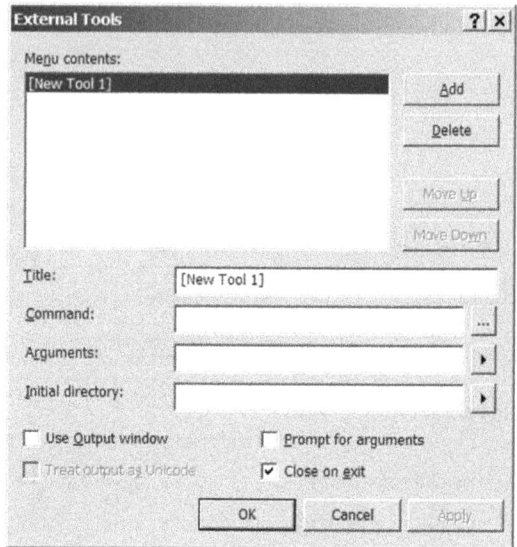

External Tools   ? ×

Menu contents:
[New Tool 1]   Add
      Delete
      Move Up
      Move Down

Title: [New Tool 1]
Command:
Arguments:
Initial directory:

☐ Use Output window   ☐ Prompt for arguments
☐ Treat output as Unicode   ☑ Close on exit

OK   Cancel   Apply

Abbildung 9-2: Dokumentation zum Atmel Studio (Auszug).

Weitere Erläuterungen zur Einrichtung eines Shortcuts finden Sie bei *Assign a Keyboard Shortcut* unter *External Tools*.

9.2 ARDUINO aus Studio7 über SPI programmieren

Hardware: ARDUINO Board, ISP-Programmer (AVRISP2, Dragon, ATMELICE, JTAGICE3, JTAGICEmk2, STK500, STK600, zum ISP-Programmer modifizierter zweiter ARDUINO oder Raspberry Pi etc.), ggf. passender Adapter auf 6-pol. Stiftleiste, USB-Kabel für ARDUINO, passendes USB-Kabel für Programmer

Das ARDUINO Board verfügt über eine 6-polige, 2-reihige Stiftleiste im 2,54 mm Raster mit der von Atmel empfohlenen Stiftbelegung für das In-System-Programming (ISP). Bevor Sie das Board mit einem geeigneten Programmiergerät wie in Abbildung 9-3 gezeigt über ein Flachkabel verbinden, vergewissern Sie sich, dass sowohl ARDUINO als auch Programmer mit der gleichen Betriebsspannung arbeiten, also 3,3 Volt oder 5 Volt. Achten Sie ferner darauf, dass niemals die Zielhardware (hier der ARDUINO) bereits mit Spannung versorgt wird, während das Programmiergerät noch ausgeschaltet ist! Besonders der JTAGICEmk2 reagiert bei Verwendung als ISP-Programmer in dieser Hinsicht empfindlich auf die dann auftretenden Rückströme aus der Zielhardware über die Daten- und Takt-Pins, was die Ausgangstreiber schnell zerstört. (Man kann mit etwas Geschick die Treiber-ICs austauschen. Das macht Arbeit, lohnt sich aber beim vergleichsweise teuren JTAGICEmk2).

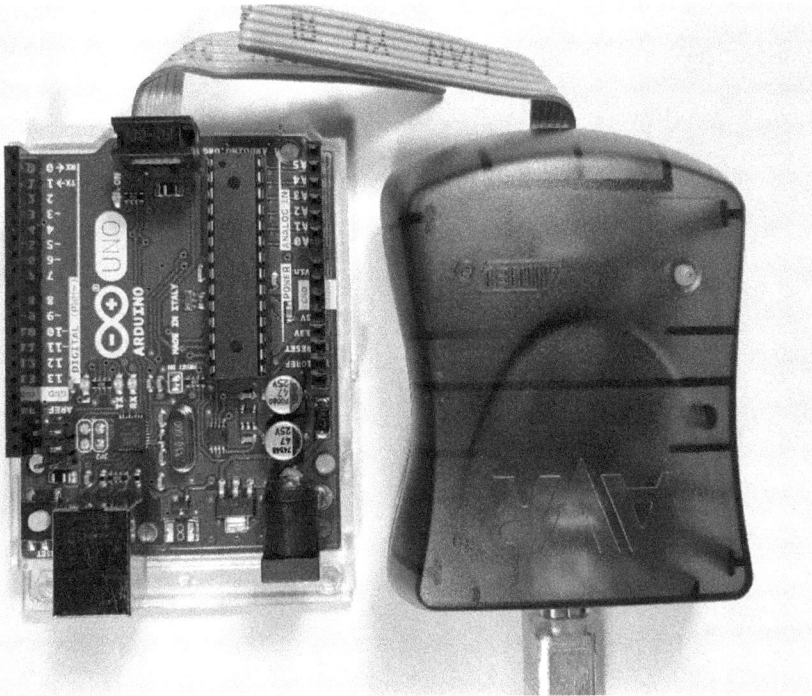

Abbildung 9-3: ARDUINO Uno R3, über Flachkabel verbunden mit dem Programmer AVRISP2.

9.2.1 ARDUINO Bootloader retten

Wie erwähnt, ist der ATmega328P des ARDUINO mit einer *Bootloader-Firmware* vorprogrammiert. Der entsprechende Flashbereich kann gegen versehentliches Löschen oder Überschreiben *aus der Anwendung heraus* durch Aktivieren der zugehörigen Lockbits geschützt werden. Bei einem *Chip Erase über einen Programmer* jedoch werden alle Flash-Inhalte gelöscht, auch der Bootloader! Über SPI kann der Bootloader wieder geladen werden, was aber immer wieder zu Problemen führt, wie ein Blick in entsprechende Foren zeigt. Bevor Sie mit dem Programmer irgendetwas in den ARDUINO speichern, notieren Sie sich deshalb die Fuse- und Lockbit-Einstellungen und lesen Sie sicherheitshalber den Bootloader Ihrer ARDUINO Version aus (Abbildungen 9-4 und 9-5).

AVRISP mkII (000200104004) - Device Programming   ?   ✕

Tool	Device		Interface		Device signature		Target Voltage		
AVRISP mkII ∨	ATmega328P	∨	ISP ∨	Apply	0x1E950F	Read	4,9 V	Read	⚙

Interface settings	Fuse Name	Value
Tool information	⊘ EXTENDED.BODLEVEL	Brown-out detection at VCC=2.7 V ∨
Device information	⊘ HIGH.RSTDISBL	☐
Oscillator calibration	⊘ HIGH.DWEN	☐
	⊘ HIGH.SPIEN	☑
Memories	⊘ HIGH.WDTON	☐
Fuses	⊘ HIGH.EESAVE	☑
Lock bits	⊘ HIGH.BOOTSZ	Boot Flash size=256 words start address=$3F00 ∨
Production file	⊘ HIGH.BOOTRST	☑
	⊘ LOW.CKDIV8	☐
	⊘ LOW.CKOUT	☐
	⊘ LOW.SUT_CKSEL	Ext. Crystal Osc. 8.0- MHz; Start-up time PWRDWN/RESET: 16K CK/14 CK + 65

Fuse Register	Value
EXTENDED	0xFD
HIGH	0xD6
LOW	0xFF

☑ Auto read   Copy to clipboard
☑ Verify after programming   Program   Verify   Read

Starting operation read registers
Reading register EXTENDED...OK
Reading register HIGH...OK
Reading register LOW...OK
Read registers...OK

▾ Read registers...OK

Close

Abbildung 9-4: Fusebit-Einstellungen beim ARDUINO Uno R3.

Zum Auslesen des Bootloaders gehen Sie wie gewohnt im *Device Programming* Fenster auf Memories, klicken dann aber keinesfalls auf *Program* oder *Erase*, sondern auf *Read* (Abbildung 9-6). Daraufhin öffnet sich der Explorer und Sie können das Verzeichnis auswählen, in dem der Flashinhalt samt Bootloader abgespeichert wird. Bei einem neuen ARDUINO ist dies natürlich nur der Bootloader, andernfalls wird der Anwendungsbereich mit kopiert und beim ersten Programmieren überschrieben.

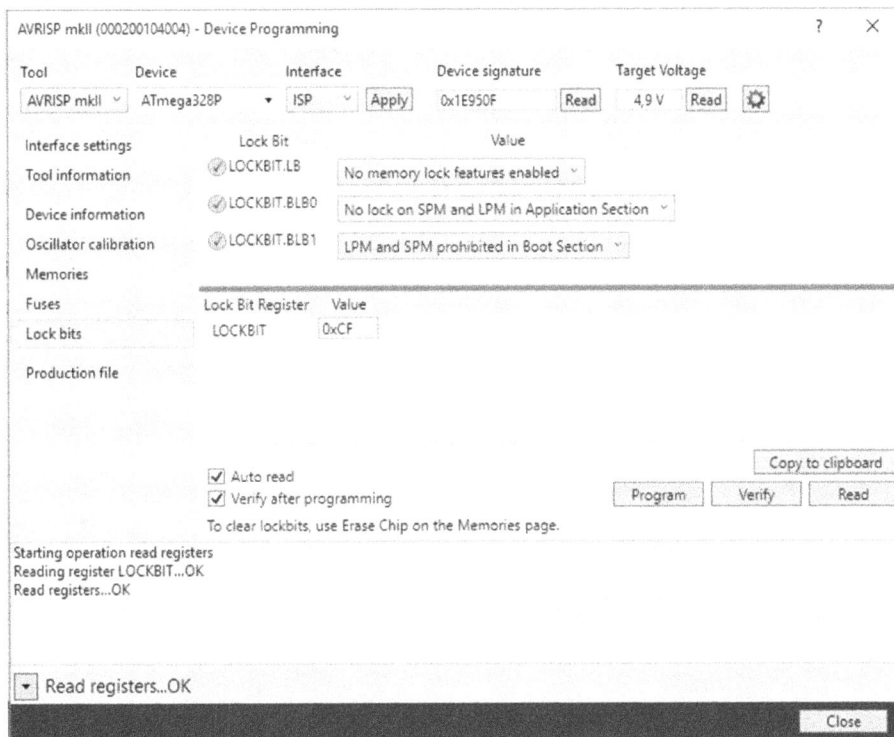

Abbildung 9-5: Lockbit-Einstellungen beim Arduino Uno R3.

Aufgabe 21:

Um das erste ATmega8-Assemblerbeispiel k2p1.asm aus Kapitel 2 an einen ARDUINO Uno mit ATmega328P anzupassen, wurde die Include Datei auf "m328Pdef.inc" geändert und im Studio der betreffende Baustein als Zielcontroller ausgewählt. Das Programm wurde *k2p1_328p_Arduino.asm* genannt. Probeweises Assemblieren (F7) erzeugt die Meldung:

```
Build succeeded.
========= Build: 1 succeeded or up-to-date, 0 failed, 0 skipped ========
```

Ist das Programm damit auf dem ARDUINO lauffähig?

Lösungshilfen zu Aufgabe 21:

Falls Ihre Antwort „ja sicher" war, probieren Sie es bitte NICHT einfach aus, sondern denken Sie noch einmal nach, insbesondere über die Stichworte *äußere Beschaltung*, *Bootloader* und *Interruptvektoren*.

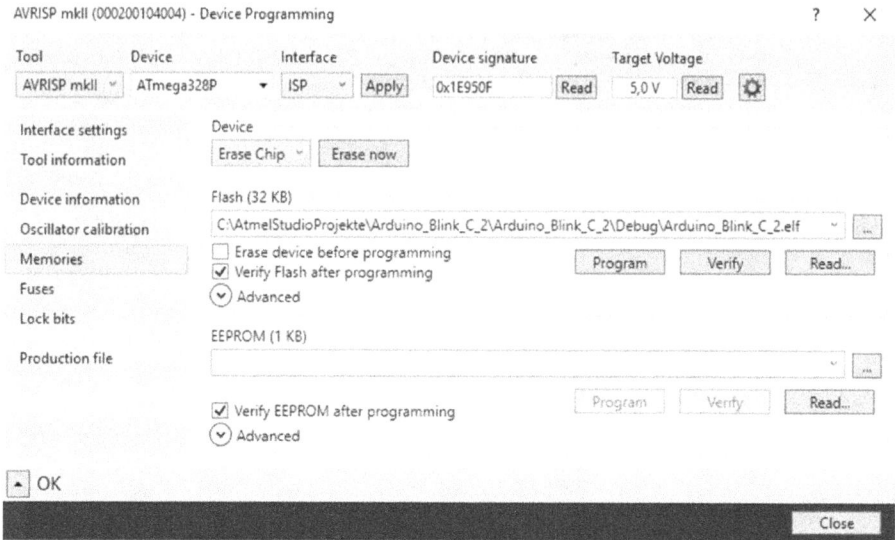

Abbildung 9-6: Den Flashinhalt und damit den Bootloader auslesen.

Lösung zu Aufgabe 21:

Bevor Sie ein Programm, das an eine bestimmte *Außenbeschaltung* angepasst ist, auf ein anderes Board übertragen, vergewissern Sie sich zuerst, dass keine Konflikte mit der neuen äußeren Beschaltung des Controllers auftreten. So könnte beispielsweise ein als Ausgang konfigurierter Pin nun mit einem Taster gegen Masse verbunden sein, was bei „High" am Pin und Betätigen des Tasters zum Kurzschluss führen würde.

Laden Sie also das Schaltbild Ihrer ARDUINO Version vom Netz herunter und vergleichen Sie die Beschaltung des ATmega8 bzw. ATmega328 (nicht zu verwechseln mit dem zweiten AVR auf der ARDUINO Platine, dem ATmega16U2, der als USB-UART-Wandler fungiert). Hier sind es die Pins 9 und 10 (PB6 und PB7), die beim ARDUINO Uno R3 anderweitig benutzt werden, nämlich in ihrer Zweitfunktion als Quarzanschlüsse.

Beim Wechsel auf einen anderen AVR sind u. a. die eventuell unterschiedlichen Größen von Flash, SRAM und *Interrupt-Vektorbereich* zu beachten. Wie ein Blick in die Include Datei "m328Pdef.inc" verrät, sind beim ATmega8 die ersten 19 Flashadressen (also 0 bis 18) für Reset- und Interrupt-Vektoren reserviert:

```
.equ    INT_VECTORS_SIZE      = 19    ; size in words
```

Daher die Assembleranweisung, das eigentliche Programm erst ab Adresse 19 (hexadezimal 13) abzuspeichern:

```
.ORG    $13              ; Interrupt-Einsprünge übergehen
```

Diese Zeile ist auf den entsprechenden Wert beim ATmega328P anzupassen, der mehr Interrupt-Vektoren als der alte ATmega8 besitzt:

```
.ORG    $34                     ; Interrupt-Einsprünge übergehen
```

Aufgabe 22:
Kann man das intelligenter lösen als durch Nachschlagen und Eintragen der neuen Adresse?

Lösung zu Aufgabe 22:

```
.ORG    INT_VECTORS_SIZE   ; Interrupt-Einsprünge übergehen
```

Achtung: Die Angabe ist hier dezimal, deshalb entfällt das $-Zeichen.

Der Platzhalter INT_VECTORS_SIZE wird dann automatisch an den richtigen Wert aus der Include-Datei ersetzt.

9.3 ARDUINO aus Studio7 heraus debuggen

Hardware: ARDUINO mit ATmega328xx und passendes USB-Kabel, In-Circuit-Debugger (ATMELICE, JTAGICE3, JTAGICEmk2, …) und passendes USB-Kabel, Verbindungskabel zwischen Debugger und ARDUINO mit passendem Adapter für die DebugWire Schnittstelle

Das ARDUINO Board verfügt zwar über einen USB-Seriell-Wandler, der zusammen mit dem Bootloader-Programm das Flashen des Programmspeichers ermöglicht, ein echtes Debuggen ist jedoch über diese Schnittstelle nicht möglich. Auch hat der ATmega8 noch keine Debug-Hardware mit zugehöriger Schnittstelle. Erst die Nachfolger ATmega48/88/168/328 und damit z. B. der ARDUINO Uno R3 verfügen über mEDBG und DebugWire, während viele größere AVRs mit einer vollwertigen JTAG-Standard-Schnittstelle ausgestattet sind.

Anders als bei den Xplained Mini und Xplained Pro Kits von Atmel/Microchip wird Debugging vom ARDUINO Board selbst nicht unterstützt. Sie benötigen also ein zusätzliches Werkzeug, einen In-Circuit-Debugger. Dieser wird an derselben Stiftleiste angeschlossen, wie der ISP-Programmer, allerdings mit abweichender Anschlussbelegung. Deshalb ist den Tools ein geeigneter Adapter beigelegt. Wie die Verbindung im Einzelnen herzustellen ist, entnehmen Sie der zugehörigen Anleitung. Bezogen auf die Atmel/Microchip-Debugger JTAGICEmk2, JTAGICE3, Dragon und den aktuellen ATMELICE finden Sie diese Unterlagen auf der jeweiligen Microchip-Webseite unter *Documents*.

10 AVR Familien und Versionen

Seit Markteinführung der AVR Mikrocontroller mit dem AT90S1200 im Jahr 1996 wurde die Familie stetig durch neue Typen ergänzt und technologisch weiterentwickelt. Hier eine kurze Übersicht über die verschiedenen Generationen und Untergruppen.

10.1 AVR Classic

Die hier als Classic-Typen bezeichneten AVRs der Reihe AT90S... (beginnend mit dem ersten AVR, dem AT90S1200) sind veraltet und zum Teil abgekündigt. Ihre Funktionalitäten sind gegenüber neueren Ausführungen eingeschränkt, etwa bei Timern, Fuses, ADCs (sofern überhaupt vorhanden) und mehr. Es fehlen u. a. On-Chip-Debug-Schnittstellen, Bootloaderbereich und Hardware-Multiplizierer. Im Befehlssatz gibt es allerdings kaum Beschränkungen, außer bei den 8-Pin-ATtinys.

10.2 ATmega

Aktuelle AVRs gehören zu den Familien ATmega, ATtiny oder ATxmega. ATmegas zeichnen sich vor allem durch den Hardware-Multiplizierer aus, der eine 8 × 8 Multiplikation in 2 Taktzyklen ausführt. Dazu kommen bei vielen Typen Self-Programming und Bootloader Optionen sowie Verbesserungen in der Peripherie, etwa ADCs mit Differenzmessung, im Betrieb einstellbare Systemtakt-Teiler, On-Chip-Debugging und mehr.

10.3 ATtiny

ATtiny Controller ergänzen das Portfolio in Richtung kleiner und kleinster Derivate, oft verwendet für Hilfsfunktionen in Geräten mit großen Controllern oder Prozessoren, aber auch für Anwendungen in der Sensorik oder bei Alltagsprodukten wie Druckerpatronen, Taschenlampen, Spielzeug etc.

In dieser Gruppe sind alle AVR-Generationen vertreten. Bis 2016 waren ATtinys nicht nur bei Bau- und Flashgröße, sondern auch im Funktionsumfang eingeschränkt. Viele ältere Typen verfügen nur über einen Teil des Befehlssatzes, haben weder SRAM noch EEPROM und nur 16 statt der üblichen 32 Arbeitsregister. An einige Typen lässt sich kein Quarz anschließen. Die seriellen Schnittstellen beschränken sich zumeist auf das in seinen Funktionen eingeschränkte Universal Serial Interface (USI).

Diese Beschränkungen entfallen bei modernen, im neuen 130-nm Prozess hergestellten ATtinys. Sie verfügen nicht nur über die von ATmegas gewohnten Features, sondern wurden sogar mit einigen Eigenschaften der Xmegas versehen, von denen

https://doi.org/10.1515/9783110403886-010

Event System und Configurable Logic Cells (CLC) die augenfälligsten sind. Darüber hinaus sind viele neue AVRs ab 8 KB Flash mit einem **Peripheral Touch Controller (PTC)** ausgestattet. Dieser ermöglicht die Implementierung kapazitiver Berührungs- und Annäherungssensorik auf technisch anspruchsvollem Niveau ohne Einbußen bei Performance und Programmspeicher, wie es bei reinen Software-Lösungen natur- gemäß der Fall ist. Aktuelle Vertreter dieser neuen Generation sind die Baureihen ATtiny 212/412/214/414/814/1614, ATtiny416/816/1616/3216 und ATtiny417/817/1617/3217, wobei die ersten ein oder 2 Ziffern die Flashgröße angeben.

10.4 picoPower® AVR

Unter der Bezeichnung picoPower® fasste der Hersteller Atmel Maßnahmen zur Reduzierung der Leistungsaufnahme zusammen, v. a. bei den Sleep Modi, wenn die CPU ruht und nur noch die Peripherie teilweise aktiv ist. Die wesentlichen Merkmale der picoPower® Controller sind:

- **Sleeping Brown Out Detection (SBOD)** – Während die Brown Out Detection bei Standard AVRs über Fuses entweder aktiviert war oder nicht, kann die SBOD so konfiguriert werden, dass sie im Sleep-Mode abgeschaltet wird, also ebenso wie die CPU „schläft". Erst wenn die CPU aktiviert werden soll, wird zunächst die SBOD geweckt, sie überprüft die Betriebsspannung und gibt bei ausreichender Vcc das Aufwecken der CPU frei. Bei den „High-Runnern" ATmega48/88/168/328 besteht der einzige für den Programmierer hinsichtlich Software zu beachtende Unterschied zwischen den Pico-Power-Derivaten (ATmega48P...) und ihren Vor- gängern in den beiden zusätzlichen Bits 6 und 7 des MCUCR, die nunmehr für diesen neuen BOD-Modus zuständig sind. Diese Bits waren zuvor unbenutzt.
- Beim **Flash Sampling**, das vom Benutzer nicht beeinflusst werden kann, wird der Programmspeicher nur während der Schreib- und Lesezugriffe mit Vcc verbun- den, ansonsten bleibt er abgeschaltet. Gerade bei niedrigen Taktraten macht sich hier ein deutlicher Energiespareffekt bemerkbar.
- **Digital Input Disable Register (DIDR)** - Liegen analoge Spannungen an Eingang- spins, die auch digitale Funktion haben, fließen in den digitalen Eingangsstufen Querströme, da beide Transistoren teilweise leiten. Über das DIDR können bei Verwendung als Analogeingänge die digitalen Eingangszweige bitweise getrennt werden.
- Das **Power Reduction Register (PRR)** ist ein 8-Bit Register, über das Timer, ADC, USART und TWI durch Setzen eines Bits vom Takt getrennt werden können und in ihrem letzten Zustand verbleiben, bis der Takt wieder frei gegeben wird (Tabelle 10-1). Der Analogkomparator ist hier nicht vertreten, kann aber abge- schaltet werden, indem man das Bit ACD im Register ACSR setzt. Die Ersparnis beträgt ca. 60 μA bei 3 V. Dabei muss der Analog Comparator Interrupt gesperrt sein, sonst wird er durch Ändern des Bits ausgelöst. Dazu wiederum ist das

ACIE-Bit im Register ACSR zuvor zu löschen. Wenn die Bandgap-Diode (Vref) intern mit dem Komparator verbunden ist, fließen ca. 15 µA - auch im Sleep Mode. Daher sollte auch das ACBG Bit im Register ACSR auf 0 gesetzt werden.

Tabelle 10-1: Einsparungen bei abgeschalteter Peripherie.

Modul	Einsparung aktiv	Einsparung Idle Mode
USART	2 %	6 %
Asynchroner Timer (RTC)	4 %	15 %
Timer/Counter	2 %	6 %
ADC	4 %	14 %
SPI	3 %	11 %

10.5 ATxmega

2006 brachte ATMEL eine neue AVR Generation unter der Bezeichnung Xmega heraus. Sie sollten den AVRs Anwendungen ermöglichen, die höhere Performance verlangen und in denen oft 16-Bit Controller eingesetzt wurden. Die erste Version hatte noch einige Unzulänglichkeiten, insbesondere bei den Analogfunktionen. Die pin- und funktionskompatible 2. Generation ist dagegen ausgereift, verfügt zusätzlich über eine Full Speed USB Device Schnittstelle und wurde über den ADC hinaus in weiteren technischen Details verbessert und ergänzt. Dank Multi-Package Mode sind besonders hohe USB Übertragungsraten möglich, ohne die CPU nennenswert zu belasten. Die USB Schnittstelle mit 31 Endpoints kommt ohne externe Komponenten aus. Unterstützt werden die Transfer-Modi Control, Interrupt, Isochronous und Bulk. Sogar ein Quarz ist unnötig, da der interne RC-Oszillator im gesamten Betriebsspannungs- und Temperaturbereich ausreichend genau, stabil und jitterarm arbeitet.

Features der **ATxmega A-Serie der 2. Generation:** Bis zu 2 separate ADCs mit 12-bit Auflösung und bereits ab einer Vcc von 1,62 Volt jeweils 2 MSPS Abtastrate, programmierbarer Differenzverstärker, 12-bit DAC mit 1 MSPS und 2 Sample & Hold Stufen, 8 Kanal Event System zur CPU-unabhängigen und zeitlich determinierten Steuerung der Peripherie, 4 Kanal DMA, picoPower® Stromspartechnologie mit typisch 0,6µA Stromaufnahme im Sleep Mode bei laufendem Timer und vollständigem Datenerhalt, 32 MHz Systemtakt, AES und DES Crypto Module, bis zu 32 PWM Ausgänge, 8 USARTs inkl. IrDA, 4 TWI (I2C) und 4 SPI Schnittstellen, CRC Generator, Seriennummer, zusätzlicher Bootloaderbereich im Flash, identische Struktur der jeweiligen Spezialregister der Bausteine untereinander *(Hex-Kompatibilität)*, EEPROM, On Chip Debugger, SBOD, Windowed WDT, POR, 128 MHz PLL für die Ansteuerung der Timer zur schnellen PWM-Erzeugung. Überhaupt gehören die Timer-Features zu den modernsten in der 8-Bit Welt und übertreffen bei BLDC-Motor-Ansteuerung manche Cortex MCU. Xmegas haben einen Non-Volatile-Memory-Controller, der Flash und EEPROM Zugriffe koordiniert und stromsparend konfiguriert werden kann. Dabei werden das EEPROM sowie nicht benutzte Teile des Flash-Speichers abgeschaltet.

Bei der Entwicklung der Xmegas wurden auch Anregungen von Anwendern berücksichtigt:

- Der ADC ermöglicht *rail-to-rail Betrieb* (GND bis Vcc) ohne externe Komponenten zur Pegelanpassung.
- Das CRC Modul wurde auf CRC16 (RC-CCITT) und CRC-32 (IEEE 802.3) erweitert und kann auch auf Kommunikationsdaten angewandt werden.
- Eine Konstantstromquelle erspart in vielen Fällen externe Widerstände.
- Die High-Resolution Extension kann PWM-Signale mit einer Auflösung von 4 ns erzeugen, entsprechend einer PWM-Eingangsfrequenz von 256 MHz.
- Für PWM Kanäle, SPI, USART und den 32,768 kHz Quarz stehen alternative Pins zur Verfügung, was die Flexibilität bei Funktionsauswahl und Layoutgestaltung erhöht.
- Die Signale von Real Time Clock, Peripheral Clock und Event System können auf Pins nach außen geführt werden und stehen zur direkten Weiterverarbeitung zur Verfügung.
- Die 16-bit Timer/Counter können in je zwei 8-bit Timer/Counter gesplittet werden, was die Anzahl verfügbarer PWM-Kanäle nahezu verdoppelt. Die damit verbundene geringere Auflösung ist in vielen Fällen – etwa bei der Helligkeitssteuerung von LEDs – unproblematisch.
- Der Stromverbrauch wurde je nach Betriebsmodus um ca. 15 bis 65 % weiter reduziert und die entsprechenden Toleranzangaben im Datenblatt nach unten angepasst.

Die Typenbezeichnungen der neuen Bausteine wurden um ein „U" ergänzt, aus dem alten ATxmega128A1-AU wurde der ATxmega128A1**U**-AU. Application Notes mit Hinweisen zum Umstieg auf die neuen Bausteine sind auf der Herstellerseite verfügbar.

Die **Xmega-B** Serie ist **mit integriertem LCD Controller** ausgestattet. Die 100 Pin Variante B1 unterstützt bis zu 4 × 40 Segmente, die B3 Typen im 64-poligen Gehäuse bis zu 4 × 25 Segmente. Maximal 16 nicht benötigte LCD Pins können alternativ als normale I/Os genutzt werden. Der LCD Controller ist mit 3 µA Stromaufnahme deutlich sparsamer als derjenige der bisherigen Typen ATmega169/329/649(P/A). Neben verschiedenen Stromspartechniken verfügen die Bausteine über eingebaute Kontrastregelung, LCD Buffer, eigene Spannungsversorgung für das LC-Display und Text-Scrolling.

- *ASCII Character Mapping* erleichtert die Textausgabe, da keine tiefgehenden Kenntnisse über die Hardware und keine umfangreichen Look-Up Tables benötigt werden. Zudem werden Codegröße und Zeitbedarf zum Aktualisieren der Anzeige reduziert. So kann der Controller länger im Sleepmode verbleiben, was wiederum Energie spart.

– **Programmable Segment Blinking** ermöglicht das Blinken einzelner Segmente unabhängig voneinander, auch mit unterschiedlicher Blinkfrequenz, ohne dass dazu die CPU benötigt wird. Der **SWAP Mode** kommt dem Hardware Designer entgegen, denn er macht es möglich, die Segment-Anschlüsse auf verschiedene Ausgangspins zu routen.

Weitere Xmega-Familien sind die in ihrer Ausstattung gegenüber den A und AU-Bausteinen abgespeckten C- und D-Typen.

Die zuletzt erschienene **E-Serie** mit ATxmega8/16/32E5 ergänzt mit 32 Pins und Flashgrößen zwischen 8 und 32 Kilobyte die weitverbreiteten Atmega8, 88, 168 und 328. Kleinste Bauform ist ein 4 x 4mm QFN Gehäuse. Die Bausteine verfügen gegenüber älteren Xmegas über einige zusätzliche Features und weiter gesteigerte Energieeffizienz.

– Die **Atmel picoPower Technology** findet in den AVR Xmega-E Derivaten ihren bisherigen Schlusspunkt. Im Sleepmode stehen bei nur 680nA Stromverbrauch Brown-Out Detection (BOD), Watchdog, 32kHz Oszillator, I/O Pin Change Interrupts, I^2C Address Match und USART Wake-Up zur Verfügung. Dabei bleiben die Daten aller Register sowie des gesamten SRAM erhalten. Im aktiven Betrieb sind die Bausteine mit 100uA/MHz etwa 40% sparsamer als andere Xmegas.

– Neu ist das **Xmega Custom Logic Module (XCL)**, das Timer/Counter und **Glue Logic** enthält. So können externe Bauteile und damit Fläche auf der Platine eingespart werden. RS-Latch, D-Latch, D-Flip-Flop, Chip-Select Logik, AND/OR/XOR Gatter sind typische Logik- Komponenten, wie sie oft im Umfeld von Mikrocontrollern benötigt werden. Auch spezielle Protokolle oder Codierungen wie Manchester Code lassen sich so realisieren.

– **Analog Digital Wandler:** Die AVR Xmega E Familie verfügt über differentielle 12-bit ADCs mit optionalem **Oversampling**. Dies ist eine Methode, die Auflösung des ADC auf Kosten längerer Wandlungszeit weiter zu erhöhen. Dabei verlängert jedes zusätzliche Bit Auflösung die Wandlungszeit um das Vierfache. Oversampling kann bei allen AVRs mit ADC in Software implementiert werden. Xmegas der E-Serie sind bereits hardwaremäßig für Auflösungen bis 16 Bit vorbereitet und bieten dazu Offset- und Gain-Fehlerkorrektur in Hardware.

– **Echtzeitfähigkeit:** Das Event System wurde bei der E-Familie asynchron, d. h. vom Takt unabhängig gestaltet. Es reagiert auf Events daher nicht nur innerhalb weniger Nanosekunden, sondern vor allem auch bei abgeschaltetem Takt und daher sogar im tiefsten Sleepmode (Power Down Mode). Der DMA Controller ergänzt das Event System, wenn es um Datenübertragung zwischen Peripheriemodulen, Schnittstellen und Speichern geht, ohne dass die CPU beteiligt sein muss.

Die ATxmegas werden langfristig weiterhin verfügbar sein, neue Entwicklungen in der bisherigen Prozesstechnologie sind nicht vorgesehen. Dieser aufwendige Prozess mit für heutige Verhältnisse relativ großen Strukturen erlaubt zwar höhere Systemfrequenzen, eignet sich aber nicht für 5V Betriebsspannung. Für Anwendungen mit erhöhtem Performance-Bedarf sieht man die Zukunft bei modernen 32-Bit Controllern, die im aktiven Betrieb und (nur!) bei höheren Frequenzen darüber hinaus auch weniger Strom benötigen (z. B. 70µA/MHz bei Standard-Ausführungen der Cortex M0+ Serie, etwa halb so viel bei Low-Power-Derivaten). An den extrem niedrigen Stromverbrauch der Xmegas im Sleep Mode und bei niedrigen Frequenzen kommen diese bisher allerdings nicht heran.

Neue Bausteine im aktuellen Fertigungsprozess sind dagegen in Sicht. Dieser Prozess erlaubt nicht ganz so hohe Taktraten, ist dafür jedoch preiswert und für 5V Vcc geeignet.

10.6 A-Typen und 35k4 Prozess

Im Zuge einer strategischen Umstrukturierung und Produktionsverlagerung mussten vor einigen Jahren die Herstellungsmasken der betroffenen Bauteile nach einheitlichen Standards neu erstellt werden. Dabei brachte ATMEL modernisierte Versionen der gängigsten AVR Controller heraus, die so genannten **A-Typen**. Selbstverständlich nutzte man diese Gelegenheit, bekannte Errata zu korrigieren und technische Verbesserungen vorzunehmen.

Die eigentlichen Logikfunktionen wurden bei den neuen Masken nicht oder nur geringfügig geändert, ebenso wenig die Strukturgrößen der Transistoren. Aber durch optimiertes Routing konnten die Verbindungswege verkürzt werden, was die parasitären Kapazitäten und damit deren Auf- und Entladeströme verkleinerte (Abbildung 10-1). Die Gesamtstromaufnahme bei aktiver CPU verminderte sich je nach Typ und Betriebsart um bis zu ca. 60%! Als Eselsbrücke kann man daher festhalten: **A**-Typen sparen Energie im **A**ktiv-Modus, **P**-Typen in den **P**ausen und **PA**-Bausteine vereinen in sich, wie Tabelle 10-2 zeigt, beide Eigenschaften.

Höhere Präzision bei der Fertigung ermöglichte die Reduzierung der Streuungen bei Pull-Up Widerständen, RC-Oszillatoren, Referenzspannungen etc. und machte es erstmals möglich, auf eine Selektion nach Mindestbetriebsspannung und Maximalfrequenz zu verzichten. A-Typen werden also nicht mehr in „normale" und V- oder L-Versionen unterteilt. Infolge der Routenoptimierung werden die einzelnen Chips etwas kleiner und es passen mehr auf einen Wafer. Die Zahl der punktuellen Fehlstellen auf dem Wafer bleibt aber konstant und damit auch die absolute Zahl defekter Chips. So verbessert sich bei Verkleinerung der Chips nicht nur die absolute, sondern auch die prozentuale Ausbeute.

Die Strukturgrößen bleiben, die Abstände zwischen den Komponenten schrumpfen:

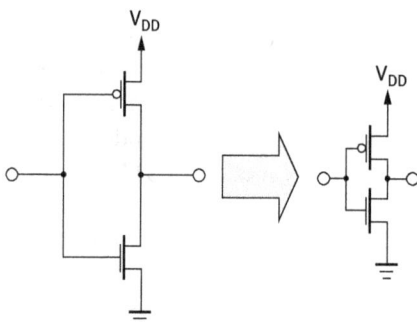

Abbildung 10-1: Die Elemente bleiben gleich groß, doch die Verbindungswege werden kleiner.

Tabelle 10-2: A-Typen sparen Strom. Hier das Beispiel ATtiny44A.

Mode	Condition	ATtiny44	ATtiny44A	Change
	V_{cc} = 2V ,f=1 MHZ	0.33 mA	0.25 mA	−24 %
Active	V_{cc} = 3V ,f=4 MHZ	1.6 mA	1.2 mA	−25 %
	V_{cc} = 5V ,f=8 MHZ	5.0 mA	4.4 mA	−12 %
	V_{cc} = 2V ,f=1 MHZ	0.11 mA	0.04 mA	−64 %
Idle	V_{cc} = 3V ,f=4 MHZ	0.40 mA	0.25 mA	−38 %
	V_{cc} = 5V ,f=8 MHZ	1.5 mA	1.3 mA	−13 %

Die A-Typen sind Pin- und Softwarekompatibel zu ihren Vorgängern (*Drop In Replacement*). Der Programmcode muss nicht neu kompiliert/assembliert werden, d. h. die Bausteine sind Hex-kompatibel. Von einigen AVRs gibt es sowohl Standard- als auch Pico-Power-Ausführungen mit unterschiedlicher Signatur, z. B. ATmega48 und ATmega48P. Von solchen Bausteinen sind auch weiterhin zwei Versionen verfügbar, hier ATmega48A und ATmega48PA, wobei die Signaturen der jeweiligen Vorgänger erhalten bleiben. Ausnahme: ATmega324P und ATmega324PA haben unterschiedliche Signaturen!

Die bisherige Bezeichnung wird vor dem Bindestrich durch den Buchstaben „A" ergänzt, die Frequenzangabe entfällt ersatzlos, ebenso die Buchstaben „L" und „V" zur Kennzeichnung der Niedervolt-Typen. Das „P" für picoPower® bleibt bestehen. Beispiele: ATmega128L-8MU wird ATmega128A-MU, ATmega48P-20AU wird ATmega48PA-AU.

Zu beachten sind gegebenenfalls die Abweichungen bei den elektrischen Eigenschaften (*Electrical Characteristics)*, bei Toleranzen der Pull-Ups, Bandgap Dioden und RC-Oszillatoren, bei Temperaturverläufen und bei der Stromaufnahme. Nicht zuletzt kann sich prinzipiell gegenüber den Vorgängerversionen das EMV-Verhalten unterscheiden.

A- und PA-Ausführungen desselben AVR-Typs stammen beide von denselben Masken und unterscheiden sich technisch lediglich in der Stromaufnahme bei den Sleep-Modi. Diejenigen Exemplare, die die strengeren PicoPower®-Kriterien erfüllen, werden aussortiert und mit PA gekennzeichnet.

Leider gibt es auch „A-Typen ohne die Kennzeichnung A". Genauer: Es sind nicht alle AVRs, die im neueren 35k4 Prozess gefertigt werden, mit einem „A" gekennzeichnet. Nur solche, von denen es Vorgänger gemäß dem alten 35k5-Prozess gibt, tragen zur Unterscheidung die Kennzeichnung „A". Bausteine, die von vornherein in der neuen Technik gefertigt werden, sind z. B. ATtiny48, ATtiny88, ATmega328P, ATmega1284P. Besonders verwirrend wird es beim ATmega649P: Dieser ist nicht mit einem „A" gekennzeichnet, da es den ATmega649 zuvor nicht als Pico-Power-Ausführung gab. Er entspricht aber den neueren Standards. Das heißt, ATmega649A und ATmega649P (ohne A) werden im selben Prozess und mit denselben Masken hergestellt und anschließend danach selektiert, ob sie die Pico-Power-Kriterien erfüllen oder nicht.

Für jede A-Type gibt es eine eigene „Migration Note" auf der Hersteller-Website.

10.7 B-Typen und 130-nm Prozess

Während bei Einführung der A-Typen die Strukturgröße von 350 nm beibehalten wurde, ging man mit den B-Typen auf eine völlig neue Prozesstechnologie, basierend auf 130 nm Strukturen über. Hier liegt also ein echter Die-Shrink vor. Die Herausforderung bestand darin, die physikalischen Grenzwerte der Vorgängertypen einzuhalten, um Rückwärts-Kompatibilität auch in dieser – und nicht nur in logischer – Hinsicht zu erreichen und zugleich die maximale Betriebsspannung von 5 Volt beizubehalten. Kleinere Strukturen führen nämlich zu größeren elektrischen Feldstärken im Innern sowie zu einem Anwachsen der **Leckströme** (*leakage current,* parasitärer Strom infolge Restleitfähigkeit der Isolation). Daher arbeiten viele Mikrocontroller mit einer gegenüber der Betriebsspannung deutlich niedrigeren Core-Spannung. Dies macht interne Spannungsumsetzer erforderlich und verringert den **Störspannungsabstand** (*signal noise ratio, SNR,* Verhältnis zwischen Nutz- und Störsignalamplitude*)*. Bei den AVR B-Typen ist es dank einer speziellen Prozesstechnologie gelungen, beide Nachteile zu vermeiden.

Ähnlich wie bei den A-Typen bekommen auch hier nur solche Bausteine die Kennzeichnung „B", von denen es bereits Vorläufer gab, wie beispielsweise beim ersten Vertreter der B-Typen, dem ATmega168PB. Bausteine, die von Anfang an in der neuen 130 nm Technologie gefertigt werden, erhalten diese Kennzeichnung nicht. Zu ihnen gehören als erste die Vertreter der oben erwähnten modernen ATtiny Generation. Sie werden ergänzt durch viele neue ATmegas, von denen der im Februar 2018 vorgestellte Atmega4809 der erste ist.

Die AVRs dieser neuen Generation haben ähnlich genaue RC-Oszillatoren wie die Xmegas, der Ausgang des hinsichtlich Offset verbesserten Analogkomparators kann direkt auf einen dafür vorgesehenen Pin geroutet werden und die USART kann durch hereinkommende Daten die CPU aus dem Sleep Mode wecken, wobei die ersten Bits dieser Daten nicht verloren gehen. Alle Bausteine verfügen über eine nicht manipulierbare Seriennummer. Bei den Vertretern der Familie ATmega48/88/168/328 kommt hinzu, dass je ein redundanter Vcc und GND Pin entfallen und stattdessen als zusätzliche I/Os zur Verfügung stehen. Auch die zwei zuvor nur analog nutzbaren Eingangspins ADC6 und ADC7 können nun alternativ als digitale I/Os eingesetzt werden.

Auch zum Umstieg auf die B-Varianten gibt es mehrere AppNotes des Herstellers: AN2602 bis AN2605, AN42769.

11 Anhang

11.1 Literatur

ATMEL Application Journal No.1–No.4
Convergence Promotion, 2003–2005
Printversion vergriffen, Online-Version noch per Suchmaschine im Web zu finden

Atmel Training Manual
Bridging the gap from Arduino to AVR
Application Note AN-12077
Atmel Norway, Trondheim 2015

Barnett, Richard / O´Cull, Larry / Cox, Sarah
Embedded C Programming and the Atmel AVR
Thomson, 2003
Einführung in die C-Programmierung der AVR-Mikrocontroller mit dem CodeVision
AVR Compiler; Entwicklungsboard zum Buch war ursprünglich erhältlich; Übungsaufgaben, z.T. mit Lösungen; ausführlich beschriebenes Beispielprojekt (Wetterstation);
Anhang zur Einbindung des STK500 in den CodeVision-AVR C-Compiler; CD

Bernstein, Herbert
Mikrocontroller in der Elektronik
Franzis-Verlag, Poing 2011
CD

ELVjournal
AVR-Grundlagen
5-teilige Serie der Zeitschrift ELVjournal, Heft 4/2001 bis Heft 2/2002
Knappe Einführung in Architektur, Assembler und Starterkit STK500; Korrektur:
Anders, als hier dargestellt, lassen sich Pullup-Widerstände von Portanschlüssen,
die als Ausgänge geschaltet sind, nicht aktivieren. Im letzten Teil werden C-Compiler
kurz vorgestellt.

Forgber, Ernst
Multitasking mit AVR RISC-Controllern
Franzis-Verlag, Poing 2014
Einführung ins Multitasking, auch unter Berücksichtigung spezieller AVR-Eigenschaften

https://doi.org/10.1515/9783110403886-011

Gadre, Dhananjay V.
Programming and Customizing the AVR Microcontroller
McGraw Hill Book Company, 2001
Einführung in die AVR-Controller der 1. Generation; viele kleine Programmbeispiele in Assembler; einige Themen werden ausführlich erklärt, andere nur angerissen; Oszillogramme zeigen das reale, physikalische Verhalten; neben RS-232 werden auch RS-422/423/485 behandelt; Bausteine und Entwicklungstools sind veraltet; Glossar; CD

Henning, Jürgen D.
AVR-Programmierung für Quereinsteiger
Elektor-Verlag GmbH, Aachen 2016
Für Umsteiger, die von der ARDUINO Plattform kommen und ihre Kenntnisse in Elektronik sowie C-Programmierung vertiefen möchten; Basiert auf ATmega8 und ATmega328

Klöckl, Ingo
AVR® Mikrocontroller
MegaAVR® – Entwicklung, Anwendung und Peripherie
De Gruyter Oldenbourg, 2015
Programmierung der ATmega-Typen in C und Assembler, basierend auf Atmel Studio 6 und ATmega16; Vorstellung der Peripherie

Kühnel, Claus
Programmieren der AVR RISC Microcontroller mit BASCOM-AVR
Skript Verlag Kühnel, CH-8852 Altendorf 2010, 3. Auflage
Schwerpunkt auf BASCOM, enthält aber auch Assembler-Routinen

Mann, Burkhard
C für Mikrocontroller
Franzis Verlag, Poing 2000
Einführung in die für Mikrocontroller relevanten Grundlagen von ANSI-C; Schwerpunkt ist effizienter Code; enthält zahlreiche nützliche Hinweise aus der Programmierpraxis in C; knapp gehaltene Vorstellung der AVR- und C51-Mikrocontroller; bezieht sich auf den kommerziellen Compiler von IAR; CD

Microchip / Atmel
Handbücher und Application Notes mit Anwendungsbeispielen
www.microchip.com

Mittermayr, Roman
AVR-RISC Embedded Software selbst entwickeln
Franzis Verlag, Poing 2008

Einführung in die Programmierung der AVR Controller in Assembler und C; basiert auf den Boards STK500 und MyAVR, dem AVR Studio und dem CodeVision AVR C-Compiler; CD; Ergänzungen auf der Website www.avrbuch.de

Morton, John
AVR – An Introductory Course
Newnes, 2002
Einführung in die Assemblerprogrammierung der AVR-Mikrocontroller; viele Programmbeispiele mit Flussdiagrammen; Übungsaufgaben mit Lösungen; bezieht sich auf veraltete Classic- und Tiny-Typen; erläutert auch Redundanzen im Befehlssatz sowie einige Unterschiede zu den damals aktuellen PIC-Controllern von Microchip

Pardue, Joe
C Programming for Microcontrollers
Smiley Micros, 2005
Einführung in die Mikrocontrollerprogrammierung in C; basiert auf dem inzwischen abgekündigten LCD-Board „Butterfly" mit ATmega169 und dem freien GNU-Compiler WINAVR; CD

Schäffer, Florian
AVR: Hardware und Programmierung in C
Elektor-Verlag GmbH, Aachen 2014, überarbeitete und erweiterte Neuauflage
Basiert auf Win-AVR, avrdude, AVR8 Burn-O-Mat und Programmers Notepad

Schönfelder, Gert / Schneider, Cornelius
Messtechnik mit dem ATmega
Franzis-Verlag, Poing 2010
CD

Schmidt, Gerhard
cq-dl-Beiträge zu AVR-Mikrocontrollern
Sammlung von Veröffentlichungen der Zeitschrift cq-dl, 2002
Im Web unter http://www.avr-asm-tutorial.net/cq-dl

Schmidt, Herrad / Schwabl-Schmidt, Manfred
Digitale Filter
Theorie und Praxis mit AVR Mikrocontrollern
Springer Vieweg, Wiesbaden 2014

Schmidt, Herrad / Schwabl-Schmidt, Manfred
Lineare Codes
Theorie und Praxis mit AVR- und dsPIC Mikrocontrollern
Springer Vieweg, Wiesbaden 2016

Schwabl-Schmidt, Manfred
Programmiertechniken für AVR-Mikrocontroller
Elektor-Verlag GmbH, Aachen 2007
Erstes Buch einer Reihe über AVR Programmierung in Assembler; mathematisch orientierte Schreibweise; detaillierter, tiefer Einblick in die Logik der AVRs

Schwabl-Schmidt, Manfred
Systemprogrammierung für AVR-Mikrocontroller
Interrupts, Multitasking, Fließkommaarithmetik und Zufallszahlen
·Elektor-Verlag GmbH, Aachen 2009

Schwabl-Schmidt, Manfred
Systemprogrammierung II für AVR-Mikrocontroller
Callbacks, Fließkommafunktionen und BCD-Arithmetik
Elektor-Verlag GmbH, Aachen 2009

Schwabl-Schmidt, Manfred
AVR-Programmierung 1-4:
Teil 1: Grundlagen und der Aufbau von Programmstrukturen
Teil 2: Statische Datenstrukturen – vom Bit zur mehrdimensionalen Tabelle
Teil 3: LCD-Graphik I, verkettete Strukturen I, Zeichenketten, Fädeltechnik I
Teil 4: LCD-Graphik II, verkettete Strukturen II und die Fädelsprache LAX
Elektor-Verlag GmbH, Aachen 2009

Spanner, Günter
AVR-Mikrocontroller in C programmieren
Franzis-Verlag, Poing 2010
30 Selbstbauprojekte in C mit ATtiny13, ATmega8 und ATmega32; CD

Spanner, Günter
Praxiskurs AVR-XMEGA-Mikrocontroller
Elektor-Verlag GmbH, Aachen 2015
Behandelt Mikrocontrollerprogrammierung in C, basiert auf ATxmegaA3BU-Xplained Board und AVR Studio

Trampert, Wolfgang
AVR-RISC Mikrocontroller
Franzis Verlag, Poing 2003, 2. Auflage
Ausführliche Beschreibung älterer AVRs und Peripherie, v.a. Spezialregister, Status-Flags und Programmiermodi; Hintergrundinformationen zu Theorie und Technik; behandelt neben RS-232 auch RS-422/423; Typen und Tools veraltet; Assembler-Beispiele; CD

Trampert, Wolfgang
Messen – Steuern – Regeln mit AVR Mikrocontrollern
Franzis Verlag, Poing 2004
Ausführliche Behandlung ausgewählter MSR-Themen inkl. Theorie, u.a.: Kalibrierung, Varianten zur Ansteuerung von LED-Anzeigen, A/D- und D/A-Wandlung; z.T. Wiederholungen aus *AVR-RISC Mikrocontroller*; Programmbeispiele in Assembler; Platinenvorlagen; CD

Urbanek, Peter
Embedded Systems
HSU-Verlag, 2007
Einführung in die AVR-Architektur mit Beispielen in C auf Basis des ATmega16; Anschluss eines externen CAN-Controllers mit Beispielen

Volpe, Safinaz / Volpe, Francesco P.
AVR-Mikrocontroller-Praxis
Elektor-Verlag, Aachen 2002, 3. Auflage
Beschreibung der AVR-Mikrocontroller; ausführliche Darstellung des Befehlssatzes anhand grafischer Veranschaulichungen; beruht auf inzwischen veralteten Typen; CD

Walter, Roland
AVR-Mikrocontroller-Lehrbuch
Denkholz-Verlag, Berlin 2009, 3. Auflage
In lockerem Stil gehaltene Einführung in die Mikrocontrollerprogrammierung mit BASCOM und dem ATmega8; Platine und Bauteilesatz erhältlich; Farbdruck; Platinenvorlage; CD

Walter, Roland
Keine Angst vor Mikrocontrollern!
8-teilige Serie der Zeitschrift FUNKAMATEUR, Heft 4/2002 bis Heft 12/2002
Programmierung der AVRs in BASIC; Platine erhältlich; beruht auf dem AT90S2313 (Nachfolger: ATtiny2313(A))

Wiegelmann, Jörg
Softwareentwicklung in C für Mikroprozessoren und Mikrocontroller
VDE Verlag, 2017, 7. Auflage
Praxisorientierte Einführung in die C-Programmentwicklung mit Schwerpunkt „Embedded Systems"; geht auf Besonderheiten der C-Programmierung von Mikrocontrollern im Unterschied zu größeren Prozessoren und auf Makefiles ein; behandelt auch Software-Hilfsmittel zum Projektmanagement; Fallstudie mit ATmega88 und GNU Compiler; DVD

11.2 Zeitschriften mit Beiträgen zu Mikrocontrollern

Elektor
Elektronik, die begeistert
Elektor-Verlag GmbH, Aachen
ISSN 0932-5468

ELV journal
Fachmagazin für angewandte Elektronik
ELV Elektronik AG, Leer

MAKE:
Magazin für Maker
Maker Media GmbH, Hannover

11.3 Bezugsquellen und Internetadressen

IAR Systems GmbH
Brucknerstraße 27
81677 München
Entwicklungssoftware, C-Compiler
www.iar.com

GNU
C-Compiler und Handbücher zum Herunterladen
www.avrfreaks.net und www.gnu.org

AVR Libc Homepage
http://www.nongnu.org/avr-libc/user-manual/group__avr__interrupts.html
Manual zum AVR-C-Compiler der GNU Compiler Collection; u.a. genaue Bezeichnungen
von Interrupt-Vektoren, Macros, nicht-ANSI-konformen Befehlen etc.

Wikipedia-Seite zum AVR
https://de.wikipedia.org/wiki/Microchip_AVR

11.4 Assembleranweisungen

Direktive	Operand	Anwendung	Beispiel
.INCLUDE	"Dateiname.typ"	fügt Textdatei ein	.INCLUDE "m16def.inc"
.DEVICE	Bausteintyp	definiert Bausteintyp	.DEVICE ATmega16
.LIST		Übersetzungsliste ein	.LIST
.NOLIST		Übersetzungsliste aus	.NOLIST
.DEF	Bezeichner = Register	Symbol für R0 bis R31	.DEF akku = r16
.EQU	Bezeichner = Ausdruck	konstante Definition	.EQU anz = 10
.SET	Bezeichner = Ausdruck	veränderliche Definition	.SET wert = 123
.ORG	Ausdruck	legt Adresszähler fest	.ORG $10
.EXIT		Ende des Quelltextes	.EXIT
.CSEG		Programmbereich (Flash)	.CSEG
.DSEG		SRAM-Bereich	.DSEG
.ESEG		EEPROM-Bereich	.ESEG
.DB	Bytekonstantenliste	8-Bit Werte	otto: .DB 1,2,3,4
.DW	Wortkonstantenliste	16-Bit Werte	susi: .DW otto,4711
.BYTE	Anzahl n	reserviert n Bytes	tab1: .BYTE 10
.MACRO	Bezeichner	Anfang Makrodefinition	.MACRO addi
	@0,@1,..., @9	formale Parameter	subi @0,-@1
.ENDM		Ende Makrodefinition	.ENDM
.LISTMAC		Makroerweiterung in Liste	.LISTMAC
.IF ELIF	Ausdruck	bedingte Assemblierung	.IF RAMEND > 255
.IFDEF .IFNDEF	Symbol	bedingte Assemblierung	.IFDEF SPH

Funktion	Wirkung	Beispiel	
LOW(Ausdruck)	liefert Bit 0-7 = Low-Byte	LOW($12345678)	gibt $78
HIGH(Ausdruck)	liefert Bit 8-15 = High-Byte	HIGH($12345678)	gibt $56
PAGE(Ausdruck)	liefert Bit 16-21	PAGE($45678)	gibt $4
BYTE2(Ausdruck)	liefert Bit 8-15 = High-Byte	BYTE2($12345678)	gibt $56
BYTE3(Ausdruck)	liefert Bit 15-23	BYTE3($12345678)	gibt $34
BYTE4(Ausdruck)	liefert Bit 24-31	BYTE4($12345678)	gibt $12

(fortgesetzt)

Funktion	Wirkung	Beispiel	
LWRD(Ausdruck)	liefert Bit 0-15 = Low-Wort	LWRD($12345678)	gibt $5678
HWRD(Ausdruck)	liefert Bit 16-31 = High-Wort	HWRD($12345678)	gibt $1234
EXP2(Ausdruck)	liefert $2^{Ausdruck}$	EXP2(4)	gibt $2^4 = 16$
LOG2(Ausdruck)	liefert $\log_2$(Ausdruck) ganz	LOG2(17)= $\log_2(17)$ = 4.09 => 4 (ganz)	

11.5 Assemblerbefehle

Befehl	Operand	ITHSVNZC	W	T	Wirkung
adc	Rd, Rr	HSVNZC	1	1	Rd <= Rd + Rr + C addiere mit Carry
add	Rd, Rr	HSVNZC	1	1	Rd <= Rd + Rr addiere zu Rd den Inhalt von Rr
adiw	Rd, k6	SVNZC	1	2	Rd+1:Rd <= Rd+1:Rd + Konstante 16-Bit Addition nur R24, XL, YL, ZL
and	Rd, Rr	S0NZ	1	1	Rd <= Rd UND Rr logisches UND
andi	Rd, k8	S0NZ	1	1	Rd <= Rd UND Konstante logisches UND nur R16 bis R31
asr	Rd	SVNZC	1	1	VZ➜ Rd arithmetisch schiebe 1 Bit rechts
bclr	bit	*bit <= 0*	1	1	SREG(bit) <= 0 lösche Bit in SREG
bset	bit	*bit <= 1*		1	SREG(bit) <= 1 setze Bit in SREG
bld	Rd, bit		1	1	Rd (bit) <= T lade Register-Bit aus T-Flag
bst	Rr, bit	T	1	1	T <= Rr (bit) speichere Register-Bit nach T-Flag
brbc	bit,ziel		1	1/2	verzweige wenn Bitposition in SREG gelöscht
brbs	bit,ziel		1	1/2	verzweige wenn Bitposition in SREG gesetzt
brcc	ziel		1	1/2	verzweige wenn Carry-Bit gelöscht
brcs	ziel				verzweige wenn Carry-Bit gesetzt
brsh	ziel		1	1/2	verzweige bei größer/gleich (vorzeichenlos)
brlo	ziel				verzweige bei kleiner als (vorzeichenlos)
brne	ziel		1	1/2	verzweige bei ungleich (Ergebnis != 0)
breq	ziel				verzweige bei gleich (Ergebnis == 0)
brpl	ziel		1	1/2	verzweige bei plus N = 0 (mit Vorzeichen)
brmi	ziel				verzweige bei minus N = 1 (mit Vorzeichen)
brvc	ziel		1	1/2	verzweige bei kein Überlauf V = 0 (mit Vorz.)
brvs	ziel				verzweige bei Überlauf V = 1 (mit Vorzeichen)
brge	ziel		1	1/2	verzweige bei größer/gleich (mit Vorzeichen)
brlt	ziel				verzweige bei kleiner als (mit Vorzeichen)

(fortgesetzt)

Befehl	Operand	ITHSVNZC	W	T	Wirkung
brhc	ziel		1	1/2	verzweige bei H = 0 kein Halbübertrag
brhs	ziel				verzweige bei H = 1 Halbübertrag
brtc	ziel		1	1/2	verzweige bei T = 0 Transferbit gelöscht
brts	ziel				verzweige bei T = 1 Transferbit gesetzt
brid	ziel		1	1/2	verzweige bei I = 0 Interrupts gesperrt
brie	ziel				verzweige bei I = 1 Interrupts freigegeben
break			1	1	nur für Debugger, sonst als NOP ausgeführt
call	ziel		2	4	PC <= Zieladresse rufe Unterprogramm direkt
cbi	port,bit		1	2	port(bit) <= 0 lösche Bit im Port nur SFR-Adresse von $00 bis $1F
cbr	Rd, k8	S0NZ	1	1	lösche Bits im Register für Bit in k8 = 1 Byteoperation! nur R16 bis R31 andi Rd, ($FF-k8)
clr	Rd	0001	1	1	Rd <= $00 lösche alle Bits im Register eor rd, rd
clc		0	1	1	C <= 0 lösche das Carry-Bit (bzw. Borrow)
clz		0	1	1	Z <= 0 lösche das Null-Bit
cln		0	1	1	N <= 0 lösche das Minus-Bit
clv		0	1	1	V <= 0 lösche das Überlauf-Bit
cls		0	1	1	S <= 0 lösche das Vorzeichen-Bit
clh		0	1	1	H <= 0 lösche das Halbübertrag-Bit
clt		0	1	1	T <= 0 lösche das Transfer-Bit
cli		0	1	1	I <= 0 lösche das I-Bit: Interrupts sperren
com	Rd	S0NZ1	1	1	Rd <= NICHT Rd bilde das Einerkomplement
cp	Rd, Rr	HSVNZC	1	1	Rd - Rr vergleiche Rd mit Rr
cpc	Rd, Rr	HSVN*C	1	1	Rd - Rr - C vergleiche mit Carry (Borgen) *Z = 1 wenn Z_{alt}=1 und Z_{neu}=1
cpi	Rd, k8	HSVNZC	1	1	Rd - Konstante vergleiche Rd mit einer 8-Bit Konstanten nur R16 bis R31
cpse	Rd, Rr		1	1+	überspringe nächsten Befehl, wenn Rd = Rr
dec	Rd	SVNZ	1	1	Rd <= Rd - 1 dekrementiere Register
eicall			1	4	erweiterte Unterprogrammadresse in EIND und Z
eijmp			1	2	erweiterte Zieladresse in EIND und Z
elpm			1	3	R0 <= Flash, erweiterte Adresse in RAMPZ und Z
elpm	Rd, Z		1	3	Rd <= Flash, erweiterte Adresse in RAMPZ und Z
elpm	Rd, Z+		1	3	Rd <= Flash, erweiterte Adresse in RAMPZ und Z, Z+1

(fortgesetzt)

Befehl	Operand	ITHSVNZC	W	T	Wirkung
eor	Rd, Rr	S0NZ	1	1	Rd <= Rd EODER Rr logisches EODER (XOR)
fmul	Rd, Rr	ZC	1	2	R1:R0 <= Rd * Rr reell unsigned * unsigned nur R16 bis R23
fmuls	Rd, Rr	ZC	1	2	R1:R0 <= (Rd * Rr)<<1 reell signed * signed nur R16 bis R23
fmulsu	Rd, Rr	ZC	1	2	R1:R0 <= (Rd * Rr)<<1 reell signed * unsigned nur R16 bis R23
icall			1	3	rufe Unterprogramm indirekt auf, Adresse in Z
ijmp			1	2	PC <= Z springe unbedingt indirekt, Adresse in Z
in	Rd, SFR		1	1	Rd <= SF-Register lade Rd aus SF-Register SFR-Adresse $00 .. $3F
inc	Rd	SVNZ	1	1	Rd <= Rd + 1 inkrementiere Register
jmp	ziel		2	3	PC <= Zieladresse springe unbedingt direkt
ldi	Rd, k8		1	1	Rd <= Konstante lade Rd mit einer 8-Bit Konstanten nur R16 bis R31
ld	Rd, X		1	2	Rd <= (X) lade Rd indirekt SRAM-Adresse in X
ld	Rd, Y		1	2	Rd <= (Y) lade Rd indirekt SRAM-Adresse in Y
ld	Rd, Z		1	2	Rd <= (Z) lade Rd indirekt SRAM-Adresse in Z
ld	Rd, X+		1	2	Rd <= (X), X <= X + 1 lade indirekt aus SRAM
ld	Rd, Y+		1	2	Rd <= (Y), Y <= Y + 1 lade indirekt aus SRAM
ld	Rd, Z+		1	2	Rd <= (Z), Z <= Z + 1 lade indirekt aus SRAM
ld	Rd, -X		1	2	X <= X - 1, Rd <= (X) lade indirekt aus SRAM
ld	Rd, -Y		1	2	Y <= Y - 1, Rd <= (Y) lade indirekt aus SRAM
ld	Rd, -Z		1	2	Z <= Z - 1, Rd <= (Z) lade indirekt aus SRAM
ldd	Rd, Y+k6		1	2	Rd <= (Y+k6) lade indirekt Adresse = Y + Konst.
ldd	Rd, Z+k6		1	2	Rd <= (Z+k6) lade indirekt Adresse = Z + Konst.
lds	Rd, k16		2	3	Rd <= SRAM lade Rd direkt aus SRAM
lpm			1	3	R0 <= (Z) lade R0 aus Flash-Adresse in Z
lpm	Rd, Z		1	3	Rd <= (Z) lade Rd aus Programm-Flash
lpm	Rd, Z+		1	3	Rd <= (Z) Z <= Z + 1 Adresse um 1 erhöht
lsl	Rd	HSVNZC	1	1	Rd ← 0 logisch schiebe 1 Bit links add rd, rd
lsr	Rd	SV0ZC	1	1	0 → Rd logisch schiebe 1 Bit rechts
mov	Rd, Rr		1	1	Rd <= Rr kopiere nach Rd den Inhalt von Rr

(fortgesetzt)

Befehl	Operand	ITHSVNZC	W	T	Wirkung
movw	Rd, Rr		1	1	Rd:Rd+1 <= Rr:Rr+1 zwei Register kopieren d und r geradzahlig {R0, R2, R4, ...R26, R28, R30}
mul	Rd, Rr	ZC	1	2	R1:R0 <= Rd * Rr ganzzahlig unsigned * unsigned
muls	Rd, Rr	ZC	1	2	R1:R0 <= Rd * Rr ganzzahlig signed * signed nur R16 bis R31
mulsu	Rd, Rr *R16..R23*	ZC	1	2	R1:R0 <= Rd * Rr ganzzahlig signed * unsigned nur R16 bis R23
neg	Rd	HSVNZC	1	1	Rd <= $00 - Rd bilde das Zweierkomplement
nop			1	1	no operation tu nix
or	Rd, Rr	S0NZ	1	1	Rd <= Rd ODER Rr logisches ODER
ori	Rd, k8	S0NZ	1	1	Rd <= Rd ODER Konstante logisches ODER nur R16 bis R31
out	SFR,Rr		1	1	SF-Register <= Rr speichere Rr nach SF-Register SFR-Adresse $00 .. $3F
pop	Rd		1	2	SP <= SP + 1 , Rd <= (SP) lade Register vom Stapel
push	Rr		1	2	(SP) <= Rr , SP <= SP - 1 kopiere Register nach Stapel
rcall	ziel		1	3	PC <= PC + Abstand rufe Unterprogramm auf
ret			1	4	Rücksprung aus Unterprogramm
reti		1	1	4	Rücksprung aus Interruptserviceprogramm
rjmp	ziel		1	2	PC <= PC + Abstand springe unbedingt
rol	Rd	HSVNZC	1	1	Rd ← C rotiere links durch *Carry* adc rd, rd
ror	Rd	SVNZC	1	1	C → Rd rotiere rechts 1 Bit durch Carry
sbc	Rd, Rr	HSVN*C	1	1	Rd <= Rd - Rr - C subtrahiere mit Carry (Borgen) * Z = 1 wenn $Z_{alt}=1$ und $Z_{neu}=1$
sbci	Rd, k8	HSVN*C	1	1	Rd <= Rd - Konstante - Carry subtrahiere mit Carry * Z = 1 wenn $Z_{alt}=1$ und $Z_{neu}=1$ nur R16 bis R31
sbiw	Rd, k6	SVNZC	1	2	Rd+1:Rd <= Rd+1:Rd - Konstante 16-Bit Subtraktion nur R24, XL, YL, ZL
sbi	port,bit		1	2	port(bit) <= 1 setze Bit in Port nur SFR-Adresse von $00 bis $1F
sbic	port,bit		1	1+	überspringe nächsten Befehl, wenn Port-Bit = 0
sbis	port,bit		1	1+	überspringe nächsten Befehl, wenn Port-Bit = 1
sbrc	Rr, bit		1	1+	überspringe nächsten Befehl, wenn Register-Bit = 0
sbrs	Rr, bit		1	1+	überspringe nächsten Befehl, wenn Register-Bit = 1

(fortgesetzt)

Befehl	Operand	ITHSVNZC	W	T	Wirkung
sbr	Rd, k8	S0NZ	1	1	setze Bits im Register für Bit in k8 = 1 Byteoperation! nur R16 bis R31 ori Rd, k8
sec		1	1	1	C <= 1 setze das Carry-Bit (bzw. Borrow)
sez		1	1	1	Z <= 1 setze das Null-Bit
sen		1	1	1	N <= 1 setze das Minus-Bit
sev		1	1	1	V <= 1 setze das Überlauf-Bit
ses		1	1	1	S <= 1 setze das Vorzeichen-Bit
seh		1	1	1	H <= 1 setze das Halbübertrag-Bit
set		1	1	1	T <= 1 setze das Transfer-Bit
sei		1	1	1	I <= 1 setze das I-Bit: Interrupts freigeben
ser	Rd		1	1	Rd <= $FF setze alle Bits im Register nur R16 .. R31 ldi Rd, $FF
sleep			1	1	bringe für SE = 1 Controller in einen Ruhezustand
spm			1	-	(Z) <= R1:R0 speichere nach Programm-Flash
st	X, Rr		1	2	(X) <= Rr speichere indirekt SRAM-Adresse in X
st	Y, Rr		1	2	(Y) <= Rr speichere indirekt SRAM-Adresse in Y
st	Z, Rr		1	2	(Z) <= Rr speichere indirekt SRAM-Adresse in Z
st	X+, Rr		1	2	(X) <= Rr, X <= X + 1 speichere indirekt n. SRAM
st	Y+, Rr		1	2	(Y) <= Rr, Y <= Y + 1 speichere indirekt n. SRAM
st	Z+, Rr		1	2	(Z) <= Rr, Z <= Z + 1 speichere indirekt n. SRAM
st	-X, Rr		1	2	X <= X - 1, (X) <= Rr speichere indirekt n. SRAM
st	-Y, Rr		1	2	Y <= Y - 1, (Y) <= Rr speichere indirekt n. SRAM
st	-Z, Rr		1	2	Z <= Z - 1, (Z) <= Rr speichere indirekt n. SRAM
std	Y+k6,Rr		1	2	(Y+k6) <= Rr speichere indirekt Adresse = Y + Kon.
std	Z+k6,Rr		1	2	(Z+k6) <= Rr speichere indirekt Adresse = Z + Kon.
sts	k16, Rr		2	3	SRAM <= Rr speichere Rr direkt nach SRAM
sub	Rd, Rr	HSVNZC	1	1	Rd <= Rd - Rr subtrahiere von Rd den Inhalt von Rr
subi	Rd, k8	HSVNZC	1	1	Rd <= Rd - Konstante subtrahiere von Rd Konstante nur R16 bis R31
swap	Rd		1	1	Rd(7-4) <=> Rd(3-0) vertausche Registerhälften
tst	Rd	S0NZ	1	1	teste Register auf Null und Vorzeichen and Rd,Rd
wdr			1	1	setze Watchdog Timer zurück

11.6 Rangfolge der C-Operatoren (Auswahl)

Rang	Richtung	Operator	Wirkung
1	--->	( )	Funktionsaufruf bzw. Vorrangklammer
	--->	[ ]	Feldelement
	--->	.	Strukturvariable . Komponente
	--->	->	Strukturzeiger -> Komponente
2	<---	~ !	bitweise Negation bzw. negiere Aussage
	<---	+ -	*unär:* positives bzw. negatives Vorzeichen
	<---	++ --	+1 bzw. -1 vor bzw. nach Bewertung
	<---	@	*unär:* Adressoperator
	<---	*	*unär:* Indirektionsoperator
	<---	(typ)	*unär:* Typumwandlung
	<---	sizeof(bezeichner)	Operandenlänge in der Einheit Byte
3	--->	* / %	Multiplikation bzw. Division bzw. Divisionsrest
4	--->	+ -	Addition bzw. Subtraktion
5	--->	<< >>	schiebe logisch links bzw. rechts
6	--->	< <= > >=	vergleiche Ausdrücke miteinander
7	--->	== !=	vergleiche Ausdrücke auf Gleichheit bzw. Ungleichheit
8	--->	&	bitweise logisches UND von Ausdrücken
9	--->	^	bitweise logisches EODER von Ausdrücken
10	--->	|	bitweise logisches ODER von Ausdrücken
11	--->	&&	logisches UND zweier Aussagen
12	--->	||	logisches ODER zweier Aussagen
13	<---	*Bed* ? *ja* : *nein*	bedingter Ausdruck
14	<---	=	Zuweisung
		*= /= %= += -=	arithmetische Operation und Zuweisung
		&= ~= |=	logische Operation und Zuweisung
		<<= >>=	Schiebeoperation und Zuweisung
15	--->	,	Folge von Ausdrücken

11.7 C-Schlüsselwörter und -Anweisungen (Auswahl)

Bezeichner	Anwendung	Beispiel
char	Datentyp ganzzahlig 8 bit	`char wert, tab[16];`
int	Datentyp ganzzahlig 16 bit	`int zaehler;`
float	Datentyp reell einfache Genauigkeit	*compilerabhängig*
double	Datentyp reell doppelte Genauigkeit	*compilerabhängig*
short	Datentyp einfache Genauigkeit	`short int a, b, c;`
long	Datentyp hohe Genauigkeit	`long int d, e, f;`

void	Datentyp unbestimmt
	Funktion ohne Ergebnis bzw. Parameter
		`void *p; // Zeiger`
		`void init(void) {   }`

signed	Datentyp vorzeichenbehaftet	`signed char x;`
unsigned	Datentyp vorzeichenlos	`unsigned int i;`
const	konstante Daten, nicht änderbar	`const char x = 0xff;`
static	Daten auf fester Adresse anlegen	`static char x;`
auto	Daten auf Stapel (automatisch) anlegen	`auto char x;`
volatile	Daten von außen änderbar (SF-Register)	`volatile char x;`
register	Daten möglichst in Registern anlegen	`register char x;`
enum	Aufzählungsdaten definieren	`enum {FALSE,TRUE} x;`
struct	Strukturdaten definieren	`struct` `{ ` *Komponentenliste* ` } ` *Variablenliste;*
union	Uniondaten definieren	`union` `{ ` *Komponentenliste* ` } ` *Variablenliste;*
typedef	neuen Datentyp definieren	`typedef char byte;`
for()	Zählschleife	`for(i=0; i<10; i++)` `{ ` *Anweisungen* ` }`
while()	bedingte Schleife	`while(x != 0)` `{ ` *Anweisungen* ` }`
do...while()	wiederholende Schleife	`do` `{ ` *Anweisungen* ` } while(x != 0);`
break	Schleife oder case-Zweig abbrechen	`if (x == 0) break;`
continue	aktuellen Schleifendurchlauf abbrechen	`if (x == 0) continue;`
goto	springe immer zum Sprungziel	`goto  susi;` `susi: ` *Anweisung;*
return	Rückkehr aus Funktion mit Ergebnis	`return wert;`

(fortgesetzt)

Bezeichner	Anwendung	Beispiel
if()	einseitig bedingte Anweisung	if (a) x = 0;
if()..;else..;	zweiseitig bedingte Anweisung	if (a) x=0; else x=1;
switch()	Fallunterscheidung	switch (x) { *Zweige* }
case	Zweig einer Fallunterscheidung	case 10: y = 0; break;
default	Vorgabe, wenn kein Fall zutrifft	default: y = 0xff;

11.8 ASCII-Codetabellen (Schrift Courier New)

Dezimale Anordnung

	0	1	2	3	4	5	6	7	8	9
0_:										
1_:										
2_:										
3_:			!	"	#	$	%	&	'	
4_:	(	)	*	+	,	-	.	/	0	1
5_:	2	3	4	5	6	7	8	9	:	;
6_:	<	=	>	?	@	A	B	C	D	E
7_:	F	G	H	I	J	K	L	M	N	O
8_:	P	Q	R	S	T	U	V	W	X	Y
9_:	Z	[	\	]	^	_	`	a	b	c
10_:	d	e	f	g	h	i	j	k	l	m
11_:	n	o	p	q	r	s	t	u	v	w
12_:	x	y	z	{	|	}	~		Ç	ü
13_:	é	â	ä	à	å	ç	ê	ë	è	ï
14_:	î	ì	Ä	Å	É	æ	Æ	ô	ö	ò
15_:	û	ù	ÿ	Ö	Ü	ø	£	Ø	×	ƒ
16_:	á	í	ó	ú	ñ	Ñ	ª	º	¿	®
17_:	¬	½	¼	¡	«	»	▒	▓	█	│
18_:	┤	Á	Â	À	©	╣	║	╗	╝	¢
19_:	¥	┐	└	┴	┬	├	─	┼	ã	Ã
20_:	╚	╔	╩	╦	╠	═	╬	¤	ð	Ð
21_:	Ê	Ë	È	ı	Í	Î	Ï	┘	┌	█
22_:	▄	¦	Ì	▀	Ó	ß	Ô	Ò	õ	Õ
23_:	µ	þ	Þ	Ú	Û	Ù	ý	Ý	¯	´
24_:		±	‗	¾	¶	§	÷	¸	°	¨
25_:	·	¹	³	²	■					

Hexadezimale Anordnung

	_0	_1	_2	_3	_4	_5	_6	_7	_8	_9	_A	_B	_C	_D	_E	_F
$0																
$1																
$2		!	"	#	$	%	&	'	(	)	*	+	,	-	.	/
$3	0	1	2	3	4	5	6	7	8	9	:	;	<	=	>	?
$4	@	A	B	C	D	E	F	G	H	I	J	K	L	M	N	O
$5	P	Q	R	S	T	U	V	W	X	Y	Z	[	\	]	^	_
$6	'	a	b	c	d	e	f	g	h	i	j	k	l	m	n	o
$7	p	q	r	s	t	u	v	w	x	y	z	{	|	}	~	
$8	Ç	ü	é	â	ä	à	å	ç	ê	ë	è	ï	î	ì	Ä	Å
$9	É	æ	Æ	ô	ö	ò	û	ù	ÿ	Ö	Ü	ø	£	Ø	×	ƒ
$A	á	í	ó	ú	ñ	Ñ	ª	º	¿	®	¬	½	¼	¡	«	»
$B	░	▒	▓	│	┤	Á	Â	À	©	╣	║	╗	╝	¢	¥	┐
$C	└	┴	┬	├	─	┼	ã	Ã	╚	╔	╩	╦	╠	═	╬	¤
$D	ð	Ð	Ê	Ë	È	ı	Í	Î	Ï	┘	┌	█	▄	¦	Ì	▀
$E	Ó	ß	Ô	Ò	õ	Õ	µ	þ	Þ	Ú	Û	Ù	ý	Ý	¯	´
$F	±	‗	¾	¶	§	÷	¸	°	¨	·	¹	³	²	■		

Escape-Sequenzen und ASCII-Steuercodes

Zeichen	hexadezimal	dezimal	ASCII	Anwendung
\a	0x07	7	BEL	Bell = Alarm = Hupe
\b	0x08	8	BS	Backspace = Rücktaste
\n	0x0A	10	LF	Line Feed = Zeilenvorschub
\r	0x0D	13	CR	Carriage Return = Wagenrücklauf
\f	0x0C	12	FF	Form Feed = Seitenvorschub
\t	0x09	9	HT	Horizontaler Tabulator = Tab-Taste
\v	0x0B	11	VT	Vertikaler Tabulator

11.9 Elemente für Ablaufpläne und Struktogramme

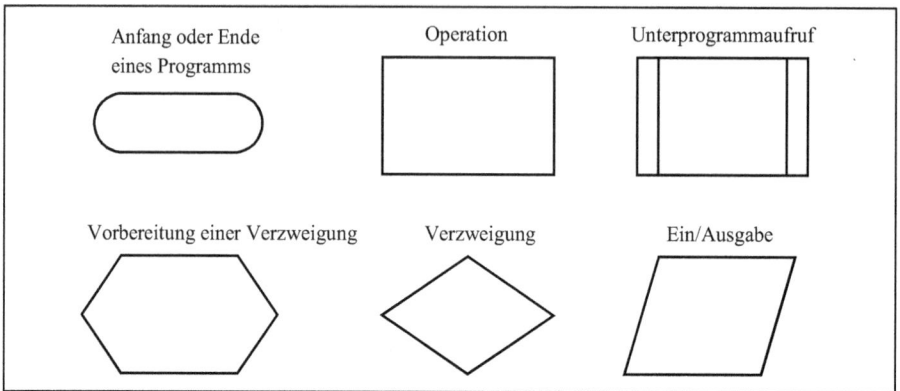

Anfang oder Ende eines Programms	Operation	Unterprogrammaufruf
Vorbereitung einer Verzweigung	Verzweigung	Ein/Ausgabe

Bedingte Ausführung

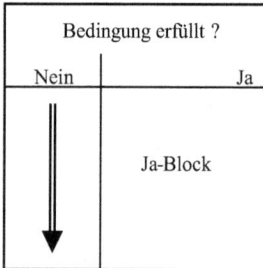

Bedingung erfüllt ?

Nein	Ja
	Ja-Block

Alternative Ausführung

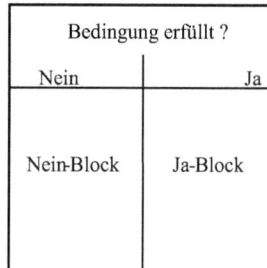

Bedingung erfüllt ?

Nein	Ja
Nein-Block	Ja-Block

Fallunterscheidung

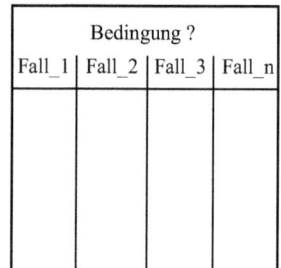

Bedingung ?

Fall_1	Fall_2	Fall_3	Fall_n

Unbedingte Schleife

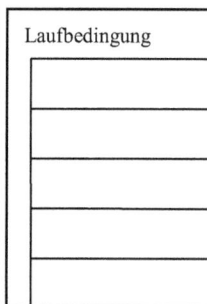

immer

Bedingte Schleife

Laufbedingung

Wiederholende Schleife

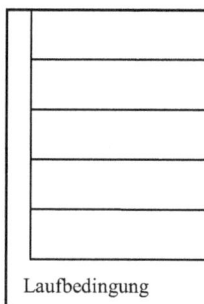

Laufbedingung

Kontrolle in der Schleife

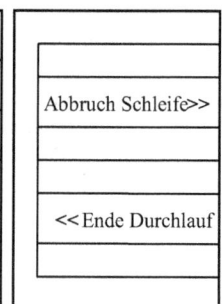

Abbruch Schleife>>

<<Ende Durchlauf

11.10 Programmbeispiele und SF-Register

Assemblerprogramme

(fortgesetzt)

(fortgesetzt)

Assembler-Unterprogramme

(fortgesetzt)

(fortgesetzt)

Assembler-Makrodefinitionen

Assembler-Headerdateien

C-Programme

(fortgesetzt)

(fortgesetzt)

C-Funktionen

(fortgesetzt)

Name	Aufgabe	Seite
dual3bcd	Umwandlung dual nach BCD mit drei Referenzparametern	201
bcd2dual	Umwandlung BCD zweistellig nach dual	202
ascii2bin	Umwandlung ASCII-Zeichen nach binär mit Fehlerkontrolle	203
initusart	USART auf einfache Baudrate initialisieren	327
initusart2	USART auf doppelte Baudrate initialisieren	327
putch	USART warten und Zeichen senden	328
getch	USART warten und Zeichen vom Empfänger abholen	328
getche	USART Zeichen abholen und im Echo zurücksenden	328
kbhit	USART Empfänger testen und sofort zurückspringen	328
putstring	USART String bis Endemarke ausgeben mit putch	220
getstring	USART String mit getch eingeben max. SLAENG Zeichen	220
cmpstring	Zwei Strings miteinander vergleichen	221
ausbin8	Ausgabe 8 Bit mit Leerzeichen und acht Binärziffern	230
aushex8	Ausgabe 8 Bit mit Leerzeichen und zwei Hexadezimalziffern	230
ausudez16	Ausgabe 16 Bit mit Leerzeichen unsigned dezimal	231
ausidez16	Ausgabe 16 Bit mit Leerzeichen signed dezimal	231
einudez16	Eingabe 16 Bit unsigned dezimal	232
einidez16	Eingabe 16 Bit signed dezimal	232
einhex16	Eingabe 16 Bit hexadezimal	233
ausz	USART direkte Zeichenausgabe mit putch	233
einz	Indirekte Zeicheneingabe aus Pufferspeicher puffer mit ppos	234
soft . . .	Software UART softinit softputch softgetch softgetche	334
lcd4	LCD-Anzeige lcd4com lcd4ini lcd4put lcd4puts	433
random	Pseudo-Zufallszahlen-Generator	521
randomize	Pseudo-Zufallszahlen-Startzahl	522

C-Headerdateien

Name	Inhalt	Seite
warte.h	Fügt Wartefunktionen warte1ms und wartex10ms ein	197
konsole.h	Fügt USART Zeichen- und Stringfunktionen ein	327
stdio.h	Fügt Systemfunktionen der USART Eingabe und Ausgabe ein	222

(fortgesetzt)

Name	Inhalt	Seite
stdlib.h	Fügt System-Umwandlungsfunktionen ein	210
einaus.h	Fügt Funktionen für die Eingabe und Ausgabe ganzer Zahlen ein	230
softkonsole.h	Fügt UART Softwarefunktionen ein	339
lcd4.h	Fügt Funktionen der 4 Bit LCD-Anzeige ein	442

SF-Register des ATmega8

Name	Anwendung		Seite
ACSR	Analogkomparator und Capture-Steuerung	Bitbefehle	279, 380
ADCH	A/D-Wandler Datenregister High-Byte	Bitbefehle	375
ADCL	A/D-Wandler Datenregister Low-Byte	Bitbefehle	375
ADCSR	A/D-Wandler Steuerung und Status	Bitbefehle	374
ADMUX	A/D-Wandler Referenzspannung Kanalauswahl	Bitbefehle	373
ASSR	Timer2 Asynchron-Zustandsregister		302
DDRx	Richtungsregister des Ports x = A, B, C, ...	Bitbefehle	60, 247
EEARH	EEPROM Adressregister High-Byte	Bitbefehle	110
EEARL	EEPROM Adressregister Low-Byte	Bitbefehle	110
EECR	EEPROM Steuerregister	Bitbefehle	110
EEDR	EEPROM Datenregister	Bitbefehle	110
GICR	Steuerregister Freigabe der externen Interrupts		128
GIFR	Anzeigeregister für externe Interrupts		128
ICR1H	Timer1 Capture-Register High-Byte		278
ICR1L	Timer1 Capture-Register Low-Byte		279
MCUCR	Steuerregister Sleep-Mode und Flanke externe Interrupts		128, 310
MCUCSR	Anzeigeregister für Reset-Auslösung		306
OCR1AH	Timer1 Compare-Register A High-Byte		283
OCR1AL	Timer1 Compare-Register A Low-Byte		283
OCR1BH	Timer1 Compare-Register B High-Byte		238
OCR1BL	Timer1 Compare-Register B Low-Byte		238
OCR2	Timer2 Compare-Register		301

(fortgesetzt)

(fortgesetzt)

11.11 Checkliste zur Energie-Einsparung

Maßnahme	Register	Fuses	OK
Externe Beschaltung optimieren			
Niedrige Betriebsspannung		BODLEVEL	
picoPower® / A-Type / XMEGA verwenden			
Vcc oder GND an Eingängen / Pull-Ups	PORTx		
Nichtbenutzte Pins: Eingänge mit Pull-Ups	DDRx		
Sleep-Modi nutzen	SMCR		
Intervallbetrieb mit RTC und RC-Oszillator		CKSEL	
Aktive Phasen kurz und schnell	CLKPR	CKDIV8	
Dynamischer Taktwechsel	CLKPR		
Low Power Oszillator Modus		CKSEL	
Kurze Oszillator-Anschwingzeit		CKSCL/SUT	
Sleeping BOD / BOD aus / externe BOD	MCUCR	BODLEVEL	
On Chip Debugger (OCD) ausschalten		OCDEN	
Debug Wire / JTAG Interface aus	MCUCR	DWEN/JTAGEN	
Power Reduction Register nutzen	PRR		
General Purpose I/O-Register nutzen	GPIO		
Virtual Ports nutzen (XMEGA)	VPORTx		
NVM im Power Reduction Mode (XMEGA)	CTRLB(EPRM/FPRM)		
ADC/AC: Digital-Eingangszweig trennen	DIDR		
ADC: Noise Reduction Mode	SMCR		
ADC: 8 Bit ausreichend? (schneller)	ADCSR(A),ADMUX		
Analog Komparator aus	ACSR		
Bandgap Diode aus (Vref)	ACSR, ADCSR(A)	BODLEVEL	
Watchdog-Timer (WDT) aus	MCUSR, WDTCSR	WDTON	
XMEGA: Event System und DMA	lt. Datenblatt		
LCD: Wave Form / Niedrige Frame Rate	LCDCCR,LCDFRR,LCDCRA,CDCRB		
Möglichst Hardware statt Software			
SW geschwindigkeitsoptimiert (Assembler?)			

Die Namen einiger Special Function Register und deren Bits können bei den unterschiedlichen AVR Familien von den hier angegebenen abweichen.

Bei neueren Eva-Boards wie z.B. dem ATtiny817 Xplained Pro kann ein Strommessgerät in die Versorgungsleitung des Controllers zwischengeschaltet werden. Für eine detaillierte Analyse des Energieverbrauchs steht das Hardware-Tool POWER DEBUGGER von Microchip zur Verfügung.

Register

Einträge in *Kursivschrift* beziehen sich auf Abbildungen.

https://doi.org/10.1515/9783110403886-012

www.ingramcontent.com/pod-product-compliance
Lightning Source LLC
Chambersburg PA
CBHW060939210326
41598CB00031B/4669

9 783110 403848